MANUEL

GÉNÉRAL

DES PLANTES

ARBRES ET ARBUSTES

I

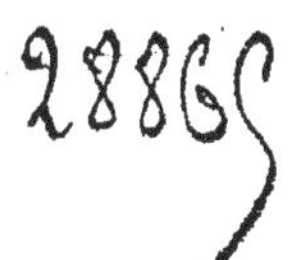

[illegible]

FLORE DES JARDINS DE L'EUROPE

MANUEL
GÉNÉRAL
DES PLANTES
ARBRES ET ARBUSTES

COMPRENANT

LEUR ORIGINE, DESCRIPTION, CULTURE;
LEUR APPLICATION AUX JARDINS D'AGRÉMENT, A L'AGRICULTURE, AUX FORÊTS,
AUX USAGES DOMESTIQUES, AUX ARTS ET A L'INDUSTRIE.

ET CLASSÉS SELON LA

MÉTHODE DE DECANDOLLE

PAR **JACQUES**
Jardinier en chef du domaine de Neuilly,

ET **HERINCQ**
Aide de botanique au Jardin des Plantes de Paris.

TOME PREMIER

PARIS
LIBRAIRIE AGRICOLE DE LA MAISON RUSTIQUE
RUE JACOB, N° 26.
1860

Paris. — Typ. G.-A. Pinard, 9, cour des Miracles.

nées, roses, marquées de lignes plus foncées; graines olivâtres, maculées de noir; bractées persist., réfléchies, de la long. de la corolle. Californie, 1833.

§ 2. *Ann.; tiges herbacées, rameuses, feuillées, fol. spatulées; fl. irrégulièrem. verticillées, disposées en épis; calice bractéolé; lèvre supér. bifide ou bipartite; graines presque réniformes, comprimées, colorées, enduites d'une sorte de vernis scabre.*

4 **L. bractéolé.** *L. bracteolaris* DESR. Très-poilu, ferrugineux; stipules et bractées foliacées, ovales-lancéol.; en juil.-août, fl. bleues, épis elliptiques. Montevideo, 1820.

5 **L. hérissé.** *L. hirsutus* LIN. Tiges de 6 à 9 décim., rameuses au sommet; fol. obl. ou obl.-obovales, hérissées de poils mous, ferrugineux; stipules et bractées subulées; en juil.-sept., fl. panachées de bleu et de violet, q.q.fois rougeâtres, alternes et verticillées, formant un épi ovale; gousses alternes sur l'axe de l'épi. Europe mérid., 1629.

6 **L. poilu.** *L. pilosus* LIN. *L. varius* GŒRTN. Très-poilu, blanch.; tiges d'un mèt.; fol. oblong., velues; en juil.-août, fl. rosées ou bleuâtres, verticillées, form. des grappes lâches; lèvre supér. du calice profondém. bifide, l'infér. entière; gousse ordin. à 3 graines linéaires, gibbeuses. Égypte, 1710.

7 **L. bigarré.** *L. varius* LIN. *L. semiverticillatus* et *sylvestris* LAMK. Très-poilu, blanch.; tiges de 3-6 décim., rameuses au sommet; fol. linéaires-obl.; en juil.-sept., fl. panachées, bleu-ciel et blanc, en demi-verticille formant des grappes plus ou moins lâches; lèvre infér. du cal. à 3 petites dents, la supér. bifide; gousse à 4-5 graines arrondies. Europe mérid., 1586.

7 *bis.* **L. d'Hartweg.** *L. Hartwegii* LINDL. Ann., poilu; 7-9 fol. oblong., obtuses; stipules sétacées; en juil.-août, fl. bleu-clair, en grappes allongées, multifl.; bractées, plumeuses, sétacées, une fois plus longues que les fl.; bractéoles de la base du calice très-longues; sétacées; carène non-barbue. Mexique, 1039.

§ 3. *Tiges presque ligneuses; fol. presque oblongues, glabres en dessus; fl. alternes ou verticillées, ordinairement sans bractées, disposées en épis; lèvre du calice presque entières; graines comprimées, larges, blanches et lisses.*

8 **L. à fl. blanches.** *L. albus* LIN. Poilu, blanchâtre; 7 fol. obl.-obovales; en juil.-août, fl. blanches, alternes, en épi lâche, presque sessile; calice sans bractéoles, à lèvre supér. entière ou légèrem. denticulée. Orient, 1596. — Cultivé dans le midi de la France et de l'Europe comme engrais ou pour la nourriture des bestiaux. Enfouie dans la terre à l'époque de la floraison, cette plante améliore sensiblement les terrains dans lesquels on l'a semée. Les graines, quoique d'une saveur amère, sont très-estimées des bestiaux. Les Grecs les comptaient parmi leurs légumes, aujourd'hui il n'y a plus qu'un petit nombre de pays où on les cultive comme alimentation. La farine est employée comme résolutive.

9 **L. d'Égypte.** *L. Termis* FORSK. *L. prolifer* DESR. Poilu, blanchâtre; tiges dressées, d'un mètre; 7 fol. obl.-obovales, glabres en dessus; en juin-juil., fl. blanches, bleuâtres au sommet, alternes, formant des épis lâches, presque sess.; lèvre supér. du calice entière, l'infér. à 3 petites dents. 1802.

10 **L. à fl. changeantes.** *L. mutabilis* SWEET *L. Cruckshanksii* HOOK. Ann., glauques et glabres; tiges d'un mètre, rameuses au sommet; 7-9 fol. obl.-lancéol.; stipules petites, sétacées; en juill.-sept., fl. blanches passant ensuite au violet plus ou moins foncé avec une tache jaune à l'étendard, verticillées et formant des grappes lâches; calice sans bractéoles, à lèvres entières. Pérou, 1809.

§ 4. *Pl. annuelles; tiges presq. tombantes; folioles linéaires, canaliculées; fl. alternes et verticillées; lèvre supér. du calice bipartite; graines rondes, enflées, colorées et lisses.*

11 **L. nain.** *L. nanus* DOUGL. Poilu; tiges de 15-20 centim.; fol. lancéol.-linéaires; en mai-juin, fl. bleu-azuré, verticillées, formant des grappes term., long., pédonc.; bractées lanc., de la long. des fl.; lèvre infér. du calice échancrée; gousse glabre. Californie, 1830.

12 **L. à fol. menues.** *L. leptophyllus* BENTH. Poilu; tiges de 3-4 décim.,

simples; en juin-juill., fl. pourpre-lilacé, maculées de rouge-sanguin, presque alternes, formant des grappes termin., longuem. pédonc.; bractées subulées, ciliées; calice bractéolé; lèvre infér. à 3 dents. Californie, 1833.

13 **L. à feuil. étroites.** *L. angustifolius* LIN. *L. varius* SAVI. Pubescent; en juil.-août, fl. bleues panachées de blanc, alternes, en épis brièvem. pédonculés; bractées plus courtes que la fl.; calice bractéolé; lèvre infér. entière; graines ovales, grisâtres, maculées de blanc. Europe mérid., 1686.

14 **L. linéaire.** *L. linifolius* BENTH. Pubescent; en juil., fl. bleues, alternes, en épis, brièvem. pédonc.; bractées plus courtes que les fl.; calice bractéolé; lèvre infér. entière; graines presque globuleuses, de couleur brune. Europe mérid., 1790.

B. — Gousse déprimée entre les graines ou divisée en plusieurs loges incompl. par des cloisons spongieuses (Isthmes); cotylédons petits, peu épais, pétiolés dans la germination; feuil. primordiales, alternes, non apparentes avant la germination.

15 **L. à petites fl.** *L. micranthus* DOUGL. Poilu; racines tubercul.; tiges de 3 décim., rameuses; feuil. de 5-8 fol. linéaires-lancéol., canaliculées; en mai-juil., fl. violettes, à étendard maculé de noir, petites, presque verticillées sur des pédonc. allongés, latér.; calice bractéolé; lèvre supér. bifide, l'infér. entière, un peu plus courte que les pétales; gousse à 6 graines. Californie, 1827.

16 **L. bicolor.** *L. bicolor* LINDL. Poilu; tiges rameuses, en corymbe de 2-3 décim.; feuil. étroites, presque lancéol., canaliculées, ; en mai-octobre, fl. petites, panachées de violet et de blanc, presque verticillées sur des pédonc. allongés, latéraux; calice non bractéolé; lèvre supér. bifide, l'infér. entière; gousse étroite, à 5-6 graines. Californie, 1827.

17 **L. menu.** *L. pusillus* PURSH. Hérissé; tiges de 3 décim., rameuses à la base; ram. horizontaux; fol. oblong., plus étroites à la base; en juil.-août, fl. bleues, alternes sur les pédonc. courts et latéraux; bractées ovales, acum., persist.; calice non bractéolé; lèvre supér. presque bipartite, l'infér. presque tridentée; gousse à 2 graines. Colombie, 1817.

2e SECT. — *Plantes vivaces; gousse s'ouvrant à la maturité en 2 valves qui se contournent en spirale.*

A. — Tiges ann. ou persistantes; gousse polysperme; graines presque ovales; hile ovale occupant tout le sommet rétréci de la graine; cotylétons pétiolés, dressés dans la germination; feuil. primordiales alternes, non apparentes dans la graine avant la germination.

§ 1. *Tiges glabres, le plus souvent striées, ailées, ann.; stipules sétacées; fl. petites, en grappes très-allongées; calice ordinairement dépourvu de bractéoles; lèvres presque entières.*

18 **L. panaché.** *L. lepidus* DOUGL. Poilu; tiges de 2 à 3 décim., dressées; 7-9 fol. linéaires-lancéol., soyeuses; stipules sétacées, filif.; en août-sept., fl. panachées (blanc, jaune, bleu, nuancé), en épis très-allongés; calice bractéolé; lèvre supér. presque bifide, l'infér. entière; carène ciliée. Amérique sept., 1827.

19 **L. polyphylle.** *L. polyphyllus* LINDL. Tiges de 6-7 décim., glabresc., luisantes, dressées, ordin. simples; feuil. de 13-15 fol. lanc., glabres en dessus, poilues en dessous; stipules subulées; en juin-juill., fl. bleues, verticillées, formant de long. grappes; carène glabre; bractées plus courtes que les pédic.; calice non bractéolé, soyeux, à lèvres presque entières. Colombie, 1826.

VAR. A FL. BLANCHE. *L. pol. albiflorus.* Diffère de l'espèce par ses fl. d'un blanc de neige.

20 **L. à grandes feuil.** *L. grandifolius* LINDL. Tiges fermes, d'un mètre, striées, un peu velues ainsi que les pétioles, qui, dans les feuil. radicales, sont très-longs; 12-15 fol. lancéol., glabres en dessus, poilues en dessous; stipules larges, triangulaires; fl. pourpre-foncé, passant ensuite au brun sale, presque verticillées, formant des grappes très-denses, allongées; bractées très-caduques; calice non bractéolé, pubesc., à

lèvres presque entières ; carène glabre. Californie.

21 **L. à larges feuilles**. *L. latifolius* AGARDH. Tiges très-élevées, glabres, lisses, rameuses; 5-7 fol. obovales, glabres en dessus, poilus en dessous ; stipules sétacées ; fl. pourpre-violacé, éparses, formant des grappes allongées, longuem. pédonc. ; carène glabre ; calice non bractéolé, soyeux, à lèvres presque entières. Californie, 1833.

22 **L. élégant**. *L. elegans* H. B. et K. Tiges élevées, striées, poilues; 5-7 fol. lanc., pubesc., de la long. du pétiole ; stipules et sétacées, filif., bractées; fl. grandes, panachées des couleurs bleue, blanc et jaune, verticillées, formant des grappes denses ; calice non bractéolé, à lèvres entières, aiguës. Mexique, 1831.

§ 2. *Tiges presque décombantes, persistantes, peu feuillées ; stipules le plus souvent très-grandes ; fl. grandes, en grappes denses ; calice bractéolé, à 2 lèvres plus ou moins divisées, ou dépourvu de bractéoles se détachant alors circulairement à sa base et tombant après la floraison.*

* *Calice bractéolé, à lèvres plus ou moins divisées.*

23 **L. de Marshall**. *L. Marshallianus* SWEET. Tiges herbacées, soyeuses ; 9-11 fol. lanc., pubesc. en dessus, soyeuses en dessous, plus courtes que le pétiole ; stipules subulées ; en juil.-nov., fl. bleuâtres, verticillées, denses, formant des grappes allongées ; carène glabre ; bractées de la long. des pédicelles ; lèvre supér. du calice échancrée, l'infér. entière. 1830.

24 **L. du Mexique**. *L. Mexicanus* CERV. Tiges herbacées, pubesc., de 6 décim.; 5-7 fol. obl.-linéaires, glabres en dessus, plus long. que le pétiole ; bractées et stipules sétacées ; en juil.-sept., fl. panachées des couleurs bleue, blanche et pourpre, irrégulièrem. verticillées ; lèvre supér. du calice semi-bifide. Mexique, 1819.

25 **L. de Nootka** *L. Nootkatensis* DONN. *L. Nutkanus* SPRENG. *L. regius* RUDOLPH. Tiges herbacées, de 3-5 décim., très-rameuses et poilues; 7 fol. obovales-obl., glabres en dessus, plus courtes que le pétiole; stipules lanc., presq. de la long. des fol. ; en juin-août, fl. presque verticillées ; panachées des couleurs bleue, blanche et violette, avec l'étendard marqué d'une tache jaune à la base, et ponctué de pourpre, carène glabre ; lèvre supér. du calice semi-bifide. Amér. sept., 1794.

VAR. **L. de Duval**. *L. Nooth.*, var. *Duvalis* NOB. Fleurs en grappes, sans bractées ni bractéoles ; lèvres du calice entières ; étendard blanc dans sa moitié supér. ; ailes beau violet, veinées ou striées ; gousses velues.

26 **L. bimaculé**. *L. bimaculatus* HORT. BELG. Vivace; tiges d'environ 3 décim., herbacées, ordin. couchées, cylindr., rameuses ; 5 fol. glabres, vert-pâle, ovales-obl. ; bractées lanc. ; fl. en grappes denses, termin.; calice et pédic. soyeux ; lèvre supér. à 2 lobes, l'infér. entière ; étendard bleu-pourpre, à centre orange ; ailes pourprées ; carène bleue. Texas, 1833.

§ 3. *Tiges persistantes, décombantes ; calice non bractéolé, profondément bilabié ; carène ciliée.*

27 **L. rivulaire**. *L. rivularis* LINDL Tiges de 6 à 9 décim.; 7-9 fol. obovale-allongé, un peu échancrées, de la longueur du pétiole, soyeuses en dessous ; stipules presque falcif. ; en mai-sept., fl. presque verticillées, formant des grappes lâches, allongées ; étendard blanc-rosé, marqué d'une tache bleue à la base ; ailes bleu-violacé; carène blanche, bleuâtre au sommet ; lèvres du calice entières. Californie, 1833.

28 **L. en arbre**. *L. arboreus* SIMS. Tiges d'environ 2 mètres, à ram. grêles, presque glabres ; 7-9 fol. linéaires-obovales, acumin., de la long. du pétiole ; stipules presque falciformes ; en juil.-août, fl. jaunes, odorantes, presque verticillées, formant des grappes allongées, lâches ; carène pubesc. sur les bords ; lèvres du calice entières ; gousse pubesc. contenant 4-5 graines globuleuses, noires. Mexique, 1818.

B. Tiges presque ligneuses, ordin. soyeuses supérieurement ; gousse renfermant 4-5 graines rondes ; hile arrondi.

§ 1. *Stipules très-petits ou nulles ; fl.*

pourpres, en grappes lâches; lèvre supér. du calice appendiculée.

29 **L. vivace.** *L. perennis* Lin. Tiges de 3-6 décim., herbacées, glabrescentes; 5-9 fol. presque spatulées, un peu glabres; en mai-juin, fl. bleu-violacé, éparses, pédic., formant des grappes lâches; bractées très-caduques; calice sans bractéoles à lèvres entières; carène ciliée. Amér. sept., 1658.

30 **L. à fl. lâches.** *L. laxiflorus* Dougl. Tiges presque persist., glabresc., grêles; 9-11 fol. linéaires-obl., pubescentes, plus courtes que le pétiole; bractées caduques, de la long. des pédic.; en août-oct., fl. bleu-vif, presque verticillées, en grappes allongées; calice bractéolé; lèvre supér. éperonnée; carène rose, ciliée. Colombie.

§ 2. *Stipules subulées; fl. bleues, en grappes lâches.*

31 **L. argenté.** *L. argenteus* Agardh, Soyeux, argenté; tiges ascend.; 7-9 fol. obovales-lanc., soyeuses en dessous, vertes en dessus, moitié plus courtes que le pétiole; fl. bleues, irrégulièrem. verticillées, formant des grappes coniques, lâches; bractées filif., du double de long. de la corolle; calice bractéolé, argenté; lèvre supér. bifide, l'infér. entière; étendard glabre. Amér. sept.

32 **L. à feuil. brillantes.** *L. ornatus* Dougl. Soyeux, argenté; tiges de 6-7 décim., sous-ligneuses, rameuses; 7-12 fol. obovales-linéaires, 2 fois plus courtes que le pétiole, soyeuses; bractées lanc., acumin., caduques, à peu près de la long. des pédic.; fl. bleues, panachées de blanc, en verticilles distants; calice bractéolé, étendard soyeux. Colombie, 1827.

§ 3. *Stipules ordin. sétacées; fl. en grappes denses.*

33 **L. de Sabin.** *L. Sabinii* Dougl. Tiges glabres, striées, de 6 à 9 décim.; feuil. radic., longuem. pétiolées de 8-11 fol. lanc., soyeuses-fauves; stipules sétacées, longues; bractées subulées, caduques; fl. jaunes, presque verticillées, formant des grappes denses; carène ciliée; calice non bractéolé. Montagnes rocheuses. 1827.

34 **L. soyeux.** *L. sericea* Pursh. Velu, soyeux; 7-9 fol. lanc., plus étroites à la base, un peu plus long. que le pétiole; stipules très-petites, sétacées; en mai-juin, fl. pourpre-rosé, presque verticillées, formant des grappes allongées; corolle glabre; calice bractéolé. Californie, 1826.

35 **L. pourpre-noir.** *L. aridus* Dougl. Tiges de 3 décim., dressées, très-touffues, hérissées, ainsi que les feuil. de longs poils soyeux, luisants, 5-9 fol. linéaires-lanc., trois fois plus courtes que le pétiole; bractées subulées, persistantes; en juil.-sept., fl. pourpre-noirâtre, panachées de blanc, irrégul. verticillées, formant des épis coniques très-denses; calice bractéolé; étendard glabre; gousse velue. Colombie, 1827.

36 **L. à feuil. blanches.** *L. leucophyllus* Lindl. *L. densiflorus* Nutt. Tiges dressées, de 6-9 décim., très-hérissées, ainsi que les feuil., de poils soyeux, luisants, 7-9 fol. obl.-lanc., une fois plus courtes que le pétiole; bractées subulées, persist., de la long. environ de la corolle; en juin-sept., fl. blanc-rosé, en épis allongés, très-denses; calice bractéolé; étendard soyeux en dehors; gousse très-velue. Amérique mérid., 1827.

37 **L. plumeux.** *L. plumosus* Dougl. Tiges dressées, de 9-12 décim., rameuses, très-hérissées, ainsi que les feuil., de poils soyeux et blancs; 5-7 fol. lanc., un peu plus long. que le pétiole; bractées caduques 2 fois plus long. que la corolle, subulées, filif.; en juin-octobre, fl. bleu-violacé, en épis allongés, denses; étendard soyeux en dehors; calice bractéolé; gousse glabre. Californie, 1827.

C. Arbrisseaux à tiges décombantes ou ascendantes.

38 **L. blanchâtre.** *L. albifrons* Benth. Tiges décombantes, de 6-9 décim., hérissées de poils soyeux, argentés; 7-9 fol. obovales-cunéif., soyeuses, plus courtes que le pétiole; stipules subulées; en mai-sept., fl. bleu-violacé, glabres, verticillées, distantes, formant des grappes termin. de 3-4 décim.; bractées lanc., acum.; calice bractéolé; lèvre supér. bifide, l'infér. entiere. Californie.

40 **L. tricolor.** *L. versicolor* Sweet. Tiges de 6-9 décim., décombantes ou dressées, rameuses; 6-9 fol. lanc.-spatulées, obtuses, un peu mucronées, presque glabres en dessus, pubesc. en dessous; bractées plus longues que la corolle; en juin-août, fl. petites, panachées de rose, de blanc et de bleu, presque verticillées, formant une grappe allongée; calice non bractéolé. Mexique, 1828.

41 **L. des rivages.** *L. littoralis* Dougl. Tiges filif., couvertes, ainsi que les feuil., de poils soyeux et argentés; fol. obl.-allongées, plus courtes que le pétiole; stipules subulées; bractées filif.-subulées, très caduques; en juil.-nov., fl. pourpres, marquées d'une tache sur l'étendard, 2 fois plus long. que le calice, qui est dépourvu de bractéoles; lèvres entières. Amér. sept., 1827.

42 **L. tomenteux.** *L. tomentosus* Dec. Tiges de 2 mètres, toment., ainsi que les feuil.; fol. obl., aiguës; bractées acum.; en juin-août, fl. roses et bleues, verticillées, disposées en grappes; calice bractéolé; lèvres entières. Pérou, 1825.

43 **L. multiflore.** *L. multiflorus* Desr. Pl. tomenteuse; fol. lancéol., de la long. du pétiole; bractées ovales-acumin., caduques; fl. éparses, presque sess., en épis allongés; calice bractéolé; lèvre supér. bifide, l'infér. à 3 dents. Montevidéo, 1810.

44 **L. incane.** *L. incanus* Grah. sous-arbriss. couvert d'un duvet satiné; tiges dressées, rameuses; fol. linéaires-lanc., un peu carénées, 2 fois plus courtes que le pétiole; stipules subulées; fl. lilas-pâle, alternes, en grappes allongées; calice non bractéolé; lèvre supér. bidentée, l'infér. à 3 dents. Buenos-Ayres, 1823.

DIVISION II. FEUILLES ENTIÈRES.

45 **L. velu.** *L. villosus* Willd. *L. pilosus* Walt. *L. integrifolius* Desr. Pl. ann., velue; feuil. entières, obl.-lanc., un peu plus longues que le pétiole; stipules filif., très long., lanugineuses, ainsi que le pétiole; bractées presque persist.; en juillet-août, fl. rougeâtres, en épis denses, très allongés; calice bractéolé; lèvre supér. bifide, l'infér. presque entière. Caroline, 1787.

Culture. — Les esp. annuelles ne supportant pas la transplantation doivent être semées sur place au printemps (fin d'avril ou commencement de mai), dans une terre douce et légère, plutôt sèche que trop humide; les esp. vivaces peuvent être livrées au plein air dans une plate-bande de terre de bruyère pure, ainsi que les ligneuses ou sous-ligneuses. Ces dernières, quoique de serre tempérée ou châssis froid, y prospèrent beaucoup mieux et donnent d'abondantes fleurs, plus riches en couleur que lorsqu'on les restreint à la culture des serres; elles se multipl. par boutures, faites dans le courant de l'été, sur couche tiède et sous cloches ombragées. Mais, comme les espèces vivaces, elles se propagent beaucoup mieux par les graines, qui doivent être semées peu de temps après la récolte, dans des terrines qu'on rentre l'hiver sous châssis ou en orangerie; au printemps, on les place sous châssis tiède, où elles ne tardent pas à germer. Faute de pareils soins, elles ne germeraient qu'au printemps de l'année suivante. Toutes sont de très jolies plantes d'ornement, dignes de l'admiration et des soins des amateurs.

LODDIGESIE. *LODDIGESIA* Sims (Loddiges, célèbre horticulteur anglais). — Calice campan., à 5 dents égales; étendard beaucoup plus court que les ailes et la carène; étam. monadelphes à tube entier; ovaire oblong; style ascendant, filif.; stigm. aigu; gousse linéaire, comprimée, à 2-4 graines.

1 **L. à feuil. d'alleluia.** *L. oxalidifolia* Sims. Sous-arbriss. de 45 à 50 centim., très rameux, glabre; feuil. pétiolées à 3 fol. obcordées mucronées; stipules subulées; en mai-sept., fl. blanc rosé, à carène pourpre-brun, disposés 3-8 au sommet des pédoncules. Cap, 1802. — Serre tempérée; terre de bruyère; multipl. de boutures.

ASPALATHE. *ASPALATHUS* Lin. [des mots grecs *a* privatif, *spaô*, retirer]. — Calice campan., à 5 divis. inégales; étendard court, stipité; ailes obtuses, falciformes; carène à 2 onglets distincts; étam. monadelphes à tube fendu supérieurem.; style filif., ascendant; stigm. obtus; gousse oblongue, souvent oblique, monosperme. — Arbriss. ou sous-arbriss. du Cap de Bonne-Espérance.

1 **A. cilié.** *A. ciliatus* LIN. Sous-arbriss. de 60 centim.; feuil. fasciculées, à 3 fol. trigones, aiguës, ciliées; en juil.-août, fl. jaunes, toment., disposées, 5-10, en capitules termin. 1799.

2 **A charnu** *A. carnosa* LIN. Arbriss. d'un mètre; feuil. glabres, charnues, cylindr., obtuses, fasciculées; en mai-juil., fl. jaunes, glabres, disposées, 4, en capitules termin., munis de bractées; divis. du calice ovales, obtuses. 1795.

3 **A. à feuil. de mélèze.** *A. laricina* DEC. Arbriss. de 60 centim., pubesc. à feuil. fasciculées, glabres, cylindr., mucronées; en juil.-août, fl. jaunes, solit., axill., laineuses. 1823.

4 **A. toile d'araignée.** *A. araneosa* LIN. *A. pilosa* SIÈB. *Anthyllis quinqueflora* LIN. Arbriss. d'un mètre, à feuil. fascic., filif., aiguës, couvertes de poils étalés, un peu hispides; en juin-juil., fl. jaunes en capitules; divis. du calice subulées, poilues-hispides, égalant presque la corolle qui est soyeuse. 1795.

5 **A. cailleuse.** *A. callosa* LIN. Arbriss. d'un mètre, présentant de petites cicatrices arrondies, cailleuses; feuil. à 3 fol. égales, subulées, dressées; en juil.-août, fl. jaunes, glabres, en épis ovales, termin. 1812.

6 **A. pédonculé.** *A. pedunculata* L'HÉR. Arbriss. de près de 2 mètres; feuil. fascic., filif., mucronées, glabres; en juil.-août, fl. jaunes, pédicellées, solit., axill.; pédic. plus long que la feuil., portant de très petites bractées à son sommet. 1775.

CULTURE. — Orangerie; terre de bruyère; multipl. de boutures et de graines.

ADÉNOCARPE. *ADENOCARPUS* DEC. [des mots grecs *aden*, glanduleux, *karpos*, fruit]. — Calice bilabié, lèvre supérieure bipartite, l'infér. plus allongée, trifide; étendard obovale-obl., étalé; ailes obtuses, égalant la carène qui est courbée; étam. monadelphes, à tube fendu; ovaire multiovulé; style ascendant, filif.; stigm. capité; gousse obl., comprimée, couverte de glandes stipitées. — Arbriss. à ram. divariqués, à feuil. trifol.; fl. jaunes en grappes terminales.

1 **A. d'Espagne.** *A. Hispanicus* DEC. *Cytisus Hispanicus* LAMK. *C. anagyrius* L'HÉR. Arbriss. d'un mètre, à ram. hérissés; en juin-juil., fl. serrées, à étendard glabre; calice velu, glandul.; lèvre infér. à 3 divis. presque égales, un peu plus longue que la supér. 1816.

2 **A. à petites feuil.** *A. parvifolius* DEC. *Cytisus parvifolius* LAMK. *C. complicatus* DEC. *Spartium complicatum* LOIS. Arbriss. de plus d'un mètre, à ram. glabres; en mai-juil., fl. distantes, à étendard pubesc.; calice glandul., un peu pubesc.; lèvre infér. plus longue que la supér., à 3 divis., dont la médiane dépasse les latérales. France mérid., 1800.

3 **A. de Toulon.** *A. Telonensis* DEC. *Cytisus Telonensis* LOIS. Arbriss. d'un mètre à ram. glabres; en juin-juil., fl. distantes, à étendard pubesc.; calice pubesc., non glandul.; lèvre infér. un peu plus longue que la supér., à 3 divis. presque égales. 1800.

4 **A. foliolé.** *A. foliolosus* DEC. *Cytisus foliolosus* AIT. Arbriss. de 2 mètres, à ram. et feuil. très rapprochés, hérissés de poils; en mai-juin, fl. à étendard pubesc.; calice velu, non glandul.; lèvre infér. très allongée, à 3 divis. égales. Iles Canaries. 1629.

CULTURE. — Orangerie; terre à oranger; multipl. de graines.

BUGRANE. *ONONIS* LIN. [du grec *onos*, âne, et *onemi*, être utile]. — Calice campanulé, à 5 divis. étroites, les infér. plus allongées; étendard très ample, strié, plus long que les ailes; carène prolongée en bec, égalant les ailes; étam. monadelphes; style filif., très long, ascendant, géniculé à sa partie moyenne; stigm. presque capité; gousse renflée, courte, oligosperme.

§ 1. *Fl. jaunes, axill., pédonculées.*

1 **B. crispé.** *O. crispa* LIN. Arbriss. de 60 cent.; feuil. à 3 fol. pubesc.-visqueuses, arrondies, ondulées, dentelées; stipules ouvertes réfléchies; en juin-août, fl. à étendard strié de lignes rouge-sanguin; pédic. unifl., mutique. Espagne, 1739.

2 **B. d'Espagne.** *O. Hispanica* LIN. Arbriss. de 50 cent.; feuil. à 3 fol. canaliculées, recourbées, dentelées; en mai-sept., pédic. aristé portant 1 ou 2 fl. 1799.

3 **B. à odeur de bouc.** *O. natrix* DEC. *O. pinguis* LAMK. Sous-arbriss. d'un mètre environ, pubesc.-visqueux; feuil. à 3 fol. oblong, dentelées supérieurem.; celles du sommet des tiges q. q. fois simples; stipules ovales lanc.; en mai-sept., pédic. aristé, unifl. Indigène.

4 **B. arachnoïde.** *O. arachnoidea* LAPEYR. Sous-arbriss. velu, non visqueux; feuil. à 3 fol. ovales-oblong., dentelées supérieurem.; celles du sommet q. q. fois simples; en juin-juil., pédic. aristé, unifl.; étendard strié de rouge. Pyrénées, 1815.

5 **B. très rameuse.** *O. ramosissima* DESF. Vivace, frutesc. à la base, très rameuse, de 15-20 cent., pubesc.-visqueuse; feuil. à 3 fol. linéaires-obovales, dentelées; en juin-juill., fl. veinées de pourpre; pédic. longuem. aristé, unifl., plus long que la feuil. Nice, 1819.

6 **B. des Sables.** *O. arenaria* DEC. Vivace, frutesc. à la base, très rameuse, de 15-20 cent., pubesc.-visqueuse; feuil. à 3 fol. linéaires-obovales, dentelées; en juin-juil., fl. jaunes non veinées; pédic. à peine aristé, unifl., plus court que la feuil. Montpellier, 1819.

7 **B. biflore.** *O. biflora* DESF. Très petite plante herbacée pubesc., de 7-8 cent.; feuil. à 3 fol. oblong., dentelées; en juin-juil., fl. marquées de petites lignes longitudinales, pourpres; pédonc. aristé, plus long que le pétiole, et portant 2 fl. pendantes. Barbarie, 1818.

8 **B. visqueuse.** *O. viscosa* LIN. Ann., pubesc.-viqueuse; tiges d'un mètre; feuilles supérieures simples, les infér. à 3 fol. dont la médiane plus grande; stipules égalant à peu près le pétiole; en juil.-août, fl. à étendard pourpré, solit. au sommet de pédonc. aristés plus longs que la feuil.; corolle plus long. que les lobes du calice. France mér., 1759.

9 **B. à fl. courtes.** *O. breviflora* DEC. *O. viscosa* var. LIN. Herbe ann. de 15-20 cent., poilue, un peu visqueuse; feuil. supér. simples; les infér. à 3 fol. ellipt., obtuses, dentelées, la médiane plus grande; stipules dentelées égalant à peu près le pétiole; fl. en juin-juil.; pédonc. unifl. longuem. aristé, de la long. de la feuil.; corolle plus courte que les lobes du calice. Europe mérid., 1800.

10 **B. pied d'oiseau.** *O. ornithopodioides* LIN. Herbe ann. de 50 cent., pubesc.-visqueuse; feuil. à 3 fol. oblong.; fl. en juil.-août; pédonc. 1-2 flore, aristé; gousse linéaire courbée, présentant des contractions entre les graines. Europe mérid., 1713.

11 **B. pubescente.** *O. pubescens* LIN. *O. arthropodia* BROT. *O. calycina* LAMK. Herbe ann. de 30 cent. dressée, pubesc.-visqueuse; feuil. sup. simples; les autres à 3 fol. ovales-oblong., dentelées; stipules amples, entières, acum.; en juil.-août, fl. à étendard pourpré; pédonc. mutiq., unifl., plus court que la feuil.; calice largem. strié. Europe mérid., 1680.

12 **B. de Sicile.** *O. Sicula* GUSS. Herbe ann., pubesc.-visqueuse, de 15 cent., diffuse; feuil. supér. simples; les infér. à 3 fol. linéaires-oblong., aiguës, dentelées supérieurem.; stipules presque entières, lanc., égalant le pétiole; fl. en juin-juil.; pédonc. aristé, unifl.; corolle et gousse plus courtes que le calice; gousse pendante à 7-18 graines. 1817.

§ 2. *Fl. pourpres rar. blanches, axill., pédonculées.*

13 **B. à feuil. rondes.** *O. rotundifolia* LIN. *O. latifolia* ASSO. *Natrix rotundifolia* MOENCH. Arbriss. de 60 cent.; feuil. à 3 fol. ovales, dentelées; fl. en mai-juil.; pédonc. triflore sans bractéoles. Alpes, 1570.

14 **B. frutescente.** *O. fruticosa* LIN. Arbriss. de 60 cent.; feuil. à 3 fol., sess., dentelées; stipules soudées, engaînantes à 4 divis. aristées; feuil. supér. avortées; fl. en mai-juin; pédonc. triflores disposées en grappes. France mérid., 1680.

15 **B. à 3 dents.** *O. tridentata* LIN. *O. arbuscula* DESF. Arbriss. de 50 cent.; feuil. à 3 fol. charnues, glabres, linéaires-cunéif. tridentées; stipules du somm. des ram. aphylles, à 3 dents; fl. en juin-août; pédonc. 1-2 fl. Espagne, 1752. — Orangerie.

16 **B. de Mt Cénis.** *O. Cenisia* LIN. *O. cristata* MILL. Vivace, frutesc. à la base et multicaule, gazonneuse, de 6-8 cent. couchée, glabre; feuil. à 3 fol. cunéif., dentelées ainsi que les stipules; fl. en juin-août; pédonc. mutique, unifl., plus long que la feuil. 1759.

17 **B. réclinée.** *O. reclinata* Lin. *O. pendula* Desf. Ann.; tiges de 15 cent. diffuses ; feuil. à 3 fol. pubesc.-visqueuses, obovales, dentelées; stipules largem. ovales, aiguës, dentelées; fl. en juin-août; pédonc. unifl., de la long. de la feuil.; calice égalant la corolle. France mérid., 1800.

18 **B. molle.** *O. mollis* Lag. *O. Desfontainii* Dufour. Herbe ann., dressée; feuil. à 3 fol. oblong.-obovales, dentelées supérieurem.; stipules entières; fl. en juin-juil.; pédonc. mutique, unifl. de la long. de la feuil.; calice égalant la corolle. Espagne, 1820.

19 **B. de Cherler.** *O. Cherleri* Lin. Herbe ann. de 15 cent., hérissée; feuil. à 3 fol. oblong.-cunéif. dentelées supér., stipules presque entières; fl. en juin-juil.; pédonc. mutiques, unifl., plus courts que la feuil., agrégés en grappes; calice plus long que la corolle, égalant la gousse. France mérid., 1771.

§ 3. *Fl. pourpres rarem. blanches, sess. ou brièvement pédicellées.*

20 **B. arborescente.** *O. arborescens* Desf. Arbriss. de 60 cent., dressé; ram. non épineux, couverts de quelques poils épars; feuil. à 3 fol. obovales, dentelées; fl. en mai-juil.; lobes du calice trinervés, velus, un peu plus longs que la gousse. Barbarie, 1826.

21 **B. élevée.** *O. altissima* Lamk. *O. hircina* Jacq. *O fœtens* All. *O spinosa* var. Lin. Arbriss. d'un mètre, dressé, à ram. non épineux, un peu velus-visq.; feuil. à 3 fol. oblong.-lanc., aiguës, dentelées; en mai-août, fl. géminées; calice velu, de la long. de la gousse. Indigène.

22 **B. couchée, Arrête-bœuf.** *O. procurrens* Wallr. *O. arvensis* Lamk. Ligneuse; tiges de 30 cent., couchées, diffuses; ram. florifères ascendants, pub.; feuil. à 3 fol. ovales-arrond., glanduleuses, finem. dentelées; fl. en juin-juil.; lobes du calice dépassant la gousse. Indigène.

Var. *repens* Lin. Ram. et feuil. hérissées; fol. très obtuses.

23 **B. épineuse.** *O. spinosa* Wallr. Tiges de 30-50 cent., dressées ou ascend., très rameuses, à ram. avortés, épineux, pubesc.; feuil. à 3 fol. presque entières, oblong., à base cunéaire; en juin-août, fl. solit. axill.; gousse dépassant les divisions du calice. Indigène.

Var. *glabra.* Dec. *O. antiquorum* Lin. Folioles ovales, rameaux glabres.

24 **B. très douce.** *O. mitissima* Lin. Ann., poilue, blanchâtre; tiges de 30 cent., dressées; feuil. à 3 fol. ovales, dentelées; en juin-juil., fl. en épis allongés; bractées et stipules scarieuses, blanchâtres. Europe mérid., 1732.

25 **B. dentelée.** *O. serrata.* Forsk. Ann, pubesc., multicaule, couchée; feuil. à 3 fol. obovales-oblong., dentelées; stipules finem. denticulées; en juin-juil., fl. blanc pourpré en épis rameux; calice à divis. trinervées, égalant la corolle et la gousse. Égypte.

26 **B. queue de renard.** *O. alopecuroïdes* Lin. Ann.; tige de 20 cent. unique, dressée, un peu poilue; feuil. unifoliolées, ellipt., obtuse, dentelée; stipules grandes, presque dentelées; en juil.-août, fl. en épis denses; calice hispide une fois plus long que la corolle et la gousse. Europe mérid., 1696.

§ 4. *Fleurs jaunes sessiles ou presque sessiles.*

27 **B. aragonaise.** *O. Arragonensis* Asso. *O. dumosa* Lapeyr. Arbriss. de 50 cent.; feuil. glabres à 3 fol. arrondies, dentelées; en mai-juil. fl. presque sess., géminées, disposées en grappes non feuillées; calice velu une fois plus court que la corolle. 1816.

28 **B. striée.** *O. striata* Gouan. *O. aggregata* Asso. *O. reclinata* Lamk. Vivace; tiges de 15 cent., rameuses, couchées, diffuses; feuil. un peu rudes, à 3 fol. obovales-cunéaires, striées, dentel., ainsi que les stipules; en juin-juil., fl. en capitules; calice hérissé-visqueux, plus court que la corolle. Espagne, 1817.

29 **B. à petites fleurs.** *O. Columnæ* All. *O. parviflora* Lamk. *O. subocculta* Vill. *O. minutissima* Jacq. Pubesc., vivace; tiges de 30 cent., très fines; feuil. à 3 fol. obovales-obl., dentelées, ainsi que les stipules, celles du sommet simples; en juin-juil., fl. agrégées en épis feuillés; calice dépassant la corolle. Europe mérid., 1732.

30 **B. très petite.** *O. minutissima* Lin. *O. saxatilis* Lamk. *O. barbata.* Cav.

Bisann., glabre; tiges de 7 cent., très fines; feuil. à 3 fol. oblong.-obovales-cunéaires, dentelées; stipules subulées, entières; en juin-juil., fl. agrégées en épis feuillés; calice à divis. subulées, allongées, dépassant la corolle. France mérid., 1818.

31 **B. variée.** *O. variegata* LIN. *O. aphylla.* LAMK. Ann., glabre; tiges de 15 cent., diffuses; feuil. unifoliolées sess. obovales, striées, dentelées; stipules très grandes, dentelées, presque engaînantes; en juil.-août, fl. presque sess. axill.; calice pubesc. plus court que la corolle. Europe mérid., 1784.

CULTURE. — Plein air; les espèces mérid. à bonne exposition; terrain ordinaire, plutôt léger que fort. Multipl. de graines, semées en place, ou d'éclats, et de racines bouturées. Quelques espèces seulement sont cultivées dans les jardins; ce sont les 13e, 14e, 21e et 26e. La **Bugrâne** ou **Arrête-bœuf**, *O. spinosa,* est considérée comme plante apéritive, mais cette propriété peut lui être contestée.

ÉRINACÉE. *ERINACEA* BOIS. [du latin *erinaceus,* hérisson; des ram. terminés en pointes, et de la forme presque globuleuse que présente cette plante]. — Calice tubuleux à 5 dents égales, aiguës, les infér. à sommet réfléchi; corolle papilionacée à pétales linéaires, longuem. onguiculés; carène obtuse, soudée à la base avec les ailes; étam. monadelphes à tube entier; ovaire multiovulé; style ascend.; stigm. capité; gousse linéaire, comprimée de 4 à 8 graines.

1 **E. piquante.** *E pungens* BOIS. *Anthyllis erinacea.* LIN. Petit sous-arbriss. de 25 cent. très rameux, touffu, hérissé de pointe; feuil. peu nombreuses ovales-oblong.; en avril-mai, fl. pourpres en capitules pauciflores briév. pédonculés. Espagne, 1759. — Plein air; terrain sablonneux; recouvert durant les froids d'une couverture de litière ou de feuil. sèches. Multipl. de boutures.

AJONC. *ULEX* LIN. [du celtique *Ac,* pointe; des ram. terminés en une pointe dure et piquante]. — Calice coloré bilabié, lèvre supér. bidentée, l'infér. tridentée; corolle à étendard oblong, échancré, de la long. des ailes et dépassant à peine le calice; étam. monadelphes à tube entier; style ascend. filif.; stigm. capité; gousse renflée, oligosperme à peine plus long que le calice.

1 **A. d'Europe, Jonc marin.** *U. Europœus* LIN. *U. grandiflorus* POURR. *U. vernalis* THORE. Arbriss. épineux atteignant souvent plus de 2 mètres; feuil. lanc.-linéaires un peu velues, ainsi que les ram.; en février-juin; fl. jaunes axill. solit.; bractées lâches, ovales; calice pubesc. à dents devenant connivente après la floraison. Indigène. — Var. à fl. doubles.

2 **A nain.** *U. nanus* SMITH, *U. minor* ROTH, *U. Europ.* var. LIN. *U. autumnalis* THORE. Arbriss. de 60 cent. à ram. retombant; feuil. linéaires, glabres, ainsi que les ram.; en août-décembre; fl. jaunes axill., solit.; bractées petites, appliquées; calice glabre à dents écartées, lancéolées. France.

3 **A. de Provence.** *U. Provincialis* LOISEL. Arbriss. dressé, d'un mèt. 30; feuil. lanc.-linéaires, glabresc., ainsi que les ram.; en juil.-août, fl. jaunes, axill., solit.; bractées petites, appliquées; calice un peu pubesc., à dents lanc.-étalées, dépassant un peu la corolle. 1823.

CULTURE. — Tous terrains; multipl. de graines. — Dans quelques contrées de la France, en Bretagne surtout, l'**ajonc** est une ressource précieuse comme combustible, comme moyen d'enclos, et même comme fourrage. On emploie, pour ce dernier usage, les jeunes pousses, dont les épines tendres encore se brisent plus facilement. Malgré ses épines, l'**ajonc** est une excellente plante fourragère: on sème ordin. dans une avoine ou autre grain de mars. Pour former des haies on sème sur l'ados des fossés, dans des rigoles peu profondes. Dans les Landes cette plante sert encore de litière aux animaux, et lorsqu'elle est convertie en fumier, elle donne un excellent engrais. Ses cendres sont regardées aussi comme un des meilleurs amendements.

SPARTIUM. *SPARTIUM* LIN. [*Sparton,* cordage; de l'emploi des jeunes rameaux qui servent de liens]. — Calice fendu supérieurem. jusqu'à la base, scarieux et à 5 dents; étendard ample, réfléchi, plus long que les ailes, et de la long., à peu près, de la carène; tube des étam. entier; ovaire linéaire; style très long, ascend., courbé au sommet; stigm. presque latéral; gousse comprimée, linéaire, allongée, polysperme.

1 **S. Jonciforme, Genêt d'Espagne.** *S. junceum* Lin. *Genista juncea* Lamk. *G. odorata* Moench. *Spartianthus junceus* Link. Arbriss. de plus de 2 mètres, à ram. glabres, cylindriques, effilés; feuil. rares, unifoliolées, lancéolées; en juil.-sept., fl. jaunes en grappes lâches au sommet des rameaux. Europe méridionale, 1548. — Var. A FL. DOUBLES. Arbriss. d'un joli effet dans les grands jardins, se multipliant de graines qui mûrissent chaque année; on retire de ses tiges une filasse grossière; les fl. sont très recherchées des abeilles.

SAROTHAMNE. *SAROTHAMNUS* Wimmer [du grec *saros*, balai, et de *thamnos*, rejetons d'arbres: petit arbrisseau avec lequel on fait des balais]. — Calice scarieux, à 2 lèvres écartées, courtes, la supér. à 2 dents, l'infér. à 3; étendard presque orbiculaire, cordé à la base, dépassant les ailes et la carène; étam. monadelphes; style filif., très allongé, roulé en spirale; stigm. terminal; gousse comprimée, polysperme.

1 **S. à balai, Genêt à balai.** *S. scoparius* Wimmer. *Genista scoparia* Lamk. *Spartium scoparium* Lin. *Cytisus scoparius* Link. Arbriss. de 2 mètres environ; ram. glabres, anguleux; feuil. pétiolées, pubesc., à 3 fol., les supér. unifoliolées, oblong.; en avril-juil. fl. jaunes pédic., axill. solitaires; gousses poilues sur les bords. Indigène. — Cette plante, très commune dans les bruyères, pourrait peut-être devenir un succédané du séné; il faudrait déterminer la force purgative de ses feuil. et des sommités de ses ram., qui sont les parties usitées de la plante. Les fleurs jouissent des propriétés émétiques, qu'elles perdent lorsqu'on les fait macérer dans le vinaigre. Elles remplacent dans quelques pays les câpres de nos tables. De ses ram. on retire une filasse qui peut servir à la fabrication des cordes ou d'étoffes grossières. On a aussi employé les ram. au tannage des cuirs.

GENÊT. *GENISTA* Lin. [du mot celtique *gen*, petit arbrisseau]. — Calice herbacé, à 2 lèvres, la supér. à 2 dents, l'infér. à 3; étendard ovale-obl., plus court que les ailes et la carène, ou de même long.; étam. monadelphes; style un peu ascendant; stigm. oblique sur la face interne du style; gousse comprimée ou renflée, polysperme, ou contenant des graines peu nombr. — Fl. jaunes.

* *Arbriss. sans épines, à feuil. trifoliolées.*

1 **G. à petites fl.** *G. parviflora* Dec. *Spartium parviflorum* Vent. Arbriss. d'un mètre, toujours vert; feuill. brièvement pétiolées, à 3 fol. linéaires-lanc., glabres, souvent décidu; en mai-juil., fl. en grappes termin., allongées; gousses planes-comprimées, légèrem. pubesc., dressées, contenant 1-3 graines. Europe mérid., 1817. — Orangerie.

2 **G. claviforme.** *G. clavata* Poir. *Spartium sericeum* Vent. Arbriss. d'un mètre, toujours vert; fol. linéaires presque lanc., soyeuses en dessous; en mai-août, fl. term. réunies en tête; gousses planes-comprimées, atténuées à la base, renferm. 1 ou 2 graines. Mogador, 1812. — Orangerie.

3 **G. des Canaries.** *G. Canariensis* Lin. *Spartium albicans* Cav. *Cytisus paniculatus* Lois. Arbriss. de 6-7 décim., toujours vert, à ram. anguleux, soyeux; feuil. infér. brièvem. pétiolées, les sup. sessiles à 3 fol. soyeuses, obovales-obl.; en mai-sept., fl. termin. peu nombr., réunies en tête; calice soyeux; gousses velues-blanchâtres. 1656. — Orangerie.

4 **G. blanchâtre, G. de Montpellier.** *G candicans* Lin. *Cytisus candicans* Lin. *C pubescens* Moench. Arbriss. de 2-3 mètres, à ram. anguleux; feuil. pétiolées à 3 fol. obovales, pubesc.; en avril-juil., fl. termin. peu nombr. réunies en tête; gousses hérissées-velues. France mérid., 1735. — Orangerie.

5 **G. à feuil. linéaires.** *G. linifolia* Lin. *Spartium linifolium* Desf. *Cytisus linifolius* Lamk. Arbriss. d'un mètre, à ram. cylindr. sillonnés; feuil. sessiles, à 3 fol. linéaires, révolutées, soyeuses en dessous; en janv.-juin, fl. termin. réunies en tête compacte; gousse hérissée de poils. Europe mérid., 1739. — Orangerie.

6 **G. rayonné.** *G. radiata* Scop. *Spartium radiatum* Lin. Arbriss. de 3-4 décim., à ram. glabres, serrés, anguleux; feuil. opposées, presque sessiles, à 3 fol. linéaires soyeuses; en juin-juil., 2 à 4 fl. au sommet des ram., rapprochées en capitules; corolle et gousses soyeuses. Europe mérid., 1758. — Orangerie.

7 **G. trigone.** *G. triquetra* Ait. Arbr. d'un mètre, à ram. triquètres décombants, velus dans la jeunesse; feuil. à 3 fol. velues, lanc.-ovales; celles du sommet simples; en mai-juin, fl. en grappes courtes termin. Corse, 1770.

8 **G. Ombellé.** *G. umbellata* Poir. *Spartium umbellatum* Desf. Arbriss. d'un mètre, à ram. glabres, striés; feuil. briév. pétiolées à 3 fol. linéaires-lanc. légèrem. soyeuses; en avril-juin, fl. term. agrégées en capitules; calice hérissé de soies; corolle et gousse soyeuses. Mauritanie, 1799.

** *Arbrisseaux épineux; feuilles trifoliolées, q. q. fois simples au sommet des rameaux.*

9 **G. très épineux.** *G. horrida* Dec. *G. erinacea* Gilib. *Spartium horridum* Vahl. Arbriss. d'un mètre, à ram. opposés, épineux, anguleux; feuil. opposées, pétiolées, à 3 foliol. linéaires, pliées, légèrem. soyeuses; en mai-juil., fl. peu nombr., presque termin.; calice pubesc. Pyrénées, 1826.

10 **G. de Portugal.** *G. Lusitanica* Lin. Arbriss. de 6-7 décim., très épineux, à ram. opposés, cylindr., quelquef. striés; feuil. opposées, briév. pétiolées, à 3 fol. légèrem. soyeuses, linéaires, pliées; en mars-mai, fl. peu nombr., termin.; calice très poilu. 1771.

11 **G. de Lobel.** *G. Lobelii* Dec. *Spartium erinaceoïdes* Lois. Arbriss. d'environ 1 mètre, à ram. rapprochés, épineux, cylindr., striés et tuberculeux; feuil. rares, sessiles, à 3 foliol. ou presque toutes simples, éparses, obl.-linéaires, légèrem. soyeuses; en avril-juin, fl. pédicell., solit., peu nombreuses, formant des sortes de grappes; calice pubesc. France mér., 1826. — Orangerie.

12 **G. de Salzmann.** *G. Salzmanni* Dec. *G. umbellata* Salzm. Arbriss. d'un mètre environ, à ram. distants, épineux, quelquef. striés; feuil. sessiles, simples, à 3 fol. oblong., obtuses, couvertes de poils fins et couchés; en avril-juil., fl. pédicell., pubesc., soyeuses, géminées, disposées en grappes; lobes infér. du calice étroits à peu près de la long. des 2 supérieures. Corse.

13 **G. aspalatoïde.** *G. aspalathoïdes* Lamk. *Spartium aspalathoïdes* Desf. Arbriss. très rameux; ram. épineux, cylindr., striés, distants et un peu arqués; feuil. peu nombr., sessiles, quelques-unes à 3 foliol., le plus grand nombre simples, éparses, légèrement soyeuses, oblong.-linéaires; en mai-juil., fl. pédicell., pubesc.-soyeuses, géminées, disposées en grappes; calice à 3 divis. principales; l'infér. à 3 petites dents. Mauritanie. — Orangerie.

14. **G. féroce.** *G. ferox* Poir. *Spartium ferox* Desf. *S. heterophyllum* L'Hér. Arbriss. de 4 décim., hérissé de petits ram. épineux, raides, striés; feuil. trifoliolées et simples, sessiles, oblong., glabrescentes; en juin-juill., fl. en grappes; calice légèrem. pubesc.; corolle glabre. Mauritanie, 1800. — Orangerie.

15 **G. à 3 épines.** *G. triacanthos* Brot. *G. rostrata* Poir. Arbriss. de 5 à 6 décim., à ram. épineux; feuil. sess., glabres, trifoliolées et simples, linéaires-lanc.; en mai-juil., fl. en grappes termin. peu nombr.; gousse monosp., glabre, ainsi que le calice et la corolle. Espagne, 1821. — Orangerie.

*** *Arbrisseaux épineux à feuil. simples.*

16 **G. sauvage.** *G. sylvestris* Scop. *G. Hispanica* Jacq. Arbriss. de 5 à 6 décimètres, épines minces axill. rameuses; feuil. linéaires subulées, glabres en dessus, velues en dessous; en juin-juil., fl. glabres, en grappes termin.; dents du calice rudes, presque épineuses; carène de la long. de l'étendard et des ailes. Carniole, 1824.

17 **G. de Corse.** *G. Corsica* Dec. *Spartium Corsicum* Loisel. Arbriss. glabre; épines simples, raides; stipules spinescentes; feuil. linéaires-lanc.; en mai-juil., fl. pédic., axill., solit.; étendard glabre de la long. de la carène; gousse très glabre contenant de 4 à 8 graines.

18 **G. scorpioïde.** *G. scorpius* Dec. *Spart. scorpius* Lin. *G. spiniflora* Lamk. Arbriss. très épineux d'un mètre et plus,

presque aphylle à l'état adulte; feuil. oblong. un peu soyeuses; épines glabres, rameuses, étalées, striées; en mars-avril, fl. glabres, fasciculées, brièvem. pédicellées; carène de la long. de l'étendard; gousse de 2-4 graines. Europe mérid., 1570.

19 **G. d'Espagne.** *G. Hispanica* Lin. Arbriss. de 6-7 décim., à ram. velus, hérissés d'épines raides, rameuses; feuil. velues, lanc.; rameaux florif. non épineux; en juin-juil., fl. termin. en grappes capitulées; carène velue de la long. de l'étendard; gousse velue, presque glabre à la maturité, ovale, à 2-4 graines. 1759.

20 **G. anglais.** *G. Anglica* Lin., *G. minor* Lamk. Arbriss. de 6-7 décim. glabre; feuil. ovales-lanc.; épines simples; ram. florif. non épineux; en mai-juin, fl. en grappes termin.; pétales égaux; gousse ovale-cylindr., polysperme.

21 **G. germanique.** *G. Germanica* Lin. *Scorpius spinosus* Moench. Sous-arbriss. de 6-7 décim. à ram. florifères non épineux; épines simples ou rameuses; feuil. lanc., légèrem. poilues; en juin-août, fl. légèrem. velues, en grappes termin.; pétales égaux; gousse ovale, hérissée de poils, contenant 2-4 graines; Europe, 1773.

**** *Arbrisseaux non épineux à feuilles simples.*

22 **G. griot.** *G. purgans* Lin. *Spartium purgans.* Lin. Arbriss. de 12-15 décim., dressé, très rameux; ram. cylindr., striés; feuil. peu nombreuses, légèrement soyeuses, lanc., presque sessiles; en juin-juil., fl. glabres, brièvem. pédicellées, axill., solit.; pétales égaux entre eux; gousse pubesc. à l'état jeune. France mérid.

23 **G. cendré.** *G. cinerea* Dec. *G. scoparia* Vill. *Spartium cinereum* Vill. Arbriss. de 12-15 décim. très rameux, à ram. striés; feuil. pubesc.-lanc.; en mai-juil., fl. presque sessiles, solit.; pétales soyeux, presque égaux; gousse velue, à 4-6 graines. Europe mérid. — Orangerie.

24 **G. effilé.** *G. virgata* Dec. *G. gracilis* Poir. *Spartium virgatum* Ait. *Cytisus tener* Jacq. Arbriss. de 15-20 décim. à ram., effilés, cylindr., striés; feuil. légèrement soyeuses, oblong.-lanc.; en mars-juin, fl. solit. assez rapprochées pour simuler une grappe; pétales soyeux, presque égaux; gousse velue, comprimée, à 1-3 graines, et relevée de petites bosses à l'endroit des graines. Madère, 1777.—Orangerie.

25 **G. soyeux.** *G. sericea* Wulf. Arbriss. d'un mètre, décombant, à ram. dressés, cylindr.; feuil. linéaires-lanc. soyeuses en dessus; en mai-juin, 3-4 fl. au sommet des rameaux, munies à leur base de petites feuil. de la long. du calice; pétales soyeux, presque égaux, lobes du calice oblongs-acuminés. Autriche, 1812.

26 **G. couché.** *G. humifusa* Lin. Sous-arbriss. de 3 déc., couché; ram. tortueux, tuberculeux, terminés en pointe raide; feuil. poilues, linéaires-lanc. piquantes; en mai-juin, fl. presque sessiles, axill., solit.; pétales soyeux, presque égaux entre eux; lobes du calice ovales un peu aigus. France mérid., 1819.

27 **G. sans feuil.** *G. aphylla* Dec. *G. virgata* Lamk. *Spartium aphyllum* Lin. Fil. Arbriss. de 12-15 décimètres, dressé, rameux; feuil. peu nombreuses, linéaires, courtes; en juin-juill., fl. violettes, en grappes termin., allongées; gousse comprimée, toment. dans la jeunesse, glabre à l'état adulte, contenant deux graines. Sibérie, 1800.

28 **G. à feuilles étroites.** *G. tenuifolia* Lois. Arbriss. à tiges débiles et à ram. cylindr. striés; feuil. glabres, linéaires, uninervées; en juin-juill., fl. glabres, en grappes termin.; gousse glabre. Piémont.

29 **G. du mont Etna.** *G. Æthnensis* Dec. *Spartium Æthnense* Bivon. *Sp. trispermum* Smith. Arbriss. d'un mètre, dressé, très ram.; feuil. peu nombreuses; linéaires, soyeuses; en juin-juill., fl. en grappes termin.; pétales glabresc. presque égaux. 1816.

30 **G. scarieux.** *G. scariosa* Viv. *G. Genuensis* Pers. *G. Januensis* Viv. Arbriss. glabre, à tiges ascendantes; ram. triangulaires dans la jeunesse; feuilles lanc. ou obovales, à bords scarieux; en juin-juill., fl. en grappes; corolle une fois plus longue que le calice; gousse linéaire, un peu arquée, à 4-7 graines Italie, 1821. — Orangerie.

30 **G. de Naples.** *G. Anxantica* Ten. Arbriss. de 12 à 15 décim., à tiges diffuses et à ram. anguleux ; feuil. ovales-ellipt. un peu coriaces, veinées ; en juin-juil., fl. en grappes ; corolle deux à trois fois plus longue que le calice ; gousse de 8 à 10 graines. 1818.

31 **G. des teinturiers, Genestrole.** *G. tinctoria* Lin. Arbriss. d'un mètre environ, à racines traçantes ; tiges dressées ; ram. cylindr. striés ; feuil. lanc. glabresc. ; en juin-août, fl. et fruits glabres, en grappes simples, allongées. Indigène.

32 **G. à feuil. de polygala.** *G. polygalæfolia* Dec. *G. exaltata* Link. Arbr. d'un mètre ; tiges dressées, se divisant en ram. cylindr. striés ; feuil. lanc. légèrement soyeuses en dessous, ainsi que le calice ; en juin-août, fl. en grappes paniculées ; corolle glabre. Portugal, 1826. — Orangerie.

33 **G. à bouquets.** *G. florida* Lin. Arbriss. de 6 à 7 décim., dressé ; ram. cylindr., striés ; feuil. soyeuses, lanc. ; en juin-août, fl. en grappes tournées du même côté, corolle glabre ; gousse soyeuse, arquée, de 2-4 graines. Espagne, 1752. — Orangerie.

34 **G. à feuilles ovales.** *G. ovata* Waldst. et Kit. *G. nervata* Kit. Arbr. d'un mètre, à tiges hérissées, dressées, presque herbacées, cylindr., striées ; feuilles ovales ou obovales-oblong., poilues ; en juin-août, fl. glabres en grappes courtes ; gousse poilue. Italie, 1816.

35 **G. herbacé.** *G. sagittalis* Lin. *G. herbacea* Lamk. Tiges de 16-20 centim., couchées, à ram. herbacés, ascendants, un peu comprimés, comme articulés ; feuil. ovales lanc. ; en mai-juin, fl. termin. en épis ovales ; corolle glabre, présentant une ligne de poils doux sur le dos de la carène. Europe, 1570.

36 **G. couché.** *G. prostrata* Lamk. *G. pedunculata* L'Hér. Petit arbriss. de 50 cent., à tiges couchées, diffus. ; ram. velus, anguleux, striés ; feuil. légèrem. velues en dessous, ovales-oblong. ; en juin-août, fl. axill. dressées, longuem. pédicellées, glabres ; gousse velue à 3-4 graines. Hongrie, 1816.

37 **G. poilu.** *G. pilosa* Lin. Arbriss. étalé à ram. diffus, tubercul. et striés ; feuil. lanc., pliées, soyeuses en dessous ; en mai-juin, fl. soyeuses, axill., brièvem. pédicellées. Europe.

Culture. — Le genre Génista appartient presque exclusivement à l'Europe ; on n'en rencontre que quelques espèces dans l'Afrique septentrionale, Algérie et Maroc. Ces espèces, ainsi que celles de l'Europe méridionale, doivent être rentrées en orangerie pendant l'hiver. Les espèces de plein air, en général, ne végètent bien que dans les terrains légers et à bonne exposition. Le mode de multiplication employé est le marcottage ou la greffe en fentes les unes sur les autres ou sur de jeunes sujets de faux ébénier, où elles persistent plusieurs années. Ces arbriss. sont assez agréables et pourraient servir à l'ornement des grands jardins.

RETAMA. *RETAMA* Boiss. [*Retàm*, nom arabe que portent ces plantes en Espagne]. Calice campanulé bilabié ; lèvre supér. tronquée, à 2 dents, l'inf. à 3 dents ; étendard étalé oblong ; ailes de la long. de la carène ; étam. monadelphes ; ovaire biovulé ; style subulé, ascend., termin. par un stigm. capité poilu ; gousse ovale, enflée, indéhisc., monosperme.

1 **R. monosperme.** *R. monosperma* Boiss. *Genista monosperma* Lamk. *Spart. monospermum* Lin. Arbriss. de plus d'un mètre, à ram. dressés ; feuil. peu nombreuses, linéaires-obl. pubesc. ; en juin-juil., fl. blanches en grappes latérales paucifl. ; pétales presque égaux, soyeux ; gousse glabre, membranacée. Espagne, 1690. — Orangerie.

2 **R. à gousse globuleuse.** *R. sphærocarpa* Bois. *Genista sphærocarpa* Lamk. *Spartium sphærocarpon* Lin. Arbriss. d'un mètre et plus, effilé, ram. ; feuill. peu nombr. linéaires glabres ; en juin-juil., fl. jaunes, nombr., en grappes latérales ; pétales égaux, glabres ; gousse un peu charnue. Europe mérid., 1752.

ARGYROLOBE. *ARGYROLOBIUM.* Eckl. et Zeyh. [du grec *arguros*, argent, *lobos*, gousse ; les gousses recouv. de poils fins et blancs paraissent argentées]. Calice bilabié, lèvre supér. à 2 dents, l'infér. à 3 ; étendard légèrem. pubesc. en dessus, semi-orbiculaire ou obovale; ailes obl., plus larges au sommet et obtuses; pétales de la carène distincts à la base, très obtus; étam. monad.; ovaire multiovulé, style filif. ascend.; stigm. capité; gousse polysperme linéaire, ensiforme, un peu comprimée, aiguë aux 2 extrém.

1 **A. à grand calice.** *A. calycinum* Spach. *Cytisus calycinus* Bieb. *C. pauciflorus* et *nanus* Willd. Arbriss. de 7-8 cent., pubescent; tiges ascend.; feuil. pétiolées à 3 fol. obovales-arrondies; en août, 1 à 3 fl. jaunes au sommet des ram.; calice et gousse pubescents. Caucase, 1820.

2 **A. argenté.** *A. lineanum* Walp. *Cytisus argenteus* Lin. Arbriss. d'un mètre, à tiges décombantes; feuilles soyeuses, pétiolées, à 3 fol. obl.-lanc.; en août, 3-4 fl. jaunes soyeuses au sommet des rameaux. Europe mérid., 1789.

3 **A. uniflore.** *A. uniflorum* Jaub. et Spach. *Cytisus uniflorus* Decaisne. Arbriss. soyeux-argenté, dressé; fol. obl. ou obovales; en juil.-août, fl. jaunes solit. sur un pédonc. beaucoup plus court que les feuilles; divisions supér. du calice triang., aiguës, l'infér. subulée; étendard glabre, plus court que la carène; gousse linéaire à 6-10 graines. Sinaï, 1842.

Culture.— Ces plantes peuvent passer en plein air, excepté la 2e espèce, qui est d'orang. La multiplication se fait par marcottage ou par greffe sur les Cytises.

CYTISE. *CYTISUS* Lin. [de *Cythnus*, une des îles Cyclades où la 1re espèce de ce genre a été trouvée]. — Calice à 2 lèvres, la supér. tronquée ou bidentée, l'infér. à 3 dents; étendard ample, ovale; ailes et carènes obtuses, renfermant les organes sexuels; étam. monad., à gaîne entière; ovaire multiovulé; style subulé, ascendant; stigm. obl.; gousse linéaire, comprimée, polysperme, à suture supér. épaissie ou dilatée en aile étroite.

Sect. 1. *Arbriss. non épineux, peu feuillés, à fl. blanches; calice campanulé; gousse à 1-4 graines; suture supér. non dilatée.*

1 **C. odorant.** *C. nubigenus* Link. *C. fragrans* Lamk. *Spartium nubigenum* Ait. *Sp. supranubium* Lin. fil. Arbriss. de près de 2 mètres, à ram. cylindr., striés; feuil. peu nombr., pétiolées, à folioles poilues, lanc.; en mai-juin, fl. blanches, odorantes, fasciculées, latérales; gousse polysperme. Ténériffe, 1779. — Orangerie.

2 **C. à fl. blanches.** *C. albus* Link. *Genista alba* Lamk. *Spartium album* Desf. *Sp. multiflorum* Ait. Arbriss. de 2m,50, à ram. effilés, cylindr.; feuil. sessiles, simples et trifoliolées; foliol. soyeuses, linéaires-oblong.; en mai, fl. fasciculées, disposées en longues grappes; gousse très velue, à 2 graines. Portugal, 1752. — Orangerie.

Var. à fl. purpurines ou incarnates.

Sect. 2. *Arbriss. non épineux, feuillés; fl. jaunes; calice campanulé; gousse polysperme, à suture supér. non dilatée.*

3 **C. aubour, faux ébénier.** *C. Laburnum* Lin. *C. Alpinus* Lamk. Arbre atteignant jusqu'à 5 mètres, à ram. blanchâtres; feuil. pétiolées, à 3 foliol. ovales-lanc., pubesc. en dessous; en mai-juin, fl. en grappes pendantes; gousse linéaire, pubesc., ainsi que les pédic. et le calice. Alpes, 1596.

Variétés.

1 A feuil. de chêne. *Quercifolium* Hortul. 1818.

2 A feuil. bullées. *Bullatum* Jacques. Feuil. boursouflées et crépues. 1835.

3 A feuil. sess. *Sessilifolium* Jacques. 1819.

4 A ram. pendants. *Pendulum* Jacques.

5 D'Adam. *Adami* Poiteau. *Cytisus sordidus* Bot. reg. Cette singulière variété présente sur le même individu des grappes de fl. rose vineux, jaune pourpre; quelquefois la même grappe est formée moitié fleurs jaunes et moitié fl. roses; enfin des fl. axill., solit., pourpres, comme dans le *C. purpureus.*

4 **C. des Alpes.** *C. Alpinus* Mill. Arbre de 4 mètres et plus, glabre, à ram. cylindr.; feuil. pétiolées, à foliol. ovales-lanc., arrondies à leur base; en juin, fl. en grappes pendantes; pédic. et calice hérissés-pubérulents; gousse glabre, oligosperme, marginée. Europe, 1596.

5 C. en épis. *C. nigricans* LIN. Arbriss. d'un mètre, à ram. cylindr., effilés; feuil. pubesc. en dessous, ainsi que les ram., calice et gousse; foliol. ellipt.; en juin-juil., fl. en grappes allongées, termin. et dressées; calice dépourvu de bractéoles. Autriche, 1730.

6 **C. à feuilles sessiles.** *C. sessilifolius* LIN. Arbriss. de près de 2 mètres, très glabre; ram. cylindr.; feuil. florales sessiles; les caulinaires à 3 foliol. ovales; en mai-juin, fl. en grappes courtes, termin., dressées; calice pourvu de bractées triphylles. Italie, 1629.

7 **C. à 3 fleurs.** *C. triflorus* L'HÉR. *C. villosus* POURR. Arbriss. de plus d'un mètre, hérissé de poils fins, à ram. cylindr.; feuil. pétiolées, à fol. obovales-ellipt.; en juin-juil., fl. axill., ternées au sommet des ram. Europe mérid., 1640.

8 **C. à gr. fleurs.** *C. grandiflorus* DEC. *Spartium grandifl.* BROT. Arbriss. de 7-8 décim.; ram. anguleux, souvent glabres; feuil. pétiolées, fascicul., trifol. ou simples, ovales-lanc.; en juin-juil., fl. latérales, pédicellées, solit. et géminées; gousses laineuses. Portugal, 1818.— Orangerie.

SECT. 3. *Arbriss. à ram. épineux; fl. jaunes; calice campanulé, presque bilabié; suture supér. de la gousse dilatée et épaissie.*

9 **C. épineux.** *C. spinosus* LAMK. *Spartium spinosum* LIN. Arbriss. de 7-8 décim.; ram. angul., épineux; feuil. à 3 fol. obovales-obl.; fl. en juin-juil.; gousse glabre. Corse, 1596.

10 **C. laineux.** *C. lanigerus* DEC. *Spartium lanigerum* DESF. *Sp. villosum* POIR. *Sp. spinosum* BROT. Arbriss. de 7-8 décim.; ram. épineux, striés; feuil. à 3 fol. obovales-ellipt.; fl. en juin-juil.; gousse laineuse. Corse, 1821.

11 **C. de Welden.** *C. Weldeni* VIS. Arbriss. à tiges dressées; feuil. glabres, pétiol., à 3 foliol. ellipt., entières, cunéif. à la base, obtuses, quelquef. légèrem. échancrées au sommet; en juin-juil., fl. en grappes termin., dressées; pédic. velus-blanchâtres; lobes du calice obtus, toment.-ciliés; corolle glabre, excepté la carène, qui est légèrem. velue-soyeuse; gousse glabre. Dalmatie, 1837.

SECT. 4. *Arbriss. non épineux; calice tubuleux, bilabié au sommet.*

* *Fleurs blanches.*

12 **C. prolifère.** *C. proliferus* LIN. FIL. Arbriss. de 7-8 décim.; tiges dressées; ram. velouté, cylindr.; feuil. ellipt., soyeuses, ainsi que le calice; en avril-mai, fl. latérales, agrégées en ombelles; gousse velue. Ténériffe, 1779.— Orangerie.

13 **C. de Hongrie.** *C. leucanthus* WALDST. et KIT. Arbriss. de 6-7 décim., dressé; ram. cylindr., pubesc., ainsi que les feuil.; foliol. ellipt., aiguës; en juin-juil., fl. réunies au sommet des ram. en capitules, munis des feuilles ou bractées; calice et gousse velus. 1806.

14 **C. blanchâtre.** *C. albidus* DEC. Arbriss. de 7-8 décim., dressé; ram. divariqués, cylindr., presque glabres; foliol. oblong., pubesc. en dessous; en juin-juil., fl. pédic., axill., ordin., ternées; calice pubesc., à lèvres entières. Europe mérid, 1824. — Orangerie.

** *Fleurs pourpres.*

15 **C. à fl. pourpres.** *C. purpureus* SCOP. Arbriss. d'un mètre, à tiges procombantes, effilées, presque simples; feuil. glabres, à 3 foliol. oblong.; en mai-août, fl. axill., solit., brièvem. pédicellées; calice et gousse glabres. Autriche, 1792.

*** *Fleurs jaunes.*

16 **C. biflore.** *C. biflorus* L'HÉR. *C. supinus* JACQ. Arbriss. d'un mètre, à tiges diffuses; ram. cylindr., légèrem. pubesc., ainsi que les feuil.; foliol. oblong.-lanc.; en mai-juin, fl. axill., géminées, à pédonc. court; calice et gousse pubesc. Autriche, 1760.

17 **C. allongé.** *C. elongatus* WALDST. et KIT. Arbriss de 12-15 décim. à tiges dress.; ram. allongés, cylindr., velus dans la jeunesse; folioles obovales, velues en dessous; en mai-juin, fl. latérales, peu nombr., ordin. par 4, pédic. court; calice velu. Hongrie, 1804.

18 **C. falciforme.** *C. falcatus* WALDST. et KIT. Arbriss. d'un mètre, à tiges courbées; ram. cylindr., effilés, velus-pubesc. à l'état jeune, ainsi que les feuil.; pétiole hérissé; en juin-août, fl. latérales, ordin. par 3, presque sess.; calice velu. Hongrie, 1816.

19 **C. d'Autriche.** *C. Austriacus* Lin. Arbriss. d'un mètre, à tiges dressées; ram. effilés, cylindr., pubesc., ainsi que les feuil.; foliol. lanc., atténuées aux 2 extrémités; en juin-sept., fl. termin. en ombelles; calice et gousse légèrem. velus. 1741.

20 **C. couché.** *C. supinus* Jacq. Petit arbriss. de 3 décim., à tiges décombantes, rameuses; ram. cylindr., hérissés de poils doux dans le jeune âge, glabre à l'état adulte; foliol. obovał.-obtuses, légèrement poilues en dessous; en mai-août, 2-4 fl. pédonc., au sommet des ram.; calice et gousse légèrem. velus. Europe mérid., 1755.

20 **C. hérissé.** *C. hirsutus* Lin. *C. triflorus* Lamk. *C. Tournefortianus* Lois. Arbriss. de 15 décim., à tiges décombantes; ram. cylindr., effilés, hispides, devenant glabres en vieillissant; foliol. obovales, velues en dessous; en juin-août, fl. agrégées, latérales, et briev. pédicellées; calice et gousse hérissés de poils fins. Hongrie, 1739.

21 **C. capité.** *C. capitatus* Jacq. *C. supinus* Lin. *C. hirsutus* Lamk. Arbriss. d'un mètre à tiges dressées; ram. grêles, hispides; feuil. velues, ovales-ellipt.; en juin-juil., fl. nombr. disposées en capitules au sommet des ram.; calice et gousse velus-hispides. Europe mérid., 1774.

22 **C. très poilu.** *C. polytrichus* Bieb. Arbriss. de 50 cent., à tiges courbées; ram. hispides; foliol. obovales-ellipt. velues, ainsi que le calice; en juin-juil., fl. latérales pédicellées, ordin. géminées; gousse hérissée. Taurus, 1818.

Culture. — Les espèces d'orangerie doivent être placées près des jours et demandent beaucoup d'air. Elles ne sont point délicates; une bonne terre à oranger et peu d'arrosement l'hiver sont tous les soins qu'elles exigent. Lorsque les graines ne mûrissent pas, on peut employer, pour les multiplier, la greffe en fente sur le faux ébénier, et cette opération doit être faite au printemps.

Les espèces de plein air sont assez rustiques et viennent dans presque tous les terrains, excepté les terrains marécageux et trop argileux. On les multiplie comme les espèces d'orangerie; les petites espèces greffées en tête, ou à tige, forment de très jolis arbustes, d'un bel effet dans les jardins; mais celles généralement employées pour l'ornement sont les **C. des Alpes, faux ébénier, odorant** et leurs variétés ou hybrides. Au printemps ils se couvrent de nombreuses grappes de fl. qui se dessinent au milieu de cette belle et fraîche verdure dont les autres arbres ne font à peine que se couvrir.

Le bois du **Cytise aubour** prend, avec l'âge, une teinte plus ou moins brune qui a fait donner à l'arbre le nom de **faux ébénier**. Ce bois est employé par les tabletiers et les tourneurs pour faire différents objets d'arts.

ANTHYLLIDE. *ANTHYLLIS* Lin. [du grec *anthos*, fleur, *ioulos*, duvet, de ce que le calice est couvert de duvet]. Calice ventru, presque bilabié, à lèvre supér. bidentée; l'infér. trifide; étendard de la long. des ailes et de la carène; ailes adhérentes à la carène par leur limbe; carène obtuse ou terminée par un petit prolongement en forme de bec; étam. monadelphes, ovaire stipité; style filiforme courbé supérieur.; stigm. terminal, capité; gousse compr. mono ou disperme, renfermée dans le calice qui est membraneux, renflé, à dents conniventes.

1 **A. de Gérard.** *A. Gerardi* Lin. Vivaces, tiges herbacées de 15 cent., diffuses; feuil. glabresc. à 5-9 fol. oblong.-linéaires, mucronées; en juin-août, 15-20 fl. roses term. disposées en capitules. France mérid., 1806.

2 **A. faux Onobrichide.** *A. onobrychioïdes* Cav. Vivace; tiges herbacées de 15 cent., dressées; feuil. glabresc. à 7-11 foliol. linéaires; en juin-juil., 10-12 fl. jaunes disposées en capitules. Espagne, 1818. — Orangerie.

3 **A. faux cytise.** *A. cytisoïdes* Lin. Arbriss. de plus d'un mètre, très rameux, à ram. effilés, velus, blanchâtres; feuil. simples ou à 3 foliol., la termin. beaucoup plus grande que les latérales; en avril-juin, fl. jaunes, sess., axill. au sommet des rameaux, formant des épis interrompus; calice laineux. Europe méridionale. — Orangerie.

4 **A. de Corse.** *A. Hermanniæ* Lin.

Cytisus Græcus Lin. *Aspalathus erinacea* Lamk. *Aspalathus Cretica* Lin. Arbriss. d'un mètre, très rameux, à ram. glabres, épineux ; feuil. presque sessiles, simples et à 3 foliol., oblong.-cunéif., glabres, ou pubescentes ; en juil., fl. petites, jaunes, disposées en capitules à l'aisselle des feuil. supér.; calice court et légèrement velu. 1739.

5 **A. barbe de Jupiter.** *A. barba Jovis* Lin. *Vulneraria argentea* Lamk. Arbriss. toujours vert de 1 à 2 mètres, à ram. tomenteux-soyeux, ainsi que les feuil., de 9-13 foliol. oblong.-linéaires, égales ; en mars-mai, fl. jaune pâle, en capitules globuleux, multifl., accompagnés de bractées égales. Europe mérid., 1640. — Orangerie.

6 **A. hétérophylle.** *A. heterophylla.* Lin. Arbriss. procombant de 3 décim.; feuil. soyeux à 17 foliol. lanc. aiguës ; les florales trifoliolées; en juin-juil., fl. petites, roses, en capitules paucifl. pédonculés. Portugal, 1768. — Orangerie.

7 **A. des montagnes.** *A. montana* Lin. Herbe à tiges vivace de 4-5 centim., ascendantes, feuilles à 15-19 foliol. ovales-oblongues velues ; en juin, fleurs pourpres en capitules solitaires pédonculés. Europe mérid., 1759.

8 **A. vulnéraire.** *A. Vulneraria* Lin. *Vulneraria rustica* Lamk. Vivace ; tiges herbacées, dressées, de 30 cent.; feuil. à 5-13 folioles inégales, les inférieures petites, la termin. beaucoup plus grande; en mai-juill., fl. jaunes, disposées en capitules terminales, divisés en 2 bouquets. Indigène.

Var. à fl. purpurines et à fl. blanches.

9 **A. tétraphylle.** *A. tetraphylla* Lin. *Vulneraria vesicaria* Lamk. Pl. herbacée, ann.; tiges de 15-20 cent., couchées ; feuil. pennées ; la foliol. termin. ovale, gr., les 3 autres très petites aiguës; en juil., fl. jaune pâle en capit. paucifl., axill., sess.; gousse droite glabre, partagée par une cloison transvers., à 2 graines. Europe mérid.

10 **A. cornicine.** *A. cornicina* Lin. Annuelle ; tiges de 8-10 cent., dressées, rameuses, velues ; feuil. de 6-8 foliol. presque alternes, la termin. grande, obl., les autres obl.-linéaires; en juil.-août, fl. jaune pâle en capitules axill. pédoncul.; gousse arquée à 2-3 loges, contenant chacune une graine. Espagne, 1759.

11 **A. orbiculaire.** *A. circinnata* Boiss. *Medicago circinnata* Lin. *Hymenocarpus circinnatus* Savi. Ann.; tiges couchées, de 15 cent.; feuil. pennées à 5 foliol. ovales, entières, la termin. plus grande, oblong.; en juil.-août, pédonc. portant 2-4 fl. jaunes ; gousse presque membran. réniforme, poilue, à bords dentés ; graines comprimées, réniformes. Corse, 1640.

12 **A. à fruit rayonnant.** *A. radiata* Boiss. *Medicago radiata* Lin. *Hymenocarpus radiatus* Willd. Ann.; tiges de 15 cent., couchées ; feuil. à 3 foliol. obovales légèrem. denticulées ; stipules dentées ; en juin-juil., fl. jaunes ; pédic. unifl. plus long que la feuil.; gousse membr., large, comprimée, réniforme, bordée d'une aile dentée et réticulée. Italie, 1629.

Culture. — Excepté l'**A. vulnéraire** et les espèces annuelles, les anthyllides sont des plantes qui ont besoin d'être rentrées l'hiver en orangerie, près des jours ; quelques-unes pourraient peut-être rester en plein air, en les abritant d'un peu de feuilles sèches. Les graines doivent être semées sur couche tiède, repiquées ; lorsque les plants seront assez forts, on les placera sous châssis pour la reprise, et on les livrera ensuite au plein air jusqu'au moment de la rentrée. On peut encore, pour les espèces ligneuses, lorsque les graines ne mûrissent pas, les multiplier de boutures.

Les anthyllides sont des plantes qui offrent plus d'agrément par leur feuillage que par leurs fl.; on les cultive dans beaucoup de collections.

Sous-tribu 2. *Trifoliées.* — Étamines diadelphes.

LUZERNE. *MEDICAGO* Lin. [de *Media,* pays des Mèdes. Ces plantes sont originaires de ce pays]. — Calice campanulé, à 5 divis. presque égales, les 2 supér. un peu plus courtes ; corolle caduque ; étendard dépassant les ailes et la carène ; carène obtuse, plus ou moins échancrée; étam. diadelphes ; style glabre; stigm. capité; gousse réniforme, falcif. ou contournée en une spirale à plusieurs tours, polysperme, rarem. monosperme ; feuil. trifoliolées.

SECT. 1. Lupularia. — *Gousse non épineuse, réniforme, falciforme ou décrivant 2-3 tours de spire qui laissent au centre une ouverture.*

1 **L. Lupuline, Mignonette.** *M. Lupulina* LIN. *M. Willdenovii* MÉRAT. Bisann.; tiges de 30 cent., ascendantes; foliol. obovales-cunéif., denticul. au sommet; stip. lanc., aiguës, entières; en mai-août, fl. jaunes presque sess., disposées en épis denses; gousse réniforme, monosperme. Indigène. — Cultivé comme fourrage, soit pour couper ou pour faire manger sur place par les moutons.

2 **L. falciforme.** *M. falcata* LIN. Vivace; tiges tombantes, étalées ou ascendantes, légèrem. pubesc.; foliol. oblong., dentées au sommet; stipules entières; en juin.-sept., fl. jaunes, rarem. violacées, à pédic. beaucoup plus longs que les bractées, et de la long. du calice, disposées en grappes multifl.; gousse polysp., falcif., décrivant un tour de spire. Indigène.

3 **L. en arbre.** *M. arborea* LIN. Arbriss. de plus d'un mètre, velu ; foliol. obovales-cordées, presque entières; stipules linéaires, aiguës, entières; en mai-juin, fl. jaunes en grappes; gousse stipitée, contournée en spirale, réticulée, à 2-3 graines presque réniform. Italie, 1596. — Orangerie.

4 **L. cultivée.** *M. sativa* LIN. Vivace; tiges de 50-60 cent., dressées, glabres; foliol. obovales-oblongues, mucronées, dentées; stipules lanc., légèrem. denticulées; en juin-juil., fl. bleuâtres ou violettes, à pédic. plus courts que les bractées et que le calice, disposées en grappes axill. plus long. que la feuil.; gousse polysperme, décrivant 2-3 tours de spire. Indigène.

Plante économique avec laquelle on forme les prairies artificielles d'une si grande utilité, tant par l'abondance de la nourriture que par l'avantage qu'elle a de durer un grand nombre d'années sans d'autres soins, pour le cultivateur, que celui de la faucher. Il faut cependant l'employer avec modération lorsqu'elle est fraîche, car elle a l'inconvénient de gonfler les animaux qui en mangent beaucoup, et souvent même de les faire périr. On doit préférer, pour la culture de cette plante, les terrains gras et légers qui ont beaucoup de fond aux terrains secs et arides dans lesquels elle ne réussirait pas. Dans les années favorables, on peut faire jusqu'à cinq récoltes.

SECT. 2. *Gousse épineuse sur le bord extér., rarem. dépourvue d'épines, décrivant plusieurs tours de spire qui ne laissent pas d'ouverture au centre.*

* *Gousse à bord mince, dépourvu d'épines.*

5 **L. orbiculaire.** *M. orbicularis* ALL. *M. polymorpha* var. LIN. Ann.; tiges de 10-13 cent., étalées ou ascendantes; foliol. obovales-cunéif., mucronulées, denticulées, supér.; stipules profondém. découpées en lanières sétacées; en mai-juil., fl. jaunes, disposées 1-4 au sommet des pédonc. axill. plus court que la feuil. ; gousse polysp., glabre, dépourvue d'épines, irrégul. réticulée, en hélice déprimée en forme de disque, à 4-5 tours de spire; graines presque triangul., ponctuées-rugueuses. Indigène.

6 **L. scutellée.** *M. scutellata* ALL. *M. polymorpha* var. LIN. Ann., poilue ; tiges de 30 cent., diffuses; foliol. obovales, dentées; stipules lanc., dentées; en juin-août, fl. jaunes, disposées 2-3 au sommet des pédonc. axill. ; gousse en hélice, polysp., convexe-hémisphérique en dessus, plane, obliquem. veinée-réticulée en dessous; graines lisses. Indigène.

7 **L. rugueuse.** *M. rugosa* LAMK. *M. elegans* WILLD. Ann.; tiges de 30 cent., couchées; foliol. obovales-rhomb., denticulées au sommet; stipules lanc., dentées; en juin-août, fl. jaunes, disposées 2-4 au sommet des pédonc.; gousse en hélice, à 2-3 tours de spire, veinée-réticulée; graines comprimées, réniform. comme tronquées au sommet. Europe, 1680.

** *Gousse à bord épaissi, dépourvu d'épines.*

8 **L. à fruit tronqué.** *M. tornata* WILLD. *M. polymorpha* var. *tornata* LIN. Ann.; tiges de 30 cent., diffuses; foliol.

obovales-denticulées; stipules ciliées-dentées; en juin-août, fl. jaunes; pédonc. multifl.; gousse en hélice, tronquée aux deux extrémités, glabre; graines jaune-orange, réniform., lisses, tronquées au sommet. Europe, 1658.

9 **L. turbinée.** *M. turbinata* Willd. *M. polymorpha* var. *turbinata* Lin. Ann.; tiges de 25-30 cent., diffuses; foliol. obovales-rhomb., dentées; stipules lanc. dentées; en juin-août, fl. jaunes, disposées ordin. 2 au sommet des pédonc.; gousse en hélice, ovale, convexe aux 2 extrémités; graines jaune-pâle, rénif., lisses, tronquées au sommet. Europe, 1680.

10 **L. tuberculée.** *M. tuberculata* Willd. Ann.; tiges de 30 cent., couchées; foliol. obovales-rhomb., dentées; stipules lanc.-dentées; en juin-août, fl. jaunes, solit. ou disposées 2 au sommet des pédonc.; gousse en hélice, ovale, à bord épais tuberculeux; graines fauves, réniformes, tronquées au sommet. Europe, 1658.

*** *Gousse épineuse.*

11 **L. apiculée.** *M. apiculata* Willd. *M. coronata* Goertn. *M. muricata* var. Lamk. *M. polycarpa* Willd. Ann.; tiges de 15 cent., couchées; folioles-obovales, un peu denticulées au sommet; stipules dentées-ciliées; en juin-juil., fl. jaunes disposées 3-7 au sommet des pédonc.; gousse en hélice, plane aux extrémités, réticulée, à 3 tours de spire; bord glabre, garni d'épines droites et divergentes; graines fauves, oblong.-réniformes. Indigène.

Var. denticulée. *M. denticulata* Willd. — Épines de la gousse ordin. crochues.

12 **L. maritime.** *M. marina* Lin. Vivace, tomenteuse; tiges de 30 cent., dressées; foliol. cunéif., entières; stipules lanc. entières; en juin-août, fl. jaunes, pédonc. multifl.; gousse en hélice, obliquem. nervée, un peu épineuse; graines fauves exactem. rénif. Europe, 1596.

13 **L. des rivages.** *M. littoralis* Rohde. Vivace, velue; tiges couchées de 15-20 cent.; folioles obcordées ou obovales-cunéif., dentées au sommet; stipules lanç.-dentées; en juin-août, fl. jaunes disposées 2-4 au sommet des pédonc.; gousse en hélice, presque cylindr. à 4 tours de spire, glabre, épineuse sur le bord, obliquem. réticulée, à réticulation flexueuse, graines rénif. brunes. Europe, 1822.

14 **L. pentacycle.** *L. pentacycla* Dec. Ann., poilue; tiges de 15 cent. couchées; feuil. obovales-denticulées; stipules dentées-ciliées; en juin-août, fl. jaunes; pédonc. multifl.; gousse glabre épineuse, en hélice, à 5 tours de spire, convexe aux deux extrémités, réticulée supér.; épines longues, un peu diverg., courb. en hameçon au sommet; graines brunes ovales-réniformes, comprimées. Europe.

15 **L. disciforme.** *M. disciformis* Dec. Ann, poilue; tiges de 15 cent., couchées; foliol. obcordées, dentées; stipules lanc. dentées; en juin-juil., fl. jaunes, disposées 3-4 au sommet des pédonc.; gousse glabre, en hélice, à 5 tours de spire, rapprochés, veinés infér., plans sur la partie supér.; les 4 infér. garnis sur leur bord de longues épines sétacées, en crochet; le 5e tour canaliculé, dépourvu d'épines. France.

16 **L. ombellée.** *M. Carstiensis* Jacq. *M. umbellata* Hortul. Vivace; tiges de 30 cent., dressées, rameuses; folioles ovales, dentées; stipules lanc.-dentées; en juin-juil., fl. jaunes en grappes multifl.; gousse devenant noire en mûrissant, en hélice comprimée des deux côtés, obliquem. nervée, à 3-4 tours de spire, dont le bord étroit est garni de long. épines droites, divergentes; graines brunes, presque réniformes. Carinthie, 1789.

17 **L. tribuloïdes.** *M. tribuloïdes* Lamk. Ann., poilue; tiges d'un mètre, couchées; foliol. obovales, dentées; stipules profondém. dentées; en juin-juil., fl. jaunes, disposées 2 au sommet des pédonc.; gousse rugueuse en hélice cylindr., plane aux deux extrémités à 5 tours de spire, garnie d'épines latérales, et non sur le bord, épaisses, divergentes, courbées en crochet au sommet; bord de la gousse épaissi, non canaliculé; graines brunes rénif., tronquées au sommet. Europe mérid., 1730.

18 **L. petite.** *M. minima* Lamk. *M.*

hirsuta ALL. *M. polymorpha* var. *minima* LIN. Ann., poilue; tiges de 30 cent. à tiges couchées; foliol. obovales ou obcordées, tridentées au sommet; stipules lanc.-aiguës, entières; en mai-juin, fl. jaunes, disposées 1-4 au sommet de pédonc. courts; gousse glabre, polysperme, en hélice globuleuse à 3-5 tours de spire, à bord chargé d'épines subulées crochues au sommet, s'insérant sur une ligne saillante à la partie moyenne du bord de la gousse; graines fauves, réniformes. Indigène.

19 **L. maculée.** *M. maculata* WILLD. *M. cordata* DESROUS. Ann.; tiges de 30-40 cent. étalées, poilues; foliol. obcordées ou obovales, maculées-dentées; stipules dentées, ovales-lanc.; en mai-juil., fl. jaunes disposées 3-5 au sommet des pédonc.; gousse glabre, légèrem. nervée; polysp., en hélice presque globuleuse, déprimée, à 3-5 tours de spire, à bord chargé d'épines, se bifurquant à la base, en branches subulées, et s'insérant sur deux rangées à deux lignes peu saillantes; graines fauves, réniformes. Indigènes.

20 **L. de Gérard.** *M. Gerardi* WALDST. et KIT. Ann.; tiges de 10-30 cent., étalées, pubesc.-velues; foliol. obovales-cunéif., denticulées supérieurem.; stipules dentées-sétacées; en mai-juil., fl. jaunes disposées 1-4 au sommet des pédonc.; gousse toment., non veinée, en hélice presque cylindr. à 5-6 tours de spire, portant, sur le bord épaissi, des épines courtes presque coniques, un peu divergentes; graines fauves, réniformes. Indigène.

21 **L. laciniée.** *M. laciniata* ALL. *M. polymorpha* var. *laciniata* LIN. Ann.; tiges de 15 cent. dressées; foliol. linéaires tronquées, incisées-dentées; stipules dentées-ciliées; en juil.-août, fl. jaunes disposées 1-2 au sommet des pédonc.; gousse très épineuse, en hélice presque globuleuse; épines droites subulées, crochues; bord épais non sillonné; graines fauves, oblong.-réniformes. Europe.

22 **L. de Ténoré.** *M. Tenoreana* SER. *M. cancellata* TEN. Ann., pubescente; tiges de 15-20 cent. étalées; en juin-août, fl. jaunes disposées ordin. 2 au sommet de pédonc. axill. plus courts que la feuille; gousse en hélice cylindr. à 5 tours de spire distants, longitudinalement veinés; bord presque cartilagineux, concave, chargé d'épines sétacées, arquées, divariquées; graines pâles, réniformes. Italie, 1820.

23 **L. de Grenade.** *M. Granatensis* WILLD. *M. polymorpha.* var. *pinnatifida* JACQ. Ann.; tiges de 20-25 cent. dressées; foliol. obovales-dentées; stipules pennatifides; en juin-août, fl. jaunes, disposées ordin. 2 au sommet des pédonc.; gousse en hélice presque globuleuse à 5 tours de spire marqués de grosses réticulations; bord presque cartilagineux, faiblement convexe, chargé d'épines coniques, distiques; graines noires, réniformes. 1816.

24 **L. ciliée.** *M. ciliaris* WILLD. Ann.; tiges de 30 cent., couchées; foliol. obovales, dentées, stipules ciliées-dentées; en juil.-août, fl. jaunes disposées ordin. 2 au sommet des pédonc.; gousse poilue en hélice ovale-globuleuse, membraneuse, à grosses réticulations; bord presque cartilag. faiblement concave, chargé d'épines coniques, dures, divariquées; graines noires, grosses, réniformes. Europe.

25 **L. hérissée.** *M. echinus* DEC. Ann.; tiges de 15-20 cent., couchées; foliol. obovales ou obcordées, faiblem. dentées; stipules lanc.-dentées, légèrem. ciliées; en juill. août, fl. jaunes disposées 5-6 au sommet de pédonc. axill. plus longs que le pétiole; gousse membran., réticulée, en hélice ovale, à 6-7 tours de spire; épines comprimées, divariquées, très longues, aiguës; graines noires, réniformes. France mérid.

CULTURE. — Ces plantes, toutes indigènes à l'Europe, ne méritent pas certainement d'être cultivées dans les jardins. Mais comme économie agricole, elles doivent attirer l'attention des cultivateurs nourrisseurs; déjà deux espèces sont employées comme fourrage. La **L. cultivée** exige les meilleurs terrains; il lui faut une terre saine, profonde, bien nettoyée, ne retenant pas l'eau, et fumée l'année qui précède les semis. On sème ordinairement au printemps sur une avoine ou sur une orge. Lorsqu'on veut prolonger la durée de cette plante, on répand dessus, soit en hiver, soit au printemps, un engrais bien consommé ou du plâtre pulvérisé. Pour cette opération, on doit choisir un temps couvert qui promette de la pluie. La **L. Lupuline**, vulg. **Lupuline, Trèfle jaune**, **Trèfle noir**, a cet avantage de réussir dans les terrains secs et de médiocre qualité ; son fourrage est fin, peu abondant, mais d'une qualité égale à celle de la **L. cultivée**, et sans dangers aucuns pour les animaux.

TRIGONELLE. *TRIGONELLA* [diminutif de trigone, du grec *treis*, trois, *gônia*, angle ; de la forme de la fleur]. Calice campanulé, quinquéfide, ou denté ; étendard et ailes étalés ; carène courte, obtuse ; étam. diadelphes ; ovaire droit, pluriovulé ; style filif., glabre ; stigm. obtus ; gousse polysp., linéaire, comprimée ; feuil. à 3 foliol., la termin. pétiolulée.

SECT. 1. *Fleurs en capitules ombelliformes ; gousse ovale, nervée longitudinalem. et terminée par un long bec.*

1 **T. bleue.** *T. cœrulea* SER. *Melilotus cœrulea* LIN. Ann. ; tiges de 40-50 c., ascend. ; foliol. ovales, les infér. ovales-arrondies, denticulées ; stipules lanc. dentées à la base ; en juil.-août, fl. bleues en capitules denses, pédonc. ; dents du calice linéaires plus longues que le tube ; gousse terminée par un long bec droit ; graines globuleuses, olivacées, rugueuses. 1562.

Cette espèce, connue vulgairement sous les noms de **Baumier**, de **Faux baume du Pérou**, de **Trèfle musqué**, etc., est originaire de la Bohême. Elle répand une odeur forte assez agréable. Aussi, dans quelques contrées de la Suisse, l'emploie-t-on pour aromatiser les fromages. Dans la Silésie, on la prend en infusion en guise de thé ; l'eau distillée est regardée comme ophthalmique.

2 **T. de Besser.** *T. Besseriana* SER. *Melilotus procumbens* BESSER. Ann. ; tiges de 30 cent., décombantes ; stipules membr. lanc. ; en juil.-août, fl. bleues, en épis oblong., pédonc. ; gousse disperme, légèrem. poilue, s'atténuant au sommet en un bec trois fois plus long que le calice. Podolie, 1810.

3 **T. maritime.** *T. maritima* DELILE. Ann. ; tiges glabres, diffuses ; fol. obcordées, denticulées, glabres ; en juin-juil., fl. jaunes en capitules ombelliformes au sommet de pédonc. axill. plus courts que la feuil. ; gousse aiguë, droite, enflée et striée à la base. Alexandrie, 1827.

4 **T. crochue.** *T. uncinata* SER. *Melilotus hamosa* LINK. *M. uncinata* BESS. Ann. ; tiges de 30 cent. ascendantes ; fol. ovales-oblong., denticulées ; stipules linéaires-sétacées ; en juin-août, fl. jaunes en épis denses ; calice nervé, à 2 lèvres, l'infér. à 4 dents ; la supér., plus courte, à une seule dent ; gousse ovale, poilue, monosp., termin. par un long bec courbé ; graines ovales-compr. ponctuées. Sibérie, 1798.

5 **T. des rivages.** *T. littoralis* GUSS. Ann. ; tiges de 20 cent., rameuses, diffuses ; foliol. cunéif. denticulées supérieurem. ; en juin-août, fl. jaunes ; gousse pédicell., comprimée, légèrem. courbée, falcif., atténuée aux deux extrém., obliquement réticulée-veinée. Sicile, 1816.

6 **T. à long bec.** *T. calliceras* FISCH. *T. oxyrhyncha* FISCH. Ann. ; tiges de 15 à 20 cent., ascendantes ; foliol. obovales-cunéif., légèrem. dentées supérieurem. ; stipules linéaires, subulées, dents du calice aiguës, de la long. du tube ; en juin-juil., fl. jaunes ; gousse falcif. striée, termin. par un long bec ; stries nombr. ; 5-8 graines ovales vaguement ponctuées. Ibérie, 1823.

SECT. 2. *Fleurs sessiles, solit. ou géminées ; gousse allongée, comprimée, réticulée longitudinalement, terminée par un long bec.*

7 **T. couchée.** *T. prostrata* DEC. *T. Fœnum græcum* var. DEC. Ann. ; tiges de 30 cent., couchées, diffuses ; foliol. obovales-obl., cunéif., finement dentées ; en juin-août, fl. blanches ; calice poilu à dents subulées de la long. du tube ; gousse falcif., polysp., plus long que le bec ; graines petites, ovales-reniformes, rugueuses-ponctuées. France.

8 **T. fenu grec.** *T. Fœnum græcum* LIN. *T. gladiata* HORTUL. Ann. ; tige de 30 cent., simple et dressée ; foliol. obovales, dentées ; stipules lanc.-falcif., entières ; en juin-août, fl. blanches ; gousse glabre polysp., falcif., 2 fois plus long.

que le bec; graines ovales, rugueuses-ponctuées. France.

Le fenu grec est une plante qui a peut-être été trop négligée par l'agriculture et l'industrie. Ses graines contiennent un principe colorant qui pourrait être appliqué à la teinture de la soie et de la laine. L'huile qu'on en extrait entre dans la composition de plusieurs composés onguentacés et notamment dans le diachyllon. La médecine vétérinaire en fait fréquemment usage. Enfin en Égypte, où elle est désignée sous le nom de *helbé*, les habitants la considèrent comme un des meilleurs légumes; on en mange les tiges vertes, qui sont très estimées. C'est certainement une plante à introduire dans la culture européenne.

SECT. 3. *Fleurs en grappes ombelliformes, pédonculées ou sessiles; gousse cylindr.-comprimée, un peu arquée, mucronée, réticulée.*

* *Fl. en grappes pédonculées.*

9 **T. épineuse.** *T. spinosa* LIN. *Buceras spinosa* MOENCH. Ann.; tiges de 15 cent., étalées; foliol. obov.-cunéif., denticulées supérieurem.; stipules déchiquetées; en juil.-août, fl. jaunes, fasciculées, sessiles; gousse glabre, polysp., arquée, comprimée, très longue, veinée transversalem.; graines oblong., rugueuses-ponctuées. Crète, 1710.

10 **T. en crochets.** *T. hamosa* LIN. Ann.; tiges couchées; foliol. ovales-cunéif., denticulées supérieurem.; en juil.-août, fl. jaunes; gousses penchées, cylindr., crochues, disposées en grappes sur un pédonc. épineux de la long. de la feuil. Égypte, 1640.

11 **T. flexueuse.** *T. flexuosa* DELILE. Ann.; tiges fermes de 15-20 cent.; foliol. obcordées, dentées, faiblem. nervées; en juin-juil., fl. jaunes, en ombelles sess.; gousse tortueuse, comprimée et réticulée. Égypte, 1820.

12 **T. de Fischer.** *T. Fischeriana* SER. *T. flexuosa* FISCH. Ann.; tiges étalées de 15-20 cent.; foliol. obovales-cunéif., dentelées, striées; stipules droites, lanc.-subulées; en juin-août, fl. jaunes, disposées en grappes sur un pédonc. mutique, plus long que la feuille; dents du calice subulées, de la long. du tube; gousse polysp., flexueuse-bosselée, un peu arquée; graines oblong., rugueuses. Tiflis, 1818.

* * *Fleurs en grappes sessiles.*

13 **T. de Montpellier.** *T. Monspeliaca* LIN. Ann.; tiges de 15 à 25 cent., pubesc., couchées; foliol. obovales-cunéif., dentelées supérieurem.; stipules linéaires-subulées; en mai-juil., fl. jaunes; divis. du calice subulées, de la long. du tube; gousse linéaire, arquée, pubesc., fortement veinée; graines olivacées, oblong., rugueuses, ponctuées. 1710.

14 **T. à plusieurs cornes.** *T. polycerata* LIN. Ann.; tiges de 15 à 20 cent., diffuses; foliol. cunéif., dentées supérieurem.; stipules lanc., légèrem. dentées à la base; en juin-août, fl. jaunes; gousses sess., ordin. quaternées, dressées, droites, long., linéaires, réticulées, veinées; graines jaunes, oblong., rugueuses-ponctuées. France.

SECT. 4. *Fleurs en ombelles pédonculées; gousse comprimée, falcif., réticulée.*

15 **T. de Russie.** *T. Rhutenica* LIN. Vivace; tiges couchées de 40-50 cent.; foliol. presque lanc., obtuses, faiblem. dentelées; stipules entières; en juin-juil., fl. en grappes capitées; gousses oblong., droites ou un peu arquées; graines inégalem. cordif. 1741.

16 **T. hybride.** *T. hybrida* POURR. Vivace; tiges de 30 cent., ascend.; foliol. obovales-cunéif., entières, glabres; stipules lanc., denticulées; en juin-sept., fl. blanc-jaunâtre, disposées 2-4 au sommet des pédonc.; gousses pédicellées, glabres, veinées-réticulées; graines irrégulièrem. cordées. France.

17 **T. pieds d'oiseaux.** *T. ornithopodioides* DEC. *Trifolium ornithopodioides* LIN. *Falcatula falsotrifolium* BROT. Ann.; tiges de 15-20 cent., couchées; foliol. obcordées, denticulées; stipules lanc., entières, membran., très aiguës; en juin-juil., fl. rosées, disposées 2-4 au sommet des pédonc.; gousses comprimées, un peu falcif., une fois plus long. que le calice. Europe.

18 **T. corniculée.** *T. corniculata* LIN. Ann.; tiges de 15-20 cent., dressées; foliol. ovales, dentées supérieurem.; stipules lanc., entières; en juin-

juil., fl. jaunes; gousses pendantes, comprimées, un peu arquées, veinées transversalem.; graines inégalem. cordées, rugueuses-ponctuées. Europe mérid., 1597.

POCOCKIE. *POCOCKIA* Ser. [Richard Pococke, voyageur-collecteur qui explora le Levant]. — Calice campanulé, à 5 dents; étendard oblong; carène et ailes obtuses, plus courtes que l'étendard; ovaire biovulé; style filif.; stigm. capité; gousse ovale, comprimée, membran.; suture supér. dilatée, formant une gousse samaroïde à 1-2 graines.

1 **P. de Crète.** *P. Cretica* Ser. *Trifolium Melilotus Cretica* Lin. *Melilotus Cretica* Desf. Ann.; tiges de 30 cent., ascend.; foliol. obovales-cunéif., faiblem. dentées; stipules lanc., profond. dentées, adnées au pétiole; en juin-août, fl. jaunes, en grappes; dents du calice aiguës, plus courtes que le tube; gousses rugueuses, à 2 graines comprimées, ovales-oblong., rugueuses-ponctuées. 1713.

MÉLILOT. *MELILOTUS* Tourn. [de *meli*, miel, et de *lotus*]. — Calice campanulé à 5 dents; étendard de la long. des ailes ou les dépassant un peu; carène obtuse, adhérente aux ailes au-dessus de l'onglet; gousse plus long. que le calice, coriace, droite, oblong., indéhiscente, à 1-4 graines. — Herbes à feuil. trifoliolées; stipules adnées au pétiole; fl. disposées en grappes.

1 **M. de Koch.** *M. Kochiana* Willd. *Trifolium Kochianum* Hayne. Bisann.; tiges d'un mètre ascend.; foliol. linéaires-oblong., denticulées; stipules dentées; en juin-sept., fl. jaunes; dents du calice de la long. du tube; étendard plus long que la carène, gousse ovale-comprimée de la long. du style, ridée transversalem.; 1-2 graines ovoïdes un peu comprimées. France.

2 **M. denté.** *M. dentata* Willd. *Trifol. dentatum* Waldst. et Kist. Vivace; tiges d'un mètre dressées; foliol. oblong. denticulées; stipules laciniées-dentées; en juin-août, fl. jaunes, dents du calice de la long. du tube; étendard dépassant la carène; gousse noirâtre à la maturité, irrégulièrem. et étroitem. ridée, obovale, obtuse, comprimée, à bords séminifères gibbeux; 1-2 graines irrégul. cordées. Hongrie, 1802.

3 **M. officinal.** *M. officinalis* Willd. *M. altissima* Thuil. Ann. ou bisann.; tiges de 5-10 décim. dressées, rameuses, glabres; foliol. oblong. étroites, ou presque linéaires, obtuses, denticulées; stipules sétacées; en juin-sept., fl. jaunes; dents du calice inégales de la long. du tube; étendard de la long. des ailes et de la carène; gousse poilue, obovale, ridée transversalem., terminée par le style, et à bord supér. comprimé; 2 graines inégalem. cordées. Indigène. — Cette espèce est l'objet d'une culture très suivie en Angleterre; elle communique au fourrage auquel on la mêle une odeur très agréable qui plaît beaucoup aux animaux herbivores : l'eau distillée de mélilot fait la base de quelques collyres : les sommités fleuries passent pour émollientes, digestives et résolutives; on les associe souvent avec les fleurs de sureau pour faire des fumigations discussives.

4 **M. à fleurs blanches.** *M. leucantha* Koch. *M. vulgaris* Willd. *M. alba* Thuill. Bisann.; tiges de 5-10 décim., ordin. dressées, rameuses, glabres; fol. oblong. tronquées, denticulées; stipules sétacées; en juin-sept., fl. blanches; dents du calice inégales, de la long. du tube; étendard dépassant longuem. les ailes et la carène; gousse glabre, ovale, ridée transversalem., monosp.; graine ovale. Indigène.

5 **M. à petites fleurs.** *M. parviflora.* Desf. *Trifolium Melilotus Indica* var. Lin. Ann.; tiges de 50-60 cent., ascendantes, à ram. étalés; foliol. des feuil. infér. obovales arrondies, entières; fol. des feuil. supér. oblong. denticulées; stipules linéaires-sétacées; en juin-août, fl. petites, jaunes, en épis denses; dents du calice presque égales, larges; étendard de la long. des ailes; gousse ovale, ridée, monosp.; graine ovoïde, rugueuse. Europe mérid., 1798.

6 **M. d'Italie.** *M. Italica* Lamk. *Trifol. Melilotus Italica* Lin. *M. rotundifolia* Ten. Ann.; tiges de 50-60 cent., rameuses, dressées; foliol. obovales-arrondies, denticulées; stipules lanc.-aiguës, laciniées à la base; en juin-août,

fl. jaunes; dents du calice inégales, de la long. du tube; ailes et carène égales plus courtes que l'étendard ; gousse globuleuse presque subéreuse, ridée, à 1-2 graines orbiculaires-comprimées, ponctuées-rugueuses. 1596.

7 **M. à tiges grêles.** *M. gracilis* Dec. *M. Neapolitana* Ten. Ann.; tiges de 5-6 décim., grêles, ascend., ainsi que les ram.; foliol. obovales-étroites, denticulées supérieurem.; stipules linéaires-sétacées; en juil-sept, fl. jaunes; dents du calice presque inégales, un peu plus courtes que le tube; étendard égalant les ailes et la carène; gousse globuleuse, un peu subéreuse, ridée, à 2 graines orbiculaires-comprimées, ponctuées-rugueuses. France.

8 **M. des champs.** *M. arvensis* Wall. Ann.; tiges de 5-6 décim. très rameuses, ascend.; foliol. obovales irrégulièrem. dentées; stipules subulées; en juil.-août, fl. jaunes en longues grappes; dents du calice presque égales, de la longueur du tube; étendard et ailes dépassant la carène; gousse ovale aiguë, ridée transversalem., ordin., à 2 graines ovales-oblong., lisses, olivacées. Indigène.

9 **M. de Messine.** *M. Messanensis* Desf. *Trifolium Messanense* Lin. Ann.; tiges de 5-6 décim., dressées; foliol. obovales-cunéif., denticulées; stipules dentées, larges à la base, linéaires supérieurem.; en juin-août, fl. jaunes en grappes paucifl.; dents du calice presque égales, un peu plus courtes que le tube; gousse lanc.-aiguë, très nervée, monosp.; graines ovales-comprimées, grosses, ponctuées-rugueuses. Sicile, 1690.

10 **M. à gousses arquées.** *M. sulcata* Desf. *M. Mauritania* Willd. *M. longifolia* Ten. Ann.; tiges de 6-7 décim., dressées; foliol. obovales, denticul.; stipules linéaires-subul., à base dilatée, entière ou dentée; en juin-juil., fl. jaunes; dents du calice larges, plus courtes que le tube; gousse obovale, presque globuleuse, arquée, à veines nombreuses, dispermes; graines orbicul., ponctuées-rugueuses. Mauritanie, 1798.

Culture. — Plantes de peu d'importance pour l'horticul.; quelques-unes pourraient sans doute être employées comme fourrage; la 3e esp. est cultivée à cet usage depuis longtemps en Angleterre.

TRÈFLE. *TRIFOLIUM* Tourn. [du latin *tres*, trois, *folium*, feuille; allusion aux 3 foliol. composant la feuille]. — Calice campan. ou tubuleux, persistant, à 5 dents plus ou moins profondes, subul.; corolle marcescente, à étendard de la longueur ou plus long que les ailes et la carène; ailes ord., divergentes; carène obtuse; gousse très petite, à peine déhiscente, ovale ou oblong., droite, renfermée dans le calice ou le dépassant peu, monosp., rarem. à 2-4 graines. — Herbes à feuil. trifoliolées; stipules adnées au pétiole.

Sect. 1. *Fleurs en épis oblongs, non munis de bractées à la base; calice velu, non renflé après la floraison.*

1 **T. à feuil. étroites.** *T. angustifolium* Lin. Ann.; tiges de 50 cent., dressées; foliol. linéaires-lanc., très aiguës, ciliées; stipules long., étroites, subulées; en juin-août, fl. roses-purpurines en épis oblongs-coniques, termin.; calice strié, à dents sétacées, spinesc., dépassant à peine la corolle; la dent infér. plus longue. France mérid., 1640.

2 **T. pourpré.** *T. purpureum* Lois. Ann.; tiges de 30-40 cent., dressées; foliol. linéaires-lanc., aiguës, très entières, ciliées; stipules étroites, sétacées; en juin-juil., fl. pourpres, en épis termin., ovales-oblongs; calice strié, à divisions sétacées, les 4 supér. plus courtes que l'infér.; corolle beaucoup plus longue que le calice. France mérid., 1816.

3 **T. à fl. rouges.** *T. rubens* Lin. Vivace; tiges de 40-45 cent., dressées, grêles; foliol. oblong., très obtuses, glabres, denticulées; stipules très long., lanc.; en juin-sept., fl. rouges, en épis ord. géminés, termin.; corolle gamopétale; calice strié, à divis. sétacées, courtes, l'infér. égalant à peu près la corolle. Indigène.

4 **T. incarnat.** *T. incarnatum* Lin. Ann.; tiges de 30 cent., dressées; foliol. arrondies-obcordées, velues, crénelées; stipules larges, courtes, obtuses et marquées d'une tache au sommet; en juil.,

fl. incarnates, en épis termin., solit., longuem. pédonculés; calice très poilu, strié à divis. lanc., sétacées, égales; corolle gamopétale égalant le calice. Indigène.

5 **T. Lagopède.** *T. Lagopus* Pourr. Ann., très poilu; tiges de 30 cent., très rameuses; feuil. obovales-cunéif., denticul.; stipules lanc., très larges, courtes, nervées; en juil.-août, fl. en épis termin., oblongs, solit., sess.; calice très poilu, strié, à divis. égales, plus courtes que la corolle. France, 1827.

6 **T. des champs.** *T. arvense* Lin. Ann.; tiges de 30 cent., dressées; foliol. spatulées-linéaires, à 3 dents supérieurem.; stipules étroites, membran., très long., subulées, poilues; en juil.-août, fl. blanches ou rosées; épis oblongs, très velus; calice très poilu, à divis. égales; corolle polypétale plus courte que le calice. Indigène.

7 **T. Ligustique.** *T. Ligusticum* Bald. Ann.; tiges de 15-20 cent., très rameuses, diffuses; fol. obovales et obcordées, larges, ord. denticul. au sommet; stipules larges, lanc., nervées, courtem. acumin.; en juin-juil., fl. blanc-rosé; épis oblongs, pédonculés, géminés, divariqués, poilus; divis. du calice subul., égales, une fois plus long. que le tube et dépassant la corolle. Corse, 1816.

8 **T. Bardane** *T. lappaceum* Lin. Ann.; tiges de 15-20 cent., rameuses, diffuses; foliol. obovales et obcordées, denticulées; stipules étroites, nervées, longuem. subul.; en juin-août, fl. blanches; épis presque globuleux, hispides, termin., ord. solit.; divis. du calice subul. 2-3 fois plus long. que le tube; étendard égalant le calice. France.

Sect. 2. *Fleurs en capitules ovales-coniques ; calice non renflé après la floraison.*

9 **T. de Boccone.** *T. Bocconi* Savi. *T. collinum* Bast. *T. gemellum* Lapeyr. Ann.; tiges de 15-20 cent., dressées, rameuses; foliol. obovales-oblong., denticul. supérieurement; stipules très étroites, longuement subulées; en juin-juil., fl. purpurines; capitules ovales, denses, géminés, termin., sess., munis de bractées à la base; divis. du calice étroites, presque égales, de la long. de la corolle. France.

10 **T. strié.** *T. striatum* Lin. Ann.; tiges de 15-20 cent., rameuses; folioles obovales-oblong., denticul. supérieurem.; stipules membran., larges, apiculées; en juin, fl. pourpres en capitules ovales-coniques, denses, solit., sess., munis de bractées à la base, termin. et latéraux; tube du calice ventru à divis. inégal., divariquées, aristées, plus courtes que la corolle. France.

11 **T. scabre.** *T. scabrum* Lin. Ann.; tiges de 15-20 cent., couchées; folioles obovales, denticulées; stipules petites, presque membran.; en mai-juin, fl. blanches en capitules ovales, sess., termin. et latér.; divis. du calice linéaires, lanc., raides, courbées, inégales, à 3 nervures égalant à peine la corolle. France.

Sect. 3. *Fleurs disposées en capitules ovales, souvent munies de bractées ; calice velu non renflé.*

12 **T. maritime.** *T. maritimum* Huds. *T. irregulare* Pourr. Ann.; tiges de 15-20 cent., dressées; foliol. oblong.-obovales, obtuses, quelquef. échancrées et denticul.; stipules étroites, longuem. subulées; en juin-juil., fl. pourpre pâle en capitules ovales-globul., presque sess.; divisions du calice raides, inégales, plus courtes que le tube et la corolle; la divis. infér. longue, à 3 nervures. France.

13 **T. couché.** *T. supinum* Savi. Ann.; tiges de 15-20 cent., étalées, rameuses; foliol. obovales, larges, ciliées; stipules petites, étroites, subulées, nervées; en juin-juil., fl. pourpre pâle en capitules ovoïdes, pédonculés; divis. du calice linéaires, raides, étalées, inégales, plus courtes que la corolle. France.

14 **T. jaunâtre.** *T. ochroleucum* Lin. Vivace, poilu; tiges de 30 centim., grêles, ascend.; feuil. distantes, à foliol. ovales-ellipt., obtuses ou légèrement échancrées, ciliées, les supér. étroites; stipules étroites, nervées, beaucoup plus courtes que la feuil.; en mai-juin, fl. jaune-soufre en capitules ovales-oblongs, presque sess., termin.; divis. du calice linéaires, sétacées, raides, inégales, beaucoup plus courtes que la corolle; l'infér. très longue. Indigène.

15 **T. barbu.** *T. Pannonicum* Lin. *T. barbatum* Dec. Vivace, très poilu; ti-

ges épaisses, peu rameuses; foliol. lanc., aiguës, entières, ciliées; stipules larges à la base, nervées, lanc., acumin., plus long. que le pétiole; en mai-juin, fl. en capitules termin., pédonculés, ovales-oblongs; calice hérissé ou presque lisse, à divis. sétacées; l'infér. une fois plus long. que les supér. et égalant la corolle. Hongrie, 1752.

16 **T. écailleux.** *T. squarrosum* LIN. Ann.; tiges de 15-20 cent., rameuses; feuil. poilues, à foliol. lanc. ou ovales, légèrem. échancrées; stipules étroites, glabres, un peu membr., longuem. acumin.; en juil., fl. pourpre pâle; capitules ovales; calice strié, à divis. inégales, trinervées, ciliées; l'infér. de la long. de la corolle, réfléchie. Espagne, 1640.

17 **T. alpestre.** *T. alpestre* LIN. Vivace; tiges de 30 cent., dressées, simples; foliol. coriaces, lanc., entières, nervées; stipules étroites, linéaires; en juil., fl. pourpre en capitules ovales; calice strié, lisse, à divis. inégales, épineuses; l'infér. plus courte que la corolle; les supér. courtes, dentiformes; corolle monopétale. Europe, 1789.

18 **T. moyen.** *T. medium* LIN. Vivace, glabre; tiges de 50-60 centimèt., flexueuses, rameuses; foliol. coriaces, oblong., ciliées, multinervées; stipules étroites, linéaires-lanc.; en juin-juil., fl. rouges en capitules presque globuleux, pédonculés; calice poilu, à divis. inégales; l'infér. une fois plus long.; corolle dépassant le calice. Indigène.

19 **T. des prés.** *T. pratense* LIN. Vivace, tiges de 30 cent., ascend.; foliol. ovales-obtuses entières ou légèr. échancrées; stipules glabres, larges, nervées, brièvem. acumin., réfléchies; en mai-sept, fl. pourpres en capitules ovales-obtuses, presque sess.; calice poilu, à divis. presque égales; corolle gamopétale 2-3 fois plus long. que le calice. Indigène.

20 **T. diffus.** *T. diffusum* EHRH. Mollement velu, glauque, ann.; tiges de 15-20 cent., diffuses; foliol. ovales-lanc., obtuses ou légèrem. échancrées; stipules étroites, linéaires-lanc.; en juillet-août, fl. pourpres en capitules ovales, un peu hispides; calice très velu, à divis. sétacées, droites, égales; corolle gamopétale, dépassant le calice. Hongrie, 1801.

21 **T. hirté.** *T. hirtum* ALL. *T. hispidum* DESF. Ann.; tiges de 30 cent., dressées; foliol. obovales-cunéif., presque entières; stipules infér. étroites, longuement acumin.; les supér. larges, courtes; en juil.-août, fl. pourpres, en capitules presque globuleux, hispides; divis. du calice très long., inégales, égalant le calice. Barbarie, 1817.

22 **T. de Cherler.** *T. Cherleri* LIN. Ann.; tiges de 30-40 centim., étalées; foliol. obcordées, entières; stipules larges, à sommet linéaire, réfléchi; en mai-juin, fl. pourpres en capitules globuleux, sess., hispides, munis de 2 bractées arrondies; calice hispide, plus long que la corolle. Montpellier, 1750.

23 **T. étoilé.** *T. stellatum* LIN. Velu, ann.; tiges de 30 c., diffuses; foliol. obcordées-cunéif., presque triangul., denticulées sur le bord supér.; stipules très larges, obovales, dentelées; en juil., fl. pourpres, en capitules globuleux; divis. du calice foliacées, linéaires-lanc., étalées, égales, de la long. de la corolle; gousse monosperme. Europe, 1760.

24 **T. blanchâtre.** *T. leucanthum* BIEB. Ann.; tiges de 15-20 cent., velues, dressées; foliol. ovales-oblong., dentelées supérieurem.; stipules lanc.-subulées, entières; en juin-juil., fl. blanchâtres, en capitules pédonc., presque globuleux; divis. du calice étalées, presque égales, plus courtes que la corolle; gousse monosperme. Taurie, 1820.

25 **T. des rochers.** *T. saxatile* ALL. *T. thymiflorum*. VILL. Ann. ou bisann.; tiges de 15-20 cent., dressées; foliol. velues, petites, cunéif., entières, échancrées au sommet; stipules ovales, nervées, mucronées; en mai-juin, fl. pourpres, en capitules globuleux-déprimés, sess.; calice toment., à divis. petites, égales, de la long. de la corolle. Alpes, 1816.

SECT. 4. ***Fleurs en capitules, souvent réfléchies après la floraison; capitules globuleux; calice non renflé.***

26 **T. étouffé.** *T. suffocatum* LIN. Ann., glabre; tiges de 7-8 cent., couchées; feuil. longuem. pétiolées à foliol. obcord.-cunéif., denticul.; stipules sca-

rieuses, nervées, brièvem. acumin.; en juin-juil., fl. blanch., sess., disposées en capitules axill., rapprochés, globuleux, glabres et sess.; calice à divis. lanc., aiguës, presque égales, étalées, beaucoup plus long. que la corolle ; gousse à 2 graines. Europe.

27 **T. glomérulé.** *T. glomeratum* LIN. Ann., glabre; tiges de 15-20 cent., étalées; foliol. obovales, légèrem. dentées ; stipules scarieuses, nervées, longuem. acumin.; en juin, fl. roses, purpurines, sess., disposées en capitules denses, axill., globul., distants, sess.; dents du calice ovales, brièvem. acumin., ne dépassant pas la corolle; gousse à 2 graines. Europe.

28 **T. à petites fl.** *T. parviflorum* EHRH. *T. strictum* STURM. Ann.; tiges de 15 cent., diffuses; foliol. obovales, nervées, légèrem. dentelées ; stipules étroites, acumin., scarieuses ; en juin-juil., fl. blanches, sess., disposées en capitules denses, globuleux, axill., pédonculés et sess. ; divis. du calice nervées, lanc., aiguës, inégales; les 2 supér. dépassant la corolle; gousse disperme. Hongrie, 1820.

29 **T. droit.** *T. strictum* LIN. Ann., glabre; tiges de 30 centim.; foliol. des feuil. infér. obovales, celles des feuil. supér. oblong.-ellipt., dentelées; stipules presque scarieuses, larges, obtuses; en juil.-août, fl. blanches, sess., disposées en capitules denses, axill., globuleux, longuement pédoncul., accompagnés de bractées membran., lanc.; calice à divis. subulées, inégales, plus courtes que la corolle; gousse disperme, dépassant à peine le calice. Europe mérid., 1805.

30 **T. rampant.** *T. repens* LIN. Vivace; tiges de 40-50 cent., rampantes, diffuses, rameuses dès la base ; foliol. obovales-arrondies, denticul., légèrem. échancrées au sommet; stipules scarieuses, lanc., étroites, longuem. mucronées; en mai-sept., fl. blanches, pédicellées, pendantes après la floraison, disposées en capitules, axill., longuem. pédoncul.; calice à dents inégales, plus courtes que la corolle; gousse à 4 graines. Indigène.

31 **T. gazonneux.** *T. cæspitosum* REYN. *T. Thalii* VILL. Vivace, glabre ; tiges basses, gazonneuses ; foliol. obovales, denticul., légèrem. échancrées; stipules scarieuses, lanc., étroites, aiguës, uninervées; en juin-juil., fl. pourpres, presque sess., disposées en capitules, axill., longuem. pédoncul.; calice à divis. lanc., presque égales, plus courtes que la corolle; gousse à 3-4 graines. Alpes, 1815.

32 **T. anguleux.** *T. angulatum* WALDST. et KIT. Ann., glabrescent; tiges de 40-50 cent., retombantes, anguleuses; foliol. obovales et obcordées, finement dentelées; stipules scarieuses, étroites, aiguës; en juin-août, fl. roses, pédicellées, pendantes après la floraison, disposées en capitules pédoncul. ; calice à divisions étroites, aiguës, plus court que la corolle; gousse faiblem. articul., dépassant le calice, à 3-4 graines. Hongrie, 1803.

33 **T. hybride.** *T. hybridum* SAVI. *T. intermedium* LAPEYR. Ann., glabre; tiges de 20-25 cent., pleines, ascend.; foliol. obcord.-cunéif., denticulées; stipules larges, presque membran., aiguës; en juil.-août, fl. pourpres, pédicellées, pendantes après la floraison, disposées en capitules ombellif., axill., paucifl.; calice à divis. plus courtes que le tube, inégales, ne dépassant pas la corolle; gousse plus long. que le calice, à 4 graines. Europe, 1777.

34 **T. de Michéli.** *T. Michelianum* SAVI. Ann.; tiges de 20-25 cent., fistuleuses, ascend.; foliol. obovales, obcordées, dentelées; stipules foliacées, lanc., aiguës; en juil.-août, fleurs blanches, longuem. pédicellées, pendantes après la floraison, disposées en capitules ombellif., axill.; divis. du calice 2-3 fois plus long. que le tube, étalées, sétacées, plus courtes que la corolle ; gousse dépassant le calice, à 2 graines. Italie, 1815.

35 **T. élégant.** *T. elegans* SAVI. Vivace; tiges de 15-20 cent., pleines, ascend.; foliol. obovales, denticulées; stipules foliacées, longuem. et étroitement acumin.; en juin-sept., fl. rouge-pâle, brièvem. pédicellées, pendantes après la floraison, disposées en capitules globuleux, axill.; divis. du calice presque égales, triquètres, plus longues que le tube et n'atteignant pas la longueur de

la corolle; gousse à 2 graines. Europe, 1823.

36 **T. des montagnes.** *T. montanum* Lin. Vivace, pubescent; tiges de 30 cent., dressées presque simples; foliol. lanc.-oblong., obtuses, denticul., nervées; stipules lanc., très aiguës; en juil.-août, fl. blanches, presque sess., pendantes, disposées en capitules axill. globuleux, ou oblongs, pédonculés; divis. du calice inégales, étroites, de la long. du tube et plus courtes que la carène; gousse monosperme. Europe, 1786.

37 **T. de Balbis.** *T. Balbisianum* Ser. Vivace, velu; tiges simples, gazonneuses; foliol. ellipt., obtuses, denticulées, nervées; stipules lanc.-aiguës; en juin-juil., fl. pourpres, disposées en capitules hémisphér. au sommet des pédonc. solit., beaucoup plus longs que la tige; div. du calice étalées, égales, étroites, plus long. que le tube et n'atteignant pas le sommet de la carène. France mérid., 1820.

Sect. 5. *Fleurs disposées en capitules denses; calice devenant vésiculeux après la floraison, par suite de l'accroissement de la lèvre supérieure.*

38 **T. à fruits enterrés.** *T. subterraneum* Lin. Ann., velu; tiges couchées; foliol. obcord., denticul.; stipules larges, lanc., aiguës; en mai, fl. blanches, en capitules paucifl., presque globul., s'enfonçant en terre après la fécondation; les fl. infér. fertiles, à calice vésiculeux; les supér. stériles; gousse monosperme. Indigène.

39 **T. vésiculeux.** *T. vesiculosum* Savi. *T. recursum* Waldst. et Kit. Ann.; tiges dressées, striées; foliol. lanc., finement dentel.; stipules étroites, membran., longuem. acumin.; en juin-juil., fl. rouges en capitules ovales, longuement pédonculés; calice scarieux, à divisions égales, subulées, aiguës, beaucoup plus court. que la corolle; gousse à 2 graines. Hongrie, 1805.

40 **T. écumeux.** *T. spumosum* Lin. Ann.; tiges étalées, rameuses; fol. obovales et obcord., entières; stipules larges, aiguës; en juin-juil., fl. rouges en capitules ovales, presque sess.; calice scarieux, strié, transversalement veiné, à divis. sétacées, divergentes, égalant à peine la corolle; bractées lanc., plus courtes que le calice; gousse à 4 graines. France, 1771.

41 **T. renversé.** *T. resupinatum* Lin. Ann.; tiges couchées; foliol. obovales, finem. dentelées, maculées à la base; stipules petites, linéaires-lanc., aiguës; en juin-juil., fl. pourpres, sess.; en capitules hémisphériq. ou globuleux au sommet d'un pédonc., plus court que le pétiole; cal. scarieux, veiné longitudinalem. et transversalem., à divisions lanc., très aiguës, plus court. que la corolle; gousse ord., à 2 graines. Allemagne, 1713.

42 **T. fraisier.** *T. fragiferum* Lin. Vivace; tiges couchées; foliol. ovales ou obovales; stipules étroites, linéaires-allongées; en juil.-août, fl. rouge pâle, sess. en capitules ovales-globuleux, longuem. pédonculés; calice membran., réticulé, poilu, à divis. égales, plus court. que la corolle; gousse à 2 graines. Indigène.

43 **T. tomenteux.** *T. tomentosum* Lin. Ann.; tiges couchées; foliol. obcord.-cunéif., finem. dentelées; stipules lanc., aiguës, scarieuses; en juin-juillet, fl. pourpres, sess. en capitules globuleux, brièvem. pédonc.; calice membr., toment., à divis. plus courtes que la corolle; gousse monosperme. Europe mérid., 1640.

Sect. 6. *Fleurs grandes; pétales persistants; calice à divisions subulées, dressées.*

44 **T. uniflore.** *T. uniflorum* Lin. Vivace; tiges très courtes, de 3-4 cent.; foliol. ovales, acumin., dentées, nerv.; stipules engaînantes, longuem. acumin.; en juin-juillet, fl. bleues, ord. solit. au sommet de courts pédonc.; calice cylindr., strié, à dents égales, subulées, beaucoup plus court. que la corolle; gousse à 2 graines. Italie, 1800.

45 **T. des Alpes, Réglisse des montagnes.** *T. Alpinum* Lin. Vivace, très glabre; tiges de 6-7 centim., épaisses, presque souterraines; feuilles longuem. pétiolées, à foliol. linéaires-lanc., obtuses, denticul.; stipules très long., linéaires, aiguës; en juin-août, fl. pourpres, disposées au sommet de longs pédonc. en capitules ombellif.; calice

campan., à dents égales, beaucoup plus courtes que la corolle; gousse à 2 graines. 1775.

SECT. 7. *Fleurs jaunes, disposées en capitules ovales, pédonculés; pétales scarieux, persistants.*

46 **T. brun.** *T. badium* SCHREB. *T. spadiceum* VILL. Vivace ; tiges de 15 cent. ; feuil. pétiol., à foliol. sess., obcord., denticul.; stipules lanc., aiguës ; en juin-août, fl. à étendard obovale, disposées en capitules lâches, presque globuleux ; calice très court, campan., à divisions inégales ; la supér. plus petite ; gousse presque globul., monosperme. Pyrénées.

47 **T. des campagnes.** *T. agrarium* LIN. *T. aureum* POLL. Ann.; tiges de 15 cent., ascend., rameuses ; feuil. briév. pétiol., à foliol. sess., ovales-oblong., denticul. ; stipules foliacées, lanc., aiguës, plus long. que le pétiole ; en juin-juil., fl. à étendard obcordé, en capitules longuem. pédonculés; calice court, campan., à divis. inégales, glabres ; la supér. plus petite; gousse monosperme. Indigène.

48 **T. châtain.** *T. spadiceum* LIN. Vivace ; tiges de 15 centim., dressées, presque simples, grêles ; feuil. pétiol., à foliol. sess., ovales-oblong., denticul. ; stipules foliacées, étroites, acumin. ; en juin-août, fl. à étendard obcord., en capitules longuem. pédonc.; divis. du calice inégales ; les extérieures longues, poilues ; les 2 intér. plus petites, glabres ; gousse ovoïde, comprimée, monosperme. Europe, 1778.

49 **T. retombant.** *T. procumbens* LIN. Ann.; tiges de 30 cent., étalées ; feuil. briévem. pétiol.; foliol. obovales et obcord., denticul., la termin. pétiolul.; stipules ovales, ciliées, une fois plus courtes que le pétiole; en juin-juil., fl. nombr., réunies en capitules ovales, au sommet de pédonc. axill., de la long. de la feuil.; divis. du calice inégales ; les 2 supér. très courtes; gousse monosperme. Indigène.

VAR. **champêtre.** *T. proc.* var. *campestre* SER. *T. campestre* SCHREB. Tiges dressées, rameuses ; pédonc. de la long. de la feuil.

50 **T. parisien.** *T. parisiense* DEC. Ann.; tiges de 3-4 cent., couchées; feuil. brièvement pétiol., à foliol. obovales et obcord., denticul., la termin. souvent pétiolul.; stipules obovales et acumin., ciliées, égalant le plus souvent le pétiole ; en juin-juil., fl. peu nombr., disposées au sommet de longs pédonc. filif., en capitules ombellif.; divis. du calice inégales ; les 2 supér. très courtes, plus long. cependant que le tube; gousse pédicellée, monosperme. Indigène.

51 **T. filiforme.** *T. filiforme* LIN. Ann.; tiges de 15 cent., diffuses; foliol. obovales et obcord., finem. denticul.; la termin. pétiolul. ; stipules larges, ovales, de la long. du pétiole; en juin-juil., fleurs sess., disposées en capitules ombellif. au sommet de longs pédonc. filif.; divis. du calice inégales ; les 2 supér. petites, moins long. que le tube ; gousse presque sess., monosperme ou disperme. Indigène.

CULTURE. — Tous les trèfles sont des plantes de pleine terre de peu d'intérêt pour l'horticulteur, excepté pourtant le **T. incarnat** qui, par ses beaux épis de fleurs rouges se succédant longtemps lorsqu'on a le soin de les couper au fur et à mesure qu'ils défleurissent, mérite de figurer dans les parterres. Mais c'est surtout pour l'agriculteur que ces plantes sont intéressantes. Tout le monde connaît l'avantage de la culture du trèfle et l'excellent fourrage qu'il procure. Pendant longtemps, le *T. pratense* a été seul cultivé pour cet usage ; aujourd'hui 4 autres espèces sont venues s'ajouter à lui, ce sont : 1° le **T. blanc** (*T. repens*), vulg. **Petit trèfle de Hollande, Fin-houssy;** 2° le **T. hybride** (*T. hybridum*); 3° le **T. élégant** (*T. elegans*); 4° **T. incarnat** (*T. incarnatum*), vulg. **Farouche, T. de Roussillon.** Ces 4 espèces maintenant cultivées concourent également avec les mêmes avantages à la confection d'un excellent fourrage. Cependant les 4 espèces, dernièrement introduites pour cette culture, exigent bien moins de soins et peuvent être cultivées dans des terrains plus médiocres, là où la culture du trèfle ordinaire serait impossible. La culture de celui-ci ne réussit bien en effet que dans un terrain doux, gras, frais et profond;

il réussit aussi, mais moins bien, dans les terrains argileux convenablement amendés ou dans les terrains sablonneux, si le fond n'en est pas brûlant. Le **T. blanc**, employé depuis longtemps en Allemagne, résiste bien dans les terrains secs et légers; mais pour l'obtenir très beau, il lui faut une terre humide. Le **T. hybride**, cultivé en Suède, atteint, dans les terrains humides et forts, argileux et même calcaires, jusqu'à 1,60 cent. Cette espèce a cet avantage de se ressemer d'elle-même.

Le **T. élégant** vient très beau dans les terrains argilo-siliceux ou dans les sables ferrugineux. Toutes ces espèces se sèment au printemps et ne doivent être recouvertes que très légèrem. La durée de ces fourrages est ordin. de 3 ans; ils sèchent plus facilem. que la luzerne. Le plâtre est l'amendement par excellence pour ces plantes. Enfin une dernière espèce, cultivée depuis longtemps dans quelques contrées de la France et dont la culture commence à se faire sentir aux environs de Paris, le **T. incarnat** est aussi d'une grande ressource, au printemps, pour la nourriture des bestiaux, soit en pâturage, soit coupé vert. Cette espèce est annuelle et ne donne qu'une coupe par an. On la sème en août ou au commencement de septembre dans les terrains à froment ou à seigle. Lorsqu'on a des graines mondées, c'est-à-dire dépourvues de la gousse, il faut préalablement retourner, par un léger labour, les chaumes sur lesquels on veut semer; on les recouvre ensuite à la herse. Pour les graines enveloppées de la gousse, on sème sur le chaume et on passe simplement le rouleau.

Les Trèfles sont d'excellents pâturages; mais il est très dangereux d'y conduire les bestiaux lorsqu'ils sont chargés de rosée ou d'humidité. Si on les donne coupés, il faut les donner ressuyés ou flétris, ou bien encore mélangés à de la paille; autrement, il en résulterait des accidents graves, tels que la pléthore, les vertiges, les enflures, etc., qui souvent amènent la mort.— Quelques médecins ont recommandé l'infusion des fleurs de trèfle, qui est amère et astringente, contre la toux catarrhale et les pâles couleurs.

DORYCNIE. *DORYCNIUM* TOURN. Calice bilabié, à 5 dents, les 2 supér. plus larges; ailes dépassant l'étendard; carène obtuse; ovaire surmonté d'un style droit; stigm. capité; gousse renflée, renfermée ordin. dans le calice, contenant 2-5 graines; feuil. trifoliolées; fl. disposées en capitules.

1 **D. droite.** *D. rectum* SER. *Lotus rectus* LIN. Sous-arbriss. de 60 à 70 cent., velu, à tiges dressées; feuil. pétiolées, à foliol. obovales, mucronées; stipules ovales-cordif.; en juin-août, fl. rouges, pédicellées, nombr. au sommet de pédonc. dépourvus de bractées, une fois plus longs que la feuil.; pédicelles laineux; divis. du calice très étroites, plus long. que le tube, ne dépassant pas la corolle; gousse cylindr., lisse, une fois plus long. que le calice; graines réniformes. Europe mérid., 1640.

2 **D. à larges feuil.** *D. latifolium* WILLD. *D. Ibericum* WILLD. *Ononis quinata* FORSK. Sous-arbriss. de 45-50 c., poilu, à tiges dressées; feuil. sess.; fol. et stipules obovales, mucronées; en juin-août, fl. nombr. au sommet de pédonc. 2 fois plus longs que la feuil., munis, vers le sommet, de 1 à 3 bractées; pédic. laineux, plus courts que le calice; divis. calicinales, lanc., plus long. que le tube, ne dépassant pas la corolle; gousse cylindriq.-oblong., une fois plus long. que le calice; graines presque réniformes. Ibérie, 1818.

3 **D. hérissée.** *D. hirsutum* SER. *Lotus hirsutus* LIN. Sous-arbriss. d'un mètre, toment., blanchâtre, à tiges dressées; feuil. sess., à fol. ovales-lanc. ou obovales; stipules lanc.; en juin-août, fl. blanc rosé, nombr. au sommet d'un pédonc. muni de bractées lanc. de la long. du calice; pédicelles très courts; divis. calicinales subul., beaucoup plus long. que le tube, ne dépassant pas la corolle; gousse oblong. dépassant un peu le calice, portée sur un pédonc. une fois plus long que la feuil.; graines presque réniformes. Europe mérid., 1683.

4 **D. suffrutescente.** *D. suffruticosum* VILL. *Lotus dorycnium* LIN. *D. Monspeliense* WILLD. Sous-arbriss. de 5-6

décim.; fol. et stipules linéaires-lanc., aiguës; en juil.-sept., fl. blanches au sommet de longs pédonc., munis de bractées monotriphylles; calice poilu, à dents beaucoup plus courtes que le tube; gousse globul., monosper., une fois plus longue que le calice; graines globuleuses. Europe mérid., 1640.

5 **D. à petites fleurs.** *D. parviflorum* SER. *Lotus parviflorus* DESF. *Lotus hispidus* DEC. Ann., hispides; tiges de 30 cent., étalées; fol. lanc.; stipules ovales; en juil.-août, fl. petites, jaune verdâtre, disposées 4-5 au sommet de pédonc. plus longs que la feuil., munis de bractées linéaires-lanc.; divis. du calice très longues, égalant la corolle; gousse oblong., veinée transversalem., dépassant un peu le calice; graines presque rondes. Corse, 1810.

6 **D. herbacée.** *D. herbaceum* VILL. Vivace; tiges de 5-6 décim., herbacées; feuil. et stipules obovales, obtuses; en juin-sept., fl. blanches au sommet de longs pédonc. munis de bractées monophylles; calice poilu, à dents beaucoup plus courtes que le tube; gousse ovale, polysp., 2 ou 3 fois plus longue que le calice. France mérid.

CULTURE.— Orangerie, passant quelquefois en plein air, abrité d'un peu de litière ou de feuilles sèches; multiplication de graines. Ces plantes sont assez jolies pour figurer dans les collections de plantes d'ornements.

LOTIER. *LOTUS* LIN. [nom d'origine douteuse, mais probablement égyptienne]. — Calice campan., à 5 dents; étendard arrondi, étalé; ailes rapprochées par leur bord supérieur, de la longueur de l'étendard; carène prolongée en un bec ascendant; ovaire multiovulé; style géniculé, ascendant, filif., glabre; stigm. obtus; gousse droite, linéaire, cylindr., polysp., uniloc. ou présentant de fausses cloisons celluleuses, transversales. — Herbes à feuil. trifoliolées, à stipules libres, foliacées.

SECT. 1. *Gousse renflée, courbée; fleurs solit. ou géminées.*

1 **L. comestible.** *L. edulis* LIN. *Krokeria oligoceratos* MOENCH. Ann., poilu; tiges de 15-20 cent., dressées; fol. obovales; en juin-août, fl. jaunes, disposées 1-2 au sommet de pédonc. axill., munis de bractées ovales, égalant le calice; gousse glabre, enflée, arquée; graines globul.-comprimées, rugueuses-ponctuées. Europe mérid., 1710.

SECT. 2. *Gousse allongée, comprimée; fleurs en glomérules ombelliformes.*

2 **L. pied d'oiseau.** *L. ornithopodioides* LIN. *Lotea ornithopodioides* MOENCH. Ann., glabre; tiges de 15-20 cent., diffuses; fol. obovales-rhomb., entières; stipules ovales; en juin-août, fl. jaunes, disposées 3-5 au sommet des pédonc. munis de bractées beaucoup plus longues que le calice; gousse glabre, comprimée, presque lomentacée, un peu arquée; graines olivacées, lisses, globuleuses, faiblem. comprim. Europe mérid., 1683.

3 **L. voyageur.** *L. peregrinus* LIN. *L. oligoceratos* LAMK. Ann., pubescent; tiges de 15-20 cent., diffuses; fol. obovales, entières; stipules ovales; en juil.-août, fl. jaunes, disposées 2-3 en glomérules pédonc., munis de bractées dépassant le calice; gousse droite, horizontale, glabre, comprimée, presque lomentacée. Europe mérid., 1713.

SECT. 3. *Gousse cylindrique, longue; fleurs en corymbes.*

§ 1. *Style denté.*

4 **L. à feuilles sessiles** *L. sessilifolius* DEC. *L. dorychnoides* POIR. Vivace, glaucescent; tiges ligneuses de 30 cent.; fol. blanchâtres un peu épaisses, linéaires, sess.; stipules linéaires; en juil.-août, fl. jaunes, brièvem. pédicellées, disposées en corymbes au sommet de pédonc. très longs, axill.; gousse divariquée, cylindr., glabre; graines presque globuleuses, petites, lisses. Ténériffe, 1820. — Orangerie.

5 **L. de Saint-Jacques.** *L. Jacobæus* LIN. Vivace, glaucescent; tiges ligneuses de 30-40 cent.; fol. et stipules linéaires, ou linéaires-spatulées, mucronées, légèrem. poilues; tout l'été, fl. brun-sombre, brièvem. pédicellées, disposées en corymbes au sommet de pédonc. axill., plus longs que la feuil. et munis de bract. linéaires; gousse glabre, cylindr. Iles du Cap-Vert, 1714. — Orangerie.

§ 2. *Style non denté.*

6 **L. de Crète.** *L. Creticus* LIN. Vi-

vace, soyeuse; tiges ligneuses de 4-5 décim., dressées; fol. obovales; stipules ovales, 3 fois plus courtes que les pédonc. fructifères; en juin-sept., fl. jaunes, disposées 3-4 en glomérules corymbif., pédonculés, munis de bractées linéaires-lanc. plus courtes que le calice; divis. du calice lanc. de la long. du tube, et beaucoup plus courtes que la corolle; style saillant; gousse cylindr., glabre, bosselées, pendantes. 1680. — Oranger.

7 **L. cytisoïde.** *L. cytisoides* Lin. Ann.; tiges de 40 cent., ascend., rameuses, blanchâtres ainsi que les pédic. et le calice; fol. obovales un peu charnues, couvertes de poils appliqués; en juil.-août, fl. jaunes; calice à divis. plus courtes que le tube; gousse glabre, bosselée; graines ovoïdes, brunes, lisses. Europe mérid., 1752. — Orangerie.

8 **L. de Dioscoride.** *L. Dioscoridis* All. Ann.; tiges de 30 cent., dressées, rameuses; fol. glauques, obovales, épaisses, échancrées; stipules ovales, plus courtes que le pétiole; en juin-juil., fl. jaunes disposées ord. 2 au sommet de pédonc. axill. beaucoup plus longs que la feuil.; bractées obovales, dépassant le calice; divis. calicinales lanc., plus longues que le tube et plus courtes que la corolle; gousse ordin. géminée, longue, bosselée. Nice, 1658.

9 **L. d'Arabie.** *L. Arabicus* Lin. Ann.; tiges de 15-20 cent. couchées; fol. et stipules obovales-cunéif., glabres; en juil.-sept., fl. rouges, en capitules paucifl., munies de bractées dépassant le calice et de la long. du pédonc.; divis. calicinales très étroites, plus longues que le tube; gousse cylindr., glabre, bosselée; graines presque réniformes. 1773.

10 **L. décombant.** *L. decumbens* Poir. Ann., poilu; tiges de 15 cent., rameuses; fol. et stipules lanc.; en juil.-août, fl. jaunes disposées ord. 4 au sommet de longs pédonc., accompagnées de bractées lanc. égalant le calice; divis. calicinales aiguës, un peu plus longues que le tube; gousse glabre, droite, cylindr. Europe, 1816.

11 **L. hispide.** *L. hispidus* Desf. Ann.; tiges de 15-20 cent., nombr., couchées; fol. hispides, oblong.-lanc.; stipules ovales; en juil.-août, fl. jaunes en capitules paucifl. beaucoup plus longs que la feuil.; bractées-lanc., égalant le calice; divis. calicinales étroites, plus longues que le tube, ne dépassant pas la corolle; gousse comprimée, ponctuée; graines noires, orbiculaires-réniformes. Corse, 1817.

12 **L. à foliol. étroites.** *L. angustissimus* Lin. *L. angustifolius* Gouan. Ann.; tiges de 30 cent. couchées, hispides, ainsi que les feuil.; fol. et stipules oblong.-linéaires; en mai-août, fl. jaunes, disposées 1-3 au sommet de pédonc. une fois plus longs que la feuil.; bractées inégales ou solit.; divis. du calice plus longues que le tube, ne dépassant pas la corolle; gousse comprimée, très étroite, ord. solit.; graines globul. vert pâle. Europe.

13 **L. diffus.** *L. diffusus* Soland. Ann.; tiges de 50 cent., couchées, rameuses, poilues, ainsi que les feuil.; fol. et stipules lanc.; en mai-juin, fl. jaunes, disposées 3 au somm. de pédonc. plus longs que les feuil.; bractées dépassant un peu le calice; divis. calicinales étroites, poilues, plus longues que le tube et beaucoup plus courtes que la corolle; gousse linéaire, grêle, glabre, 7 fois plus longues que le calice; graines globuleuses vertes. Europe mérid.

14 **L. de Coïmbre.** *L. Conimbricensis* Brot. *L. aristatus* Dec. Ann.; glabrescent; tiges de 3-5 cent., couchées, peu rameuses; feuil. glaucescentes à fol. latérales-lanc., la term. obovale; stipules ovales; en juin-juil., fl. blanches à carène pourpre, solit., à pédonc. courts; divis. du calice étroites, de la long. du tube, ne dépassant pas la corolle, aristées, longuem. ciliées, ainsi que le somm. des fol. et des stipules; gousse glabre, cylindr., longue, arquée; graines nombr., ovales, vertes. 1800.

15 **L. corniculé.** *L. corniculatus* Lin. Vivace, tiges de 30-60 cent., couchées; fol. obovales ou linéaires, glabres ou poilues; stipules ovales; en juin-août, fl. jaunes disposées 8-10 au somm. de pédonc. très longs, accompagnées de bractées linéaires ou lanc.; divis. du calice aiguës, de la long. du tube, beaucoup plus courtes que la corolle; gousse cylindr.; graines réniformes. Indigène.

Var. *major* Ser. *L. major* Smith. Tiges fistuleuses dressées, de 50 cent. à un mètre, plus ou moins poilues.

16 **L. odorant.** *L. suaveolens* Pers. *L. odoratus* Sims. Vivace, poilu; tiges de 30 cent., diffuses; feuil. ovales-lanc.; stipules ovales; en juil.-août, fl. jaunes odorantes, disposées ordin. 3-5, au sommet de longs pédonc.; bractées lanc. solit.; gousse cylindr. ,striée. Europe mérid.? 1816.—Orangerie.

Culture. Terre à oranger pour les espèces d'orangerie; terrains légers et chauds pour celles de plein air. Multipl. de graines. Le **L.** de **Saint-Jacques** est une très jolie plante d'ornement; il en est encore 2 ou 3 qui peuvent être cultivées dans les collect.; ce sont les espèces 13 et 16.

TETRAGONOLOBE. *TETRAGONOLOBUS* Scop. [du grec *tetras,* quatre, *gonia*, angle, *lobos*, gousse; de la gousse présentant 4 ailes longitudinales].—Calice tubuleux-campanulé, à 5 divis.; étendard beaucoup plus long que les ailes; ailes rapprochées par leur bord supér.; carène prolongée en un bec ascend.; style flexueux; stigm. presque bilabié; gousse droite linéaire polysp., à 4 ailes, partagée intérieurem. par de fausses cloisons transversales, celluleuses (isthmes), interposées entre les graines.—Feuil. trifoliolées.

1 **T. pourpre.** *T. purpureus* Moench. *Lotus tetragonolobus* Lin. Ann., poilu; tiges de 30 cent., ordin. couchées; fol. obovales entières; stipules ovales; en juil.-août, fl. pourpre-brun, disposées 1-2 au sommet de pédonc. axill.; bract. plus long. que le calice; gousse glabre, largem. ailée; graines globul., blanchâtres. Europe mérid., 1796.

2 **T. siliqueux.** *T. siliquosus* Roth. *Lotus siliquosus* Lin. Vivace, poilu; tiges de 15 cent., couchées; fol. obovales, entières; stipules ovales, obtuses; en juil.-août, fl. jaunes, solit., longuement pédonc.; bractées ovales-linéaires, plus courtes que le calice; gousse glabre, étroitem. ailée. Indigène.

3 **T. conjugué.** *T. conjugatus* Ser. *Lotus conjugatus* Lin. Ann., poilu; tiges de 15 cent., couchées; fol. obovales, entières; stipules petites, ovales, acumin.; en juil.-août, fl. pourpres, conjuguées; bractées obovales, plus long. que le calice; gousse presque cylindr., glabre ou étroitem. ailée, un peu crispée; graines noires, ovales, comprimées. Montpellier.

4 **T. à 2 fleurs.** *T. biflorus* Ser. *Lotus biflorus* Desrouss. *L. conjugatus* Poir. Ann., poilu; tiges de 15 centim., couchées; fol. obovales, mucronulées, entières; stipules oblong.-orbicul., acumin.; en juil.-août, fl. jaunes, disposées 2-3 au sommet de pédonc. axill.; bractées ovales, plus courtes que le calice; gousse poilue, étroitem. ailée; graines presque globuleuses. Barbarie, 1812.

Culture.—Peu cultivée; la 1re esp. se rencontre quelquef. dans les jardins; ses gousses sont mangées dans quelques pays. On sème en avril en bonne terre et exposition chaude.

HOSACKIE. *HOSACKIA* Douglas [à David Hosack, D. M. à New-York]. —Calice campan., à 5 divis.; pétales onguiculés, presque de même long.; étendard ascend.; ailes étalées; carène prolongée en bec; ovaire multiovulé; style droit, subulé; stigm. capité; gousse cylindrique ou légèrement comprimée, droite, lisse, sans ailes, polysperm.—Herbes à feuil. imparipennées ou trifoliolées.

1 **H. de Wrangel.** *H. Wrangeliana* Torr. et Gr. *Lotus Wrangelianus* Fisch et Mey. *Anisolotus Wrangeliana* Bernh. *Lotus Macraei* Benth. Tiges diffuses, hérissées de quelques poils; feuil. à 4 fol. oblong., glaucesc.; en juin-juil., fl. axill., solit., brièvem. pédonc., dépourvues de bractées; gousse pubescente. Californie.

2 **H. pennée.** *H. subpinnata* Torr. et Gr. *Lotus subpinnatus* Lag. *Anthyllis Chiiensis* Dec. *Anisolotus anthylloides* Bernh. Ann., velue-canescente; tiges rameuses à la base; feuil. le plus souvent à 5 fol. obovales, obtuses; en juin-juil., fl. solit., presque scss., sans bractées; dents du calice subulées, de la long. du tube; gousse pubescente. Chili. —Ces plantes, appartenant à des régions chaudes, doivent être semées sur couche ou sous cloche, dans une terre légère et à bonne exposition.

Sous-tribu 3. *Galégées.* — Étamines souvent diadelphes ; feuil. pennées, trifoliolées ou multijuguées avec impaire ; les primordiales opposées.

PÉTALOSTEME. *PETALOSTEMUM* L. C. Rich. [du grec *petalon*, pétale, *stemon*, étamine; de la soudure des étam. avec les pétales]. — Calice turbiné, à 5 dents conniventes; pétales à onglet filif. ou lin.; les 4 infér. presque réguliers entre eux et soudés au tube staminal ; étendard libre, obcordé, plié ; 5 étam. monadelphes, à tube fendu; ovaire biovulé; style filif.; stigm. simple; gousse membran., comprimée, indéhisc., monosp., enfermée dans le calice. — Herbes glandul., ponctuées, à feuil. imparipennées; pédonc. opposés aux feuilles.

1 **P. blanc**. *P. candidum* Mich. *Dalea candida* Willd. *Psoralea candida* Poir. Vivace; tiges de 30 cent.; feuil. à 7 fol. lanc., glabres ; en juil.-août, fl. blanches, en épis cylindr., longuement pédoncul.; bractées plus longues que les fleurs. Amér. sept., 1811.

2 **P. violet.** *P. violaceum* Mich. *Dalea violacea* Willd. *Dalea purpurea* Vent. *Psoralea violacea* Poir. Vivace ; tiges de 30 cent. ; feuil. à 5 fol. linéaires ; en juil.-sept., fl. violettes, en épis cylindr., briév. pédonculés;bractées égalant à peine le calice. Amér. sept., 1811.

Culture. — Orangerie ou serre tempérée; on pourrait même les cultiver en plein air, en les couvrant durant l'hiver soit de litière, soit de feuilles sèches : la terre de bruyères est celle qui leur convient le mieux.

DALÉA. *DALEA* Lin. (Thomas Dale, botaniste anglais). — Calice campanulé-turbiné, à dents subulées-aristées; étendard libre, court, ascend., obcordé ; ailes et carène soudées au tube staminal; 10 étam., rarem. 9, monadelphes, à tube fendu; ovaire sess., renfermant 2 ovules collatéraux ; style filif.; stigm. simple ; gousse membran., comprimée, indéhisc., monosperme, enfermée dans le calice; graines lenticulaires-rénif. — Herbes glanduleuses, à feuil. imparipennées; stipules adhérentes à la base du pétiole ; fl. en épis opposés aux feuilles.

1 **D. queue de renard.** *D. alopecuroides* Nutt. *D. Linnœi* Mich. *Psoralea Dalea* Lin. *Ps. alopecuroides* Poir. *Petalostemum alopecuroideum* Pursh. Ann., glabre, dressé ; feuil. de 10 à 14 paires de fol. linéaires-ellipt., légèrem. échancrées; en juin-sept., fl. à étendard blanc, à ailes et carène violet pâle, disposées en épis ovales et cylindr., velus-soyeux; bractées égalant le calice. Louisiane, 1812.

2 **D. à fl. jaunes.** *D. leucostoma* Schlchtd. Arbriss. rameux, corymbiforme; ram. dressés, pubérulents, quelquef. parsemés de points noirs; feuil. de 9-12 paires de fol. étroites-ellipt., obtuses ou échancrées, ou faiblem. mucronulées, glabres et vertes en dessus, poilues-soyeuses en dessous et sur le bord, parsemées de points orbiculaires noirs, luisants ; en juin-juil., fl. jaunes, en épis cylindr. et termin. ; bractées réfléchies ; calice glabre, inférieurem. glandul., à bord soyeux-velu. Mexique, 1841.

Culture. — La 1re espèce est de plein air, exposit. chaude et en terre franche légère; multipl. de graines, semées sur couche au printemps. La 2e, d'orangerie, se multiplie de boutures et de marcottes.

AMORPHA. *AMORPHA* Lin. [du grec *a*, privatif, et *morphe*, forme ; de la difformité de la corolle]. — Calice campanulé-obconique, à 5 dents; étendard concave, onguiculé, dressé ; ailes et carène avortées; 10 étam. monadelphes, très saillantes; ovaire sess., biovulé ; style droit, filif., glabre ; stigm. simple; gousse oblong.-comprimée, courbée ou lunulée, glanduleuse, à 1-2 graines oblong.-ovales ou rénif. — Arbriss. glanduleux, à feuil. imparipennées; fol. très nombreuses, ponctuées.

1 **A. frutiqueux.** *A. fruticosa* Lin. Tiges de 2 mètres et plus, légèrem. velues ou glabres ; fol. oblong.-ellipt., les infér. distantes de la tige; en juin-juil., fl. pourpres, en épis longs, termin. ; calice à 4 dents obtuses, la 5e acuminée; étendard non glanduleux ; gousse oligosperme. Caroline, 1724.

Var. **à étendard glanduleux.** *A glabra* Desf.

2 **A. laineux.** *A. croceo-lanata* Walt.

Arbriss. de près de 2 mètres, pubesc., grisâtre; ram. dressés, ferrugin.-poilus; fol. oblong., obtuses, mucronées, pubesc.-ferrugineuses; en juin-août, fl. pourpres, en épis denses, disposés ordin. 3 au sommet des ram.; calice à 3 dents sétacées et 2 arrondies au somm.; étendard cunéif., légèrem. échancré; gousse disperme. Amér. sept., 1820.

3 **A. herbacé.** *A. herbacea* Walt. *A. pumila* Mich. *A. pubescens* Willd. Vivace, pubesc.; tiges herbacées, d'un mètre environ; fol. ellipt.-mucronées, les infér. rapprochées de la tige; en juin-juil., fl. bleues, en épis allongés; calice pubesc., à dents courtes, aiguës; gousse monosperme. Caroline, 1803.

4 **A. de Lewis.** *A. Lewisii* Lodd. Arbriss. d'un mètre, glabre, à tiges diffuses, rameuses; ram. divariqués; feuil. de 13-17 fol. ovales-oblong., obtuses, mucronées; en juin-juil., fl. violet foncé, en épis paniculés, termin.; calice glabre ou légèrem. poilu, les 3 supér. aiguës, les 2 infér. obtuses; gousse légèrem. tuberculeuse. Amér. sept., 1825.

Culture. — Ces arbustes sont de plein air et résistent bien dans tous les terrains. La multipl. se fait de graines, de marcottes et de boutures. Ces dernières doivent être faites avec des branches de l'année précédente au mois de mars, en plate-bande de terre douce, tenue fraîche durant l'été. On peut les employer dans les grands jardins pour bordures de massifs.

EYSENHARDTIE. *EYSENHARDTIA* H. B. et Kunth. — Calice campan., à 5 dents aiguës, les 2 supér. écartées, les infér. plus longues; étendard oblong, réfléchi, cunéiforme et s'amincissant à la base en onglet; ailes et carène plus courtes que l'étendard, oblong.-spatulées, libres; étamines diadelphes; ovaire brièvem. stipité, biovulé; style crochu au sommet; stigm. obtus, papilleux.

1 **E. faux amorpha.** *E. amorphoides* H. B. et K. Arbre non épineux, à feuilles imparipennées, multijuguées, glanduleuses, ainsi que le calice; fol. pétiolées; en juin-juillet, fl. blanches, disposées en grappes termin., cylindr. Mexique.

PSORALÉE. *PSORALEA* [du grec *psoraleôs*, galeux, allusion au calice qui est couvert de petites glandes]. — Calice le plus souvent glanduleux, campan., bilabié, à 5 divis., les infér. plus long.; étendard réfléchi sur le bord; ailes et carène libres; étam. diadelphes, toutes fertiles ou alternativem. fertiles et stériles; ovaire sessile, uniovulé; style filif.; stigmate capité; gousse renfermée dans le calice, membraneuse, indéhisc., monosperme.

1 **P. très odorante.** *P. odoratissima* Jacq. Arbriss. de 2 mètres; feuil. imparipennées, ordin. à 7 paires de fol. linéaires-lanc.; en mai-juil., fl. bleu pâle; pédic. axill., unifl., plus court que la feuil.; les 3 lobes supér. du calice aigus, un peu réfléchis, les 2 infér. obtus et droits. Cap, 1795. — Orangerie.

2 **P. à feuil. pennées.** *P. pinnata* Lin. *Ruteria pinnata* Moench. Arbuste de 2 mètres, à ram. pubérulents; feuil. imparipennées, à 2-3 paires de fol. linéaires, légèrem. pubesc.; en mai-juil., fl. bleues; pédic. axill., unifl., beaucoup plus courts que la feuille. Cap, 1690. — Orangerie.

3 **P. tuberculeuse.** *P. verrucosa* Willd. *P. angustifolia* Jacq. Arbriss. d'un mètre et plus, à ram. tuberculeux; feuil. imparipennées, à 1-2 paires de fol. lanc., glabres et glauques; en mai-août, fl. bleues; pédic. unifl., réunis 1-3 à l'aisselle des feuil. Cap, 1774. — Orangerie.

4 **P. effilée.** *P. aphylla* Lin. Arbriss. de 1 mètre à 1,60, à rameaux effilés, dépourvus de feuilles au sommet ou ne présentant que des écailles; feuilles simples ou à 3 fol. linéaires-lanc.; en juin-juil., fl. bleues, carène et ailes blanches; pédic. courts, unifl., solit., axill. Cap, 1790. — Orangerie.

5 **P. à feuil. de Gesse.** *P. lathyrifolia* Bald. Vivace; tiges herbacées, de près d'un mètre, décombantes, diffuses; feuil. simples, ovales ou ovales-oblong., ciliées; stipules amplexicaules, bifid.; en juin-août, fl. bleues, presque sess., axill., solit. ou géminées. 1816. — Orangerie.

6 **P. décombante.** *P. decumbens* Ait. *P. mucronata* Thunb. *P. ononoides* Poir. *Ononis decumbens* Sieb. *O. virgata* Burm. Vivace; tiges grêles, de 30

cent. environ, à ram. velus, retombants; feuil. à 3 fol. ponctuées de noir, ovales-cunéaires ou obcordées et mucronées, plus long. que le pétiole; en avril-mai, fl. bleu clair, sess., axill., solit. ou ternées. Cap, 1774. — Orangerie.

7 **P. hirtée.** *P. hirta* LIN. *Ononis strigosa* BURM. Arbriss. d'un mètre, à ram. velus, blanchâtres, comprimés; feuil. à 3 foliol. obovales, à sommet réfléchi et mucroné, ponctuées et pubescentes en dessous; en mai-août, fl. bleu clair, sess., axill., celles du sommet des ram. formant des sortes d'épis. Cap, 1713. — Orangerie.

8 **P. épineuse.** *P. aculeata* LIN. Arbriss. de 1 mètre à 1,50; feuil. à 3 fol. cunéif., glabres, à sommet réfléchi et mucroné; stipules fermes, simulant des aiguillons; en juin-juil., fl. bleues, sess., axill., solit., rapprochées, formant des sortes d'épis. Cap, 1774. — Orangerie.

9 **P. à bractées.** *P. bracteata* LIN. *Ononis trifoliata* LIN. *Trifolium fruticans* LIN. Arbriss. de 1 mètre à 1,50; feuil. à 3 foliol., plus long. que le pétiole, cunéif., parsemées de points transparents, à sommet mucroné, réfléchi; stipules membran., presque scarieuses; en juin-juil., fl. violettes, à carène blanche, disposées en capitules termin., entourés de bractées. Cap, 1731. — Orangerie.

10 **P. à feuil. de coudrier.** *P. corylifolia* LIN. *Trifolium unifolium* FORSK. Ann.; tiges de 60 cent., à feuil. simples, ovales-cordées, légèrement dentées; en juin-juil., fl. violettes, en capitules ovales, axill., longuement pédonc. Indes-Orient., 1739.

11 **P. acaule.** *P. acaulis* STEV. Pl. vivace, sans tiges; feuil. toutes radicales, longuem. pétiolées, à 3 fol. ovales, obtuses, finement dentées, la termin. sess.; en juil.-sept., hampes très longues, portant à leur sommet un épi ovale-oblong de fl. pourpres. Ibérie.

12 **P. de la Palestine.** *P. Palæstina* GOUAN. Arbriss. de 60 cent.; feuil. à 3 folioles, les infér. ovales, la supér. lanc.; pétioles pubesc., sillonnés; en avril-sept., fl. violettes, en épis capitulés, axill.; pédonc. 3-4 fois plus longs que la feuil.; calice pubesc., un peu vésiculeux. 1771.

13 **P. bitumineuse.** *P. bituminosa* LIN. *Dorycnium angustifolium* MOENCH. Pl. vivace, de 1^{m},50, exhalant une odeur de bitume; feuilles à 3 folioles ovales-lanc.; pétioles lisses, pubesc.; en avril-sept., fl. bleu pâle, en épis capitul., axill.; pédonc. 2 ou 3 fois plus long que la feuille; calice pubesc. Europe mérid., 1570.

14 **P. comestible.** *P. esculenta* PURSH. Pl. vivace, poilue, à racine tubéreuse, simple, comestible; tige de 30 à 35 cent.; feuil. palmées, à 5 fol. ovales-ellipt., glabres en dessous; en juin-juil., fl. bleues, en épis capitulés, axill., pédonculés; corolle de la long. du calice. Missouri, 1811.

15 **P. soyeuse.** *P. sericea* POIR. *P. pedunculata* KER. Arbriss. d'un mètre; feuil. à 3 fol. ovales-lanc., soyeuses en dessous; stipules étroites, acum.; en août-oct., fl. bleu violacé, en capitules déprimés, garnis d'un involucre égalant le calice; pédonc. axill., 2-3 fois plus long que la feuil. Cap, 1815. — Orangerie.

16 **P. glanduleuse.** *P. glandulosa* LIN. Arbrisseau de 1^{m},50, glabre; feuilles à 3 fol., ovales-lanc., acumin.; pétiole glanduleux-scabre; en mai-août, fl. bleu pâle, en grappes axill., pédonculées, plus longues que la feuil.; ailes et carène blanches. Chili, 1770. — Orangerie.

17 **P. pubescente.** *P. pubescens* BALB. Petit arbriss. de 60-70 cent., à ram. poilus; feuil. à 3 fol. ovales-lanc., pubesc., ponctuées; pétioles poilus; en août, fl. bleu pâle, en épis interrompus, plus courts que la feuille; pédonc. poilus; bractées et calice velus-glanduleux. 1825. — Orangerie.

18 **P. dentée.** *P. dentata* DEC. *P. Americana* LIN. Petit arbriss. de 25 cent.; feuil. à 3 fol. presque glabres, glanduleuses, ovales, dentées au sommet, cunéif., entières à la base; en juil.-août, fl. blanc-pourpré, en épis rameux, interrompus, pédonculés, plus longs que la feuil.; bractées subulées, dépassant à peine le pédicelle; calice glabre, glanduleux. Madère, 1640. — Orangerie.

19 **P. à feuil. obtuses.** *P. obtusifolia* DEC. Petit arbriss., à ram. et feuil.

velues-blanchâtres ; feuil. à 3 fol. obovales, pliées, denticulées, la médiane un peu pétiolée. Cap. — Orangerie.

20 **P. à gros épis.** *P. macrostachya* Dec. Pl. vivace, d'un mètre, feuil. à 3 fol. pubesc., ovales, mucronées, glanduleux-scabres ; en juin-juil., fl. violet foncé, en épis cylindr. ; pédonc. axill., 3 fois plus long que la feuil., très poilu, ainsi que les bractées et le calice ; bractées acum., de la long. du calice. Amér. sept.

Culture. — Les espèces d'orangerie doivent être cultivées en terre à oranger, près des jours ; on les multiplie ord. de boutures, quelquef. de graines semées sur couche chaude et sous châssis. Les esp. de l'Amér. sept. ou des pays tempérés passent très bien l'hiver en pleine terre, abritées seulem. d'une couverture de litière ou de feuilles sèches ; la 10e esp., étant bisannuelle, doit être semée au printemps, en pots, sur couche tiède, et repiquée lorsque le plant est assez fort ; rentrée l'hiver en orangerie, près des jours, on la livre, au mois de mai suivant, en pleine terre, à bonne exposition, où elle fleurit et mûrit ses graines. Toutes les esp. de plein air exigent une bonne terre de bruyère. Quelques esp. peuvent être cultivées comme plante d'ornement. La racine de la 14e espèce, qui est farineuse, est employée au Missouri comme alimentaire.

OTOTROPIS. *OTOTROPIS* Benth. [du grec *ôtos*, oreille, *tropis*, carène ; allusion aux appendices de la carène]. — Calice à 5 divisions aiguës, les infér. plus longues ; étendard large, non appendiculé ; carène plus courte, présentant à sa base et des 2 côtés, 2 appendices, sortes d'éperons ; étam. presque diadelphes, la vexillaire libre jusque près de la base ; style filif., ascendant ; stigm. capité ; gousse cylindr.-comprimée, mucronée, à 3 graines séparées par des fausses cloisons transversales spongieuses.

1 **O. microphylle.** *O. microphylla* Benth. *Lotus microphyllus* Hook. Herbe décombante, de 6-7 cent., à ram. filif., ascend., légèrem. poilus ; feuil. trifoliolées ; stipules subulées, adnées au pétiole ; en juin-juil., fl. roses, en capitules termin., multifl. Cap, 1827. — Orangerie.

INDIGOTIER. *INDIGOFERA* Lin. [du grec *indikon*, indigo, couleur bleue, et de *ferô*, porter ; de ce qu'on extrait de quelques-unes de ces plantes cette belle couleur bleue nommée indigo]. — Calice petit, campanulé, urcéolé, à 5 divis. presque égales, acumin. ; étendard arrondi, réfléchi ; ailes et carène de même long. ; carène éperonnée ou gibbeuse à sa base ; étam. diadelphes ; anthères mucronées ; ovaire presque sess. ; style filif. ; stigm. capité ; gousse cylindr. ou tétragone, droite ou arquée, séparée par de fausses cloisons membraneuses ; graines cubiques.

Sect. 1. *Feuilles simples, sessiles ou brièvement pétiolées.*

1 **I. à feuil. de lin.** *I. linifolia* Retz. *Hedysarum linifolium* Lin. fil. Ann. ; tiges de 30 cent. ; feuil. linéaires, obtuses, mucronées, blanchâtres ; en juil.-août, fl. pourpres, disposées 2-4 au sommet d'un petit pédonc. axill. ; gousse ovale, globuleuse, monosperme. Indes-Orient., 1792.

Sect. 2. *Feuilles longuement pétiolées, à 1-3 folioles.*

2 **I. dénudé.** *I. denudata* Jacq. Sous-arbriss. de 15-50 cent., dressé, glabre ; feuil. à 3 fol. obcordées et obovales ; en mai-juil., fl. pourpres, striées de lignes plus intenses, disposées en grappes pédonculées, paucifl., une fois plus long. que la feuil. ; gousse pendante, cylindr., aiguë. Cap, 1790. — Orangerie.

3 **I. effilé.** *I. virgata* Dec. Sous-arbriss. de 45 à 50 cent., grêle, dressé, à ram. cylindr. ; feuil. à 3 fol. obcordées, mucronées, un peu coriaces, glabres en dessus, pubesc. en dessous ; en juillet-août, fl. pourpres, en épis plus courts que la feuil. ; calice velu. Indes-Orient., 1820. — Serre chaude.

Sect. 3. *Feuilles imparipennées, à 2 paires de folioles ou beaucoup plus.*

4 **I. argenté.** *I. argentea* Lin. *I. articulata* Gouan. *I. glauca* Lamk. *I. tinctoria* Forsk. Sous-arbriss. de 60 cent., à ram. couverts d'un fin duvet appliqué, soyeux, blanchâtre ; feuil. de 3-5 foliol. obovales, soyeuses, pubesc. ; en juillet-août, fl. pourpres, en grappes plus courtes que la feuil. ; gousse pendante, un peu comprimée, bosselée, blanchâtre, à

2-4 graines. Égypte, Inde, 1776.—Serre chaude.

5 **I. tinctorial, I. des Indes.** *I. tinctoria* LIN. *I. Indica* LAMK. Sous-arbriss. d'un mètre, à tiges dressées; feuil. de 3-4 paires de fol. ovales, un peu pubesc. en dessous; en juil.-août, fl. rougeâtres, en grappes axill., plus courtes que la feuil.; gousse cylindr., bosselée, arquée, réfléchie. Inde et Afrique équinoxiale, 1731. — Serre chaude.

6 **I. anil, I. franc.** *I. anil* LIN. Sous-arbriss. d'un mètre, à tiges dressées; feuil. de 3-7 paires de foliol. ovales, à peine pubesc. en dessous; en juil.-août, fl. pourpres, en grappes axill., plus courtes que la feuil.; gousse comprimée, non bosselée, réfléchie, arquée, à sutures écailleuses-saillantes. Amér. équinoxiale, 1731. — Serre chaude.

7 **I. pourpre-brun.** *I. atropurpurea* HAMILT. Arbriss. d'un mètre, à tiges dressées; feuil. à 5 paires de fol. ovales-ellipt., obtuses, mucronées, ondulées sur le bord, pubesc. dans la jeunesse, glabres à l'état adulte; en juil.-août, fl. pourpres, en grappes axill., grêles, de la long. des feuil.; gousse pendante, comprimée, droite, à 8-10 graines. Népaul, 1816. — Serre chaude.

8 **I. jonciforme.** *I. juncea* HERB. AMAT. *I. aphylla* LINK. Sous-arbriss. de 45 cent., à tiges dressées, glabres; feuil. glabres; pétioles allongés, filif., portant dans les jeunes plantes 3-4 paires de fol. obovales-oblong., devenant ensuite tous, ou presque tous, aphylles; en juil.-août, fl. en grappes dressées; gousses réfléchies. Cap, 1823. — Orangerie.

9 **I. austral.** *I. australis* WILLD. *I sylvatica* SIEB. Arbriss. de 1^{m},30, à ram. cylindr., glabres; feuil. à 9-11 fol. ellipt., obtuses, glabres; en mars-juin, fl. roses, en grappes plus courtes que les feuil.; gousses étalées, droites, cylindr., glabres, à 8-10 graines. Nouvelle-Hollande, 1790. — Orangerie.

10 **I. à gros épis.** *I. macrostachya* VENT. Arbriss. à ram. cylindr., couverts d'un duvet appliqué; feuil. à 8-10 paires de fol. ovales-oblong., obtuses, mucronées, pubesc.; en juil.-août, fl. roses, en grappes, multifl., plus longues que la feuil. Chine. — Serre tempérée.

11 **I. visqueux.** *I. viscosa* LAMK. *I. graveolens* WENDL. Ann.; tiges de 30 cent., dressées, à ram. cylindr., couverts de poils visqueux, presque hispides; feuil. à 6 paires de foliol. ellipt.-oblong., soyeuses en dessous; en juin-juil., fl. pourpres, en grappes plus courtes que la feuil.; gousses étalées, droites, un peu comprimées et poilues. Indes-Orient., 1806. — Serre chaude.

12 **I. à 9 folioles.** *I. enneaphylla* LIN. *Hedysarum prostratum* BURM. Ann.; tiges de 1^{m},30, couchées, pubesc.; ram. comprimés; feuil. ordin. à 9, rar. à 7 fol. obovales-oblong., rapprochées; stipules membran., acumin., dilatées à la base; en juillet-août, fl. pourpres, en grappes sess., de la long. de la feuil.; gousse presque cylindr. ou un peu tétragone, droite, à 2 graines. Indes-Orient., 1776. — Orangerie.

13 **I. faux cytise.** *I. cytisoides* THUNB. *I. mucronata* LAMK. *Psoralea cytisoides* LIN. Arbriss. d'un mètre, dressé, à ram. angul., couverts, ainsi que les feuil., d'un fin duvet appliqué; feuil. à 5-7 fol. oblong., mucronées; en juil.-août, fl. rouges, en grappes un fois plus longues que la feuil.; bractées grandes, décidues, ovales, mucronées; gousse presque cylindr., un peu bosselée. Cap, 1774.—Orangerie.

14 **I. à fol. étroites.** *I. angustifolia* LIN. *Polygala pinnata* BURM. Arbriss. de 60-70 cent., à ram. cylindr., blanchâtres; feuil. à 9-11 fol. rapprochées, linéaires, obtuses, blanches en dessous, à bords révolutés; en juin-oct., fl. pourpres, en grappes 2 fois plus long. que la feuil.; calice blanc. Cap., 1774. — Orangerie.

15 **I. sarmenteux.** *I. sarmentosa* LIN. FIL. *Ononis filiformis* LIN. *Lotus exstipulatus* BERG. Vivace; tiges de 15 cent., très rameuses; ram. filif., couverts, ainsi que les feuil. et le calice, d'une pubesc. appliquée; feuil. digitées, à 3-5 fol. ovales, mucronées; en juin-juil., fl. pourpres, disposées ordin. 2 au sommet de pédonc. axill., beaucoup plus longs que les feuil.; gousse cylindr., glabres. Cap, 1786. — Orangerie.

16 **I. épineux.** *I. spinosa* FORSK. Arbriss. d'un mètre, à ram. cendrés; feuil.

brièvem. pétiolées, à 3 fol. obovales, blanchâtres; stipules acéreuses; en mai-juil., fl. pourpres, disposées 2-3 au sommet de pédonc. épineux, axill., une fois plus longs que les feuil.; gousse scabre, tétragone, à angles un peu saillants. Arabie et Indes-Orient., 1820. — Serre chaude.

17 **I. psoraloïde.** *I. psoraloides* LIN. *I. racemosa* LIN. *Cytisus psoraloides* LIN. Arbriss. de 60 cent., à ram. presque anguleux, à peine pubesc.; feuilles pétiolées, à 3 fol. lanc., pubesc. en dessous; stipules allongées, linéaires-subulées; en juil.-sept., fl. rouges, en grappes pédonculées, beaucoup plus longues que la feuille; gousse pendante. Cap, 1758. — Orangerie.

18 **I. couché.** *I. procumbens* LIN. Vivace; tiges de 15 cent., flexueuses, couchées, comprimées, glabrescentes; feuil. pétiolées, à 3 fol. obovales, glabres en dessus, pubesc. en dessous; en mai-juil., fl. bleu dense, en grappes beaucoup plus long. que la feuil. Cap, 1818.

CULTURE. — Ces plantes sont peu cultivées en Europe comme pl. d'agréments. Les esp. d'orangerie et de serre chaude doivent être placées près des jours et recevoir peu d'arrosements l'hiver; la terre de bruyère pure ou mêlée d'un quart de bonne terre franche est celle qui leur convient le mieux. La multipl. est assez difficile pour les esp. ligneuses; le mode employé est la bouture. Pour les esp. annuelles, on doit les semer sur couche et sous châssis.

Les **indigotiers anil, tinctorial** et **argenté** sont le sujet d'une culture particulière, dans l'Inde, l'Égypte et quelques contrées de l'Amér. mérid., pour la préparation de cette belle couleur bleue connue dans le commerce sous le nom de **indigo**. On les cultive dans un terrain léger et abrité dans lequel on pratique des tranchées distantes de 25 à 28 cent. Bien que ligneuses, ces plantes se sèment tous les ans. L'époque des semailles est variable suivant le pays; néanmoins, c'est vers le mois de mars qu'on les sème dans les tranchées dont nous avons parlé. Les soins à donner à ces plantes se bornent au sarclage et à des irrigations. Au bout de 2 mois, on fait une première coupe; les autres ont lieu ensuite de 50 en 50 jours environ; mais les productions qu'on obtient de ces coupes sont moins estimées que celles de la première. Dans l'Amér. mérid., on fait deux coupes par an; au Mexique trois; en Égypte jusqu'à quatre. Nous devrions peut-être nous arrêter à ces simples données de culture, mais l'indigo a acquis une telle importance dans les arts, que nous croyons pouvoir dire quelques mots sur sa préparation. Les procédés varient beaucoup. En Egypte, on fait bouillir les tiges et les feuil. dans des chaudières pleines d'eau qui se charge de fécule; au bout de 3 heures environ, on la passe dans d'autres en l'agitant vigoureusement; ensuite, on laisse déposer l'indigo, puis on décante et on le fait sécher. A Saint-Domingue, on fait fermenter les tiges et les feuil. dans des cuves remplies d'eau, nommées *trempoirs;* on arrête la ferment. lorsque la liqueur présente des grains de fécule; mais il est très difficile, en même temps très important, de bien connaître le point juste pour arrêter cette ferment.; car, si on arrête trop tôt, il y a moins d'indigo; si, au contraire, on arrête trop tard, l'indigo est de qualité inférieure. Arrivé au point déterminé de ferment., on fait passer le liquide dans une autre chaudière, nommée *batterie,* dans laquelle il est tenu dans un état de mouvement continuel; au bout de 2 heures, ce liquide devient laiteux, la fécule tombe au fond de la chaudière, on décante et on procède ensuite à la dessiccation. Dans d'autres localités, sur la côte occident. d'Afrique par exemple, on pile les feuil. et les tiges, qu'on met ensuite en boule pour laisser sécher à l'ombre. Dans l'Inde, on n'emploie que les feuil. Il y a près d'un siècle que la culture de l'indigotier est connue : c'est d'abord dans la province de Caracas, vers 1750; de là, elle s'est introduite dans nos colonies, dans l'Inde, etc., et vers le commencement de ce siècle, on voyait l'indigotier, cultivé avec succès, dans le Piémont et le département de Vaucluse. Aujourd'hui, cette culture est abandonnée en France

L'indigo de l'Inde est produit par les

I. anil et *tinctoria ;* celui de Guatemala et de la Louisiane par l'*I. anil,* et celui d'Égypte par l'*I. argentea.*

RÉGLISSE. *GLYCYRHIZA* Tourn. [des mots grecs *glukus,* doux, et *rhiza,* racine].—Calice sans bractéole, tubul., à base gibbeuse, quinquefide ; étendard ovale-lanc., droit ; carène droite, à 2 onglets distincts ; étamines diadelphes ; ovaire sess. ; style filif. ; stigm. simple ; gousse ovale ou oblongue, comprimée, souvent hérissée de pointes raides, épineuses ; graines réniformes.

1 **R. officinale,** vulg. **Réglisse.** *G. glabra* Lin. *G. lævis* Pall. *Liquiritia officinalis* Moench. Vivace ; tiges d'un mètre et plus, presque ligneuses; foliol. ovales, légèrem. échancrées au sommet, un peu glutineuses en dessous ; stipules nulles; en juin-sept., fl. bleu pâle, distantes, en épis pédonc., plus courts que les feuil. ; gousse glabre, à 3-4 graines. Europe mérid., 1562.

2 **R. glanduleuse.** *G. glandulifera* Waldst. et Kit. *G. hirsuta* Pall. Vivace ; tiges d'un mètre ; foliol. oblong.-lanc., aiguës ou échancrées, pubesc., glutineuses en dessous ; stipules persistantes ; en juin-août, fl. bleu pâle, distantes, en épis pédonc., plus courts que les feuil.; gousse souvent hérissée, glanduleuse, à 3-4 graines. Hongrie, 1805.

3 **R. fétide.** *G. fœtida* Desf. Vivace; tiges de plus d'un mètre; fol. oblongues, mucronées, un peu écailleuses, la termin. brièvem. pétiolulée; stipules subulées; en juil.-août, fl. bleu pâle, en épis pédonc., égalant à peu près la feuille ; gousse ovale, mucronée, hérissée de soies un peu raides, contenant 2 graines. Nord de l'Afrique, 1817.

4 **R. hérissée.** *G. echinata* Lin. Vivace; tiges de plus d'un mètre; fol. ovales-lanc., mucronées, glabres, la termin. sess.; stipules oblongues-lanc. ; en juin-sept., fl. bleu pâle, en épis globuleux, brièvem. pédonc. ; gousse ovale, mucronée, hérissée de soies raides, contenant 2 graines. Italie, 1596.

Culture. — Plein air, dans un terrain léger et chaud; multipl. de drageons et de graines.—La racine de la 1re esp. a une saveur sucrée, mucilagineuse, qui l'a fait employer, non précisément comme médicament, mais plutôt comme correctif de médicaments désagréables. Elle entre aussi dans la composition des pilules et pâtes pectorales, et c'est elle, qu'on désigne dans le commerce sous le nom impropre de **bois de réglisse,** qui fait la base de cette boisson populaire que les enfants de Paris nomment *coco,* de ce que cette boisson se servait autrefois dans des vases faits de la noix du cocotier. La racine de la 4e esp. a les mêmes propriétés et pourrait être employée aux mêmes usages. Le suc de réglisse anisé est un extrait purifié, réduit en cylindres, puis coupé en fragments.

GALÉGA. LAVANEZE. *GALEGA* Tourn.—Calice campan., à 5 dents subulées, presque égales; étendard obovales-oblong; ailes libres; carène obtuse ; étam. monad. ; ovaire sess. ; style filif., glabre ; stigm. termin., ponctiforme; gousse cylindr., bosselée, obliquem. striée, polysperme; graines cylindr.

1 **G. offinal, rue de chèvre.** *G. officinalis* Lin. *G. vulgaris* Black. Vivace; tiges herbacées, de 1m,30 environ ; fol. glabres, lanc., mucronées; stipules larges, lanc. ; en juin-sept., fl. bleues et blanches, en grappes axill., plus long. que la feuil. Europe mérid., 1568.

2 **G. d'Orient.** *G. orientalis* Lamk. *G. montana* Schult. Vivace ; tiges de plus d'un mètre, herbacées; fol. glabres, ovales, acum.; stipules largem. ovales ; en juin-août, fl. bleues, en grappes axill., plus long. que les feuil. ; gousses pendantes. Caucase, 1801.

Culture. — Terrains frais ; multipl. de graines. Ces plantes sont d'un bel effet dans les jardins paysagers. La 1re espèce est recommandée comme fourrage ; mais il paraît que les bestiaux le refusent, et que dans les pâturages, où cette plante croît naturellement, ils la laissent intacte.

TÉPHROSIE. *TEPHROSIA* Pers. [du grec *tephros,* cendrée, de la couleur des feuil.]. — Calice campanulé à 5 divisions; les 2 supér. profondém. fendues, les infér. allongées ; étendard presque orbiculaire , ouvert., réfléchi , poilu en dehors; ailes adhérentes à la carène qui est obtuse; ovaire presque sess. ; style filif.; stigm. pubesc., obtus; disque annulaire; gousse linéaire, comprimée. — Feuilles imparipennées.

Sect. 1, Mundulea. — *Calice tronqué ou à 5 dents très courtes; étam. monadelphes; style glabre ou barbu.*

1. **T. subéreux.** *T. suberosa* Dec. *Robinia suberosa* Roxb. Arbriss. de plus d'un mètre; feuil. de 15 à 20 fol. oblong.-ellipt. mucronulées, glabres en dessus, pubesc. en dessous; en juin-août, fl. roses à carène presque droite; style glabre; gousse blanche, irrégulièrement étranglée entre les graines. Bengale, 1818.— Serre chaude.

Sect. 2. Brissonia. — *Lobes du calice allongés, acum., élargis à leur base; étam. monadelphes, style barbu latéralement.*

2 **T. vénéneux.** *T. toxicaria* Pers. *Galega toxicaria* Swartz. Sous-arbriss. d'un mètre, dressé; feuil. de 37 à 41 fol. oblong-lancéol. obtuses, un peu mucronées, pubesc. en dessus, soyeuses-argentées en dessous, à pubescence appliquée; en juin-juil., fl. blanc-sanguin; gousse linéaire presque cylindr. veloutée, brièvement mucronée. Cayenne, 1791. — Serre chaude.

Sect. 3. Cracoïdes. — *Lobes du calice subulés-acum. élargis à leur base; étam. monadelphes, style barbu.*

3 **T. ochracée.** *T. ochroleuca* Pers. *Galega ochroleuca* Jacq. *G. pubescens* Lamk. Arbriss. d'un mètre, dressé, velu-pubesc.; feuil. à 3-7 fol. ovales; en juin-juil., fl. jaune-pâle, en grappes axill. plus long. que les feuil.; gousses étroites, glabres, de 14 à 18 graines. Indes-Orient., 1799. — Serre chaude.

Sect. 4. Reineria. — *Calice à dents linéaires subulées, étam. presque monadelphes ou diadelphes.*

4 **T. des îles Caribes.** *T. Caribœa* Dec. *Galega Caribœa* Jacq. Arbriss. d'un mètre, rameux, glabre; feuil. de 21 à 25 fol. ovales, longuem. mucronées; en juin-juill., fl. rouges marbrées de blanc, disposées en grappes axill. paucifl., un peu plus longues que la feuil.; étam. diadelphes; gousse glabre, linéaire, réfléchie, présentant un petit étranglem. ou sillon transversal entre les graines. 1786. — Serre chaude.

5. **T. à grandes fleurs.** *T. grandiflora* Pers. *Galega grandiflora* Vahl. *Galega rosea* Lamk. Arbrisseau de plus d'un mètre, dressé, glabre; feuilles de 15-19 fol. oblongues, mucronées, pubesc. en dessous; stipules ovales acum.; en mai-sept., fl. rares, disposées 4 au somm. de pédonc. opposés aux feuil.; bractées décidues, très grandes, ovales, concaves. Cap, 1774.— Orangerie.

6 **T. pourprée.** *T. purpurea* Pers. *Galega purpurea* Lin. Herbe viv., de 60 cent., rameuse, glabre; feuil. de 15-19 fol. oblong.-cunéaires, mucronulées, à peine pubesc. en dessous; stipules subulées; en juil.-août, fl. pourpres en grappes opposées aux feuil. et termin.; gousse linéaire, très comprimée, finement pubesc., à 5-8 graines. Indes-Orient., 1768. — Serre chaude.

7 **T. à feuil. de coronille.** *T. coronillæfolia* Dec. *Galega coronillæfolia* Desf. *Brissonia coronillæfolia* Desv., Arbriss. pubesc., cendré, à ram. anguleux; feuil. de 11 fol. obovales-cunéaires, obtuses, mucronées; en juin-juil., fl. en grappes axill.; gousse très velue. Ile-Bourbon. — Serre chaude.

8 **T. cendrée.** *T. cinerea* Pers. *Galega cinerea* Lin. Herbe ann., soyeuse-cendrée, à tiges couchées; feuil. de 9-13 foliol. linéaires, obtuses, mucronées, velues-soyeuses en dessous; stipules lanc.; en juin-juil., fleurs violettes en grappes opposées aux feuil.; pédic. solit.; gousse étroite, étalée. Saint-Domingue, 1820. — Serre chaude.

9 **T. droite.** *T. stricta* Pers. *Galega stricta* Pers. *Galega mucronata* Thunb. *Indigofera stricta* Lin. f. Arbriss. d'un mètre, toment.-cendré, à rameaux cylindr.; feuil. à 9 fol. oblong. et cunéif., mucronées, les infér. rapprochées de la tige; stipules subulées; en mai-juin, fl. petites, purpurines, à étam. diadelphes, peu nombreuses, axill., presque sessiles; gousse étalée, veloutée à 6-8 graines. Cap, 1774. — Orangerie.

Culture. — Terre de bruyère; multiplication de graines. Plantes peu cultivées, mais qui méritent cependant de figurer dans nos collections.

LONCHOCARPE. *LONCHOCARPUS* H. B. et Kunth. [des mots grecs *logché*, lance, *karpos*, fruit]. — Calice urcéolé, campanulé à 5 dents; étendard presque orbiculaire, échancré, réfléchi; ailes presque égales à l'étendard et à la carène et adhérentes à cette dernière; ovaire multiovulé, style filif.; stigm. obtus ou globuleux; gousse brièvement stipitée, oblong.-lancéol. comprimée, membran., monosperme, indéhiscente. — Arbres à feuil. imparipennées.

1 **L. de Saint-Domingue.** *L. Domingensis* Dec. *L. Turpini* Kunth. *Dalbergia Domingensis* Pers. Arbre de 7 mètres; feuil. à 11 fol. pétiolulées, glabres, ovales, acumin.; fl. rouges à étam. monadelphes, disposées en grappes axill. plus courtes que les feuil.; calice presque tronqué, muni de 2 bractéoles à la base, pubesc., ainsi que la gousse. 1820.

2 **L. violet.** *L. violaceus* H. B. et Kunth. *Robinia violacea* Jacq. Arbre de 7 mètres; feuil. à 7-11 fol. ovales, obtuses, échancrées, glabres, marquées de ponctuations transparentes, à nervure médiane saillante en dessous; belles et grandes fl. violettes, odorantes, à étam. diadelphes, disposées ordin. 2 au sommet des pédonc.; calice glabre. Guadeloupe, 1759.—Arbres de serre chaude; bonne terre de bruyère; multipl. de boutures.

ROBINIER. *ROBINIA* Lin. [dédié à Jean et Vespasien Robin, habiles horticulteurs sous Henri IV et Louis XIII, qui ont introduit cet arbre en France vers le commencement du XVIIe siècle. On voit encore au Jardin des plantes de Paris, dans le carré où se trouve le Café, un vieux *Robinia* étêté planté par Vespasien, démonstrateur de botanique, et qui date ainsi des premières années de la création de cet établissement].—Calice campan. à 5 dents, les 2 supér. courtes, rapprochées; étendard orbiculaire, large, réfléchi; carène obtuse, à 2 onglets; étam. diadelphes; ovaire stipité de 16-20 ovules; style pubesc., filif.; gousse stipitée, comprimée, polysperme, à suture séminifère plus épaisse. — Feuilles imparipennées.

1 **R. faux-acacia.** Vulgò **Acacia.** *R. pseudo-acacia* Lin. *Pseudacacia odorata* Moench. Arbre de 10-15 mètres, glabre, à racines très longues traçantes; tronc droit; ram. effilés, cassants, garnis de stipules épineuses; feuil. de 17-21 folioles ovales; en mai-juin, fl. blanches très odorantes, disposées en grappes lâches, pendantes. Virginie, vers 1635.

VARIÉTÉS.

1 **R. sans épines.** *R. ps. inermis* Dec. *R. spectabilis* Dum.-Cours. Stipules épineuses nulles; fol. planes; carène jaune.

2 **R. crépu.** *R. ps. crispa* Dec. fol. crispées, stipules épin. nulles.

3 **R. parasol**, vulg. **Acacia parasol.** *R. ps. umbraculifera* Dec. *R. inermis* Dum.-Cours. Arbre petit, très rameux, en boule; sans épines.

4 **R. tortueux.** *R. ps. tortuosa* Dec. Très rameux, à ram. tortueux.

5 **R. à feuille de sophora.**

6 **R. à petites feuilles.**

7 **R. monstrueux.**

8 **R. pyramidal.**

9 **R. élevé.**

10 **R. hérissé.**

11 **R. de Gondoui**

12 **R. pendant.**

13 **R. à feuille de myrte.**

14 **R. hétérophylle.**

15 **R. faux tragacanthe.**

2 **R. visqueux** *R. viscosa* Vent. *R. glutinosa* Curt. Arbre de 10-15 mètres; ram. visqueux, épineux; feuil. à 19-21 fol.; en mai-juil., fl. rose-pâle, en grappes serrées, pendantes; calice rose foncé. Caroline, 1797.

Var. **R. hybride.** *R. hybrida* Audib. *R. ambigua* Poir. Hybride du faux-acacia et du visqueux, tenant le milieu entre ces deux espèces.

3 **R. rose.** *R. hispida.* Lin. *R. rosea* Duham. Arbriss. de près de 2 mètres, à ram. hispides, sans stipules épineuses; feuil. de 15-17 fol. obovales; de mai à sept., fl. roses en grappes. Caroline, 1743.

Culture.—Tous terrains, mais mieux en terre fraîche et légère. Multipl. par rejetons ou de graines, semées en mars peu profondém.; exposition un peu ombragée pour les jeunes plants. Toutes les variétés se greffent en fente en février ou mars sur le **faux-acacia** et se cultivent de même. Leur accroissement est très rapide, surtout la première espèce; elle peut s'élever jusqu'à 2 mètres par an; son bois est dur, propre à la menuiserie, au tour, etc.; il pourrait être employé avec avantage pour échalas. Celui du **R. rose** est très cassant et d'aucun usage; on est souvent obligé de maintenir les ram. au moyen de tuteur.

COURSETIE. *COURSETIA* Dec. [Dumont de Courset, horticulteur distingué, auteur du *Botaniste cultivateur*].— Calice campanulé à 5 divis. acum., les 2 sup. un peu plus courtes; étendard obcordé aussi large que long; carène obtuse, un peu plus courte que les ailes; étam. diadelphes; ovaire sessile multiovulé; style courbé, glabre et épais à la base, filif. et velu au sommet; stigm. capité, glabre; gousse comprimée, étroite au sommet, mucronée, à 5-8 graines réniformes.

1 **C. tomenteuse.** *C. tomentosa* Dec. *Orobus tomentosus* Desf. *Viciafruticosa* Willd. Petit arbriss. toujours vert; velutoment.; feuilles pennées sans impaire de 30-35 paires de fol. ovales, petites; stipules subulées; en juin-août, fl. jaunes, disposées 2-3 au sommet de pédonc. plus courts que les feuil. Pérou, 1826.—Serre tempérée; multipl. de boutures.

SESBANIE. *SESBANIA* Pers. [*Sesban*, nom arabe].—Calice bibractéolé, à 5 dents plus ou moins profondes, presque égales; étendard très grand arrondi, plié; carène obtuse, à 2 onglets distincts; étam. diadelphes à tube renflé à sa base; ovaire briév. stipité; style crochu; stigm. claviforme; gousse allongée, grêle, à sutures épaisses, polysperme, contractée entre chaque graine.—Feuilles paripennées.

1 **S. d'Egypte.** *S. Ægyptiaca* Pers. *Æschynomene Sesban* Lin. *Coronilla Sesban* Willd. Arbriss. de plus d'un mètre, glabre; feuil. de 20 fol. linéaires-oblong. obtuses, un peu mucronées, glabres; en juil.-août, fl. jaunes en grappes multifl.; gousse bosselée une fois plus longue que le pétiole. 1680.

2 **S. pictée.** *S. picta* Pers. *Coronilla picta* Willd. Herbe ann. de près de 2 mètres, glabre; feuil. de 24 fol. linéaires-oblong. obtuses; en juill.-août, fl. jaunes à étendard ponctuées de noir, en grappes multifl. pendantes; corolle 3 fois plus long. que le calice; gousse filif. arrondie, une fois plus longue que le pétiole. Nouvelle-Espagne, 1823.—Pl. de serre chaude; terre de bruyère; multipl. de graines.

AGATI. *AGATI* Rheed [nom que porte la plante dans l'Inde].—Calice camp., tronqué en 5 petites dents étalées, presque bilabiées; étendard ovale-oblong. plus court que les ailes; ailes oblongues; carène très grande, falcif., acum., profondém. échancrée au som. et à 2 onglets distincts; étam. diadelphes, à tube auriculé; ovaire stipité; style fil., droit; stigm. obtus; gousse atténuée à la base, linéaire-allongée, comprimée, polysp., contractée entre chaque graine.

1 **A. à grandes fleurs.** *A grandiflora* Desv. *Æschynomene grandiflora* Lin. *Coronilla grandiflora* Willd. *Sesbania grandiflora* Poir. Arbre de 5 mètres environ; feuil. paripennées à fol. glabres, nombreuses; en juil.-août, fleurs rouge-pâle ou blanches en grappes paucifl.; gousse comprimée, de près de 30 cent. Indes-Orient., 1820.—Serre chaude; bonne terre de bruyère; multipl. de boutures.

DAUBENTONIE. *DAUBENTONIA* Dec. [au célèbre naturaliste français Daubenton, collaborateur de Buffon].—Calice campanulé à 5 petites dents; étendard arrondi étalé, briévem. onguiculé; ailes oval.-oblong.; carène très obtuse; étam. diadelphes, à tube géniculé à la base, ovaire stipité multiovulé; style filif. glabre; stigm. obtus; gousse long. stipitée, oblong., comprimée, aiguë aux 2 extrémités, coriace, à 4 ailes membran., polysp., indéhisc., étranglée entre chaque graine.

1 **D. ponceau.** *D. punicea* Dec. *Piscidia punicea* Cav. *Æschynomene miniata* Ort. Arbriss. non épineux d'un mètre; feuil. de 8-9 fol.; stipules subulées, persist.; en juil-août, fl. ponceau en grappes simples, axill., beaucoup plus courtes que les feuil. Mexique, 1820.—Serre chaude; terre de bruyère; multipl. de graines.

CARAGANA. *CARAGANA* Lamk. [*Carachana*, nom tartare].—Calice tubuleux, à 5 dents; corolle à pétales presque de même long., droits, obtus; étam. diadelphes; ovaire sess., multiovulé; style glabre, filif.; stigm. termin., tronqué; gousse sess., comprimée dans la jeunesse, devenant presque cylindr. en vieillissant, mucronée, polysp.—Feuil. paripennées, à fol. mucronées; fl. jaunes.

1 **C. altagan, Acacia de Sibérie, Aspalathe.** *C. altagana* Poir. *C. microphylla* Lamk. *Robinia altagana* Pall. Arbriss. de 3-7 mètres; feuil. à 12-16 fol. obovales-arrondies, glabres, légèrem. échancrées; stipules épineuses; en avril-juin, fl. axill., solit.; gousse presque comprimée. Sibérie, 1789.

2 **C. arborescente.** *C. arborescens* Lamk. *Robinia Caragana* Lin. Arbre de 5-7 mètres; feuil. de 8-12 fol., ovales-oblong., velues; stipules épineuses; en avril-mai, fl. axill., fasc. Sibérie, 1752.

3 **C. de la Chine.** *C. Chamlagu* Lamk. *Robinia Chamlagu* L'Hér. Arbriss. de plus d'un mètre; feuil. de 4 fol. distantes, ovales ou obovales, glabres; stipules étalées, épineuses, ainsi que les pétioles; en mai-juin, belles et grandes fl. jaunes, rougissant après l'épanouissement, pendantes, axill., solit. 1773.

4 **C. frutescente.** *C. frutescens* Dec. *C. digitata* Lamk. *Robinia frutescens* Lin. S.-arbriss. de 60 c.; feuil. de 4 fol. rapprochées au sommet du pét., obovales-cunéaires; pétioles terminés par une petite épine; stipules membran.; en avril-mai, fl. axill., solit.; pédic. une fois plus longs que le calice. Sibérie, 1752.

5 **C. à gr. fleurs.** *C. grandiflora* Dec. *Robinia grandiflora* Bieb. Sous-arbriss. de 30 cent. environ; feuil. de 4 fol. rapprochées, disposées au sommet de courts pétioles, oblong.-cunéaires; stipules et pétioles épineux; en juin-juil., fl. axill., solit.; pédic., de la long. du calice qui est gibbeux à la base. Ibérie, 1823.

6 **C. pygmée.** *C. pygmæa* Dec. *Robinia pygmæa* Lin. Sous-arbriss. de 30 cent.; feuil. à 4 foliol. rapprochées au sommet de courts pétioles, linéaires, glabres; stipules et pétioles épineux; fl. en avril-mai; pédic. solit., de la long. du calice. Sibérie, 1751.

7 **C. épineuse.** *C. spinosa* Dec. *C. ferox* Lamk. *Robinia spinosa* Lin. *R. ferox* Pall. Arbriss. de 2 mètres; feuil. de 4 à 8 fol. cunéif.-linéaires, glabres; pétioles persist., épineux, une fois plus longs que les fol.; stipules spinesc.; en avril-mai, fl. solit., presque sess. Sibérie, 1775.

8 **C. barbue.** *C. jubata* Poir. *Robinia jubata* Pall. Sous-arbriss. de 50 cent.; feuil. de 8-10 fol. oblong.-lancéolées, laineuses, ciliées; pétioles persist., réfléchis, filif., épineux; stipules sétacées; en avril-mai, fl. solit., presque sess. Sibérie, 1796.

Culture. — Plein air, terrains sablonneux, gras, préférablement; les esp. 1, 2, 4, viennent égalem. bien dans les terrains ordin.; multipl. de graines et par la greffe sur la **C. altagan.** La **C. pygmée** est du plus joli effet lorsqu'elle est greffée en tête.

HALIMODENDRON. *HALIMODENDRON* Fisch. [du grec *halimos* marin, maritime, et *dendron*, arbre. Cet arbrisseau croît dans les marais salés de l'Ibérie]. — Calice campanulé, urcéolé, à 5 petites dents; étendard orbiculaire, plié; carène obtuse, droite; ailes très aiguës, auriculées; étam. diadelphes; ovaire stipité, multiovulé; style glabre, filif.; stigm. obtus; gousse stipitée, vésiculeuse, ovale, dure, oligosp.; suture séminif., déprimée.

1 **H. argenté.** *H. argenteum* Dec. *Robinia halodendron* Lin. fil. *Caragana argentea* Lamk. Arbriss. de 2 mètres, ayant beaucoup de rapport avec les *caragana*; feuil. à 4 fol.; stipules et pétioles épineux; en mai-juin, fl. pourpres, disposées 2-3 au sommet de pédonc., axill. Ibérie, 1779. — Terre sablonneuse, grasse; multipl. par drageons, ainsi que par la greffe et les semis qu'il nécessite quelquefois sous le climat de Paris. C'est un très joli arbrisseau.

CALOPHACA. *CALOPHACA* Fisch. [du grec *kalos*, bonne, et *phaké*, lentille]. — Calice urcéolé, campanulé, à 5 divis. acum., les 2 supér. rapprochées; étendard obovale-oblong, réfléchi; ailes oblong., étroites; carène obtuse; étam. diadelphes; ovaire sess., multiov.; style filif., subulé, velu à la base, glabre et courbé au somm.; gousse oblongue, presque cylindr., mucronée, poilue.

1 **C. du Wolga.** *C. Wolgarica* Fisch. *Cytisus Wolgaricus* Lin. fil. *C. nigricans* Pall. *Colutea Wolgarica* Lamk. Sous-arbriss. de 60 centim. à 1 mètre, couché; feuil. de 13 à 15 fol., arrondies;

stipules lanc.; en mai-juin, fl. jaunes en grappes axill., pédonculées; calice visqueux. 1786. — Pleine terre; multipl. de graines.

BAGUENAUDIER. *COLUTEA* LIN. [du grec *kolôaô,* faire du bruit. Le fruit vésiculeux de ces arbres se crève avec bruit lorsqu'on le comprime avec les doigts, ce qui amuse beaucoup les enfants; de là le nom vulgaire de *Baguenaudier,* qui sert à baguenauder, à amuser]. — Calice urcéolé, campanulé, à 5 dents presque égales; étendard grand, étalé, orbiculaire, échancré, muni de 2 cailleux à la base; carène obtuse, ascendante; étamines diadelphes; ovaire stipité, multiovulé; style filif., marqué en arrière d'une ligne longitud. de poils; stigm. latéral, crochu; gousse stipitée, vésicul., scarieuse, polysperme. — Arbriss. non épineux, à feuil. imparipennées.

1 **B. commun, faux séné.** *C. arborescens* LIN. *C. hirsuta* ROTH. Arbriss. de 3 mètres; fol. elliptiques, légèrement échancrées, glauques en dessous; tout l'été, fl. jaunes, en petites grappes axill.; gousse complétem. close. Indigène.

2 **B. d'Orient.** *C. cruenta* AIT. *C. Orientalis* LAMK. Arbriss. de plus d'un mètre; fol. glauques, obovales, échancrées; en juin-juil., fl. rouge pourpré, veinées et marquées de 2 taches jaunes à la base de l'étendard, disposées ordin. 4-5 au sommet de pédonc. axill.; gousse ouverte au sommet. 1710.

3 **B. d'Alep.** *C. Alepica* LAMK. *C. Pocockii* AIT. Arbriss. de près de 2 mètres; fol. ellipt.-arrondies, très obtuses, mucronées, pubesc. en dessous; en mai-octobre, fl. jaunes, disposées 3 au sommet des pédonc.; gousse close, rougeâtre. 1752.

4 **B. moyen.** *C. media* WILLD. Hybride des **B. d'Orient** et **d'Alep**, de 3 mètres environ, à fol. presque glauques, obcordées; en juin-août, fl. jaunes, lavées de rouge, disposées ordinairem. 6 en petites grappes axill.; gousse rouge, close.

CULTURE. — Les Baguenaudiers sont des arbrisseaux qui végètent ordin. dans des terrains crayeux; on les multiplie de graines.

SWAINSONIE. *SWAINSONIA* SALISB. (Isaac Swainson, horticulteur-botaniste). — Calice urcéolé, campan., à 5 dents, les 2 supér. rapprochées; étendard ample, orbiculaire, échancré; carène obtuse; ailes étroites, biauriculées; style barbu longitudinalem. en arrière; stigm. term.; gousse ovale, enflée, mucronée, polysperme. — Sous-arbriss. de la Nouvelle-Hollande, à feuil. imparipennées.

1 **S. à feuil. de Galéga.** *S. galegifolia* R. BR. *Vicia galegifolia* ANDR. *Colutea galegifolia* SIMS. Tiges de 60 c., dressées; feuil. à 19 fol. ovales, légèrem. échancrées; en juil.-août, fl. rouge éclatant, exhalant une légère odeur de vanille, disposées en grappes axill.; gousse longuem. pédicellée. 1800.

VAR. à fl. blanches.

2 **S. à feuil. de Coronille.** *S. coronillæfolia* R. BR. Tiges de 60 centim., dressées, rameuses; feuil. de 19-23 fol., ovales, obtuses; en juin-octobre, fl. rose pourpré, en grappes axill.; gousse pédicellée. 1802.

CULTURE. — Pl. d'orangerie; terre de bruyère mélangée; multipl. de graines et de boutures.

LESSERTIE. *LESSERTIA* DEC. [M. Benjamin Delessert, protecteur de la botanique et savant botaniste français]. — Calice à 5 divis. aiguës, presque égales; étendard étalé, obovale, échancré; ailes et carène obtuses; étam. diadelphes; ovaire briév. stipité, multiovulé; style filif., ascend., barbu transvers. en avant; stigm. capité; gousse scarieuse, indéhiscente. — Pl. du Cap, à feuil. imparipennées; fleurs en grappes, axill., pendantes.

1 **L. annuelle.** *L. annua* DEC. *L. linearis* DEC. *Colutea herbacea* LIN Tiges de 30 cent.; feuil. de 17-21 fol. glabres; les infér. oblong., échancrées, les sup. linéaires; en juin-juil., fl. rouges en grappes, plus longues que la feuil.; calice muni de 2 bract. couv. de poils noirs; gousse un peu enflée. 1731.

2 **L. vivace.** *L. perennans* DEC. *Colutea perennans* JACQ. *C. fistulosa* HORTUL. Tige herbacée de 30 cent., dressée; fol. ovales, soyeuses en dessous, pubesc. en dessus; en août, fl. rouges en grap-

pes lâches, plus longues que les feuil.; gousse comprimée. 1753.

3 **L. élégante.** *L. pulchra* SIMS. Sous-arbriss. de 50 cent., à tiges dressées; feuil. de 15 fol. ovales, aiguës, glabres; en mai, fl. rouges en grappes capitulées, plus longues que les feuilles. 1817.

CULTURE.—Orangerie; terre de bruyère mélangée avec un peu de terre franche; multipl. de graines.

SUTHERLANDIE. *SUTHERLANDIA* R. BR. [F. Sutherland, botaniste anglais].—Calice campanulé à 5 dents; étendard oblong, plié latéralement; carène oblongue plus courte; ailes très petites; étamines diadelphes; ovaire multiovulé; style filiforme, poilu longitudinalem. en arrière, transversalem. au sommet; stigm. termin.; gousse scarieuse, enflée, indéhisc., polysp. — Arbriss. du Cap, à feuil. imparipennées; fol. nombr.; stipules lanc.-subulées; fl. pourpres en grappes axillaires.

1 **S. frutescent.** *S. frutescens* R. BR. *Colutea frutescens* LIN. Sous-arbr. d'un mètre; fol. ellipt.-oblong., couvertes de poils appliqués, ainsi que les ram. et le calice; en juin-juil., fl. disposées 4-6 au sommet des pédonc. 1683.—Orangerie; terre de bruyère mélangée de terre franche; multipl. de graines.

CARMICHELIE. *CARMICHÆLIA* R. BR. [le capitaine Dugald Carmichæl].— Calice cyathiforme à 5 petites dents presque égales; étendard presque orbiculaire, réfléchi; ailes et carènes obtuses de même long.; étam. diadelphes; ovaire sessile, linéaire, à 5-6 ovules; style subulé, ascend.; stigm. obtus; gousse comprimée à 1 ou 3 graines.

1 **C. australe.** *C. australis* R. BR. *Lotus australis* ANDR. Sous-arbriss. de 60 cent.; feuil. et stipules obovales-cunéaires; en mai-juil., fl. bleu-rosé en capitules paucifl. longuem. pédonculé. Nouvelle-Hollande. 1800.— Orangerie; terre de bruyère mélangée de terre franche.

CLIANTHE. *CLIANTHUS* SOLAND [du grec *klinô*, pencher, *anthos*, fleur]. —Calice campanulé à 5 dents, les 2 supér. un peu plus adhérentes; étendard ovale, réfléchi; carène oblong. égalant l'étendard; ailes lanc. auriculées à la base, plus courtes que la carène; étam. diadelphes; ovaire stipité multiovulé; style filif., crochu et barbu au sommet, stigm. tronqué; gousse stipitée, glabre, oblong., acum., coriace, polysperme.

1 **C. ponceau.** *C. puniceus* SOLAND, *Donia punicea* SWEET. Arbriss. glabre, diffus; fol. alternes, oblong.; en juin-juil., fl. ponceau en grappes pendantes, multifl. Nouvelle-Hollande, 1840.—Multipl. de graines ou de boutures faites sur couche tiède. Joli arbriss. d'ornement.

Sous-tribu 4.— *Astragalées.* Gousse biloculaire ou presque biloculaire par l'introflexion longitudinale de la suture.

PHACA. *PHACA* LIN. [de *phakos*, nom grec de la Lentille; de sa ressemblance avec cette plante].—Calice tubuleux ou campanulé, à 5 dents divisées en 2 lèvres, étendard égalant les ailes; carène obtuse; étam. diadelphes; style ascend.; stigm. capité; gousse un peu enflée, unilocul. polysperme, à suture canaliculée, feuil. imparipennées; stipules non soudées au pétiole.

1 **P. d'Espagne.** *P. Bœtica* LIN. *Astragalus Lusitanicus* LAMK. Vivace; tiges de plus d'un mètre, dressées, poilues; feuil. de 15-21 fol. ovales, mucronées, velues en dessous; stipules lanc.; en juillet, fl. blanches; carène plus longue que l'étendard; gousse oblong. comprimée. 1640.

2 **P. des frimas.** *P. frigida* LIN. *P. Alpina* LIN. Vivace; tiges de 30 cent.; glabres, dressées, peu rameuses; feuil. de 9-11 fol. ovales-oblong., un peu ciliées; stipules foliacées, grandes, ovales-oblong.; en juil., fl. jaunes; gousse stipitée, obl., enflée, un peu velue. Sibérie, 1795.

3 **P. des Alpes.** *P. Alpina* JACQ. *Astrag. penduliflorus* LAMK. Vivace; tiges de 60 cent. dressées, à ram. pubesc.; feuil. de 19-25 fol. pubesc., oblong., obtuses; stipules linéaires.-lanc.; fl. en juil., jaune pâle; gousse glabre, comprimée, demi-ovale, aiguë. Autriche, 1759.

4 **P. glabre.** *P. glabra* CLAR. *P. Gerardi ?* WILL. Vivace; tiges de 30 cent., glabres, couchées, rameuses; feuil. de 13-15 fol. glabres, ovales-oblong., aiguës; stipules larges, ovales; en juil., fl.

blanches à pétales violacés sur le bord ; pédonc. plus longs que les feuil.; gousse enflée, glabre, stipitée. France mérid., 1818.

5 **P. austral.** *P. australis* Lin. *P. Halleri* Will. *Colutea australis* Lamk. Vivace; tiges de 15 cent., glabres, fines, ascend., rameuses ; feuil. de 13-17 fol. glabres, linéaires-lanc., la termin. sess.; stipules ovales; en juil., fl. pâles, pourprées sur les bords; ailes bifides; pédonc. plus long que les feuil.; gousse presque glabre ; ovoïde, stipitée. Europe méridion., 1779.

6 **P. astragalin.** *P. astragalina* Dec. *Astr. Alpinus* var. Lin. *Astrag. montanus* Jacq. Vivace; tiges de 30 cent., couchées, glabresc.; feuil. de 21-23 fol. ovales, pubesc.; stipules ovales, aiguës; en juin-juil., fl. bleu-pâle; ailes entières; carène courte; pédonc. plus long que les feuil.; gousse pendante, stipitée, hérissée de poils noirâtres dans la jeunesse. Europe sept., 1771.

Culture.—Plein air, en terre sablonneuse; multipl. de graines.

OXYTROPIDE. *OXYTROPIS* Dec. [du grec *oxus*, pointe, *tropis*, carène; de la carène des fleurs terminée en pointe]. — Calice tubuleux ou campanulé à 5 dents divisées en 2 lèvres; étendard dépassant à peine les ailes; carène prolongée à son sommet en un bec pointu; étam. diadelphes, style ascend.; stigm. obtus; gousse presque biloculaire par l'introflexion de la suture qui porte les graines.

1 **O. des montagnes.** *O. montana* Dec. *Astr. montanus* Lin. *Phaca montana* Crantz. Vivace; tiges de 15 cent. velues, à poils étalés, un peu plus longues que les feuil. ; fol. ellipt.-lanc. ; en juil.-août, fl. pourpres en grappes courtes; bractées moitié moins long. que le calice; gousse dressée, cylindr.-oblong. velue, acum., semi-biloc. Europe, 1581.

2 **O. des monts Ourals.** *O. Uralensis* Dec. *O. ambigua* Dec. *Astr. montanus* Pallas. Vivace; acaule, un peu velue; fol. ovales-lanc., hampes plus longues que les feuil. ; en juin-juil., fl. pourpres en épis capitulés multifl.; bractées lanc.; gousse dressée, ovale-acum., semi-biloc. 1800.

3 **O. argentée.** *O. argyræa* Dec. Vivace; hampes de 30 cent. velues; fol. ellipt.-oblong., soyeuses-argentées ; stipules membr., blanches, velues; en juil.-août, fl. pourpres, dressées, en épis capitulés; bractées linéaires, plus longues que le calice. Altaï.

4 **O. champêtre.** *O. campestris* Dec. *Astr. campestris* Lin. *Phaca campestris* Wahl. Vivace; acaule; hampes souvent couchées, de la long. des feuil.; fol. nombr., lanc., soyeuses; en juin-juil., fl. beau jaune, dressées, en épis capitulés; bractées, un peu plus courtes que le calice; gousse dressée, ovale, enflée, pubesc., semi-bilocul. Europe, 1778?

5 **O. fétide.** *O. fœtida* Dec. *Astr. fœtidus* Vill. *Astr. Halleri* All. Vivace, acaule; hampes un peu plus longues que les feuil., velues-supér.; fol. nombr., linéaires-lanc., glabres, visqueuses; en juil.-août, fl. jaune pâle, en épis capitulés, paucifl.; bractées plus courtes que le calice; gousse dressée, enflée, courbée, pubesc. Alpes du Dauphiné, 1819.

6 **O. poilue.** *O. pilosa* Dec. *Astr. pilosus* Lin. Vivace; tiges de 15 cent. dressées, couvertes de poils mous; foliol. lanc., aiguës; en juin-août, fl. jaune pâle, en épis ovales-oblongs au sommet de pédonc. axill. plus longs que les feuil.; gousse dressée, velue, cylindr.-subulée. Europe, 1732.

7 **O. à fl. nombreuses.** *O. floribundus* Dec. *Astr. floribundus* Pall. Bisann.; tiges dressées, poilues; fol. linéaires-aiguës pubérulentes; stipules lanc.; en juin-juil., fl. pourprées, en épis élégants au som. de pédonc. d'abord plus courts que les feuil., devenant ensuite beaucoup plus longs; gousse pubesc. oblong. subulée, uniloc. Sibérie.

8 **O. glabre.** *O. glabra* Dec. Vivace; tiges couchées glabresc.; fol. lanc.-ellipt., acum.; en juil.-août, fl pourpres en épis lâches; pédonc. beaucoup plus longs que les feuil.; gousse pendante, couverte d'une pubesc. noirâtre. Sibérie, 1823.

9 **O. courbée.** *O. deflexa* Dec. *Astr. deflexus* Pall. *A. hians* Jacq. *A. parviflorus* Lamk. Vivace; tiges de 15 cent., ascend., poilues; fol. pubesc. ovales-lanc.; en juin-juil, fl. pourpres en épis;

pédonc. beaucoup plus longs que les feuilles; gousse pendante, hérissée, uniloc., ouverte au sommet. Sibérie, 1800.

10 **O. sulfureuse.** *O. sulphurea* C. A. Meyer. Vivace; tiges très courtes; fol. nombr. lanc., les jeunes soyeuses, les adultes couvertes de poils appliqués, ainsi que les pétioles; hampe poilue un peu plus longue que les feuil.; en juin-juil., fl. jaune-soufre, disposées horizont., en épis denses; bractées linéaires-lanc.; calice velu. Russie, 1840.

Culture. — Plein air, en terre sablonneuse, un peu grasse; multipl. de graines.

ASTRAGALE. *ASTRAGALUS* Lin. [*Astragalos*, nom donné par Pline à une plante légumineuse]. — Calice tubulé ou campanulé à 5 divis. partagées en 2 lèvres; carène obtuse; étam. diadelphes; gousse biloculaire par l'introflexion de la suture portant les graines.

Section 1. Hypoglottidés. — *Stipules non soudées au pétiole, mais soudées entre elles, bifides et opposées aux feuil.; fl. pourpres.*

1 **A. hypoglotte.** *A. hypoglottis* Lin. *A. glaux* Vill. *A. dasyglottis* Fisch. *Oxytropis montana* Spreng. Vivace; tiges de 7 à 10 c., couchées, diffuses, poilues; feuil. de 17 à 21 fol. obovales-oblong. souvent échancrées; en juin-juil., fl. en épis; pédonc. plus longs que les feuil.; bractées atteignant la moitié du calice qui est couvert de poils noirs; gousse dressée, ovale-triquêtre, à loges monosp. Europe.

2 **A. pourpré.** *A. purpureus* Lamk. Vivace; tiges de 7-8 cent, couchées, diffuses, un peu velues; fol. obovales, bidentées; en juin-juil., fl. en capitules; pédonc. plus longs que les feuil.; gousse dressée, ovale-triquêtre, poilue; loges à 3 graines. France mérid., 1820.

3 **A. de Bayonne.** *A. Bayonensis* Lois. *A. Austriacus* Thore. Vivace; tiges de 15 cent., couchées, diffuses, toment., blanches; en juill.-août, fl. disposées 4-6 au sommet de pédonc. égalant presque les feuil.; gousse presque sess., toment., une fois plus longue que large. 1816.

Section 2. Dissitiflorés. — *Stipules distinctes, libres; fl. pourpres, distantes, disposées en grappes; gousses ordin. droites.*

4 **A. d'Autriche.** *A. Austriacus* Lin. *A. dichopterus* Pall. Vivace; tiges de 15 cent., couchées, diffuses; fol. glabres, lin., échancrées ou tronquées; en juin-juil., grappes pédonculées, plus longues que les feuil.; ailes bifides; gousses pendantes presque triangulaires. 1640.

5 **A. sillonné.** *A. sulcatus* Lin. *A. leptostachys* Pall. Vivace, glabre; tiges de plus d'un mètre, dressées, sillonnées; fol. linéaires-lanc.; en juil., grappes pédonculées, plus long. que les feuil.; ailes entières; gousses semi-biloculaires, presque triangul. Sibérie, 1785.

Sect. 3. Onobrychoïdés. — *Stipules distinctes, soudées au pétiole; fl. pourpres, en épis denses, capitulés; étendard linéaire-allongé; gousses ordin. droites.*

6 **A. onobrychide.** *A. Onobrychis* Lin. Vivace, pubesc.; tiges de 50 cent., diffuses; feuil. de 15-19 fol. oblong.; en juin-juillet, épis oblongs-ovales, plus longs que les feuil.; étendard une fois plus long que les ailes; gousses ovales-triang., un peu velues, briév. acum., une fois plus longue que le calice; loges à 4 graines. Europe, 1640.

7 **A. crochu.** *A. aduncus* Bieb. Vivace, blanc; tiges de 15 centim., diffuses; feuil. de 11-15 foliol. petites, ellipt.; en juin-juillet, épis courts, pédonculés, plus longs que les feuil.; étendard une fois et demie plus long que les ailes; gousses obliques, ovales-oblong., un peu velues, longuem. acumin. Caucase, 1819.

8 **A. pliant.** *A. vimineus* Pall. *A. cornutus* Pall. *A. Odessanus* Bess. Tiges de 15 cent., frutesc.; feuil. de 11-13 fol. linéaires-lanc., aiguës, légèrem. pubesc. en dessous; en juin-juil., épis capitulés, à pédonc. plus longs que la feuil.; étendard une fois plus long que les ailes; gousses oblong.-lanc., velues, apiculées. Sibérie, 1816.

Sect. 4. Sesamés. — *Stipules distinctes, non soudées au pétiole; fl. pourpres, en épis denses; gousses droites. — Pl. annuelles.*

9 **A. pentaglotte.** *A. pentaglottis*

Lin. *A. echinatus* Lamk. Tiges de 15 cent., couchées, diffuses, un peu velues; feuil. de 9-13 fol. obovales, légèrement échancrées ; stipules ovales; fl. en juin-juil.; pédonc. un peu plus longs que les feuilles; gousses semi-ovales, presque triang., aiguës, hérissées de tubercules souvent pilifères; loges monosp. Espagne, 1739.

10 **A. glaux.** *A glaux*. Lin. Tiges de 15 c., couchées, velues-blanch.; feuil. de 17-19 fol. oblong.; stipules ovales-lanc.; fl. en juin-juil.; pédonc. plus longs que les feuil.; étendard linéaire; gousses velues, ovales, presque triang., mucronées; loges monosp. France mérid., 1596.

11 **A. étoilé.** *A. stella* Gouan. Tiges de 15 cent., couchées, diffuses, velues-blanch.; feuil. de 17-21 fol. oblong.-ellipt.; stipules lanc.; fl. en juin-juil.; pédonc. de la long. des feuilles; gousses étoilées, velues, presque cylindr., mucronées, sillonnées. France méridionale, 1658.

12 **A. sésamé.** *A. sesameus* Lin. *A. stellatus* Riv. Tiges de 30 cent., diffuses, velues, un peu blanch.; feuil. de 19-21 fol. oblong.-ellipt.; stipules lanc.; en juin-juil., capitules axill., presque sess.; gousses velues, presque cylindr., acumin., marquées d'un sillon; loges à 7-8 graines. Europe mérid., 1616.

Sect. 5. Vésiculeux.—*Stipules distinctes, non soudées au pétiole; fl. blanches ou pourpres ; calice vésiculeux.*

13 **A. vésiculeux.** *A. vesicarius* Lin. *A. albidus* Waldst. et Kit. *A. glaucus* Bieb. *A. dealbatus* Pall. Vivace, soyeux-blanc ; tiges de 15 cent., couchées, diffuses; feuil. de 11-15 fol. ellipt.; en juil.-août, fl. blanches ; pédonc. plus longs que les feuil.; calice vésiculeux, couvert d'une pubesc. appliquée, et de poils noirs et blancs; gousses hérissées, un peu plus long. que le calice. France mérid., 1737.

Sect. 6. Annulaires.—*Stipules distinctes, non soudées au pétiole ; gousses arquées. — Pl. annuelles.*

14 **A. scorpioide.** *A. scorpioides* Pourr. *A. subbiflorus* Lagasc. Tiges obliques, pubesc., de 30 cent. ; foliol. oblong., obtuses ou échancrées; stipules lanc.; en juin-juil., fl. bleues, presque sess., axill., solit. ou géminées; gousses pubesc., subulées, courbées en queue de scorpion. Espagne, 1816.

Sect. 7. Bucérates. — *Pl. annuelles ; stipules distinctes, non soudées au pétiole ; fl. jaunes ; gousses souvent arquées.*

15 **A. enroulé.** *A. contortuplicatus* Lin. Pubesc. ; tiges de 30 centim., couchées ; fol. obovales, échancrées; fl. en juin-juil.; grappes pédonculées, 3 fois plus courtes que les feuilles; gousses velues, enroulées, canaliculées sur le dos. Sibérie, 1764.

16 **A. trismestral.** *A. trimestris* Lin. *A. membranaceus* Moench. Pubesc.; tiges de 15 cent., diffuses ; foliol. ellipt., échancrées ; en juin-juil., fl. disposées 2-3 au sommet de pédonc. un peu plus court que les feuilles; gousses subulées, courbées, pubesc., présentant un large sillon sur le dos. Égypte, 1739.

17 **A. brachycère.** *A. brachyceras* Ledeb. *A. trimestris* Bieb. Tiges de 15-20 cent., couchées; fol. ellipt., mucronées; stipules ovales; en juin-juil., grappes pédonculées, plus courtes que les feuil.; gousses presque droites, subulées. Perse, 1820.

18 **A. en hameçon.** *A. hamosus* Lin. *A. buceras* Willd. Pubesc.; tiges de 30 cent., diffuses ; fol. cunéif., échancrées, glabres en dessus ; en juin-juil., fl. disposées ordin. 6 au sommet de pédonc. plus courts que la feuil.; gousses pubesc. dans la jeunesse, cylindr., courbées en hameçon, présentant un sillon sur le dos. Espagne, 1633.

19 **A. épiglotte.** *A. epiglottis* Lin. Velu-blanc ; tiges de 15 centim., couchées; feuil. de 13-15 fol. oblong.-lin.; stipules lanc., velues, noirâtres, ainsi que le calice; en juin-juil., fl. en épis capitulés, briev. pédonculés ; gousses pubesc., étalées, déprimées, acumin., un peu arquées. Espagne, 1737.

20 **A. d'Andalousie.** *A. Bœticus* Lin. *A. uncinatus* Moench. *A. triangularis* Munt. Pubesc. ; tiges de 30 cent., couchées; feuil. de 21-31 fol. obovales, légèrem. échancrées ; stipules membr., ovales, acumin.; en juin-juil., épis briev. pédonculés ; gousses glabres, dressées, droites, prismatiques-triang., terminées par un mucron crochu. Espagne, 1759.

Sect. 8. Synochréates.—*Stipules adhérentes entre elles, non soudées au pétiole ; fl. jaunes.*

21 **A. rampant.** *A. reptans* Willd. Glabre; tiges de 15 centim., rampantes; feuil. de 25-27 fol. lanc., obtuses, mucronées ; stipules tantôt distinctes, tantôt soudées; en juin-juil., fl. blanches, en grappes pédonculées, un peu plus courtes que les feuil.; gousses pubesc., lanc., semi-biloculaires. Mexique, 1818.

22 **A. stipulé.** *A. stipulatus* Don. *A. stipitatus* et *A. stipularis* Sims. Glabre; tiges de 30 cent., dressées; feuil. de 17-33 fol. ovales-oblong., mucronées; stipules foliacées, grandes; en juin-juil., fl. réfléchies, disposées en épis ; gousses glabres, stipitées, comprimées, courbées. Népaul, 1822.

Sect. 9. Cicéroïdes.— *Stipules distinctes, non soudées au pétiole; fl. jaunes, en épis pédonculés ; gousses sess. — Pl. vivaces.*

23 **A. à feuil. de réglisse.** *A. glyciphyllos* Lin. Glabre; tiges d'un mètre, couchées; feuil. de 11-13 fol. ovales; stipules ovales, mucronées et acumin.; en juin-juil., épis ovales-oblongs; pédonc. plus courts que la feuil.; gousses sess., dressées, glabres, oblongues-subulées, presque triang., un peu courbées. Europe.

24 **A. déprimé.** *A. depressus* Lin. Pubesc., presque acaule ou diffus; feuil. de 19-23 fol. obovales ; stipules ovales, membran.; fl. en mai-juin; pédonc. plus courts que la feuil.; gousses glabres, cylindr., un peu déprimées, droites, étalées. Europe, 1772.

25 **A. brun.** *A. leucophæus* Smith. Pubesc.-blanc ; tiges très petites, couchées, diffuses; feuil. de 25-29 fol. obcordées; stipules membran., ovales-trapézoïdes; fl. en mai-août; pédonc. plus courts que les feuilles; gousses glabres, cylindriques-déprimées, aiguës, étalées, 1776.

26 **A. vesse.** *A. Cicer.* Lin Légèrem. pubesc.; tiges de 60 centim., couchées, diffuses; feuil. de 21-27 foliol. ellipt., oblong., mucronées; stipules lanc.; en juin-juil., fl. en épis capitulés; gousses velues, enflées, mucronées. Europe, 1570.

27 **A. des marécages.** *A. uliginosus* Lin. Légèrem. pubesc.; tiges de 60 cent., dressées, diffuses; feuil. de 21-23 fol. oblong.-ellipt.; stipules membr., lanc., acumin. ; fleurs en juin-juillet; pédonc. de la long. de la feuil.; bractées égalant le calice; gousses glabres, cylindr., étalées, marquées d'un sillon dorsal. Sibérie, 1752.

28 **A. à petites fleurs.** *A. micranthus* Desv. Légèrem. pubesc.; tiges de 30 cent.; feuil. de 23-25 fol. ellipt., obtuses ; stipules ovales, aiguës ; en juin-juil., fl. en épis une fois plus longs que les feuilles ; bractées égalant le calice ; gousses presque glabres, cylindr., un peu triang., réfléchies. 1800.

29 **A. du Canada.** *A. Canadensis* Lin. Légèrem. pubesc. ; tiges de 50 c., dressées ; feuil. de 21-25 foliol. ellipt.-oblong., obtuses; stipules lanc., acum.; fleurit en juin-juillet ; pédonc. égalant les feuil.; bractées plus courtes que le calice; gousses glabres, ovales-cylindr., dressées. 1732.

30 **A. falciforme.** *A. falcatus* Lamk. *A. virescens* Ait. *A. Iscensis* Hortul. Dressé, légèrem. pubesc.; tiges d'un mètre ; feuil. de 33-41 fol. ellipt.-oblong., aiguës; stipules lanc., acumin.; fl. en juin-juil.; pédonc. un peu plus longs que les feuil.; gousses glabres, en forme de faux, comprimées-triang., aiguës, pendantes, disposées en grappes. Sibérie.

31 **A. raboteux.** *A. asper* Jacq. *A. chloranthus* Pall. Couvert de poils raides; tiges d'un mètre, dressées, striées; feuil. de 25-31 fol. oblong.; stipules linéaires-lanc.; en juin-juil., fl. dressées en épis beaucoup plus longs que les feuil.; gousses pubesc., oblong.-triang., acuminées. Sibérie, 1796.

32 **A. pâle.** *A. pallescens* Bieb. *A. cymbæformis* Desf. Blanchâtre; tiges de 30 cent., ascend.; feuil. de 11-13 foliol. linéaires, presque ellipt.; en juin-juillet, fl. distantes, en grappes; pédonc. beaucoup plus longs que les feuil. ; gousses pubesc., dressées, oblongues, presque triang., acuminées. Sibérie, 1818.

Sect. 10. Galégiformes.—*Stipules distinctes, non soudées au pétiole ; fl. jaunes ; gousses stipitées.*

33 **A. galégiforme.** *A. galegiformis* Lin. *A. malacaphyllus* Hort. Glabre; ti-

ges de 60 cent., dressées; feuil. de 25-27 fol. oblong.-ellipt.; en juin-juil., fl. pendantes, en grappes plus long. que les feuil.; gousses triang., mucronées. Sibérie, 1729.

SECT. 11. Alopécuroïdes.—*Stipules distinctes, non soudées au pétiole; tiges dressées, striées; fl. jaunes, réunies en épis denses, axill., sess. ou brièvement pédonculés.*

34 **A. queue de renard.** *A. alopecuroides* LIN. *A. alopecurus* PALL. Tiges de 60 cent.; foliol. pubesc., ovales-lanc.; stipules ovales-lanc., acum.; fl. en juin-juil.; épis ovales-oblongs, sess.; divis. du calice sétacées, de la long. du tube, égalant à peu près la corolle. Espagne, 1737.

35 **A. de Narbonne.** *A. Narbonensis* GOUAN. Tiges d'un mètre, couvertes de poils mous; fol. velues, oblong.-linéaires; stipules lanc.; fl. en juin-juil.; épis presque globuleux; dents du calice sétacées, de la long. du tube et plus courtes que la corolle. Taurie, 1820.

36 **A. du roy. de Pont.** *A. Ponticus* PALL. Tiges de 60 cent., un peu velues; foliol. glabres, oblong.; stipules lanc.; fl. en juin-juil.; épis presq. globul., sess., les fructifères ovales; dents du calice beaucoup plus courtes que le tube et la corolle. 1820.

SECT. 12. Christianés.—*Stipules distinctes, non soudées au pétiole; fleurs jaunes, disposées en grappes capitulées axill., presque sess.; tiges dressées.*

37 **A. tomenteux.** *A. tomentosus* LAMK. *A. fruticosus* FORSK. Toment., mou; tiges d'un mètre; feuil. de 41-51 fol. ovales-orbicul., un peu échancrées; stipules lanc., acum.; fl. en juin-juillet; gousses velues, écailleuses, cylindriq., acuminées. Égypte, 1800.

SECT. 13. Tragacanthes.—*Pétioles persistants, épineux; stipules soudées au pétiole.*

38 **A. du Caucase.** *A. Caucasicus* PALL. Tiges de 15 cent.; feuil. de 11-15 fol. oblong.-linéaires, toment. blanch.; en juin-juil., fl. blanch sess. disposées 2-3 à l'aisselle des feuilles; calice laineux, quinquefides; gousses uniloc. à 4 graines. 1824.

39 **A. de Marseille.** *A. Massiliensis* LAMK. *A. tragacantha* PALL. *A. trag.* var. LIN. Sous-arbriss. de 20-25 cent.; feuil. de 19-23 fol. ellipt., blanch.; en juin-juil., fl. blanches disposées ordinairem. 4 au sommet de pédonc. axill. de la long. des feuil.; calice cylindr. à 5 pet. dents.

40 **A. aristé.** *A. aristatus* L'HÉR. *A. sempervirens* LAMK. *Phaca tragacantha* ALL. Sous-arbriss. de 30 cent.; feuil. de 13-19 fol. poilues, oblong., mucronées; en juin-juil., fl. pourpres, disposées ordinairem. 6 au sommet de pédonc. très courts; calice à dents sétacées, longues; gousses à peu près semi-biloc. Pyrénées, 1791.

SECT. 14. Caprinicus.—*Pétioles non épineux; stipules soudées à la base du pétiole; fl. jaunes, calice non vésiculeux.*

41 **A. acaule.** *A. exscapus* LIN. Poilu-mou; feuil. de 27-45 fol. ovales; en mai-juil., fl. glabres presque sess., fasciculées, dents du calice longuem. subulées; gousses un peu comprimées, hérissées, sess., ovales-acuminées. Autriche, 1787.

SECT. 15. Incanes. — *Stipules soudées au pétiole; feuil. couvertes de duvet appliqué, blanchâtre; pétioles non épineux; fl. à étendard très allongé; calice non vésiculeux; gousse à 2 loges complètes.*

42 **A. de Montpellier.** *A. Monspesulanus* LIN. Tiges très petites; feuil. de 21-41 fol. ovales et lanc.; celles des extrémités plus petites; en juin-juill., fl. pourpres ou blanches; hampes dépassant les feuil.; calice à dents subulées, long.; gousses cylindr. subulées, un peu arquées, glabres à l'état adulte. 1710.

43 **A. blanchâtre.** *A. incanus* LIN. Acaule; feuil. de 13-17 fol. ovales; en juin-juil., fl. pourpres en épis capitulés au sommet d'une longue hampe dépassant un peu les feuil.; dents du calice subulées, courtes; gousses 3 fois plus longues que le calice, presque cylindr., couvertes de poils blancs, termin. par une pointe subulée courbée. France, 1759.

CULTURE. — Terrains secs et graveleux, excepté les espèces de Sibérie, qui préfèrent la terre franche; multipl. de graines, semées au mois de mai en place pour les espèces ann.; les esp. vivaces doivent être repiquées lorsque le plant aura de 4 à 6 feuil., et placées ensuite, pour en faciliter la reprise, sur couche tiède et sous châssis. A l'exception des esp. du sud de l'Europe, elles sont toutes de plein air.

PÉLÉCINE. *BISERRULA* LIN. [de *bis*, deux, *serrula*, petite scie; allusion à la forme du fruit qui présente des dents très aiguës sur ses deux bords]. — Calice campanulé à 5 divis., partagées en 2 lèvres; étendard plus grand que les ailes et la carène; étam. diadelphes; ovaire sess. multiovulé; style filif.; stigm. obtus; gousse biloculaire, dentée des deux côtés.

1 **P. commune.** *B. pelecinus* LIN. *Pelecinus vulgaris* TOURN. Herb. ann. pubesc., à tiges diffuses; feuil. imparipennées à fol. obcord., nombr.; en juil.-août, fl. pourpres en épis ovales, au somm. de pédonc. plus courts que les feuil. Europe mérid., 1640.

CULTURE. — Plein air; terrain tourbeux; semé en avril.

TRIBU III. — *VISCIÉES.*

Feuil. paripennées termin. par une vrille simple ou rameuse; corolle papillonacée; dix étam. généralem. diadelphes; gousse uniloculaire, bivalve; embryon à cotylédons épais, charnus, restant sous terre dans la germination.

POIS CHICHE. *CICER* TOURN. [de *Cicer*, nom que les Latins donnaient à cette plante, dérivé de *kikos*, force; des éminentes qualités qui lui étaient attribuées]. — Calice gibbeux à sa base, à 5 divis. acum.; les 2 supér. incombant; étendard obovale-oblong. plus long que les ailes; carène à 2 onglets distincts; étam. diadelphes; ovaire sess. multiovulé, style filif., ascend.; stigm. tronqué, épais; gousse rhomboïdale ou ovale enflée, à 2 graines.

1 **P. tête de bélier.** *C. arietinum* Lin. Herbe ann. de 30 cent., couverte de nombr. poils glanduleux; feuil. imparipennées, à fol. égales, ovales, dentelées; stipules lanc., légèrem. denticul.; calice à peine gibbeux, de la long. des ailes. Europe mérid., 1548.

CULTURE. — Cultivé comme aliment, ses graines font la base de la purée aux croûtons, si estimée à Paris. Semé au printemps, on le récolte à l'automne, un peu avant la parfaite maturité.

POIS. *PISUM* TOURN. [de *pis*, nom celtique du Pois]. — Calice campanulé à 5 divis. foliacées presque égales, les 2 supér. plus amples; étendard grand, ascend. réfléchi; étam. diadelph.; ovaire sess., multiovulé; style comprimé canaliculé inférieurem., géniculé, velu sous le stigm.; gousse oblong.-polysp. — Feuil. paripennées, term. par une vrille rameuse.

1 **P. cultivé.** *P. sativum* LIN. Tiges atteignant un mètre; pétioles cylindr., trijugués; fol. ovales, entières, à bord ondulé, souvent opposées, mucronulées; stipules ovales-semi-cordif., crénelées; en juin-sept., fl. disposées 2 ou plus au sommet des pédonc. Europe mérid.?

VARIÉTÉS.

1 **P. sucré, Petit pois**, etc. *P. sat. saccharatum* SER. Tiges ailées; gousse cylindr. un peu comprimée, presque coriace; graines rondes, distantes.

2 **P. à gros fruit, P. sans-parchemin, P. goulu, P. mange-tout**, etc. *P. sat. macrocarpum* SER. Tiges très grandes; gousses grosses, arquées, très comprimées, non coriaces; graines grosses, distantes.

3 **P. à bouquet**, etc. *P. sat. umbellatum* LIN. Stipules quadrifides, aiguës; fl. nombr. en ombelles

4 **P. carré.** *P. sat. quadratum.* LIN. Graines carrées, nombreuses.

5 **P. nain.** *P. sat. humile* POIR. Tiges naines, grêles; gousses petites, un peu coriaces; graines rondes très rapprochées.

Cette espèce présente un très grand nombre d'autres variétés que le cadre de cet ouvrage ne nous permet pas de mentionner. Voir, pour plus de détails, *le Bon Jardinier*.

2 **P. des champs. P. de pigeon, BISAILLE.** *P. arvense* LIN. *P. sat.* var. *arvense* POIR. Tiges de 1 mètre; pétioles bi-trijugués; fol. ovales-arrondies crénelées, mucronées; stipules ovales-semi-cordif., denticul.; en juin-sept., fl. rouges; pédonc. très courts, ordin. unifl. Europe mérid.

3 **P. maritime.** *P. maritimum* Lin. Tiges de 50 cent., angul.; pétiole plan supérieurem. portant 5-8 fol. ovales ou arrondies, souvent pubérulentes; stipules ovales-semi-sagittées; en juill., fl. rouges ou pourpres, nombr. au sommet de pédonc. plus courts que la feuil.; gousses petites, oblong., obliquem. réticulées; graines petites, nombr., arrondies, un peu amères. Europe.

LENTILLE, ERS. *ERVUM* Lin. [de *Erw*, nom celtique de la Lentille].— Calice à 5 divis. linéaires, acum., presque égales; corolle dépassant à peine le calice; étam. diadelphes; ovaire sess.; style filiforme, presque glabre; stigm. capité; gousse oblong.-comprimée, à 2-4-6 graines orbiculaires.— Feuil. imparipennées sans vrilles, ou paripennées terminées par une vrille simple ou rameuse.

1 **L. cultivée.** *E. Lens* Lin. *E. dispermum* Roxb. *Cicer Lens* Roxb. *Lens esculenta* Moench. *Cicer punctulatum* Hortul. Ann.; tiges de 30 centim., rameuses; fol. glabres, oblong., presque octogones; stipules lanc., ciliées; vrilles simples; en mai, fl. bleu pâle, disposées 2-3 au sommet de pédonc. égalant les feuil.; gousses larges, courtes, comme tronquées, finem. réticulées, glabres, à 2 graines comprimées. France, 1548.

2 **L. noirâtre.** *E. nigricans* Bieb. *E. lentoides* Ten. Pubesc.; tiges de 30 c.; fol. oblong.; stipules semi-sagittées, denticulées à la base; en juin-juil., fl. pourpres, disposées ordin. 2 au sommet de pédonc. plus longs que la feuil.; divis. du calice subulées, un peu divergentes, dépassant la corolle; gousses noirâtres, glabres, à 2 graines cendrées. Taurie, 1817.

3 **L. hérissée.** *E. hirsutum* Lin. Tiges de 60 cent.; feuil. vrillées, à fol. linéaires, obtuses, mucronées; stipules semi-sagittées, étroites; en juin-juil., fl. blanches, disposées 3-6 au sommet de pédonc. plus courts que les feuil.; divis. du calice linéaires-lanc., de la long. du tube; gousses hérissées, oblong., comprimées, pendantes, étroitement réticulées, à 2 graines globul. Indigène.

4 **L. Cicerole.** *E. Ervilia* Lin. *Vicia Ervilia* Willd. *Ervilia sativa* Link. Glabre; tiges de 30 cent.; feuil. vrillées; fol. nombr., oblong., mucronées; stipules presque lanc., dentées; en juin-juil., fl. pourpres, géminées, pédonculées; divis. du calice égales, très étroites, beaucoup plus long. que le tube; gousses glabres, bosselées, finem. et transversalem. réticulées, à 4 graines anguleuses-arrondies. Europe mérid., 1596.

5 **L. à une fleur.** *E. monanthos* Lin. *Vicia articulata* Willd. *Lathyrus monanthos* Willd. *Vicia multifida* Walr. Tiges de 30 cent., simples, fines gazonneuses; fol. nombr., linéaires, tronquées et mucronées; vrilles presque simples; stipules inégales, l'une linéaire-lanc., entière, l'autre très étroite, fimbriée; en juin-juil., fl. pourpres, solit. au sommet de pédonc. égalant à peine les feuilles; divis. du calice linéaires, égales, plus long. que le tube; gousses glabres, ovales, comprimées, bosselées, transversalem. réticulées, à 3-4 graines. Europe mérid., 1798.

6 **L. à 4 graines.** *E. tetraspermum* Lin. *Vicia pusilla* Muhl. *V. tetrasperma* Loisel. Tiges de 50 centim., rameuses, gazonneuses; feuil. vrillées, à 4-6 fol. oblongues, mucronées; stipules lanc., semi-sagittées; en juin, fl. bleu pâle, disposées 1-4 au sommet de pédonc. filif.; divisions du calice inégales, larges, plus courtes que le tube; gousses glabres, sans nervures, oblong., comprimées, un peu bosselées; graines presque globul. Indigène.

Var. **grêle.** — *E. tetr.-gracile* Ser. *E. gracile* Dec. *Vicia gracilis* Loisel. *E. tenuifolium* Lagasc. Fol. très étroites; pédonc. très longs, souvent uniflores.

7 **L. pubescente.** *E. pubescens* Dec. Tiges de 30 cent., rameuses, très fines; feuil. vrillées, à 4-6 fol. ellipt., mucronées; vrilles fourchues; stipules linéaires; en juin-juil., fl. pourpres, disposées 1-4 au sommet de pédonc. filif.; divis. du calice inégales, larges, plus courtes que le tube; gousses velues, sans nervures, oblongues, comprimées, un peu bosselées. Italie, 1820.

8 **L. d'Hohenacker.** *E. Hohenackeri* Fisch et Meyer. Pubesc.; feuil. de 8-12 fol. linéaires-oblong., mucronulées; vrilles simples; stipules semi-sagittées, dentées inférieurem.; fl. en juin-juil.; pé-

donc. mutiques, ordin., unifl., plus longs que les feuilles; dents du calice un peu plus long. que le tube, dépassant la corolle; gousses pubescentes, trapéziformes, à 2 graines comprimées. Province de Karabagh, 1840.

Culture. — Plein air. La 1re esp. se cultive pour l'usage alimentaire; elle ne réussit bien que dans les terres légères; les terrains gras et humides, ainsi que les sols argileux, lui conviennent moins bien. On la sème en mars ou avril en sillons comme les pois ou à la volée; les autres esp. ne sont d'aucun intérêt.

VESCE. *VICIA* Tourn. [du latin *vincia*, lié, attaché; des tiges qui s'enroulent entre elles ou avec les plantes voisines]. — Calice tubuleux-comprimé, à 5 divis. ou dents presque égales, égalant quelquef. la corolle; étendard étalé, ascend.; étam. diadelphes; style filif., très souvent poilu au sommet; gousse comprimée, allongée, polysp., ou courte, enflée et oligosp.; feuilles paripennées, terminées par une vrille simple ou rameuse.

§ 1. — *Vrilles très simples, souvent nulles.*

1 **V. comestible, Fève de marais.** *V. faba* Lin. *Faba vulgaris* Moench. Ann.; tiges atteignant de 60 centim. à 1 mètre, dressées; feuil. de 2-5 fol. épaisses, ovales, mucronées; stipules ovales, semi-sagittées; vrilles presque nulles; en juin-juil., fl. blanches, teintées de bleu; dents du calice presque linéaires; gousses très grosses, coriaces, un peu gonflées; graines oblongues. Égypte.

§ 2. — *Vrilles rameuses ; fl. en grappes pédonculées.*

2 **V. pisiforme.** *V. pisiformis* Lin. Glabre, vivace; tiges de 60 cent.; feuil. à 8 fol. distantes, ovales-cordées, obtuses, réticulées, veinées, les infér. sess.; stipules petites, semi-sagittées, dentées; en juin-août, fl. jaune pâle; pédonc. multifl., de la long. de la feuil.; dents du calice presque égales, plus courtes que le tube; gousses oblong., comprimées, étroitem. veinées, réticulées; graines globuleuses. Europe mérid., 1739.

3 **V. des haies.** *V. dumetorum* Lin. *V. tetragona* Hort. Par. Glabresc., vivace; tiges d'un mètre; fol. alternes, réfléchies, ovales-lanc., **mucronées**, faiblem. veinées, réticulées; stipules semi-sagittées, dentées; en juin-juil., fleurs pourpres; pédonc. multifl., de la long. de la feuil.; dents du calice presque égales entre elles, très courtes; style barbu supérieurem.; gousses veinées, réticulées, oblong., comprimées; graines arrondies. Europe, 1752.

4 **V. sauvage.** *V. sylvatica* Lin. Glabre, vivace; tiges de près de 2 mètres; fol. nombreuses, alternes ou opposées, oblong.-ellipt., mucronulées, finement veinées, réticulées; stipules semi-sagittées, réniformes, dentées; en juin-juil., fl. blanc violacé; pédonc. multifl.; dents du calice à peine aussi long. que le tube; style velu, supér.; gousses linéaires-oblong., comprimées, courbées supérieurem., finement veinées, réticulées; graines globuleuses. Indigène.

5 **V. de la Cassubie.** *V. Cassubica* Lin. Vivace; fol. opposées ou alternes, nombr., ellipt., mucronées, un peu glabres; nervures fermes, très nombr., divergentes, réticulées; stipules infér. semi-sagittées, lanc., les supér. linéaires, presque entières; en juin-juil., fl. bleu léger, en grappes denses; pédonc. égalant la feuil.; dents du calice inégales, plus courtes que le tube; style velu supér.; gousses coriaces, glabres, oblong., comprimées, à peine réticulées; graines globuleuses. Europe mérid., 1711.

6 **V. commune.** *V. cracca* Lin. Vivace; tiges de 60 cent., rameuses; feuil. vrillées à fol. nombr., oblong., mucron., pubérulentes, avec des nervures simples, presque parallèles; stipules semi-sagittées-linéaires; en juin-juil., fl. violettes en grappes denses de la long. de la feuil.; dents du calice inégales; les supér. très courtes, les infér. moins longues que le tube; style poilu supérieur.; gousses coriaces réticulées, oblong., courtes, comprimées, glabres; graines globuleuses, noires. Indigène.

7 **V. de Gérard.** *V. Gerardi* Jacq. Vivace; tiges de 60 cent., simples; feuil. vrillées à fol. nombr., oblong.-lanc., mucronées, légèrem. laineuses, avec des nervures simples presque parallèles; stipules linéaires, semi-sagittées; en juin-juil., fl. violettes en grappes denses, dé-

passant un peu la feuil.; calice poilu à dents inégales, les infér. un peu plus longues que le tube; style poilu supér.; gousses glabres, oblong., coriaces, comprimées, finem. réticulées. Europe mérid., 1810.

8 **V. de Pise.** *V. pseudo-cracca* BERTOL. *V. tenuifolia* TEN. Pubesc., ann.; tiges de 60 cent., rameuses dès la base, diffuses; feuil. à 8-10 fol. oblong., obtuses; stipules linéaires-sagittées; en juin-juil., fl. pourpres, réfléchies, disposées ordin. 6 au sommet de pédonc. plus longs que la feuil.; dents du calice inégales, linéaires, aiguës, plus courtes que le tube; style velu supér.; gousses courtes, ellipt., glabres, finem. réticulées. 1820.

9 **V. polyphylle.** *V. polyphylla* DESF. *V. Fontanesii* TEN. Vivace; folioles nombreuses, linéaires-lanc., mucronées, velues; stipules linéaires-semi-sagittées; en juin-juil., fl. pourpre-pâle en grappes denses, plus longues que la feuil. Algérie, 1816.

10 **V. à petites feuil.** *V. tenuifolia* ROTH. *V. Gerardi* VILLD. Vivace; tiges de 50 cent., rameuses; feuilles vrillées à fol nombr. linéaires, mucronées, glabres, avec des nervures simples, parallèles; stipules infér. linéaires-lanc., les supér. linéaires-sétacées; en juin-juil., fl. violettes en grappes denses, plus longues que la feuil.; dents du calice inégales, les infér de la long. du tube; style poilu supérieurem.; gousses lancéolées. Indigène.

11 **V. ochracée.** *V. ochroleuca* TEN. Vivace; tiges de 30 cent.; fol. glabres, ovales-lanc., obtuses, mucronées, à nervures presque parallèles; stipules semi-sagittées-subulées, très entières; en juin-juil., fl. jaune-pâle en grappes denses, plus longues que la feuil.; dents du calice très courtes; style poilu supérieur.; gousses glabres, réticulées. Italie. 1825.

12 **V. onobrychioïde.** *V. onobrychioides* LIN. Ann.; tiges de 60 cent., striées; feuil. à vrilles simples; fol. nombr., linéaires, obtuses et mucronées, à nervures presque parallèles; stipules semi-sagittées-linéaires, dentées; en juin-juil., fl. pourpres en grappes lâches, à pédonc. très longs; dents du calice lanc. de la long. du tube; style claviforme, barbu supérieurem.; gousse lanc. Europe mérid., 1789.

13 **V. pourpre foncé.** *V. atropurpurea* DESF. Velue; tiges de 1 mètre, tétrag.; fol. oblong., mucronées, nombr.; vrilles simples; stipules semi-sagittées lanc., souvent dentées inférieurem.; en juin-juil., fl. pourpre-foncé, rapprochées, en grappes multifl., à peine de la long. des feuilles; dents du calice sétacées, poilues, plus longues que le tube; style allongé, presque claviforme, barbu au sommet; gousses très hérissées, oblong., comprim.; graines globuleuses, noires, un peu veloutées. Algérie, 1815.

14 **V. vivace** *V. perennis* DEC. Velu; tiges d'un mètre, tétrag.; fol. oblong.-linéaires, mucronées, velues; vrilles simples; stipules semi-sagittées-lanc., souvent dentées inférieur.; en juin-juil., fl. pourpres en grappes lâches, de la long. des feuil.; dents du calice poilues, sétacées, de la long. du tube; style allongé, presque claviforme, barbu supérieurem.; gousses pubesc., oblong., comprimées, réticulées; graines comprimées, orbicul. Europe mérid., 1820.

15 **V. à longues feuil.** *V. longifolia* POIR. Ann.; tiges de 30 cent., tétragones; fol. nombr., glabres, étroites, très long.; vrilles rameuses; stipules semi-sagittées, entières; en juin-juil., fl. jaune-pâle, pendantes, en grappes plus long. que la feuil.; dents du calice inégales, aiguës; les supér. très petites. Syrie, 1818.

16 **V. argentée.** *V. argentea* LAPEYR. Vivace, blanchâtre; tiges tétragones; feuil. argentées sans vrilles; fol. oblong.-linéaires, mucronées; stipules semi-sagittées-lanc.; en juin-juil., fl. rosées à carène maculée de noir au sommet; pédonc. multifl. un peu plus longs que la feuil.; divis. du calice presque égales, de la long. du tube; style allongé presque claviforme, barbu supérieurem.; gousses toment., oblong.-comprimées. Espagne.

17 **V. velue.** *V. villosa.* ROTH. Velue, ann.; tiges d'un mètre, tétragones; vrilles simples; fol. oblong., mucronées; stipules semi-sagittées-lanc., entières; en juin-juil., fl. pourpres en grappes lâches de la longueur des feuil.; dents du

calice sétacées, poilues, plus long. que le tube ; style velu supérieurem.; gousses glabres, oblong., comprimées ; graines globuleuses. Indigène.

18 **V. disperme.** *V. disperma* Dec. *V. parviflora* Loisel. Légèrement poilue ; tiges de 50 cent., tétragones ; vrilles simples ; feuil. de 16-20 fol. linéaires-oblong., mucronées ; stipules semi-sagittées, entières ; en juin-juil., fl. blanches, petites, disposées 2-3 au sommet de pédonc. plus courts que la feuil.; dents du calice presque égales, lanc.-subulées de la long. du tube, égalant presque la corolle ; style velu supérieurement ; gousses glabres, oblong., comprimées, transversalem. réticulées, à 2 graines presque globuleuses. France mérid.

19 **V. bisannuelle.** *V. biennis* Lin. Tiges de 60 cent.; feuil. vrillées, ordinair. à 12 fol. lanc., glabres ; pétioles sillonnés ; stipules semi-sagittées, aiguës; en juil.-sept., fl. pourpres, nombr. au sommet de pédonc. dépassant à peine la feuil.; dents du calice inégales; gousses ascend., glabres, comprimées, courtes. Sibérie, 1753.

20 **V. éperonnée.** *V. calcarata* Desf. *V. monantha*. Retz. Ann.; tiges de 60 cent., couchées, presque tétragones ; fol. linéaires-lanc., obtuses ; stipules falciformes ; en juil.-août, fl. rouges solit. au sommet d'un pédonc. bractéolé, beaucoup plus court que la feuil.; dents du calice très petites, aiguës ; gousses glabres, comprimées. Algérie, 1790.

21 **V. d'Aucher.** *V. Aucherii* Jaub. et Spach. Vivace, soyeuse dans la jeunesse, pubesc. à l'état adulte ; foliol. oblong. ou ovales-oblong., obtuses, veinées ; stipules linéaires ou oblong.-lanc., très aiguës, semi-hastées; en juin-juil., fl. bleues, grandes, disposées 7-15 au somm. de pédonc. dépassant à peine la feuil.; dents du calice linéaires-subulées plus courtes que le tube ; style barbu supérieurem.; gousses oblong. velues. Perse, 1840.

22 **V. polysperme.** *V. polysperma* Ten. Vivace; tiges de près de 2 mètres, très rameuses ; feuil. vrillées, à 14-16 foliol. ovales-oblong., obtuses, entières, mucronées, glabres ; vrilles rameuses ; stipules dentées ; en juin-août, fl. bleu pâle, grandes, dressées, disposées 8-10 au sommet de pédonc. plus longs que la feuil.; dents du calice inégales, les infér. sétacées, plus longues ; gousses linéaires-lanc., planes, glabres, à 14-20 gr. Naples, 1840.

23 **V. pictée.** *V. picta* Fisch. et Meyer. Ann., presque glabre ; feuil. à 8-10 foliol. lanc., mucronées, les infér. rapprochées de la tige ; stipules semi-sagittées, entières ; fl. en juin-juil.; grappes multifl., de la long. des feuil.; dents du calice plus courtes que le tube, les supér. très petites ; gousses glabres, stipitées, presque linéaires, ordin. à 6 graines, presque globul. Arménie, 1839.

§ 3. — *Fleurs presque sessiles.*

24 **V. cultivée.** *V. sativa* Lin. Bisann. ; tiges d'un mètre ; feuil. vrillées, à 10-12 fol. obovales, légèrem. échancrées ou oblong.-échancrées, mucronées, poilues ou glabres; stipules semi-sagittées, dentées; en mai-juin, fl. pourpres, sess., ordin. géminées ; calice cylindr., à divisions linéaires-lanc., presque égales, parallèles, de la long. du tube ; style barbu au sommet ; gousses dressées, oblong., comprimées, réticulées ou peu bosselées ; graines globuleuses, un peu velues. Indigène.

Var. **des moissons.** *V. sat. segetalis* Ser. *V. segetalis* Thuill. Fol. oblongues, acum., poilues; gousses pubesc.

25 **V. voyageuse.** *V. peregrina* Lin. *V. megalosperma* Bieb. Ann.; tiges de 60 cent.; feuil. vrillées, à 10-12 fol. linéaires, tronquées et mucronées ; stipules semi-sagittées-linéaires, entières ; en juil.-août, fl. pourpres, solit., pédonculées ; calice campanulé, à dents linéaires-lanc., presque égales, divergentes, de la long. du tube; style barbu supérieurem. ; gousses pendantes, comprimées, lanc., réticulées, pubérulentes ; graines presque globuleuses.

26 **V. de Michaux.** *V. Michauxii* Spreng. Ann.; tiges de 50 cent.; foliol. linéaires, tronquées, mucronées; stipules lanc., entières; en juil.-août, fl. blanches, brièvem. pédonculées ; dents du calice inégales, les supér. très courtes, les infér. de la long. du tube ; gousses légèrem. pubesc., à 3-4 graines. 1803.

26 **V. amphicarpe.** *V. amphicarpa* Dorth. Ann.; tiges de 30 cent.; feuilles ordin. vrillées; fol. infér. obcordées, mucronées, les supér. linéaires, légèrement échancrées, mucronées; stipules semi-sagittées, entières ou dentées; en mai-juin, fl. pourpres, solit., presque sess.; calice cylindr., à divis. égales, linéaires, parallèles, plus courtes que le tube; style barbu supérieurem.; gousses pubérulentes, réticulées, les supér. linéaires-oblong., pendantes, les infér. courtes, ovales-comprimées, s'enfonçant en terre. France, 1815.

27 **V. des Pyrénées.** *V. Pyrenaica* Pourr. Vivace; tiges de 30 cent.; feuil. vrillées; fol. obcordées, mucronées; stipules semi-sagittées, entières ou denticulées; en mai, fl. jaunes, solit., sess.; calice presque campanulé, à dents inégales, lanc., un peu étalées, plus courtes que le tube; style barbu supérieurem.; gousses pendantes, glabres, oblongues-linéaires, réticulées. 1818.

28 **V. gessière.** *V. lathyroides* Lin. *Ervum Soloniense* Lin. Ann., légèrement velue; tiges de 50 cent., rameuses; feuil. vrillées, à 4-6 fol. obovales, faiblement échancrées, mucronées, les supér. oblongues et linéaires, tronquées, mucronées; stipules semi-sagittées, entières; en avril-juin, fl. pourpres, solit., sess.; calice cylindr., à dents presque égales, linéaires, parallèles, plus courtes que le tube; style barbu supérieurem.; gousses pendantes, glabres ou rugueuses, comprimées, réticulées; graines globuleuses, verruqueuses. Indigène.

29 **V. jaune.** *V. lutea* Lin. Ann., poilue; tiges de 50 centim., rameuses; feuil. vrillées, à fol. oblong.-ovales, colorées; en juin-août, fl. jaunes, solit., presque sess.; divis. du calice inégales, divergentes, les supér. petites, les infér. plus courtes que le calice; étendard glabre, échancré; style barbu supérieurement; gousses horizontales, poilues, oblong.-lanc., comprimées, finem. réticulées; graines presque globuleuses. Indigène.

30 **V. hybride.** *V. hybrida* Lin. Ann., poilue; tiges de 50 centim., rameuses; feuil. vrillées, à foliol. obovales-échancrées, mucronées; stipules semi-sagittées, faiblem. dentées; en juin-août, fl. jaunes, solit., presque sess.; divisions du calice presque égales, étroites, de la long. du tube; étendard poilu, échancré; style barbu supérieurem.; gousses horizontales, poilues, oblongues-lanc., comprimées, finem. réticulées. Europe.

31 **V. crasseuse.** *V. sordida* Waldst. et Kit. Ann.; tiges de 30 cent., rameuses; feuil. vrillées, à 10-12 fol. oblong., échancrées, mucronées; stipules semi-sagittées, entières; en juin-août, fl. jaunes, pendantes, ordin. géminées; calice cylindr., à divis. presque égales, linéaires, parallèles, un peu plus courtes que le tube; étendard ample, obcordé, mucroné; style barbu au sommet; gousses pendantes, glabres, oblong.-linéaires, comprimées, réticulées; graines presque globuleuses. Hongrie, 1802.

32 **V. tricolore.** *V. tricolor* Sébast. Ann.; tiges simples, de 50 cent.; feuil. vrillées; fol. nombr., oblong., échancrées, mucronées, velues; stipules semi-sagittées-lanc., tachées; en juin-août, fl. ternées, pendantes, à étendard pourpre et ailes jaunes; calice campanulé, oblique, dents inégales divergentes, plus courtes que le tube; style barbu supérieurem.; gousses réfléchies, glabres, lanc., ciliées sur les bords. Naples, 1818.

33 **V. des bergeries.** *V. sepium* Lin. Vivace; tiges de 60 cent., peu rameuses; feuil. vrillées, à 10-12 fol. ovales, échancrées, mucronées, ciliées; stipules semi-sagittées, les infér. dentées; en mai-juin, fl. violettes, ternées ou quaternées, pendantes; calice campanulé, oblique, dents inégales, réfléchies supérieurem., plus courtes que le tube; style barbu au sommet; gousses oblong.-lanc., pendantes, réticulées, un peu ciliées; graines globuleuses. Indigène.

34 **V. purpurescente.** *V. pannonica* Jacq. *V. purpurescens* Dec. Ann.; tiges de 50 cent.; feuil. à 10-20 fol. oblong., obtuses ou tronquées, mucronées; stipules lanc., marquées d'une tache brune; en juin-juillet, fleurs pourpres, à étendard échancré, velu-soyeux, disposées 2-4 en grappes courtes, presque sess.; divis. du calice sétacées, presque égales, de la long. ou un peu plus long. que le tube; style barbu supérieurem.;

gousses pendantes, poilues, oblongues-lanc., comprimées. Indigène.

35 **V. de Narbonne.** *V. Narbonnensis* LIN. Ann.; tiges d'un mètre, poilues, tétragones, striées, ascend.; feuil. vrillées, à fol. ovales ou entières dentelées; stipules semi-sagittées, dentées, les infér. entières; en juin-juil., fl. pourpres, pédicellées, ternées ou quaternées; calice campanulé, à dents ovales trinervées; style barbu supérieurem.; gousses oblongues-comprimées, glabres, obliquement réticulées, ciliées sur les bords; graines presque globuleuses. 1596.

VAR. **à fol. dentelées.** *V. Narb. serratifolia* SER. *V. serratifolia* JACQ.

36 **V. d'Hyrcanie.** *V. Hyrcanica* FISCH. et MEY. Ann.; presque glabre; feuil. à 12-18 fol. oblong. ou linéaires échancrées, mucronées; stipules lanc. entières, marquées d'une tache brune; en juil., fl. ordin. géminées; calice à dents sétacées, ascend., un peu plus longues que le tube; étendard glabre; gousses presque horizontales, glabres, oblongues, à 6 graines presque globuleuses. 1841.

CULTURE. — Pl. de plein air de peu d'intérêt pour l'horticulture. Les espèces 16 et surtout 23 sont l'objet d'une culture très suivie comme fourrage annuel. Il existe 2 variétés principales de **V. cultivée**; celle du printemps qui se sème au mois de mars ou de mai, et celle d'hiver qui doit être semée en automne; toutes deux préfèrent les terrains forts, sans trop d'humidité. Lorsque la graine est semée, il faut la recouvrir aussitôt, afin de la préserver des pigeons qui en sont très friands.

GESSE. *LATHYRUS* LIN. [nom donné, par Théophraste, à une plante de la famille des Légumineuses]. — Calice urcéolé-campanulé à 5 divis. ou dents, les 2 supér. plus courtes; étendard quelquefois gibbeux à sa base; étam. diadelphes ou monadelphes; style plan, linéaire ou élargi au sommet, pubesc. en dedans; gousse comprimée-linéaire, ou linéaire-oblong., polysperme. — Feuilles paripennées terminées par une vrille simple plus ou moins rameuse.

SECT. I. *Feuil. à fol. opposées ou nulles; pétiole étroit, ailé; étendard non denté à sa base.*

§ I. *Pl. vivaces; pédonc. multiflores.*

* *Feuil. unijuguées.*

1 **G. sauvage.** *L. sylvestris* LIN. Glabre; tiges d'un mètre, couchées, ailées; fol. linéaires-lanc., coriaces, atténuées; stipules semi-sagittées plus courtes que la feuil.; en juil-sept., fl. pourpres, disposées 3-6 au sommet de pédonc. de la long. des feuilles; gousses comprimées, longitudinalem. réticulées; graines arrondies, verruqueuses. Indigène.

2 **G. intermédiaire.** *L. intermedius* WALR. Glabre; tiges de plus d'un mètre, couchées, ailées; fol. oblong.-lanc., obtuses, mucronées, l'intermédiaire large, membran., à 3 nervures; stipules linéaires; en juil-sept., fl. roses. Europe sept., 1820.

3 **G. du Magellan.** *L. Magellanicus* LAMK. Glabre, noirâtre; tiges de près de 2 mètres, un peu rameuses, tétragones, non ailées; foliol. ovales ou ovales-oblong.; stipules larges, cordif.-sagittées, plus larges que les fol.; vrilles à 3 branches; en juin-juil., fl. bleu pâle, disposées 3-4 au sommet de longs pédonc. 1744. — Orangerie.

4 **G. à larges feuil.** *L. latifolius* LIN. Très glabre; tiges d'environ 2 mètres, couchées, ailées; fol. ovales-ellipt., un peu glauques, obtuses, mucronées, à 3-5 nervures; stipules larges, semi-sagittées; en juin-juil., fl. pourpres; pédonc. plus longs que la feuil.; gousses comprimées, longitudinalem. réticulées. Europe.

5 **G. à feuil. rondes.** *L. rotundifolius* WILLD. Très glabre; tiges de 50 c., rameuses, ailées; fol. ovales-arrondies, à 3-5 nervures; stipules semi-sagittées, un peu dentées; en juin-juil., fl. pourpres; pédonc. plus longs que la feuille; dents du calice larges, courtes; gousses comprimées, longitud. réticulées, ponctuées; graines globul., ponctuées. Taurie, 1822.

6 **G. des prés.** *L pratensis* LIN. Glabre; tiges d'un mètre, dressées, tétragones; fol. oblong. ou linéaires-lanc., trinervées; stipules ovales-sagittées, plus courtes que la fol.; en juin-août, fl. jau-

nes ; pédonc. une fois plus longs que la feuil.; calice nervé, dents presque égales, de la long. du tube ; gousses comprimées, obliquem. veinées, réticulées ; gr. globul., lisses. Indigène.

7 **G. tubéreuse.** *L. tuberosus* Lin. *L. attenuatus* Viv. Tiges de 60 centim., grêles, tétragones ; fol. oblong.-ellipt., mucronulées ; stipules semi-sagittées, étroites, aiguës, égalant le pétiole ; en juil.-août, fl. rouges, disposées 3-6 au sommet de pédonc. 2-3 fois plus longs que la feuil. ; calice non veiné, à dents larges, inégales, de la long. du tube ; style arqué; gousses comprimées, longitudinal. réticulées ; graines globuleuses lisses. Indigène.

** *Feuilles multijuguées.*

8 **G. pisiforme.** *L. pisiformis* Lin. *Astragalus Chinensis* Buch. Glabre; tiges d'un mètre, anguleuses, feuil. à 6-8 fol. ovales-oblong. ; stipules semi-sagittées-ovales, plus grandes que les foliol.; en juin-juillet, fl. bleu pâle ; pédonc. plus courts que la feuil.; divis. du calice ovales-lanc., ciliées, inégales, de la long. du tube ; gousses comprimées, étroites, ponctuées. Sibérie, 1759.

9 **G. de Californie.** *L. Californicus* Douglas. Vivace; racines traçantes; tiges couchées, tétragones, glabres ou un peu pubesc. ; feuil. à 6-10 fol. ovales-oblong., mucronées, glauques ; vrilles trifides; stipules ovales, semi-sagittées, de la grandeur des fol.; en juin-octobre, fl. pourpres, veinées, en grappes multifl., de la long. des feuil. 1828.—Orangerie.

10 **G. des marais.** *L. palustris* Lin. Glabre; tiges de plus d'un mètre, dressées, ailées ; pétioles subulés ; 6 foliol. oblong., mucronées ; stipules petites, semi-sagittées, aiguës ; en juin-juil., fl. pourpres, disposées 3-5 au sommet de pédonc. à peine plus longs que la feuil.; divis. du calice inégales, presque linéaires, de la long. du tube ; gousses comprimées. Europe sept.

11 **G. hétérophylle.** *L. heterophyllus* Lin. Tiges de plus d'un mètre, dressées, raides, ailées ; 2-4 fol. lanc., mucronées; pétioles ailés à la base; stipules lanc.-semi-sagittées ; en juil.-sept., fl. pourpres, disposées 6-8 au sommet des pédonc. ; gousses comprimées, glabres. Europe, 1731.

§ 2. *Pl. annuelles ; pédoncules uni-triflores.*

* *Pétioles aphylles.*

12 **G. sans feuil.** *L. Aphaca* Lin. Tiges de 30 cent., dressées ; pétioles cylindr., filif., sans fol.; stipules grandes, ovales, sagittées; en juin-juil., fl. jaunes, solit. au sommet d'un pédonc. articulé, portant des petites bractées étroites ; divis. du calice une fois plus long. que le tube; gousses comprimées, larges, oligospermes; graines comprimées. Indigène.

13 **G. à pétioles foliacés.** *L. Nissolia* Lin. Tiges de 30 cent., dressées ; pétioles dilatés, foliacés, à 3-5 nervures, dépourvus de fol. ; stipules petites, subulées, souvent nulles ; en juin-juil., fl. pourpres, solit. au sommet d'un long pédonc. articulé, sans bractées; gousses comprimées, étroites, nervées, pendantes. Indigène.

** *Pétioles unijugués.*

14 **G. peu remarquable.** *L. inconspicuus* Lin. Tiges de 30 cent., triquètres ; fol. lanc., acum., striées en dessous; stipules lanc., semi-sagittées; vrilles des feuilles infér. à peu près nulles, celles des feuil. supér. filif., allongées ; en juin-juil., fl. pourpres, solit., presque sess. Orient, 1739.

15 **G. sphérique.** *L. sphæricus* Retz. *L. coccineus.* All. *L. axillaris* Lamk. Glabre; tiges de 30 cent., dressées, tétragones, subulées supérieurem.; foliol. ensiformes, mucronées, nervées; stipules linéaires-semi-sagittées, de la long. du pédonc. et du pétiole ; en juin-juil., fl. coccinées, solit. au sommet d'un pédonc. épaissi ; dents du calice étroites, plus long. que le tube; gousses un peu bosselées, relevées de nombr. nervures longitudinales, épaisses; graines sphériques. Europe mérid., 1801.

16 **G. à petites fleurs.** *L. micranthus* Gérard. Tiges de 30 cent., tétragones; vrilles simples, très courtes; fol. linéaires-lanc. ; en juin-juil., fl. pourpres, solit., brièvem. pédonc.; dents du calice égalant à peu près la corolle ; gousses légèrem. velues, cylindr., striées, presque sess. et étalées. France mérid., 1816.

17 **G. anguleuse.** *L. angulosus.* Lin. Glabre ; tiges de 30 cent., dressées, tétragones; fol. linéaires, acum. ; vrilles trifides; stipules semi-sagittées, aiguës, à peine plus long. que le pétiole ; en juin-juil., fl. pourpres, solit. au sommet de pédonc. filif., quelquef. vrillés, égalant presque la feuil. ; bractées ovales, très courtes ; dents du calice aiguës, de la long. du tube; gousses étroites, comprimées, non veinées. Europe mérid., 1683.

18 **G. à folioles étroites.** *L. setifolius* Lin. Glabre ; tiges de 30 centim., dressées, tétragones; fol. linéaires, très étroites; stipules semi-sagittées, étroites, de la long. du pétiole; vrilles trifides; en juin-juillet, fl. roses, solit. au sommet d'un pédonc. plus court que la feuil., articulé au sommet et portant de petites bractéoles; dents du calice aiguës, de la long. du tube ; gousses ovales-oblong., courtes, réticulées; graines globuleuses, pourpres, rugueuses. Europe méridionale, 1739.

19 **G. cultivée.** *L. sativus* Lin. *Cicerella alata* Moench. Glabre; tiges d'un mètre, diffuses, ailées ; fol. oblong.-linéaires; vrilles trifides; stipules ovales-semi-sagittées, ciliées, à peine aussi long. que le pétiole; en juin-juil., fl. blanches, solit. au sommet de pédonc. plus longs que le pétiole, articulés et portant de petites bractéoles; divis. du calice foliacées, lanc., 2 fois plus long. que le tube; gousses oblong., irrégulièrem. réticulées sur la suture dorsale et non ailées; graines lisses, trigones. Espagne, 1640.

20 **G. chiche.** *L. cicera* Lin. *L. sativa* var. Lamk. *Cicerella anceps* Moench. Glabre; tiges de 60 cent., ailées, diffuses; fol. oblong.-linéaires ; vrilles 3-4 fides ; stipules lanc.-semi-sagittées, légèrem. dentées, ciliées, de la long. du pétiole; en juin-juil., fl. pourpres, solit.; pédonc. plus long. que les stipules, accompagnés de très petites bractéoles ; div. du calice foliacées, lanc., 2 fois plus long. que le tube ; gousses oblong., irrégulièrement réticulées, canaliculées et non ailées sur la suture dorsale ; graines trigones, lisses. Indigène.

21 **G. annuelle.** *L. annuus* Lin. Glabre ; tiges de 1^{m},30, ailées, diffuses ; fol. linéaires-allongées; vrilles trifides ; stipules semi-sagittées, très étroites, beaucoup plus courtes que le pétiole ; en juin-août, fl. jaunes, petites, disposées 1-2 au sommet de pédonc. de la long. des feuil., portant de très petites bractéoles; divis. du calice lanc., à peine plus long. que le tube ; gousses oblong.-linéaires réticulées, non ailées. Espagne, 1621.

22 **G. velue.** *L. hirsutus* Lin. Tiges de 1^{m},30, ailées, diffuses ; fol. linéaires-oblong. ; stipules semi-sagittées-linéaires, égalant à peine le pétiole; en juil., fl. pourpres, disposées 1-3 au sommet de pédonc. dépassant un peu la feuil.; divis. du calice ovales de la long. du tube ; gousses oblong., hérissées; graines globuleuses, verruqueuses-ponctuées. Indigène.

23 **G. odorante, Pois de senteur.** *L. odoratus* Lin. Hérissée ; tiges de plus d'un mètre, ailées, diffuses ; fol. ovales mucronées ; stipules lanc.-semi-sagittées, beaucoup plus courtes que le pétiole ; en juin-juil., fl. odorantes de couleur variable, disposées 2-3 au sommet de pédonc. beaucoup plus longs que la feuil.; dents du calice larges, plus long. que le tube ; gousses oblong.-linéaires, comprimées, poilues. Sicile, 1700.

24 **G. à grandes fleurs.** *L. grandiflorus* Lin. *Pisum biflorum* Rafin. Vivace ; racines traçantes ; tiges de 1 à 2 mètres, tétragones, diffuses ; fol. grandes, largem. ovales, obtuses, ondulées sur le bord ; stipules petites, lanc.-semi-sagittées ; en juin-juil., belles et grandes fl. pourpres, disposées 2-3 au sommet de pédonc. plus longs que la feuil.; calice ample, à dents aiguës, plus longues que le tube ; gousses linéaires, longues, pubesc. Italie, 1830.

25 **G. de Tanger.** *L. Tingitanus* Lin. Glabre ; tiges de plus d'un mètre, ailées, diffuses; fol. ovales, obtuses, mucronées; stipules ovales-semi-sagittées, beaucoup plus courtes que le pétiole; en juin-août, fl. grandes, pourpres, géminées au somm. de pédonc. plus longs que la feuil.; dents du calice presque égales, plus courtes que le tube ; gousses oblong.-linéaires, comprimées, bosselées, réticulées, à sutures épaisses. 1680.

*** *Feuilles à 2-3 paires de folioles.*

26 **G. de Bythinie.** *L. Bythinicus*

LAMK. *L. turgidus* LAMK. *L. tumidus* WILLD. *Vicia Bythinica* LIN. Poilue; tiges de 30 cent., tétragones, diffuses; feuil. infér. à 2 fol. ovales-oblong. mucronées, les supér. à 4 fol. linéaires-lanc.; stipules semi-sagittées, dentées; en juil.-août, fl. pourpres solit. ou géminées; pédonc. courts ou allongés; divis. du calice linéaires, de la long. ou plus longues que le tube; style barbu; gousses oblong., comprimées, un peu enflées, velues, réticulées; graines arrondies. France.

SECT. 2. *Feuilles infér. sans folioles, les supér. à 2-6 fol.; pétioles souvent ailés; étendard muni à sa base et des deux côtés de petites bosses coniques.*

27 **G. à gousse arquée.** *L. incurvus* ROTH. Vivace; tiges de 60 cent., tétragones-subulées; fol. ellipt.-lanc., mucronées, glabres, rugueuses-ponctuées; stipules semi-sagittées; en juil.-août, fl. bleues, pédonc. multifl. plus longs que la feuil.; dents du calice inégales, beaucoup plus courtes que le tube; gousses arquées. Sibérie, 1802.

28 **G. ailée.** *L. alatus* TENORE. Ann.; tiges d'un mètre, tétragones-ailées; feuil. à 6-8 fol. oblong.-lanc. mucronées, alternes; pétiole ailé; stipules inégales, presque sagittées; en juil.-août, fl. pourpres disposées 2-3 au somm. de pédonc. plus longs que la feuil.; dents du calice inégales, plus courtes que le tube; gouss. comprimées, planes, polyspermes. Italie, 1823.

29 **G. clymenum.** *L. clymenum* LIN. *Clymenum uncinatum* MOENCH. Ann.; tiges de plus d'un mètre, tétragones ailées; feuil. infér. aphylles à pétiole dilaté linéaire-lanc., les supér. à 5-6 fol. linéaires; stipules linéaires-semi-sagittées; en juin-juil., fl. rouge et bleu, disposées 1-6 au somm. de pédonc. égalant la feuil.; dents du calice inégales, plus long. que le tube; gousses oblong.-comprimées, finem. réticulées; suture séminifère gonflée; graines comprimées. Levant, 1713.

30 **G. articulée.** *L. articulatus* LIN. *Clymenum bicolor.* MOENCH. Ann.; tiges de plus d'un mètre, tétragones, ailées; feuil. infér. aphylles à pétioles linéaires, acum., les supér. à 5-6 fol. linéaires; stipules semi-sagittées-lanc.; en juil.-août, fl. blanc-rosé, disposées 1-3 au sommet de pédonc. égalant la feuil.; dents du calice presque égales, plus courtes que le tube; gousses noueuses finement réticulées, suture séminifère gonflée, graines comprimées, pourpre-brun, un peu velues. Europe mérid., 1640.

31 **G. à feuilles étroites.** *L. tenuifolius* DESF. Ann.; tiges d'un mètre, simples, tétragones, ailées; feuil. inf. aphylles, pétioles linéaires-acum., les supér. à 5-6 fol. linéaires; stipules de la base petites ou nulles; celles du sommet grandes, semi-sagittées; en juil.-août, fl. bleues, ordin. géminées; pédonc. plus longs que la feuil.; dents du calice inégales, plus courtes que le tube; gousses oblong.-comprimées, glabres. Algérie, 1820.

32 **G. à fl. jaune-pâle.** *L. ochrus* DEC. *Pisum ochrus* LIN. *Ochrus pallida* PERS. Ann.; tiges de 60 cent., tétragones-ailées; feuil. la plupart aphylles, à pétioles larges, les supér. vrillées à 2-3 fol. ovales-mucronées; stipules de la base nulles, les supér. ovales; en juin-juil., fl. jaune-pâle, solit., presque sess.; dents du calice inégales, de la long. du tube; gousses polyspermes à suture séminif. ailée, membraneuse. Europe mérid.

33 **G. pourpre.** *L. purpureus* DESF. *L. alatus* SIBTH. et SMITH. Ann.; tiges d'un mètre, ailées; feuil. infér. aphylles, à pétiole dilaté-lanc., les supér. à 4-6 fol. ovales-lanc.; stipules lanc.-semi-sagittées; en juil. août, fl. pourpres solit. au sommet de pédonc. plus courts que la feuil. Grèce.

34 **G. d'Abyssinie.** *L. Abyssinicus* AD. BRONG. Ann.; tiges couchées, anguleuses, de 60 cent. à 1 mètre; fol. lanc.-étroites; en mai-juin, fl. bleu d'azur. 1844.

CULTURE. — A l'exception de 2 ou 3 espèces d'orangerie, les Gesses sont de plein air; elles viennent indistinctement dans tous terrains, pourvu qu'ils ne soient pas trop humides; on les multiplie de graines. Trois espèces sont particulièrement cultivées comme plantes économiques : ce sont les **G. cultivée, velue et chiche**; on les sème en mars ou avril; elles donnent d'excellents four-

rages soit en vert soit secs. Dans quelques pays de la France, les paysans mêlent à la farine de froment une petite proportion de farine de graines de **Gesse chiche.** Ce mélange est très dangereux; il en résulte souvent de graves accidents, suivis quelquefois de la mort. Les *L. odoratus* et *grandiflorus* sont de très jolies plantes qui servent pour l'ornement des jardins; elles doivent être semées en pots sur couche, pour faciliter ensuite la transplantation. Quelques autres espèces pourraient également être employées pour l'ornement; ce sont toutes celles de la première section.

OROBE. *OROBUS* Tourn. [du grec *orô*, exciter, et *bous*, bœuf; des propriétés nourrissantes de ces plantes].—Calice campanulé à 5 divis., les 2 supér. un peu plus courtes; corolle plus longue que le calice; étendard non muni d'appendices calleux; carène obtuse plus longue que les ailes; étam. diadelphes; ovaire sess.; style semi-cylindr. plus large au sommet et barbu sur la face interne; stigm. un peu échancré; gousse comprimée.

* *Feuil. unijuguées; fol. ovales ou linéaires.*

1 **O. à fleurs lâches.** *O. laxiflorus* Desf. Vivace, velu; tiges de 30 cent.; fol. ovales aiguës à nervures parallèles; stipules inégales ovales-sagittées, un peu plus grandes que les fol.; en mai-juin, fl. violettes en grappes axill. paucifl., plus longues que la feuil.; divis. du calice un peu inégales subulées, beaucoup plus longues que le tube, et beaucoup plus courtes que la corolle; gousses velues, comprimées, polysp. Candie, 1820. — Orangerie.

2 **O. remarquable.** *O. formosus* Stev. Vivace, glabre; tiges de 25 cent.; fol. ovales mucronées; stipules petites, semi-sagittées, aiguës, denticulées, à nervures divergentes; en mai-juil., fl. pourpres, disposées ordin. 2 au sommet de pédonc. axill., plus longs que la feuil.; divis. du calice lanc. de la long. du tube et beaucoup plus courtes que la corolle; gousses lanc. glabres. Caucase, 1818.

3 **O. à feuil. de Gesse.** *O. lathyroides* Lin. Vivace, glabresc; tiges de 60 cent.; fol. lanc., mucronées, à nervures divariquées; stipules semi-sagittées, entières, beaucoup plus petites que les fol.; en juin, fl. bleues, nombreuses au sommet des pédonc. axill. égalant à peine la feuil.; dents du calice plus courtes que le tube; gousses comprimées, glabres. Sibérie, 1758.

** *Feuil. multijuguées à folioles larges; stipules beaucoup plus petites que les feuilles.*

4 **O. printanier.** *O. vernus* Lin. Vivace, légèrem., pubesc;. tiges de 30 cent., simples; feuil. à 6 fol. lanc., acuminées, à nervures presque parallèles; stipules semi-sagittées, entières; en mars-avril, fl. pourpres, presque sessiles, pendantes, nombr. au sommet des pédonc. axill., plus courts que la feuil.; divis. du calice larges, à peine de la longueur du calice; gousses un peu comprimées, obliquem. réticulées, polyspermes; style géniculé. Europe, 1629.

Var. 1 **à fl. azurées.** *O. vernus-azureus* Jacq.

2 **à fl. blanches.** *O. vernus-albus* Hortul.

3 **à fl. doubles.** *O. vernus flore pleno* Hortul.

5. **O. multiflore.** *O. multiflorus* Sieb. Vivace; tiges de 60 cent., presque simples; feuil. de 6-8 fol. ovales, acumin.; stipules semi-sagittées; en mai-juil., fl. rouge-pâle, très petites, nombr. au sommet de pédonc. allongés, courbés. Italie, 1820.—Orangerie.

6 **O. à fl. veinées.** *O. variegatus* Ten. *O serotinus* Presl. Vivace, poilu; tiges de 30 cent., simples, flexueuses; feuil. de 4-6 fol. lanc., acum., à nervures presque parallèles; stipules ovales semi-sagittées, aiguës, entières, beaucoup plus petites que les folioles; en mai-juin, fl. pourpres, nombreuses au sommet de pédonc. égalant la feuil.; divis. du calice étroites, aiguës, de la long. du tube; gousses comprimées, sans nervures, ponctuées; style droit. Italie, 1821.—Orangerie.

7 **O. vicioïde.** *O. vicioides* Dec. *Vicia oroboides* Wulf. Vivace, glabre; tiges de 30 cent., simples, flexueuses; feuil. de 4-6 fol. ovales-lanc., acum. à nervures divergentes; stipules ovales-lanc. petites; en juin-juil., fl. peu nombr.

au sommet de pédoncules axill. plus courts que la feuil.; divis. du calice étroites, aiguës, réfléchies, de la long. du tube ; gousses comprimées à peine nervées ; style flexueux, barbu supérieurement. Hongrie, 1819.

8 **O. jaune.** *O. luteus* LIN. *O. Tournefortii* LAPEYR. *O. Gmelini* FISCH. Vivace, glabre ; tiges de 50 cent., simples, anguleuses ; feuil. de 6-10 fol. ellipt.-lanc., mucronées, glauques en dessous; stipules semi-sagittées, à base dentée, beaucoup plus petites que les folioles ; en juin-juil., fl. jaunes; pédonc. multifl., ascend., égalant à peine la feuil. ; calice glabre à dents courtes, inégales; gousses comprimées, sessiles, longitudinalem. veinées-réticulées. Suisse, 1759.

9 **O. orange.** *O. aurantius* STEV. Vivace, poilu ; tiges de 50 cent., simples, anguleuses; feuil. de 10-12 fol. lanc.-obtuses, à nervures divergentes ; en juin-juil., fl. jaune-orange ; pédonc. plus courts que la feuil.; calice poilu à 5 dents inégales, 4 très courtes, et l'autre très longue ; gousses pédicellées. Ibérie, 1818.

10 **O. des bois.** *O. sylvaticus* LIN. Vivace; tiges de 60 cent., hérissées, décombantes, rameuses; feuil. à fol. nombr. ovales-lanc., acum. ; stipules semi-sagittées; en mai-juin, fl. coccinées; pédonc. multifl. égalant à peine la feuil.; dents du calice courtes, inégales; gousses presque ovales, pédicellées; style géniculé. Indigène.

11 **O. noir.** *O. niger* LIN. Vivace, glabresc.; tiges de près d'un mètre, rameuses, flexueuses, anguleuses ; feuil. de 6-12 fol. ellipt., mucronées, à nervures presque parallèles ; stipules linéaires-lanc., aiguës ; en juin-juil., fl. pourpres; pédonc. multiflores plus longs que les feuil. ; dents du calice inégales, plus courtes que le tube ; gousses comprimées, réticulées-veinées ; style géniculé. Indigène.

12 **O. tubéreux.** *O. tuberosus* LIN. Vivace, glabre; tiges de 30 cent., couchées, tuberculeuses inférieurem.; feuil. de 4-8 fol. ellipt., mucronées, ponctuées-rugueuses; à nervures presque parallèles; stipules semi-sagittées; en mai-juin, fl. pourpres; pédonc. paucifl. dépassant à peine la feuil.; dents du calice inégales, ovales, obtuses, plus courtes que le tube; gousses comprimées, réticulées-veinées; style géniculé. Indigène.

VAR. **O. des Pyrénées.** *O. tub. Pyrenaicus* SER. *O. Pyrenaicus* LIN. *O. Pluknetii* LAPEYR. Fol. ovales-ellipt.; stipules lanc.-linéaires. 1699.

**** Feuilles multijuguées à folioles étroites.*

13 **O. de deux couleurs.** *O. varius* SOLAND. *O. versicolor* GMEL. Vivace; tiges de 50 cent., simples, anguleuses; feuilles de 6-8 fol. linéaires-lanc., mucronulées ; stipules semi-sagittées; fl. en mai-juin, étendard rose, ailes et carène jaunes; pédonc. multifl. plus longs que les feuil.; dents du calice lanc. inégales plus courtes que le tube; style presque filiforme. Italie, 1759.—Orangerie.

14 **O. de Jordan.** *O. Jordani* TEN. Vivace, glabre ; racines tubéreuses, fasciculées; tiges de 15-20 cent., simples, anguleuses, décombantes; feuil. de 6-8 fol. oblong.-lanc., cuspidées; stipules semi-sagittées, subulées; en juin-juil., fl. bleues; pédonc. une fois plus longs que les feuil.; style géniculé; gousses glabres, planes. Italie, 1828. — Orangerie.

15 **O. blanchâtre.** *O. canescens* LIN. *O. filiformis* LAMK. Vivace; tiges de 50 cent., tétragones; feuil. ordinairem. à 6 fol. pubesc. ou rugueuses-ponctuées, linéaires, obtuses, à nervures parallèles; stipules semi-sagittées, linéaires, aiguës, égalant le pétiole qui est ailé ; en mai-juin, fl. bleu-pâle, disposées 3-5 au sommet de pédonc. une fois plus longs que la feuil.; dents du calice larges, plus courtes que le tube; style géniculé, rhombé; gousses droites, comprimées, glabres, longitudinalem. réticulées-veinées. France mérid., 1816.

16 **O. à feuil. étroites.** *O. angustifolius* LIN. Vivace ; tiges de 30 cent. simples; feuil. de 4-6 fol. ensiformes, aiguës; stipules subulées; en mai-juin, fl. blanches; pédonc. multifl. plus longs que la feuil. Sibérie, 1766.

17. **O. noir-pourpré.** *O. atropurpureus* DESF. *O. Siculus* RAFIN. *O. Rafinesquii* PRESL. Vivace; tiges simples ou rameuses, striées; feuil. à 6 fol. linéaires.

aiguës; stipules très étroites semi-sagittées; en juin-juil., fl. pourpre-brun, **pendantes,** unilatérales sur des pédonc. **plus longs** que la feuil.; dents du calice **très** petites, obtuses, presque égales entre elles; style filif. termin. par un stigm. globuleux; gousses comprimées presque ellipt., irrégulièrem. réticulées-veinées. Algérie, 1825. — Orangerie.

18 **O. à feuil. sessiles.** *O. sessilifolius* Sibth. *O. digitatus* Bieb. *Platistylis sessilifolius* Sweet. Vivace; tiges de 30 cent., simples, striées; feuil. de 4 fol. linéaires-subulées, rapprochées; stipules subulées-semi-sagittées, beaucoup plus longues que le pétiole; en mai-juin, fl. pourpres; pédonc. plus longs que la feuil.; dents du calice presque régulières, linéaires, à peine plus longues que le tube; style un peu géniculé, presque clavif.; gousses étroites. Taurie, 1823.

19 **O. blanc.** *O. albus* Lin. f. *O. Pannonicus* Jacq. *O. lœtus* Bieb. Vivace; tiges de 30 cent., simples; feuil. de 6 fol. linéaires, mucronées, à nervures parallèles; stipules semi-sagittées, larges, plus courtes que le pétiole qui est ailé; en mai-juin, fl. blanches; pédonc. multifl. plus longs que la feuil.; dents du calice lanc. inégales; les infér. beaucoup plus long.; style linéaire; gousses glabres, comprimées, un peu flexueuses. Autriche, 1794.

20 **O. des rochers.** *O. saxatilis* Vent. Ann.; tiges de 30 cent., simples, grêles; feuil. de 4 fol. linéaires; stipules petites, semi-sagittées; en juin-juil., fl. pourpres, solit., articulées au sommet de pédonc. bractéolés, beaucoup plus courts que la feuil.; dents du calice presque égales, lanc., plus courtes que le tube; gousses cendrées, presque cylindr. France méridionale, 1827.

Culture. — Excepté les espèces des régions méditerranéennes, les Orobes sont des plantes de plein air; peut-être avec quelques soins pourrait-on laisser en pleine terre, l'hiver, les espèces que nous avons marquées d'orangerie; il suffirait de les couvrir seulement d'un peu de litière ou de feuilles sèches, afin de les mettre à l'abri des changements subits de la température du climat de Paris. C'est préférablement en terre de bruyère pure qu'on doit les cultiver. On les multiplie par la séparation; quelques-unes seulement de graines, qui doivent être semées aussitôt la récolte, sous châssis froids. Toutes sont de jolies plantes propres à l'ornement des massifs de terre de bruyère ou des orangeries.

TRIBU IV. — *HEDYSARÉES.*

Étamines monadelphes ou diadelphes; gousse présentant des étranglements entre chaque graine, qui constituent autant d'articles monospermes; embryon à cotylédons foliacés.

Sous-tribu 1. — *Coronillées.* Fleurs en ombelles; gousse arrondie ou comprimée.

CHENILLE. *SCORPIURUS* Lin. [du grec *skorpios*, scorpion, *oura*, queue; allusion à la forme du fruit]. — Calice à 5 divisions aiguës, égales entre elles; carène à 2 onglets distincts; étamines diadelphes; ovaire sillonné; style filif., aigu; gousse à 3-6 articles monospermes, enroulée sur elle-même, sillonnée longitudinalement, à nervures souvent hérissées. — Herbes ann., à feuil. simples, entières; stipules oppositifoliées; fl. jaunes.

1 **C. chausse-trape.** *S. muricata* Lin. *S. echinata*, var. Lamk. Gousses glabres, relevées de côtes, celles de la partie concave ou internes lisses, celles de la partie convexe ou externes hérissées de petits tubercules obtus. Europe mérid., 1640.

2 **C. arquée.** *S. sulcata* Lin. *S. echinata*, var. Lamk. Gousses glabres, à côtes internes lisses, les 4 externes garnies de petits aiguillons distants, raides, un peu crochus au sommet. Europe mérid., 1596.

3 **C. velue.** *S. subvillosa* Lin. *S. echinata*, var. Lamk. Gousses glabres, à côtes intern. lisses, les 6-8 extern. garnies de petits aiguillons raides, rapprochés, un peu courbés en hameçon au sommet. Europe mérid., 1731.

4 **C. à feuil. aiguës.** *S. acutifolia* Viv. Gousses brièvem. hérissées, côtes internes lisses, les 8-10 extern. hérissées de pointes très courtes, raides, très serrées. Corse, 1825.

5 **C. vermiculaire.** *S. vermiculata* LIN. Gousses épaisses, glabres, à côtes intern. presque nulles, les 10 externes hérissées de tubercules stipités, dilatés, obtus au sommet. Europe mérid., 1621.

CULTURE.—Plein air, en bonne terre; semé à bonne exposition ou sur couche. La singularité des fruits est le seul titre qui puisse engager à leur culture.

CORONILLE. *CORONILLA* NECK. [du latin *corona,* couronne ; de la disposition des fleurs].— Calice petit, campanulé, à 5 dents, dont les 2 supér. sont très rapprochées et presque soudées; onglets des pétales de la longueur du calice; carène aiguë; étamines diadelphes; gousse cylindrique, grêle, formée d'articles oblongs, monospermes.

* *Pétales à onglets 2 fois plus longs que le calice.*

1 **C. des jardins.** *C. Emerus* LIN. *C. pauciflora* LAMK. *Emerus major* MILL. *E. minor* LAMK. Arbriss. de plus d'un mètre, glabre; feuil. de 5-7 fol. obovales; stipules petites; en avril-juin, fleurs jaunes, à étendard rouge sur le milieu, disposées ordin. 3 au sommet du pédonc. France, 1596.

** *Pétales à onglets à peine de la longueur du calice.*

2 **C. jonciforme.** *C. juncea* LIN. Arbriss. de près d'un mètre, glabre, dont les jeunes ram. sont cylindriques, presque nus; feuil. de 3-7 fol. un peu charnues, linéaires-oblong., obtuses, les infér. éloignées de la tige; stipules arrondies, grandes, décidues; en juin-juillet, fl. jaunes, disposées 5-7 au sommet des pédonc. France, 1656.

3 **C. stipulée.** *C. stipularis* LAMK. *C. orbicularis* MOENCH. *C. Valentina* LIN. *C. Hispanica* MILL. Arbriss. de 60 cent., glabre ; feuil. glauques, de 7-9 fol. obovales, mucronées, les infér. éloignées de la tige; en mars-nov., ombelles de 6-8 fl. jaunes. Italie, 1596.— Orangerie.

4 **C. pentaphylle.** *C. pentaphylla* DESF. Arbriss. de 60-70 cent., glabre ; feuil. de 5-7 fol. cunéiformes, mucronées, souvent échancrées; stipules ovales, mucronées, décidues; en juin-juil., ombelles de 10-20 fl. jaunes. Algérie, 1700. — Orangerie.

5 **C. glauque.** *C. glauca* LIN. Arbriss. de 60 cent., glabre; feuil. de 5-7 fol. obovales, obtuses, glauques, les infér. éloignées de la tige; stipules petites, lanc. ; en mai-sept., ombelles de 7-8 fl. jaunes. Espagne, 1722. — Orangerie.

6 **C. petite.** *C. minima* LIN. *C. vaginalis* LAMK. Petit sous-arbriss. de 15-20 cent., glabre, diffus ; feuil. de 7-11 fol. ovales, obtuses et légèrem. échancrées, les infér. distantes de la tige; stipules opposées aux feuil., à 2 dents, celles du sommet des ram. grandes, membraneuses, décidues; en juil., ombelles de 7-8 fl. Europe mérid., 1658. — Orangerie.

7 **C. couronnée.** *C. coronata* LIN. *C. Valentina* LAMK. Sous-arbriss. de 60-70 cent., presque dressé ou ascend., glabre ; feuil. de 5-9 foliol. obovales, mucronulées, glauques, les infér. rapprochées de la tige; stipules petites, bidentées, opposées aux feuil.; en juin-juil., ombelles de 8-10 fl. jaunes. Europe mérid., 1776. — Orangerie.

8 **C. des montagnes.** *C. montana* SCOP. *C. coronata* BIEB. Vivace, glabre; tiges herbacées, dressées, de 50 cent.; feuil. de 7 fol. glauques, ovales, mucronées, les infér. rapprochées de la tige; stipules opposées aux feuil., décidues, oblong., échancrées; en juin-juil., ombelles de 15-20 fl. jaunes. Suisse, 1776.

9 **C. de l'Ibérie.** *C. Iberica* BIEB. *C Cappadocica* WILLD. *C. Orientalis* MILL. Vivace; tiges herbacées, de 15 c., dressées; feuil. de 9-11 fol. obovales, échancrées, ciliées ; stipules orbiculaires, membr., denticulées, ciliées; en juillet-août, ombelles de 7-8 fl. jaunes. 1822.

10 **C. écailleuse.** *C. squamata* CAV. Vivace; tiges de 15-20 cent., herbacées, dressées; feuil. de 9-11 fol. obovales, pubesc., les infér. distantes de la tige; stipules ovales-lanc., membr., à peine ciliées; en juin-juil., ombelles de 7-8 fl. blanches; gousses couvertes d'une sorte de poussière écailleuse. Espagne, 1820. — Orangerie.

11 **C. de Crète.** *C. Cretica* LIN. *C. parviflora* MOENCH. *Astrolobium Creticum* DESV. Ann., glabre; tiges de 30 c., herbacées, ascend.; feuil. de 11-13 fol. cunéif., échancrées, les infér. distantes

de la tige ; stipules petites, aiguës ; en juin-juil., ombelles de 3-6 fol. blanches, à étendard rouge, strié, et à carène pourpre brun. 1731. — Orangerie.

12 **C. variable.** *C. varia* Lin. *Astragalus glaucoides* Gmel. Vivace, glabre; tiges herbacées, diffuses, de 30 centim.; feuil. de 9-13 fol. oblong., mucronées, les infér. rapprochées de la tige; stipules petites, aiguës; en juil.-nov., ombelles de 16-20 fl. de plusieurs couleurs, blanc, rose et pourpre ; gousses dressées. Europe, 1597.

Culture. — Terre à oranger; multiplication de graines, marcottes, drageons et boutures. Les esp. d'orangerie se sèment sur couche ; on repique les jeunes plantes en pots. Peu d'arrosements. On peut les employer pour ornement; la 1re surtout est d'un joli effet dans les jardins paysagers.

ARTHROLOBE. *ARTHROLOBIUM* Desv. *Astrolobium* Dec. [des mots grecs *arthron,* articulation, et *lobos,* gousse : de la gousse qui est formée de plusieurs articles]. — Calice campanulé, à 5 dents presque égales ; carène très petite, comprimée ; étamines diadelphes; gousse presque anguleuse, formée d'un grand nombre d'articles monospermes, indéhisc; fl. jaunes.

1 **A. sans bractée.** *A. ebracteatum* Dec. *Ornithopus extipulatus* Thore. *O. durus* Dec. Ann.; tiges de 15 cent.; feuil. toutes pennées, à fol. nombr., égales, ellipt.-oblong., les infér. distantes de la tige; stipules très petites, presque nulles, égalant presque les feuil.; fl. en juin-juil.; pédonc. dépourvus de bractées. France mérid., 1700.

2 **A. solide.** *A. durum* Dec. *Ornithopus durus* Cav. *O. heterophyllus* Brot. Ann.; tiges de 15 cent.; feuil. de la base simples; les autres pennées à fol. peu nombr. obcordées ; les infér. rapprochées de la tige; stipules engaînantes; fl. en juil.-août ; pédonc. un peu plus longs que la feuil., ordinairement pourvus de bractées au somm.; gousse arquée presque tétragone. Espagne, 1816.

3 **A. arqué.** *A. repandum* Dec. *Ornithopus repandus* Lamk. *O. lotoïdes* Viv. Ann.; tiges de 15 cent.; feuil. de la base simples, ovales, échancrées, les supér. pennées, à fol. oblong., les infér. arrondies, rapprochées de la tige ; stipules engaînantes; fl. en juin-juil.; pédonc. sans bractées, un peu plus courts que la feuil.; gousse noueuse, un peu arquée. Barbarie, 1805.

4 **A. scorpioïde.** *A. scorpioides* Dec. *Ornithopus scorpioides* Lin. *O. trifoliatus* Lamk. Ann.; tiges de 15 cent., feuil. à 3 fol., les 2 infér. petites, arrondies, rapprochées de la tige, la term. grande, ovale; stipules engaînantes; fl. en juin-juil.; pédonc. sans bractées, plus longs que les feuil.; gousse noueuse, un peu arquée. Europe mér., 1506.

Culture.— Terre ordinaire; multipl. de graines semées en avril. Pl. d'aucun intérêt.

ORNITHOPE, PIED D'OISEAU. *ORNITHOPUS* Lin. [du gr. *ornis,* oiseau, *pous,* pied; de la disposition des gousses]. — Calice campanulé à 5 dents presque égales; carène petite, compr.; étam. diadelphes; gousse comprimée à plusieurs articles monospermes, indéhisc., tronqués également aux deux extrémités ; graines cylindr.

1 **O. comprimée.** *O. compressus* Lin. Ann.; tiges de 15 cent.; feuil. velues à plusieurs fol., la paire infér. rapprochée de la tige ; en juin-juil., fl. petites, jaunes; pédonc. plus courts que les feuil.; gousse comprim., pubesc., ruguеuse, courbée au sommet; articles ovales. Europe mérid., 1730.

2 **O. très petite.** *O. perpusillus* Lin. Ann.; tiges de 7-8 cent.; feuil. un peu velues à plusieurs fol., la paire infér. rapprochée de la tige ; en mai-août, fl. rosées; pédonc. plus longs que les feuil.; gousse un peu comprimée, glabre, droite à articles arrondis. Indigène.

Culture. — Terre chaude et légère ; semées sur place en avril. Ces plantes ne présentent d'intérêt que sous le rapport de leurs gousses, qui imitent assez bien le pied d'un oiseau. La première jouit des propriétés apéritive et diurétique, mais elle est peu employée.

HIPPOCRÈPE, FER A CHEVAL. *HIPPOCREPIS* Lin. [du grec *hippos,* cheval, *krépis,* pantoufle ; de la gousse qui présente plusieurs articles

en fer à cheval]. — Calice à 5 divis. **égales**, aiguës; carène à 2 onglets distincts; étam. diadelphes; gousse compr. à plusieurs articles en forme de fer à cheval, monospermes, indéhisc.; graines réniformes ou arquées.—Fl. jaunes.

* *Plantes vivaces à gousses sinueuses.*

1 **H. des îles Baléares.** *H. Balearica* Jacq. Tiges de 60 c., sous-frutesc. dressées; fl. en mai-juin; pédonc. plus longs que la feuil.; gousses glabres, peu arquées. 1776. — Orangerie.

2 **H. chevelue.** *H. comosa.* Lin. *H. perennis* Lamk. Tiges de 15 cent., herbacées, diffuses; fl. en avril-août; pédonc. plus longs que la feuil.; gousses flexueuses, un peu arquées, pubérulentes, à 2-3 articles. Indigène.

3 **H. glauque.** *H. glauca* Ten. Tiges herbacées, de 15 cent., ascend. ou presque dressées; fl. en mai-juil.; calice pubesc.; pédonc. plus longs que la feuil.; gousses un peu arquées, légèrem. scabres, à 5 articles. Italie, 1819. — Orangerie.

** *Plantes annuelles à gousses arquées, orbiculaires, incisées.*

4 **H. à gousses nombreuses.** *H. multisiliquosa* Lin. Tiges de 30 cent.; fl. en juil.-août; pédonc. un peu plus courts que les feuil.; gousses glabres, circulairement arquées. France mérid., 1683.

5 **H. à gousse unique.** *H. unisiliquosa* Lin. Tiges de 30 cent.; en juin-juil., fl. solit., axil., sess.; gousses un peu arquées, pubérulentes sur le milieu des articles. Europe mérid., 1570.

6 **H. à 2 fleurs.** *H. biflora* Spreng. Tiges de 15 cent.; en juin-juil., fl. géminées au somm. de pédonc. très courts, s'allongeant après la fécondation; gousses garnies sur les bords de petits cils très fins. 1816.

Culture. — Il est essentiel de placer les espèces d'orangerie près des jours. On les multiplie de graines et même de boutures. Les espèces ann. se sèment au printemps en terre chaude et légère. L'*H. des îles Baléares* est d'un joli effet parmi les plantes d'orangerie; le *fer à cheval chevelu* fait très bien dans les gazons secs, où on peut le confondre avec le *Lotier corniculé.*

BONAVÉRIE. *BONAVERIA* Scop. Calice à 2 lèvres, la supér. bifide, l'inf. à 3 divis.; onglets des pétales un peu plus longs que le calice; carène aiguë; étam. diadelphes; gousse comprimée à sutures épaisses, continues, partagée intérieurem. par de fausses cloisons transvers.; graines comprimées, carrées.

1 **B. Coronille.** *B. Coronilla* Scop. *Securigera Coronilla* Dec. *Securidaca lutea* Mill. *S. legitima* Goertn. *Coronilla Securidaca* Lin. Ann., glauque; Tiges de 30 cent.; feuil. imparipennées; en juil.-août, fl. jaunes, disposées 3-4 en ombelles au sommet de pédonc. axill. Europe mérid., 1562.

Sous-tribu 2. — *Euhédisarées.* Fl. en épis ou grappes; gousse comprimée.

PICTÉTIE. *PICTETIA* Dec. (A. Pictet, célèbre physicien).—Calice à 5 divis., les 3 infér. acum. presque épineuses, les 2 supér. obtuses, plus courtes; étendard arrondi, étalé; carène obtuse, un peu plus courte que les ailes; étam. diadelphes; style glabre, filif.; gousse stipitée comprim., tantôt continue, tantôt articulée, noueuse, à articles monosp. — Arbriss. à stipules ordin. épineuses; feuil. imparipennées à fol. terminées par une longue pointe épineuse droite; fl. jaunes.

1 **P. écailleuse.** *P. squamata* Dec. *Robinia squamosa* Poir. *Caragana spinosa* Rich. Arbriss. de plus d'un mètre; feuil. de 14-20 fol. orbicul.; stipules dressées, épineuses, ainsi que les écailles de la base des rameaux; en juin-juil., fl. disposées 3-7, en petites grappes axill. Indes-Orient., 1824.

2 **P. aristée.** *P. aristida* Dec. *Æschinomene aristida* Jacq. *Poiretia aristata* Desv. Arbriss. de plus d'un mètre; feuil. de 14-20 fol. souvent alternes, obovales-orbicul., à nervures latérales saillantes; stipules étalées, épineuses; en juin-juil., fl. disposées 3-7 en petites grappes axill.; gousses à 3-4 articles. Saint-Domingue, 1816.

Culture. — Serre chaude; bonne terre de bruyère mêlée de sable gras; multipl. de boutures.

AMICIE. *AMICIA* H. B. et Kunth. [J.-Amici, célèbre physicien italien].—

Calice campanulé, à 5 lobes, les 2 supér. grands, arrondis, les latéraux petits; l'infér. oblong, concave; étendard orbicul.; ailes appliquées sur la carène; étamines monadelphes, à tube fendu; gousse linéaire, comprimée, à plusieurs articles tronqués.

1 **A. grimpante.** *A. Zygomeris* DEC. *Zygomeris flava* SESS. et MOÇ. Arbriss. grimpant, de plus de 2 mètres, rameux; ram. et pétioles pubesc.; feuil. de 4 fol. cunéif.-obcordées, mucronées, marquées de ponctuations transparentes; en juin-juil., fl. jaunes, disposées 5-6 au sommet de pédonc. axill. Mexique, 1826.— Serre tempérée. Cette belle plante doit être préférablement cultivée en pleine terre, dans les bâches; en pots, elle ne fait aucun progrès; multipl. facile de boutures.

ZORNIE. *ZORNIA* GMEL. [J. Zorn, botaniste bavarois]. — Calice campanulé, à 2 lèvres, la supér. échancrée, l'infér. trilobée; pétales insérés au fond du calice; étendard orbiculaire, à bord roulé; ailes oblongues; carène lunulée; étam. monadelphes, alternativem. plus courtes; ovaire sess.; style filif.; stigm. obtus; gousse sess., comprimée, à 4-6 articles monosp., muriqués.

* *Feuilles à 2 folioles.*

1 **Z. réticulée.** *Z. reticulata* SMITH. *Z. diphylla*, var. PERS. *Hedysarum diphyllum*, var. LIN. Ann.; tiges de 15 c., dressées; fol. glabres, lanc. ou ellipt.; bractées ovales, aiguës, ciliées, non glanduleuses, à 5 nervures réticulées; en juillet-août, fl. jaunes; gousses de la long. des bractées, pubesc., garnies de petits aiguillons. Cayenne, 1800.

** *Feuilles à 4 folioles.*

2 **Z. tétraphylle.** *Z. tetraphylla* MICHX. *Z. bracteata* GMEL. *Hedysarum tetraphyllum* LAMK. *Anonymos bracteata* WALT. Vivace; tiges de 15 cent., dressées; feuil. digitées, à fol. oblong., acumin.; bractées glabres, à 5 nervures, de la long. des gousses; en juillet-août, fl. jaunes; gousses garnies d'aiguillons un peu raides. Caroline, 1824. — Serre tempérée.

3 **Z. du Cap.** *Z. Capensis* PERS. *Z. heterophylla* SMITH. *Hedysarum tetraphyllum* THUNB. Vivace; tiges de 15 c.; feuil. de 3-4 fol. oblong., aiguës, ponctuées en dessous; bractées infér. semi-sagittées, les supér. ovales; en juin-juil., fl. jaunes; gousses réticulées, scabres, à 4 articles. 1824. — Orangerie.

CULTURE.—Terre sablonneuse; multipl. de graines. De peu d'effet comme plantes d'ornements.

STYLOSANTHE. *STYLOSANTHES* SWARTZ. [du grec *stylos*, style, *anthos*, fleurs].—Calice longuement tubuleux, grêle, à 5 lobes inégaux; corolle insérée à la gorge du tube calicinal; carène petite, bifide; étam. monadelphes à tube fendu; ovaire sessile; style droit, filiforme, très long; stigm. capité, hispide; gousse à 2 articles monospermes, le supér. acum. par la base du style qui se termine par une sorte de petit crochet. — Feuil. à 3 fol., dont la termin. sess.; fl. petites, jaunes, disposées en épis denses, terminaux.

1 **S. couchée.** *S. procumbens* SWARTZ. *Hedysarum hamatum*, var. LIN. *Ononis cerrifolia* REICH. Vivace; tiges ligneuses, de 30 cent., couchées, couvertes d'une pubesc. appliquée vers le sommet; fol. oblong., aiguës, glabres; fl. en juil.-août; épis multiflores. Guadeloupe, 1821.

2 **S. visqueuse.** *S. viscosa* SWARTZ. *Hedysarum hamatum*, var. LIN. Vivace; tiges ligneuses, dressées, de 30 centim., rameuses, à ram. hérissés, visqueux; fol. ellipt., mucronées, dentelées-ciliées, poilues; fl. en juil.-août; épis pauciflores. Jamaïque, 1818.

3 **S. de la Guyane.** *S. Guyanensis* SWARTZ. *Trifolium Guyanense* AUBL. Ann.; tiges herbacées, de 15 cent., dressées, pileuses; fol. pubesc., lanc., plus longues que le pétiole; stipules et bractées hispides; en juin-juillet, fl. en épis multiflores. 1820.

CULTURE. — Serre chaude; terre de bruyère pure; multipl. de graines.

ADESMIE. *ADESMIA* DEC. [du grec *a* privatif, *desmos*, lien; des étam. qui sont tout à fait libres]. — Calice à 5 divis. aiguës, presque égales; étendard d'abord plié, incombant, puis ascend.; ailes rugueuses; carène obtuse, courbée; 5-10 étam. distinctes; style filif., ascendant; stigm. simple; gousse comprimée, un peu courbée, à 2 ou plusieurs articles monosp.; suture supér. droite, l'infér. sinueuse.

******Gousse membraneuse de 3-8 articles.*

1 **A. muriquée.** *A. muricata* DEC. *Æschinomene Patagonica* HORTUL. *Patagonium hedysaroides* SCHRANK. *Hedysarum pimpinellœfolium* POIR. Ann.; tiges de 30 cent., glanduleuses, scabres, couchées; feuil. de 10-14 fol. obovales, échancrées, scabres sur le bord; en juin-juillet, fl. jaunes, en grappes termin.; gousses muriquées. Patagonie, 1793.

2 **A. pendante.** *A. pendula* DEC. *Hedysarum pendulum* POIR. Ann.; tiges de 30 cent., à peine pubesc., diffuses; feuil. de 14-18 fol. ovales-oblong., entières, pubesc.; en juin-juil., fl. jaunes, en grappes allongées, les fl. infér. distantes; gousses légèrem. hispides, pendantes, à 7-8 articles. Montevideo, 1825.

3 **A. visqueuse.** *A. viscosa* GILL. Sous-arbrisseau glanduleux, visqueux; feuil. nombreuses, brièvem. pétiolées; fol. rapprochées, obovales, dentées; en juin-juil., fl. grandes, en grappes allongées, termin., accompagnées de bractées ovales; dents du calice acumin.; gousses à 5-6 articles pubesc., parsemées de glandes brunes. Chili, 1832.

4 **A. de Loudon.** *A. Loudonia* HOOK. Arbrisseau du port des genêts, soyeux-cendré, dressé, très rameux, à peine feuillé; feuil. à 3 fol. molles, étalées, linéaires-lanc., plus long. que le pétiole; en juin-juil., fl. axill., solit., à étendard soyeux; gousses une fois plus longues que le calice, à 3 articles soyeux. Chili, 1832.

5 **A. à petites feuilles.** *A. microphylla* HOOK. Sous-arbriss. très rameux; ram. pubesc., striés, divariqués, épineux; feuil. à 12 fol. petites, orbiculaires, briév. pétiolulées, pubesc.; en juin-juil., fl. en grappes simples, presque capitulées, épineuses, terminales; bractées orbicul.; gousses à 3 articles couverts de longues soies plumeuses. Chili, 1836.

6 **A. glutineuse.** *A. glutinosa* HOOK. Sous-arbriss. rameux; ram. épineux, étalés, hérissés de poils glanduleux, visqueux; feuil. ordin. à 6 fol. ellipt., pileuses; en mai-juil., fl. en grappes termin., simples, allongées, épineuses; bractées linéaires-glandul.; gousses à 3 articles couverts de longues soies plumeuses. Chili, 1839.

7 **A. d'Uspalata.** *A. Uspalatensis* GILL. Arbriss. assez robuste, garni d'épines dichotomes, un peu grêles; feuil. à 8-10 petites fol. linéaires, canaliculées; en juin, fl. en grappes raccourcies, presque ombelliformes; dents du calice petites, aiguës. 1832.

CULTURE. — Les esp. vivaces sont toutes de serre tempérée et de terre de bruyère; on les multiplie facilement par le bouturage. Les esp. annuelles se sèment au printemps sur couche, ou en pleine terre sous cloche. Ces plantes sont peu remarquables comme plantes d'ornement, cependant elles ont un feuillage assez singulier qui peut servir à varier l'aspect des serres.

ARACHIDE, PISTACHE DE TERRE. *ARACHIS* LIN. [du grec *a* privatif, et *rhakis*, branche]. — Calice bilabié, à long tube simulant un pédicelle; corolle recourbée; étamines diadelphes, insérées comme les pétales, à la gorge du tube; étamine vexillaire stérile; ovaire stipité, enfermé dans le tube du calice; stipe court, s'allongeant après la fécondation; style filiforme; gousse ovale-oblong., obtuse et renflée aux 2 extrémités, relevée de grosses veines réticulées, indéhiscente, à 2-4 graines épaisses, oléagineuses.

1 **A. souterraine.** *A. hypogœa* LIN. *A. Asiatica* LOUR. Herbe ann., de 20-30 cent.; feuil. à 4 fol. non vrillées; stipules allongées, adhérentes au pétiole; en mai-juin, fl. jaunes, disposées 3-7 à l'aisselle des feuilles; les infér. fertiles, s'enfonçant en terre; les supér. stériles, restant aériennes. Amérique sept., 1712.

CULTURE. — Cette plante est cultivée dans quelques parties de l'Amérique pour sa graine qui fournit une huile bonne à manger et qui pourrait remplacer sans inconvénient celle d'amandes douces dans quelques préparations pharmaceutiques et de parfumerie. 1495 grammes d'amandes d'arachide fournissent 74 pour cent d'huile, c'est-à-dire 703 grammes. Ce n'est que dans les parties les plus méridionales de la France qu'on doit espérer cultiver cette intéressante plante. Elle demande une terre légère, douce et chaude; les gousses s'enfonçant en terre pour finir leur développement, il est nécessaire de la biner, afin de faciliter cette singulière opération de la nature.

ESCHINOMÈNE. *ÆSCHINOMENE* [du grec *aischunos*, honteux; des feuil. qui se ferment et se baissent lorsqu'on les touche]. — Calice bilabié, lèvre supér. à 2 dents, l'infér. à 3; étendard arrondi; carène à 2 onglets distincts; 10 étam. réunies en 2 faisceaux égaux; gousse stipitée, compr., striée, articulée,; graines comprim., solit. dans chaque article. — Feuil. imparipennées, fl. en grappes axillaires.

1 **E. sensible.** *Æ. sensitiva* Swartz. Arbriss. d'un mètre, à tiges arrondies, lisses; feuil. de 32 à 40 fol. linéaires, glabres, ainsi que les gousses; en juin-juil., fl. blanches en grappes pédonculées, paucifl.; gousses à 8-10 articles, dont les 4 du milieu lisses, les supér. légèrement poilus sur la suture. Brésil, 1733.

2 **E. des Indes.** *Æ. Indica* Lin. *Hedysarum Neli-tali* Roxb. Ann.; tiges de 60 cent., herbacées, dressées, arrondies; feuil. de 30-40 fol. linéaires, glabres; en juin-juil., fl. jaunes en grappes paucifl.; gousses glabres, ponctuées, à 10-12 articles arrondis. 1799.

3 **E. étalé.** *Æ. patula* Poir. Tiges ligneuses de plus d'un mètre, rameuses; feuil. glabres à 20-30 fol. linéaires obtuses, à peine mucronées; en juil.-août, fl. jaunes, en grappes simpl. paucifl.; gouss. pubérulentes à 4-5 articles semi-orbiculaires. Ile Maurice, 1826.

4 **E. de la Jamaïque.** *Æ. Americana* Lin. Ann.; tiges de 60 cent., cylindr., dressées, hispides; feuil. de 20-40 fol. linéaires, mucronées, un peu ciliées; en juil.-août, fl. jaunes en grappes simples paucifl.; gousses glabres non ponctuées à 4-8 articles arrondis. 1732.

Culture. — Plantes de serre chaude et de terre de bruyère, se multipliant de graines, et de boutures pour les espèces vivaces. La 1re seule présente quelque intérêt sous le rapport de ses feuil., qui se ferment comme celles de la sensitive lorsqu'on les touche.

LOUREA. *LOUREA* Neck. [étymologie inconnue]. — Calice campanulé, persistant à 5 divis. égales, étalées; étendard obcordé; carène obtuse; étam. diadelph.; gousse de 4-6 articles, plane, pliée, courbée en anneaux et renfermée dans le calice qui devient vésiculeux.

1 **L. chauve-souris.** *L. vespertilionis* Desv. *Hedysarum vespertilionis* Lin. f. *Christia lanata* Moench. Ann. ou bisann.; tiges de 60 cent., dressées; feuil. ordin. à 3 fol. dont les 2 latérales très petites, la termin. oblong. dans le sens transversal, falciformes, un peu échancrées; en juil.-août, fl. blanches, étalées, en grappes terminales. Indes, 1780.

Culture. — Serre chaude; terre de bruyère pure; multipl. de graines.

URARIE. *URARIA* Desv. [étymologie inconnue]. — Calice poilu à 2 lèvres, la supér. bifide, l'infér. à 3 divis.; étendard obovale; ailes oblong.; carène obtuse; étam. diadelphes; style ascend. épaissi supér.; gousse à 4-6 articles ovales monosp., pliée, courbée en anneau et enveloppée dans le calice.

1 **U. pictée.** *U. picta.* Desv. *Hedysarum pictum* Jacq. Arbriss. d'un mètre, à tiges dressées veloutées; feuil. de 5-9 fol. très long., lanc., glabres, maculées de blanc en dessus, pubesc. à nervures saillantes réticulées en dessous; en juil.-août, fl. pourpres en longs épis; bractées ciliées. Indes, 1788.

2 **U. chevelue.** *U. comosa* Dec. *Hedysarum comosum* Vahl. Sous-arbriss. d'un mètre; ram. et pétioles velus; feuil. de 7 fol. glabres, linéaires-lanc.; en juil.-août, fl. pourpres en épis allongés cylindr.; bractées velues. Indes-Orient., 1819.

3 **U. poilue.** *U. crinita* Desv. *Hedysarum crinitum* Lin. Tiges de 60 cent., ligneuses, dressées; feuil. de 5-7 fol. oblong.; en juil.-août, fl. rosées en grappes allongées; pédic. hispides, courbés; calice à 3 divis. plus grandes, réfléchies; gousses lisses. Indes-Orient., 1780.

4 **U. pied de lièvre.** *U. lagopus* Dec. *Hedysarum arboreum* Ham. Arbriss. de plus de 2 mètres, à tiges hérissées supérieurem.; feuil. à 3 fol. ovales, obtuses, mucronées, pubesc., molles en dessous; en juin-juil., fl. pourpres en grappes cylindr. une fois plus longues que le

pétiole; calice à divis. sétacées; bractées poilues sur la face dorsale. Népaul, 1824.

5 **U. lagopode.** *U. lagopoides* DEC. *Hedysarum lagopoides* BURM. *Lespedeza lagopoides* PERS. Tiges frutescentes de 50 cent., un peu velues; feuil. à 3 fol. ovales, obtuses, mucronées, un peu ondulées; en juin-juil., fl. pourpres en grappes oblong. de la longueur du pétole commun; divis. du calice sétacées. Inde, 1790.

CULTURE. — Serre chaude en terre de bruyère, dans de grands vases ou en pleine terre; multipl. de graines. Ces plantes sont très remarquables par la longueur des grappes et la beauté de leurs fleurs.

DESMODIE *DESMODIUM* DEC. [du grec *desmos*, lien : des étam. soudées entre elles, par opposition au genre *adesmia*, où elles sont distinctes]. Calice bilabié; lèvre supér. bifide, l'infér. tripartite; étendard arrondi; carène droite, obtuse, non tronquée, plus courte que les ailes; étam. diadelphes; gousse à plusieurs articles comprim. et monosp., membraneuse et coriace, à peine déhiscente.

SECT. 1. *Feuilles trifoliolées; gousse indéhiscente, coriace, à articles presque ellipt., tronqués aux deux bouts.*

1 **D. en ombelle.** *D. umbellatum* DEC. *Hedysarum umbellatum* LIN. Arbriss. d'un mètre, rameux, à tige cylindr., glabre; ram. pubesc.; fol. ovales obtuses, glabres en dessus, couvertes d'un court duvet blanchâtre en dessous; en juil., fl. blanches en ombelles axill. plus courtes que le pétiole; gousses velues. Madagascar, 1801. — Serre chaude.

SECT. 2. *Articles des gousses membraneux, convexes du côté inférieur et déhiscents.*

D. triquètre. *D. triquetrum* DEC. *Hedysarum* LIN. bisann.; tiges de 30 cent. dressées, glabres, à 3 faces; feuil. unifoliolées, à fol. ovales-lanc., acum., légèrem. échancrées à leur base; pétiole ailé 2 fois plus court que les fol.; en juil.-août, fl. pourpres en grappes termin.; gousses hérissées, sessiles. Inde, 1802. — Serre chaude.

3 **D. gyrans.** *D. gyrans* DEC. *Hedysarum* LIN. FIL. Bisann.; tiges de près d'un mètre; feuil. à 3 fol. oblong.-ellipt., la term. très grande, les latérales 4 fois plus petites; en juil.-août, fl. pourpres en grappes nombr., disposées en panicules; gousses pubesc. Bengale, 1775. — Serre chaude.

SECT. 3. *Articles des gousses indéhisc. membran., ovales ou orbicul., convexes des 2 côtés.*

4 **D. maculée.** *D. maculatum* DEC. *Hedysarum* LIN. *Æschinomene maculata* POIR. Ann.; tiges de 30 cent., fol. solit. ovales-obtuses ou un peu aiguës, maculées de blanc en dessus, pubérulentes en dessous; en juil.-août, fl. pourpres; gousses légèrem. pubesc. à 5-6 articles semi-orbicul. Indes-Orient., 1732. — Serre chaude.

5 **D. à larges feuilles.** *D. latifolium* DEC. *Hedysarum* ROXB. Arbriss. de 60 cent., à tiges arrondies; l'extrémité des jeunes ram. velue-rousse; fol. solit. ovales-larges, mucronées un peu cord., velues; stipules cordif.-cuspidées; en août, fl. pourpres en grappes axill. et termin.; gousses hérissées à 3-5 articles semi-orbicul. Indes-Orient., 1818. — Serre chaude.

6 **D. du Canada.** *D. Canadense* DEC. *Hedys.* LIN. *Hedys. scabrum* MOENCH. Vivace; tiges de près de 2 mètres, dressées, striées, poilues; feuil. à 3 fol. glabres, oblong.-lanc.; stipules filif.; juil.-août, fl. pourpres en grappes termin.; gousses légèrem. pubesc.-hispides, à 4-5 articles ovales, faiblem. triangulaires. 1640.

7 **D. de Maryland.** *D. Marylandicum* DEC. *Hedysarum* LIN. Vivace; tiges de 50 cent., dressées, poilues, rameuses; feuil. à 3 fol. oblong., velues en dessous; stipules subulées; en juil.-oct., fl. pourpres en panicules; gousses légèrement pileuses, à 3 articles rhomboïd. articulés. 1725.

8. **D. douteuse.** *D. dubium* LINDL. Sous-arbr. à tiges angul., poilues; fol. pubesc.-poilues, obovales, mucronulées, un peu pâles en dessous; en juin-août, fl. rose-pâle, en longues grappes multifl. et terminales; bractées subulées égalant les pédicelles. Indes-Orient., 1829.

CULTURE. — Les espèces de plein air

se cultivent en terre de bruyère et se multiplient par la séparation des touffes au printemps, ou quelquefois de graines. Les espèces de serre chaude demandent beaucoup de chaleur. De toutes ces plantes, une seule est digne de remarque par le mouvement spontané et continu de ses folioles, c'est le *Desm. gyrans*.

SAINFOIN. *HEDYSARUM* [du grec *hedus*, doux, *aroma*, parfum]. — Calice à 5 divis. linéaires-subulées, presque égales; étendard très grand; carène obliquem. tronquée, beaucoup plus long. que les ailes; étam. diadelphes; style filif., ascend.; gousse à plusieurs articles orbiculaires, comprimés.

1 **S. à grandes fleurs.** *H. grandiflorum* Pall. *H. sericeum* Bieb. *H. argenteum* Lamk. *Astragalus grandiflorus* Lin. Vivace; tiges très courtes; fol. ellipt., soyeuses, blanches en dessous; en juin-août, fl. pourpres, en grappes; calice égalant presque les ailes de la corolle; carène plus courte que l'étendard; articles de la gousse velus, blancs, hérissés sur le milieu de petites pointes rudes. Ibérie, 1821.

2 **S. argenté.** *H. argenteum* Lin. Vivace; tiges très courtes; fol. ovales, velues en dessus, soyeuses en dessous, ainsi que les pétioles et pédonc.; en juil.-août, fl. pourpre pâle; calice plus court que la corolle; carène une fois plus longue que les ailes, égalant l'étendard; gousses toment., couvertes de petits poils rudes. Caucase, 1796.

3 **S. brillant.** *H. splendens* Fisch. Vivace; tiges très courtes; feuil. de 3-7 fol. ovales, soyeuses, argentées sur les 2 faces; en juil.-août, gr. fl. pâles, en épis allongés plus longs que les feuil.; ailes plus courtes que le calice; étendard strié, égalant à peu près la carène; gousses pubesc., soyeuses, à 2 articles veinés, réticulés. Sibérie, 1819.

4 **S. couronné, Sainfoin d'Espagne.** *H. coronarium* Lin. Vivace; tiges de plus d'un mètre, diffuses; feuil. de 7-11 fol. ellipt. ou arrondies, pubesc. en dessous et sur les bords; en juin-juil., fl. rouges, en épis ovales, denses; ailes une fois plus long. que le calice; gousses glabres, à 2-5 articles orbicul., épineux. Espagne, 1596.

5 **S. humble.** *H. humile* Lin. *H. coronarium* var. Lamk. Vivace; tiges de 15 cent., dressées; feuil. de 15-19 fol. linéaires-cunéif., obtuses; en juil.-août, fl. en grappes; ailes une fois plus courtes que la carène; étendard ne dépassant pas la carène; gousses toment. dans la jeunesse, à 2-3 articles orbicul., hérissés de tubercules épineux. France mérid., 1640.

6 **S. capitulé.** *H. capitatum* Desf. Ann.; tiges décombantes; feuil. de 13-15 fol. oblong., aiguës; en juin-juil., fl. roses, en épis ovales, lâches; ailes une fois plus long. que le calice; gousses velues à articles orbiculaires hérissés de pointes. Barbarie.

7 **S. flexueux.** *H. flexuosum* Lin. Ann.; tiges de 30 cent., diffuses; feuil. de 9 fol. ellipt.-oblong.; en juill.-août, fl. pourpres en épis ovales; gousses épineuses à articles un peu ondulés. Asie, 1680.

8 **S. à gousses ridées.** *H. rutidocarpum* Dec. Vivace; tiges de 15 cent., ascend.; feuil. de 17-19 fol. ellipt., obtuses, pubesc. en dessous; en juil.-août, fl. pourpres en épis pédonculés, ovales, denses; étendard échancré, un peu plus que la carène; ailes une fois plus long. que le calice; gousses pubesc., blanches, à 2-3 articles orbiculaires, rugueuses-réticulées. Sibérie, 1826.

9 **S. de Taurie.** *H. Tauricum* Pall. *H. roseum* Sims. Vivace; tiges de 15 cent., dressées; feuil. de 9-13 fol. linéaires-lanc., pubesc. en dessous; en juin, fl. roses en épis ovales; étendard échancré plus long que les ailes et plus court que la carène; gousses blanches, veinées-réticulées. 1804.

10 **S. rose.** *H. roseum* Steph. vivace; tiges de 15 cent., dressées; feuil. de 13-17 fol. oblong.-lanc., velues, blanchâtres en dessous dans le jeune âge; en juil.-août, fl. rosées en épis oblongs ou ovales pédonculés; étendard échancré plus court que la carène; ailes ne dépassant pas le calice; gousses pubesc. veinées-réticulées. Sibérie, 1803.

11 **S. en arbre.** *H. fruticosum* Lin. Arbriss. de plus d'un mètre, à tiges dressées; feuil. de 11-15 fol. alternes, ellipt.-obtuses, pubesc. en dessous; en juin-

juil., fl. pourpres, en épis lâches; ailes à peine plus long. que le calice; étendard égalant la carène; gousses rugueuses-réticulées, veinées, un peu hérissées. Sibérie, 1732.

12 **S. polymorphe.** *H. polymorphum* Ledeb. Vivace; tiges ascend.; fol. nombr., ellipt. ou oblong., légèrem. soyeuses ou poilues en dessous; en juin-juil., fl. en épis denses, pédonculés; carène un peu plus courte que l'étendard, mais plus longue que les ailes; gousses dressées à articles pubesc., blanch. et rugueux. Sibérie, 1838.

13 **S. obscur.** *H. obscurum* Lin. *H. Alpinum* var. Lin. *H. controversum* Crantz. Vivace; tiges de 15 cent., dressées; feuil. de 11-19 fol. glabres, ovales; stipules engaînantes opposées aux feuil.; bractées plus long. que le pédic.; en juil.-août, fl. pourpres; gousses pendantes, glabres. Alpes, 1640.

14 **S. de Sibérie.** *H. Sibiricum* Poir. *H. Alpinum* var. Lin. Vivace; tiges de près d'un mètre, dressées; fol. oblong. ou lanc., pubesc. en dessous; stipules supér. distinctes; bractées souvent plus courtes que le pédic.; en juil.-août, fl. pourpres; gousses glabres, pendantes. 1700.

15 **S. du Caucase.** *H. Caucasicum* Bieb. Vivace; tiges de 30 cent., dressées; fol. ovales, glabres; stipules supér. soudées, opposées aux feuil.; en juil.-août, fl. pourpres en grappes longuem. pédonculées; bractées plus long. que le pédic.; gousses glabres, pendantes. 1820.

Culture. — Plein air; terrains calcaires; multipl. de graines semées au printemps sur place ou en pots pour être repiqué lorsque la plante a atteint de 3 à 4 cent.; plus grand, la reprise est plus difficile. Le *Sainfoin d'Espagne* est une jolie plante d'ornement.

ONOBRYCHIDE, ESPARCETTE. *ONOBRYCHIS* Tourn. [du grec *onos*, âne, *brucho*, ronger]. — Calice campanulé à 5 divis. presque égales, subulées; étendard obovale ou oblong; carène large, tronquée obliquem., plus longue que les ailes; étam. diadelphes; style très long, coudé vers le milieu; gousse à un seul article, monosperme, comprimé, réticulé, marqué de fossettes, à bord supér. épais, l'inf. courbé, denté-épineux ou crénelé. — Feuilles imparipennées.

Sect. 1. *Gousse oblique, rugueuse et épineuse sur le milieu, dentée sur le bord.*

1 **O. cultivée.** *O. sativa* Lamk. *Hedysarum Onobrychis* Lin. Vivace; tiges de 30 cent., dressées; fol. glabres, lanc.-cunéif., mucronées; stipules souvent distinctes; en juin-juil., fl. roses, en épis allongés; carène plus courte que l'étendard; ailes moins longues que le calice; gousses pubesc., à faces denticulées, et à bords épineux-dentés. Indigène.

2 **O. des montagnes.** *O. montana* Dec. *Hedysarum montanum* Pers. Vivace; tiges de 15 cent., décombantes; fol. lanc.-cunéif., mucronées, glabres; stipules soudées, opposées aux feuil.; en juin-août, fl. pourpres, en épis courts; carène dépassant l'étendard; ailes plus courtes que le calice; gousses pubesc., à faces denticulées et à bord rugueux. Pyrénées, 1817.

3 **O. renversée.** *O. supina* Dec. *Hedysarum supinum* Vill. Vivace; tiges de 15 cent., hérissées, diffuses; fol. obl. à peine mucronées; en juil.-août, fl. rouge-pâle, en épis ovales, pédonculés; ailes et carène plus courtes que le calice; gousses velues, rugueuses, épineuses, à bord infér. dilaté, denté. France mérid., 1819.

4 **O. des sables.** *O. arenaria* Dec. *Hedysarum arenarium* Kit. Vivace; tiges de 30 cent., dressées, ligneuses à la base; fol. glabres, oblong.-linéaires, mucronées; en juin-août, fl. pourpres en épis cylindr.; ailes plus courtes que le calice; carène égalant l'étendard; gousses pubesc. à bord supér. rugueux, l'infér. non denté. Hongrie, 1818.

5 **O. des rocailles.** *O. petræa* Desv. *Hedys. petræum* Bieb. Vivace; tiges de 30 cent. dressées; fol. linéaires, mucronées; en juin-août, fl. blanches à carène pourpre, un peu plus courtes que l'étendard; ailes une fois plus long. que le calice; épis cylindr. longuem. pédonculés; bord infér. de la gousse dilaté, denteié, le supér. rugueux. Caucase, 1818.

6 **O. des rochers.** *O. saxatilis* All. *Hedys. saxatile* Lin. Vivace; tiges de 30

cent., ascend.; fol. lin., mucronées; en juin-août, fl. blanches en épis cylindr. pédonc.; ailes plus long. que le calice; carène dépassée par l'étendard; gousses glabres à bord infér. dilaté, entier, le supér. rugueux, non dilaté. France mérid., 1790.

7 **O. tête de coq.** *O. caput-galli* Lamk. *Hedys. caput-galli* Lin. Ann.; tiges de 50 cent., dressées ou diffuses; fol. pubesc. oblong. ou obovales-cunéif. mucronées; en juil.-août, fl. blanc-rosé en épis paucifl.; ailes un peu plus long. que le calice; carène dépassée par l'étendard; gousses légèrem. pubesc., épineuses de tous côtés. France mérid. 1731.

8 **O. crête de coq.** *O. crista-galli*, Lamk. *Hedys. crista-galli* Lin. Ann.; tiges de 30 cent., couchées; fol. pubesc. cunéif.-oblong, ou obovales, obtuses, et légèrem. échancrées; en juin-août, fl. blanc-rosé, en épis paucifl.; calice égalant presque la corolle; ailes et carène à peu près de la long. de l'étendard; gousses glabres, à bord infér. dilaté, formant une sorte de crête divisée en lanières planes, oblong., dentées; face rugueuse-épineuse. Europe méridion., 1710.

9 **O. fovéolée.** *O. foveolata* Dec. Ann.; tiges de 30 cent., couchées; fol. oblong.-cunéaires, mucronées, velues; fl. en juin-août; grappes paucifl. à peine du double de long. de la feuil.; gousses pubesc., à face relevée de grosses nervures saillantes, réticulées, velues, épineuses; bord infér. dilaté, divisé en 3-4 lanières entières inégales. Sicile.

10 **O. à dents égales.** *O. æquidentata* d'Urv. *Hedys. æquidentatum.* Sibth. Ann.; tiges dressées; fol. oblong.-obtuses, un peu pubesc.; fl. en juin-août; pédonc. 2-3 plus longs que les feuil.; gousses glabres presque orbiculaires, à face un peu rugueuse et à bord infér. dilaté, divisé en dents égales, entières. Crête.

Sect. 2. *Gousse falciforme ou presque orbiculaire; face rugueuse et un peu épineuse; bord infér. dilaté, formant une crête membran. à peine dentée.*

11 **O. engaînante.** *O. vaginalis* C. A. Meyer. Tiges de 30-40 cent., dressées, couvertes de poils mous, étalés; fol. ovales ou oblongues, obtuses ou aiguës, poilues en dessus; en juin-août, fl. blanc-rosé; ailes obtuses plus courtes que le calice. Caucase, 1840.

12 **O. de Pallas.** *O. Pallasii* Bieb. *O. Buxbaumiana* Desv. *Hedys. Pallasii* Willd. Vivace; tiges de 30 cent., dressées, mollement hispides; fol. ellipt.-oblong., acum., toment. en dessous; en juin-août, fl. jaunes à étendard veiné de rouge, disposées en épis cylindr.; ailes plus courtes que le calice, unidentées à leur base; calice velu; gousses pubesc. Ibérie, 1820.

13 **O. radiée.** *O. radiata* Bieb. *Hedys. radiatum* Desf. *H. Buxbaumii* Bieb. *Hedys. circinnatum* Willd. Vivace; tiges de 50 cent., dressées, mollement hispides; fol. ovales, obtuses, mucronées, hérissées en dessous; en juil.-août, fl. jaune pâle veinées de rouge, en épis cylindr.; ailes sagittées beaucoup plus longues que le calice; gousses et calice velus. Caucase, 1818.

14 **O. de Michaux.** *O. Michauxii* Dec. *O. picta* Desv. *Hedys. cryptapterum* l'Hér. Vivace; tiges de 30 cent., dressées, glabres; fol. oblong.-ellipt. mucronées, glabres; en juin-août, fl. blanc-rosé, striées, disposées en épis allongés; ailes plus courtes que le calice, sagittées, auriculées; calice velu; gouss. laineuses. Orient, 1820.

Sect. 3. *Gousse lisse sans épines ni crête.*

15 **O. cornue.** *O. cornuta* Desv. *Hedys. cornutum* Lin. *O. orientalis* Jaum. Sous-arbriss. de 30 cent., dressé; fol. pubesc., oblong.-lanc.; en juin-août, fl. pourpres; pédonc. spinesc. divariqués; ailes de la long., du calice; étendard velu, crénelé au sommet. Orient, 1816. — Serre tempérée.

Culture. — Excepté la dernière espèce, toutes les Esparcettes sont de plein air; elles prospèrent mieux dans les terrains calcaires que dans tous les autres. On les multiplie de graines. Les 11e, 12e, 13e et 14e espèces peuvent servir à l'ornement des jardins paysagers. l'*O. sativa* est cultivée comme fourrage.

ELEIOTIDE. *ELEIOTIS* Dec. [du grec *heleios*, loir, *ous*, oreilles : de la forme des feuilles]. — Calice campanulé, à 5 petites dents; étendard obovale; carène obtuse; étam. diadelphes, persistantes; gousse comprimée, plane, uniloculaire, monosperme, membraneuse, semi-ovale, à suture supér. droite, l'inf. courbe. — Feuil. simples ou à 5 fol.

1 **E. à racines blanches.** *E. sororia* Dec. *Hedysarum sororium* Lin. *Hallia sororia* Willd. *Onobrychis sororia* Desv. Herbe bisann., à tiges de 30 cent., triquêtres; feuil. à 3 fol. dont les 2 latérales petites; la termin. grande, presque orbiculaire, échancrée aux deux extrémités; fl. rouges, en grappes axill. beaucoup plus longues que les feuil. Indes-Orient., 1817. — Serre chaude; terre de bruyère; multipl. de graines.

LESPÉDÉZIE. *LESPEDEZIA* Michx. (Lespedez, gouverneur de la Floride). — Calice à 5 divis. presque égales; étendard obovale; ailes oblong.; carène obtuse; étam. diadelphes: gousse plane, lenticulaire, indéhisc., monosp. non épineuse. — Feuil. à 3 fol. entières, la termin. pétiolulée.

1 **L. jonciforme.** *L. juncea* Pers. *Hed. junceum* Lin. *Hedys. sericeum* Thunb. *Anthyllis cuneata* Dum.-Cours. Sous-arbriss. de 60 cent., dressé; pétiole très court; fol. linéaires-cunéif., échancrées, mucronées, pubesc. en dessous; en juil.-août, fl. blanches en grappes axill. presque sess.; gousses lisses ne dépassant pas le calice. Nouvelle-Hollande, 1776.

2 **L. à plusieurs épis.** *L. polystachya* Michx. *Hed. hirtum* Willd. Vivace, velue; tiges de près d'un mètre, dressées, rameuses; fol. ovales-arrondies, obtuses; en juin-août, fl. blanches, en épis oblongs, axill., 2 fois plus longs que les feuil.; calice égalant la corolle et dépassant à peine la gousse. Caroline, 1780.

3 **L. violet.** *L. violacea* Pers. *Hed. violaceum* Lin. Vivace, glabre; tiges de 60 cent., très rameuses, diffuses; pétioles allongés; fol. ellipt.-obtuses; légèrem. pubesc. en dessous; en juil.-août, fl. violettes en grappes ombelliformes, plus courtes que les feuil.; calice n'égalant pas la corolle; gousses glabres, rhomb. réticulées. Virginie, 1789.

Culture. — Pl. d'orangerie; terre de bruyère pure; multipl. de graines ou par la séparation des touffes au printemps.

ÉBÉNIER. *EBENUS* Lin. [*Abnous*, nom arabe de l'ébène]. — Calice persistant renflé vers le milieu du tube, divisé en 5 lobes linéaires-subulés, égalant la corolle; étendard oblong.; carène obtuse; ailes très petites, plus courtes que le tube du calice; étam. monadelp.; gousse arrondie à 1-2 graines.

1 **E. de Crète.** *E. Cretica* Lin. *Anthyllis Cretica* Lamk. Arbr. de 50 cent.; feuil. souvent à 5 fol. sess., obl.-linéaires, rarem. à 3; stipules bifides opposées aux feuil.; en juin-juil., fl. roses en épis ovales-cylindr.; tube staminal strié. 1737.

2 **E. penné.** *E. pinnata* Desf. *Hed. sericeum* Vahl. *Anthyllis sericea* Willd. Herbe bisann.; tiges de 15 cent. environ, à tiges mollem. hispides; feuil. de 9-11 fol. linéaires-oblong.; stipules latérales, acum.; en juil.-août, fl. roses en épis ovales. Barbarie, 1786.

Culture. — Pl. d'orangerie devant être cultivée en terre à oranger; arrosements très modérés l'hiver; multipl. de graines semées sur couche et sous châssis.

Sous-tribu 3. — *Alhagées.* Fleurs en épis ou en grappes; gousse cylindrique.

ALHAGI. *ALHAGI* Tourn. [nom arabe de ces plantes]. — Calice à 5 petites dents presque égales; corolle papilionacée à pétales à peu près de même long.; étendard obovale, plié; ailes oblongues; carène droite, obtuse; étam. diadelphes; ovaire linéaire, pluriovulé; style glabre, filif., aiguë; gousse stipitée, presque ligneuse, cylindr., présentant des étranglements, mais non des articulations; graines réniformes. — Feuil. simples; fl. rouges disposées en petites grappes au sommet de pédonc. épineux, axillaires.

1 **A. des Maures.** *A. Maurorum* Tourn. *A. mannifera* Desv. *Hed. Alhagi* Lin. *Manna Hebraica* Don. Arbriss. de 60 cent., à feuil. obovales-oblong.; fl. en juil.-août; dents du calice aiguës. Egypte, 1714. — Serre chaude.

2 **A. des chameaux.** *A. camelorum* Fisch. *Hed. pseudo-Alhagi* Bieb. *Manna Caspica* Don. Herbe vivace de 50 cent., à feuil. lanc., obtuses ; fl. en juil.-août, dents du calice obtuses. Sibérie, 1816. — Serre tempérée ; terre de bruyère ; multipl. de graines.

ALYSICARPE. *ALYSICARPUS* Neck. [du grec *alusis*, chaîne, *karpos*, fruit : allusion au fruit articulé simulant une chaîne]. — Calice campanulé, persistant, à 4 divis. égales, lanc., aiguës ; la supér. échancrée ; corolle papilionacée petite ; étam. diadelphes ; gousse à plusieurs articles monosp. arrondis.

1 **A. engainant.** *A. vaginalis* Dec. *Hed. vaginale* Lin. *Hed. ovalifolium* Vahl. Ann. ; tiges de 15-20 cent. ; pubesc., un peu rudes ; feuil. simples, ovales et oblong. mucronées, à base presque cordée, glabres, excepté le bord et la nervure médiane qui sont légèrem. pubesc. ; stipules scarieuses de la long. du pétiole ; en juil.-août, fl. rouges en grappes terminales et opposées aux feuil. ; gousses pubesc., beaucoup plus long. que le calice, à 4-5 articles réticul. Indes-Orient., 1790. — Serre chaude ; terre de bruyère ; multipl. de graines.

NISSOLIA. *NISSOLIA* Jacq. [Guillaume Nissolle, botaniste français]. — Calice campanulé à 5 dents, les 2 supér. grandes, rapprochées ; étendard orbiculaire, échancré, réfléchi, plus long que les ailes et la carène ; étam. monadelphes, persist. ; gousse à 2-3 articles tronqués, indéhisc., monosp., le supér. terminé par une aile membran., obtuse.

1 **N. frutescente.** *N. fruticosa* Jacq. Tiges ligneuses, volubiles, de 5 mètres environ, glabres ; fol. ovales, mucronées ; en juil.-nov., fl. jaunes disposées 3-4 à l'aisselle des feuil. ; calice à dents sétacées ; gousses partagées par des cloisons transversales en 2-3 loges monosp. Mexique, 1766. — Serre chaude ; terre de bruyère pure ; multipl. de graines.

TRIBU V. — *PHASÉOLÉES.*

Gousse bivalve non articulée, continue ou séparée intérieurement par des cloisons spongieuses ; embryon à cotylédon épais.

Sous-tribu 1. — *Clitoriées.* Ovaire pluriovulé ; étendard sans appendice ; étam. diadelphes ou monadelphes.

AMPHICARPÉE. *AMPHICARPÆA* Ell. [du grec *amphi*, autour, *karpos*, fruit]. — Fl. souvent incomplètes. — Fl. complètes : calice campanulé à 5 dents ; étendard large, oblong-obovale ; ailes longuem. onguiculées ; carène à pétales distincts ; étam. diadelphes, entourées d'un disque ; gousse linéaire-oblongue, comprimée à 3-4 graines. — Fl. incomplètes : calice et corolle nuls.

1 **A. monoïque.** *A. monoica* Ell. *Glycine monoica* Lin. *G. bracteata* Lin. *G. comosa* Lin. Ann. ; tiges de 1m,30, volubiles, velues ; feuil. à 3 fol. ovales, glabres ; en sept., fl. sans pétales, vertes, en grappes pendantes. Caroline, 1820. — Serre tempérée ; terre de bruyère ; multipl. de graines.

CLITORIA. *CLITORIA* Lin. [du grec *kleitoris*, dérivé, selon quelques auteurs, de *kleiô*, je ferme : allusion à la forme de la corolle]. — Calice tubuleux à 5 divis., les supér. ovales, acum., les infér. étroites ; étendard ample, orbiculaire, échancré ; ailes oblong. ; carène longuement onguiculée, aiguë, à pétales soudés seulem. au sommet, plus courte que les ailes ; étam. monadelphes ou diadelphes ; style arqué plus ou moins dilaté au somm., poilu ; gousse linéaire comprimée, à sutures épaisses, sans nervures.

1 **C. de Ternate.** *C. Ternatea* Lin. *Lathyrus spectabilis* Forsk. *Ternatea vulgaris* H.-B. et Kunth. Vivace ; tiges de plus d'un mètre, volubiles, légèrem. pubesc. ; feuil. à 5-7 fol. ovales, munies de petites stipelles subulées ; en juillet-août, fleurs bleues, pédicellées, solit., axill. ; calice tubuleux, muni à la base de grandes bractéoles arrondies ; gousse glabre. Indes-Orient., 1739. — Serre chaude.

2 **C. hétérophylle.** *C. heterophylla* Lamk. Vivace ; tiges glabres, de 30 cent. environ, volubiles, grêles ; feuil. à 5-7 fol. arrondies, ovales et linéaires, sans stipelles ; en juil.-août, fl. bleues, pédicellées, axill., solit. ; calice tubuleux muni de petites bractéoles aiguës. Ile Maurice, 1812. — Serre chaude.

3 **C. de Maryland.** *C. Mariana* Lin.

Lin. Vivace; tiges glabres, d'un mètre, volubiles; feuil. à 3 fol. obovales-lanc.; en août, fl. bleu pâle; pédonc. axill. 1-3 flores; calice glabre à 5 dents presque égales, muni de bractéoles lanc. 1759. — Serre tempérée.

Culture. — Terre de bruyère légère et substantielle; multipl. de graines, de boutures et de marcottes. Les graines doivent être semées au printemps sur couche chaude et sous châssis, ou dans la tannée des serres. Ces plantes, d'un joli effet, demandent beaucoup de nourriture; la culture en pots ne leur convient pas du tout : elles ne prospèrent bien qu'en pleine terre. C'est surtout la première espèce qui est généralement cultivée; ses grandes fl., d'un beau bleu, marquées d'une tache blanche, en font une très belle plante d'ornement.

NEUROCARPE. *NEUROCARPUM* Desv. [du grec *neuron*, nerf, nervure, et *karpos*, fruit; du fruit qui est parcouru longitudinalem. et sur le milieu par une nerv. épaisse et saillante]. — Calice tubuleux à 5 divis., les supér. ovales, acum., les inf. étroites; étendard ample, orbicul., échancré; ailes oblong.-obliques; carène plus courte que les ailes, longuement onguiculée, à pétales soudés au sommet seulement; étam. monadelphes ou diadelphes; style barbu, arqué; gousse stipitée, oblong.-linéaire, un peu comprimée, non ailée, à valves convexes relevées de nervures longitudinales.

1 **N. de la Guiane.** *N. Guianense* Desv. *Crotalaria Guianensis* Aubl. *Cr. longifolia* Lamk. Sous-arbriss. vivace, de 60 cent.; feuilles à 3 fol. soyeuses, oblongues, mucronées; fl. pourpres, disposées 2-3 au sommet de pédonc. très courts. 1826. — Serre chaude; terre de bruyère; multipl. de boutures.

CENTROSÈME. *CENTROSEMA* Dec.—Calice campanulé, à 5 dents; étendard orbicul. de la long. des ailes, éperonné; carène un peu plus courte que les ailes, semi-orbicul., arquée, obtuse, brièvem. onguiculée, à pétales soudés par le bord infér.; style arqué, glabre, velu seulement au sommet; gousse presque sessile, linéaire, comprimée, à sutures épaisses et à valves relevées longitudinalement de nervures étroites.

C. du Brésil. *C. Brasilianum* Bth. *Clitoria Brasiliana* Lin. *Cl. amœna* Roth. Vivace, glabresc.; tiges de plus d'un mètre, grimpantes; feuil. à 3 fol. ovales; en juil.-août, fl. bleues, grandes, axill. géminées; bractéoles ovales dépassant le calice; gousse linéaire comprimée. 1759. — Serre chaude.

1 **C. de Virginie.** *C. Virginianum* Bth. *Clitoria Virginiana* Lin. *C. calcarigera* Salisb. Vivace, glabre ou légèrement pubérulente; tiges de près de 2 mètres, grimpantes; feuil. à 3 fol. variables, ovales, elliptiques ou linéaires; en juil.-août, fl. bleues ou pourpre foncé; pédonc. 1-3 flores; calice campanulé, entouré de bractéoles lanc., de même longueur et longitudinal. striées; étendard éperonné; gousse linéaire comprimée. 1732. — Serre tempérée.

2 **C. de Plumier.** *C. Plumieri* Bth. *Clitoria Plumieri* Turp. *C. calcarata* L'Hér. *C. racemosa* Moç. et Sess. Vivace; tiges de près de 2 mètres, grimpantes; feuil. à 3 fol. ovales-oblong., acum., ou ovales, glabres; en sept.-nov., fl. blanches à étendard rose-pourpré; pédonc. 1-3 flores; calice campanulé, entouré de bractéoles ovales striées, plus long. que lui; étendard éperonné; gousse linéaire, presque tétrag. Amér. mérid. — Serre chaude; culture des **Clitorées.**

Sous-tribu 2. — *Kennedyées.* Étendard muni ordin. de deux appendices; étam. diadelphes ou monadelphes; filet de l'étam. opposé à l'étendard, jamais géniculé; graines ordinairement strophiolées, c'est-à-dire munies d'une sorte de petite couronne au point d'attache; gousse partagée en plusieurs loges par des cloisons transvers. spongieuses.

KENNEDIE. *KENNEDYA* Vent. [Kennedy, horticulteur distingué]. — Calice bilabié; lèvre supér. à 2 dents, l'infér. tripartite; étendard briév. onguiculé, réfléchi, de la long. des ailes, muni de 2 appendices à sa base; ailes et carène soudées entre elles jusqu'au milieu de leur longueur; carène obtuse; étam. distinctement diadelphes; style long, filif., un peu arqué au sommet;

stigmate petit, obtus ; gousse oblongue-linéaire, comprimée. — Arbriss. de la Nouvelle-Hollande, à feuil. trifoliolées.

1 **K. couchée.** *K. prostrata* R. Br. *Glycine coccinea* Curt. Arbriss. de 35 à 70 cent., feuil. obovales, velues, ondulées ; stipules et bractées en cœur, terminées par une petite pointe ; en mai, fl. ordin. solit., axill., beau rouge ; étendard marqué d'une tache verte à sa base ; gousse pubesc. 1790.

2 **K. à grandes fleurs.** *K. rubicunda* Vent. *Glycine rubicunda* Curt. *Caulinia rubicunda* Moench. Arbriss. grimpant, atteignant, en pleine terre, jusqu'à 5 et 7 mètres ; folioles ovales, soyeuses en dessous ; stipules lancéolées, réfléchies ; en mai, fleurs grandes, pourpre foncé, en grappes axill. ; gousse poilue. 1788.

3 **K. à fl. noirâtres.** *K. nigricans* Lindl. *Glycine nigricans* Bot. mag. Arbriss. grimpant ; fol. ovales, légèrem. échancrées, quelquefois solit. ; en juin, fl. pourpre-noir, longues, dressées, disposées en grappes ; étendard relevé, appliqué sur le pétiole ; calice velu. 1840.

4 **K. à fl. rouges.** *K. Marrgattæ* Lindl. Arbriss. grimpant à tiges très velues dans la jeunesse ; fol. brièvem. pétiolulées, oblong., obtuses, ondulées ; stipules et bractées en cœur terminé par une petite pointe ; en mai-juin, pédonc. axill. portant de 3 à 4 fl., beau rouge, à étendard marqué d'une tache à la base.

5 ? **K. splendide.** *K. splendens* Paxt. Arbriss. grimpant à tiges et ram. anguleux ; fol. oblong., obtuses, entières, veinées ; fl. écarlate foncé en grappes axill. et terminales.

Culture. — Serre tempérée en terre de bruyère pure ou mélangée ; multipl. de marcottes avec incision, ou de boutures étouffées sur couche chaude. On les multiplie encore de greffe sur les espèces les plus communes et les plus vigoureuses, comme la **K. à fl. noirâtres**, par exemple, qui, placée en pleine terre dans un conservatoire, atteint jusqu'à 7 mètres. Les belles fl. de cette espèce, qui se détachent de la fraîche verdure de ses feuilles, font de cette plante un admirable ornement pour les serres tempérées ; les autres espèces sont également dignes d'occuper une place dans nos collections.

ZICHYE. *ZICHYA* Hugel [comtesse Zich, botaniste-amateur, à Vienne]. — Calice bilabié ; lèvre supér. à 2 dents, l'infér. tripartite ; étendard onguiculé, large, orbiculaire, échancré, réfléchi, muni de 2 appendices à la base ; ailes soudées jusque vers le milieu de leur long. avec la carène ; carène arquée obtuse ; étam. diadelphes ; style court, ascend., terminé par un stigm. capité ; gousse oblong.-linéaire, comprimée, coriace, à suture séminifère épaissie. — Arbriss. grimpants de la Nouvelle-Hollande, à feuil. trifoliolées.

1 **Z. inophylle.** *Z. inophylla* Benth. *Kennedya inophylla* Lindl. Arbriss. grimpant ; fol. cunéaires, mucronées, à peine poilues en dessus, soyeuses en dessous ; stipules ovales, aiguës ; en juin-juil., pédonc. plus longs que la feuil., portant 15-20 fl. rouges, serrées en ombelles capitul. ; étendard marqué d'une tache jaune à la base. 1825.

2 **Z. soyeuse.** *Z. sericea.* Benth. *Kennedya dilatata* All. Cun. Tiges filiformes, grêles, flexueuses, couvertes de quelques poils bruns, appliqués ; fol. ovales, obtuses, mucronées, à base cunéaire, soyeuses en dessous ; stipules ovales, aiguës ; en mai-juil., pédonc. filiformes flexueux, terminés par 6-10 fl. coccinées, à ailes pourpres, disposées en capitules.

3 **Z. coccinée.** *Z. coccinea* Benth. *Kennedya coccinea* Vent. Sous-arbriss. rampant ou grimpant ; fol. obovales ; stipules lanc., étalées ; pédonc. terminés par 3-6 fl. coccinées, disposées en ombelles capitulées ; gousse presque glabre. 1803.

4 **Z. glabre.** *Z. glabrata* Benth. *Kennedya glabrata* Lindl. Tiges faibles, velues ; fol. glabres, cunéaires, mucronées ; pétioles velus ; stipules larges, ovales, aiguës ; bractées décidues ; pédonc. de la long. des feuil., terminés par 6 fl. rouges, étendard à orange foncé, ovale échancré, marqué d'une tache jaune à la base.

5 **Z. tricolore.** *Z. tricolor.* Lindl. Tiges grimpantes couvertes de poils soyeux bruns ; fol. ovales-oblong., ob-

tuses, soyeuses sur les 2 faces, mais principalem. en-dessous; pédonc. axill. plus longs que les feuilles, portant une ombelle de fl. à étendard rouge marqué de 2 taches jaunes à sa base; carène petite, rouge-brun.

6 **Z. velue** *Z. villosa* Lindl. Sous-arbriss. à fol. ovales, aiguës, pâles et velues en dessous, ainsi que les ram.; fl. en corymbes denses, capitulés, multifl., longuem. pédonculés; divis. du calice plus courtes que le tube; carène égalant les ailes; style simple.

Culture des **Kennédies**.

PHYSOLOBE. *PHYSOLOBIUM* Benth. [du grec *physá*, vessie, *lobos*, gousse: de la forme du fruit]. — Calice bilabié; lèvre supér. à 2 dents, l'infér. tripartite; étendard brièvem. onguiculé, large, orbicul., étalé, non appendiculé; ailes soudées à la carène jusqu'au delà du milieu de leur long.; carène arquée, obtuse; étam. diadelphes; style court, ascendant; stigm. capité; gousse coriace, oblong., enflée, suture non épaissie. Arbriss. grimpants de la Nouvelle-Hollande, à feuil. trifoliolées.

1 **P. carénée.** *P. carinatum* Benth. Ram. pubesc.; fol. obovales ou orbiculaires, légèrem. échancrées, mucronées, ondulées sur le bord, pubesc. en dessous; stipules et bractées largem. ovales, mucronées; fl. coccinées à carène géniculée, très obtuse au sommet.

2. **P. de Stirling.** *P. Stirlingi* Benth. *Kennedya Stirlingi* Lindl. Ram. couverts de poils soyeux; fol. ovales ou orbiculaires, légèrem. échancrées, mucronées, soyeuses, quelquefois un peu glabres; stipules et bractées ovales cordées; en mars-avril, pédonc. axill. plus court que la feuil., portant 2 fl. coccinées, à carène plus courte que les ailes. 1834.

Culture des **Kennédies**.

HARDENBERGIE. *HARDENBERGIA* Benth. [à Hardenberg].— Calice campanulé à 5 petites dents; étendard à peine onguiculé, orbicul., presque entier, sans appendice; ailes obovales oblong., obliques, soudées jusque vers le milieu de leur long. avec la carène; carène plus courte que les ailes, arquée, obtuse; étam. diadelphes; style court, subulé, ascend.; stigm. capité; gousse linéaire-comprimée; arbriss. grimpants de la Nouvelle-Hollande à feuil. trifol., quelquefois solit.

1 **H. à feuil. ovales.** *H. ovata* Benth. *Kennedya ovata*. Lindl. *K. latifolia*. Lindl. *Glycine ovata* Desf. Tiges atteignant jusqu'à 2 mètres; fol. solit., ovales, aiguës; stipules lanc., dressées; en mars-août, fl. pourpres nombr., en grappes axill. de la long. du pétiole. 1818.

2 **H. monophylle.** *H. monophylla* Benth. *Kennedya monophylla* Vent. *Glycine bimaculata* Curt. Tiges de 3 mètres et plus; fol. solit., glabres, réticulées, en cœur; stipules lanc., dressées; en mai-juin, fl. bleu-violet, en grappes axill. multifl., beaucoup plus longues que le pétiole. 1790.

Var. **à longues grappes.** H. *longeracemosa* Lindl.

Var. **à feuil. panachées.** H. *variegata* Hortul.

3 **H. à grandes folioles.** *H. macrophylla* Benth. *Kennedya macrophylla*. Lindl. Feuil. à 3 fol. ovales-oblong., légèrem. échancrées au sommet, mucronulées, de la long. du pétiole; stipules sétacées, égalant le pétiole; en mars-mai, fl. bleu vif, en grappes multifl. de la long. des feuilles.

4 **H. à feuil. digitées.** *H. digitata* Lindl. Feuil. digitées à fol. ovales-obl., obtuses; la terminale longuem. pétiolulée; stipules étroitement triangulaires; en mai-juill., fl. en grappes pédonculées, multifl., plus longues que les feuilles; étendard oblong., aigu.

Culture des **Kennédies**.

LEPTOCYAMUS. *LEPTOCYAMUS* Benth. [du grec *leptos*, grêle, *kuamos*, fève]. — Calice campanulé à 5 divis.; étendard orbicul. ou obovale, sans appendices ni écailles; carène presque droite, obtuse, soudée avec les ailes, et plus courte qu'elles; étam. monadelphes à la base; style glabre, courbe; stigm. terminal, capité; gousse linéaire comprimée. — Pl. de la Nouvelle-Hollande à feuil. trifoliolées.

1 **L. à petites fleurs.** *L. clandestinus* Benth. *Glycine clandestina* Wendl. *Leptolobium clandestinum* Benth. Ti-

ges de 60 cent., presque ligneuses, grimpantes, filif., velues; fol. lanc., pubesc. en dessous; en juil.-août, fl. jaune pâle, axill. ternées; corolle presque entièrem. renfermée dans le calice; gousse à peine pubescente. 1824. — Serre tempérée; terre de bruyère.

Sous-tribu 3. — *Glycinées*. Étendard muni le plus souvent de 2 appendices à la base; étam. diadelphes, quelquefois celle opposée à l'étendard légèrement soudée à la base avec l'autre faisceau; style non persistant; gousse divisée intérieurement en plusieurs loges par des cloisons transversales spongieuses; graines dépourvues de cette petite couronne (strophiole) au point d'attache.

SOJA. *SOJA* Moench. [nom japonais de cette plante]. — Calice à 5 divisions, muni de 2 petites bractées à sa base, les 3 divis. infér. droites, aiguës, les 2 supér. soudées entre elles jusqu'au delà de leur moitié inférieure; étendard ovale, briév. onguiculé; carène oblong., droite; étam. diadelphes, toutes fertiles; style court; stigm. presque capité; gousse oblong., un peu arquée, membranacée, à 2 ou 5 graines ovales, comprimées.

1 **S. hispide**. *S. hispida* Moench. *Dolichos Soja* Lin. Herbe ann., hispide, dressée, d'environ 1 mètre; feuil. à 3 fol. munies de stipelles; en juil.-août, fl. violettes, axill., fasciculées, brièvem. pédicellées. Asie, 1790. — Terre légère; multipl. de graines semées sur couche. — Au Japon et en Chine, cette plante est employée dans l'art culinaire, dans la préparation de toutes les sauces; elle est très recherchée des gastronomes asiatiques.

GLYCINE. *GLYCINE* Lin. [du grec *glukus*, doux, agréable : des racines qui ont une saveur douce, sucrée]. — Calice presque bilabié, muni à sa base de 2 petites bractées; lèvre supér. bifide, l'infér. tripartite, à divis. lanc., aiguës; étendard obovale, échancré, recouvrant les ailes par ses bords; carène plus courte que l'étendard, droite, soudée avec les ailes; étam. monadelphes, à tube fendu, quelques-unes sans anthères; style court, un peu arqué, glabre; stigm. presque capité; gousse linéaire, cylindr.-comprimée, droite, mucronée, contenant plusieurs gr. presque ovales.

1 **G. grêle**. *G. labialis* Lin. fil. *G. debilis* Ait. *G. parviflora* Lamk. Bisann.; tiges de 50 cent., pubérulentes, filif., volubiles; feuil. à 3 fol. ovales, pubesc. en dessous; en juin-juil., fl. petites, safranées, axill., fasciculées; calice soyeux, un peu plus court que la corolle; gousse glabre, terminée par une petite pointe crochue. Indes-Orient. 1778. — Serre chaude.

2 **G. bilobé**. *G. biloba* Lindl. Arbriss. de 6 mètres environ, grimp., à tiges poilues; feuil. pubesc., à 3 fol. ovales, mucronées; en juin-juil., fl. violettes, en grappes axill., multifl., dressées, plus courtes que les feuil.; étendard bilobé. Mexique, 1827. — Serre tempérée.

GALACTIE. *GALACTIA* P. Br. (du grec *gala*, lait; plantes laiteuses]. — Calice muni de 2 bractéoles à sa base, campanulé, à 4 divis. acumin., la supér. large, les infér. plus longues; étendard ovale ou orbiculaire, étalé ou réfléchi, muni de petits appendices à sa base; ailes oblongues; carène à pétales soudés par le bord infér., oblongue-ovale, de la longueur des ailes; 10 étam. diadelphes, toutes fertiles; style filif., glabre, courbe; stigm. petit; gousse linéaire, comprimée, droite, coriace, polysperme, divisée en plusieurs loges par des cloisons transversales, spongieuses; graines dépourvues de couronne au hile. — Feuil. trifoliolées.

1 **G. soyeuse**. *G. sericea* Pers. *Clitoria Phryne* Comm. Arbriss. de 2 mètres, à tiges grimp., pubesc.; fol. soyeuses, blanchâtres, ovales, légèrem. échancrées; *fl.* en juil.-août, en grappes axill., plus courtes que les feuil.; corolle un peu plus longue que le calice; gousse glabre. Ile Bourbon, 1824. — Serre chaude.

2 **G. molle**. *G. mollis* Michx. *Hedysarum volubile* Lin. Vivace; tiges de 30 cent., grimp., mollement velues; foliol. ovales-oblongues, obtuses, glabres et pâles en dessous, luisantes en dessus; en juil.-août, fl. pourpres, en grappes pédonculées, un peu plus longues que les feuil.; calice acum.; gousse comprimée, pubescente. Caroline, 1827.

3 **G. glabrescente.** *G. glabrella* MICHX. *Ervum volubile* WALT. *Dolichos regularis* LIN. *Clitoria glabrella* DESF. Vivace; tiges de 30 cent., glabrescentes; fol. glabres, ellipt.-oblong., obtuses, échancrées aux deux extrémités; en juil.-août, fl. pourpres, en grappes axill., paucifl., très courtes; calice glabre; gousse velue. Caroline, 1826.

CULTURE. — Ces deux dernières esp. sont de plein air; on les couvre seulement l'hiver d'un peu de litière.

BARBIÉRIA. *BARBIERIA* DEC. [J.-B.-G. Barbier, D. M. et botaniste français]. — Calice tubuleux, à 5 divis. acum., égales, muni à sa base de petites bractées; corolle très allongée, à pétales longuement onguiculés; étendard plus long que les ailes et la carène; étam. diadelphes; l'étam. libre, moitié plus courte que les autres; style filif., longitudinalem. barbu au sommet; stigm. obtus; gousse linéaire, velue, polysperme.

1 **B. polyphylle.** *B. polyphylla* DEC. *Clitoria polyphylla* POIR. *Galactia pinnata* PERS. Arbriss. de 2 mètres; feuil. imparipennées, à 18-22 fol. ellipt., oblongues, mucronées, pubesc., munies de petites stipules; fl. pourpres, en grappes axill., paucifl., plus courtes que les feuilles. Porto-Rico, 1818. — Serre chaude.

VILMORINIE. *VILMORINIA* DEC. [M. Vilmorin, célèbre agriculteur français, membre de la Société royale d'agriculture de Paris]. — Calice sans bractéoles, cylindr., à 4 dents obtuses; étendard oblong, plus court que les ailes et la carène; 10 étam. diadelphes; style subulé, glabre; stigm. aigu; gousse lanc., stipitée, atténuée à la base, comprimée, terminée par une pointe filif. au sommet.

1 **V. multiflore.** *V. multiflora* DEC. *Clitoria multiflora* SWARTZ. Arbre de 2 mètres, dressé, à ram. glabres; feuilles imparipennées, à 10-12 fol. ovales, pubesc. en dessous; stipules longuement subulées; fl. pourpres, en grappes axill., plus courtes que les feuil. Iles Caribes, 1820. — Serre chaude; multipl. de boutures étouffées sur couche chaude.

Sous-tribu 4. — *Dioclées.* Ovaire pluriovulé; étendard souvent muni de 2 appendices; étam. opposée à l'étendard, libre à la base, mais souvent soudée vers le milieu avec les autres; style non persistant.

COLLÉA. *COLLÆA* DEC. — Calice campanulé, à 4 divis. acum., inégales, la supér. large; étendard oblong-ovale ou presque orbiculaire, réfléchi ou étalé au sommet, sans appendices; ailes oblongues; carène ovale-oblongue, arquée, dépassant les ailes et plus courte que l'étendard, à pétales soudés par le bord infér.; étam. vexillaire libre à la base et au sommet, soudée seulement avec les autres vers le milieu; style filif., glabre, courbe; stigm. terminal, petit; gousse sess., linéaire, comprimée, coriace, partagée par plusieurs cloisons transversales, spongieuses.

1 **C. pendante.** *C. pendula* BENTH. *Galactia pendula* PERS. *Clitoria galactia* LIN. Arbriss. de 2 mètres, laiteux; ram. volubiles, pubesc.; pétioles velus; feuil. à 3 fol. ovales-oblongues, glabres en dessus, pubesc. en dessous; en juil.-août, fl. rouges, pendantes, géminées, disposées en grappes axill.; corolle 4 fois plus longue que le calice. Cayenne, 1794. — Serre chaude.

DIOCLÉA. *DIOCLEA* H. B. et KUNTH. [Diocles Caristinus, ancien botaniste grec]. — Calice soyeux-velu en dedans, campanulé, à 4 divis., la supér. large, les infér. étroites; étendard de la longueur des ailes, orbiculaire, à bord membraneux, infléchi; ailes libres; carène à pétales soudés, plus courte ou égalant les ailes, arquée, obtuse; étam. vexillaire soudée par le milieu avec les autres; style glabre, courbe, s'épaississant vers le sommet; gousse oblong., comprimée, épaisse, coriace, à suture supér. épaissie ou à 2 ailes.

1 **D. glycinoïde.** *D. glycinoides* DEC. Arbriss. toujours vert, glabre, à tiges grimpantes; feuil. à 3 fol. ovales-allongées, les 2 latérales presque sess., la terminale longuem. pétiolulée; en juin-juil., fl. rouge-écarlate, disposées en grappes axill., beaucoup plus longues que les feuil.; étendard marqué d'une

tache blanche à sa base. Nouvelle-Grenade, 1814. — Cette jolie plante est de serre tempérée et de terre de bruyère. On peut néanmoins la livrer au plein air, en ayant soin de l'abriter l'hiver avec une couverture quelconque. On la multiplie de marcottes et de boutures sur couche et sous cloche.

CANAVALIE. *CANAVALIA* Dec. [de *Canavali*, nom malabar]. — Calice tubuleux, bilabié, à lèvre supér. grande, échancrée ou lobée, l'infér. petite, entière ou bifide; étendard ample, orbiculaire, échancré, plié, à bord membraneux infléchi, étroit à la base, muni de 2 appendices parallèles; ailes oblong., auriculées à la base, sans adhérence à la carène; carène à pétales distincts, de la longueur des ailes, et plus courte que l'étendard; étam. monadelphes; gousse oblongue ou linéaire, comprimée, coriace, suture supér. épaissie, relevée de 2 nervures longitudinales saillantes, suture infér. nue; graines ovales-arrondies, séparées par des cloisons transversales, spongieuses.

1 **C. de Parana.** *C. Paranensis* Hook. *C. Bonariensis* Lindl. Arbriss. glabre, grimp.; feuil. à 3 fol. ovales, brièvem. acum., coriaces, finement veinées-réticulées en dessous; en juin-août, fl. pourpres, géminées, disposées en grappes axill., multifl., pendantes; étendard obcordé; calice muni de 2 petites bractées, à lèvre infér. petite, entière, en forme de dent. 1824.

2 **C. sabre.** *C. gladiata* Dec. Plante grimpante; fol. ovales, aiguës; en juin-juil., fl. blanches ou rougeâtres, en grappes plus longues que les feuilles; étendard oblong; gousse 5 fois plus longue que large, à sommet droit. Indes-Orient., 1801.

3 **C. épée.** *C. ensiformis* Dec. *Dolichos ensiformis* Lin. *D. acinaciformis* Jacq. Ann.; tiges de 30 cent., grimp.; fol. ovales, aiguës; en juil.-août, fleurs pourpres; gousse 5 fois plus longue que large, et même plus. Indes-Orientales, 1778.

Culture. — Pl. de serre chaude, sans cependant beaucoup de chaleur; terre de bruyère; multipl. de boutures, marcottes et de graines.

Sous-tribu 5. — *Érythrinées.* Étendard non appendiculé; étamine opposée à l'étendard, distincte; gousse indéhiscente.

MUCUNA. *MUCUNA* Adans. [de *Mucuna-guaca*, nom brésilien de ces plantes]. — Calice campanulé, bilabié; la lèvre supér. à 3 divis. aiguës, dont la médiane plus longue; lèvre infér. large, entière, obtuse; étendard cordé, non appendiculé, incombant, plus court que les ailes et la carène; ailes oblongues-linéaires, adhérentes entre elles par les auricules; carène oblongue, droite, aiguë, de la longueur des ailes; étam. diadelphes, dont 5 à anthères oblongues-linéaires et 5 ovales, poilues; style très long, grêle, poilu à la base; gousse oblongue, charnue, souvent couverte de poils irritants; graines séparées par des cloisons spongieuses.

1 **M. brûlant.** *M. urens* Dec. *Dolichos urens* Lin. *Stizolobium urens* Pers. Arbriss. de près de 4 mètres, grimpant; fol. ovales, acum., toment., luisantes; en juil.-août, fl. blanches ou jaunes, en grappes; gousse droite, transversalem. sillonnée, couverte de poils brûlants. Amér. mérid., 1691.

2 **M. irritant, Pois à gratter.** *M. pruriens* Dec. *Dolichos pruriens* Lin. *Stizolobium pruriens* Pers. *Carpopogon pruriens* Roxb. Arbriss. de 4 mètres environ; fol. ovales, acumin., poilues en dessous; les latérales ont leur côté extérieur plus large, plus développé, la terminale rhombée; en juin-juil., fl. violettes, en grappes axill., pendantes; gousse étroite, un peu arquée, couverte de poils roussâtres qui causent, lorsqu'on les met sur la peau, de très fortes démangeaisons. Indes, 1680.

Culture. — Serre chaude; terre de bruyère; multipl. de boutures ou marcottes.

ERYTHRINE. *ERYTHRINA* Lin. [du grec *erythros*, rouge: de la couleur des fleurs]. — Calice tubuleux, tronqué ou bilabié, quelquefois fendu et simulant une spathe; étendard obovale-oblong, réfléchi, sans appendices ni callosités; ailes et carène à pétales distincts, beaucoup plus courtes que l'étendard; étam. droites, diadelphes ou monadelphes; style glabre, droit, seulement replié au sommet; gousse longue, indéhiscente, présentant un étranglement entre chaque graine, et terminé par un bec aigu; graines de deux couleurs, rouge et noire, à hile ou ombilic linéaire.

1 **E. herbacée.** *E. herbacea* Lin. Vivace; ram. inermes, herbacés, glabres, ainsi que les feuil.; fol. rhombées; en juin-sept., fl. rouge-écarlate, ternées, distantes, disposées en longues grappes; calice tronqué; étendard lancéolé. Caroline, 1724.

2 **E. renversée.** *E. resupinata* Roxb. Tiges herbacées, annuelles, peu épineuses, ainsi que les pétioles; fol. largement ovales; en mai-juin, fl. rouge pâle, en petites grappes serrées; calice bilabié; étendard ovale-oblong. Indes-Orient., 1834.

3 **E. carnée.** *E. carnea* Ait. *E. Americana* Mill. Arbriss. de 4 mètres environ, peu épineux; pétiole sans épines, fol. glabres, largement ovales-rhombées, aiguës; en mai, fl. rose pâle; étendard linéaire-oblong; calice campanulé, tronqué. Vera-Cruz, 1733.

4 **E. arbre au corail, Bois immortel.** *E. corallodendron* Lin. *E. spinosa* Mill. Arbre de 6-7 mètres, épineux; pétiole sans épines; fol. largement ovales-rhombées, aiguës, glabres; calice tronqué, à 5 petites dents; étendard oblong; en mai-juin, fl. rouge-écarlate, de 5 à 6 cent. de longueur. Indes, 1690.

5 **E. ennéandre.** *E. enneandra* Dec. *E. velutina* Jacq. Arbriss. de 3 mètres, épineux, même sur le pétiole; fol. rhombées, pubesc. en dessous; en mai-juin, fl. rouge-écarlate; calice tronqué; étendard linéaire-oblong; 9 étam. soudées en un seul faisceau, la dixième nulle.

6 **E. sans épines.** *E. mitis* Jacq. *E. inermis* Mill. Arbre de 6-7 mètres, non épineux; fol. glabres, ovales-rhombées, aiguës; en mai-juin, fl. rouge-écarlate; calice tubuleux, presque bilabié; étendard allongé, linéaire-lanc.; 10 étam. diadelphes. Caracas, 1790.

7 **E. superbe.** *E. speciosa* Andr. Arbre de 3 mètres, épineux sur les ram., les pétioles et les nervures; fol. glabres, largem. ovales, à 3 lobes acum.; en août-oct., fl. rouge-écarlate; calice tubuleux, à 2 dents; étendard allongé, linéaire-lanc. Indes-Orient., 1805.

8 **E. de la Cafrerie.** *E. Caffra* Thunb. Arbriss. de 2 mètres, épineux jusque sur les nervures primaires; fol. glabres, largement ovales, faiblement acum.; en mai-juin, fl. rouge-safrané; calice à 5 dents; étendard ovale-oblong, obtus; étam. diadelphes. 1816.

9 **E. peinte.** *E. picta* Lin. Arbriss. de 2 mètres, à tiges épineuses; pétiole et nervures hérissés de quelques épines; fol. largement ovales, présentant une tache blanche sur le milieu; en mai-juin, fl. écarlate; calice spathacé; étendard ovale-concave; étam. monadelphes. Moluques, 1696.

10 **E. crête de coq.** *E. crista-galli* Lin. Arbriss. de plusieurs mètres, à tiges ram. et pétioles peu épineux; fol. ovales, glabres; en mai-juil., fl. rouge-écarlate, à carène 3 fois plus longue que le calice; calice tronqué, comme à 2 dents; étam. diadelphes. Brésil, 1771.

Variétés.

1 **à feuil. de laurier.** *E. laurifolia* Jacq.

2 **à fl. changeantes.** *E. versicolor* Hortul. Fl. à étendard d'abord blanc-jaunâtre, rouge à la base et bordé d'un liseré de même couleur, passant ensuite au carmin foncé. Obtenu de semis en 1844.

Culture. — A l'exception des 1re et 10e espèces, qui sont des pl. de serre tempérée, toutes les **Erythrines** sont de serre chaude; on les multiplie de boutures faites avec des jeunes pousses sur couche chaude et sous cloches. Ce sont de très belles plantes d'ornement; mais jusqu'à présent il n'y a guère que la 10e espèce qui soit cultivée; on peut la traiter comme les dahlias et la livrer au plein air pendant l'été; l'hiver on relève les racines qu'on rentre dans un endroit sec d'une orangerie jusqu'au mois d'avril, époque où on les livre à la pleine terre.

BUTÉA. *BUTEA* Roxb. [John, comte de Bute, botaniste anglais]. — Calice campanulé à 5 dents, les 2 supér. rapprochées, presque soudées; étendard étalé lancéolé ; carène et ailes arquées, égalant l'étendard; étam. diadelphes; gousse comprimée, stipitée, membran. indéhisc., ne renfermant qu'une graine à la partie supérieure. — Feuil. trifoliolée.

1 **B. touffue.** *B. frondosa* Roxb. *Erythrina monosperma* Lamk. Arbre de 10 mètres, gommeux, à ram. pubesc.; fol. arrondies, obtuses et échancrées, un peu veloutées en dessous; fl. écarlates, ternées, en grappes multifl.; calice couvert d'un duvet noirâtre, à dents un peu aiguës; corolle 4 fois plus longue que le calice. Indes-Orient., 1796.

2 **B. élégante.** *B. superbe* Roxb. Arbre de 10 mètres, à ram. glabres; fol. arrondies, obtuses, velues en dessous; fl. rouge écarlate, ternées, en grappes multifl.; corolle 4 fois plus longue que le calice; divis. calicinales aiguës. Coromandel, 1798.

Culture. — Ces arbres, peu cultivés en Europe, sont de serre chaude; on les multiplie de boutures.

Sous-tribu 6. — *Wistériées.* Ovaire pluriovulé; feuilles multijuguées avec impaire.

WISTERIA. *WISTERIA* Nutt. [à Caspar Wistar, professeur en Pensylvanie]. — Calice campanulé bilabié; lèvre supérieure à 2 dents très petites, l'infér. à trois dents subulées; étendard muni de 2 caïeux à la base; carène à 2 onglets distincts, de même forme et de même long. que les ailes; étam. diadelphes; tube nectarifère entourant le pédicule de l'ovaire; gousse à peine pédiculée, coriace, uniloculaire, bivalve, bosselée. — Arbriss. grimpants à feuil. imparipennées, sans stipelles à la base des fol.; fl. en grappes terminales.

1 **W. d'Amérique.** *W. frutescens* Dec. *W. speciosa* Nutt. *Glycine frutescens* Lin. *Apios frutescens* Pursh. Arbriss. de 3 mètres, grimpants; en juin-sept., fl. pourpres; ailes munies de 2 auricules; ovaire glabre. 1724.

2 **W. de la Chine.** *W. Chinensis* Dec. *W. floribunda* Dec. *Glycine sinensis* Curt. *W. floribunda* Willd. *Dolichos polystachyos* Thunb. Arbre grimpant, pouvant couvrir un espace de 10-15 mètres; en avril-juin, fleurs bleues, en longues et belles grappes pendantes; ailes munies d'une seule auricule; ovaire velu; 1818.

Culture. — Plein air dans les terrains profonds, légers et doux; multipl. de marcottes très facilement. On peut encore les multiplier de boutures ou par la greffe. — La **W. de la Chine** est certainement la plus admirable plante grimpante. Au Japon elle est plantée dans les promenades publiques, où elle forme, d'après M. Siebold, des berceaux qui ont souvent 15 mètres carrés. Ces belles grappes de fl. bleu-violacé, pendant du sommet de ce plafond végétal, sont d'un charmant effet; aussi sont-elles l'objet de spirituelles poésies chez le peuple japonais, qui se réunit sous ces magnifiques berceaux pour y improviser des vers, en l'honneur de la plante, qui sont ensuite attachés aux plus belles grappes. Cette espèce résiste très bien sous notre climat. Introduite à Paris, en 1825, par M. Boursault, elle est aujourd'hui dans tous les jardins, où elle fait l'admiration des amateurs.

APIOS. *APIOS* Boerh. [du grec *apion*, poire : de la forme des racines]. — Calice muni de 2 bractéoles, campanulé, à 5 dents, les supér. courtes, arrondies, les latérales peu apparentes, l'infér. longuem. subulée; étendard large, réfléchi, plié par le milieu longitudinalem.; carène longue, en forme de faux, se contournant en spirale avec les étam. diadelphes; style filif.; stigm. échancré; gousse cylindr. arquée, polysperme.

1 **A. tubéreuse.** *A. tuberosa* Moench. *Glycine apios* Lin. Herbacée, glabre; tiges de 2 mètres, grimpantes, naissant d'une racine tubéreuse comestible; feuil. imparipennées; en août-sept., fl. pourpre foncé, panachées de rose-chair, odorantes, en grappes axillaires. Pensylvanie, 1640.

Sous-tribu 7. — *Euphaséolées.* Ovaire pluriovulé; étendard muni de 2 appendices; étam. opposée à l'étendard très souvent géniculée à la base, libre ou soudée par le milieu avec les autres; style persistant, du moins la moitié inférieure.

HARICOT. *PHASEOLUS* Lin. [de *phaselus*, nom donné par Virgile à plusieurs légumes, dérivé du grec *phaselos*, chaloupe ; de la forme des gousses]. — Calice à 4-5 divis.; étendard orbicul. étalé ou plié ; carène contournée en spirale avec les étam. et le style ; étam. diadelphes; style tordu, subulé à la base, cartilagineux et un peu dilaté vers la partie supér., barbu sous le stigm. qui est épais, cilié, plus ou moins oblique ; gousse comprimée ou cylindr.

Sect. 1. *Euphaseolus*. — Gousse comprimée.

§ 1. *Racines fasciculées, tubéreuses; tiges frutescentes ; folioles entières ; étendard contourné.*

1 **H. Caracalla.** *P. Caracalla.* Lin. Arbriss. de 50 cent., grimpant, à peine pubesc.; fol. ovales-rhombées, acum.; en août-sept., fl. lilas, odorantes, en grappes plus longues que les feuil.; dents du calice presque égales; étendard et carène contournés en spirale ; gousse droite, bosselée, pendante. Indes-Orientales, 1690. — S. ch.

§ 2. *Racines vivaces ; tiges herbacées ; folioles entières ; fl. en grappes presque paniculées.*

2 **H. vivace.** *P. perennis* Walt. *P. paniculatus* Mich. *Dolichos polystachyus* Lin. Grimpant, pubesc.; fol. ovales, acum., triplinervées; en juil.-août, fl. pourpre-violet en grappes axill., plus longues que les feuil.; gousse pendante, large, en forme de faux, acum. Caroline, 1824.

§ 3. *Annuelles ; folioles entières ; pédoncules plus longs que les feuil.*

3 **H. d'Espagne.** *P. multiflorus* Willd. *P. coccineus* Kniph. Grimpant, glabre, atteignant 3-4 mètres; fol. ovales, acum.; en juil.-sept., fl. rouge écarlate, géminées, disposées en grappes plus longues que les feuil.; bractéoles appliquées sur le calice et un peu plus courtes que lui ; gousse rude, un peu arquée, bosselée, pendante. Amér. mérid., 1633.

Variétés à fl. blanches, à fl. rouges et blanches.

§ 4. *Annuelles; folioles entières; pédoncules plus courts que les feuil.*

4 **H. commun.** *P. vulgaris.* Lin. Ann.; tiges de grandeur variable, ordinairem. grimpantes ; feuil. ovales-trapéziformes, acuminées, aiguës, nervées, rudes; en juin-oct., fl. blanches ou violacées, géminées, disposées en grappes au sommet de pédonc. plus courts que les feuil.; bractées ne dépassant pas le calice; gousse pendante, bosselée, terminée par un bec aigu.

Toutes les espèces de M. Savi, adoptées par Decandolle dans son Prodrome, doivent être rapportées à cette espèce. Ce ne sont que des formes ou variétés dues à la culture, au climat, etc. Ces variétés sont trop nombreuses et trop peu constantes à la fois pour que nous les rapportions toutes ici. Nous signalons les principales en les groupant d'après la méthode généralement adoptée par les agronomes.

Variétés.

* Haricots a rames. *Tiges grimpantes de 1m,50 à 3 mètres.*

1 **H. de Soissons.** Graine grosse, plate, blanche.

2 **H. sabre.** Graine de moyenne grosseur, un peu arquée, plate, blanche.

3 **H. Prédome** ou **Prudhomme.** Graine ovale, petite, gris-blanc.

4 **H. de Prague** ou **Pois rouge.** Graine ronde, rouge-violet.

5 **H. d'Alger.** Graine ronde, noire

6 **H. Sophie.** Graine ronde, blanche.

7 **H. riz.** Graine oblongue, menue, blanche.

** Haricots nains. *Tiges non grimpantes.*

8 **H. nain hâtif de Hollande.** Graine petite, un peu comprimée, blanche.

9 **H. flageolet.** Graine un peu allongée, presque cylindrique, étroite, blanche.

10 **H. flageolet rouge.** Graine allongée, rouge.

11 **H. nain blanc d'Amérique.** Graine petite un peu allongée, blanche.

12 **H. nain blanc sans parchemin.** Graine assez petite, aplatie, blanche.

13 **H. rouge d'Orléans.** Graine petite, aplatie, rouge.

14 **H. nain du Canada.** Graine presque sphérique, jaune pâle, pré-

sentant un petit cercle brun autour du hile.

[15] **H. de la Chine.** Graine arrondie, grosse, soufre-pâle.

5 **H. luné.** *P. lunatus*. Lin. Ann., glabre; tiges de 3 mètres, grimpantes; fol. ovales-acum.; en juin-juil., fl. petites, jaunes-verdâtres, géminées, disposées en grappes briév. pédonculées, plus courtes que les feuil.; bractéoles très petites appliquées sur le calice; étendard arrondi, concave; gousse lisse en forme de sabre arqué. Bengale, 1779.

Sect. 2. *Strophostyles*. Gousse cylindrique.

§ 1. *Feuilles lobées.*

6 **H. trilobé.** *P. trilobus* Roth. *Dolichos trilobus* Lin. *Dol. stipularis* Lamk. *Glycine triloba* Lin. Ann.; tiges de 60 centim. ordin. dressées, à rameaux glabres, couchées; fol. latérales à 2 lobes, la terminale à 3; stipules ovales; en juin-août, fl. vertes, disposées ordin. 3 au sommet de pédonc. plus longs que les feuil; gousse pendante. Inde, 1777.

§ 2. *Feuilles entières.*

7 **H. étendard.** *P. vexillatus* Lin. *P. helvolus* Mich. *Strophostyles peduncularis* Ell. *Glycine peduncularis* Muhl. Tiges poilues, volubiles; fol. ovales-oblong.; en juin-juil., fl. disposées 5-7 en capitule au sommet de très longs pédonc.; étendard grand, échancré; ailes très petites; gousse et graines poilues. Caroline, 1732.

8 **H. demi-dressé.** *P. semi-erectus* Lin. Ann.; tiges cylindr., pubescentes, quelquefois volubiles; fol. glabres, ovales-lanc., aiguës; en juil., fl. rouges, géminées, disposées en épis longuem. pédonculés; carène mutique, courbée du côté droit; gousse dressée, droite, comprimée-subulée, terminée par un bec acuminé; graines oblongues. Amér. mérid., 1732.

Culture. — La première espèce fait peu de progrès en pot; il est nécessaire, pour jouir de la beauté de ses fl., de la livrer en pleine terre vers la fin d'avril, dans une plate-bande de bonne terre, exposée au midi, et le long d'un mur. Aux approches de l'hiver, il faudra établir autour du pied une sorte de châssis, qu'on couvrira d'un paillasson durant les fortes gelées. En prenant ces précautions et en éloignant une trop grande humidité autour des racines, on parvient à avoir, l'été, de très belles touffes de cette plante, qui donne d'abondantes fl. odorantes et très élégantes. Toutes les autres espèces étant annuelles, et la plupart des pays chauds, doivent être semées au mois de mai, lorsque la terre est bien échauffée. Quelques-uns pourraient encore servir à l'ornement des jardins; malheureusement il arrive que les graines ne mûrissent pas, et la plante disparaît pendant quelque temps de nos jardins. Une seule se conserve toujours très bien, c'est le **H. d'Espagne** et ses variétés.

Les variétés de l'espèce commune, cultivées comme aliment, sont depuis plusieurs années très nombreuses. Leur mode de culture présente quelques différences et certains soins qui font plutôt préférer telle variété à telle autre pour les besoins domestiques. Ainsi, les haricots de Soissons, sabre, Prédome, etc., exigent des tuteurs pour maintenir leurs tiges, afin de pouvoir mûrir leurs graines; tandis que les haricots flageolet, nain hâtif de Hollande, nain blanc d'Amérique, etc., ne réclament point cet appui, ce qui diminue beaucoup le travail du cultivateur. Le haricot sabre, quoique exigeant les rames, est, sans contredit, la variété la meilleure et celle qui produit le plus; elle donne d'excellents haricots verts lorsqu'elle est jeune et même lorsque les gousses ont atteint presque leur développement. On peut encore les consommer comme tels, soit cassés, soit après avoir été conservés confits au sel pendant tout l'hiver. La variété Prédome a ses gousses complétement dépourvues de parchemin et fait un excellent mange-tout; il en est de même du haricot de Prague. Mais le haricot par excellence et le plus estimé lorsqu'il est sec est le haricot de Soissons. Parmi les haricots nains, ceux qui ne réclament pas les rames, se trouve en première ligne, pour être consommé vert, le haricot flageolet ou nain hâtif de Laon et de Hollande; ces deux variétés,

très hâtives, sont très propres aux châssis. Pour la consommation en sec et en étuvée, nous signalerons particulièrement les haricots rouges d'Orléans et le soissons nain.

La culture des haricots doit se faire préférablement dans les terres douces, légères et bien fumées. On sème ordinairement dans ces terrains par touffes, afin de donner plus d'ombre au pied et de conserver plus longtemps l'humidité, vers la mi-avril les espèces hâtives; les autres se sèment dans le commencement de mai. On peut, à la rigueur, semer les espèces hâtives jusqu'à la fin de juin; elles mûrissent encore parfaitement leurs graines lorsqu'elles sont, toutefois, dans un terrain léger et chaud. Pour ces semis tardifs, on emploie ordinairement le flageolet et le nain hâtif de Hollande. Dans les terrains forts, argileux, il faut fumer davantage et semer plus tard, en ligne, grain à grain, à 8 cent. de distance, et recouvrir très peu. Si on semait en touffes, il ne faudrait pas mettre plus de 5-6 grains par trou. Le binage est essentiel dans la culture des haricots; il en faut au moins deux, et au dernier on doit rechausser un peu les pieds.

Pour primeur, on peut semer depuis la mi-janvier jusqu'à la fin de mars, sur couche chaude et sous châssis. On repique le plant, lorsqu'il est tout jeune, sur des couches moins chaudes, et on entretient la chaleur au moyen de réchauds. L'air doit être donné progressivement à mesure que la plante prend plus de développement et surtout au moment de la floraison. Au bout de six semaines, on obtient des haricots propres à la consommation. Le haricot nain de Hollande étant le plus hâtif, c'est lui qui, aujourd'hui, est généralement employé pour cette culture. — Les graines pour semence, conservées dans les gousses, conservent plusieurs années leur faculté germinative.

VIGNA. *VIGNA* Savi. [Dominique Vigna, commentateur de Théophraste]. — Calice campanulé, à 4 divisions, la supér. obtuse, entière ou bifide, les infér. un peu plus longues; étendard large, réfléchi, muni de callosités à la base; ailes rhomboïdales; carène non contournée; étam. diadelphes, la vexillaire géniculée à la base; style canaliculé; stigm. oblong, latéral, cilié; gousse cylindr., légèrement bosselée, partagée intérieurement en plusieurs loges par des cloisons transversales spongieuses.— Feuil. trifoliolées.

1 **V. glabre.** *V. glabra* Savi. *Dolichos luteolus* Jacq. Ann., glabre; tiges de 1^{m},30, grimpantes; fol. ovales, aiguës; en juil-août, fl. jaunes, en capitules; pédonc. plus long que la feuil.; lèvre supér. du calice obtuse. Amér. septentrionale, 1805.

2 **V. velue.** *V. villosa* Savi. Ann., grimpante, velue; en juil.-août, fl. jaunes; lèvre supér. du calice acuminée. Chili, 1800.

3 **V. Catjang.** *V. Catjang* Wlprs. *Dolichos Catjang* Lin. *D. scytalis* E. Mey. Ann., tiges de 1 mètre, dressées; fol. glabres, largement lanc., entières; en juil.-août, fl. pourpres, disposées 2-3 au sommet de très longs pédonc.; gousse glabre, droite, cylindr.-linéaire. Indes-Orient., 1793.

4 **V. onguiculée.** *V. unguiculata* Wlprs. Ann., glabre; tiges volubiles, de 1 mètre; fol. ovales, aiguës; en juin-juil., fl. jaunes, disposées 2-3 en capitules au sommet d'un pédonc. de la long. des feuilles; gousse terminée par un bec courbe. Indes-Orient., 1780.

5 **V. œil noir.** *V. melanophthalmus* Wlprs. *Dolichos melanophtalmus* Jacq. *D. unguiculatus* Thore. Ann., glabre; tiges peu volubiles, de 1 mètre; en juil.-août, fl. disposées 2-3 en ombelles, au sommet de pédonc. plus longs que les feuil.; gousse terminée par un bec droit ou un peu courbé; graines blanches, marquées d'un cercle noir autour du hile. Cultivée en Italie et le midi de la France.

6 **V. à longue gousse.** *V. sesquipedalis* Wlprs. *Dolichos sesquipedalis* Lin. Ann.; tiges de 2 mètres, volubiles, glabres; fol. largement ovales; en août, fl. blanches; gousse lisse, très longue, presque cylindr., bosselée, terminée par une pointe crochue. Amérique, 1781.

Culture. — La plupart de ces plantes sont cultivées dans l'Amér., l'Inde et l'Italie, pour l'usage alimentaire comme nos haricots. La culture est la même.

DOLIQUE. *DOLICHOS* LIN. [du grec *dolichos*, long; de la tige longue et grimpante de ces plantes]. — Calice campanulé, bilabié, à 5 divisions courtes, mais larges, les 2 supér. plus ou moins soudées entre elles, les 2 infér. droites, aiguës; étendard arrondi, présentant à la base des glandes divergentes, semi-lunaires ou arquées; ailes oblongues, obtuses; carène non contournée, seulement arquée, terminée par un petit bec; étam. diadelphes, la vexillaire munie d'une sorte d'éperon à sa base; style cylindr. ou canaliculé, s'atténuant insensiblement vers le sommet; stigm. capité, hispide; gousse linéaire, comprimée, divisée intérieurement par des cloisons transversales spongieuses. — Feuil. à 3 folioles.

1 **D. ligneux.** *D. lignosus* LIN. Tiges de 4 mètres environ, grimpantes, ligneuses, à ram. volubiles, un peu velus; fol. glabres, ovales, aiguës; en juil.-août, fl. pourpres, en ombelles, au sommet de pédonc. plus longs que les feuil.; gousse glabre, linéaire, étroite, comprimée. Indes-Orient., 1776.

2 **D. articulé.** *D. articulatus* LAMK. Arbriss. à tiges volubiles, velues, rousses, à ram. droits, de 50 cent. de longueur; fol. dentées; en juillet-août, fl. pourpre-violet, en grappes pédonculées; gousse velue, droite, linéaire, bosselée. Saint-Domingue, 1828.

3 **D. biflore.** *D. biflorus* LIN. Tiges persistantes, de 1 mètre, lisses, dressées; fol. glabres, ovales-lanc., aiguës; en juil.-août, fl. jaune pâle, disposées 2 au sommet de pédonc. très courts; gousse dressée. Indes-Orient., 1776.

4 **D. de Chine.** *D. Sinensis* LIN. *D. cylindricus.* MOENCH. Ann.; tiges ordin. volubiles, glabres, de 2 mètres environ; fol. ovales, acumin.; en juil.-août, fl. rouge pâle, disposées 2 au sommet de pédonc. plus courts que les feuil.; gousse pendante, cylindr., bosselée. 1776.

CULTURE. — Pl. de serre tempérée, excepté la 2e espèce qui est de serre chaude; multipl. de graines.

LABLAB. *LABLAB* ADANS. [nom arabe]. — Calice campanulé, à 4 divis., la supér. large, les 3 infér. aiguës; étendard étalé, canaliculé à la base et muni de 4 glandes parallèles; ailes libres; carène falciforme, courbée à angle droit, jamais contournée en spirale; étam. diadelphes, la vexillaire retenue dans les glandes de l'étendard; style comprimé, barbu en dessous dans la partie supérieure; stigm. glabre, terminal, tronqué; gousse comprimée, plane, en forme de sabre, ordin. à 4 graines séparées par des cloisons transversales spongieuses. — Feuil. trifoliolées.

1 **L. commun.** *L. vulgaris* SAVI. *L. niger* MOENCH. *Dolichos Lablab* LIN. Ann., volubile; fol. entières; en juillet-août, fl. en grappes pédonculées; gousse oblongue, enflée, en forme de sabre; graines ovales, un peu comprimées, munies de glandes arquées à la base ou au point d'attache. Indes-Orient., 1794.

VARIÉTÉS.

1 **à fl. violettes.** *L. vulg. niger* DEC. Fl. violettes; graines noires.

2 **à fl. pourpres.** *L. vulg. purpureus* DEC. *D. purpureus* JACQ. Tiges rougeâtres; fl. pourpres; graines pourpre noir.

3 **à fl. blanches.** *L. vulg. albiflorus* DEC. *Dolichos Bengalensis* JACQ. Tiges pâles; fl. blanches; graines ferrugineux-pâle.

Culture des haricots, mais un peu plus délicat; on le cultive surtout dans l'Inde et dans l'Égypte, rarement en France.

Sous-tribu 8. — *Cajanées.* Ovaire à plusieurs ovules; gousse bivalve, marquée de lignes transversales, droites ou obliques.

FAGÉLIE. *FAGELIA* NECK. — Calice à 5 divisions linéaires, droites, les 2 supér. plus ou moins soudées entre elles; étendard réfléchi; carène très obtuse, plus longue que les ailes; style glabre, subulé; stigm. obtus; gousse à 6 graines, enflée, ovale-cylindr., étranglée entre chaque graine. — Sous-arbriss. du Cap, grimpants, à feuil. trifoliolées.

1 **F. bitumineux.** *F. bituminosa* DEC. *Glycine bituminosa* LIN. *Gl. viscosa* MOENCH. *Dolichos hirtus* HORTUL. *Cro-*

talaria glycinea Lamk. Sous-arbriss. poilu, visqueux; fol. rhombées; stipules ovales, acumin.; en avril-sept., fl. jaunes, pendantes, longuem. pédicellées, disposées en grappes axill. plus longues que les feuil.; carène violette au sommet. 1774. — Orangerie; terre de bruyère mêlée; multipl. de boutures.

CAJAN. *CAJANUS* Dec. [de *Catjang*, nom malabar]. — Calice campanulé bilabié, la lèvre supér. bidentée, l'infér. à 3 divis. lanc., subulées, à sommet réfléchi, celle du milieu un peu plus longue; pétales de même long.; étendard large, muni de 2 glandes à sa base; carène droite, obtuse; étam. diadelph.; style ascend., poilu dans sa partie infér.; gousse oblong.-lanc., comprimée, à 3-5 graines presque globuleuses, séparées extérieurem. par des sortes d'étranglements ou sillons obliques, auxquels correspondent intérieurem. des cloisons membraneuses. — Arbriss. de l'Inde à fl. jaunes et à feuil. trifoliolées.

1 **C. bicolor.** *C. bicolor.* Dec. *Cytisus cajan* var. Lamk. *Cyt. pseudo-cajan* Jacq. Arbriss. de 1^{m},30; fol. ovales-lanc. mucronées, accompagnées de stipelles à peu près de la long. des pétiolules; en juil.-août, fl. en grappes axill., pédonculées; étendard pourpre extérieurement; gousse maculée, à 4-5 graines. 1800.

2 **C. jaune.** *C. flavus* Dec. *Cytisus cajan.* Lin. Arbriss. de 1^{m},30; fol. ovales-lanc. mucronées, accompagnées de stipelles une fois plus courtes que les pétioles; en juil.-août, fl. entièrement jaunes; gousse non maculée, à 2-3 graines. 1687.

Culture. — Serre tempérée en terre de bruyère; multipl. de graines. — Jolies plantes d'ornement.

Sous-tribu 9. — *Rhynchosiées;* gousse à 2 graines.

RHYNCHOSIE. *RHYNCHOSIA* Dec. [de *rhynchos*, bec; de la forme de la carène]. — Calice bilabié à lèvre supérieure bifide, l'inférieure à 3 divis. dont la médiane est plus longue; corolle souvent plus petite que le calice; ailes libres; carène en forme de faux; étam. diadelphes; filet opposé à l'étendard géniculé à la base; style filiforme, subulé; stigm. aigu; gousse obliquement ovale ou oblongue, quelquefois falciforme, comprimée, sessile, à 1 ou 2 graines.

1 **R. tomenteuse.** *R. tomentosa* Torr. et Gr. Vivace; tiges de 8 à 50 cent., anguleuses; feuil. à 3 fol. ou quelquefois à une seule fol. arrondie ou ovale; stipules linéaires lanc.; en juil.-août, fl. jaunes en grappes axill.; gousse oblong. un peu arquée. Amér. sept.

Var. **monophylle.** *R. tom. monophylla.* Torr. et Gr. *R. uniformis* Dec. *Glycine monophylla* Nutt. *G. simplicifolia* Ell. *Arciphyllum simplicifolium* Ell. Pubescente; tiges dressées, de 8 à 16 cent.; fol. le plus souvent solit., orbiculaires ou réniformes, veinées, rugueuses; fl. en grappes axill. multifl., ou réunies au sommet de la tige. 1806.

Var. **volubile.** *R. tom. volubilis* Torr. et Gr. *R. difformis* Dec. Pubesc.; tiges de 0^{m},60 à 1^{m},20, volubiles, velues; feuil. infér. à une seule fol., celles du sommet à 3 fol. arrondies ou légèrem. ovales, aiguës, veinées, rugueuses; fl. en grappes paucifl. plus courtes que les feuil. 1732.

2 **R. des îles Caribes** *R. Caribœa* Dec. *Glycine Caribœa* Jacq. *Gl. reflexa* Nutt. Vivace; tiges de 60 cent., volubiles, pubesc.; feuil. à 3 fol. ovales-rhombées, aiguës, marquées de points résineux en dessous; en sept.-oct., fl. jaunes en grappes plus longues que les feuil.; gousse hispide en forme de sabre. 1742.

3 **R. petite.** *R. minima* Dec. *Dolichos minimum* Lin. *Glycine Lamarckii* H. B. et Kunth. Vivace; tiges de 50 cent., volubiles, grêles, anguleuses, à peine pubesc.; feuil. à 3 fol. rhombées, aiguës, glabres, ponctuées en dessous; en juil.-août, fl. jaunes pendantes, disposées en grappes plus longues que les feuil.; gousse oblongue, atténuée à la base, très finement veloutée. Jamaïque, 1776.

4 **R. réticulée.** *R. reticulata* Dec. *Glycine reticulata* Vahl. Arbriss. grimpant de 2 mètres environ, à tiges anguleuses; feuil. à 3 fol. ovales-rhombées, acuminées, veloutées, veinées-réticulées en dessous; en juil.-sept., fl. blanches

en grappes axill., plus courtes que les feuilles; corolle ne dépassant pas le calice; gousse légèrem. pubescente. Jamaïque, 1779.

5 **R. suave.** *R. suaveolens* Dec. *Glycine suaveolens* Lin. *Hedysarum venosum* Rottl. Arbriss. d'un mètre, à tiges dressées, visqueuses; feuil. à 3 fol. ovales, aiguës, poilues-visqueuses; en juil.-sept., fl. jaune-rougeâtre, disposées 1-2 au sommet de pédonc. filif., articulés vers le milieu; gousse blanchâtre, oblongue, à 2 graines. Indes, 1816.

6 **R. violette.** *R. violacea* Dec. *Cytisus violaceus* Aubl. *Crotalaria lineata* Lamk. *Glycine picta* Vahl. Sous-arbriss. d'un mètre, dressé, à ram. et fol. couverts d'une villosité ferrugineuse; feuil. à 3 fol. oblong.-linéaires, aiguës, veloutées, vertes en dessus, ferrugineuses en dessous; en juil.-août, fl. jaunes en grappes multifl., axill. et presque terminales; gousse ovale, velue. Guyane, 1820.

Culture. — A l'exception de la 1re espèce, qui est de serre tempérée, les **Rhynchosies** sont de serre chaude. On les multiplie par la séparation et les graines pour les espèces vivaces non ligneuses; les arbrisseaux de boutures. Ces plantes sont peu cultivées comme ornement; elles ne méritent pas, en effet, de l'être; les fl. sont petites et souvent renfermées dans le calice.

CYANOSPERME. *CYANOSPERMUM* Wight. et Arn. [du grec *kuanos*, bleu, et *sperma*, semence; de la couleur des graines ou semences]. — Calice herbacé plus grand que la corolle, à 2 lèvres, la supér. cunéaire, bifide, l'inf. à 3 divis. oblong.-linéaires; corolle persistante; étendard obcordé, étalé, sans callosité; ailes libres; carène un peu arquée, obtuse, à pétales seulement adhérents par leur sommet; étam. diadelphes; filet de l'étam. libre, articulé à la base; style glabre dans sa partie inférieure, poilu, mince et ascend. dans sa partie supérieure; gousse à peine de la long. du calice, à 2 articles sphériques, et à 2, rarement une seule graine. — Sous-arbriss. de l'Inde, volubiles, à feuil. trifoliolées.

1 **C. tomenteux.** *C. tomentosum* Wight. et Arn. *Cylista tomentosa*. Roxb. Sous-arbriss. de 1m,30, à fol. largem. ovales, acuminées; en avril-mai, fl. jaunes en grappes simples, axill.; bractées ovales, acumin.-mucronées; calice velu, à divis. supér. bifide; les infér. égales; gousse à 2 articles monospermes. Inde, 1816. — Serre chaude; terre de bruyère; multipl. de boutures étouffées.

FLÉMINGIE. *FLEMINGIA* Roxb. [à John Fleming, F. R. S.]. — Calice à 5 divis. aiguës; 4 à peu près égales, l'infér. plus longue; étendard sans callosités; bord de l'onglet réfléchi; carène falciforme; étam. diadelphes; style glabre; gousse sessile, ovale, enflée, à 2 graines presque globuleuses.

1 **F. strobilifère.** *F. strobilifera* Ait. Sous-arbriss. d'un mètre, dressé; fol. solit., ovales-acuminées, entières; en juil.-août, fl. pourpres en épis, accompagnées de grandes bractées foliacées, réticulées, concaves, persistantes, formant une sorte de cône ou strobile. Indes-Orient., 1787. — Serre chaude; multipl. de graines. Pl. de peu d'intérêt, peu répandue dans les collections.

Sous-tribu 10. — *Abrinées.* 9 étamines monadelphes.

ABRUS. *ABRUS* Lin. [du grec *abrios*, gai, agréable: des graines qui sont d'un beau rouge, marquées d'une tache noire]. — Calice à 4 divis. ou dents, la supér. entière ou bifide; étendard ovale; 9 étam. monadelphes adhérentes à la base de l'onglet de l'étendard; style court; stigm. capité; gousse oblongue comprimée, à 4-6 graines globuleuses, séparées par des cloisons transversales celluleuses. — Arbriss. à feuil. pennées sans impaire.

1 **A. à chapelet, faux-réglisse.** *A. precatorius* Lin., *Glycine Abrus* Lin. Arbriss. grimpant de 4 mètres environ; feuil. à fol. nombreuses; en mars-mai, fl. pourpre pâle, disposées en grappes; graines rouges plus ou moins maculées de noir, de blanc, de brun, etc. Inde, 1680. — Serre chaude; terre de bruyère; multipl. de graines, semées en avril sur couche chaude et sous châssis, après avoir préalablement passé 3-4 jours dans l'eau, pour amollir les téguments qui sont très secs et épais.

TRIBU VI. — *DALBERGIÉES.*

Corolle papilionacée ; 10 étamines monadelphes ou diadelphes ; gousse indéhiscente, souvent divisée intérieurement par des cloisons transversales ; cotylédons épais, charnus. — Feuil. pennées à fol. souvent alternes.

HECASTOPHYLLUM. *HECASTOPHYLLUM* KUNTH. [du grec *ekastos*, chacun ; *phullon*, feuille]. Calice campanulé à 2 petites lèvres, la supér. échancrée, l'infér. à 3 dents, dont la médiane est plus allongée ; pétales longuement onguiculés ; étendard orbiculaire échancré ; ailes oblongues ou obovales ; carène plus courte que les ailes, oblongue, presque droite, à pétales faiblement adhérents par leur bord infér. ; 8-10 étam. diadelphes ; ovaire longuement stipité ; style filif., court ; stigm. capité ; gousse stipitée, orbiculaire ou ovale, plane, plus ou moins subéreuse, non ailée, à 1 ou 2 graines. —Feuil. simples ou imparipennées à fol. terminale souvent très grande, éloignée de la dernière paire ; fl. petites, blanches en panicules axill.

1 **H. de Brown.** *H. Brownii* PERS. *Ecastophyllum frutescens* P. BR. *Pterocarpus ecastophyllum* LIN. *Amerimnum Sieberi* REICH. Arbriss. de 3 mèt., à feuil. unifoliolées, ovales, acuminées, arrondies ou en cœur à sa base, pubesc. en dessous. Amér. mérid., 1733.

2 **H. de Plumier.** *H. Plumieri* PERS. *Pterocarpus Plumieri* POIR. Arbriss. de 3 mètres ; feuil. à 3-5 fol. largement ovales, obtuses, glabres. Amér. sept., 1820.

CULTURE. — Pl. de serre chaude, très délicates et de peu d'agrément ; terre de bruyère ; multipl. de boutures étouffées.

PONGAMIA. *PONGAMIA* [de *Pongam*, nom indien]. — Calice en forme de gobelet, obliquement tronqué et à 5 dents très petites ; étendard réfléchi ; ailes et carène égales, droites, obtuses ; 10 étam. diadelphes ; style très court ; stigm. aigu ; gousse coriace, comprimée, ovale-oblongue, indéhisc., terminée par un bec recourbé, à 1-2 graines. — Feuil. imparipennées à fol. opposées.

1 **P. glabre.** *P. glabra* VENT. *Robinia mitis* LIN. *Galedupa Indica* LAMK. *Dalbergia arborea* WILLD. Arbre de 10 mètres et plus ; feuil. glabres à 5-7 fol. ovales acuminées ; fl. blanches ; calice rouge. Indes-Orient., 1699. — Serre chaude.

DALBERGIA. *DALBERGIA* ROXB. [à Nicolas Dalberg, botaniste suédois]. Calice campanulé à 5 divis. ; étendard ovale, obtus, dressé ; ailes oblongues un peu plus courtes que l'étendard ; carène à pétales libres, de la longueur des ailes ; 8-10 étam. monadelphes à tube fendu ou diadelphes, à anthères didymes ; style droit, court ; stigm. épais ; gousse stipitée, membraneuse, comprimée-plane, oblongue, réticulée-veinée, indéhiscente, à valves soudées entre les graines, rétrécie aux deux extrémités, mono-disperme.

1 **D. à larges feuil.** *D. latifolia* ROXB. Arbre de 10 mètres ; feuil. à 3-5 fol. alternes, arrondies, échancrées, glabres en dessus, pubescentes en dessous ; fl. blanches en panicules axill. paucifl., beaucoup plus courtes que les feuil. ; étam. monadelphes à tube fendu, gousse oblongue lancéolée. Indes-Or., 1811.

2 **D. robuste.** *D. robusta* ROXB. Arbre de 6-7 mètres ; feuil. à 7-9 fol. ovales ou obovales, obtuses, mucronulées, légèrem. pubescentes ; fl. blanches, petites, nombreuses, en grappes spiciformes une fois plus longues que les feuil., étam. monadelphes à tube fendu. Indes-Orient., 1816.

3 **D. en arbre.** *D. arborea* ROTH. Arbre de 10 mètres et plus ; feuil. à 17-25 fol. alternes ovales, obtuses, un peu échancrées, pubesc., les plus jeunes tomenteuses ; fl. blanches en grappes axill. paniculées ; étam. diadelphes. Indes-Orient.

CULTURE. — Serre chaude ; multipl. difficile, de boutures. Dans l'Inde, ces arbres forment en général le fond des forêts ; le bois est d'un très grand usage soit pour les constructions, soit pour l'ébénisterie, etc. ; dans nos serres, ils sont de peu d'effet.

GEOFFROYA. *GEOFFROYA.* JACQ. [E.-F. Geoffroy, professeur de botanique à Paris].—Calice campanulé, à 5 divis., les 2 supér. longuem. soudées entre elles; étendard arrondi, réfléchi, dépassant les ailes et la carène; étam. diadelphes; style subulé; stigm. simple; gousse drupacée, molle, ligneuse intérieurement, ovale-ellipt., bivalve, monosperme.

1 **G. violette.** *G. violacea* Pers. *Acourea violacea.* Aubl. Arbre de 6-7 mètres, non épineux; feuil. à 7 fol. alternes, ovales-oblongues, acuminées, un peu échancrées, glabres; fl. violettes en grappes axill. Guyane, 1823. — Serre chaude; multipl. de boutures.

ANDIRA. *ANDIRA* Lamk. [nom brésilien].— Calice largem. campanulé, tronqué, ou à 5 petites dents; étendard orbiculaire, échancré ou bifide; ailes oblongues; carène arquée, obtuse, à peu près de la long. des ailes, à pétales se recouvrant par leur bord inférieur ou faiblement soudés; étam. monadelphes ou diadelphes; ovaire stipité; style court, arqué; gousse drupacée obovoïde ou ovoïde, monosperme.

1 **A. inerme.** *A. inermis* H. B. et Kunth. *Geoffræa inermis* Swartz. Arbre de 6-7 mètres, dépourvu d'épines; feuil. pennées à 13-15 fol. arrondies, luisantes en dessus; fl. pourpres, briév. pédicellées, disposées en panicules terminales; calice urcéolé pubesc.-ferrugineux. Saint-Domingue, 1773. — Serre chaude; multiplication de boutures étouffées.

DIPTÉRIX, COUMAROUNA. *DIPTERIX* Schreb. [du grec *dis*, deux fois; *pterux*, ailé; du calice dont les 2 dents supérieures très grandes simulent des ailes]. — Calice à 3-5 divisions très profondes; les 2 supérieures très grandes en forme d'ailes; l'inférieure ou les 3 inférieures plus petites; pétales presque de même long., briév. onguiculés; étendard étalé, échancré; ailes obovales, entières; carène obovale, obtuse, à pétales à peine soudés par le bord infér.; 8-10 étam. monadelphes à tube fendu; style très court; stigm. petit term.; gousse drupacée, épaisse, ovoïde, indéhisc., monosperme.

1 **D. odorata.** *D. odorata* Willd. *Coumarouna adorata* Aubl. *Baryosma Tongo* Goertn. Arbre de 15-20 mètres; feuil. alternes pennées à 5-6 fol. coriaces, alternes, glanduleuses-ponctuées; pétioles ailés; fl. pourpres disposées en panicules; 8 étam.; divis. infér. du calice unique, entière, graines brun-pourpre, ovales-oblongues, de 4 à 6 cent. de longueur, à cotylédons très épais, presque naviculaires, jaunâtres, huileux. On désigne ces cotylédons dans le commerce sous le nom de **Fève Tonka**; l'odeur suave qu'ils répandent les fait employer pour parfumer le tabac en poudre. Guyane, 1793.— Serre chaude; multipl. de boutures.

TRIBU VII. — *SOPHORÉES.*

Corolle papilionacée; 10 étamines, rarem. 8 ou 9, distinctes; gousse indéhiscente ou bivalve.

MYROSPERME. *MYROSPERMUM* Jacq. *Myroxylon* Lin. [du grec *muron*, parfum, essence; *sperma*, graines; ou *xulon*, bois: de la résine, qu'on extrait de ces arbres, connue dans le commerce sous le nom de *baume du Pérou, baume de Tolu*]. — Calice largement campanulé, à 5 petites dents obtuses; étendard ovale-arrondi, très étalé; carène à pétales distincts, linéaire lanc., de la long. des ailes et de l'étendard; 10 étam.; ovaire stipité, oblong; style latéral, près du sommet de l'ovaire; gousse membranacée, comprimée, terminée par la base du style, indéhiscente, à 1 ou 2 graines.

M. baume de Tolu. *M. Toluiferum* Ach. Rich. *Myroxylon Toluifera* H. B. et Kunth. *Toluifera balsamum* Mill. Arbre élevé, à écorce lisse, épaisse, résineuse; rameaux et feuil. glabres; fol. oblongues, acumin., à base arrondie. Amér. mérid. — Serre chaude.

Le genre *Myrospermum* renferme surtout deux espèces qui présentent de l'intérêt sous le rapport pharmaceutique. Les baumes du Pérou et de Tolu ont joui pendant longtemps d'une grande réputation dans la science médicale; aujourd'hui le baume du Pérou n'est plus employé que dans la parfumerie, et le baume de Tolu a beaucoup perdu de la valeur dont il jouissait autrefois dans la guérison de certaines maladies; il est

encore cependant en usage en pharmacie, pour la préparation des pastilles dites de *Tolu,* du sirop balsamique, etc.

Longtemps l'origine de ces baumes a été inconnue ; on l'attribuait généralement à quelques arbres de la famille des térébinthacées ; aujourd'hui il est bien certain que les arbres qui le produisent appartiennent aux légumineuses : le **baume du Pérou** est produit par le *Myr. Peruiferum* et *pubescens*, et le **baume de Tolu** par le *Myr. Toluiferum.* Ces arbres sont rarement cultivés en Europe.

EDWARDSIE. *EDWARDSIA* Salisb. [à S. Edwards, célèbre botaniste]. — Calice campanulé-enflé, obliquem. tronqué, ou à 5 petites dents obtuses ; étendard brièvem. onguiculé, largem. obovale, échancré, à base anguleuse ; ailes oblong., onguiculées, à base étroite à peine auriculée ; carène obtuse, droite, à pétales se recouvrant par le bord inf. et soudés, distincts seulement à leur sommet ; 10 étam. libres, à filets glabres un peu dilatés; style glabre, arqué, large à la base, se rétrécissant vers le sommet; gousse unilocul. stipitée, en forme de chapelet, à 4 ailes, bivalve et polysp.

1 **E. à grandes fleurs.** *E. grandiflora* Salisb. *Sophora tetraptera* Ait. Arbre de 4-5 mètres; feuil. à 17-21 fol. oblong.-linéaires, presque lanc., velues; en mai-juin, fl. jaunes axill.; pétales de la carène larges, en forme de faux. Nouv.-Zélande, 1772.

2 **E. à petites feuilles.** *E. microphylla* Ait. *Sophora tetraptera* Lin. Arbre de plus de 2 mètres ; feuil. à 33-41 fol. obovales-arrondies, velues; en mai-juin, fl. jaunes; pétales de la carène elliptiques. Nouv.-Zélande, 1772.

3 **E. du Chili.** *E. Chilensis* Miers. *Sophora macrocarpa* Smith. Arbriss. de plus de 2 mètres, toujours vert, à 13-19 fol. elliptiques-oblong., obtuses, rudes, soyeuses en dessous ; en mai-juin, fl. en grappes courtes, axillaires. 1822.

Culture. — Serre tempérée ou orangerie ; multipl. de graines.

SOPHORA. *SOPHORA* Lin. [altéré du nom arabe *Sophéra*]. — Calice large, campanulé, obliquement tronqué, ou à 5 petites dents obtuses; pétales à peu près de même long. ; étendard obovale ou arrondi, dressé, à onglet étroit ; ailes oblong., onguiculées et auriculées ; carène obtuse, droite, à pétales se recouvrant par le bord infér. et soudés, distincts seulement au sommet ; 10 étam. à filets un peu dilatés, glabres ; style à base dilatée, s'atténuant vers le sommet; un peu arqué, glabre ; gousse en forme de chapelet, non ailée, indéhisc.-polysperme.

1 **S. à fl. unilatérales.** *S. secundiflora* Lagasc. *Broussonetia secundiflora* Ort. *Virgilia secundiflora* Cav. Arbriss. d'un mètre; feuil. à 9 fol. ellipt.-oblong., obtuses, coriaces, glabres; fl. bleues unilatérales, en grappes terminales.; étam. persistantes. Nouv.-Zélande, 1820. — S. ch.

2. **S. veloutée.** *S. velutina* Lindl. *S. Robinioides* Wlprs. Arbriss. velouté ; feuil. à 23 fol. ellipt., mucronées; en juin-juil., fl. rosées en grappes cylindr., terminales ; étendard bifide, violet. Népaul, 1824. — S. ch.

3 **S. cotonneuse.** *S. tomentosa* Lin. *S. Occidentalis* Lin. Arbre de 4 mètres ; feuil. à 15-19 fol. ovales-arrondies, très obtuses, cotonneuses blanchâtres, ainsi que le calice ; fl. blanches en grap. axill., allongées. Indes-Orient., 1690. — S. ch.

4 **S. queue de renard.** *S. alopecuroides* Lin. *S. albicans* Jaum. Vivace ; tige de plus d'un mètre, herbacée ; feuil. à 15-25 fol. oblong., soyeuses sur les deux faces dans la jeunesse, seulement en dessous à l'état adulte ; en juil.-août, fl. jaunes en grappes terminales; étam. presque diadelphes, souvent soudées à leur base. Sibérie, 1731.

5 **S. jaunâtre.** *S. flavescens* Ait. *S. macrosperma* Jaum. Vivace ; tiges de 60 cent., herbacées; feuil. à 9-13 fol. glabres, ovales-oblong.; stipules subulées; en mai-juil., fl. jaunes en grappes terminales ; étam. toutes distinctes. Sibérie, 1785.

Culture. — Les espèces de serre chaude ne demandent pas la couche, elles viennent très bien sur les tablettes; on peut les mettre aussi bien en terre à oranger qu'en terre de bruyère. Pour les espèces vivaces de plein air, il leur faut toujours une terre légère, et la terre de bruyère est celle qui convient le mieux. On peut les multiplier de drageons lorsque les graines ne mûrissent pas, ou par boutures de racines pour les espèces arborescentes.

AMMODENDRON. *AMMODENDRON* Fisch. [du grec *ammos*, sable, *dendron*, arbre : cet arbre croît dans les sables du désert de Songarie]. — Calice campanulé à 5 divis.; étend. orbiculaire, à base tronquée, ouvert au sommet; ailes obovales-oblong., auriculées à leur base, à peine plus courtes que l'étendard; carène à pétales soudés par le bord inf., droite, obtuse, à peu près de la long. des ailes; 10 étam.; style filiforme, glabre, courbé; stigm. petit, capité, en forme de pinceau; gousse oblongue-linéaire, comprimée, membr., étroitement ailée.

1 **A. de Siévers.** *A. Sieversii* Fisch. *Sophora argentea* et *bifolia* Pall. *Podalyria argentea* Willd. Arbriss. épineux; feuil. à 2 fol. largement lanc., soyeuses-blanches; stipules subulées; fl. très petites disposées en grappes terminales. Désert de Songarie (Asie centrale), 1836.

CALPURNIE. *CALPURNIA* E. Mey. [Calpurne, botaniste]. — Calice campanulé, bilabié, à lèvre supér. bifide, l'inférieure plus longue; étendard orbiculaire; ailes oblongues-falciformes, auriculées; à peine plus courtes que l'étendard; carène à pétales soudés par le bord infér., arquée, obtuse; 10 étam. glabres, un peu soudées à la base; style glabre subulé, arqué; stigm. petit; gousse membraneuse, indéhisc, oblong.-linéaire comprimée, à suture supér. étroitement ailée, divisée intérieurement par des cloisons transversales entre chaque graine.

1 **C. du Cap.** *C. intrusa.* E. Mey. *Virgilia intrusa* R. Br. Arbriss. de 3 mètres environ; feuil. imparipennées à fol. ovales, obtuses, mucronées; en mai-août, fl. jaune pâle, disposées en grappes; étam. persistante; ovaire glabre. 1790. — Orangerie.

VIRGILIA. *VIRGILIA* Lamk. [dédié à Virgile, poète latin]. — Calice large, campanulé à 5 dents inégales; étendard orbiculaire, étalé; ailes obliques, oblong., un peu plus courtes que l'étendard; carène à pétales soudés par le bord infér., arquée, terminée en bec, à peu près de la longueur des ailes; 10 étam. distinctes; ovaire sess., velu; style filif., glabre, arqué; gousse oblong., comprimée, coriace, indéhiscente, non ailée; graines ovales-réniformes, séparées par une masse cellulaire pulpeuse.

1 **V. du Cap.** *V. Capensis* Lamk. *Sophora Capensis* Burm. *Podalyria Capensis* Andr. *Hypocalyptus Capensis* Thunb. Arbriss. de 60 cent.; fol. opposées, linéaires-lanc., mucronées, pubesc. en dessous; en juil.-août, fl. pourpre pâle, à carène acum., disposées en grappes; étam. décidues, laineuses à la base; ovaire et gousse cotonneux. 1767. — Orangerie.

2 **V. dorée.** *V. aurea.* Lamk. *Robinia subdecandra* L'Hér. *Podalyria aurea* Willd. Arbriss. de 2 mètres; fol. opposées, glabres, ovales, obtuses, mutiques; en juil., fl. jaunes; étam. persistantes; ovaire cotonneux; gousse glabre. Abyssinie, 1777.— Serre tempérée.

Culture. — Pl. de terre de bruyère, peu cultivée; on les multiplie de boutures.

CLADRASTIS. *CLADRASTIS* Rafin. — Calice cylindr. campanulé à 5 dents obtuses, presque égales; pétales longuem. onguiculés et à peu près d'égale long.; étendard large, arrondi, réfléchi; ailes oblongues, droites, obtuses, bi-auriculées à la base; carène à pétales distincts, largem. oblongue, presque droite, très obtuse, un peu en cœur et munie de 2 oreillettes à la base; 10 étam. distinctes; style glabre, subulé, arqué; gousse stipitée, linéaire, très comprimée, membran., à suture simple, s'ouvrant difcilement; 4-6 gr. oblong.-comprimées.

1 **C. des teinturiers, Virgilia.** *C. tinctoria* Raf. *Virgilia lutea* Mich. Arbre de 10-12 mèt.; écorce des ram. verdâtre; feuil. à 9-11 fol. alternes, glabres, ovales, acuminées; en juin-juil., fl. blanches en grappes pendantes; dents du calice obtuses; étam. glabres, décidues; ovaire légèrem. pubesc.; gousse glabre, stipitée. — Bel arbre de l'Amérique septent. introduit en Europe vers

1812, et qui réussit très bien en plein air. On le multiplie de graines semées à l'automne, aussitôt la récolte, en platebande de terre de bruyère, qu'on recouvre pendant les gelées d'une couche de feuil. sèches; opération qu'on répète l'hiver suivant. Lorsque les plants ont assez de force pour supporter la transplantation, on les repique en pépinière dans une bonne terre franche légère et profonde. On peut aussi l'obtenir de marcottes.

STYPHNOLOBE. *STYPHNOLOBIUM* Schott. [probablement du grec *struphnos*, aigre, et *lobos*, gousse]. — Calice obconique à 5 petites dents; étendard arrondi, réfléchi; ailes oblong., à base auriculée, à peine de la long. de l'étendard; carène à pétales se recouvrant par le bord infér., obtuse; 10 étam. distinctes, à filets glabres; style filif. arqué, glabre; gousse charnue, sans ailes, en forme de chapelet, indéhisc., polysperme.

1 **S. du Japon.** *S. Japonicum* Schott. *Sophora Japonica* Lin. Arbre de 10-15 mètres; feuil. à 11-13 fol. glabres, ovales-oblongues, aiguës; en août-sept., fl. blanches ou jaune pâle, en panicules termin., lâches; gousse glabre. 1763.

Variétés.

1 **panaché.** *S. Jap. variegata* Hortul. Feuil. panachées de blanc ou de jaune, plus ou moins foncé.

2 **pleureur.** *S. Jap. pendula* Hortul. Rameaux réfléchis, pendants.

Culture. — Arbre de pleine terre, de bel effet; on le multiplie par boutures de racines ou de graines. Il réclame dans sa jeunesse une bonne exposition et un abri contre les gelées. On peut le planter dans tous terrains; mais lorsqu'il est en terre franche, il prend plus de développement et de vigueur. Les téguments de la graine donnent un beau vernis.

La variété 2 produit un effet agréable par ses rameaux inclinés jusqu'à terre et appliqués sur le tronc; on le multiplie par la greffe sur l'espèce type.

CASTANOSPERME. *CASTANOSPERMUM* All. Cun. [du grec *kastanon*, châtaigne, *sperma*, graine. Les graines de cette plante sont de la grosseur d'un gros marron, presque globuleuses, et rappellent, lorsqu'on les mange, le goût de la châtaigne]. — Calice coloré, campanulé, à 2 lèvres, la supér. bifide, l'infér. à 3 lobes obtus; corolle insérée au fond du calice; étendard obovale, onguiculé, à bord réfléchi; ailes un peu plus courtes que l'étendard, oblong., obtuses, à base étroite; carène à pétales distincts, de même forme que les ailes; étam. distinctes, ascend.; style filif., ascend.; gousse stipitée, oblongue-cylindr., bivalve, polysperme, pulpeuse à l'intérieur; graines luisantes, presque globuleuses.

1 **C. de la Nouvelle-Hollande.** *C. Australe* All. Cun. Arbre de 13-15 mètres; feuil. imparipennées, à fol. ovales-ellipt., entières, glabres; fl. safranées, en grappes simples ou rameuses. 1828. — Serre tempérée; multipl. de rejetons. A la Nouvelle-Hollande, les graines sont mangées à la manière des châtaignes.

ORMOSIE. *ORMOSIA* Jacks. [du grec *ormos*, collier; de l'emploi des graines pour faire des ornements de cou]. Calice à 2 lèvres, la supér. bilobée, l'infér. tripartite; étendard arrondi, à peine plus long que les ailes et la carène; étam. à base dilatée; style arqué; 2 stigm. obtus, rapprochés; gousse ligneuse, comprimée, bivalve, à 1-3 graines. — Arbre de l'Amérique, à ram. velus, ferrugineux; feuil. imparipennées, à 4-6 paires de folioles.

1 **O. à fruits épais.** *O. dasycarpa* Jacks. *Sophora monosperma* Swartz. *Podalyria* Poir. Arbre de 6-7 mètres; fol. glabres, acum.; en juin-juil., fleurs bleues, en panicules; gousse tomenteuse. 1793. — Serre chaude; multipl. de boutures.

FAMILLE LXXV. — CÉSALPINIÉES (Légumineuses Juss.).

Arbres ou herbes à feuilles composées, alternes, munies de stipules; fl. irrégulières, non papilionacées; calice à 5 divis.; corolle à 5 pétales onguiculés, inégaux; 10 étam. distinctes, inégales; ovaire libre, solit.; *style terminal*; *stigm.* très simple; gousse polysperme, souvent divisée intérieurement par des cloisons transversales; graines sans périsperme, à embryon droit.

TRIBU I. — *LEPTOLOBIÉES.*

Calice le plus souvent campanulé, quinquefide; 5 pétales un peu inégaux; 10 étam. fertiles, un peu inégales, décombantes ou divergentes; ovaire libre. — Feuilles simples ou imparipennées.

CAMPECHE. *HÆMATOXYLON* Lin. [du grec *haima*, sang, *xulon*, bois; allusion à la teinture rouge qu'on extrait du bois de cet arbre]. — Calice coloré, urcéolé, à 5 lobes décidus, oblongs, obtus; 5 pétales oblongs, à peine plus longs que le calice; étam. de même longueur que la corolle, à filets distincts, velus à la base; style court, filif., subulé; stigm. turbiné-urcéolé; gousse membraneuse, comprimée, oblongue-lanc., à sutures épaissies, s'ouvrant par une fente longitudinale sur le milieu des valves et contenant 1-2 graines.

1 **C. épineux.** *H. Campechianum* Lin. Arbre de 6-8 mètres, à ram. sans épines, quelquef. épineux sous les feuilles; feuil. pennées ou bipennées, à fol. obovales ou obcordées; fl. petites, jaunâtres, en grappes axill. Amér. mérid., 1724. — Serre chaude en tannée; chaleur constante; multipl. de graines en terre légère et sablonneuse. — Arbre de peu d'agrément, mais d'un grand intérêt comme industrie. Son bois sert à la teinture; il donne une belle couleur rouge foncé.

PARKINSONIE. *PARKINSONIA* Plum. [J. Parkinson, pharmacien et botaniste anglais]. — Calice coloré, à tube court, urcéolé, divisé en 5 lobes presque égaux, réfléchis; 5 pétales insérés à la gorge du calice, l'infér. plus long, onguiculé, large; étam. ascend., fertiles, à filets distincts, poilus à la base; style subulé, ascend.; stigm. simple; gousse très longue, moniliforme, comprimée entre chaque graine, uniloc., bivalve.

1 **P. à aiguillons.** *P. aculeata* Lin. Arbriss. de 4 mètres, garni d'épines solit. ou ternées; feuil. pennées, à pétioles linéaires, ailés, très longs; foliol. oblong.-linéaires, arrondies aux 2 bouts, souvent décidues ou avortées; en juin-sept., fl. jaunes, odorantes, en grappes lâches, axill. et terminales. Amér. mérid., 1739. — Serre tempérée; multipl. de graines.

TRIBU II. — *EUCÉSALPINIÉES.*

Calice quinquefide ou souvent quinqueparti; 5 pétales un peu inégaux; 10 étam. fertiles, un peu décombantes; ovaire libre. — Feuil. bipennées.

GYMNOCLADE, CHICOT. *GYMNOCLADUS* Lamk. [du grec *gumnos*, nu, dépouillé, et *klados*, rameau; de la caducité des feuilles]. — Fl. unisexuées; calice tubul.; pétales oblongs, plus longs que le calice; étam. ne dépassant pas la corolle, à filets subulés, distincts; style droit, comprimé; stigm. pubesc.; gousse oblongue, épaisse, indéhiscente, polysperme, pulpeuse intérieurement.

1 **G. du Canada.** *G. Canadensis* Lamk. *Guilandina dioica* Lin. Arbre de 8-10 mètres, à cime ample et régulière, dont les branches et les rameaux, lorsqu'ils ont perdu leurs feuilles, ressemblent à des chicots courts et tronqués; feuil. très grandes, de 50 à 90 cent. de longueur; fol. ovales, aiguës, molles; en juin, fl. blanches, en grappes courtes et terminales. 1748. — Plein air, en terre franche, légère et à exposition un peu abritée; multipl. de graines semées en plates-bandes qu'on garantit, la première année, de la gelée au moyen d'une couverture de paille ou de feuil. sèches. La 2e ou 3e année, on repique le jeune plant en pépinière. On peut encore le multiplier de boutures de racines, de re-

jetons et de marcottes. Son bois, dur et rosé, est employé dans l'ébénisterie.

BONDUC. *GUILANDINA* Lin. [Guilandin, voyageur prussien en Afrique]. — Calice urcéolé, à divis. profondes, presque égales; pétales un peu plus longs que le calice; étam. plus longues que la corolle, à filets distincts, subulés, velus à la base; style court; stigm. simple; gousse ovale, un peu enflée, monosperme, bivalve, hérissée de longues pointes subulées; graines globuleuses, osseuses, luisantes.

1 **B. jaune, Guénic.** *G. Bonduc* Ait. Arbre de 4 mètres, à tiges et pétioles hérissés d'aiguillons crochus; feuil. bipennées, sans impaire, à fol. pubesc. ou velues; fl. petites, jaunâtres, en épis munis de longues bractées. Indes-Orientales, 1640.

Var. *majus* Dec. *G. Bonduc* Lin. Fol. ovales; aiguillons ordin. solit.; graines jaunâtres.

Var. *minus* Dec. *G. Bonducella* Lin. *Glycyrrhiza aculeata* Forsk. Fol. oblongues-ovales; aiguillons ordin. géminés; graines grises.

Culture. — Serre chaude; multipl. de graines semées sur couche chaude et sous châssis.

POINCILLADE. *POINCIANA* Lin. [de Poinci, gouverneur aux Antilles]. — Calice urcéolé, à 5 divis. réfléchies, l'infér. plus grande et concave; pétales onguiculés, le supér. plus grand, difforme; étam. très longues, ascend., à fil. le hérissés à la base; style filif., ascendant; stigm. simple, tronqué, glanduleux; gousse sèche, linéaire-oblongue, comprimée, polysperme, bivalve, divisée intérieurem. par des cloisons transversales entre chaque graine.

1 **P. élégante.** *P. pulcherrima* Lin. *Cæsalpinia pulcherrima* Swartz. Arbriss. de 3-4 mètres, épineux; fol. obovales; en juin-sept., fl. panachées, rouge et jaune, longuem. pédicellées en panicules corymbiformes; calice glabre; pétales longuem. onguiculés, fimbriés. Indes-Orient., 1691. — Serre chaude.

2 **P. de Gilliès.** *P. Gilliesii* Hook. *Cæsalpinia Gilliesii* Wall. Arbriss. de 1 à 2 mètres, non épineux; fol. petites, nombreuses, oblongues, ponctuées en dessous; grandes fl. jaunes, en grappes simples et terminales; calice glanduleux, denté, cilié. Buénos-Ayres, 1839. — Serre tempérée.

3 **P. royal.** *P. regia* Bojer. Arbre s'élevant à plus de 14 mètres, sans épines; fol. nombreuses, ovales-oblong., obtuses; fl. rouge-écarlate, en grappes paniculées, termin.; calice glabre; pétales supér. panachés de jaune et de pourpre. Madagascar, 1828. — Serre chaude.

Culture. — Terre de bruyère mélangée; multiplication de boutures et de graines.

CÉSALPINIE. *CÆSALPINIA* Plum. [C. Césalpin, célèbre physicien du pape Clément VIII]. — Calice à tube urcéolé, divisé en 5 lobes profonds, réfléchis, décidus, l'infér. plus grand et concave; pétales onguiculés, le supér. plus court; étam. ascend. de même longueur, à filets velus à la base; style ascend. non articulé, dilaté au sommet; stigm. tronqué fimbrié; gousse ligneuse ou spongieuse, oblongue comprimée, sans épines, divisée intérieurem. par des cloisons transversales. — Feuil. bipennées sans impaire.

1 **C. du Brésil. Brasiletto.** *C. Brasiliensis* Lin. Arbre de 6-7 mètres non épineux; feuil. à 7-9 paires de pennes portant chacune 30-32 fol. glabres, ovales-oblongues, obtuses; fl. ochracées en grappes presque paniculées; rachis et calice pubesc.; étam. un peu plus courtes que la carolle, gousse indéhisc., samaroïde, monosperme.

2 **C. des Indes, bois de Sappan.** *C. Sappan* Lin. Arbre de 6-7 mètres; feuil. à 10-12 paires de pennes portant chacune 20-24 fol. obliquement ovales-oblongues, échancrées au sommet; fl. jaunes en panicules; calice glabre; gousse polysperme, comprimée, droite. Indes-Orient., 1773.

3 **C. de Bahama.** *C. Bahamensis* Lamk. Arbre de 5 mètres, épineux, glabre; feuil. à 3 paires de pennes portant chacune 6 fol. obovales échancrées; fl. blanches en panicules; gousse polysp., linéaire, aiguë. 1820.

4 **C. à deux paires de pennes.** *C. bijuga* Swartz. *Poinciana bijuga* et

Cœsalpinia vesicaria Lin. Arbre de 5 mètres épineux, glabre; feuil. à 2 paires de pennes portant chacune 4 fol. obcordées; fl. jaunes briév. pédicellées, disposées en panicules; gousse ovale-oblongue, noire, à peu de graines. Jamaïque, 1770.

5 **C. des corroyeurs.** *C. coriaria* Willd. *C. Thomœa* Spreng. *Poinciana coriaria* Jacq. Arbre de 5-7 mètres, sans épines, glabre; feuil. à 6-7 paires de pennes, portant chacune 30-40 fol. linéaires, obtuses; fl. briév. pédicellées en grappes paniculées; gousse oblongue courbée, spongieuse à l'intérieur entre les graines. Saint-Domingue, 1826.

Culture. — Pl. de serre chaude de peu d'agrément et peu cultivées en Europe; multipl. de graines semées au printemps sur couche chaude et sous châssis. — Le bois des deux premières espèces, connu dans le commerce sous les noms de **brasillette** et de **bois de sappan**, est employé dans la teinture à cause de la belle couleur rouge qu'il produit. Aux Antilles, les gousses de la 5e espèce, appelées *libidibi*, servent à tanner les cuirs.

COLVILLÉE. *COLVILLEA* Boj. [Ch. Colville, gouverneur à l'île Maurice]. — Calice coloré, bilabié, à lèvre supér. concave, grande, dressée, à 3-4 dents; l'infér. petite, linéaire-lanc. étalée; corolle presque papilionacée, le pétale supér. petit, réniforme-arrondi, convoluté; les latéraux obovales, à base étroite; les 2 inférieurs oblongs, plus grands, à base étroite et ciliée; étam. ascend., la supér. plus courte; style filif., ascend.; stigm. aigu; gousse droite, enflée, bivalve, polysperme.

1 **C. en grappes.** *C. racemosa* Boj. Arbre de 6-7 mètres; feuil. bipennées; foliol. nombreuses, opposées, glabres, linéaires, briév. pétiolulées; fl. en grappes pendantes, simples ou rameuses, accompagnées de bractées colorées, caduques; calice et corolle pourpres, à bord jaune. Madagascar. — Serre chaude sur tannée; multipl. de boutures.

HOFFMANNSEGGIE. *HOFFMANNSEGGIA* Cav. [J. C. Hoffmannsegg, naturaliste distingué]. — Calice à tube cupuliforme, divisé en 5 lobes linéaires-lanc. persistants, roulés; pétales un peu plus longs que le calice, onguiculés, à onglets poilus-glanduleux, le supérieur plus grand; étam. ascend. à filets glanduleux-poilus dans la moitié infér.; style droit un peu comprimé, plus large à sa partie supérieure; stigm. fimbrié; gousse comprimée, linéaire, polysperme, droite ou arquée.

1 **H. en faucille.** *H. falcaria* Cav. *Larrea glauca* Ort. Vivace; tiges de 0m,60, d'abord dressées, ensuite penchées ou couchées; feuil. bipennées avec impaire, à 7-13 pennes, portant ordin. 15 fol. glauques, ovales, entières, accompagnées d'une glande pédicellée à la base de chaque pétiolule; en juil.-août, fl. jaunes en grappes, gousse arquée en forme de faucille. Chili, 1806. — Cette plante, qui a des racines traçantes, végète très mal lorsqu'on la cultive en pot. Il lui faut la pleine terre, soit dans une bâche de serre tempérée, soit même en plein air. Dans ce cas, il faut couvrir le pied, en hiver, afin que la gelée ne pénètre pas jusqu'aux racines.

CADIA. *CADIA* Forsk (de *Quadhy*, nom arabe). — Calice campanulé à tube court, glanduleux intérieurement, divisé en 5 larges lobes triangulaires, égaux; pétales plus longs que le calice, obcordés, à base étroite; étam. décombantes à filets subulés, épais et géniculés à la base; ovaire décombant, un peu arqué, stipité; style court, épais; stigm. aigu; gousse linéaire, briév. stipitée, bivalve, polysperme.

1 **C. rose.** *C. varia* L'Hér. *C. purpurea* Willd. *Spœndoncea tamarindifolia* Desf. Arbriss. de 2 mètres, non épineux; feuil. imparipennées à fol. linéaires; en juin-juil., fl. pédicellées, solit., axillaires, d'abord blanches, puis roses. Arabie, 1755. — Serre chaude sans tannée; multipl. de graines.

TRIBU III. — *CASSIÉES.*

Calice quinqueparti; 5 pétales; étam. insérées au fond du calice, presque hypogynes, au nombre de 10, quelquefois moins, souvent inégales; anthères souvent grandes, oblongues ou quadrangulaires, s'ouvrant ordin. au sommet, rarem. dans toute la longueur de la suture. Ovaire libre. — Feuil. paripennées, rarem. imparipennées.

CASSE. *CASSIA* Lin. [de *Katsa*, nom arabe]. — Calice à 5 sépales plus ou moins inégaux, à peine soudés à la base; pétales onguiculés, inégaux, insérés au fond du calice; étam. inégales, les 3 supér. souvent stériles, les 4 latérales droites, courtes, les 3 inférieures plus longues; anthères s'ouvrant au sommet par 2 pores; ovaire stipité, souvent arqué; style filif.; gousse variable, polysperme. — Fl. jaunes; feuil. à fol. opposées.

1re Section. — **Fistula** Dec., genre Cathartocarpus Pers. et Bactyrilobium Willd. — *Sépales très obtus; étam. presque égales, toutes fertiles; anthères ovales, s'ouvrant au sommet par 2 petites fentes; gousse cylindr., quelquefois un peu comprimée, ligneuse, indéhisc., divisée intérieurem. en plusieurs loges par des cloisons transversales; loges monosp. remplies d'une matière pulpeuse; graines horizontales.*

1. **C. du Brésil.** *C. Brasiliana* Lamk. *C. grandis* Lin. f. *C. Javanica* Lunac. *C. mollis* Vahl. *Cathart. grandis* Pers. *Cath. Brasilianus* Jacq. Arbre de 10 mètres, à ram. pubescents; feuil. à 10-20 paires de fol. oblongues, à peine mucronulées, légèrem. pubesc. en dessus, tomenteuses en dessous; fl. rosées en grappes axill. plus courtes que les feuilles, anthères pubesc.; gousse rugueuse, cylindr.-comprimée. 1813.

2 **C. purgative.** *C. Fistula* Lin. *C. rhombifolia* Roxb. *Cathartocarpus rhombifolius* G. Don. Arbre de 6-7 mètres; feuil. à 4-8 paires de fol. ovales-oblong., un peu obtuses, glabres; en juin-juil., fl. jaunes, grandes, nombr., en grappes lâches, axill.-pendantes; gousse cylindr.-lisse. Inde, 1731.

3 **C. de Java.** *C. Javanica* Lin. *C. Baccillus* Gærtn. Arbre de 4-5 mètres; feuil. à 11-15 paires de fol. oblongues, arrondies aux deux bouts, légèrement pubesc.; fl. rosées en grappes axill. pendantes, accompagnées de bractées ovales-oblongues acumin.; gousse presque cylindr., un peu bosselée. 1779.

2e Section. — **Chamæfistula** Dec.; genre Chamaecassia Bregn — *Sépales très obtus; étam. inégales; anthères quadrangul. s'ouvr. au somm. par 2 pores; les infér. fertiles, les 3 supér. petites, stériles; gousse cylindr., à peine indéhisc., divisée intérieur. en plusieurs loges par des cloisons transversales; loge monosperme, contenant un peu de matière pulpeuse; graines horizontales.*

* *Gousse ligneuse indéhiscente.*

4 **C. de Humboldt.** *C. Humboldtiana* Dec. *C. speciosa* H. B. et Kunth. *Cathartocarpus speciosus* G. Don. Arbre de 30-35 mètres; feuil. à 14 paires de fol. oblong., aiguës, glabres en dessus, pubesc.-molles en dessous; fl. en grappes multifl.; gousse cylindr.-comprimée. Amér. mérid., 1826.

5 **C. baccillaire.** *C. baccillaris* Lin. f. *Cathartocarpus baccillus* Lindl. Arbriss. d'un mètre, à tiges géniculées; feuil. à 2 paires de fol. ovales, obliques, faiblem. acumin., un peu glauques en dessous, munies de glandes obtuses entre les fol. inférieures; fl. en grappes axill. pédonculées; gousse glabre, cylindr, aiguë. Surinam, 1782.

** *Gousse membraneuse ou coriace, presque cylindr., à peine déhiscente.*

6 **C. pliante.** *C. viminea* Lin. *Chamæfistula melanocarpa* G. Don. Arbriss. d'un mètre, glabre; feuil. à 2 paires de fol. ovales, acumin., luisantes en dessus, munies de glandes oblong., aiguës, entre les fol. infér. ou entre les paires; pétioles à sommet aristé; fl. jaunes en grappes; gousse glabre, courte, droite, noire. Jamaïque, 1786.

7 **C. bicapsulaire.** *C. bicapsularis* Lin. *C. sennoides* Jacq. *C. Limensis* Lamk. *C. Alcaparillo* H. B. et Kunth. *C. inflata* Spreng. *Chamæfistula inflata* G. Don. Arbriss. de 1m,30, glabre, feuil. à 2-4 paires de fol. ovales, glauques en dessous, munies de glandes stipitées, globuleuses, entre les fol. infér. qui sont arrondies; en mai-juin, fl. jaunes; pédic. courts, égaux; gousse relevée de bosses, s'ouvrant longitudinalement. Pérou, 1739.

8 **C. corymbiforme.** *C. corymbosa* Lamk. *C. crassifolia* Ort. *C. falcata* Dum.-Cours. *C. Bonariensis* Hortul. *Chamæfistula corymbosa* G. Don. Arbriss. d'un mètre, à ram. glabres; feuil,

à 3 paires de fol. oblong.-lanc., obtuses, un peu arquées, glabres, munies de 1-3 glandes stipitées, cylindr. entre les fol. infér.; en juil., fl. jaunes en grappes axill. et terminales, plus longues que les feuil. souvent disposées en panicules; gousse glabre. Buénos-Ayres, 1796. — Orangerie.

9 **C. élégante.** *C. floribunda* Cav. *C. corymbosa* Ort. *Chamæfistula floribunda* G. Don. Arbriss. de 1m,30, à ram. glabres; feuil. à 3-5 paires de folioles oblong.-ellipt., aiguës, mucronulées, glabres, munies de glandes oblong. entre les fol. infér.; en juin-juil., fl. nombr. en grappes disposées en panicules; gousse presque cylindr., 3 fois plus longue que le pédicelle. Nouvelle-Espagne, 1818.— Orangerie.

Var. **de Herbert.** *C. Herbertiana* Lindl. *Chamæfist. Herbertiana* G. Don. Fol. pubesc. sur les deux faces, munies de glandes coniques entre chaque paire; fl. une fois plus grandes que dans l'espèce type.

10 **C. luisante.** *C. lævigata* Willd. *C. tropica* Vellozo. *C. septentrionalis* Zucc. *C. grandiflora* Desf. *Chamæfistula lævigata* G. Don. Arbriss. de 1 mètre, à ram. glabres; feuil. à 4 paires de fol. oblong. et ovales, acum., glabres, munies de glandes oblongues, aiguës, presque stipitées, entre chaque paire; en maí-août, fl. en grappes axill., plus courtes que les feuil. et terminales paniculées; gousse très glabre. Brésil.— Orangerie.

*** *Gousse membraneuse, munie d'une aile foliacée sur le bord inférieur.*

11 **C. ailée.** *C. alata* Lin. *C. herpetica* Jacq. *C. bracteata* Lin. f. *Senna alata* Roxb. Arbre de 4 mètres; feuil. à 8-14 paires de fol. obovales-oblongues et oblongues, glabres, sans glandes; stipules persistantes, ovales, acum., aiguës; fl. en grappes, accompagnées de bractées caduques, larges, ovales-oblongues; gousse glabre. Inde et Amérique, 1731.

**** *Gousse membraneuse, enflée et resserrée.*

12 **C. d'Occident.** *C. occidentalis* Lin. *C. planisiliqua* Lin. *C. Caroliniana* Walt. *C. ciliata* Rafin. *C. linearis* Michx. *Senna orientalis* Roxb. Arbre de près d'un mètre; feuil. à 4-6 paires de fol. ovales-lanc., acum., un peu ciliées, munies de glandes ovales à la base des pétioles; en mai-août, fl. en grappes beaucoup plus courtes que les feuilles, disposées en panicules au sommet des rameaux; gousse glabre sur les bords. Inde et Amérique, 1759.

Var. *Sopheræ* Lin. *C. Coromandelica* Jacq. *C. Chinensis* Jacq. *C. torosa* Cav. *C. torulosa* et *Indica* Poir. *Chamæfistula Sophera*, *torosa* et *Coromandeliana* G. Don. *Senna Sophera*, *purpurea*, *esculenta* Roxb. *Cassia purpurea* et *esculenta* Roxb. Feuil. à 6-12 paires de fol. lanc. ou oblongues, acum., glabres, munies de glandes oblongues à la base des pétioles; gousse comprimée, glabre. Indes-Orient., 1658.

13 **C. à feuil. de fragon.** *C. ruscifolia* Jacq. *C. canca* Cav. Arbriss. de 60 cent.; feuil. à 6 paires de fol. ovales-lanc., aiguës, mucronées, glabres, munies de glandes ovales à la base des pétioles; en mai-juil., fl. en grappes beaucoup plus courtes que les feuil., les supér. disposées en panicules; gousse glabre, quadrangulaire, comprimée, membraneuse, atténuée aux 2 extrémités. Caracas, 1816. — Orangerie.

14 **C. tomenteuse.** *C. tomentosa* Lin. f. *C. multiglandulosa* Jacq. *C. Wightiana* Grah. *C. lutescens* G. Don. *C. pubescens* Ruitz et Pav. Arbre de 5 mètres, à ram. pubesc.; feuil. à 6-8 paires de fol. oblongues, à sommet arrondi et échancré ou aigu-mucroné, pubesc. en dessus, tomenteuses-molles en dessous, munies de glandes cylindr., brièv. stipitées entre chaque paire; fl. en juil.-sept.; gousse velue, un peu bosselée. Indes-Orient., Amér. mérid., 1822. — Orangerie.

3e Section.—**Prososperma** Vogel. —*Sépales obtus; étam. inégales, les infér. à anthères fertiles, grosses, quadrangulaires, s'ouvrant par 2 pores au sommet, les 3 supér. petites, difformes et stériles; gousse comprimée, étroite, un peu coriace, divisée intérieurement par des cloisons transversales; graines comprimées, verticales, parallèles aux valves.*

15 **C. Tora.** *C. Tora* Lin. *C. Gallinaria* Collad. *C. fœtida* Salisb. *C. obtusifolia* Burm. Ann.; tiges de 1 mètre, glabres; feuil. à 2-3 paires de fol. ovales-cunéaires, obtuses, mucronées, pubesc. en dessous, munies de glandes cylindr. entre les 2 paires inférieures; fl. en août; gousse droite, comprimée, quadrangulaire, étroite. Indes-Orientales, 1693.

16 **C. à feuil. obtuses.** *C. obtusifolia* Lin. *C. Tora* Desv. Ann.; tiges de 60 cent., glabres; feuil. à 2-3 paires de fol. obovales-cunéaires, obtuses, mucronées, pubesc. en dessous, munies de glandes entre les 2 paires de fol. infér.; fl. en juil.-août; gousse glabre, étroite, comprimée, quadrangulaire. Jamaïque, 1732.

4e Section. — Chamœsena Dec. — *Sépales obtus; étam. inégales, les infér. fertiles, à anthères épaisses, quadrangulaires, s'ouvrant par 2 pores au sommet, les supér. petites, difformes et stériles; gousse comprimée, déhiscente, membraneuse ou coriace, divisée intérieurement par des cloisons transversales; graines le plus souvent comprimées, verticales, presque de la largeur de la gousse.*

17 **C. glauque.** *C. glauca* Lamk. *C. Surattensis* Burm. *C. sulphurea* Dec. *C. planisiliqua* Burm. *C. arborescens* Burm. *C. enneaphylla* Koen. *Senna arborescens* Roxb. Sous-arbriss. de 1m,30; feuil. à 4-6 paires de fol. ovales-ellipt., aiguës, glabres en dessus, glauques et pubesc. en dessous, munies de glandes ovales ou claviformes entre les 3-4 paires inférieures; stipules persistantes, linéaires, en forme de faux; fl. en juin-juil.; gousse linéaire-oblongue, glabre Indes-Orient., 1818.

18 **C. à 2 fleurs.** *C. biflora* Lin. *C. galegæfolia* Lin. Arbriss. de 2 mètres; feuil. à 6-8 paires de fol. ovales-oblongues ou mucronées, pubesc. et glabres, munies de glandes cylindr., aiguës, entre la paire inférieure; en avril-déc., pédonc. ordin. géminés, portant deux fl. jaunes; gousse pubesc., linéaire-étroite. Amér. mérid., 1766.

19 **C. stipulée.** *C. stipulacea* Ait. *C. Mexicana* Reich. *C. opaca* Grah. Sous-arbriss. de 1 mètre; feuil. à 4-8 paires de fol. ovales-lanc. et ellipt., ordin. glabres, munies de glandes coniques entre chaque paire; stipules persistantes, amples, ovales; gousse linéaire-large, glabre. Chili, 1786. — Orangerie.

20 **C. hérissée.** *C. hirsuta* Lin. *C. caracasana* Jacq. Sous-arbriss. de 1m,30; feuil. à 4-6 paires de fol. hérissées, largem. ovales, acum., munies de glandes déprimées à la base des pétioles; en juil., fl. en petites grappes denses, axill.; calice très velu; gousse comprimée, linéaire, très longue. Amér. mér., 1778.

21 **C. d'Égypte.** *C. ligustrina* Lin. *C. Ægyptiaca* Willd. *C. robinioides* Willd. *C. Bahamensis* Mill. Sous-arbriss. de 1 à 2 mètres; feuil. à 5-7 paires de fol. oblongues-lanc., aiguës, légèrem. ciliées, munies de glandes oblongues, aiguës, à la base des pétioles; en mai, fl. en grappes courtes, presque paniculées; gousse oblongue, un peu arquée. Asie et Amér., 1822.

22 **C. de Maryland.** *C. Marylandica* Lin. *C. succedanea* Bell. *C. reflexa* Salisb. *C. acuminata* Moench. Vivace, glabre, quelquef. parsemé de quelques poils; tiges herbacées, de 1 mètre; feuil. à 8-9 paires de fol. oblongues, aiguës, mucronées, munies de glandes ovales, épaisses, à la base des pétioles; en juil., fl. en grappes axill., multifl., plus courtes que les feuilles, accompagnées de bractées, lanc., persistantes; gousse linéaire, hispide, quelquef. glabre. 1823. — Plein air.

23 **C. à feuil. échancrées.** *C. emarginata* Lin. Arbre de 5 mètres; feuil. à 2-4 paires de fol. oblongues, obtuses et échancrées, poilues en dessous, ainsi que le pétiole; fl. en mai-juin; gousse linéaire, glabre et luisante. Jamaïque, 1759.

24 **C. à grandes fl.** *C. florida* Vahl. *C. Sumatrana* Roxb. *C. gigantea* Bert *Senna Sumatrana* Roxb. *Chamœfistula gigantea* G. Don. Arbriss. de 2 mètres; feuil. à 4-14 paires de fol. oblongues-ellipt., glabres, obtuses ou échancrées aux 2 bouts, luisantes en dessus; en juin-juil., fl. accompagnées de bractées lanc., persistantes; sépales un peu coriaces;

gousse pubesc., linéaire, amincie aux 2 extrémités. Indes-Orient., 1820.

5e Section. — Senna Dec. genre Senna Tourn. — *Sépales obtus ; étam. inégales, les infér. fertiles, à anthères épaisses, quadrangulaires, s'ouvrant par 2 pores au sommet, les supér. stériles, petites et difformes ; gousse comprimée, divis. intérieurem. par des cloisons transversales, un peu coriaces, à peine déhiscentes ; graines le plus souvent comprimées, verticales, à peu près de la largeur de la gousse.*

25 **C. obovale, Séné d'Alep.** *C. obovata* Collad. *C. Senna* Nect. *C. Senna*, var. *Italica* Lin. Ann.; tiges de 50 cent., rameuses ; feuil. à 4-7 paires de fol. oblongues-obovales, aiguës, mucronées, légèrem. pubesc.; stipules subulées, entières, persistantes; en juillet-août, fl. jaune pâle, en épis axill., plus longs que les feuil.; gousse arquée, presque réniforme, très comprimée, étroite, légèrem. pulvérulente, membraneuse, bosselée par les graines placées entre de petites crêtes saillantes. Egypte, 1640.

26 **C. lancéolée, Séné de Moka.** *C. lanceolata* Forsk. *C. Orientalis* Pers. *Senna officinalis* Gaertn. Sous-arbriss. de 30 cent.; feuil. à 3-4 paires de fol. ovales-lanc., un peu coriaces, pubesc., brièvem. mucronées; stipules persistantes ; fl. en juin-juil. ; gousse oblongue, allongée, un peu recourbée, pubesc., enflée sur le milieu. Nubie.

27 **C. aiguë, Séné de l'Inde.** *C. acutifolia* Delile. *C. lanceolata* Wight. et Arnott. *C. ligustrinoides* Schck. *C. elongata* Lemeiy. Sous-arbriss.; feuil. à 5-7 paires de fol. membranacées, lanc., longuem. aiguës, mucronées ; pétioles renflés, comme glanduleux; stipules persistantes; fl. en juin-juil.; gousse glabre, oblongue, un peu arquée, étroite, mince, enflée sur le milieu. Indes-Orient.

28 **C. de Brown.** *C. Browniana* Kunth. Sous-arbriss. glabre ; feuil. à 8-13 paires de fol. linéaires-oblongues, obtuses, mucronées, un peu ciliées ; en juin-sept., fl. en grappes axill., de la longueur des feuil.; gousse glabre, linéaire, bordée des 2 côtés d'une aile étroite. Mexique.

29 **C. à larges feuil.** *C. latifolia* W. Mey. Sous-arbriss.; feuil. glabres, à 2 paires de fol. oblongues, munies de larges glandes entre la paire inférieure, et de plus petites entre la supérieure ; en juin-juil., fl. grandes, en grappes terminales. Guyane.

30 **C. magnifique.** *C. spectabilis* Dec. Sous-arbriss. de 1m,30 ; feuil. à 10-12 paires de fol. oblongues-lanc., acum., aiguës, mucronées, légèrement pubesc., ainsi que le pétiole ; en juin-juil., fl. en grappes terminales, lâches. Caracas, 1820.

6e Section. — Psiloregma. — *Sépales obtus; 10 étam., toutes fertiles, à anthères presque égales, étroites, linéaires-quadrangulaires, glabres, s'ouvrant au sommet par une petite fente longitudinale ; gousse comprimée, divisée en plusieurs loges par des cloisons transversales, quelquefois incomplètes; graines verticales.*

31 **C. glutineuse.** *C. glutinosa* Dec. Sous-arbriss. de 1 mètre, à ram. glutineux; feuil. de 3-4 paires de fol. oblongues, acum., glutineuses, glabres, munies de petites glandes entre la paire inférieure ; en juin-juil., pédonc. axill., portant ordin. 4 fl.; gousse large, linéaire, briév. stipitée. Côte orientale de la Nouvelle-Hollande, 1818. — Orangerie.

32 **C. fausse armoise.** *C. artemisioides* Gaudich. Arbriss. de 60 cent., velouté-blanchâtre ; feuil. à 3-4 paires de fol. linéaires-filif., munies de petites glandes entre la paire infér.; en juin-juil., fl. disposées 5-8 en grappes axill., un peu plus courtes que les feuil. Nouvelle-Hollande, 1820. — Orangerie.

7e Section. — Lasiorhegma Vogel. — *Sépales obtus, aigus ou acumin.; 10 étam. ou, par avortement, 9-5 seulement fertiles; anthères souvent d'inégale longueur, étroites, quadrangulaires-linéaires, velues, s'ouvrant seulement au sommet par une petite fente longitudinale ; gousse comprimée, coriace, divisée intérieurement par des cloisons transversales, quelquefois incomplètes; graines verticales.*

33 **C. de la Nouvelle-Hollande.** *C. Australis* Sims. *C. umbellata* Reich. *C. Fraseri* All. Cun. Sous-arbriss. d'un mètre, à ram. anguleux, pubesc., ainsi

que les pétioles; feuil. à 9-12 paires de fol. linéaires-oblongues, obtuses, mucronées, glabres, munies de glandes subulées entre chaque paire; en juil.-août, fl. disposées 3-5 en grappes axill., plus courtes que les feuilles. 1824.

34 **C. absus.** *C. absus* Lin. *C. viscosa* Vahl. *C. Thoningii* Dec. *Senna absus* Roxb. Ligneuse ou bisann.; tiges de 50 à 60 cent., à ram. pubesc.; feuil. à 2 paires de fol. ponctuées, obovales, aiguës et obtuses, un peu poilues, ciliées; pétiole cylindr., pubesc., portant de petites glandes entre la paire de fol. infér.; stipules et bractées larges, acum., persistantes; en juin-juil., fl. solit., axill. dans la partie infér., disposées en grappes nues dans la partie supér.; gousse hérissée. Égypte, Inde, 1777.

35 **C. à 2 feuil.** *C. diphylla* Lamk. Ligneuse ou ann.; tiges de 60 centim., à ram. glabres; feuil. à 2 fol. obovales, glabres, munies de1-2 glandes urcéolées au-dessous de la paire de fol.; stipules lanc., cordiformes, persistantes, un peu ciliées à la base; fl. en mai-juin; pétales acum., aigus, glabres; gousse pubesc. Amérique, 1781.

36 **C. grêle.** *C. gracilis* Kunth. Sous-arbriss. de 60 centim., à ram. glabres; feuil. à 4 fol. obovales-oblongues, glabres, munies de glandes urcéolées au-dessous de la paire de fol. infér.; stipules lanc.-cordiformes, caduques; fl. en juin-juillet; sépales tous aigus, glabres; gousse glabre, courte, un peu bosselée. Orénoque, 1817.

37 **C. procombante.** *C. nictitans* Lin. *E. procumbens* Willd. *Grimaldia assurgens* Schrk. Ann.; tiges de 60 c., dressées; feuilles à 8-15 paires de fol. oblongues-linéaires, obtuses, mucronées, glabres ou couvertes d'écailles étroites, pileuses en dessous; glandes peltées, stipitées, placées au-dessous de la paire inférieure; en juil., fl. petites, axill., solit. ou ternées; calice et gousse couverts des mêmes écailles que les folioles. Pensylvanie, 1800.

38 **C. du Cap.** *C. Capensis* Thunb. *Chamæfistula Capensis* E. Mey. Sous-arbriss. de 30 cent., ascend.; ram., pubesc. ou poilus; feuil. à 6-18 paires de fol. linéaires, aiguës, terminées par une pointe crochue, les supér. une fois plus petites, un peu arquées; glandes petites, placées au-dessous de la paire infér.; en juin, fl. solit. ou géminées, dépassant les feuil.; calice et gousse pubesc., 1816. — Orangerie.

39 **C. Cretelle.** *C. Chamæcrista* Lin. *C. pulchella* Salisb. Sous-arbriss. de 30 cent., dressé, glabre ou poilu; feuil. à 10-15 paires de fol. oblongues-linéaires, mucronées, munies de 1-2 glandes sess., ou briev. stipitées au-dessous de la paire infér.; en juin-sept., fl. grandes, axill., agrégées. Inde et Amér., 1699.

40 **C. glanduleuse.** *C. glandulosa* Lin. Ann.; tiges de 1m,30, dressées; feuil. à 8-20 paires de fol. oblongues-linéaires, mucronées, munies de glandes stipitées au-dessous de la paire infér.; en août-oct., fl. grandes, axill., agrégées. Antilles, 1822.

41 **C. naine.** *C. pumila* Lamk. *C. procumbens* Lin. *C. prostrata* Roxb. *Senna prostrata* Roxb. Ann.; tiges de 30 cent., couchées; feuil. pubesc., à 12-13 paires de fol. oblongues-linéaires, mucronées, ciliées, munies de glandes stipitées au-dessous de la paire infér.; en juin-juil., fl. briev. pédicellées, axill., solit. ou ternées; gousse presque glabre. Indes-Orient., 1816.

42 **C. couchée.** *C. procumbens* Willd. Ann.; tiges de 50 cent., couchées; feuil. à fol. nombreuses, dépourvues de glandes; fleurit en juin-juillet. Amér. sept., 1806.— Serre tempérée.

Culture. — Pl. d'orangerie ou de serre chaude, excepté la 21e esp., qui vient très bien en plein air, dans une terre douce et fraîche, ou dans la terre de bruyère pure. Toutes ces pl. demandent beaucoup de lumière; il est essentiel de les placer près des jours dans les serres ou dans les orangeries. Celles de la 1re section réclament beaucoup plus de chaleur, et même la couche; on les multipl. soit de graines, soit de boutures ou de marcottes. Ces plantes sont peu cultivées; quelques-unes, et les esp. ann. surtout, sont assez rebelles à la culture; elles seraient cependant un bel ornement pour nos serres et nos conservatoires. Mais si l'usage de ces végétaux est très borné dans l'art horticole, il n'en est pas de même dans les arts médical et pharmaceutique. Presque toutes les espèces du genre *Cassia* ont leurs feuil. et leurs fruits purgatifs.

Dans la **C. fistuleuse** ou **purgative** (2e espèce), c'est surtout la pulpe contenue dans l'intérieur des gousses qui est employée dans la préparation des électuaires purgatifs et dans le lénitif. La pulpe des autres espèces de la 1re et de la 2e section a des propriétés identiques. Le commerce livre en outre plusieurs autres espèces, connues sous le nom de SÉNÉS, qui doivent être rapportées à 3 espèces seulement; ainsi, les **Sénés** dits **des montagnes**, **de Nubie**, **du Sennaar**, **de Bicharie**, **d'Alexandrie**, **d'Egypte**, **de la Palthe**, **de l'Inde** appartiennent à la *C. acutifolia* DELILE; le **Séné de Moka**, **Séné de la pique**, à la *C. lanceolata* FORSK; ceux dits **d'Alep**, **de Sayd**, **de la Thébaïde**, **des pauvres**, **d'Italie**, **de Barbarie**, **de Tripoli**, le **Séné sauvage**, etc., à la *C. obovata* COLLAD. Ces différentes sortes de sénés du commerce ne sont souvent que des falsifications ou des mélanges, dans des proportions différentes de feuil. et de fruits, des espèces botaniques que nous avons cités. On prépare avec ces feuil. une teinture et un extrait purgatif; elles entrent dans la décoction de cochleria et quinquina composée, dans les sirops de pomme composé, de salseparcille, et dans la tisane purgative dite royale; la poudre entre aussi dans les pilules de scammonée et de rhubarbe, etc.

La culture de la *C. obovata* a été tentée dans le midi de l'Europe (la Provence, l'Italie et l'Espagne); tout porte à croire que cette plante réussirait très bien dans ces contrées; il serait à désirer, dans l'intérêt de notre pays, que cette culture se continuât dans nos départements méridionaux.

On attribue à la poudre des graines de la *C. absus* de grandes propriétés contre les ophthalmies : on l'introduit dans l'œil, et immédiatement on éprouve une cuisson suivie d'un abondant larmoiement qui procure un grand soulagement. M. Delile dit en avoir éprouvé les merveilleux effets dans son voyage en Égypte.

LABICHÉA. *LABICHEA* GAUDICH. [M. Labiche, officier de la marine française].—Calice à 5 sépales aigus, égaux, soudés à la base; 5 pétales égaux, obovales orbiculaires, brièvem. onguiculés, insérés au fond du calice; 2 étam. presque sessiles, insérées au même point que les pétales; ovaire ovale-lanc. comprimé; style filif.; stigm. aigu; gousse comprimée, oblong., contenant 2 graines ovales-oblongues. Arbriss. de la Nouvelle-Hollande, glabre, à feuilles imparipennées.

1 **L. Hétérophylle.** *L. heterophylla* HORT. PARIS. Arbriss. toujours vert, rameux, glabre, de 2 mètres et plus; feuilles variables, tantôt simples, linéaires-lanc., coriaces, entières, terminées par une pointe épineuse, tantôt à 2-3 fol. ovales, mucronées, les infér. plus petites que la terminale; fleurs jaunes disposées sur des pédonc. beaucoup plus courts que les feuil., naissant à la base des jeunes rameaux. Nouv.-Hollande, 1841.— Serre tempérée.

TRIBU IV. — *SWARTZIÉES.*

Calice se rompant irrégulièrement, ou se fendant en 4-5 lanières à peu près égales; pétales souvent nuls, quelquefois 1-5; étam. indéfinies insérées, ainsi que les pétales sur le réceptacle, au-dessous de l'ovaire. — Feuil. imparipennées à une ou plusieurs folioles.

SWARTZIE. *SWARTZIA* WILLD. [à Olof Swartz, savant botaniste prussien]. — Calice à 5 sépales réfléchis; corolle nulle ou à un seul pétale latéral, étamines indéfinies, hypogynes, distinctes; ovaire comprimé, un peu arqué; style court continuant l'ovaire; stigm. tronqué; gousse bivalve contenant peu de graines.

1 **S. de Langsdorf.** *S. Langsdorfii* RADDI. Arbriss. de 2 mètres environ; feuil. pennées à fol. glabres, ovales, aiguës, veinées-réticulées; pétioles ailées; fl. blanches disposées 5-6 en grappes axillaires. Brésil, 1839.

2 **S. apétale.** *S. apetala.* RADDI. Arbriss. de 2 mètres environ; feuil. pennées à fol. glabres, lanc.-ovales, acumin.; fl. disposées 20-30 en épis axillaires. Brésil, 1839.

3 **S. à feuil. simples.** *S. simplicifolia* Willd. *Rittera simplex* Vahl. *Possira simplex* Swartz. Arbriss. de 2 mètres, à feuil. simples, ovales-oblong., obtuses, échancrées; fl. jaunes disposées ordin. 5 au sommet de pédonc. axill.; pétales ovales arrondis plus longs que le calice; étam. au nombre de 20-25. Indes-Orient., 1818.

Culture. — Serre chaude en terre de bruyère pure; multipl. de boutures étouffées.

TRIBU V. — *AMHERSTIÉES.*

Calice persistant tubuleux, à 4-5 divis. concaves, réfléchies ou décidues après l'épanouissement de la fleur; 5 pétales au moins, quelquef. nuls; étam. variables, 10, souvent moindres ou plus, quelques-unes, ou toutes, très longues, repliées dans le bouton; ovaire porté par un stipe adhérent sur un côté avec le tube du calice. — Feuil. paripennées.

BROWNÉE. *BROWNEA* Jacq. [à M. Robert Brown, célèbre botaniste anglais]. — Calice à tube long, persist., à 5 divis. décidues; 5 pétales insérés au sommet du tube du calice, presque égaux, longuem. onguiculés; 10-15 étam. monadelphes à tube fendu, insérées au même point que les pétales; ovaire stipité; style filif.; gousse comprimée en forme de sabre; graines ovales, comprimées.

1 **B. à gr. pieds** *B. grandiceps* Jacq. Arbriss. de 2-3 mètres, à ram. pubesc.; feuil. ordin. à 12 paires de fol. lanc.-oblongues, longuem. cuspidées-acuminées, non glanduleuses, brunâtres, marquées de vert dans leur jeunesse; fl. rose vif, en épis capitulés, denses; étam. de la long. de la corolle. Cumana, 1828. — Serre chaude; terre de bruyère mélangée d'un quart de terre franche.

AMHERSTIA. *AMHERSTIA* Wall. [à la comtesse Amherst, fille de lady Sarah]. — Calice coloré, bibractéolé, longuem. tubuleux-cylindr., divisé au sommet en 4 lobes étalés; 5 pétales inégaux, le supér. grand, onguiculé, obcordé, relevé, les deux latéraux cunéiformes, les infér. petits, subulés; étam. diadelphes, 9 soudées, la 10e libre; style filif.; gousse stipitée, plane, en forme de sabre courbe.

1 **A. magnifique.** *A. nobilis.* Wall. Arbre s'élevant à 12-14 mètres, à ram. cylindr. glabres et glauques; feuil. alternes, à 13-17 fol. pétiolulées, oblong.-cuspidées, entières, glabres en dessus, glauques en dessous ou légèrement pubesc.; stipules grandes, foliacées, lanc.; belles et grandes fl. rouge brillant, longuement pédicellées, disposées en grappes pendantes, longues de près d'un mètre; pétale supér. marqué d'un disque blanc et d'une tache jaune au sommet, entouré d'un cercle purpurin. Indes-Orient. — Serre chaude.

JONÉSIE. *JONESIA* Roxb. [William Jones, homme de lettres et botaniste]. — Calice coloré, bibractéolé, infondibuliforme, charnu, à 5 divis. obtuses, ouvertes; corolle nulle; 3-9 étam. insérées à la gorge du calice, distinctes; ovaire stipité, saillant, ovale-oblong; stipe adhérent avec le tube du calice; style filif. courbé; gousse enflée, arquée, réticulée, à 4-8 graines ovales, presque globuleuses.

1 **J. Asjogam.** *J. Asoca.* Roxb. *J. pinnata* Willd. *Saraca arborescens* Burm. *S. Indica* Lin. Arbre de 6-7 mètres, non épineux; feuil. paripennées à 4-6 fol. coriaces, oblongues, aiguës, luisantes; en avril-juin, fl. jaunes, odorantes, axill. fasciculées; étam. très longues, à filets rouges. Inde, 1816. — Serre ch.

SCHOTTIA. *SCHOTTIA* Jacq. [B. Van der Schott, compagnon de Jacquin pendant son voyage en Amérique]. — calice bibractéolé, infondibuliforme à 4 divis. ovales très obtuses, la postérieure grande, échancrée ou bifide; 5 pétales, grands, onguiculés, insérés à la gorge du calice, le postérieur plus grand, obovale, très obtus; 10 étam. monadelphes à la base, insérées au même point que les pétales; ovaire porté sur un stipe court de la long. du tube des étam.; style filif. très long, d'abord roulé en spirale; stigm. capité; gousse coriace, ovale-ellipt. à bord supér. ailé, contenant 1-6 graines comprimées, ovales-réniformes.

1 **S. à feuil. de Tamarin.** *S. Tamarindifolia* Afz. Arbriss. de 2 mètres, à

ram. raides; feuil. à 16-20 fol. ovales obtuses, mucronées et mutiques; en mai-juil., fl. cramoisi, en grappes paucifl. 1795.

2 **S. élégante.** *S. speciosa* Jacq. *S. Afra* Thunb. *Theodora speciosa* Med. *Guayacum Afrum* Lin. Arbris. de 1^m,60, à ram. raides; feuil. à 14-20 fol. ovales-lanc., acumin., terminées par une pointe épineuse; stipules subulées; en juil. déc., fl. rouge-cramoisi en grappes paucifl. 1759.

3 **S. à larges feuilles.** *S. latifolia* Jacq. *Omphalobium Schottia* Jacq. Arbriss. de 2 mètres; feuil. à 4-8 fol. obovales, très obtuses, échancrées, mucronées; en mai-juil., fl. pourpre pâle en grappes paucifl.; calice à 4 sépales brièvement soudés à la base; pétales oblongs, un peu atténués; étam. monadelphes 4 fois plus longues que le calice; gousse à 2 graines. 1810.

Culture. — Arbriss. du Cap; serre tempérée; multipl. de boutures.

TAMARIN. *TAMARINDUS* Lin. [de *Tamarhindy*, nom indien]. — Calice coloré, turbiné, à 4 divis., dont la supér. large, bidentée; 5 pétales insérés à la gorge du calice, 3 supér. grands, de même forme, briév. onguiculés, ascend. et réfléchis, les 2 infér. très étroites, en forme de poils; 9 étam. insérées au même point que les pétales, monadelphes à la base, 4 petites, stériles, 5 plus longues, fertiles; ovaire porté par un stipe soudé en arrière avec le tube du calice; style ascend., épaissi au sommet, marqué en dehors d'une ligne longitudinale de poils; stigm. obtus; gousse stipitée, oblong.-comprimée, contenant une chair pulpeuse entre les deux enveloppes.

1 **T. des Indes.** *T. Indica* Lin. Arbre de 15-20 mètres; feuil. paripennées, à 10-12 fol. ovales, entières; en juin-juil., fl. jaunes, disposées 7-8 en grappes axill. sur les jeunes rameaux; gousse 5-6 fois plus longue que large, contenant 8-12 graines. 1633.—Serre chaude sans chaleur constante, en bonne terre consistante; multipl. de graines, germant facilement et atteignant de 60 à 90 cent. la première année de semis. La pulpe contenue entre les deux enveloppes du fruit constitue cette pâte consistante, gluante, noirâtre et acide, employée en médecine comme laxatif. Dans l'Inde, dans l'Amérique et dans les pays où croît cet arbre, on prépare avec la pulpe une boisson acidulée très agréable. C'est surtout pour les voyages de long cours qu'elle est d'une grande ressource pour le voyageur; aussi est-elle l'objet essentiel d'approvisionnement.

VOUAPA. *VOUAPA* Aubl. [nom de la plante à la Guyane]. — Calice accompagné de bractées scarieuses, tubuleux, court, à 4 divisions membranacées, la postérieure entière ou bifide; pétale postérieur grand, onguiculé, à onglet adhérent au calice, à limbe en forme de casque, les 4 autres nuls; 3 étam. insérées à la gorge du calice, fertiles; ovaire porté par un stipe adhérent au calice; style très long, d'abord contourné en spirale; gousse stipitée, comprimée, coriace, monosperme.

1 **V. à 2 folioles.** *V. bifolia* Aubl. *V. violacea* Lamk. *Macrolobium hymenæoides* Willd. *Macr. Simira* Gmel. Arbriss. de 3-4 mètres; fol. sess., ovales-obliques, acumin., entières, glabres; fl. petites, en grappes axill. et terminales, denses, plus courtes que les feuilles; lobes du calice étalés; étam. égalant à peu près la corolle; gousse obovale, apiculée, ailée sur la suture supérieure. Guyane, 1823.— Serre chaude; multipl. de boutures; terre sablonneuse, grasse. Le bois, très dur, est recherché dans le pays pour les constructions et la menuiserie; il passe même pour incorruptible dans l'eau et dans la terre.

HYMÉNÉA. *HYMENÆA* Lin. [de *hymen*, mariage : de la feuille qui est composée de 2 grandes folioles]. — Calice coriace, urcéolé, à 5 divis., les 2 supér. plus ou moins soudées entre elles; 5 pétales inégaux insérés au sommet du tube calicinal, le postérieur grand, le plus souvent courbé; 10 étam. fertiles, insérées au même point que les pétales; style subulé; stigm. obtus; gousse ligneuse ou coriace, ordin. lisse, un peu enflée, indéhisc.; graines ovales-globuleuses.

1 **H. Courbaril.** *H. Courbaril* Lin. Arbre de 6-7 mètres, à écorce roux-noi-

râtre, épaisse, raboteuse, ridée; feuilles nombreuses, à fol. coriaces, glabres, ovales-lanc., aiguës, à nervures peu apparentes; fl. jaune pâle, pédonculées, disposées en panicules ; gousse longue, de 15 cent., assez large, brun-rougeâtre, non verruqueuse. Amér. mérid., 1688.

2 **H. de Decandolle.** *H. Candolliana* H. B. et Kunth. Arbre de 10 mètres et plus; fol. coriaces, oblongues-inégales, échancrées; fl. blanches, pédicellées au sommet de pédonc. terminaux. Mexique, 1824.

Culture. — Ces plantes, d'une culture difficile, sont de haute serre chaude et demandent une bonne terre de bruyère très pure ; on les multipl. de semis. Les graines germent facilement. Les jeunes plants croissent avec rapidité les 2 premières années, mais ensuite la végétation se ralentit et l'individu devient languissant. Jamais ils ne fleurissent dans nos serres : ce sont de simples arbres de curiosité, d'aucun effet pour l'ornement. Le charpentier, le charron et l'ébéniste retirent du bois de la 1re espèce de grands avantages dans les différents arts qu'ils exercent, soit par sa dureté, soit par le beau poli qu'il est susceptible de prendre. Lorsque l'arbre est languissant, il fournit une gomme-résine connue dans le commerce sous le nom de *gomme animée;* cette gomme est employée en fumigation dans les rhumatismes et les paralysies ; on l'emploie également dans la composition des vernis. Les feuilles sont regardées comme vermifuges, et son écorce comme purgative.

TRIBU VI. — *BAUHINIÉES.*

Calice tubuleux, ordin. persistant, à 5 divis. plus ou moins allongées ; 5 pétales; 10 étam. au moins; ovaire porté par un stipe libre ou adhérent avec le calice. — Feuil. à 2 fol. plus ou moins soudées entre elles.

BAUHINIER. *BAUHINIA* Lin. [dédié à J. et G. Bauhin, célèbres botanistes au xvie siècle].— Calice cylindr., à 5 longues divisions distinctes ou faiblement réunies entre elles, formant alors une sorte de ligule réfléchie; 5 pétales insérés au sommet du tube du calice, inégaux, onguiculés; 10 étam. monadelphes, toutes fertiles, ou alternativem. fertiles et stériles; ovaire longuement stipité; style arqué; stigm. obtus ; gousse stipitée, linéaire, comprimée, bivalve, polysperme. — Feuil. à 2 folioles soudées plus ou moins entre elles par leur base.

1 **B. anatomique.** *B. anatomica* Link. Arbriss. grimpant, glabre, à tiges nombreuses, noirâtres ; feuil. pétiolées; fol. sinuées, vertes sur les 2 faces, soudées inférieurement jusque près du milieu. Amér. sept., 1840.

1re Section.—**Casparia** Kunth.— *10 étam., dont 9 monadelphes, courtes, stériles, la 10e longue, presque libre, anthérifère ; ovaire stipité.*

2 **B. à lobes divariqués.** *B. divaricata* Lin. Arbriss. de 2 mètres environ; feuil. à base obtuse ; fol. divergentes, à 2 nervures, oblongues, aiguës, soudées à peu près dans la moitié inférieure; en juin-sept., fl. blanches en grappes terminales, simples; pétales lanc. Amér. mérid., 1712.

3 **B. à larges feuilles.** *B. porrecta* Swartz. Arbriss. de 2 mètres, à ram. légèrem. pubesc.; feuil. échancrées à leur base; fol. ovales, acum., presque parallèles, pubesc. en dessous et à 3-4 nervures, soudées dans la moitié infér. environ ; en juin-sept., fl. blanches, veinées, en grappes termin., simples; pétales lanc. Saint-Domingue, 1737.

4 **B. à fl. blanches.** *B. candida* Ait. Arbriss. de 2 mètres ; feuil. échancrées à la base, pubesc., pâles en dessous; fol. ovales-oblongues, obtuses, soudées au delà de la moitié infér.; en mai-juin, fl. blanches en grappes simples, termin.; divis. du calice glabres, longuem. atténuées au sommet. Indes-Orient., 1777.

5 **B. d'Amérique** *B. Americana* Herb. Amat. Arbriss. de 2 mètres et plus; feuil. glabres, luisantes en dessus, pubesc. en dessous ; fol. oblongues, parallèles, soudées inférieurem. jusqu'au delà du milieu ; en juin-août, fl. blanches, disposées 10-12 en grappes simples et terminales. Amér. mérid.

2e Section. — **Pauletia** Cav. — *10 étam. soudées à la base, toutes fertiles ou seulement 5 ; ovaire stipité.*

**Arbrisseaux épineux.*

6 **B. Paulétie.** *B. Pauletia* Pers. *B. spinosa* Poir. *B. Panamensis* Spreng. *Pauletia aculeata* Cav. Arbriss. de 1m,30; feuil. glabres, à base arrondie; fol. ovales, obtuses, parallèles, à 4 nervures, soudées inférieurement jusqu'au delà du milieu; stipules épineuses; en mai-juin, fl. blanc-rosé, disposées 2 au sommet de pédonc. axill., formant des grappes feuillées; sépales et pétales linéaires, aigus; 5 étam. fertiles, très longues. Panama, 1820.

7 **B. à grandes fleurs.** *B. grandiflora* Juss. Arbriss. de 1m,30, à ram. pubesc., garni d'épines stipulaires; feuil. toment. en dessous, à base ovale ou échancrée; fol. ovales, obtuses, à 3-4 nervures; en mai-juin, fl. blanches, accompagnées de bractéoles sétacées, disposées 1-3 au sommet de pédonc. axill., formant des grappes; étam. plus courtes que les pétales. Pérou, 1820.

8 **B. aiguillonnée.** *B. aculeata* Lin. Arbriss. de 2 mètres, garni d'épines stipulaires; feuil. glabres, à base échancrée; fol. ovales, obtuses, à 3 nervures, soudées presque jusqu'au sommet; en juin-juil., fl. blanches, veinées, à pétales lanc., incisés, crénelés; 9-10 étam. arquées. Amér. mérid., 1737.

***Arbrisseaux non épineux.*

9 **B. roussâtre.** *B. rufescens* Lamk. *B. rubescens* Pers. Arbriss. de 2m,30; fol. glabres, distinctes, semi-orbiculaires, à 3 nervures; en juin-août, fleurs rouge pâle, à pétales lanc.; 10 étam., toutes fertiles, à anthères velues. Afrique, 1810.

10 **B. panachée.** *B. variegata* Lin. Arbriss. de 2 mètres; feuil. glabres, à base échancrée; fol. largem. ovales, obtuses, à 5 nervures, soudées inférieurement jusqu'au delà de la moitié; en juin-juil., fl. blanches, teintées de rose, jaune et rouge; calice déchiré longitudinalem.; pétales ovales, presque sess.; 5 étam. plus longues, fertiles. Malabar, 1690.

11 **B. tomenteuse.** *B. tomentosa* Lin. Arbriss. de 2 mètres, velu-tomenteux, excepté la face supér. des feuil.; feuil. à base ovale ou arrondie; fol. ovales, obtuses, à 3-4 nervures, soudées inférieurem. jusqu'au delà du milieu; en juin-juil., fl. jaune pâle, disposées 1-3 au sommet des pédonc.; pétales obovales, obtus, glabres; 10 étam. fertiles inégales. Indes-Orient, 1808.

3e section. — **Symphyopoda** Dec. *Étam. soudées à la base, dont 3 seulement fertiles, très longues, les autres petites, stériles ou avortées; ovaire stipité, à stipe adhérent avec le tube du calice. — Rameaux cylindriques.*

12 **B. en grappe.** *B. racemosa* Vahl. Arbriss. grimpant de 6-7 mètres, soyeux-velu, excepté la face supér. des feuil.; feuil. à base échancrée; fol. à peine divergentes, largement ovales, obtuses, à 5 nervures, soudées inférieurement jusqu'au milieu; fl. en grappes corymbiformes; pétales obovales, obtus, soyeux-velus. Indes-Orient., 1790.

13 **B. en corymbe.** *B. corymbosa* Roxb. *B. scandens* Burm. Arbriss. de 2 mètres, à ram. portant des vrilles; feuil. à base échancrée, velues-rousses sur les nervures de la face infér., ainsi que les ram., les pétioles et le calice; fol. semi-ovales, obtuses, parallèles, à 3 nervures, soudées inférieurement jusqu'au milieu; pétales ovales onguiculés. Chine, 1818.

4e section. — **Phanera.** Lour. — *Étam. faiblement soudées à la base, dont 3 fertiles, très longues, et 7 petites, stériles; ovaire briévem. stipité. — Tiges grimpantes, comprimées, ainsi que les rameaux.*

14 **B. serpent.** *B. anguina* Roxb. *B. scandens* Lin. Arbre grimpant de plus de 10 mètres, à tiges comprimées, régulièrement flexueuses, portant des vrilles; feuil. glabres, échancrées à la base; fol. à 3 nervures, soudées inférieurem. jusqu'au milieu, et longuement acuminées dans les jeunes pl.; soudées jusqu'au sommet et brièvement acuminées dans les pl. adultes; fl. jaune pâle, petites, en panicules terminales. Indes-Orient., 1790.

5e section. — **Caulotretus** Rich. — Genre Schnella Raddi. *Tiges grimpantes, comprimées; calice ventru, à 5 dents, presque bilabié; 10 étam. toutes* *fertiles, distinctes, et souvent plus courtes que les pétales; ovaire sessile.*

15 **B. superbe.** *B. speciosa* VOGEL. Arbriss. à ram. presque cylindr., hérissés-tomenteux, garnis de vrilles; feuil. tomenteuses-velues; fol. semi-ovales, à 4 nervures, à peine libres à la base: fl. en grappes, hérissées-toment.; pétales velus-soyeux. Guyane-Française, 1840.

CULTURE. — Serre chaude; bonne terre franche mêlée d'un quart de terre de bruyère; beaucoup de chaleur et d'arrosements; on les multiplie de boutures étouffées sur couche chaude.

GAINIER, ARBRE DE JUDÉE *CERCIS* LIN. [de *Kerkis* nom donné à cette plante par Théophraste]. — Calice large, urcéolé, un peu oblique, à 5 dents très petites et très obtuses; 5 pétales onguiculés, inégaux, le supér. et les 2 latéraux de même forme, ascend., les 2 infér. droits, plus grands que les 3 supérieurs; 10 étam. libres, ascend., un peu plus longues que les antérieures; style filif. ascend.; stigm. obtus; gousse oblongue, comprimée, mince, polysperme, à suture séminifère un peu ailée; graines obovales pourvues d'albumen.

1 **G. commun.** *C. siliquastrum* LIN. *Siliquastrum orbiculatum* MOENCH. Arbre de 6-7 mètres, souvent en buisson; feuil. simples, grandes, glabres, en cœur arrondi; en mai-juin, fl. rouges fasciculées. Europe mérid., 1596.

2 **G. du Canada.** *C. Canadensis* LIN. *Siliquastrum cordatum* MOENCH. Arbre de 5-6 mètres; feuil. en cœur acumin., velues sur la face infér. à l'aisselle des nervures; en mai-juin, fl. rose pâle, fasciculées. 1730.

CULTURE. — Plein air au midi; terre légère; multipl. de graines, semées fin d'avril en rayons; couvrir le jeune plant la première année, et repiquer au printemps suivant. Ces arbres, ayant des racines très pivotantes, ne peuvent endurer la transplantation lorsqu'ils sont trop vieux. La première espèce orne agréablement les jardins lors de sa floraison.

TRIBU VII. — *CYNOMÉTRÉES.*

Calice à 4-5 divisions imbriquées, réfléchies après la floraison; 4-5 pétales presque égaux, ou souvent nuls; 10 étam. ou moins, égales ou un peu inégales; ovaire presque sessile sans adhérence avec le calice; gousse à 1-2 graines. — Feuil. paripennées.

CYNOMÉTRA. *CYNOMETRA* LIN. [du grec *kuôn, kunôs*, chien; *mètra*, matrice, ventre]. — Calice tubuleux, court, à 4 divis. réfléchies, décidues, la postérieure large, à deux nervures; 5 pétales insérés au sommet du tube du calice, un opposé à la divis. postérieure du calice, les autres alternes; 10 étam. distinctes; style subulé, droit; stigm. capité; gousse semi-orbiculaire, enflée, épaisse, un peu charnue, verruqueuse, à peine déhisc., monosperme, à suture séminifère droite, l'autre arquée.

1 **C. à tronc fleuri.** *C. cauliflora* LIN. Arbre de 10 mètres environ, à écorce noirâtre, raboteuse; ram. longs formant une assez large cime; feuil. alternes à 2 fol. échancrées au sommet; fl. rouges fasciculées, éparses sur le tronc. Indes-Orient., 1804. — Serre chaude; chaleur constante; multipl. de boutures.

COPAHU. *COPAIFERA* LIN. [de *Copaïba*, nom brésilien; et du grec *fero*, je porte: arbre qui produit le baume de copahu]. — Calice à 5 divis. profondes, décidues, étalées, ovales-lanc., aiguës, concaves; corolle nulle; 10 étam. insérées au fond du calice, distinctes, courbées; ovaire biloculaire, ovale-comprimé; style filif. arqué, de la long. des étam.; stigm. obtus; gousse stipitée, obliquement ellipt., comprimée, lenticulaire, bivalve, monosperme.

1 **C. officinal.** *C. officinalis* LIN. Arbre de 6-7 mètres, à ram. fléchis en zigzag, glabres et gris-bruns; feuil. imparipennées à 3-4 paires de fol. ovales, entières, obtuses, luisantes; fl. blanches en grappes axill., paniculées. Brésil, 1774. — Serre chaude, chaleur const.; multipl. de boutures étouffées. — On obtient par l'incision du tronc une résine fluide connue dans les pharmacies sous le nom de *baume de copahu*. On l'emploie au Brésil et dans les colonies américaines, où l'arbre est cultivé, pour combattre la dyssenterie et cicatriser les plaies; en Europe, il est surtout en usage dans les maladies vénériennes.

DIALIE. *DIALIUM* Lin. *Codarium* Sol. (du grec *kôdarion*, peau garnie de son poil; de la gousse couverte de poils]. — Calice cotonneux à 5 divis. oblong., obtuses, presque égales; corolle nulle; 2 étamines opposées aux divis. postérieures du calice, insérées au fond du calice sur le bord d'un disque orbiculaire; ovaire ovale-comprimé, cotonneux; style cylindr., court, arqué; stigm. obtus; gousse ovale-comprimée, crustacée, indéhisc., souvent monosp., marquée d'un sillon sur la suture séminifère.

1 **D. luisante.** *D. nitidum* Guill. et Perrott. *D. Guineense* Willd. *Codarium nitidum* Vahl. *Cod. acutifolium* Afz. *Cod. obtusifolium* Afz. Arbre de 5-7 mètres; feuil. imparipennées à 2 paires de fol. coriaces, luisantes, glabres, ovales ou ovales-oblongues, acuminées ou obtuses; en février, fl. rouge-pourpre en panicules terminales; calice velouté-ferrugineux. Guinée, 1800. — Serre ch., chaleur constante; multipl. de boutures.

DÉTARIUM. *DETARIUM* Juss. Calice à 4 divis. égales; corolle nulle; 10 étam. saillantes insérées au fond du calice; filets filif. légèrem. monadelphes à la base, ovaire sess., velu, uniloc., biovulé; style filif., révoluté; stigm. capité; gousse drupacée, orbiculaire, à sarcocarpe farineux, recouvrant un gros noyau rugueux monosperme.

1 **D. du Sénégal.** *D. Senegalense.* Gmel. Pet. arbre à ram. longs, étalés; feuil. imparipennées à fol. ovales, obtuses, glabres, veloutées en dessous; stipules caduques, foliacées, falciformes, velues; fl. petites, brunâtres, en panicules axill. plus courtes que les feuil.; drupe charnue, de la grosseur d'un abricot, à chair farineuse, verte, comestible. Sénégal, 1820 — Serre chaude, chaleur constante.

CAROUBIER. *CERATONIA* Lin. [du grec *kéras*, corne : du fruit qui ressemble à une corne]. — Fl. polygames ou dioiques; calice petit, à 5 divis. décidues; corolle nulle; étam. distinctes, opposées aux divis. du calice, insérées sous un disque hypogyne, pelté, à 5 sinus peu marqués; ovaire stipité un peu arqué; stigm. sessile, comme capité, faiblem. échancré; gousse coriace, linéaire, comprimée, indéhisc., à sutures épaisses marquées de 2 sillons, partagée intérieurem. par des cloisons transvers. en plusieurs loges monospermes.

1 **C. à siliques.** *C. siliqua* Lin. Arbre de 5-6 mètres, non épineux, à écorce raboteuse; feuil. persistantes, paripennées à 6-8 fol. planes, ovales, obtuses; en sept.-oct., fl. rougeâtres, petites, en grappes sur la partie nue des branches. Europe mérid., 1570. — Orangerie; terre à oranger; exposition au midi; arrosements modérés; multipl. de graines semées sur couche au printemps; on repique en pots lorsque les jeunes plantes ont de 5 à 7 cent. — Le Caroubier, comme ornement, n'a d'autre mérite que la verdure perpétuelle de son feuillage; la pulpe contenue dans l'intérieur de la gousse est bonne à manger, mais un peu laxative. Dans le midi de l'Europe, les fruits sont donnés aux animaux comme nourriture. Le bois est très dur, presque incorruptible; on pourrait l'employer avec avantage à différents usages.

FÉVIER. *GLEDITSCHIA* Lin. [à John Gottlieb Gleditsch, botaniste à Leipsig]. — Calice cupuliforme à 5 divis. égales; pétales inégaux insérés sur le calice et en nombre égal à ses divis.; étam. en même nombre que les pétales insérés au même point; ovaire sess.; style court; stigm. pubesc. en dessus; gousse sèche contenant une ou plusieurs graines comprimées, dépourvues de périsperme. — Feuil. pennées sans impaire; fl. vertes en épis simples.

1 **F. à 3 épines.** *G. triacanthos* Lin. Arbre de 10 mètres, garni de grosses épines ligneuses, celles de la base comprimées inférieurem., les autres cylindr.-coniques, simples ou trifides; fol. linéaires-oblong.; fl. en juin-juil.; gousse comprimée, plane, un peu contournée, polysperme. Amér. sept., 1700.

2 **F. sans épines.** *G. lævis* Hortul. *G. triac* var. *inermis* Dec. Ram. sans épines; fol. plus larges que dans l'espèce précédente, et presque toujours alternes.

3 **F. monosperme.** *G. monosperma*

WALT. *G. Carolinensis* LAMK. *G. triacantha* GÆRTN. Arbre de 10 mètres et plus, garni sur les ram. de quelq. épines grêles, ordin. à 3 pointes; les 2 latérales très courtes, un peu au-dessus de la base; feuil. pennées à 12-13 paires de fol. ovales-oblongues, aiguës; fl. en juin-juil.; gousse comprimée-plane, arrondie, monosperme. Caroline, 1723.

4 **F. de Chine.** *G. Sinensis* LIN. *G. horrida* WILLD. Arbre de 10 mètres environ, très rameux, hérissé sur le tronc de grosses épines nombreuses; ram. garnis d'épines de 6 c., presque axill., à 3 ou 4 pointes, brunes; celles du tronc très ramifiées, formant des faisceaux qui ont jusqu'à 20 cent. de long.; feuil. bipennées à 4 paires de pennes portant chacune 12-14 fol. ovales-elliptiques, obtuses; gousse comprimée allongée, 1774.

5 **F. à grosses épines.** *G. macrocantha* DESF. Arbre de 10 mètres environ, garni sur le tronc de grosses épines ligneuses, nombreuses, très rameuses, coniques; celles des ram. axill.; feuil. d'abord pennées, puis bipennées, à fol. lanc., raides, sensiblement crénelées; fl. en juin-juil.; gousse allongée-épaisse, pulpeuse intérieurem. Chine.

6 **F. féroce.** *G. ferox* DESF. *G. orientalis* BOSC. Arbre de 6-7 mètres à écorce verdâtre, garni de longues et nombreuses épines trifides, très comprimées; celles des ram. naissant un peu au-dessus de l'aisselle des feuil.; feuil. bipennées, à fol. lanc., aiguës.

7 **F. de la Caspienne.** *G. Caspica* DESF. Arbre de 6-7 mètres, garni d'épines grêles, comprimées, trifides; feuil. pennées, puis bipennées, à fol. ellipt.-lanc., obtuses. Mer Caspienne, 1822.

8 **F. de l'Inde.** *G. Indica* PERS. Arbre de 6-7 mètres, hérissé d'épines grêles, subulées-coniques, simples ou rameuses, axill.; fol. ellipt.-oblong., aiguës. Bengale, 1812. — Serre chaude.

CULTURE. — Parmi les espèces de plein air, la 3e seule demande quelques soins dans les 2 ou 3 premières années. On tient son jeune plant en pot pendant 3-4 ans, afin de le rentrer en orangerie. Sans cette précaution, la gelée détruit les jeunes pousses. Les autres espèces, plus rustiques, peuvent être semées en pleine terre, en avril-mai, dans un terrain léger plus sec qu'humide, à bonne exposition chaude. Quelques espèces ne mûrissent pas leurs graines; on les multiplie dans ce cas par la greffe sur les espèces les plus communes. Ces arbres produisent beaucoup d'effet dans les jardins paysagers. Le bois très dur de la 1re espèce assigne à cet arbre une place dans nos forêts; il serait un très bon bois de chauffage; la 5e espèce ferait d'excellentes clotures; elle forme des haies impénétrables par ses ram. courts et forts, hérissés de grosses épines dures et ligneuses.

FAMILLE LXXVI. — MIMOSÉES (LÉGUMINEUSES JUSS.)

Arbres ou herbes à feuil. composées, quelquefois réduites aux pétioles dilatées, foliacées; stipules libres, quelquefois spinescentes. Fl. régulières; calice à 4-5 sépales égaux, distincts ou soudés à leur base; 4-5 pétales égaux entre eux, souvent insérés, ainsi que les étam., sur le réceptacle; étam. indéfinies ou en nombre égal à celui des pétales, souvent monadelphes à la base. Ovaire unique, uniloculaire, multiovulé; style terminal; stigm. simple; gousse ordin. uniloc., quelquefois partagée intérieurem. par des cloisons transversales, contenant plusieurs graines dépourvues de périsperme.

TRIBU I. — *PARKIÉES.*

Étamines en nombre défini, insérées, ainsi que la corolle, sur le calice; calice et corolle à préfloraison valvaire.

PARKIA. *PARKIA* R. BR. [Mungo Park, célèbre voyageur africain]. — Pl. polygame; calice long, cylindr., à 2 lèvres, la supér. bifide, l'infér. à 3 divis. inégales; 5 pétales insérés ainsi que les étam. au fond du calice; 10 étam. saillantes, monadelphes à la base; style latéral, très long; gousse linéaire comprimée, un peu arquée.

1 **P. d'Afrique.** *P. Africana* R. BR.

P. biglobosa Benth. *Inga biglobosa* Palis. de Beauv. *Inga Senegalensis* Dec. *Mimosa biglobosa* Jacq. Arbre de 10 mètres, non épineux ; feuil. bipennées, à 20 paires de pennes ; fol. très nombreuses, glabres, linéaires, obtuses; pétioles pubesc.-velus, glanduleux à la base ; en mars-avril, fl. rouge-vermillon en épis pédonculés, oblongs, resserrés vers le milieu. Guinée, 1822. — Serre chaude ; multipl. de boutures et de graines.

TRIBU II. — *EUMIMOSÉES.*

Étamines en nombre égal ou double à celui des pétales, insérées sur le réceptacle ; calice et corolle à préfloraison valvaire.

Sous-tribu 1. *Adenanthérées.* — Anthères terminées par une glande stipitée, caduque.

ENTADA. *ENTADA* Lin. [nom malabar]. — Calice cupiliforme à 5 dents ; 5 pétales lanc. un peu adhérents par leur base ; 10-25 étam. un peu saillantes, distinctes ; ovaire sess. ; style termin., filif., flexueux ; gousse comprimée, articulée, à articles monospermes.

1 **E. grimpant.** *E. scandens* Benth. *Mimosa scandens* Lin. Arbre grimpant de 6-7 mètres, non épineux ; feuil. terminées par une vrille, à 1-2 paires de pennes, portant chacune 4-10 fol. ovales-oblongues ou obovales, acumin., échancrées ou obtuses, luisantes en dessus, glabres ou légèrem. pubesc. ; fl. blanches en épis allongés, solit. ou géminés. Asie, Afrique et Amérique, 1780. — Serre chaude, d'une culture difficile ; multipl. de graines qui germent assez bien ; mais le jeune plant périt presque toujours la 2e ou 3e année.

PIPTADÉNIE. *PIPTADENIA* Benth. [du grec *piptô*, je tombe ; *aden*, glande]. — Calice cupuliforme à 5 dents ; 5 pétales lanc. ; étam. saillantes, distinctes ; gousse stipitée, rarement sessile, plane, largem. linéaire, déhiscente, bivalve, uniloculaire, non articulée, sans pulpe à l'intérieur.

1 **P. voyageuse.** *P. peregrina* Benth. *Mimosa* Lin. *Acacia* Willd. *Inga Niopa* H. B. et Kunth. Arbriss. non épineux, glabre ; feuil. à 13-17 paires de pennes, portant chacune 25-30 paires de fol. oblongues-linéaires, ciliées, 1-2 glandes à leur sommet, et une vers le milieu du pétiole ; fl. blanches en capitules pédonculés. Nouvelle-Grenade, 1820. — Serre chaude.

ADÉNANTHÈRE. *ADENANTHERA* Lin. [du grec *aden*, glande ; *anthera*, anthère : des anthères terminées par une glande]. — Calice cupuliforme, à 4-5 dents ; 4-5 pétales lanc., ordin. distincts ; 8-10 étam. à anthères terminées par une glande sphérique pédicellée ; ovaire glabre ; style filiforme, flexueux ; stigm. aigu ; gousse membranacée, linéaire, comprimée, un peu bosselée, bivalve, partagée intérieurement par des cloisons transversales. — Arbriss. de l'Inde, à feuil. bipennées.

1 **A. œil de Paon.** *A. Pavonina* Lin. Arbriss. de 1m,60 à 2 mètres ; fol. glabres, ovales, obtuses ; en mai-juin, fl. blanc-jaunâtre, en épis ; gousse un peu arquée, à 10-12 graines. 1759. — Serre chaude ; multipl. de boutures ; terre de bruyère.

GAGNEBINIER. *GAGNEBINA* Neck. — Calice petit, un peu urcéolé, à 5 dents ; 5 pétales persistants, oblongs-linéaires ; 10 étam. saillantes, distinctes, à anthères bifides au sommet, ovaire sess., velu ; style oblong, filif. ; gousse sèche, indéhisc., comprimée, ailée sur les bords, partagée intérieurement par des cloisons transversales en plusieurs loges monospermes.

1 **G. des Tamarins.** *G Tamariscina* Dec. *Mimosa* Lamk. *Acacia* Willd. Arbriss. de 2 mètres, non épineux ; feuil. bipennées, à 20 paires de pennes portant chacune 30 paires de fol. linéaires, égales, munies d'une glande à la base du rachis et au sommet, entre la dernière paire de pennes ; fl. jaunes, en épis rassemblés au sommet des ram., en grappes corymbiformes. Iles Maurice et Bourbon, 1824. — Serre chaude ; multipl. de boutures.

PROSOPIS. *PROSOPIS* Lin. [nom donné par Dioscorides à la bardane : *Arctium lappa*]. — Calice cupuliforme, à 5 dents ; 5 pétales distincts, oblongs-linéaires ; 10 étam. un peu saillantes, monadelphes à la base, à anthères terminées par une glande pédicellée, décidue; ovaire sess., glabre; style filif.; gousse linéaire, cylindr., un peu comprimée, bosselée, pulpeuse intérieurem. — Petit arbriss. de l'Inde, à feuilles bipennées.

1 **P. d'Étienne.** *P. Stephaniana* KUNTH. *Lagonychium Stephanianum* BIEB. *Acacia Stephaniana* BIEB. *Mimosa micrantha* VAHL. Arbriss. épineux, de 3-4 mètres; feuil. bipennées, à 3-4 paires de pennes portant chacune 10 paires de fol. pubesc. en dessous; en juillet-août, fl. jaunes, en épis lâches, grêles. Caucase, 1816.

2 **P. à fl. duveteuses.** *P. juliflora* DEC. *Mimosa juliflora* SWARTZ. *M. piliflora* SWARTZ. *Acacia falcata* DESF. Arbre de 10 mètres, garni d'épines stipulaires droites; feuil. à 1-2 paires de pennes, portant chacune 18-20 paires de fol. glabres, linéaires, aiguës, munies, sur le rachis, entre les pennes, d'une glande sessile; en juil., fl. jaunes, en épis cylindr., sess.; gousse comprimée. Jamaïque, 1800.

3 **P. strombulifère.** *P. strumbulifera* BENTH. *Mimosa* LAMK. *Acacia* WILLD. Arbriss. de 2m,60, glabre, garni ordin. de stipules épineuses; feuil. à une seule paire de pennes, portant 4-6 paires de fol. alternes ou opposées, linéaires, obtuses; gousse cylindr., contournée en spirale. Pérou, 1825.

CULTURE. — Serre chaude ou bonne serre tempérée; terre de bruyère pure ou mélangée de terre franche; multipl. de boutures faites, avec les jeunes pousses, sur couche chaude et sous cloche.

DICHROSTACHYDE. *DICHROSTACHYS* DEC. [du grec *dichroos*, deux couleurs; *stachus*, épi]. — Fl. en épis, les supér. hermaphrodites, sess., avec un calice cupuliforme, à 5 dents; 5 pétales; 10 étam. distinctes; ovaire sess.; style term., flexueux; les fl. infér. neutres, à 10 filets d'étam. longs, sans anthères; ovaire rudimentaire. — Gousse linéaire, comprimée, contournée, membraneuse, coriace, sans pulpe à l'intérieur, indéhisc. — Fl. sess., les hermaphrodites jaunes, les neutres blanches ou pourpres.

1 **D. penchée.** *D. nutans* BENTH. *Caillea dichrostachys* GUILL. et PERR. *Desmanthus nutans*, *trichostachys* et *leptostachys* DEC. *D. divergens* WILLD. *Mimosa bicolor* THONN. et SCHUM. Arbriss. à ram., pétioles et pédonc. légèrem. pubesc. ou glabres; feuil. à 8-12 paires de pennes, portant chacune 20-30 paires de fol. glabres ou ciliées, munies, sur le rachis, entre les pennes, de glandes stipitées; fl. variables, en épis à peine plus longs que les feuil. Afrique, 1825. — Serre chaude; terre de bruyère; multipl. de graines ou de boutures avec les jeunes rameaux, sur couche chaude et sous cloche.

NEPTUNIE. *NEPTUNIA* LOUR. [à Neptune, dieu des mers]. — Calice campanulé; 5 pétales ordin. soudés dans la partie infér.; 10 étam., rarem. 5, distinctes, saillantes; anthères glanduleuses, ovales; gousse oblongue, plane, continue, s'ouvrant en 2 valves membranacées, incomplétement divisée intérieurement, non pulpeuse. — Pl. terrestres, couchées, ou aquatiques, à feuil. bipennées; fl. en épis, les supér. hermaphr., les infér. neutres.

1 **N. potagère.** *N. oleracea* LOUR. *N. stolonifera* GUILL. et PERR. *Desmanthus natans* WILLD. *D. lacustris* WILLD. *D. stolonifer* DEC. *Mimosa natans* ROXB. *M. prostrata* LAMK. Ann.; tiges de 60 c., cylindr., couchées, présentant des renflements; feuil. à 2-3 paires de pennes; fol. très nombreuses; en juil.-sept., fl. blanches, en épis ovales, pédonculés. Asie, Afrique et Amérique, 1800.

2 **N. ample.** *N. plena* BENTH. *N. polyphylla* BENTH. *Desmanthus plenus* WILLD. *D. punctatus* WILLD. *D. polyphyllus* DEC. *Mimosa adenanthera* ROXB. *M. plena* LIN. Ann.; tiges de 60 centim., comprimées, couchées; feuil. à 1-2 paires de pennes, portant chacune 12 paires de fol.; en juil.-sept., fl. jaunes, en épis ovales, pédonculés, bractéolés. Vera-Cruz, 1733.

Sous-tribu 2. *Gymnanthérées.* — Anthères non glanduleuses.

DESMANTHUS. *DESMANTHUS* BENTH. [du grec *desmos*, lien; *anthos*, fleur]. — Calice campanulé, à 5 dents;

5 pétales égaux, spatulés, plus longs que le calice; 10 étam., rarem. 5, saillantes, à filets distincts, celles des fleurs infér. dépourvues d'anthères; ovaire sess.; style filif.; gousse uniloc., bivalve, linéaire, comprimée, sèche, polysperme.

1 **D. effilé.** *D. virgatus* Willd. *D. leptophyllus* H. B. et Kunth. *Mimosa virgata* Lin. Sous-arbriss. de 1 mètre, à tiges dressées, anguleuses; feuil. à 3-4 paires de pennes, munies d'une glande au-dessous de la paire inférieure; en juillet-août, fl. jaunes en épis capitulés, paucifl.; pédonc. nus; 10 étam.; gousse étroite, linéaire, à 25-30 graines. Indes-Orient., 1774.

2 **D. à petite gousse.** *D. brachylobus* Benth. *Darlingtonia brachyloba* Dec. *Acacia brachyloba* Willd. *Mimosa Illinœnsis* Michx. *Darlingt. glandulosa* Dec. *Mim. glandul.* Michx. *Ac. glandul.* Willd. Herbe vivace, de 50 cent., glabre, sans épines; feuil. à 6-8 paires de pennes, portant chacune 16-24 paires de fol. linéaires, munies d'une glande entre la paire de pennes infér.; en sept.-oct., fl. blanches en capitules pédonculés, solit., axill.; gousse droite, lancéolée, de 15-18 *millim.* de longueur. Amér. sept., 1803. — Serre chaude; peu cultivée.

MIMOSE. *MIMOSA* Lin. [du grec *mimos*, j'imite, bouffon : de la sensibilité des feuilles, qu'on a comparée au tressaillement de certains animaux lorsqu'on les touche]. — Calice court, un peu urcéolé, entier, à 4-5 dents, ou irrégulièrement lacinié; corolle campanulée, persistante, à 4-5 divis. régulières; étam. en nombre double ou triple de celui des pétales, longuement saillantes; ovaire atténué à la base, comprimé, oblique; style terminal, filif.; gousse à plusieurs articles monospermes, terminée par un bec subulé; graines presque lenticulaires.

1 **M. sensible.** *M. sensitiva* Lin. Sous-arbriss. de 50 cent., à tiges et pétioles épineux; feuil. à 2 paires de fol. semi-ovales, aiguës, la paire infér. plus petite, glabres en dessus, poilues en dessous; en avril-sept., fl. rosées. Brésil, 1648.

2 **M. pudique, Sensitive.** *M. pudica* Lin. Bisann.; tiges épineuses, plus ou moins poilues, hispides, ainsi que les pétioles et pédonc.; feuilles à 4 pennes digitées, portant un grand nombre de fol. linéaires; en avril-sept., fl. blanc rosé. Brésil, 1638.

3 **M. poilue.** *M. strigosa* Willd. Sous-arbriss. de 50 cent.; ram. et pétioles velus-hispides, épineux; feuil. à 2 paires de fol. semi-ovales, aiguës, couvertes sur les 2 faces de poils appliqués; en juin-juil., fl. blanc rosé, en capitules solitaires. Amér. mérid., 1818.

4? **M. caroubière.** *M. Ceratonia* Lin. *Acacia Ceratonia* Willd. Arbriss. parsemé d'aiguillons crochus sur les ram. et les pétioles; feuil. bipennées, glabres, ordin. à 5 paires de pennes composées des fol. obovales; gousse glabre, obscurément articulée, hérissée, sur les côtés, de petits aiguillons crochus. Saint-Domingue, 1816.

5 **M. du Kermès.** *M. Kermesiana* Otto et Alb. Arbriss. dépourvu ordin. d'épines; feuil. bipennées, à 6-12 pennes, portant chacune 20-30 paires de petites fol. oblongues, luisantes; pétioles terminés par une petite pointe piquante, munis à la base de 2 glandes; stipules subulées-acuminées; capitules globuleux, axill., pédonculés. Brésil, 1841.

Culture. — Serre chaude sans tannée; multipl. de boutures ou de graines qui conservent longtemps leur faculté germinative. Quelques espèces sont très intéressantes sous le rapport de la sensibilité des feuil.; les fl. sont aussi très remarquables par leur légèreté et leur élégance.

SCHRANCKIE. *SCHRANCKIA* Willd. [à Francis von Paulo Schranck, botaniste allemand]. — Calice très court, urcéolé, à 5 dents; corolle infondibuliforme, à 5 divisions régulières; 8-10 étam., rarement 12, saillantes; ovaire briev. stipité; style filif.; gousse sèche, continue, presque tétragone, hérissée d'épines, s'ouvrant quelquef. en 4 valves par la division longitudinale des 2 valves; graines nombreuses, oblongues-lenticulaires, comprimées.

1 **S. à crochets.** *S. uncinata* Willd. *Mimosa horridula* Michx. *Mim. intsia*

VALT. Vivace; racines tubéreuses; tiges de 60 cent., pentagones, hérissées, ainsi que les pétioles et les gousses, d'aiguillons crochus; feuil. bipennées, à 6 paires de pennes composées de fol. nombreuses, alternes; en juil.-août, fl. blanc rosé en capitules solit. ou géminés; gousse terminée par un bec acum., une fois plus long que le pédoncule. Amér. sept., 1789. — Pl. d'orangerie, de peu d'agréments, pouvant être livrée à la pleine terre, en ayant soin de la couvrir l'hiver; on la multiplie de graines.

LEUCÉNA. *LEUCÆNA* BENTH.— Calice campanulé, tubuleux, à 5 dents; 5 pétales libres, membranacés, à base étroite; 10 étam. à anthères souvent poilues; gousse stipitée, largement linéaire, comprimée, plane, uniloc., s'ouvrant en 2 valves raides, membranacées. — Pl. non épineuses, à feuil. bipennées.

1 **L. glauque.** *L. glauca* BENTH. *Acacia biceps, glauca* et *frondosa* WILLD. *A. leucocephala* LINK. *Mimosa leucocephala* LAMK. *M. glauca* LIN. Arbriss. de 1m,60, glabre, sans épines; feuil. à 4-6 paires de pennes, composées de 12-15 paires de fol. linéaires-oblongues, aiguës; pétioles munis de glandes sous la paire de pennes inférieures; en juin-août, fl. blanches en capitules axill., pédonculés, ordin. géminés; gousse linéaire, plane. Amér. sept., 1690.

2 **L. à 3 têtes.** *L. trichodes* BENTH. *Acacia trichodes* WILLD. *A. pseudotrichodes* DEC. *Mimosa trichodes* JACQ. Arbriss. de 3-4 mètres, glabre, non épineux; feuil. à 2-3 paires de pennes, composées de 3-5 paires de fol. ovales-aiguës; rachis munis de glandes oblongues, dressées, entre les paires de pennes inférieures; fl. jaune pâle en capitules géminés, axill., pédonculés; gousse comprimée, linéaire. Pérou, 1818. — Pl. de serre chaude de peu d'intérêt; multipl. de boutures étouffées.

TRIBU III. — *ACACIÉES.*

Étamines indéfinies, libres ou monadelphes à la base ; calice et corolle à préfloraison valvaire.

ACACIA. *ACACIA* WILLD. [du grec *akazo*, aiguiser, aigu : de ce que plusieurs espèces sont hérissées d'épines aiguës]. — Calice turbiné à 4-5 dents; corolle hypogyne infondibuliforme ou campanulée à 4-5 divis. égales; 10 étam. ou plus, saillantes, insérées, tantôt au fond de la corolle, tantôt sur le stipe ou support de l'ovaire; style filif.; gousse continue, sèche, bivalve, à plusieurs graines, ovales-oblong. — Arbriss. à feuil. composées, une ou plusieurs fois pennées, quelquefois réduites au pétiole dilaté, comprimé, qu'on désigne alors sous le nom de *phyllode*; fl. jaunes, en épis cylindriques ou globuleux-capitulés.

1re SECTION. — **Phyllodinées.** — *Arbriss. de la Nouvelle-Hollande, à feuil. réduites au pétiole (phyllodes), rarem. nulles.*

§ 1. *Phyllodes nulles.*

1 **A. épineuse.** *A. spinescens* BENTH. Arbriss. glabre; petits ram. striés, dépourvus de feuil., terminés en pointe; bourgeons écailleux; capitules sess. de 2-6 fl.; calice tronqué-denté, une fois plus petit que la corolle.

§ 2. *Phyllodes décurrentes; rameaux ailés.*

2 **A. bossioïde.** *A Bossiœoides* ALL. CUN. Arbriss. glabre, glauque; phyllodes triangulaires, presque mutiques, non glanduleuses sur les bords, ou munies de petites glandes seulement à la base et au sommet, réticulées-veinées, émettant à la base une aile, qui se prolonge jusqu'à la phyllode inférieure avec laquelle elle se soude; stipules petites, lanc.-semi-sagittées. 1842.

3 **A. ailée.** *A. alata*. R. BR. Arbriss. glabre ou poilu; phyllodes ovales-arquées, glanduleuses sur le bord supérieur, se prolongeant inférieurement en une longue aile sur la tige; nervure médiane se prolongeant au delà de la partie dilatée en une petite pointe droite et piquante; stipules épineuses; en avril-juin, fl. en capitules solit. de 8-15 fl. 1803.

4 **A. platyptère.** *A. platyptera* LINDL. Arbriss. hispide; phyllodes oblongues-arquées, se prolongeant inférieurement sur la tige en une longue aile, glanduleuses sur le bord supér.; nervure médiane se prolongeant au delà de la partie dilatée en une petite pointe courbe;

stipules un peu épineuses; capitules sosolit. de 8-15 fl. 1840.

5 **A. diptère**. *A. diptera* Benth. Arbriss. glauque; phyllodes petites, lancéolées, courbées en faux, non glanduleuses, mucronées, se prolongeant inférieurement sur la tige en une aile très longue; nervures marginales convergentes vers le sommet; capitules multifl., solit. ou disposées en grappes. 1840.

§ 3. *Stipules épineuses; phyllodes ovales-linéaires.*

6 **A. nervée**. *A. nervosa* Dec. Arbriss. glabre; ram. anguleux; phyllodes ovales-oblongues, acuminées aux extrémités, un peu ondulées, courbées en faux, glanduleuses à la base et au sommet; nervure médiane se prolongeant en une petite pointe épineuse; stipules sétacées; en avril-juin, capitules paucifl., au sommet de pédonc. 2-3 fois plus courts que les phyllodes. 1824.

7 **A. hybride**. *A. hybrida* Lodd. *A. microcantha* Alb. *A. armatoides* Hortul. Arbriss. résineux, pâle; petits ram. à peine anguleux, glabres ou pubesc.; phyllodes lanc., arquées, ondulées, glabres, courbées au sommet, à nervures presque pennées, la centrale se prolongeant en une pointe crochue; stipules épineuses; en avril-juin, fl. en capitules denses, multifl. au sommet de pédonc. plus courts que les phyllodes; calice une fois plus court que la corolle 1822.

8 **A. armée**. *A. armata* R. Br. *A furcifera* Lindl. Arbriss. à ram. pubesc. étroitement striés; phyllodes obliques ou ovales-oblongues, ou oblong.-lanc., ondulées, glabres, mutiques, ou à nervure médiane se prolongeant en une petite pointe très courte et oblique; veines pennées; stipules épineuses; en avril-juin, fl. en capitules denses multifl. au sommet de pédonc. à peine plus longs que les phyllodes; calice égalant la moitié de la corolle. 1803.

Var. **à feuil. étroites**. *A. arm. angustifolia* W. *A. paradoxa* Dec. *A. undulata* Willd. Phyllodes plus étroites que dans l'espèce.

Var. **à petites feuil**. *A. arm. microphylla* Walpr. Phyllodes très petites, pubescentes.

9 **A. sombre**. *A. tristis* Grah. Arbriss. à ram. striés, légèrem. pubesc.; phyllodes obliques, lanc., courbées en faux, un peu ondulées, à 1-2 nervures, la médiane se prolongeant en pointe courbe; bords supér. souvent rapprochés; stipules sétacées; capitules globuleux, multifl., denses au sommet de pédonc. beaucoup plus courts que les phyllodes; calice égalant la moitié de la corolle. 1839.

10 **A. de Huegel**. *A. Huegelii* Benth. Arbriss. à ram. velus, presque cylindr.; phyllodes pubesc., semi-obovales, arquées en faux, aiguës, un peu ondulées, non glandul. sur les bords; nervure médiane se prolongeant en pointe épineuse; capitules petits, pubesc.-multifl.; pédonc. beaucoup plus courts que les phyllodes. 1840.

11 **A. urophylle**. *A. urophylla*. Benth. Arbriss. glabre ou légèrement hispide; ram. anguleux-striés; phyllodes pétiolées, ovales-lanc. ou obliques, subulées, acuminées, ondulées, bord supér. souvent crénelé, à 2-3-4 nervures réticulées, munies d'une glande près la base; capitules glabres, paucifl., au sommet de pédonc. solit. ou disposés en petites grappes. 1838.

12 **A. à feuil. de poirier**. *A. pyrifolia* Dec. Arbriss. glabre, glauque, à ram. cylindr.-comprimés; phyllodes ovales, épineuses-mucronées, uninervées, à veines pennées; en avril-mai, capitules petits, multifl., disposés en grappes. 1824.

§ 4. *Phyllodes petites, triangulaires, à angle inférieur mucroné, le supér. souvent glanduleux; stipules variables.*

13 **A. trompeuse**. *A. decipiens*. R. Br. Arbriss. glabre à ram. striés-anguleux; stipules spinescentes, ordinairem. persistantes; phyllodes triangulaires ou trapéziformes, à nervure infér. arquée, rapprochée du bord, se prolongeant en une pointe épineuse; les latérales peu marquées ou nulles; angle supér. terminé par une ou deux glandes; en mars-juin, capitules de 6-8 fl., brièvement pédonculés. 1803.

14 **A. cunéaire**. *A. cuneata* Benth. Arbriss. à ram. anguleux hérissés ou glabres; stipules épineuses-sétacées;

phyllodes glabres, glauques, oblongues-cunéaires, tronquées au sommet, à nervures peu saillantes, l'infér. arquée, se prolongeant en pointe; angle supér. terminé par une glande aiguë; capitules de 6-10 fl. portés par des pédonc. égalant à peu près les phyllodes. 1840.

15 **A. hastée.** *A. hastulata* Sm. *A. cordifolia* Hortul. Arbriss. à ram. cylindr., pubesc., quelquef. glabres; stipules sétacées, persistantes; phyllodes petites, glabres, rapprochées, obliques ou triangulaires-cordiformes ou hastées, acum., piquantes; nervure droite à peu près au milieu; angle supér. aigu, souvent glanduleux, l'infér. obtus; capitules de 3-5 fl.; pédonc. un peu plus courts que les phyllodes; calice 3 fois plus court que la corolle. 1842.

16 **A. soc de charrue.** *A. vomeriformis* All. Cun. Arbriss. à ram. cylindr., légèrem. pubesc. ou glabres; stipules sétacées; phyllodes triangulaires, tronquées au sommet, presque bilobées; nervure rapprochée du bord infér. et se prolongeant en une pointe épineuse; angle ou lobe supér. obtus, rarem. glanduleux; capitules multifl. au sommet de pédonc. glabres, minces, un peu plus courts que les phyllodes; calice moitié plus court que la corolle. 1840.

17 **A. deltoïde.** *A. deltoidea* All. Cun. Arbriss. glabre ou pubesc. dans la jeunesse, à ram. cylindr.; stipules sétacées, à base persistante, presque conique; phyllodes petites, obliques, ovales-triangulaires, épaisses, plurinervées, mucronées, à angle supér. nu ou rarem. glanduleux; capitules denses, multifl. au sommet de pédonc. pubesc., égalant à peu près les phyllodes; calice profondément et étroitement lobé. 1840.

18 **A. oblique.** *A. obliqua* All. Cun. Arbriss. pubesc. ou glabre, à ram. à peine anguleux; stipules petites; phyllodes petites, obliques, obovales ou orbiculaires, glabres, épaisses, arquées, briév. mucronées, à 2-4 nervures peu saillantes à la base; capitules de 8-10 fl. au sommet de pédonc. glabres, grêles, plus longs que les phyllodes. 1840.

§ 5. *Stipules très petites ou nulles; phyllodes lancéolées ou subulées, terminées par une petite pointe piquante.*

A. *Fl. en capitules; phyllodes à plusieurs nervures.*

19 **A. trinervée.** *A. trinervata* Sieb. *A. laxifolia* All. Cun. *A. Cunninghamii* G. Don. Arbriss. glabre ou pubesc. dans la jeunesse, à ram. anguleux; phyllodes linéaires, épaisses, raides, piquantes, à 2-4 nervures, un peu étroites à la base; en avril-juin, capitules petits, multifl., au sommet de pédonc. glabres, grêles; calice denté ou lobé, égalant la moitié de la corolle. 1820.

20 **A. laineuse.** *A. lanigera* All. Cun. Arbriss. à ram. anguleux, pubesc., laineux, quelquefois cylindr., glabres, visqueux; phyllodes linéaires-lanc., acum., piquantes, à base étroite, épaisses, raides, striées de plusieurs nervures; capitules multifl., très briév. pédonculés; calice campanulé, 3 fois plus court que la corolle. 1840.

21 **A. à feuil. de genêt.** *A. genistifolia* Link. Arbriss. glabre, à ram. anguleux; phyllodes linéaires, raides, mucronées, piquantes, ordin. à 3 nervures; en mars-août, capitules multifl. au sommet de pédonc. égalant les phyllodes; gousse longue et étroite, linéaire, comprimée, droite, glabre. 1825.

22 **A. sillonnée.** *A. sulcata* R. Br. Arbriss. glabre, à ram. faiblement anguleux; phyllodes rapprochées, linéaires-subulées, légèrem. arquées, profondément sillonnées-striées, terminées par une pointe droite, piquante; en mai-août, capitules petits, multifl. au sommet de pédonc. un peu plus courts que les phyllodes; calice denté, plus court que la corolle; gousse linéaire, contournée-arquée, glabre, à 2 valves coriaces. 1803.

B. *Fleurs en capitules; phyllodes à une seule nervure.*

23 **A. diffuse.** *A. diffusa* Lindl. *A. prostrata* Lodd. Arbriss. glabre, à ram. anguleux; phyllodes linéaires-étroites, épaisses, raides, mucronées, piquantes, à une seule nervure, à base rétrécie; en mai-juin, capitules à 12-20 fl. au sommet de pédonc. ordin. géminés, 2-3 fois plus longs que les capitules; calice beaucoup plus court que la corolle. 1818.

24 **A. fausse-asperge.** *A. asparagoides* All. Cun. Arbriss. glabre, à

ram. à peu près cylindr.; phyllodes linéaires-subulées, épaisses, raides, acumin., piquantes, presque tétragones, anguleuses à la base et au sommet, à nervure très saillante des 2 côtés; capitules multifl., solit., presque sessiles; bractées acumin.; calice égalant la moitié de la corolle. 1840.

25 **A. de Brown.** *A. Brownei* Steud. *A. acicularis* R. Br. Arbriss. glabre, à ram. à peu près cylindr.; phyllodes linéaires-subulées, épaisses, acumin., piquantes, presque tétragones, à nervure très saillante; en mars-août, capitules multifl., blanchâtres, au sommet de pédonc. grêles, égalant à peu près les phyllodes; calice sinué-denté ou à sépales presque libres, égalant la moitié de la corolle. 1796.

26 **A. à feuil. de genévrier.** *A. juniperina* Willd. Arbriss. à ram. cylindr., pubesc.; phyllodes glabres, linéaires-subulées, raides, presque tétragones, élargies à la base, à nervure saillante; en mars-juin, capitules multifl. au sommet de pédonc. un peu plus longs que les phyllodes; bractéoles acum.; sépales presque libres, moitié plus courts que la corolle. 1790.

C. *Fleurs en épis.*

27 **A. verticillée.** *A. verticillata* Willd. Arbriss. glabre ou pubescent, à ram. anguleux-striés; phyllodes divariquées, presque verticillées, linéaires-subulées, lancéolées ou oblongues, raides, mucronées, piquantes, un peu rétrécies à la base, à une seule nervure, rarem. à 3; en mars-mai, épis cylindr., denses, égalant les phyllodes; bractéoles acum. Van Diemen, 1780.

Var. à feuil. larges. *A. vert. latifolia* Dec. *A. ruscifolia* All. Cun. Stipules épineuses, décidues; phyllodes verticillées ou éparses, ovales ou ovales-lanc., aiguës, à 2-3 nervures peu saillantes, terminées par une petite pointe droite et piquante; fl. à 4 parties, en épis cylindr., pédicellés, solit., axillaires; pédic. égalant la moitié des phyllodes. 1780.

28 **A. de Ricé.** *A. Riceana* Hensl. *A setigera* Hook. Arbriss. glabre, à ram. anguleux; phyllodes étroites-linéaires ou subulées, acum., piquantes, uninervées, éparses ou verticillées; épis lâches, allongés, grêles, dépassant les phyllodes. Van Diemen.

29 **A. à feuil. d'if.** *A. oxycedrus* Sieb. *A. taxifolia* Lodd. Arbrisseau à ram. pubesc., à peu près cylindr.; phyllodes linéaires-lanc., éparses ou verticillées, acum., piquantes, glabres, raides, à peine rétrécies à la base, relevées de 3-4 nervures; en avril-juin, épis denses, cylindr., briév. pédonculés, dépassant les phyllodes; bractéoles courtes, orbiculaires. 1824.

§ 6. *Stipules presque nulles; phyllodes subulées, allongées, non piquantes; fl. en capitules.*

30 **A. raide.** *A. rigens* All. Cun. Arbriss. pubesc. dans la jeunesse, quelquef. glabre; ram. anguleux; phyllodes étalées, droites, linéaires-subulées, cylindr.-comprimées, raides, mutiques ou courtement mucronées, à 3 nervures; capitules multifl.; pédonc. solit. ou géminés, beaucoup plus courts que les phyllodes; calice sinué-denté. 1840.

31 **A. à feuil. de calamus.** *A. calamifolia* Sweet. Arbrisseau glabre, à ram. à peu près cylindr.; phyllodes subulées-allongées, droites ou souvent courbées, comprimées, peu veinées, terminées par une pointe fine et crochue; en mai-juin, capitules multifl., solit. ou disposées en petites grappes; calice sinué-denté. 1823.

§ 7. *Stipules sétacées ou nulles; phyllodes courtes, verticillées ou éparses, très rapprochées, étroites ou cylindr., non piquantes.*

32 **A. à feuil. de lycopode.** *A. lycopodiifolia* All. Cun. Arbriss. pubesc., un peu visqueux, à ram. cylindr.; stipules sétacées, appliquées sur les branches; phyllodes verticillées, petites, subulées, hispides, terminées par une pointe longue, soyeuse; capitules multifl., hispides, au sommet de pédonc. plus longs que les phyllodes; calice très petit. 1840.

33 **A. bruniade.** *A. bruniades* All. Cun. Arbriss. à ram. cylindr., finement pubesc.; stipules très petites; phyllodes éparses, très rapprochées, glabres, courtes, subulées, cylindr., mucronées; capitules glabres, multifl.; pédonc. gla-

bres, plus longs que les phyllodes; calice sinué-denté, moitié plus court que la corolle. 1840.

§ 8. *Stipules presque nulles; phyllodes ovales ou linéaires, non piquantes, à une seule nervure; fl. en capitules.*

34 **A. porte-poils.** *A. piligera* ALL. CUN. Arbriss. à ram. striés, couverts, ainsi que les pédonc., de poils hispides, étalés; phyllodes ovales-orbiculaires, aiguës, ondulées, glanduleuses sur le bord, obliquement tronquées ou cunéaires à la base, terminées par une pointe au sommet; capitules multifl. au sommet de pédonc. grêles, plus longs que les phyllodes. 1840.

35 **A. à feuil. de podalaire.** *A. podalyriæfolia* ALL. CUN. *A. Fraseri* HOOK. Arbriss. entièrement glauque, couvert d'une fine pubescence; phyllodes ovales, obtuses, mucronées, terminées par 1-2 glandes; capitules multifl., tomenteux, disposés en grappes 2-3 fois plus longues que les phyllodes. 1840.

36 **A. de Sainte-Hélène.** *A. vestita* KER. Arbre à ram. cylindr., hispides; phyllodes ellipt.-arquées, ondulées, aristées sur le côté, inégalement cunéaires à la base, un peu hispides, à une seule nervure; en avril-mai, capitules de 10-15 fl., disposés en grappes lâches, 2-3 fois plus longues que les phyllodes. 1820.

37 **A. en forme de couteau.** *A. cultriformis* ALL. CUN. Arbriss. très glabre, glauque, seulement dans la jeunesse; ram. anguleux; phyllodes ovales-arquées, ou oblongues, ou à peu près triangulaires, coriaces, marginées, mucronées ou mutiques, rétrécies à la base, glanduleuses à l'angle supérieur; capitules de 20 fleurs environ, disposés en grappes beaucoup plus longues que les phyllodes. 1840.

38 **A. à feuil. d'olivier.** *A. oleæfolia* ALL. CUN. *A. dealbata* ALL. CUN. *A. furfuracea* G. DON. Arbriss. glabre, glauque dans la jeunesse; ram. anguleux; phyllodes obliques, ovales ou ellipt., briév. mucronées, minces, coriaces, marginées, à une seule nervure, inégalement rétrécies à la base, glanduleuses au sommet; capitules de 4-8 fl., disposés en grappes 2-3 fois plus longues que les phyllodes. 1840.

39 **A. en croissant.** *A. lunata* SIEB. *A. brevifolia* LINDL. Arbriss. glabre, à ram. anguleux; phyllodes oblongues-courbées en croissant, courtement mucronées, couvertes de petites glandes, étroitement marginées, rétrécies à la base; en avril-mai, capitules de 4-6 fl., disposés en grappes plus longues que les phyllodes. 1810.

40 **A. à feuil. de myrte.** *A. myrtifolia* WILLD. Arbriss. très glabre, à ram. anguleux; phyllodes obliques, oblongues ou en croissant, épaisses, marginées, terminées par une pointe racornie, à base rétrécie, glanduleuses dans la moitié inférieure; en février-mars, capitules en grappes plus courtes que les phyllodes; ovaire glabre ou légèrem. pubescent. 1789.

41 **A. marginée.** *A. marginata* R. BR. *A. trigona* ALPH. DEC. Arbriss. très glabre, à ram. anguleux; phyllodes lanc.-allongées, courbées en faux, aiguës aux extrémités, briév. mucronées, épaisses, marginées, glanduleuses dans la moitié infér.; en avril-juin, capitules en grappes plus courtes que les phyllodes; ovaire velu. 1803.

42 **A. parfumée.** *A. suaveolens* WILLD. *A. ambigua* SAL. Arbriss. très glabre, à ram. triquètres; phyllodes linéaires ou lanc., obtuses, mucronulées, épaisses, marginées, à une seule nervure, longuement rétrécies à la base et munies de petites glandes; en février-juin, capitules de 6-10 fl., disposés en grappes courtes; ovaire glabre. 1790.

43 **A. bleue.** *A. subcœrulea* LINDL. Arbriss. très glabre, à ram. triquètres; phyllodes oblongues-linéaires ou à peu près lanc., obtuses, épaisses, coriaces, à une seule nervure, un peu marginées, à base étroite; capitules glabres, multifl., disposés en grappes; ovaire glabre.

44 **A. falciforme.** *A. falciformis* DEC. *A. adstringens* ALL. CUN. Arbriss. glabre, à ram. cylindr.; phyllodes longues, oblongues-courbées en faux, obtuses, longuement rétrécies à la base, étroitement marginées, munies d'une grosse glande près la base; en avril-juin, capitules de 20-30 fl., disposés en grappes tomenteuses, plus courtes que les phyllodes; calice cilié; corolle his-

pide, moitié plus longue que le calice; ovaire glabre. 1818.

45 **A. à feuil. bleuâtres.** *A. cyanophylla* LINDL. Arbriss. glabre, glauque-bleuâtre ou pâle; ram. à peine anguleux; phyllodes très longues, oblongues, ou les supér. linéaires, un peu courbées en faux ou ondulées, longuem. rétrécies à la base, étroitement marginées, peu glanduleuses; capitules denses, composés de 40 fl. et plus, disposés en grappes courtes; calice brièvement denté; ovaire glabre; gousse étroite.

46 **A. arquée.** *A. falcata* WILLD. Arbriss. glabre, à ram. anguleux; phyllodes longues, falciformes, acuminées, longuem. rétrécies à la base, étroitement marginées, quelquef. munies de petites glandes dans la partie infér.; en mai-juin, capitules petits, à 20 fl. environ, disposés en grappes beaucoup plus courtes que les phyllodes; sépales distincts, spatulés, moitié plus courts que la corolle; ovaire glabre; gousse linéaire, un peu large. 1790.

47 **A. à nervures pennées.** *A. penninervis* SIEB. *A. impressa* ALL. CUN. Arbriss. glabre, de couleur pâle, à ram. anguleux; phyllodes oblong. ou oblongues-linéaires, acuminées, droites ou faiblement arquées, aiguës, marginées, longuement amincies à la base, munies d'une grosse glande au-dessus de la base; en avril-juin, capitules petits, de 20 fl. environ, disposés en grappes lâches, peu rameuses; calice tronqué-denté; ovaire glabre. 1824.

48 **A. obtuse.** *A. obtusata* SIEB. Arbriss. très glabre, à ram. anguleux; phyllodes oblongues-linéaires ou spatulées, obtuses, à peine mucronées, épaisses, raides, marginées, longuem. amincies à la base, à une seule nervure, souvent glanduleuses vers le milieu, peu veinées; en avril-juin, capitules multifl., denses, disposés en grappes beaucoup plus courtes que les phyllodes; calice et corolle épais; ovaire glabre. 1824.

49 **A. rougeâtre.** *A. rubida* ALL. CUN. *A. amœna* SIEB. Arbriss. très glabre, à ram. anguleux; phyllodes lanc.-allongées, aiguës, épaisses, droites ou un peu arquées, terminées par une pointe courte, racornie, longuem. rétrécies à la base, à une seule nervure, étroitement marginées, peu veinées, munies d'une glande vers la base; en avril-juin, capitules de 10-20 fl., disposés en grappes beaucoup plus courtes que les phyllodes; ovaire glabre. 1820.

50 **A. subulée.** *A. subulata* BONPL. Arbriss. glabre, un peu glauque dans la jeunesse; ram. anguleux; phyllodes longues, étroites, linéaires, mucronulées, planes, rétrécies à la base, à peine marginées et glanduleuses; en avril-juin, capitules petits, de 12-20 fl., disposés en grappes plus courtes que les phyllodes; calice membranacé, sinué-denté. 1824.

51 **A. à feuil. de lin.** *A. linifolia* WILLD. *A. abietina* WILLD. Arbrisseau glabre, à ram. anguleux, presque triquètres; phyllodes courtes, étroites, linéaires ou subulées, minces, aiguës, luisantes, étroitement marginées, glanduleuses, à une seule nervure; en mai-juin, capitules petits, de 8-12 fl., disposés en grappes un peu plus longues que les phyllodes; ovaire glabre. 1790.

52 **A. élevée.** *A. prominens* ALL. CUN. *A. fimbriata* ALL. CUN. Arbriss. élevé, à ram. anguleux-triquètres, pubesc., ainsi que le bord des phyllodes, les autres parties glabres; phyllodes linéaires-lanc., aiguës aux 2 bouts, luisantes, claires, étroitement marginées, glanduleuses, à une seule nervure et à veines pennées; capitules petits, de 8-12 fl., disposés en grappes un peu plus longues que les phyllodes; ovaire glabre. 1840.

53 **A. sarcloir.** *A. lineata* ALL. CUN. *A. runciformis* ALL. CUN. Arbriss. à ram. à peu près cylindr., finement pubesc. ou velus; phyllodes un peu résineuses, glabres ou pubesc.-linéaires, marginées, à base inégale, étroite, terminées en crochet aigu; capitules petits, de 13-15 fl., solit. au sommet de pédonc. grêles, plus courts que les phyllodes. 1840.

54 **A. à vernis.** *A. verniciflua* ALL. CUN. *A. graveolens* LODD. *A. virgata* LODD. Arbriss. glabre, visqueux, à ram. anguleux; phyllodes linéaires ou oblongues-lanc., rétrécies aux 2 extrémités, aiguës, terminées par une pointe racornie, un peu en forme de faux, glandu-

leuses sur le bord, à 2, rarem. une seule nervure ; capitules multifl., solit. ; pédonc. courts. 1840.

55 **A. lépreuse.** *A. leprosa* SIEB. Arbriss. à ram. anguleux, couverts au sommet de petits poils écailleux, très caducs; phyllodes étroites, glabres, linéaires-lanc., visqueuses-ponctuées, amincies à la base, rarem. glanduleuses sur le bord, à une seule nervure, finement réticulées, terminées par une pointe racornie; en mars-juin, capitules multifl. au sommet d'un court pédonc. cotonneux-blanchâtre. 1817.

56 **A. à feuil. de dodonée.** *A. dodoneæfolia* WILLD. *A. viscosa* WENDL. Arbriss. glabre, résineux-visqueux, à ram. anguleux, devenant ensuite cylindr.; phyllodes longuement et largement linéaires, obtuses, briév. mucronées-arquées, à base longuement rétrécie, munies ordin. de 2-3 glandes sur le bord supérieur; nervure médiane saillante; veines peu nombreuses, réticulées; en mars-juin, capitules multifl. au sommet de pédonc. grêles. 1817.

57 **A. échancrée.** *A. stricta* WILLD. *A. emarginata* WENDL. Arbriss. glabre, à peine résineux, à ram. anguleux; phyllodes longuem. et largem. linéaires, obtuses ou échancrées, terminées par une glande, rarem. mucronées, longuem. rétrécies à la base, souvent glanduleuses sur le bord, à une seule nervure; veines très fines et pennées; en février-mai, capitules multifl. au sommet de pédonc. courts. 1790.

58 **A. dentifère.** *A. dentifera* BENTH. Arbriss. glabre, à ram. anguleux-striés; stipules petites, en forme de dents; phyllodes longuem. et étroitem. linéaires, aiguës ou obtuses, à peine mucronées, briév. rétrécies à la base, à une seule nervure; capitules axill. au sommet de pédonc. très grêles, beaucoup plus courts que les phyllodes ou en grappes quelquefois feuillées. 1840.

59 **A. à feuilles rondes.** *A. rotundifolia.* HOOK. Arbriss. élégant à ram. anguleux, pubesc.; stipules en forme d'écailles aiguës; phyllodes briévem. pétiolées, obliques arrondies, obtuses, ou faiblement échancrées, avec une petite pointe, à nervures pennées, épaissies sur les bords, munies d'une glande vers le milieu du bord supér.; capitules globuleux, solit., ou en grappes; pédonc. plus longs que les phyllodes. 1840.

§ 9. *Stipules presque nulles ; phyllodes à plusieurs nervures; fleurs en capitules.*

60 **A. allongée.** *A. elongata* SIEB. Arbriss. à ram. anguleux pubesc., ainsi que les pédonc., quelquefois glabres; phyllodes allongées-linéaires, épaisses, raides, rétrécies à la base, mutiques ou terminées par une petite pointe courbe, striées des 2 côtés de 3 nervures principales; en avril-juin, capitules multifl. denses; pédonc. ordin. géminés, 2-3 fois plus longs que le capitule, quelquefois en petites grappes; bractées spatulées, plus courtes que la corolle. 1824.

61 **A. à plusieurs nervures.** *A. multinervia* DEC. Petit arbriss. bas, très rameux, glabre, à ram. cylindr.; phyllodes linéaires-lanc., falciformes-divariquées, raides, striées de plusieurs nervures, terminées par une pointe courbe, raides, rétrécies et munies d'une glande comprimée à la base; en mars-juin, capitules glabres, multifl., briév. pédonculés, solit. ou géminés. 1824.

62 **A. à rameaux pendants.** *A. pendula* ALL. CUN. *A. leucophylla.* LINDL. Arbriss. couvert d'un duvet court, grisâtre; ram. d'abord anguleux devenant ensuite cylindr.; phyllodes épaisses, coriaces, raides, linéaires-lanc., falciformes, acuminées, terminées par une pointe courbe, sans nervures, ou à plusieurs peu saillantes; en avril-juin, capitules petits, de 12-20 fl., disposées en grappes courtes au sommet de pédonc. pubescents. 1822.

63 **A. cyclope.** *A. cyclopis* ALL. CUN. Arbriss. glabre, à ram. anguleux; phyllodes étroites, oblongues, droites, un peu arquées, obtuses au sommet, coriaces, raides, multinervées, obscurément veinées, rétrécies à la base; en avril-juin, capitules multifl., denses, solit. ou réunies 2-3 en grappes; gousse plane largement linéaire, arquée, glabre, à bords épaissis. 1824.

64 **A. à bois noir.** *A. melanoxylon* R. BR. *A. arcuata* SIEB. *A. latifolia* HORT. PAR. Arbriss. glabre à ram. an-

guleux ; phyllodes oblong.-falciformes ou lanc., obtuses, rarem. aiguës, coriaces, raides, longuement rétrécies à la base, à plusieurs nervures, peu veinées; en avril-juin, capitules multifl., denses, disposées 1-4 en grappes; gousse largement linéaire, plane, arquée, glabre, à bords épais. 1801.

65 **A. de Sims.** *A. Simsii* All. Cun. Arbriss. glabre, à ram. à peine anguleux; phyllodes linéaires, un peu falciformes, mucronées-obtuses, trinervées, à veines parallèles réticulées, minces et longuement rétrécies à la base; capitules glabres, multifl., solit. ou disposés en grappes courtes; calice denté ou faiblement fendu; gousse étroite, linéaire, plane, glabre, à bords minces. 1840.

66 **A. pied court.** *A. brevipes.* All. Cun. Arbriss. glabre, à rameaux à peu près cylindriques; phyllodes à peu près falciformes-allongées, mucronées, un peu coriaces, longuem. rétrécies à la base, à plusieurs nervures très fines; capitules disposés 1-3 en grappes courtes; calice sinué-denté, égalant la moitié de la corolle. 1840.

67 **A. hétérophylle.** *A. heterophylla* Willd. Arbriss. glabre ou pubesc.-jaunâtre dans la jeunesse, à ram. anguleux; phyllodes falciformes allongées, obtuses, un peu coriaces, multinervées, longuement rétrécies à la base, quelquefois terminées par des feuilles bipennées; en avril-juin, capitules pubesc., multifl., denses, solit. ou en petites grappes; calice denté; gousse largem. linéaire, un peu arquée, plane, glabre, marginée. 1824.

§ 10. *Stipules presque nulles; phyllodes à plusieurs nervures, rarement à une seule, ou subulées non piquantes; fl. en épis.*

68 **A. à feuil. étroites.** *A. longissima* Wendl. *A. linearis* Sims. Arbriss. glabre ou légèrem. pubesc. dans la jeunesse, à ram. anguleux; phyllodes longuem. et étroitem. linéaires, mutiques ou à peine mucronées, non glanduleuses, à base longuem. rétrécie, à 1-3 nervures, la médiane plus saillante; en mai-juin, épis grêles, interrompus, glabres, beaucoup plus courts que les phyllodes; calice à 4 petites dents; gousse uniloc. linéaire-étroite. 1819.

69 **A. à fl. nombreuses.** *A. floribunda* Willd. *A. angustifolia* Lodd. Arbriss. glabre, à ram. anguleux ; phyllodes longuem. linéaires, ou lanc.-étroites aiguës, à plusieurs nervures fines; en mai-juin, grappes grêles, interrompues, plus courtes que les phyllodes; calice brièvem. denté. 1796.

70 **A. mucronée.** *A. mucronata.* Willd. Arbriss. glabre ou pubesc. dans la jeunesse, à ram. à peine anguleux; phyllodes étroites linéaires-spatulées, obtuses, rétrécies à la base, coriaces, trinervées, à peine veinées; en mai-juin, épis interrompus plus courts que les phyllodes; calice brièvem. denté; gousse étroite, linéaire, à peu près cylindrique. 1818.

71 **A. sophora.** *A. sophoræ* R. Br. Arbriss. glabre ou pubesc dans la jeunesse, à ram. anguleux; phyllodes obovales-oblongues, obtuses, terminées par une pointe dure, cunéaires à la base, coriaces, à 3-5 nervures réticulées-veinées; en avril-mai, épis interrompus plus courts que les phyllodes; calice brièvem. denté; gousse étroite, linéaire, à peu près cylindr., arquée. 1805.

72 **A. à longues feuilles.** *A. longifolia* Willd. *A. intertexta* Sieb. *A. obtusifolia.* All. Cun. *A. Dampieri* Hortul. Arbriss. glabre ou pubesc. dans la jeunesse, à ram. anguleux; phyllodes à peu près lanc. ou oblongues-allongées, obtuses, rarement aiguës, mucronées, longuem. rétrécies à la base, coriaces, à 2-3 nervures réticulées et à veines presque parallèles; en mars-mai, épis interrompus beaucoup plus courts que les phyllodes; calice très courtement denté; gousse glabre, longue, linéaire, cylindr.-comprimée. 1792.

73 **A. bois de lance** *A. doratoxylon* All. Cun. Arbriss. glabre un peu grisâtre, à ram. cylindr.; phyllodes longues, linéaires, un peu falciformes, à sommet recourbé, briév. acuminé, multinervées striées, longuem. rétrécies à la base; épis cylindr., solit. ou rameux; calice pubesc. à peine denté, moitié plus court que la corolle. 1840.

74 **A. pelée.** *A. delibrata.* All. Cun. Arbriss. glabre, légèrement visqueux, à ram. anguleux, quelquefois cylindr.;

phyllodes étroites, falciformes-lanc., ou **linéaires**, rétrécies aux 2 extrémités; obtuses, obliquem. mucronées au sommet, **finement** striées; épis court, pédonculés; **gousse** coriace, glabre, uniloc. linéaire, plane. 1840.

75 **A. glaucescente.** *A. glaucescens* Willd. *A. cinerascens* Sieb. Arbriss. couvert d'un court duvet appliqué, grisâtre ou jaunâtre dans la jeunesse, quelquefois glabrescent; ram. anguleux-friquêtres; phyllodes oblongues-falciformes ou lanc., rétrécies des 2 côtés, finement striées, multinervées; en février-juin, épis pédonculés, cylindr.-allongés, lâches; calice laineux, denté, 3-4 fois plus court que la corolle. 1790.

76 **A. à fruits noués.** *A. plectocarpa* All. Cun. Arbriss. glabre, un peu glauque, à ram. anguleux presque triquètres; phyllodes lanc.-falciformes, longuem. rétrécies des 2 côtés, finement striées, multinervées; épis cylindr.-allongés, interrompus; calice sinué-denté, 3-4 fois plus court que la corolle; gousse droite linéaire, plane, marginée, coriace, glabre; à valves souvent flexueuses-enflées. 1840.

77 **A. à fruits minces.** *A. leptocarpa* All. Cun. Arbriss. glabre, à ram. à peu près cylindr.; phyllodes falciformes-lanc., longuement rétrécies aux 2 extrémités, finement striées par plusieurs nervures; épis cylindr.-allongés, interrompus, glabres; calice sinué-denté, beaucoup plus court que la corolle; gousse uniloc., étroite, linéaire-cylindr., marginée, un peu bosselée. 1840.

78 **A. à fruits spiralés.** *A. spirorbis* Labill. Arbriss. glabre, un peu glauque, à ram. à peine anguleux; phyllodes étroites, oblongues-falciformes ou lanc., obtuses, coriaces, longuem. rétrécies des 2 côtés, à plusieurs nervures très fines; épis cylindr.-allongés, interrompus, glabres; calice sinué-denté, moitié plus court que la corolle; gousse large, comprimée, coriace, glauque, flexueuse, contournée en spirale. Nouvelle-Calédonie.

79 **A. à fruits crochus.** *A. oncinocarpa.* Benth. Arbriss. glabre, à ram. cylindr.; phyllodes falciformes-oblongues ou lanc., obtuses, striées, multinervées, à base rétrécie; épis allongés, quelquefois interrompus; calice large membranacé, dépassant la moitié de la corolle; gousse large, linéaire, épaisse, plane, presque droite, crochue au sommet, rétrécie à la base, glabre, cloisonnée intérieurement. 1840.

80 **A. ombellée.** *A. umbellata* All. Cun. Arbriss. blanchâtre, finement pubesc., quelquefois glabre, à ram. presque anguleux; phyllodes larges, oblongues, presque falciformes, obtuses, ondulées, coriaces, striées, à plusieurs nervures, rétrécies à la base; épis sess., cylindr., denses; calice hispide à 4-5 divis.; gousse épaisse-coriace, linéaire-étroite, cloisonnée intérieurem. 1840.

81 **A. à gros fruits.** *A. crassicarpa* All. Cun. Arbriss. glabre ou un peu cendré, à ram. à peine anguleux; phyllodes coriaces, larges, oblongues-falciformes, rétrécies des 2 côtés, finement nervées; épis cylindr., denses, briev. pédonculés; calice hispide à 4-5 divis., 2-3 fois plus court que la corolle; gousse oblongue, un peu sinueuse, plane, coriace-ligneuse, épaisse, plus étroite à la base, cloisonnée intérieurement. 1840.

§ 11. *Stipules ordinairement nulles; phyllodes obliques ou falciformes, ayant une moitié plus large, à 2-4 nervures.*

82 **A. soyeuse.** *A. holoserica* All. Cun. *A. neurocarpa* All. Cun. Arbriss. pubesc.-soyeux, blanchâtre, à ram. anguleux-triquètres; phyllodes amples, obliques, ovales-oblongues, cunéaires à la base, à 3-4 nervures se joignant avec le bord inférieur; fl. velues en épis solit. sess., cylindriques; gousse comprimée, étroite, linéaire, flexueuse-contournée. 1840.

2e Section. — **Botrycéphalées.**— *Arbriss. de la Nouvelle-Hollande, non épineux, à feuilles bipennées; fleurs en capitules disposés en grappes; pédoncules solitaires.*

83 **A. élevée.** *A. elata* All. Cun. Arbriss. à pétioles et panicules couvertes, dans la jeunesse, d'un duvet jaune; feuil. grandes, munies d'une glande verruqueuse à la base du pétiole, composées de 4-8 pennes, distantes, portant chacune 16-24 fol. lanc., acuminées-

aiguës, soyeuses; fl. pubesc., en capitules brièvem. pédonculés, disposés en grappes formant une ample panicule dépourvue de feuil.; calice moitié plus court que la corolle. 1840.

84 **A. remarquable.** *A. spectabilis* All. Cun. Arbriss. glauque, glabre, ou à ram. et pétioles peu poilus; feuil. munies d'une glande aplatie sur le pétiole, composées de 4-10 pennes portant chacune 4-8 paires de fol. obovales-oblongues, très obtuses, épaisses, à 2-3 nervures peu saillantes; fl. presque glabres, en capitules disposés en grappes plus longues que les feuil., les supér. en panicules; calice moitié plus court que la corolle. 1840.

85 **A. à 2 couleurs.** *A. discolor.* Willd. *Mimosa discolor* Andr. *M. botrycephala* Vent. Arbriss. à ram. cylindriques, ou presque tétragones, pubesc. ainsi que les pétioles; feuil. composées de 6-12 pennes, portant chacune 10-15 paires de fol. oblongues, obtuses, mucronées, glabres, pâles en dessous, à une seule nervure peu saillante; pétioles munis d'une glande en forme de bouclier; en mars-juin, fl. glabres en capitules disposés en grappes paniculées; corolle striée, 3 fois plus longue que le calice; gousse glabre, largement linéaire, droite. 1788.

86 **A. décurrente.** *A. decurrens* Willd. Arbriss. glabre, ou légèrement pubesc. dans la jeunesse, à ram. anguleux ou ailés; feuil. à 10-14 pennes, portant chacune 30-40 paires de fol. étroites, linéaires ou subulées, raides, un peu glauques; pétioles munis de glandes verruqueuses entre chaque paire de pennes; en mai-juil., fl. glabres en petits capitules disposés en grappes axill. paniculées; corolle lisse, moitié plus longue que le calice. 1790.

87 **A. très molle.** *A. mollissima* Willd. *A. decurrens* var. *mollissima* Lindl. Arbriss. à ram. anguleux, pubesc. ainsi que les pétioles; feuil. de 16-32 pennes, portant chacune 30-40 paires de fol. rapprochées, linéaires, obtuses, pubesc.; pétioles munis de glandes verruqueuses entre chaque paire de pennes; en juil.-août, fl. glabres en capitules disposés en grappes paniculées; corolle lisse une fois plus longue que le calice; gousse glabre largem. linéaire, droite, plane. 1810.

88 **A. blanchissante.** *A. dealbata* Link. Arbriss. à ram. faiblement anguleux, couverts, ainsi que les pétioles, d'un petit duvet blanchâtre ou glauque; feuil. à 20-40 pennes, portant chacune 30-40 paires de petites fol. serrées, linéaires, obtuses, légèrem. pubesc. ou glauques; pétioles munis de glandes à toutes ou presque toutes les paires de pennes; en févr.-mars, fl. glabres en capitules disposés en grappes paniculées; corolle lisse, une fois plus longue que le calice. 1824.

89 **A. pubescente.** *A. pubescens* R. Br. *Mimosa pubescens* Vent. Arbriss. à ram. cylindr., poilus; feuil. à 6-20 pennes portant chacune 6-16 paires de fol. serrées, linéaires, obtuses, glabres; pétioles velus, munis de petites glandes rares, souvent peu visibles; en mars-juin, capitules glabres, petits, disposés en grappes grêles, plus longues que les feuil., les supér. paniculées; corolle lisse, trois fois plus longue que le calice. 1790.

3e Section. — **Pulchellées.** — *Arbriss. de la Nouvelle-Hollande, non épineux, ou munis d'épines axillaires, à feuil. bipennées; fl. en capitules, solit. ou fasciculés à l'aisselle des feuilles ou des épines.*

90 **A. à 5 paires de pennes.** *A. pentadenia* Lindl. Arbriss. non épineux, glabre, à ram. anguleux; feuil. de 6-10 pennes distantes, portant chacune 20-30 paires de fol. obliques, ovales ou oblongues, obtuses; pétioles munis de glandes en forme de bouclier à la base de chaque paire de pennes; capitules globuleux, nombreux, formant une sorte de grappe; calice cilié.

91 **A. noirâtre.** *A. nigricans* R. Br. *A. rutæfolia* Link. Arbriss. non épineux, glabre, à ram. presque anguleux; pétiole dilaté, glanduleux, portant 2-4 pennes, la supér. composée de 5-7 paires de fol. obovales ou linéaires oblongues, l'infér. à 2-6 fol. de même forme; en mai-juil., capitules globuleux, solit. ou fasciculés; calice cilié; gousse marginée, largem. linéaire, plane, droite. 1803.

92 **A. élégante.** *A. pulchella* R. Br. Arbriss. à ram. poilus-hispides, garnis d'épines axill., subulées; pétioles courts, munis d'une glande longuem. stipitée; feuil. composées de 2 pennes, portant chacune 4-7 paires de fol. obovales ou linéaires-oblongues, glabres, nues; en avril-juil., capitules globuleux, glabres; gousse étroite, plane, linéaire, marginée, glabre. 1803.

93 **A. de Drummond.** *A. Drummondii* Benth. Arbriss. non épineux, à ram. pubesc.-soyeux; stipules subulées; pétioles légèrem. soyeux-pubesc., munis de glandes verruqueuses, souvent peu visibles; feuil. à 4 pennes, portant chacune 2-6 paires de fol. glabres, oblong.-linéaires; épis cylindr. dépassant les feuil. 1840.

4e Section. — **Gommifères.** — *Stipules épineuses, sans aiguillons; feuilles bipennées. — Arbriss. de l'Amérique, de l'Afrique et de l'Asie.*

§ 1. *Arbriss. munis de bractées au sommet des pédoncules qui supportent les capitules.*

94 **A. de Farnèse.** *A. Farnesiana* Willd. *A. pedunculata* Willd. *A. edulis* Willd. *Farnesia odora* Gasparini. *Vachellia Farnesiana* Wigth. et Arn. Arbriss. glabre, à pétioles et ram. légèrement pubescents; épines droites, grêles; pétioles munis de glandes scutelliformes; feuill. à 8-16 pennes, portant chacune 10-20 paires de fol. linéaires, glabres; en juin-août, capitules pédonculés, glabres; gousse cylindr., enflée ou fusiforme, un peu arquée, glabre, indéhiscente. St-Domingue, 1656.

95 **A. de Cavénie.** *A. Cavenia* Hook. et Arn. *A. aromatica* Poepp. *Mimosa Cavenia* Colla. Arbriss. pubesc., rude ou presque glabre, garni d'épines droites; pétioles munis de petites glandes déprimées; feuil. à 10-20 pennes, portant chacune 10-20 paires de fol. très petites, oblongues-linéaires, obtuses; gousse épaisse, oblongue-cylindr., enflée ou fusiforme un peu arquée, glabre. Chili.

96 **A. girafe.** *A. girafæ* Burch. *A. reticulata* Willd. Arbriss. glabre, garni d'épines fauves, ligneuses, droites; feuil. à 2-6 pennes, portant chacune 9-15 paires de fol. épaisses, oblong.-linéaires, obtuses; pétioles munis de glandes scutelliformes à chaque paire de pennes; capitules fasciculés sur les nouveaux rameaux; gousse ovale, épaisse, indéhiscente. Cap, 1816.

97 **A. du Maroc.** *A. Maurociana* Dec. Arbriss. à ram. et pétioles légèr. cotonneux-blanchâtres, garni d'épines courtes un peu arquées; feuil. à 6-16 pennes, portant chacune 10-20 paires de fol. oblongues-linéaires, pubesc.-blanchâtres dans la jeunesse, quelquefois glabrescentes, un peu luisantes; pétioles munis de glandes scutelliformes; capitules axill.; gousse largem. linéaire, plane, un peu falciforme, épaissie sur les bords, à valves épaisses, coriaces, pubesc. se séparant difficilement. 1823.

§ 2. *Arbriss. munis de bractées vers le milieu des pédonc. qui portent les capitules.*

98 **A. d'Arabie.** *A. Arabica* Willd. Arbriss. glabre ou cotonneux-pubescent, garni d'épines subulées, solides, quelquefois blanches, droites ou un peu arquées; feuil. à 8-16, rarem. 2-6 pennes, portant chacune 10-20 paires de fol. oblongues-linéaires, obtuses, vertes, glabres ou un peu ciliées; pétioles munis de glandes scutelliformes, souvent très grosses; capitules globuleux axill.; gousse plane, linéaire, en forme de chapelets, pulpeuse intérieurement, à valves coriaces. 1820.

Var. **d'Égypte.** *Nilotica* Delile. *A. vera* Willd. Ram., pétioles et pédonc. glabres ou légèrem. pubescents; gousse glabre. 1596.

Var. de **l'Inde.** *Indica. A. Arabica* Roxb. Ram., pétioles et pédonc. glabres, feuil. à pennes lâches, distantes; gousse cotonneuse-blanchâtre à la maturité. 1800.

99 **A. gommier.** *A. gummifera* Willd. Arbriss. glabre, garni d'épines solides, droites; ram. cylindr.; feuil. à 2 pennes, portant chacune 12 fol. linéaires, obtuses; capitules oblongs, axill.; gousse tomenteuse, linéaire, plane, en forme de chapelets. Mogador, 1823.

100 **A. robuste.** *A. robusta* Burch. Arbriss. glabre garni d'épines solides, plus ou moins allongées, d'un blanc d'ivoire; feuil. à 4-8 pennes écartées, por-

tant chacune 8-13 paires de fol. oblongues-linéaires, obtuses; pétioles secondaires munis de 1-2 glandes; capitules globuleux axill.; gousse bivalve non pulpeuse, plane, droite. Cap, 1816.

101 **A. à feuil. de coronille.** *A. coronillæfolia* Desf. Arbriss. glabre, garni d'épines droites; feuil à 2 pennes, portant chacune 5-9 paires de fol. linéaires, obtuses, légèrement glauques; pétioles très courts, munis de glandes sessiles; capitules ovales pédonculés. Mogador, 1817.

102 **A. à épines d'ébène.** *A. eburnea* Willd. Arbriss. ferrugineux-velu, garni de longues épines blanches, droites; feuil. à 4-8 pennes, courtes, portant chacune 6-8 paires de petites fol. linéaires, obtuses; pétioles munis de grosses glandes; capitules axill.; gousse stipitée, glabre, plane, étroite-linéaire falciforme. Indes-Orient., 1792.

103 **A. blanche.** *A. leucophlœa* Willd. *A. alba* Willd. Arbriss. garni d'épines droites, à ram. et pétioles tomenteux, quelquefois glabres; feuil. à 10-24 pennes, portant chacune 12 30 paires de fol. obliquement oblongues-linéaires, obtuses, raides, tomenteuses ou glabres; pétioles munis de petites glandes scutelliformes; capitules briév. pédonculés, disposés en panicules amples, non feuillées, tomenteuses; gousse étroite-linéaire, épaisse-comprimée, un peu bosselée, toment. ou quelquefois glabre. Indes-Orient., 1812.

§ 3. *Fleurs en épis, rarement en capitules, munis de bractées à la base des pédoncules.*

104 **A. à capitules globuleux.** *A. sphœrocephala* Cham. et Schlech. *A. cornigera* Willd. *Mimosa cornigera* Lin. Arbriss. glabre, excepté les fl.; épines blanches, grandes, le plus souvent épaisses à la base, s'amincissant vers le sommet en forme de cornes; feuilles à 12-16 pennes, portant chacune 10-20 paires de fol. linéaires, obtuses, lâches; pétioles munis de grosses glandes; capitules globuleux, les supér. disposés en grappes paniculées. Mexique, 1692.

105 **A. blanchâtre.** *A. albida* Delile. Arbriss. à ram. glabres, blanchâtres, garni d'épines droites, fermes; pétioles glanduleux; feuil à 4-8 pennes, portant chacune 7-12 paires de fol. obliques, oblongues, très obtuses, glabres ou légèrem. poilues en dessous; fl. en épis lâches plus longs que les feuil.; calice 3 fois plus court que la corolle; gousse oblongue linéaire, falciforme, coriace, glabre, indéhiscente. Égypte.

5e Section. — **Vulgaires.** — *Stipules non épineuses; aiguillons placés en dessous des stipules, ou épars, quelquefois nuls; feuilles bipennées, glanduleuses sur le pétiole; capitules souvent fasciculés.*

§ 1. *Aiguillons placés en dessous des stipules; fleurs le plus ordinairement en épis.*

106 **A. de la Cafrérie.** *A. Caffra* Willd. *A. fallax* E. Mey. Arbriss. presque glabre, à ram. fauves; aiguillons géminés courbés ou nuls; feuil. à 16-24 pennes, portant chacune 15 30 paires de fol. linéaires, glabres ou finement pubescentes en dessous; pétioles non épineux; calice un peu plus court que la corolle; gousse bivalve, plane, linéaire. Cap, 1800.

107 **A. Sénégal.** *A. Senegal* Willd. *Mimosa Senegal* Lin. Arbriss. hérissé de petits aiguillons stipulaires droits; feuil. à 10-16 pennes, portant chacune 15-18 paires de fol. oblongues-linéaires, obtuses, glabres; pétioles munis de glandes sessiles entre chaque penne; fl. en épis grêles, axill., solitaires. Sénégal. 1823.

108 **A. Catéchu.** *A. Catechu* Willd. *A. polyantha* Willd. *A. wallichiana* Dec. *Mimosa Cathecu* Lin. *M. Suma* Roxb. Arbriss. à ram. et pétioles couverts d'un petit duvet blanchâtre; épines géminées, courbes ou nulles; feuil. à 20-60 pennes, portant chacune 30-50 paires de fol. linéaires, pubesc. et ciliées; pétioles quelquefois épineux; fl. sessiles pubesc. en épis lâches, axill., plus courts que les feuil.; calice un peu plus court que la corolle; gousse bivalve, plane, largement linéaire. Indes-Orient., 1790.

109 **A. Chomdra.** *A. Sundra* Dec. *A. Chundra* Willd. *Mimosa Sundra* Roxb. Arbriss. glabre, à ram. noir fauve, garnis d'aiguillons petits, géminés, courbes ou nuls; pétioles non épineux; feuil. à

20-30 pennes, portant chacune 20-30 paires de fol. linéaires ; fl. glabres, sessiles ou axill., plus courtes que les feuil.; calice 3 fois plus court que la corolle ; gousse bivalve, plane, largem. linéaire. Indes-Orient., 1789.

§ 2. *Aiguillons épars ; fl. en épis, les supér. souvent disposés en grappes.*

110 **A. à grandes stipules.** *A. grandistipula* Benth. Arbriss. à ram. et pétioles glabres, hérissés d'aiguillons arqués, épars ; stipules très grandes, en cœur réniforme, oblique ; feuilles à 6-12 pennes, portant chacune 10-25 paires de fol. oblongues-falciformes ou lancéolées, obtuses, glabres, ciliées ; fl. glabres briév. pédicellées en épis ovales-oblongs, denses, paniculés; calice moitié plus court que la corolle ; gousse grande, plane, largement linéaire, glabre. Brésil, 1838.

111 **A. veloutée.** *A. velutina* Dec. Arbriss. à ram. et pétioles pubesc.-veloutés dans la jeunesse, devenant ensuite glabres; aiguillons courbés, placés à la base des stipules ou épars ; stipules décidues, linéaires-spatulées, allongées, membranacées ; feuil. à 14-22 pennes, portant chacune 20-40 paires de foliol. membranacées, linéaires, glabres ; fl. pubesc., sess., en épis cylindr., denses, fasciculés ou en grappes ; calice un peu plus court que la corolle. Brésil.

§ 3. *Fleurs sessiles, disposées en capitules globuleux, paniculés ; aiguillons épars.*

112 **A. jolie.** *A. concinna* Dec. *Mimosa concinna* Willd. *M. rugata* Lamk. *M. abstergens* Spreng. *M. Saponaria* Roxb. Arbriss. grimpant, hérissé de nombreux aiguillons courbés, à ram. et pétioles légèrement tomenteux, ensuite glabres ; stipules membranacées, cordiformes ; feuil. à 8-12 pennes, portant chacune 12-16 paires de fol. oblongues-obtuses, glabres ou pubesc. en dessous; fl. tantôt glabres, tantôt pubesc., en capitules très petits ; ovaire glabre. Indes-Orient.

113 **A. pennée.** *A. pennata* Willd. *A. arrophula* Don. *A. megaladena* Desv. *A. prensans* Lowe. *Mimosa torta* Roxb. *M. ferruginea* Rottl. Arbriss. grimpant, hérissé de nombreux aiguillons droits et courbés, à ram. et pétioles cotonneux, ensuite glabres ; feuil. à 16-40 pennes, portant chacune plus de 30 paires de fol. étroites-linéaires, glabres ou soyeuses en dessous dans la jeunesse ; capitules globuleux, paniculés ; calice un peu plus court que la corolle; ovaire stipité, velu ; gousse glabre ou cotonneuse-rousse. Indes-Orient., 1773.

114 **A. à feuil. de Tamarin.** *A. tamarindifolia* Willd. Arbriss. grimpant, glabre, hérissé d'aiguillons épars, un peu courbés, à ram. tétragones ; stipules amples, membranacées, largement cordiformes ; feuil. à 8-16 pennes glanduleuses, portant chacune 10-20 paires de fol. oblongues, obliques, obtuses ; fl. glabres, très briév. pédicellées, disposées en capitules paniculés; calice à peu près moitié plus court que la corolle ; ovaire velu, longuem. stipité ; gousse glabre. Martinique, 1774.

115 **A. grimpante.** *A. scandens* Willd. *A. plumosa* Lowe. *M. fluminensis* Vellozo. Arbriss. grimpant, hérissé de nombreux aiguillons courbés et petits ; ram. et pétioles pubesc.-cotonneux ou velus roussâtres ; feuil. à 20-40 pennes parsemées de petites glandes sess., nombreuses, chaque penne portant 30-50 paires de petites fol. linéaires, obtuses, glabres, ciliées ; capitules paucifl., ovoïdes ou oblongs, lâches, paniculés ; calice pubesc., un peu plus court que la corolle ; ovaire velu, stipité ; gousse allongée, étroite à la base, tomenteuse rousse. Brésil, 1780.

116 **A. glomérulée.** *A. glomerosa* Benth. Arbre hérissé, le plus souvent, de quelques aiguillons un peu courbés ; ram. et pétioles légèrem. tomenteux ou glabres ; feuil. à 12-16 pennes glanduleuses, portant chacune 12-15 paires de pennes largem. oblongues-obliques, très obtuses, luisantes en dessus ou légèrem. pubesc. dans la jeunesse, cotonneuses, à 2-3 nervures en dessous ; capitules paucifl., rapprochés en panicules amples, arrondies ; calice légèrem. pubesc., moitié plus court que la corolle ; corolle pubescente, blanchâtre ; ovaire velu, longuem. stipité ; gousse glabre, largem. linéaire. Brésil, 1840.

117 **A. fourchue.** *A. furcata* Gill.

Arbriss. glabre, hérissé de quelques petits aiguillons épars et d'épines axill., souvent bifides; feuil. à 4-8 pennes, portant chacune 6-10 paires de fol. oblongues ou linéaires; pétioles munis de glandes, plus petites vers le sommet; fl. presque sess., en capitules globuleux, longuem. pédonculés, disposés en petites grappes; gousse à valves membranacées, glabre, légerem. glauque, largem. linéaire ou oblongue. Chili.

6e Section.— **Filicinés.** — *Arbriss. non épineux, à feuil. bipennées, dépourvues de glandes sur les pétioles.*

118 **A. velue.** *A. villosa* Willd. *A. arborea* Lin. *A. lophantoides* Dec. *A. carbonaria* Schlech. Arbriss. à ram., pétioles et pédonc. velus; feuil. à 10-16 pennes, portant chacune 12-18 paires de fol. oblongues, obtuses, glabres en dessus ou légèrem. pubesc., tapissées de poils appliqués en dessous; fl. glabres, briév. pédicellées, en capitules ovoïdes-oblongs, pédonculés, axill., beaucoup plus courts que les feuilles; gousse velue. Mexique, 1800.

119 **A. à feuil. de fougère.** *A. filicina* Willd. Arbriss. à ram., pétioles et pédonc. hérissés-poilus; feuilles à 10-12 pennes, portant chacune 40-60 paires de fol. obliques-linéaires, aiguës, glabres, ciliées; fl. glabres, brièv. pédicellées, en capitules paucifl., globuleux, paniculés. Mexique, 1825.

120 **A. à fol. linéaires.** *A. linearis* Desv. Arbriss. à ram. noueux, striés, pubesc. au sommet; feuil. à plusieurs pennes, portant chacune 5-20 paires de fol. serrées, linéaires-étroites, ciliées; fl. en capitules presque globuleux au sommet de pédonc. terminaux très allongés; bractées persistantes. Jamaïque.

121 **A. de Guayaquil.** *A. Guayaquilensis* Desf. Arbriss. hérissé d'épines opposées aux stipules; feuil. à 4 pennes, portant chacune 3-5 paires de fol. ovales, obtuses, glauques, les inférieures plus petites. Pérou, 1818.

122 **A. rhodecanthe.** *A. rhodacantha* Desf. *Mimosa* Pers. Arbriss. glabre; aiguillons stipulaires géminés, les pétiolaires épars; feuilles à 14 pennes, portant chacune 16-40 fol. linéaires-oblongues, un peu ciliées; pétioles munis de glandes aplaties à la base.

123 **A. Lebbek.** *A. Lebbek* Willd. *Acacia Habbas* Lin. *Mimosa Lebbek* Lin. *Cassia planisiliqua* Burm. *Albizzia Lebbek* Benth. Arbre non épineux, glabre; feuil. à 4-8 pennes, portant chacune 6-8 paires de fol. ovales, obtuses; pétioles non glanduleux; fl. pédicellées, en capitules agrégés, pédonculés; gousse largement linéaire-plane, à 7-8 graines. Égypte.

124 **A. Julibrissin, Arbre de soie.** *A. Julibrissin* Willd. *Mimosa Julibrissin* Scop. *M. arborea* Forsk. *Albizzia Julibrissin* Benth. Arbre glabre, non épineux; feuil. à 16-24 pennes, portant chacune 30 paires de fol. oblongues, aiguës, un peu ciliées; pétioles communs munis d'une glande orbiculaire, déprimés à leur base; en août, fl. blanches en capitules pédonculés, disposés en panicules ou en corymbes terminaux. Orient, 1745.— Orangerie.

125 **A. à 2 épis.** *A. lophanta* Willd. *Mimosa distachya* Vent. *M. elegans* Andr. *Albizzia lophanta* Benth. Arbriss. non épineux; feuil. à 16-20 pennes, portant chacune 25-30 paires de fol. linéaires, obtuses; pétioles veloutés-pubesc., munis d'une glande à la base et entre les 2 fol. supér.; en mai-juil., fl. jaunes en capitules disposés en grappes bifides, ovales-oblong. Nouvelle-Hollande, 1803.— Orangerie.

126 **A. Némū.** *A. Nemu* Willd. *Mimosa arborea* Thunb. *Mim. speciosa* Thunb. *Albizzia Nemu* Benth. Feuil. à 18 pennes, portant un grand nombre de fol. aiguës; pétioles glanduleux à la base; fl. en capitules pédonculés, disposés en panicules terminales; gousse pubescente, linéaire. Japon, 1843.

127 **A. magnifique.** *A. speciosa* Willd. *Mimosa speciosa* Jacq. *Albizzia speciosa* Benth. Arbriss. glabre; feuilles à 8-10 pennes, portant chacune 7-11 paires de fol. ovales-oblongues, obtuses, glanduleuses à la base du pétiole; en août-sept., fl. pourprées en capitules longuement pédonculés, disposés 2-3 à l'aisselle des feuil. Indes-Orient., 1742.

128 **A. de Porto-Rico.** *A. Portoricensis* Willd. *A. alba* Hortul. *Mi-*

***mosa** Portoricensis* Jacq. *Calliandra* **Benth.** Arbriss. de plus de 2 mètres, à ram. pubesc.; feuil. à 10 pennes, portant chacune 20 paires de fol. linéaires, obtuses, glabres; en juin-juil., fl. blanches en capitules pédonculés, disposés 2-3 à l'aisselle des feuilles; calice cilié sur le bord. 1824.

129 **A. tétragone.** *A. tetragona* Willd. *Calliandra* Benth. Arbriss. de 7-8 mètres, à ram. tétragones; feuil. à 10-12 pennes, portant chacune 16-20 paires de fol. linéaires, aiguës, les extérieures plus grandes; en juin-juillet, fl. blanches en capitules pédonc., axill., ordin. ternées; gousse linéaire, obtuse, épaissie sur les bords. Mexique, 1820.

130 **A. quadrangulaire.** *A. quadrangularis* Link. *Calliandra* Benth. Arbriss. de 1m,50, à ram. quadrangulaires; feuil. à 10 pennes, portant chacune un grand nombre de fol. linéaires, aiguës, ciliées; pétioles pubesc.; en juil.-sept., fl. blanches en capitules pédonculés, axill., ordin. ternées. 1825.

131 **A. anguleuse.** *A. angulata* Desv. *A. sulcipes* Sieb. *Calliandra* Benth. Arbriss. très glabre, de 7-8 mètres, à ram. tétragones; feuil. à 10-14 pennes, portant chacune environ 60 fol., souvent alternes, linéaires, très étroites; pétioles munis de glandes à la base de toutes les pennes; en juin-juil., fl. jaunes en capitules petits, pédonculés, disposés en longues grappes axill. Nouvelle-Hollande, 1820.—Orangerie.

132 **A. effilée.** *A. virgata* Benth. *Calliandra* Benth. Arbrisseau à ram. à peine pubesc.; feuil. à 2 pennes, portant chacune un grand nombre de paires de fol. glabres, raides, luisantes en dessus, en cœur lancéolé-oblique, aigu; stipules petites, lancéolées; fl. glabres en capitules pédonculés, axill. et terminaux, munis de bractées au sommet des pédoncules. Brésil, 1839.

133 **A. de Houston.** *A. Houstoni* Willd. *Mimosa* L'Hér. *Inga* Dec. *Calliandra* Benth. Arbriss. de 3-4 mètres; feuil. à 12-14 pennes, les supér. plus longues, portant chacune de nombreuses fol. linéaires, obliquement tronquées aux 2 extrémités, pubesc. en dessous; en mai-août, fl. pourpres, cotonneuses, en capitules paucifl., géminés, disposés en grappes terminales. Mexique, 1729.

Culture. — Les espèces de la Nouvelle-Hollande (1re, 2e et 3e section) et du cap de Bonne-Espérance sont de serre tempérée ou bonne orangerie, bien aérée; celles de l'Amérique, de l'Asie et de l'Afrique appartiennent à la serre chaude. Ces plantes, qui n'atteignent jamais plus de 2 à 5 mètres lorsqu'on les cultive en pots, deviennent des arbres de plus de 15 mètres lorsqu'on les livre à la pleine terre dans les serres. En pot, il faut changer de vases souvent sans trop toucher aux racines; car leur suppression pourrait faire languir la plante et quelquefois périr. En général la terre de bruyère est celle qui convient le mieux à la culture de ces végétaux. On peut les multiplier de graines, de marcottes et de boutures. La greffe est encore un moyen de multiplier qui réussit très bien pour ces plantes, en employant pour sujet l'*A. longifolia* ou d'autres espèces plus communes. En général, les graines germent difficilement et très lentement; pour hâter la germination, on doit les faire tremper 2-3 jours dans une forte solution de sel de cuivre.

Parmi les nombreuses espèces du genre *Acacia*, toutes, du reste, d'un joli effet, il y en a quelques-unes qui méritent plus particulièrement d'être cultivées comme ornement; nous signalerons surtout les *A. dealbata, suaveolens, vestita, longifolia, Farnesiana,* qui parfument les serres par l'odeur agréable que répandent leurs fleurs. En Orient, les fleurs de la dernière espèce sont employées dans la parfumerie.

L'*A Julibrissin* est un très joli arbre, qu'on peut livrer en plein air lorsque les individus ont 2-3 ans. C'est surtout dans le midi de la France qu'il peut prendre tout son accroissement et former un arbre d'une grande élégance par son feuillage et par ses fl. Le climat de Paris n'est pas assez chaud pour qu'on puisse jamais espérer des individus aussi vigoureux; nous en avons vu cependant un pied, dans l'école de botanique du Jardin des Plantes, dont le tronc pouvait avoir de 80 à 90 cent. de circonférence.

Malheureusement, le vent ayant cassé quelques branches, le chancre s'en est emparé, et l'arbre languissant a fini par périr.

Des *Acacia Arabica, Nilotica* et *Senegal* découle naturellement, lorsque les individus sont vieux ou maladifs, la gomme arabique, dont les propriétés sont bien connues. Avec le cœur du bois et les feuil. de l'*A. Catechu,* on prépare une substance d'une saveur astringente suivie d'un goût sucré très agréable, qu'on désigne sous le nom de *Cachou*, *Terra Japonica.* Ce cachou est un stomachique très estimé qui fait la base du cacondé indien; on prépare aussi un extrait, une teinture, des pastilles et des grains diversement aromatisés. Le Bali-bobolah, matière tannante, employé dans l'Inde pour le tannage des cuirs, est produit par les gousses des acacias. Enfin, l'écorce, contenant beaucoup de tannin, est employée au même usage.

INGA. *INGA.* P. Br. [nom américain]. Calice tubuleux à 4-5 divis.; corolle gamopétale, insérée au fond du calice, à 4-5 divis. ovales-oblongues; 10 étam. ou plus, insérées au même point que la corolle, à filets soudés à la base; ovaire-oblong-linéaire; style filif., terminal; gousse largement linéaire, comprimée, bivalve, partagée intérieurem. par des cloisons transversales. — Arbres à feuil. conjuguées, doublement pennées, sans impaires.

1 **I. à feuil. de Hêtre.** *I. fagifolia* Lin. *I. Burgoni* Dec. *I. marginata* Willd. *Mimosa Bourgoni* Aubl. Arbre de 6-7 mètres; feuil. à 5-7 fol. ovales, luisantes, glabres; pétioles articulés et ailés au sommet, portant une glande distincte. Guyane, 1752.

2 **I. ongle de ch*t.** *I. Unguis-Cati* Willd. *Mimosa Unguis-Cati* Lin. Arbre de 6-7 mètres, hérissé d'épines stipulaires, droites; feuil. à 2 paires de fol. glabres, membranacées, ellipt., arrondies-échancrés; pétioles glabres, munis de glandes entre les fol.; fl. en capitules globuleux, disposés en grappes terminales. Iles Caribes, 1690.

3 **I. anomale.** *I. anomala* Kunth. *Mimosa grandiflora* L'Hér. *Acacia grandiflora* Willd. *Calliandra Kunthii* Benth. Arbriss. de 3-4 mètres, à ram. pubérulents; feuil. à 15-17 paires de pennes, à peu près égales; fol. nombreuses, linéaires, obtuses, glabres, ciliées; pétioles non glanduleux, légèrement pubesc. ainsi que les fl. et les pédonc.; en mai-août, fl. rouges en capitules paucifl., ordin. géminés, disposés en grappes terminales. Mexique, 1729.

4 **I. de Harris.** *I. Harrisii* Lindl. Arbriss. grimpant, velu; feuil. à 2 paires de pennes, portant chacune 3 fol. obovales-oblongues, obliques, échancrées à la base; fl. blanc-pourpré en capitules pédonculés, axill., solit., de la longueur des pétioles. Mexique, 1840.

Culture. — Arbres de serre chaude, sans tannée; terre de bruyère pure; multipl. de graines, marcottes; on peut aussi les multiplier de boutures, mais plus difficilement.

*MORINGÉES.

MORINGA. *MORINGA* Juss. [nom malabar]. Calice à 5 divis. oblongues, presque égales; 5 pétales périgynes, oblongs-linéaires, les 2 postérieurs un peu plus longs, ascend.; 8-10 étam., insérées sur un disque cupuliforme à la base du calice, à filets distincts, les postérieurs plus longs, tous fertiles, ou ceux opposés aux divisions du calice dépourvus d'anthères; ovaire pédicellé uniloc., à 3 placentas pariétaux; style simple; capsule en forme de silique, à 3 ou plusieurs angles, bosselée, uniloc., s'ouvrant en valves, portant chacune sur leur milieu une série de graines anguleuses.

1 **M. ailée, Ben oléifère, Bois néphrétique.** *M. pterygosperma* Goertn. *M. oleifera* Lamk. *M. Zeylanica* Pers. *Guilandina Moringa* Lin. *Hyperanthera Moringa* Vahl. *Anoma Moringa* Lour. Arbre de 5 mètres, droit, à écorce brune; feuil. bi-tri-pennées avec impaire, à fol. petites, ovales, inégales; fl. blanchâtres en panicules axill. et terminales; gousse triangulaire; graines à 3 angles ailés. Indes-Orient. et Amér. mérid., 1759.

2 **M. sans ailes.** *M. aptera* Goertn. *Balanus myrepsica* Blackw. Petit arbre

à feuil. bi-tripennées avec impaire; gousse triangulaire; graines à 3 angles non ailés. Indes-Orient., 1838.

Culture. — Ces plantes, peu cultivées à cause des difficultés de culture, ne vivent dans nos serres que 2 ou 3 ans; on les multiplie de graines qui germent facilement lorsqu'on les sème sur couche chaude, au printemps, et atteignent jusqu'à 10 cent. la première année; mais là s'arrête cette végétation; la plante périt ensuite.

FAMILLE LXXVII. — CHRYSOBOLANÉES.

Arbriss. ou arbres à feuil. alternes, simples, munies de 2 stipules à la base. Fleurs le plus souvent irrégulières; calice à 5 divis. imbriquées, à base inégale; corolle à 5 pétales briév. onguiculés, souvent inégaux, insérés à la gorge du calice; étam. insérées avec les pétales, en nombre triple ou multiple, distinctes; ovaire unique, uniloculaire, contenant 2 ovules dressés, collatéraux, rarem. bilocul. à loge uniovulée; style latéral, simple, filif., terminé par un stigm. simple; le fruit est une drupe charnue ou fibreuse, unilocul. monosperme, très rarem. bilocul.; graines sessiles dépourvues de périsperme.

ICAQUIER. *CHRYSOBOLANUS* Lin. [du grec *chrysos*, or; *balanos*, fruit: de la couleur jaune d'or des fruits].— Calice campanulé-quinquéfide; 5 pétales onguiculés, presque spatulés; 15-30 étam. unisériées, presque égales; ovaire hérissé; style basilaire; drupe en forme de prune, à noyau ovale à 5 angles, contenant une seule graine.

1 **I. commun.** *C. Icaco* Lin. Arbriss. de 5 mètres, à feuil. arrondies ou obovales-échancrées; fl. blanches en grappes dichotomes, axill.; étam. hérissées; fruit ovale-arrondi, blanc, jaune, rouge, etc. Amér. mérid., 1752.

2 **I. à feuil. oblongues.** *C. oblongifolia* Micux. Arbriss. de 1 mètre, à feuil. oblong. ou en forme de lance renversée, un peu crénelées, quelquefois cotonneuses en dessus; en mai-juin, fl. blanches en panicules terminales; étam. glabres. Géorgie, 1812.

Culture. — La 1re espèce est de serre chaude et demande une chaleur constante; la 2e de serre tempérée. On peut les multiplier par boutures ou par greffes les unes sur les autres. Les fruits de l'**I. commun**, connus sous les noms de prunes Icaques, prunes-coton, prunes d'Amérique, sont comestibles dans les pays où ils croissent naturellement; on les emploie aussi en médecine comme un astringent.

HIRTELLE. *HIRTELLA* Lin. [du latin *hirtus*, velu: des jeunes branches couvertes de poils].—Calice à tube court, soudé avec le stipe de l'ovaire, divisé en 5 lobes un peu inégaux, souvent réfléchis; 5 pétales décidus, petits, briév. onguiculés; 3-15 étam. latérales, à filets très longs, roulés en crosse avant l'épanouissement; ovaire velu, uniloc. biovulé; style barbu, filif., naissant à la base de l'ovaire, opposé aux étam.; drupe sèche, obovale-claviforme, presque crustacée.—Arbriss. de l'Amérique à feuil. entières, stipulées.

H. en grappes. *H. racemosa* Lamk. *H. Americana* Aubl. Arbre de 7-8 mètres, à ram. velus, feuil. oblongues, acuminées, glabres en dessus, velues sur les nervures de la face inférieure, ou quelquefois glabres; fl. bleuâtres à 5 étam., disposées en grappes simples, solit., axill., velues sur le rachis; calice non glanduleux en dehors. Guyane, 1782.

2 **H. à 3 étamines.** *H. triandra* Swartz. *H. Americana* Jacq. *H. paniculata* Lamk. Arbre de 6-7 mètres, à feuil. glabres, ovales, acuminées; fl. blanches à 3 étam., en grappes composées, terminales, lâches, pubesc. sur le rachis; pétales ovales. Nouv.-Espagne, 1816.

Culture. — Toutes les espèces du genre **Hirtelle** sont de serre chaude et demandent une chaleur constante et une bonne terre mélangée de moitié terre franche; on les multiplie de boutures faites sur couche chaude et étouffées.

PARINARI. *PARINARIUM*. Juss. [de *Parinari*, nom de ces plantes à la

Guyane]. — Calice urcéolé, quinquéfide, à tube soudé avec l'ovaire ; 5 pétales décidus ; 15-20 étam. soudées à la base ; ovaire velu, biloculaire à loges uniovulées ; style glabre, filif., naissant à la base de l'ovaire ; drupe ovale-sphérique épaisse, fibreuse, contenant un noyau osseux uniloc. à 1 ou 2 graines. — Arbriss. à ram. velus ; feuil., glabres en dessus, veloutées en dessous ; fl. blanches en corymbes ou en grappes.

1 **P. des montagnes.** *P. montanum.* AUBL. *Petrocarya montana* WILLD. Arbre à feuil. ovales-acuminées, fl. en grappes rameuses ; 7-8 étam. stériles et 8-7 fertiles, formant une série opposée aux étam. stériles ; drupe grosse, ovale, à noyau hérissé de crêtes sinueuses ou de tubercules aigus. Guyane,

2 **P. élevé.** *P. excelsum* SABIN. Arbre à feuil. oblongues, coriaces, vert intense en dessus, pubescentes-blanchâtres en dessous ; disposées en grappes simples, terminales ; étam. toutes fertiles disposées en une seule série. Sénégal, 1822.

CULTURE. — Plante de serre chaude d'une culture difficile et de peu d'intérêt ; terre de bruyère ; multipl. de boutures étouffées.

GRANGÉRIE. *GRANGERIA* COMMERS. [dédié à N. Granger, voyageur français en Égypte]. — Calice à 5 divis. obtuses ; 5 pétales très caducs ; 15 étam. un peu inégales ; ovaire laineux ; style glabre filif., naissant à la base de l'ovaire ; drupe petite en forme d'olive contenant un noyau osseux, triquètre, monosperme.

1 **G. de Bourbon.** *G. Borbonica* LAMK. *G. buxifolia* SMITH. Arbre de 12-15 mètres, à feuil. glabres, ovales, entières, stipulées ; fl. blanches en épis rameux. 1823. — Serre chaude.

FAMILLE LXXVIII. — AMYGDALÉES. (ROSACÉES JUSS.)

Arbriss. ou arbres à feuil. alternes, simples, accompagnées de stipules libres, caduques. Fl. régulières ; calice libre à 5 divis. imbriquées ; corolle à 5 pétales brièvem. onguiculés, insérés sur un disque annulaire charnu, à préfloraison tordue ; étamines égales, nombreuses, distinctes, insérées au même point que les pétales ; ovaire unique, libre, uniloculaire ; style simple, terminal, quelquefois latéral ; stigm. capité. Le fruit est une drupe charnue ou coriace-fibreuse, à noyau osseux ou ligneux, contenant le plus souvent une seule graine sans périsperme.

AMANDIER. *AMYGDALUS* LIN. [du grec *amusso*, lacérer : du noyau qui est marqué de petits sillons irréguliers]. — Calice urcéolé à 5 divis. ; 5 pétales insérés à la gorge du calice ; 15-30 étam. insérées avec les pétales, à fil. filif. distincts ; ovaire sess., uniloc. contenant 2 ovules collatéraux, pendants ; style terminal ; stigm. presque pelté ; drupe coriace-fibreuse ou charnue, à noyau rugueux, comme percé de trou, contenant une seule graine.

1re SECTION. *Amygdalophora* NECK. Genre **Amygdalus** TOURN. Amandier. *Drupe coriace-fibreuse, pubescente-velue, non sucrée.*

1 **A. nain.** *A. nana* LIN. Petit arbriss. de 1m,50 environ, à feuil. très glabres, linéaires-oblong., dentelées, atténuées à la base ; en mars-avril, fl. rouges axil., solit. Orient., 1683.

VAR. de **Géorgie**, *A. nana* var. *Georgica* DEC. *A. Georgica* DESF. Lobes du calice lanc., de la long. du tube ; style inclus, tomenteux à la base. 1818.

VAR. **à feuil. dentelées.** *A. nana* var. *serrata* CAMUSET. Feuil. linéaires dentelées ; fl. petites, à divis. calicinales plus longues que la corolle. 1841.

2 **A. de Sibérie.** *A. Sibirica* LODD. Petit arbriss. à ram. diffus, bruns ; feuil. pétiolées, glabres, vert lisse en dessus, pâles en dessous, finement dentelées, repliées en gouttières ; en mars-avril, fl. rose pâle, axill., solit., petites, à pétales ordin. recourbés en nacelle ; étam. un peu plus courtes que les pétales. 1820.

3 ? **A. pédonculé.** *A. pedunculata* HORT. PAR. Arbriss. grêle, à branches et ram. effilés, brun foncé ; feuil. glabres, pétiolées, fl. roses, naissant en même temps que les feuil., solit., portées

sur des pédonc. de 10-15 millim.; pétales moitié plus courts que les divis. du calice. 1839.

4 **A. d'Orient, A. satiné, A. argenté.** *A. Orientalis* Ait. *A. argentea* Lamk. Arbriss. de 3-4 mètres, à ram. et feuil. cotonneux, blanc argenté; feuil. briév. pétiolées, ovales-oblongues, très entières; en mars-avril, fl. roses; fruits mucronés. 1756.

5 **A. commun.** *A. communis* Lin. Arbre moyen, de 5-6 mètres; feuil. oblongues-lanc. dentelées, aiguës; en mars-mai, fl. blanches ou blanc-rosé, axill., solit.; calice campanulé; fruit ovoïde comprimé, cotonneux. Barbarie, 1548.

Variétés.

1 *A. amer. A. com. amara* Dec. Fl. grandes, à pétales blanc-rosé à la base; style un peu plus long que les étam., cotonneux à la base; graines amères, à noyaux durs ou tendres.

2 *A. à petits fruits, Amande douce. A. com. dulcis* Dec. Feuil. vert-grisâtre; fl. précoces; style dépassant de beaucoup les étam.; fruits ovales-comprimés, acuminés; graines douces.

3 *A. à gros fruits. A. macrocarpa* Dec. Feuil. larges, acuminées, un peu grisâtres; pédonc. très courts, enflés; fl. grandes, blanc-rosé, à pétales larges, obcordés, ondulés; fruits très gros, ombiliqués à la base, acuminés au sommet, à noyau dur.

Sous-var. *Amandier sultane.* Fruits plus petits.

Sous-var. *Am. pistache.* Fruits très petits.

4 *A. fragile, A. des dames, Coque molle. A. com. fragilis* Dec. *A. fragilis* Hell. Feuil. très courtes; fl. rassemblées, à pétales larges, quelquefois échancrés; fruits acuminés, doux, à noyau tendre.

5 *A. faux pêcher. A. com. persicoides* Dec. Feuil. semblables à celles du pêcher; fruits ovales, obtus, un peu succulents, à noyau jaune foncé; graines douces. Hybride de l'amandier et du pêcher, se reproduisant constamment par semis, sans jamais revenir à une des deux espèces qui l'ont produit.

Culture. — L'amandier commun aime les terrains chauds, légers et pierreux, qui retiennent la chaleur et laissent facilement écouler les eaux; c'est pourquoi les pentes de coteaux exposées au midi lui conviennent davantage. On sème aussitôt la maturité en terre légère et profonde, à exposition chaude, les plus belles graines tombées naturellement; à la fin d'avril on peut planter en pépinière, en coupant l'extrémité des racines, à 33 cent. de distance pour greffer les pêchers, ou à 65 cent. pour le former en tige; mais cet arbre ne supportant que très difficilement la transplantation lorsqu'il a atteint une certaine force, après un an ou deux au plus de pousse, les greffes doivent être faites dans les pépinières. Il vaut mieux, lorsqu'on veut avoir des individus à haute tige, les semer sur place en automne; on greffe la 3e ou 4e année. Dans les terres franches, où il aspire trop d'humidité, on peut le greffer sur prunier. L'amandier se cultive en plein vent et en espalier; on le greffe et on le taille, dans ce cas, à la manière des pêchers. — Tous les amandiers peuvent servir à l'ornement des jardins; le commun est d'un très bel effet par ses fl. blanches, précoces; les petites espèces sont très propres à former les bordures des massifs; l'amandier d'Orient est surtout remarquable par la blancheur de ses feuil. et par la grandeur de ses fl.; malheureusement il est très délicat; les hivers un peu rigoureux le font périr. — Les amandes douces servent à préparer, en pharmacie, plusieurs émulsions simples ou composées: le sirop d'orgeat, les loochs huileux, l'électuaire de diaphœnix, etc.; on en extrait une huile fixe qui porte leur nom et dont les usages économiques sont à peu près les mêmes que ceux de l'huile d'olive. Les amandes douces sont très estimées; elles entrent dans les fruits appelés *quatre-mendiants.* C'est surtout le midi de la France, la Touraine, Avignon, etc., et la Barbarie qui fournissent les meilleures amandes; celles qui proviennent des amandiers du nord de la France sont beaucoup plus petites et ne fournissent qu'une faible quantité d'huile. On donne aux amandes amères la propriété de dissiper l'ivresse.

2ᵉ SECTION.—*Trichocarpus* NECKER. Genre **Persica** TOURN. vulg. Pêcher. *Drupe charnue, succulente, veloutée ou glabre.*

6 **A. de Perse**, **Pêcher**. *Persica vulgaris* MILL. *P. lœvis* DEC. Arbriss. ou arbre peu élevé, à feuil. ellipt.-lancéolées, dentelées, glabres; en février-mars, fl. d'un rose vif; fruit globuleux, très succulent, pubesc., quelquefois lisse, marqué d'un sillon latéral; noyau ovoïde, très rugueux, creusé d'anfractuosités plus ou moins profondes; graines amères.

VARIÉTÉS A FLEURS.

¹ *Pêcher à fl. doubles.* Cet arbriss., taillé en buisson, est d'un très bel effet; en mars-avril, fl. roses, semi-doubles.

² *Pêcher d'Ispahan à fl. doubles.* Petit arbriss. moins vigoureux que l'espèce type, à feuil. profondément dentelées, dépourvues de glandes; fl. pâles, doubles; fruit petit, duveteux. Obtenu en 1831.

³ *Pêcher nain à fl. doubles.* Petit buisson de la taille de la giroflée.

VARIÉTÉS A FRUITS.

I. PÊCHES DUVETEUSES, A CHAIR QUITTANT LE NOYAU.

A. *Grandes fleurs.*

* *Glandes de la base des feuil. globuleuses.*

¹ *Avant pêche, Pêche de Troyes.* Fruit petit, arrondi, avec un mamelon, rouge vif du côté du soleil, blanc ou jaunâtre à l'ombre; chair fondante, blanche; mûrit au commencement d'août.

² *Grosse mignonne.* Fruit gros, arrondi, aplati, divisé en deux lobes par un sillon profond; peau jaune, rouge foncé du côté du soleil; chair fondante, sucrée, très délicate; fin d'août.

³ *Mignonne hâtive.* Variété à fruit plus petit que celui de la variété précédente, souvent mamelonné au sommet; commenc. d'août.

⁴ *Mignonne frisée.* Fl. frisées et contournées; fin d'août.

⁵ *Vineuse de Fromentin.* Grosse variété de la mignonne, à couleur plus forte et à chair rouge vin; commencement d'août.

⁶ *Pêcher à fl. blanches.* Fl. et fruit blancs; commenc. de sept.

** *Glandes de la base des feuil. réniformes.*

⁷ *Pêche déesse.* Gros fruit rond, aplati en dessus, marqué d'un large sillon blanchâtre dans le fond; chair blanc-verdâtre, très fondante; eau abondante, sucrée, vineuse; fin de juillet, mi-août.

⁸ *Pêche-abricot, Admirable jaune, Pêche de Burai, Pêche d'Orange, Sandalie hermaphrodite.* Fruit très gros, jaune en dehors, lavé de rouge du côté du soleil; à la maturité, chair ferme, jaune, ayant un peu le goût d'abricot; mi-octobre.

*** *Feuilles dépourvues de glandes à leur base.*

⁹ *De Malte, Belle de Paris.* Moelle brune; feuil. à grandes dents; fl. pâles; fruit aplati en dessous, de moyenne grosseur, marbré du côté du soleil; chair très délicate; août-septembre.

¹⁰ *Magdeleine de Courson, Paysanne.* Variété plus vigoureuse que les précédentes; fl. pâles; fruit gros, arrondi, d'un beau rouge; chair ferme et vineuse; commenc. de sept.

B. *Fleurs de moyenne grandeur.*

* *Glandes de la base des feuil. globuleuses.*

¹¹ *Pêche admirable, Belle de Vitry.* Arbre grand, vigoureux; fruit très gros, rond, jaune clair; chair ferme, fine, sucrée, vineuse; mi-septembre.

** *Glandes de la base des feuil. réniformes.*

¹² *Pêche petite mignonne.* Feuil. étroites, blondes; fruit petit, rond, coloré, rouge vif du côté du soleil; commenc. d'août.

¹³ *Alberge jaune, Saint-Laurent jaune, Petite rosanne.* Feuil. denticulées; fruit moyen, jaune, puis rouge foncé; chair ferme, sucrée, vineuse, très rouge près du noyau; fin d'août.

¹⁴ *Seuille.* Beau fruit terminé par une petite pointe sans mamelon; chair fine, très fondante, jaunâtre, sucrée; mi-septembre.

15 *Chevreuse hâtive.* Gros fruit allongé, rarement mamelonné ; chair fondante, très sucrée; sept.

16 *Chevreuse tardive.* Fruit très velu, très allongé d'abord, s'arrondissant vers le 20-25 août; 15-30 sept.

*** *Feuilles dépourvues de glandes à leur base.*

17 *Magdeleine rouge tardive* ou *à petites fleurs.* Fruit plus petit et moins rond que la *Magdeleine de Courson,* très rouge ; fin de sept.

C. *Fleurs petites.*

* *Feuilles munies de glandes globuleuses à leur base.*

18 *Galante, Bellegarde.* Fruit de moyenne grosseur, très coloré, presque noir; fin d'août.

19 *Bourdine.* Fleurs mal développées, pâles; fruit gros, arrondi; chair fondante, sucrée et vineuse; noyau petit et renflé ; mi-sept.

20 *Téton de Vénus.* Fl. mal conformées, pâles; fruit plus gros que dans la var. précédente, moins coloré, ordin. terminé par un gros mamelon ; chair délicate ; fin de sept.

21 *Nivette, Veloutée tardive.* Gros fruit, un peu allongé, vert et rouge foncé, velu; chair ferme, sucrée; noyau petit.

II. Pêches duveteuses, a chair adhérente au noyau.

A. *Fleurs grandes.*

* *Feuilles munies de glandes réniformes à leur base.*

22 *Pavie de Pompone, Pavie monstrueux, Gros persèque, Gros mirlicatou.* Fl. assez vives; fruit très gros, le plus gros de toutes les pêches, blanc de cire dans l'ombre, rouge très vif au soleil, ordin. terminé par un mamelon ; chair ferme; fin d'octobre.

** *Feuil. sans glandes à leur base.*

23 *Pavie Magdeleine, Pavie blanc.* Fin de sept.

B. *Fleurs petites.*

* *Feuil. muunies de glandes réniformes à leur base.*

24 *Pavie alberge, Pavie jaune, Persèque jaune.* Fruit très gros; peau et chair jaunes avant la maturité, se colorant en rouge foncé du côté du soleil ; chair supérieure au Pavie de Pompone; sept.

25 *Persèque.* Fruit gros, allongé, tuberculeux, rouge, commenc. d'oct.

III. Pêches lisses, a chair quittant le noyau.

A. *Fleurs grandes ; glandes de la base des feuil. réniformes.*

26 *Pêche Desprès.* Fl. pâles ; fruit moyen, blanc-jaunâtre, à peine marbré du côté du soleil ; mi-août.

27 *Jaune lisse, Lissée jaune, Rosanne.* Fruit petit, à peau jaune, lavée de rouge ; chair du goût de l'abricot; fin d'octobre.

B. *Fleurs petites; glandes de la base des feuil. réniformes.*

28 *Violette hâtive, Brugnon.* Fruit de la grosseur d'une petite mignonne, jaunâtre et violet obscur du côté du soleil ; chair sucrée, vineuse ; commenc. de sept.

29 *Grosse violette, Violette de Courson, Brugnon.* Fruit une fois plus gros que dans la précédente, marbré de rouge violet; chair moins vineuse ; 15 sept.

IV. Pêches lisses, a chair adhérente au noyau.

30 *Brugnon musqué.* Fruit aussi gros que la grosse violette, d'un rouge plus clair et plus vif du côté du soleil; chair jaune, vineuse et musquée; fin de sept.

Culture. — Terre douce, profonde et substantielle. On multiplie le pêcher soit de graines, soit par la greffe sur amandier ou prunier, suivant les terrains. En général, le semis donne de très bons fruits, surtout si l'on prend les graines de la magdeleine, la grosse mignonne, etc. Dans ce cas, on doit choisir les plus beaux noyaux, qu'on met stratifier aussitôt la maturité du fruit. A l'automne, on les plante à 55 mill. de profondeur, et si l'hiver est rigoureux, on les couvre de pailles ou de feuilles sèches. Le pêcher peut se cultiver en plein vent. Dans les terrains rocailleux et sablonneux, on le greffe en écusson vers la mi-juillet sur amandier à coque dure et à amande douce, à $1^m,50$ ou 2 mètres de hauteur. Dans les terrains peu profonds et humides, on doit choisir, au contraire, le prunier myrobolan ou de damas noir, obtenus de semence; on peut aussi employer l'amandier pêche. Mais si la température était contraire à ce mode de culture, on les élève en espalier. Pour cela, on greffe à 10-15 cent. du collet. La plantation doit se faire le long d'un mur, à 8 mètres de distance, si la greffe est sur prunier, et à 8-10 si on a greffé sur amandier. On enfonce les racines verticalement sans en couper aucune, à moins qu'elles ne soient chancreuses ou gâtées; on tient la greffe à 65 cent. de la terre, et on couvre ensuite la plate-bande de 10-15 cent. de fumier à moitié passé, jusqu'à la fin de l'hiver. Il est nécessaire de donner des binages et des labours assez souvent et de fumer au moins tout les 3-4 ans. Dans les temps secs, on doit arroser les feuilles, les jeunes pousses et donner un bon arrosoir d'eau aux racines. On peut ainsi arroser jusqu'au mois d'août,, époque où les fruits commencent à mûrir. Pour prévenir les désastreux effets de la gelée, il est bon de couvrir les ram. ou d'enlever avec précaution le givre qui serait tombé pendant la nuit. Si l'été, au contraire, le soleil était trop ardent, on abriterait les tiges avec des planches ou des paillassons. — La pêche est un es meilleurs fruits de table. Les fl. sont purgatives-mucilagineuses; les feuil. ont les mêmes propriétés, mais elles sont astringentes. L'amande du pêcher contient une assez grande abondance d'acide cyanhydrique; elle sert aussi à préparer diverses liqueurs très estimées. Dans le midi des États-Unis, on fait avec les pêches une excellente eau-de-vie.

PRUNIER. *PRUNUS* Lin. [de *prune*, nom grec]. — Calice urcéolé, à 5 divis.; 5 pétales insérés à la gorge du calice; 15-20 étam. insérées au même point que les pétales, à filets filif., distincts; ovaire sess., uniloc., contenant 2 ovules collatéraux, pendants; style termin.; stigm. pelté-réniforme, entier; drupe charnue, à noyau lisse ou sillonné, non ruguеux, monosperme.

1re Section. — **Armeniaca** Tourn. Abricotier. — *Drupe veloutée, à noyau obtus d'un bout, aigu de l'autre, comprimé, sillonné sur les bords, le reste lisse.*

1 **P. abricotier.** *P. Armeniaca* Lin. *Armeniaca vulgaris* Lamk. Arbre de 5-6 mètres, à feuil. cordiformes ou ovales; en février-mars, fl. blanches sessiles. Arménie, 1548.

Variétés.

1 *Abricot-pêche. P. Arm.* var. *cordifolia* Ser. *P. macrocarpa* Desf. Feuil. larges en forme de cœur; fruit gros, à chair plus blanche que celle des variétés suivantes, ayant un léger goût de pêche.

2 *A. précoce brigantin.* Fruit petit, presque rond, jaune et vermeil; chair jaunâtre, un peu musquée; amande amère; juin-juillet.

3 *A. angoumois.* Fruit plus petit, plus allongé que la 1re var.; chair jaune, presque rouge, un peu acide, à odeur forte et pénétrante; mi-juil.

4 *A. de Hollande* ou *amande aveline.* Fruit petit, à chair jaune, fondante, vineuse, amande douce; fin de juillet.

5 *A. de Provence.* Fruit petit à chair jaune, sucrée et vineuse; noyau raboteux; fin de juillet.

6 *A. de Portugal.* Fruit petit, arrondi, très bon, à chair fondante; mai-août.

7 *A. alberge.* Fruits abondants, souvent raboteux et colorés, à chair fondante et vineuse; mi-août.

8 *A. de Nancy.* Feuillage comme fané; fruit un peu aplati, raboteux et coloré, à chair jaune-rouge, très fondante; noyau percé d'un trou; fin d'août.

9 *A. royal.* Fruit plus rond et meilleur que le précédent.

10 *A. Pourret.* Fruit plus vineux que l'abricot-pêche, à noyau non perforé.

2 **P. du pape, Abr. noir.** *P. dasycarpa* Ehrh. *Armeniaca dasycarpa* Pers. *Arm. atropurpurea* Loisel. *Prunus Armen. nigra* Desf. Arbre de 5-6 mètres, à feuil. ovales, acum., doublement dentelées; pétioles doublement glanduleux; en avril, fleurs blanches pédicellées à pédic. filif. 1800.

3 **P. de Sibérie.** *P. Sibirica* Lin.

Armeniaca Sibirica Pers. Arbre de 2 mètres, à feuil. ovales, acuminées, non glanduleuses sur le pétiole; en avril, fl. roses; fruit petit. 1788.

4 **P. de Briançon.** *P. Brigantiaca* Vill. *Arm. Brigantiaca* Pers. Arbriss. de 1m,50, à feuil. presque cordiformes, acuminées, finement dentées, à dents nombr., presque imbriquées; en mars, fl. rosées, presque sessiles, agglomérées. 1819.

5 **P. du Népaul.** *P. Nepalensis* Hort. Par. Petit arbre pyramidal à fl. blanches; fruit gros comme une noisette.

Culture. — L'abricotier vient à peu près dans tous les terrains bien ameublis, pas trop argileux ni humides; on le multiplie de semis ou par la greffe, comme le pêcher; sa culture est la même. Les autres espèces peuvent être livrées à la pleine terre; mais il est prudent alors de couvrir les pieds d'une couverture quelconque pendant les gelées. La 3e espèce est d'un joli effet en fl.; ses graines produisent une huile à laquelle on a donné le nom d'huile de marmottes. Le bois de l'A. commun est très dur; on l'emploie à faire divers ouvrages de tour.

2e Section. — **Prunus** Tourn. Prunier. — *Drupe couverte d'une poussière glauque; noyau aigu aux 2 bouts, comprimé, à bords faiblement sillonnés.*

6 **P. épineux.** *P. spinosa* Lin. Arbre de 15 mètres, à ram. très aigus formant des épines; feuil. obovales-ellipt. ou ovales, pubesc. en dessous, finem. et doublement dentelées; en mars-avril, fl. blanches, solit.; calice campanulé à lobes obtus, plus longs que le tube; fruit globuleux, dressé. Indigène.

Var. à fl. doubles. Fl. très nombreuses, pleines, d'un très joli effet.

7 **P. sauvage.** *P. insititia.* Arbre de 6-7 mètres, à ram. épineux, pubesc.-veloutés; feuil. ovales, roulées, velues en dessous; en avril, fl. blanches; ordin. géminées; fruit à peu près globuleux, dressé. Indigène.

8 **P. blanchâtre.** *P. candicans* Balb. Arbre de 5 mètres, à ram. pubesc.; feuil. largem. ovales, blanchâtres; stipules très étroites, incisées-dentées, de la long. des pétioles; en avril, fl. blanches à pédonc. courts, géminés. 1820.

9 **P. fébrifuge.** *P. cocomilia* Tenore. Arbre de 15-20 mètres, à feuil. obovales, glabres, crénelées, munies d'une glande dans chaque crénelure; en avril, fl. blanches; pédonc. courts, géminés; fruit jaune, ovale-oblong, mucroné, un peu acide. Calabre, 1824.

10 **P. maritime.** *P. maritima* Wangenh. Arbriss. de 1m,50, à feuil. ovales-lanc., dentelées; en mai, fl. blanches; pédonc. géminés; fruit bleu foncé, petit, rond, à chair douce. Amér. sept., 1800.

11 **P. pubescent.** *P. pubescens* Poir. Arbriss. de 2-3 mètres, à feuilles ovales, épaisses, arrondies ou brièvem. acuminées, à peine pubescentes, inégalem. dentées; pétioles courts, pubesc.; en mai, fl. blanches, presque sessiles, ordin. solit.; fruit ovale. 1818.

12 **P. divariqué.** *P. divaricata* Ledeb. Arbriss. de 3-4 mètr., à ram. très peu épineux; feuil. non glanduleuses sur le pétiole, oblong.-ellipt., atténuées aux 2 bouts, roulées, dentelées, poilues seulement sur la nervure médiane de la face inférieure; en avril, fl. blanches; pédonc. solit.; calice réfléchi; fruit jaune, elliptique. Caucase.

13 **P. cérisifère, P. myrobolan, Cerisette**, *P. cerasifera* Ehrh. *P. mirobolana* Lin. Grand arbriss. à ram. très glabres, ainsi que les pétioles; feuil. elliptiques, dentelées, aiguës, un peu ridées; en mars, fl. blanches solit., fruit comestible rouge, globuleux, déprimé à la base. Amér. sept., 1629.

Var. à fruits blancs.

14 **P. domestique.** *P. domestica* Lin. Arbre ou arbrisseau de 5-6 mètres, non épineux, à jeunes rameaux glabres; feuil. ovales-lanc., légèrem. pubesc. en dessous; finem. crénelées; en avril, fl. blanches, ordin. géminées au sommet du bourgeon florifère; fruit penché, de couleur et de grosseur variables. Europe.

Variétés jardinières.

Prune de Catalogne ou de Saint-Barnabé, jaune hâtive. Fruit petit, allongé, jaune, sucré; juillet.

De Montfort. Fruit gros, ovale, violet-noir; chair jaune fondante, tenant un peu au noyau; commencement d'août.

Précoce de Tours. *Noire hâtive*. Fruit petit, ovale; mi-juillet.

Damas musqué. Fruit petit, violet foncé, à chair ferme, musquée; mi-août.

Damas violet. Fruit moyen, violet; chair ferme, sucrée, un peu aigre; fin d'août.

Damas d'Espagne. Fruit ovale, médiocre, très glauque; chair sucrée, se séparant du noyau; commencem. de sept.

Damas de septembre. Fruit petit, oblong, violet foncé, agréable; fin de sept.

Royale hâtive. Fruit très beau et bon; saveur et couleur de la reine-claude violette; commencement de juillet.

Bifère. Fruit allongé, vert tirant sur le jaune, saveur agréable; mi-juillet et 15 sept.

De Monsieur. Fruit gros, rond, violet, à chair fondante; fin de juillet.

Surpasse Monsieur. Fruit plus beau et plus parfumé que la P. de monsieur; fin d'août.

Royale de Tours. Fruit gros, presque rond, violet et rouge clair, à chair fine et sucrée; fin de juillet.

De Monsieur tardive, *Altesse*. Fruit plus gros que la var. 10; septembre-novembre.

Perdrigon blanc. Fruit petit, un peu long, blanc, à chair fondante sucrée, très parfumée; août.

Perdrigon violet. Fruit plus gros que la précédente.

Perdrigon rouge. Fruit de forme et de grosseur semblables à celles de la var. 14, mais d'un beau rouge presque violet; sept.

Pêche. Fruit très gros, arrondi, rouge-violacé, à chair jaunâtre, peu savoureuse; sept.

De Jérusalem. Fruit gros, ovale, violet, à chair adhérente au noyau, jaunâtre.

Brignole, Pruneaux de Brignole. Fruit oblong, jaune pâle et rougeâtre, à chair jaune très sucrée.

Reine-Claude. Fruit gros, sphérique, vert, tacheté de gris et de rouge; août.

Petite Reine-Claude. Plus tardive, moins bonne.

Dauphine. Plus jaune et très bonne.

Reine-Claude violette. Fruit de la forme et de la grosseur de la reine-claude, mais violet et moins bon.

Washington. Fruit gros, ovale ou globuleux, jaune-verdâtre et rouge; chair fondante, verte, tenant au noyau; sept.

Abricotée. Fruit gros, plus long que rond, blanc-jaunâtre et rougeâtre; chair ferme, musquée, jaune, quittant le noyau; commencement de septembre.

Petite mirabelle. Fruit petit, rond, un peu oblong, jaune-ambré; chair ferme, très sucrée; mi-août.

Grosse mirabelle. Fruit presque rond, jaune tacheté de rouge; chair fondante, sucrée, très bonne; mi août.

Impériale violette, Prune-œuf. Fruit gros, de la forme et de la grosseur d'un œuf, violet clair; chair ferme, sucrée; souvent gommeux et véreux; fin d'août.

Impériale blanche. Fruit de la forme du précédent, plus gros, à peau coriace; chair ferme, adhérente au noyau, blanche.

Diaprée violette. Fruit moyen, allongé, violet, glauque, à chair ferme, sucrée; commencem. d'août.

Diaprée rouge.

Diaprée noire. Fruit petit, ovale, presque noir, se ridant sur l'arbre.

Impératrice blanche. Fruit moyen, oblong, jaune clair, à chair ferme, sucrée; fin d'août.

Ile verte. Fruit moyen, allongé; commencement de sept.

Sainte-Catherine. Fruit moyen, allongé, jaune, sucré; sept.-oct.

Couetsche. Fruit violet, très allongé, renflé au milieu; chair douce et agréable en pruneaux.

Saint-Martin. Fruit de la grosseur de la reine-claude violette, de la même couleur, mais plus tardif.

D'Agen, Pruneaux d'Agen. Fruit très allongé, bleu-noir.

Saint-Julien, gros et petit. Fruit violet foncé, très glauque.

Damas noir, gros et petit. Fruit globuleux-déprimé, noir.

CULTURE. — Partout où le sol n'est pas argileux, marécageux ou trop sablonneux, on peut cultiver avec succès le prunier. Par ses racines traçantes, le prunier ne peut aller chercher sa nourriture à de grandes profondeurs; les terres meubles et surtout la terre franche lui conviennent préférablement. On obtient le prunier de graines ou par la greffe. On fait stratifier les semences comme pour les amandiers et pêchers: la culture du reste est la même. Le prunier se cultive plus souvent en plein vent; il doit être taillé les premières années pour lui faire prendre une bonne forme; ensuite on se contente d'enlever le bois mort. Pour greffer, il est préférable d'employer de jeunes sujets obtenus de graines, soit du Myrobolan, du Saint-Julien ou Damas noir; les rejetons émettent trop promptement de nouveaux drageons qui épuisent l'arbre. Comme pour le pommier, on peut préparer le sujet 15 ou 20 jours d'avance; à l'automne on emploie la greffe en écusson; au printemps on peut greffer en fente les sujets forts et vigoureux. L'année qui suit la première pousse de la greffe, on peut planter les premiers en ne touchant que très peu les racines. Sous le climat de Paris, plusieurs variétés ne mûrissent pas leurs fruits lorsqu'ils sont en plein vent: tels sont les **Perdrigons**, la **P. d'Agen**, etc. Pour ces variétés, il leur faut l'espalier et l'exposition du levant ou du midi. La **Reine-Claude**, la **P. de monsieur**, la **P. surpasse monsieur**, cultivées de cette manière, donnent des fruits beaucoup plus gros et de meilleure qualité que lorsqu'elles sont cultivées en plein vent.—Toutes les prunes sont laxatives et émollientes. On les regarde généralement comme pouvant donner la fièvre, mais à tort; c'est, au contraire, un aliment très sain, pouvant se manger cru ou cuit. Lorsqu'elles sont séchées, elles prennent le nom de pruneaux. On extrait des prunes une eau-de-vie qui porte le nom de *kwetschenwasser*. Les pruniers sont aussi des arbres pouvant servir d'ornement dans les grands jardins; c'est surtout le **P. épineux**, connu sous le nom de **Prunellier, Epine noire, P. sauvage**, et sa variété à fl. doubles, le **P. myrobolan** qui, par la quantité de leurs fl., pourraient servir spécialement à cet usage. L'écorce de ces 2 espèces est très astringente, elle a été employée avec succès dans certaines fièvres d'accès; on pourrait aussi s'en servir pour tanner les cuirs; l'infusion de feuil. sèches est une boisson très agréable; enfin le bois sert aux tourneurs, dans la marqueterie et l'ébénisterie.

3e SECTION. — **Cerasus** JUSS. Cerisier. — *Drupe glabre, à noyau globuleux lisse; fl. blanches.*

15 **P. mérisier.** *P. Avium* LIN. *P. nigra* MILL. *Cerasus Avium* MOENCH. Grand arbre pyramidal, à branches presque horizontales, jamais pendantes; feuil. légèrem. pubesc.-blanchâtres en dessous; en avril-mai, fl. blanches, longuement pédicellées; pédic. grêles, portant un fruit rouge plus ou moins foncé, ovale-arrondi, déprimé, à chair succulente, douce, sucrée, adhérente à l'épicarpe (peau).

VARIÉTÉS.

1 *Sauvage, Mérisier. P. sylvestris.* Fruit globuleux, noir, de la grosseur d'un pois, à suc très coloré et d'une saveur un peu amère.

2 *Guigne, Cerise douce. P. nigra, juliana, Cerasus juliana* DEC. Fruit globuleux, presque cordiforme, assez gros, rouge plus ou moins foncé, à chair plus ou moins colorée et sucrée.

3 *Bigarreau. P. nigra, Duracina, Ceras. Duracina* DEC. Fruit oblong ou globuleux, presque cordiforme, assez gros, rouge pâle, strié, quelquefois blanc jaunâtre, à chair incolore, ferme, cassante, sucrée.

16 **P. cerisier, Cerisier.** *P. Cerasus* LIN. *Cerasus caproniana* DEC. *C. vulgaris* MILL. Arbre de 6-7 mètres, à ram. grêles, étalés, ordin. pendants; feuil. oblongues-obovales, acuminées, doublement dentées, glabres dès leur jeunesse; en avril-mai, fl. blanches, ordinairement très longuement pédicellées; fruit globuleux-déprimé, rouge peu

foncé, à chair molle, très succulente, **quittant** ordinairement le noyau, d'une **saveur** acide ou acidule. Europe mérid.

VARIÉTÉS JARDINIÈRES.

Montmorency. Fruit globuleux, déprimé, rouge pâle, à suture peu profonde; chair blanche, plus ou moins acide; pédonc. un peu plus long.

Courte-queue, Gros gobet. Fruit rouge, déprimé, brièvement pédonculé, à suture profonde; chair blanche.

Griotte. Fruit globuleux, déprimé, pourpre-brun, à chair rouge.

D'Angleterre. Fruit globuleux, ovale-comprimé, à chair rouge.

17 **P. toujours en fleurs, Cerisier de la Toussaint.** *P. semperflorens* EHRH. *P. serotina* ROTH. *Cerasus semperfl.* DEC. Arbre ou arbriss. de 5-6 mètres, à ram. pendants; feuil. ovales, dentelées; en mai, fl. axill., solit.; dents du calice dentelées; fruit globuleux rouge.

VAR. monstrueuse, à fl. un peu plus précoces, sessiles; style foliacé.

18 **P. faux cerisier.** *P. Chamæcerasus* JACQ. *P. intermedia* POIR. *P. fruticosa* PALL. *Cerasus chamæcerasus* LOISEL. *C. intermedia* LOISEL. *Chamæcerasus fruticosa* PERS. Arbriss. de 3-4 mètres, à ram. grêles, quelquefois pendants; feuil. luisantes, ovales-oblong., crénelées, obtuses, un peu coriaces, glabres ou un peu glanduleuses; en mai, fl. en ombelles souvent pédonculées; pédonc. fructifères plus longs que les feuil.; fruit globuleux, rouge pourpré, un peu acidulé. Sibérie, 1597.

19 **P. à feuil. de pêcher.** *P. persicifolia* DESF. *Cerasus persifolia* LOISEL. Arbriss. de 3-4 mètres, à feuil. glabres, ovales-lanc., acuminées, inégalement dentelées, munies de 2 glandes sur le pétiole; en mai, fl. nombreuses en ombelles pédonculées; pédonc. presque capillaires. Amér. sept., 1818.

20 **P. du Canada, Ragouminier** *P. pumila* LIN. *Cerasus pumila* MICH. *C. glauca* MOENCH. Petit arbuste de 1 mètre, à ram. souvent étalés; feuilles glabres, obovales-oblongues, dressées, à peine dentelées, glauques en dessous; fruit ovale, noir. 1756.

21 **P. pygmée.** *P. pygmæa* WILLD. *Cerasus pygmæa* LOISEL. Arbriss. non épineux de 1m,30 cent.; feuil. glabres, ovales-ellipt., aiguës, finement dentelées, atténuées à la base, et munies de 2 glandes; en mai, fl. en ombelles sessiles, paucifl.; fruit noir, petit, succulent, de la grosseur d'un gros pois. Amér. sept., 1756.

22 **P. noir.** *P. nigra* AIT. *Cerasus nigra* LOISEL. Petit arbriss. non épineux, à feuil. ovales, acuminées, munies de 2 glandes sur le pétiole; en avril-mai, fl. en ombelles sessiles, paucifl.; calice pourpre, à divis. obtuses, glanduleuses sur les bords. Canada, 1773.

23 **P. boréal.** *P. borealis* POIR. *Cer. borealis* MICH. Arbrisseau de 5-6 mètres, à feuil. membranacées, ovales-oblongues, acuminées, glabres, denticulées; en mai-juin, fl. pédicellées en corymbes; fruit presque ovale, rouge, à chair sucrée. Amér. sept., 1818.

24 **P. d'hiver.** *P. hiemalis*, *C. hiemalis* MICHX. Arbriss. de 1m,50, à feuil. oblongues-ovales ou obovales, brusquement acuminées; en mai, fl. glabres, en ombelles; divis. du calice lancéolées; fruit obovale. Virginie, 1805.

25 **P. couché.** *P. prostrata* LABILL. *P. incana* STEV. *Cerasus prostrata* SER. *C. incana* SPACH. *Amygdalus incana* PALL. Petit arbriss. à ram. ordin. couchés; feuil. ovales, incisées, dentelées, non glanduleuses, cotonneuses-blanchâtres en dessous; en avril-mai, fl. rosées, presque sessiles, ordin. solit.; calice tubuleux; fruit ovale, rouge. Orient, 1802.

26 **P. pubescent.** *P. pubescens* PURSH. *P. sphærocarpa* MICHX. *Cerasus pubescens* SER. Arbriss. de 4 mètres, à ram. pubesc. dans la jeunesse; feuil. courtes ovales, dentelées, le plus souvent glanduleuses à la base; en avril-mai, fl. en ombelles sess. paucifl.; calice pubesc.; fruit globuleux. Amér. sept., 1820.

27 **P. Chicasaw.** *P. Chicasa*, *Cerasus Chicasa* MICHX. Arbriss. de 2 mètres, à ram. un peu épineux, glabres; feuil. oblongues-ovales, aiguës ou acuminées; en avril-mai, fl. géminées au sommet de pédonc. très courts; calice glabre à 5 divisions très petites; fruit

petit, globuleux, jaune. Caroline, 1806.

28 **P. du Japon.** *P. Japonica* THUNB. *P. Sinensis* PERS. *P. humilis* BUNGE. *Cerasus Japonica* LOISEL. Arbriss. de 2 mètres, à feuil. glabres, luisantes, ovales, acuminées; en mars-mai, fl. rosées, solit.; divis. du calice plus courtes que le tube. 1810.

VAR. à fl. doubles. *Amygdalus pumila* LIN. *Prunus Japonica* KER.

29 **P. à feuil. molles.** *P. mollis* DOUGL. Arbriss. à feuil. oblongues ou obovales-oblongues, le plus souvent obtuses, dentelées, pubesc.-cotonneuses en dessous; fl. cotonneuses, disposées 5-6, en corymbes rameux; divis. du calice très obtuses, réfléchies; fruit ovoïde. Orégon, 1844.

4e SECTION. — **Padus** TOURN. — **Fleurs en corymbes ou en épis; feuil. caduques.*

30 **P. de Mahaleb, Bois de Sainte-Lucie.** *P. Mahaleb* LIN. *Cerasus Mahaleb* MILL. Arbrisseau de 6-7 mètres, à ram. étalés; feuil. coriaces, cordiformes-arrondies, briév. acumin., finem. dentelées, à dents arquées, calleuses-glanduleuses au sommet; en juil.-août, fl. petites, odorantes, en corymbes simples, dressés; fruit noir, ovoïde-globuleux, de la grosseur d'un pois. Indigène.

31 **P. à grappes, Puliet.** *P. Padus* LIN. *Cerasus Padus* DEC. Arbriss. de 5-10 mètres, à ram. étalés ou dressés; feuil. glabres, oblongues-ovales, acum., finem. dentelées, à dents étalées, non glanduleuses; en juil.-août, fl. petites, odorantes, en épis cylindr.; fruit globuleux, de la grosseur d'un pois. Europe.

VARIÉTÉS.

1 *à grandes fl.* Fl. grandes, longuem. pédicellées, disposées en épis lâches; fruit noir.

2 *à petites fl.* Fl. petites, briév. pédicellées; dents du calice courtes; fruit noir.

3 *à fruits noirs.* *P. rubra* WILLD.

32 **P. de Virginie.** *P. Virginiana* LIN. *P. rubra* AIT. *P. arguta* BÉGELOW. *P. nana* DU ROI. *Cerasus Virginiana* MICH. *C. densiflora, fimbriata* et *micrantha* SPACH. *C. obovata* BECK. Arbre de 10 mètres environ; feuilles lisses, oblongues, acum., doublem. dentelées, munies ordin. de 4 glandes sur le pétiole; en mai-juin, fl. en épis dressés; pétales orbiculaires. 1784.

33 **P. du Népaul.** *P. Nepalensis*, *Cerasus Nepalensis* SER. Arbre de 6-7 mètres, à feuil. glabres, longuem. lancéolées, acumin., obtusément dentelées, blanches, réticulées, veinées en dessous, poilues à l'aisselle des nervures; rachis et pédicelle velus; calice glabre. 1820. — Orangerie.

34 **P. tardif.** *P. serotina* WILLD. *P. Virginiana* MILL. *Cerasus serotina* LOISEL. Arbre de 10 mètres, à feuil. coriaces, luisantes, ovales-lancéolées, dentelées, à dents très nombreuses, glanduleuses, pubesc. à la base de la nervure médiane; en mai-juin, fl. en épis lâches; fruit noir. Amér. sept., 1629.

*** Feuilles persistantes, coriaces.*

35 **P. d'Occident.** *P. Occidentalis* SWARTZ. *Cerasus Occidentalis* LOISEL. Arbre de 6-7 mètres, à feuil. glabres, non glanduleuses, oblongues, acumin., très entières; tout l'été, fl. en épis latéraux. Indes-Occident., 1784. — Serre chaude.

36 **P. de Lusitanie.** *P. Lusitanica* LIN. *Cerasus Lusitanica* LOISEL. Arbre de 5-6 mètres, à feuilles ovales-lanc., dentelées, non glanduleuses; en juin, fl. en épis droits, axill., plus longs que les feuilles. 1648.

37 **P. laurier-cerise.** *P. lauro-cerasus* LIN. *Cerasus lauro-cerasus* LOIS. Arbriss. de 3-4 mètres, à feuil. ovales-lancéolées, dentées, à dents écartées, munies sur la face infér. de 2 ou 4 glandes; en avril-mai, fleurs en épis plus courts que les feuilles; fruits ovales, aigus. 1576.

38 **P. à fruits ronds.** *P. sphærocarpa* SWARTZ. *Cerasus sphærocarpa* LOISEL. Arbriss. de 3-4 mètres, à feuil. très entières, luisantes, non glanduleuses; en juin-juil., fl. distantes, en épis axill., dressés, beaucoup plus courts que les feuilles; fruit globuleux. Saint-Domingue, 1820. — Serre chaude.

39 **P. de la Caroline.** *P. Caroliniana* AIT. *Cerasus Caroliniana* MICHX. Arbre de 5-10 mètres, à feuil. un peu coriaces, luisantes, briév. pétiolées, lan-

céolées-oblongues, mucronées, souvent **entières;** en mai, fl. grandes, en épis **denses,** axill., plus courts que les feuil.; **fruits** presque globuleux, mucronés. **1759.**

Culture. — Toutes les variétés de cerises comestibles sont très rustiques et viennent dans presque tous les terrains. On les cultive ordinairement en plein vent, en abandonnant les arbres à eux-mêmes; quelques variétés sont cependant cultivées en espalier, soit au midi, pour en accélérer la maturité, soit au nord, pour avoir, au contraire, des fruits tardifs. On greffe sur des sujets de merisier, obtenus de semis, ou de Sainte-Lucie, lorsqu'on veut planter dans les terrains peu profonds ou calcaires. Les espèces 9 à 20 se multiplient très facilement de greffe sur toutes les var. de pruniers; elles ne réussissent jamais, au contraire, sur les cerisiers. Parmi les espèces de la 4e section (*Padus*), quelques-unes sont d'orangerie ou de serre chaude, les autres poussent très bien en plein air. On peut les multiplier de graines; mais le meilleur procédé et le plus prompt est de les greffer les unes sur les autres. Les espèces à feuil. persistantes peuvent se reproduire de boutures et de marcottes. Presque tout ce genre peut servir à l'ornement des jardins, soit par ses fleurs, soit par son feuillage. Les feuilles du laurier-cerise et du P. de Virginie servent fréquemment dans l'art culinaire : on les emploient surtout pour donner au lait le go t d'amande; mais cet usage n'est pas sans danger, car les feuil. contiennent une huile essentielle qui est un poison d'une violence extrême. On prépare avec les cerises un sirop qui, dans certains cas, est préféré au sirop de groseilles. Le marasquin est préparé avec la variété de cerise dite *Griot marasquin*. C'est à Venise, Trieste, etc., qu'on prépare cette liqueur alcoolique. Le bois de merisier à fruit noir est employé pour la menuiserie et le tour.

FAMILLE LXXIX. — ROSACÉES.

Plantes herbacées ou arbriss. souvent munis d'aiguillons; feuil. alternes pennées ou palmatiséquées, accompagnées de stipules ordin. foliacées, plus ou moins soudées au pétiole; fl. régulières; calice persistant non soudé à l'ovaire, à 4-5 sépales soudés inférieurem. dans une étendue variable, munis souvent de stipules qui forment un calicule; corolle à 4-5 pétales insérés sur le calice; étam. ordin. en nombre indéfini, insérées comme les pétales; ovaires nombreux, distincts, libres, rarem. 1-2, uniloculaires, uniovulés; fruits secs ou drupacés, monospermes, indéhis., disposés sur un réceptacle plus ou moins conique ou dans le tube du calice; graines suspendues, dépourvues de périsperme.

TRIBU I. — *ROSÉES.*

***Étamines** en nombre indéfini; ovaires nombreux, renfermés dans le tube du calice.*

ROSIER. *ROSA* Tourn. [du celtique *rhodd*, rouge : de la couleur de la fleur]. — Calice à tube urcéolé, étranglé au sommet, s'accroissant et devenant charnu à la maturité; limbe à 5 divis. foliacées, ordin. pennatipartites; ovaires nombreux, insérés dans le tube et sur les parois du calice; style latéral pour chaque ovaire. — Arbriss. à tiges munies d'aiguillons; feuil. pennées, accompagnées de stipules longuem. soudés au pétiole.

1re Section. — **Rosiers à feuilles simples.** — *Feuil. à une seule foliole, sans stipules.*

1 **R. à feuil. d'épine-vinette.** *R. Berberifolia* Pall. *R. Persica* Juss. *R. simplicifolia* Salisb. *Hulthemia berberifolia* Dumort. *Lowea berberif.* Lindl. Arbriss. de 30 à 40 c., hérissé de nombr. aiguillons blanchâtres; fol. solit., obovales cunéaires, dentelées vers le sommet; en juin-juil., fl. jaunes, simples; onglets des pétales pourpres; sépales entiers, presque spatulés. Perse, 1790.

2e Section. — **Rosiers féroces.** — *Tiges et ram. hérissés de nombreux aiguillons et couverts de duvet persistant; fruit lisse.*

2 **R. du Kamtschatka.** *R. Kamtschatica* Vent. Buisson d'un mètre, diffus, hérissé de nombreux aiguillons, à ram. inclinés, tomenteux; feuil. à 5-9 fol. oblongues, obtuses, glabres en dessus, pubesc., pâles en dessous, finement dentelées, ondulées; stipules grandes; en juin-août, fl. violet clair, simples; calice glabre, à sépales entiers, spatulés; fruits globuleux, rouges, couronnés par les sépales divergents. 1796.

Variétés.

1 *Féroce. R. ferox* Ait. *R. echinata* Dupont. Tiges plus hérissées d'aiguillons que l'espèce, avec des feuil., des fl. et des fruits plus grands.

2 *Parnassina.* Fl. violet clair, doubles.

3e Section. — **Rosiers bractéolés.** *Rameaux et fruits couverts d'un duvet persistant.*

3 **R. involucré.** *R. involucrata* Roxb. *R. Lindleyana* Tratt. Arbriss. toujours vert, de 1 mètre, à ram. brun pâle, à peine aiguillonnés; feuil. à 3-9 fol. ellipt.-lancéolées, toment. en dessous; stipules à peine adhérentes au pétiole, fimbriées-sétacées; en juil.-août, fleurs blanches, ordin. solit., terminales; calice et pédonc. cotonneux. Chine, 1818.

4 **R. bractéolé.** *R. bracteata* Wendl. Arbriss. de 60 cent., à ram. dressés, cotonneux, hérissés d'aiguillons solides, courbés, souvent géminés; feuill. à 5-9 fol. obovales, à peine dentelées, coriaces, luisantes, glabres; stipules à peine adhérentes, fimbriées-sétacées; en août-octobre, fl. blanches, solit., terminales; pédonc. et calice tomenteux; fruits globuleux, gros, rouge-orange. Chine, 1795.

Variétés jardinières.

Alba odorata. F. blanches doubles.

Bracteata. F. grandes, pleines, blanches, à centre jaune.

Maria Leonida. Remontante, à fl. presque pleines, blanches, creusées.

Victoire modeste. Fl. très grandes, pleines, blanc-rosé.

4e Section. — **Rosiers cannelles.** — *Tiges couvertes de poils rudes ou lisses; fol. lanc., non glanduleuses; pédonc. bractéolés; disque du calice très mince.*

5 **R. turneps.** *R. rapa* Bosc. Arbriss. de 1m,30, à ram. diffus, quelquef. hérissés d'aiguillons courbés; feuil. à 7-9 fol. oblongues, ondulées, luisantes; en juin-août, fl. rouges, en corymbes paucifl.; fruits hémisphériques. Amér. sept.

Variétés jardinières.

Grandiflora. Fl. doubles, couleur chair.

Hudsoniana. Fl. doubles, couleur chair, rouge au centre.

Lucida. Fleurs semi-doubles, couleur chair.

6 **R. à petites fleurs.** *R. parviflora* Ehrh. *R. Caroliniana* Michx. Arbriss. de 50 cent., à ram. garnis d'aiguillons très allongés, auriculaires, droits, horizontaux; feuil. à 5-9 fol. lancéolées, dentelées, glabres; stipules grandes, un peu dentelées, atteignant les premières folioles; en juin-août, fl. rose pâle; boutons ovales-globuleux; sépales terminés par un appendice très long; fruit globuleux, hispide. Caroline, 1724.

Var. à fl. doubles.

7 **R. de Woods.** *R. Woodsii* Lindl. Arbriss. de 1 mètre, à ram. hérissés de nombreux aiguillons grêles, droits; feuil à 7-9 fol. oblongues, obtuses, rapprochées, glabres, luisantes; stipules étroites, aiguës, bordées de glandes; en mars-juin, fl. rouges; sépales courts, ovales, nus. Missouri.

8 **R. de la Caroline.** *R. Carolina* Lin. Arbriss. de 2 mètres, à ram. souvent hérissés d'aiguillons courbés; feuil. à 5-9 fol. coriaces, lanc. ou obovales, dentelées, rapprochées, vert opaque, pubesc. en dessous; stipules longues, à bords roulés; en juin-juil., fl. rouges en corymbes, rarem. solit.; sépales ouverts, très longuem. appendiculés; fruits globuleux, déprimés, hispides. 1726.

Variétés.

1 *Hispide. R. Car. hispida* Ser. *R. Carolina* Lindl. *R. Virginica* Roess. Fol. ovales; pédonc. et calice hispides.

2 *Lisse. R. Car. lævis* Ser. *R. Balearica* Desf. *R. corymbosa* Ehrh. *R. Car. corymbosa* Red. et Thor. Fol. ovales, larges; fl. solit. ou en corym-

bes; pédonc. et calice presque lisses.

[3] *A feuil. de saule. R. Car. salicifolia* SER. *R. Hudsoniana salicifolia* RED. et THOR. Fol. distantes, lanc.-linéaires, allongées; pédonc. et calice un peu hispides; pétales obcordés-acuminés; fruits ovales-globuleux.

[4] *Grimpant. R. Car. scandens* SER. *R. Hudsoniana subcorymbosa* RED. et THOR. Ram. grêles, flexueux, presque grimpants; feuil. à 5-7 fol. lancéolées; fl. multiples, disposées en corymbes; calice et pédoncules lisses.

[5] *De la Floride. R. Car. Florida* LINDL. *R. Florida* DON. *R. enneaphylla* RAFIN. Fol. glabres, presque membranacées.

9 **R. à feuil. de frêne.** *R. fraxinifolia* BERK. Arbriss. de 2 mètres, émettant des rejetons hérissés, dans la jeunesse, d'aiguillons grêles; ram. adultes verts ou violets, souvent glauques; feuil. à 5-7 fol. rapprochées, ellipt., finement dentées, glabres, minces, vert jaunâtre; stipules amples, semi-ovales, denticulées; en mai-juin, fl. roses, solit. ou en corymbes; pédonc. et calice lisses; sépales ouverts, appendiculés, persistants; fruits globuleux, déprimés, rouges. Amérique sept.

VARIÉTÉS.

[1] *Agréable. R. frax. blanda* SER. *R. blanda* AIT. *R. Sinica* DESF. *R. Alpina lævis* DESV. *R. fraxinea* WILLD. *R. reclinata fl. simplici* RED. et THOR. Fl. rose intense.

[2] *Variable. R. frax. variegata. R. Alpina fl. variegata* RED. et THOR. Fl. rose pourpre varié.

[3] *De L'héritier. R. frax. L'heritierana* SER. *R. L'heritierana* RED. et THOR. Garni d'aiguillons épars, courbés; fl. multiples, en corymbes.

10 **R. canelle, Rose du Saint-Sacrement.** *R. cinnamomea* LIN. Buisson grisâtre, s'élevant à plus de 2 mètres, à ram. bruns, hérissés d'aiguillons presque droits, souvent couverts d'une poussière glauque; feuil. à 5-7 fol. ovales-ellipt., dentelées, pubesc., grises en dessous; stipules dilatées, concaves, ondulées, atteignant presque les fol. inférieures; en mai, fl. rose chair, briév. pédonculées; sépales ouverts, spatulés au sommet; fruits globuleux ou ovales, sphériques, lisses, rouges, couronnés par les sépales ascendants. Europe.

VARIÉTÉS.

[1] *Printannier. R. cinn. collincola* SER. *R. cinnamomea* RED. et THOR. *R. collincola* EHRH. *R. majalis* DESF. Tiges hérissées d'aiguillons; fol. ovales, poilues en dessous; stipules larges.

[2] *De Smith. R. cinn. Smithiana* SER. *R. cinnamomea* SMITH. Fol. oblongues-lancéolées; stipules très étroites.

[3] *A. larges feuilles. R. cinn. latifolia* SER. *R. majalis* RETZ. Fol. ovales, très larges.

11 **R. à feuil. penchées.** *R. clinophylla* RED. *R. cinnamomea pallida* SER. Arbriss. de 2 mètres, à ram. grêles, poilus, munis d'aiguillons stipulaires, droits; feuil. à 5-9 fol. ovales-oblongues dentelées, pendantes, luisantes en dessus, velues en dessous; pétioles poilus glanduleux; stipules étroites fimbriées; en mai-juil., fl. blanches briév. pédonculées; fruit globuleux, hispide. 1820.

HYBRIDE JARDINIÈRE.

Rose-hardy. Fl. jaunes, simples; pétales à onglets pourpres; feuil. à 5-9 fol., obtenue en 1836.

12 **R. à feuil. glanduleuses.** *R. adenophylla* WILLD. Arbriss. de 1m30, ram. hérissés d'aiguillons épars; feuil. à fol. simplement dentelées, glauques en dessous, glanduleuses sur les bords; pétioles non épineux, glanduleux-pubesc.; en juin-juil., fl. rosées, grandes; calice et pédonc. glanduleux-hispides.

13 **R. à grandes feuil.** *R. macrophylla* LINDL. Arbriss. de 2 mètres, à ram. lisses, non épineux; feuil. très longues, à 5-11 fol. lancéolées, planes, finement dentelées, laineuses en dessous; stipules grandes, fl. en corymbes, accompagnées de grandes bractées rouges, plus longues que les sépales, terminées par une pointe; pédonc. et fruits hispides. Népaul, 1822.

5e SECTION. — **Rosiers pimprenelles.** — *Couverts d'aiguillons nombreux; pédonc. sans bractées; sépales ovales-oblongs, connivents, persistants; disque du calice presque nul.*

14 **R. des Alpes.** *R. Alpina* LIN. *R. polyphylla* WILLD. *R. reversa* WALDST. et KIT. Arbriss. de 1 mètre, à tiges hérissées d'aiguillons nombreux, grêles dans la jeunesse, devenant plus solides, ligneux dans l'état adulte; feuil. à 5-11 fol. ovales ou obovales, finement dentelées; stipules étroites, à sommet divergent; en juin-juil., fl. rosées; pédonc. réfléchis après l'épanouissement; sépales étalés, entiers; fruits ovales, pendants, couronnés par les sépales. 1628

VARIÉTÉS.

1 *Rougeâtre. R. Alp. rubella* SER. *R. rubella* SMITH. *R. candolleana elegans* et *pendula* RED. et THOR. *R. stricta* MUHL. Tiges à ram. pédonc., et souvent le calice, hispides; fleurs blanc-rosé.

2 *A larges feuilles. R. Alp. latifolia* SER. *R. pendulina* AIT. *R. Alp. pendulina* DESV. Tiges et ram. dépourvus d'aiguillons; fol. amples, obtuses; stipules larges; pédonc. courts, un peu hispides ainsi que le calice.

3 *Lisse. R. Alp. lævis* SER. *R. Alpina vulgaris* RED. et THOR. Tiges, pédonc. et calice très lisses; fruits oblongs.

4 *Turbiné. R. Alp. turbinata* DESV. *R. inermis* DELAUN. *R. turbinata* VILL. Tiges et ram. peu aiguillonnés; fol. ovales, glauques en-dessous, pédonc. hispides; calice dilaté au sommet; fl. pleines, rose pâle.

VARIÉTÉS JARDINIÈRES.

Boursault. Fleurs semi-doubles, roses.

Calypso. fleurs blanches, rose carné au centre.

15 **R. sulphureux.** *R. sulphurea* AIT. *R. glaucophylla* EHRH. Arbriss. de 1 mètre; tiges jaunes; garnies de nombreux aiguillons, ceux des ram. épars, grêles, un peu courbés; feuil. à 5-7 fol. glabres, glauques, obovales, denticulées; stipules planes, étroites, légèrem. fimbriées, à sommet dilaté; en juil., fl. jaunes; calice globuleux à sépales entiers. Orient, 1629.

VARIÉTÉS JARDINIÈRES.

Ancien jaune à fl. doubles. Fl. grandes, très pleines, beau jaune.

Minor *ou* Pompon jaune. Fl. petites, pleines, beau jaune.

16 **R. églantier.** *R. Eglanteria* LIN. Arbrisseau de plus de 1 mètre, émettant de nombreux rejetons, très aiguillonnés dans le jeune âge; les ram. adultes hérissés de quelques aiguillons épars; feuil. à fol. concaves, obovales ou ovales, finement dentelées, lisses en dessus, glanduleuses en dessous; stipules étroites, entières, à sommet divergent; en mai-juin, fl. jaunes; pédonc. et calice lisses; sépales étalés, pinnatifides; fruits globuleux, jaune-orange. Indigène.

VARIÉTÉS.

1 *Unicolore. R. Egl. lutea* RED. et THOR. *R. lutea* MILL. *R. chlorophylla* EHRH. *R. cerea* RŒSS. *R. lutea unicolor* CURT. Pétales jaunes; stigm. pourpres.

2 *Lutéole. R. Egl. luteola.* RED. et THOR. *R. hispida* SIMS. Tiges petites; garnies de nombreux aiguillons inégaux; fol. petites; stipules larges; fl. petites, jaune pâle.

3 *Rouge pâle. R. Egl. subrubra* RED. et THOR. Tiges garnies à la base d'aiguillons inégaux, épars; fol. et pétioles glabres; pédonc. glanduleux-hispides; fl. à pétales rouge pâle en dessus, jaunâtres en dessous; stigm. jaunes.

4 *Ponceau. R. Egl. punicea* RED. et THOR. *R. punicea* RŒSS. *R. Egl. bicolor* DEC. Fl. à pétales rouge-ponceau au sommet, jaune à la base; stigm. pourpres.

VARIÉTÉS JARDINIÈRES.

Capucine. Fl. jaunes en dehors, orange en dedans.

Jaune pâle. Fl. toute jaune.

Lutea plena. Fl. pleines, jaunes.

17 **R. pimprenelle.** *R. pimpinellifolia* LIN. *R. spinosissima* JACQ. et LIN. *R. microcarpa* RŒSS. *R. melanocarpa* LINK. *R. Hibernica* HOOK. *R. involuta* SMITH. *R. nivalis.* DONN. Arbriss. de 50 c. à 2 mètres, à tiges garnies d'aiguillons nombreux, très inégaux, grêles, subulés ou sétacés, droits; feuil. ordinairement glabres, vert pâle en dessous, à 5-9 fol. petites, presque orbiculaires, finement dentelées; stipules étroites, à sommet dilaté; en juin-juill., fl. blanches, odorantes; calice glabre à sépales

entiers; fruits globuleux, rouge-brun. Indigène.

VARIÉTÉS.

1 *Commun. R. pimp. vulgaris* SER. *R. spinosissima* SMITH. *R. pimp. fl. multiplici* RED. et THOR. *R. chamærhodon* VILL. Fl. blanches; pédonc. et fruits lisses.

2 *Argenté. R. pimp. argentea* SER. *R. hispida argentea* RED. et THOR. Tiges et ram. hispides, garnis d'aiguillons; fol. ovales, cotonneuses, blanches en dessous; fl. multipl.; calice pourpre hispide, couvert de petits poils soyeux.

3 *Jaune. R. pimp. flavescens* SER. *R. Candolliana flavescens* RED. et THOR. Pédoncules et fruits lisses; fl. jaune pâle.

4 *Nain. R. pimp. pumila* RED. et THOR. *R. spinosissima pumila* LINDL. Feuil. et fl. très petites, pédonc. et calice lisses ou un peu hispides.

5 *Myriacanthe. R. pimp. myriacantha* SER. *R. myriacantha* DEC. Aiguillons très nombreux, pédonc. et calice hispides.

6 *D'Altaï. R. pimp. Altaica* RED. et THOR. *R. Altaïca* WILLD. *R. pimpinellifolia* PALL. *R. spinoss. Pallasii* LINDL. *R. grandiflora* LINDL. *R. Sibirica* TRATT. Tiges élevées; fol. larges; pédonc. et calice lisses.

7 *Retourné. R. pimp. reversa* SER. *R. spin. reversa* LINDL. Tiges garnies à la base d'aiguillons très grêles; fruits presque ovales.

8 *Inerme. R. pimp. inermis* DEC. Tiges et ram. sans aiguillons; fl. rosées ou blanches.

9 *De Marienbourg. R. pimp. Mariburgensis* RED. et THOR. *R. pimp. Mariburgensis* RED. et THOR. *R. pimp. major* RED. et THOR. Tiges, ram. et pédoncules plus ou moins lisses; fl. blanc rosé.

VARIÉTÉS JARDINIÈRES.

Belle Laure. Fl. simples, rose nuancé.
Blanche double. Fl. blanches, petites, pleines.
Carnée. Fl. rouge-chair.
Cénomanne. Fl. grandes, pleines, blanc pur.
Desbrosses. Fl. roses.
Estelle. Remontante à fl. petites, pleines, roses.
Hardy. Fl. pleines, blanches, striées de lignes pourpres.
Irène. Fl. pleines, blanches.
Jaune double. Fl. moyennes, multipl., beau jaune.
Perpétuelle de Stanwell. Fl. grandes, pleines, couleur chair.
Pourpre. Fl. pleines, pourpre foncé.
Reine des pimprenelles. Fl. semi-doubles, roses.
Victoria. Fl. grandes, multiples, roses, à onglets des pétales jaunâtres.

6e SECTION. — **Rosiers cent-feuilles.** — *Arbriss. à tiges couvertes d'aiguillons inégaux; feuil. rugueuses; pédonc. munis de bractées; disque entourant la gorge du calice, épais.*

18 **R. de Damas.** *R. Damascena* MILL. *R. bifera* PERS. *R. semperflorens* DESF. *R. calendarum* BORK. *R. centifolia bifera* POIR. Arbriss. d'un mètre, à ram. hérissés d'aiguillons nombreux, inégaux, durs, dilatés à leur base; feuil. à 5-7 fol. ovales, raides; en juin-juil., fl. rosées; boutons oblongs; calice et pédoncules visqueux-glanduleux; sépales réfléchis après l'épanouissement; tube calicinal allongé; souv. dilaté au sommet, fruits ovales, pulpeux. Orient, 1573.

VARIÉTÉS.

1 *Laxiflore. R. Dam. laxiflora* SER. *R. Dam. subalba. R. Celsiana, Italica, variegata aurora* RED. et THOR. Fl. solit., souvent disposées en panicules corymbiformes, lâches; pédonc. flexibles, allongées; fruits coccinés.

2 *Cocciné. R. coccinea* RED. et THOR. Aiguillons peu nombreux; fl. pourpre intense, en panicules; pédonc. courts, raides; fruits jaune orange.

3 *Officinal. R. Dam. officinalis* SER. *R. bifera officinalis* et *macrocarpa* RED. et THOR. Aiguillons très nombreux; pédonc. raides; fl. roses à pétales infléchis.

4 *A fl. denses. R. Dam. densiflora* SER. *R. bifera alba* RED. et THOR. Fl. en panicules-corymbiformes, denses; pédonc. courts, très raides.

5 *Variable. R. Dam. variegata.* SER. *R. bifera variegata* RED. et THOR.

Fol. ovales-arrondies, variées de jaune, pubesc. sur les bords; *fl.* en panicules-corymbiformes; pédonc. courts, raides.

6 *Nain. R. Dam. pumila* SER. *R. bifera pumila* RED. et THOR. Tiges très courtes; fol. excessivement petites; fl. peu nombreuses, rassemblées en petits corymbes denses.

VARIÉTÉS JARDINIÈRES.

Admirable. Fl. moyennes, pleines, blanches, bordées de rouge.
Arlinde. fl. moyennes, pleines, bien conformées, rose tendre.
Blanche Davilliers. Fl. moyennes, pleines, blanc pur.
Bouvet. Fl. moyennes ou grandes, pleines, pourpres.
Calypso. Fl. grandes, pleines, rose clair.
Duc de Luxembourg. Fl. grandes, presque pleines, rouge-chair, pâles sur le bord des pétales.
Damas monstrueux. Fl. roses.
Damas tomenteux. Fl. roses, panachées.
Ferox. Fl. très grandes, pleines, bombées, rouge clair.
Henri IV. Fl. très grandes, rose vif.
Impératrice de France. Fl. rose-cerise.
La soyeuse. Fl. rouges.
La ville de Bruxelles. Fl. moyennes ou grandes, pleines, rouge clair.
Léda. Fl. blanches, tigrées de lilas.
Louis XVI. Fl. moyennes, très multiples, rouge vif.
Madame Deshoulières. F. moyennes, très pleines, bombées, roses.
Madame Hardy. Fl. grandes, très pleines, creusées, blanc pur.
Madame Zoutmann. Fl. moyennes, pleines, blanches.
OEillet parfait. Fl. moyennes, pleines, bien conformées, blanches, panachées de rouge.
Pénélope. fl. moyennes, pleines, rouge clair.
Pompon Toussaint. Fleurs petites ou moyennes, bombées, rouge clair.
Pope. Fl. grandes, pleines, pourpre-violet foncé.
Princesse Amélie. Fl. grandes, très-multiples, rose tendre.
Sélina. Fl. grandes, pleines, rose très tendre.
Sémiramis. Fl. grandes, doubles, rose cuivré.
Triomphe de Rouen. Fl. grandes, pleines, rose vif.

Rosiers de Belgique. *R. Belgica.*

Cels. Fl. semi-doubles, rose clair.
Miroir des dames. Fl. blanches à centre carné.
Sylvia. Fl. rose-cerise.
York et Lancastre. Fl. panachées.

19 **R. cent-feuilles.** *R. centifolia* LIN. *R. muscosa* AIT. *R. pomponia* DEC. *R. Provincialis* AIT. *R. Burgundiaca* PERS. Arbriss. de 1 mètre, garni d'aiguillons presque droits, dilatés à la base; feuil. à 5-7 fol. ovales, poilues en dessous, glanduleuses sur les bords; en juin-août, fl. rose, simples ou doubles; boutons ovales, courts; sépales étalés, non réfléchis, après l'épanouissement; fruits ovales un peu pulpeux, visqueux, glanduleux-hispides, ainsi que le pédonc. et le calice. Europe mérid. 1596.

VARIÉTÉS.

1 *Commun. R. cent. vulgaris* SER. *R. cent. fl. simplici* et *Anglica rubra.* RED. et THOR. Aiguillons épars; fol. ovales, planes, simplement dentelées; boutons pourpres; pétales infléchis, rose-pourpre; pédonc. et calice glanduleux-visqueux.

2 *Carné. R. Vilmorin. R. cent. carnea.* DUM. COURS. *R. cent. variegata* LOIS. Aiguillons épars, fol. ovales, planes, dentelées; pédonc. et calice glanduleux-visqueux; fl. en corymbes lâches; boutons pourpres extérieurement; pétales infléchis rose pâle.

3 *Changeant. Rose unique. R. cent. mirabilis* PERS. *R. cent. unica* DUM. COURS. *R. cent. nivea* LOIS. Aiguillons épars; fol. ovales, planes, dentelées; pédonc. et calice glanduleux-visqueux; fl. en corymbes lâches; boutons pourpres; pétales lactés.

4 *A feuil. bullées. R. cent. bullata* RED. et THOR. Aiguillons nombreux; fol. très grandes bullées, dentelées; pédoncules et calice glanduleux-visqueux; pétales infléchis, rose-pourpre.

5 *Mousseux. R. cent. muscosa* SER. *R. muscosa* AIT. *R. muscosa simplex,*

multiplex et *alba* Red. et Thor. Aiguillons inégaux, petits, très nombreux; fol. ovales, planes, dentelées; pédoncules et calice glanduleux-mousseux; pétales infléchis, roses ou blancs.

6 *Lemeunier, Mousseuse de la flèche. R. cent. Lemeunierana* Ser. *R. muscosa anemonæflora* Red. et Thor. Tiges ram., pédonc. et calice, couverts d'aiguillons étalés et de poils capités, formant une espèce de mousse; fol. très petites; fl. solit., de la forme de celles des anémones.

7 *Crénelé. R. cent. crenata* Dum. Cours. *R. cent. grandidentata* Red. et Thor. Aiguillons épars; fol. ovales, planes, grossièrement et doublement crénelées; pédonc. et calice glanduleux-visqueux; fl. roses, à pétales infléchis.

8 *Bipenné. R. cent. bipennata* Red. et Thor. Aiguillons épars; feuil. bipennées, irrégulièrement palmées; fol. crispées, doublement crénelées; pédoncules et calice glanduleux-visqueux; fl. pourpre-bleu, à pétales infléchis.

9 *Anémonoïde, Rose anémone. R. cent. unemonoides* Thor. Aiguillons épars; fol. ovales, planes, dentelées; fl. petites, roses, de la forme de celles de l'anémone couronnée.

10 *Caryophyllé, Rose œillet. R. cent. caryophyllea* Poir. *R. unguiculata* Delaun. *R. cent. unguiculata* Desf. Aiguillons épars; fol. ovales, planes, dentelées, calice oblong, glanduleux-visqueux, ainsi que les pédoncules; pétales onguiculés, droits, petits, acuminés ou tridentés.

11 *Petit. R. cent. minor* Dum. Cours. *R. humilis Meldensis* Tratt. *R. media* Hortul. Petit arbriss. garni de très courts aiguillons épars; fol. ovales, très petites, planes; calice dilaté au sommet, glanduleux-visqueux, ainsi que les pédonc.; fl. très petites, à pétales infléchis.

12 *Pompon. R. cent. pomponia* Lindl. *R. Burgundiaca* Pers. *R. provincialis* Ait. *R. pomponia* Dec. *R. pomp. fl. simplici* Red. et Thor. Petit arbriss. à fol. et fl. très petites.

13 *De Kennedy, Pompon mousseux. R. cent. Kennedyana* Ser. *R. pomp. muscosa* Red. et Thor. Fol. grandes; pédonc. et calice visqueux, glanduleux, mousseux; fl. en panicules plus grandes que celles de la précédente.

Variétés jardinières.

A feuil. de laitue ou de choux. Fl. grandes, pleines, bien faites, rose vif.
Adèle Prévost. Fl. grandes, très pleines, rose-chair, très bien formées.
Adrienne de Cardoville. Fl. grandes, pleines, aplaties, beau rose.
Carnée, Robin. Fl. grandes, pleines, rose-chair.
Cristata. Fl. grandes, pleines, rose vif, bien formées.
D'Anjou. Fl. grandes, pleines, beau rose vif.
De Lacken. Fl. grandes, pleines, beau rose.
De Nancy. Fl. rose foncé.
Désiré Parmentier. Fl. grandes, pleines, roses.
Des peintres. Fl. très grandes, pleines, rose vif.
Diable boiteux. Fl. moyennes, très pleines, rose tendre.
Foliacée. Fl. grandes, pleines, roses.
Ordinaire. Fl. grandes, pleines, rose vif.
Œillet. Fl. petites, rose clair.
Petite Hollande. Fl. petites, pleines, rose vif.
Pompon de Bourgogne. Fl. très petites, pleines, roses.
Pompon de Bourgogne à fl. blanches. Fl. très petites, pleines, blanches, à centre couleur chair.
Pompon Kingston. Fl. petites, pleines, roses.
Reine des cent feuilles. Fl. grandes, presque pleines, rose clair très frais.
Triomphe d'Abbeville. Fl. très grandes, doubles, rose vif.
Unique blanche. Fl. moyennes, pleines, blanches.
Unique panachée. Fl. grandes, pleines, blanches, panachées de rouge.
Vilmorin. Fl. moyennes ou grandes, pleines, rose-chair très frais.

Hybrides jardinières.

Adèle de Sénanges. Fl. moyennes, pleines, bombées, rose-chair.

Adeline, ou Unique admirable. Fleurs moyennes, pleines, rouge-chair.
Admiration (l'). Fl. grandes, très pleines, lilas foncé, nuancé.
Anaïs Ségalas. Fl. moyennes ou grandes, pleines, rose-lilas.
Christine de Pisan. Fl. moyennes, doubles, roses, marbrées de blanc.
Délices de Flandre. Fl. grandes, pleines, rose tendre.
Duchesse d'Orléans. Fl. grandes, multiples, rose-chair.
Duc de Choiseul. Fl. grandes, doubles, roses, ponctuées.
Duchesse d'Ursel. Fl. grandes, pleines, blanc-rosé.
Élisa Leker. Fl. moyennes, pleines, rose foncé, marbrées.
Fiancée (la). Fl. moyennes, pleines, rose-chair tendre.
Grand triomphe. Fl. grandes, pleines, rouge-cramoisi.
Hypacia. Fl. moyennes, pleines, rouges, souvent ponctuées.
Laure. Fl. grandes, très multiples ou pleines, bien formées, rose-lilas.
Lilacea variegata. Fl. très grandes, lilacées, souvent panachées de blanc.
Madame Henriette. Fl. moyennes ou grandes, pleines, beau rose, plus clair au centre.
Madame Huet. Fl. grandes, pleines, rose tendre.
Mahieux. Fl. grandes, pleines, rose carminé.
Mathilde de Mondeville. Fl. moyennes, pleines, blanc légèrem. rosé.
Perpétuelle la Reine. Fl. grandes, presque pleines, bien formées, odorantes, beau rose sur la face intér., rose lilacé sur l'extérieur.
Pompon de la queue. Fl. moyennes, pleines, très bien formées, rose.
Rachel. Fl. grandes, pleines, rose lilacé, à bords pâles.
Salmacis. Fl. moyennes, pleines, rose foncé, ponctuées.
Sulkowski. Fl. grandes, pleines, rose-cramoisi.
Wilberforce. Fleurs grandes, pleines, rouge-pourpre.

Roses mousseuses. *R. muscosa* AIT.

A feuilles pourpres. Fleurs moyennes, doubles, pourpres.
A feuilles de sauge. Fl. moyennes, doubles, roses.
A feuilles luisantes. Fleurs moyennes, pleines, rose tendre, à rosette au centre.
Alice Leroy. Fl. grandes, doubles, rose lilacé.
Angélique Quetier. Fl. moyennes, très multiples ou pleines, rose tendre.
Blanche. Fl. moyennes, pleines, blanc pur.
Charlotte de Sor. Fl. moyennes, pleines, roses; feuilles agathées.
Cœlina. Fl. moyennes, pleines, rouge vif, passant au violet.
Collet. Fl. moyennes, très multiples, rose tendre.
Comtesse de Murinais. Fl. grandes, multiples, blanches.
De Metz. Fl. moyennes, rouge-pourpre vif.
D'Orléans. Fl. moyennes, pleines, pourpre-feu.
Ferrugineuse du Luxembourg. Fl. cramoisi rouge, brillant.
Globuleuse. Fl. moyennes, très multiples, forme globuleuse, rose vif.
Lancel. Fleurs grandes, très pleines, rouge vineux.
Lanceœur, Panaget. Fl. moyennes, très multiples, pourpres, légèrement striées de rouge.
Malvina. Fl. moyennes, pleines, rose-chair.
Mauget. Fl. moyennes, très multiples ou pleines, pourpres.
Minor ou Gracilis. Fl. moyennes, très pleines, roses.
Mistriss Wood. Fl. moyennes, pleines, pourpre carmin.
Ordinaire ou Ancienne. Fl. grandes, très pleines, roses.
Oscar Foulard. Fl. petites, très pleines, rouge-pourpre.
Panaché pleine. Fl. moyennes, pleines, blanches, souvent panachées de rose.
Perpétuelle Mauget. Remontant à fl. moyennes, pleines, rose vif.
Picciola. Fl. petites, pleines, pourpres.
Pompon. Fl. petites, pleines, roses.
Pompon feu. Fl. moyennes, pleines, rouge-pourpre.
Précoce. Fl. moyennes, pleines, rouge clair, quelquef. ponctuées au bord.

Prolifère. Fl. très grandes, très pleines, rouge clair.
Sanguine. Fl. multiples, rose vif.
Sans sépales ou Asepala. Fleurs petites, pleines, rouge-chair, à bords roses.
Unique de Provence. Fl. moyennes, pleines, blanc pur.
Veillard. Fl. moyennes ou grandes, pleines, roses.
Zoé. Fl. moyennes, très multiples, roses, mousseuses partout.

Rosiers de Provence. *R. Provincialis* Ait.

Adèle Gérard. Fl. grandes, pleines, blanc rosé.
Aglaé Adanson. Fl. grandes, très multiples, roses, maculées.
Agnès Sorel. Fl. grandes, rose lilacé clair.
Aimable Tastu. Fl. grandes, pleines, rose tendre.
Antonine d'Ormois. Fleurs moyennes, pleines, rose-chair.
Aspasie. Fl. moyennes, pleines, bien formées, carnées.
Aurélie Lemaire. Fl. moyennes, pleines, beau rose.
Blanche fleur. Fl. moyennes ou grandes, pleines, bombées, bien formées, blanches.
Boule de neige. Fl. grandes, multiples ou très multiples, globuleuses, blanches.
Calaisienne (La). Fleurs moyennes ou grandes, pleines, beau rose nuancé.
Clarisse Jolivet. Fl. grandes, pleines, blanc pur.
Cléopâtre. Fleurs moyennes, pleines, carné tendre.
Élisa Lemesle. Fl. petites ou moyennes, blanc pur.
Emmerance. Fl. moyennes, très pleines, blanc-jaunâtre.
Flora. Fl. pleines, rouge-chair.
Grand sultan (Le). Fl. grandes, très pleines, carné tendre.
Jeanne d'Urcé. Fl. grandes, pleines, lilas cramoisi.
Joséphine Oudin. Fleurs moyennes ou grandes, pleines, bien faites, blanc légèrement jaunâtre.
Lætitia. Fl. moyennes, pleines, bombées, rouge clair veiné.
Lisbeth. Fl. moyennes, pleines, blanc rosé.
Madame Asselin. Fl. moyennes, très pleines, bombées, rouge clair.
Madame Campan. Fl. grandes, pleines, bombées, rouge clair, ponctuations larges.
Madame Saudeur. Fl. moyennes ou grandes, pleines, bien faites, carné tendre.
Madame Sommeson. Fl. moyennes, pleines, bombées, rose clair.
Mélanie Waldor. Fl. grandes, pleines, plates, bien faites, rose-chair tendre.
Néron. Fl. moyennes, pleines, cramoisi-violet, ponctuées de rouge.
Odette de Champdivers. Fl. moyennes, multiples ou très multiples, rose marbré de blanc.
Princesse Clémentine. Fl. grandes, pleines, blanc pur.
Rosemary. Fl. grandes, rose ponctuée, à rosette et à feuilles marbrées.
Sombreuil. Fl. moyennes, doubles, rose ponctuée.
Sontag. Fl. moyennes ou grandes, pleines, rose clair.
Sylphide (La). Fl. moyennes, pleines, bien faites, carnées.
Théodora. Fl. moyennes, pleines, roses, forme d'anémone.
Valmore Desbordes. Fl. grandes, pleines, carné tendre.
Vestale (La). Fl. moyennes, doubles, blanches.
Ville de Londres (La). Fl. très grandes, pleines, rose vif.

20 **R. de Provins.** *R. Gallica* Lin. *R. arvina* Knocker. Arbriss. de 60 c., muni d'aiguillons inégaux ; stipules étroites à sommet divariqué ; feuil. à 5-7 fol. coriaces, raides, ovales ou lancéolées; en juin-juil., fl. pourpres; boutons ovales-globuleux ; sépales étalés après l'épanouissement de la fl.; fruits presque globuleux, un peu coriaces, à peine visqueux, plus ou moins glanduleux-hispides, ainsi que les pédonc. et le calice.

Variétés.

1 *Nain. R. Gal. pumila* Dec. *R. pumila* Lin. *R. olympica* Angl. *R. Austriaca* Crantz. *R. flexuosa* Rau. *R. rubiginosa flexuosa* Lindl. Ram.

plus ou moins hérissés d'aiguillons; fol. ovales-arrondies, rarement lancéolées, plus ou moins carénées; stipules très étroites, élargies au sommet; pédonc. et calice couverts de poils glanduleux-hispides, bruns.

2 *Hybride. R. Gal. hybrida* GAUD. *R. hybrida* SCHLEICH. *R. arvensis hybrida* LINDL. *R. geminata* RAU. *R. agrestis* GMEL. Fol. larges, minces; pédonc. glanduleux; calice lisse, à sépales pennatiséqués; pétales blancs, à bords rosés.

3 *Marbré. R. Gal. marmorea* RED. et THOR. Fl. multiples, à pétales amples, étalés, pourpre pâle, ponctué et marbré de blanc.

4 *Soyeux. R. Gal. holosericea* SER. *R. cuprea* JACQ. *R. Gall. Maheka* RED. et THOR. *R. Gall. purpureo-violacea magna* RED. et THOR. Fol. ovales-lanc.; pédonc. et calice glanduleux; sépales pennatiséqués; pétales pourpres, plus ou moins soyeux.

5 *Livide. R. Gall. livescens* SER. *R. livescens*, *Jundzilliana*, *glandulosa* et *Jundzilli* de BESSER. Ram. peu épineux; fol. ovales lancéolées; pétioles glanduleux; calice ovale, hispide, ainsi que les pédoncules.

6 *D'Agathe. R. Gall. Agatha* RED. et THOR. Fol. petites ou grandes; sépales plus ou moins pennatiséqués; fl. petites, très pleines, à pétales extér. étalés, plans, les intér. concaves.

7 *A petites feuil. R. Gall. parvifolia* EHRH. *R. Remensis* DEC. *R. Burgundica* ROESS. Petit, peu épineux; fol. très petites, légèrem. pubesc. en dessous, ainsi que le pétiole; tube du calice dilaté au sommet, lisse, ainsi que les pédoncules.

VARIÉTÉS JARDINIÈRES.

Abbé Robert. Fl. grandes, pleines, rouge-cramoisi.

Adèle Lepetit. Fl. grandes, pleines, bien faites, rouges.

Adèle Heu. Fl. moyennes, pleines, rose foncé.

Adelphine de Volsance. Fl. moyennes, pleines, roses.

Adieu de Bortier. Fl. moyennes, très pleines, rouge très vif.

A fl. de rose-trémière de la Chine (et Noisette). Fl. moyennes, pleines, bien faites, rouge nuancé.

Agathe de Montmorency. Fl. moyennes, pleines, très florifères, blanc rosé.

Agénor. Fl. moyennes, pleines, pourpres.

Agnodice. Fl. moyennes, pleines, pourpre clair.

Aimée (Rose). Fl. moyennes, pleines, rose vif nuancé.

Alfieri. Fl. moyennes, pleines, rose lilacé.

Althéer. Fl. moyennes, pleines peu bombées, rouge violacé.

Alvarès. Fl. moyennes, pleines, pourpre-cramoisi.

Ambassadeur (L'). Fl. grandes, très pleines, rouges.

Amédée-Fouquier. Fl. rose ardoisé, très belles.

Ami Derair (L'). Fl. moyennes, pleines, rouge vif nuancé.

Amphytrion. Fl. moyennes, très pleines, rouge clair, plus pâles aux bords.

André Fouquier. Fl. grandes, très pleines, rouge vif.

André Thouin. Fl. moyennes, très multiples, pourpre marbré.

Aréthuse. Fl. moyennes, rose ponctué.

Ariane. Fl. moyennes, pleines, pourpre clair.

Ariane de Vibert. Fleurs très grandes, très pleines, rose tendre.

Asmodées. Fl. grandes, pleines, rouge clair.

Assemblage de beauté. Fl. grandes, très multiples, pourpre velouté vif.

Avenant. Fl. grandes, pleines, bombées, beau rose.

Avocat Leloux. Fl. moyennes, pleines, rouge-cerise vif, passant au violet.

Baron Cuvier. Fl. grandes, presque pleines, rouge violeté.

Baronne d'Ivry. Fl. moyennes, très pleines, bombées, rouge vif.

Baronne de Staël. Fl. moyennes, pleines, rose vif veiné.

Beauté parfaite. Fl. moyennes, pleines, rouge violacé.

Beauté pourpre. Fl. moyennes, presque pleines, pourpre clair.

Belle cramoisie. Fl. moyennes, pleines, cramoisi violet.

Belle de Crécy. Fl. moyennes, très pleines, pourpre noir.

Belle de Marly. Fl. grandes, pleines, pourpre-cramoisi.

Belle Dévise. Fl. moyennes, pleines, rose carné vif nuancé.

Belle d'Hyvré. Fl. très grandes, pleines, rouges, passant au violet, quelquefois moitié rouge moitié violet.

Belle d'Yèbles. Fl. moyennes, pleines, bombées, rouge vif.

Belle Écossaise. Fl. petites, pleines, rouge vineux vif, nuancé de violet.

Belle Esquermaise. Fl. grandes, pleines, ardoisées, striées et nuancées.

Belle Kalloos. Fl. moyennes, pleines, blanches, légèrement rosées.

Belle Marguerite. Fl. rose-nanquin, ponctuées.

Belle Rosalie de la Croix. Fl. petites, très pleines, rouges, blanchâtres à l'extrémité des pétales.

Belle Rosine. Fl. moyennes, pleines, roses.

Benjamin Mary. Fl. grandes, pleines, rouge nuancé, passant au violet.

Bérénice. Fl. moyennes, pleines, rouge-amarante nuancé.

Berrier. Fl. grandes, roses.

Bijou des amateurs. Fl. très grandes, pleines, rouge éclatant, violacées aux bords des pétales.

Bijou d'Enghien. Fl. moyennes ou grandes, pleines, roses.

Bizarre marbré. Fl. moyennes, pleines, rouge clair, capricieusement marbrées.

Bizarre changeant. Fl. petites, pleines, pourpre ardoisé nuancé.

Bouquet charmant. Fl. grandes, pleines, beau rose vif.

Brennus. Fl. grandes, pleines, cramoisi nuancé de violet.

Briséis. Fl. moyennes ou grandes, pleines, roses.

Buffon. Fl. grandes, pleines, pourpre violet.

Cadisché. Fl. moyennes, pleines, roses.

Cambronne. Fl. moyennes, pleines, rouge vif.

Camaieux. Fl. moyennes, pleines, rouge violacé, strié de blanc.

Camille Desmoulins. Fl. grandes, pleines, rose cramoisi.

Casimir Bonjour. Fl. grandes, pleines, rouges.

Casimir Delavigne. Fl. grandes, pleines, lilas nuancé.

Casimir Périer. Fl. moyennes, pleines, rouge-cerise très vif.

Catinat. Fl. moyennes, très multiples, violet ponctué de pourpre.

Caura. Fl. petites, pleines, bombées, pourpre-violet foncé.

Cellier. Fl. moyennes, pleines, rose foncé.

Champion. Fl. grandes, pleines, pourpres.

Charles-Auguste. Fl. grandes, pleines, rose tendre.

Cerise superbissime. Fl. moyennes, pleines, peu bombées, rose-cerise vif.

Charlotte Corday. Fl. grandes, pleines, blanc mat, légèrement rosées au centre.

Chateaubriand. Fl. petites, pleines, rose lilacé à bords blanchâtres.

Chou (rose). Fl. moyennes, très pleines, rose tendre.

Cicéron. Fl. rouge foncé amarante.

Clélie. Fl. très grandes, très multiples, rose vif.

Clorinde. Fl. grandes, très pleines, bombées, roses à bords blanchâtres.

Cocquereau. Fl. grandes, pleines, rose vif, veinées.

Cœur aimable. Fl. moyennes, pleines, pourpre-cramoisi.

Colbert. Fl. moyennes, pleines, bombées, rouges, à bords violets.

Columelle. Fl. grandes, pleines, pourpre-cramoisi.

Comte Boula de Nanteuil. Fl. grandes, pleines, pourpre clair.

Comte d'Épernon. Fl. grandes, très multiples, rouge clair.

Comte de Murinais. Fl. grandes, pleines, ardoisé marbré.

Comte Foy (de Rouen). Fl. grandes, très pleines, bien formées, rose tendre.

Comte Lacépède. Fl. grandes, pleines, rose-lilas.

Comtesse Almaviva. Fl. très grandes, très pleines, peu bombées, rouge vif cramoisi.

Comtesse de Murinais. Fl. grandes, pleines, rose clair.

Cordon bleu (le). Fl. moyennes, pleines, ardoisé nuancé.
Cornélia. Fl. grandes, pleines, rose cramoisi.
Couleur de Brennus. Fl. moyennes, pleines, rouges.
Couronne impériale. Fl. grandes, pleines, rouge violacé clair nuancé.
Cramoisi des Alpes. Fl. moyennes, pleines, rose vif.
Cramoisi nuancé. Fl. moyennes, pleines, cramoisi nuancé.
Créralis. Fl. petites, pleines, bombées, rouge clair.
Crignon de Montigny. Fl. moyennes, pleines, beau rose vif.
Cynthie. Fl. très grandes, pleines, bien faites, rose tendre.
D'Aguesseau. Fl. grandes, pleines, bien faites, peu bombées, rouge vif.
Daubenton. Fl. très grandes, très pleines, rose vif, passant au rose pâle.
Delaborde. Fl. moyennes, pleines, pourpre violet.
Delauny. Fl. grandes, pleines, rose carné tendre.
De la Maître-École, ou du Maître d'École. Fl. grandes, très pleines, rose tendre, passant au lilas.
Delphine Gay. Fl. moyennes, pleines, rouge vif, quelquef. striées.
Désiré Parmentier. Fl. grandes, pleines, carnées.
Didon. Fl. grandes, pleines, roses.
Docteur Dielthem. Fl. grandes, très pleines, bombées, bien faites, rose vif nuancé.
Duc d'Aremberg. Fl. moyennes, pleines, rouges, passant au rose.
Duc de Bassano. Fleurs grandes, très multiples ou pleines, rouge foncé marbré blanchâtre.
Duc de Bordeaux. Fl. grandes, pleines, rose lilas.
Duc de Guiche. Fl. grandes, pleines, rouge violacé.
Duc de Fitz-James. Fl. bleu ardoisé
Duc de Trévise. Fl. moyennes, pleines, rouge pourpre.
Duc de Walmy. Fl. grandes, très pleines, peu bombées, rouge vif, passant au clair.
Duchesse d'Abrantès. Fl. grandes, très pleines, rose nuancé.
Duchesse d'Aremberg. Fl. grandes, pleines, rose violacé très frais.
Duchesse de Beucleuch. Fl. très grandes, pleines, rouge clair.
Duguesclin. Fl. moyennes, pleines, violet foncé.
Dumont d'Urville. Fl. moyennes, pleines, lilas foncé.
Dupuytren. Fl. moyennes, pleines, pourpre brun et violet.
Éblouissante de la queue. Fl. moyennes, très multiples, cramoisi vif.
Éclat des roses. Fl. grandes, pleines, rose très vif.
Églé. Fl. moyennes, pleines, rose foncé cramoisi.
Élodie. Fl. très grandes, rose carné.
Enchanteresse. Fl. grandes, pleines, roses.
Enfant de France. Fl. moyennes, pleines, pourpre clair.
Enfant de l'Ouragan. Fl. grandes, pleines, roses.
Ernest Bachelier. Fl. grandes, plus ou moins pleines, rouges, à reflet violacé.
Ernestine Miellez. Fl. moyennes, très pleines, rouge vif.
Eucharis. Fl. grandes, pleines, rose foncé.
Eugénie Napoléon. Fl. moyennes, pleines, bombées, pourpre clair.
Eugénie Vibert. Fl. grandes, pleines, roses.
Eurycide. Fl. grandes, pleines, rose tendre.
Fanny Bias. Fl. grandes, pleines, carné vif, à bords pâles.
Fatime. Fl. moyennes, multiples ou très multiples, rose ponctué.
Feu brillant. Fleurs grandes, pleines, pourpre feu.
Feu de Buck. Fl. moyennes, pleines, rouge vif.
Flora Prévost. Fl. moyennes, pleines, rouge carminé.
Franklin. Fl. grandes, très pleines, rouges, plus clairs sur les bords.
Général Damrémont. Fl. moyennes ou grandes, pleines, pourpre violet.
Général Foy. Fl. grandes, pleines, rose vif.
Gigantesque. Fl. moyennes, pleines, rose pâle, à centre rose vif nuancé.

Girardon. Fl. grandes, pleines, pourpres.

Gonsalve. Fl. moyennes, pleines, bombées, rouge violacé.

Grand Incas. Fl. moyennes, pleines, violettes, à centre rouge.

Grand palais de Fontainebleau. Fl. très grandes, pleines, rose très vif nuancé.

Grand palais de Laeken. Fl. moyennes, très pleines, rose vif.

Grotius. Fl. moyennes, pleines, rouge lilacé, quelquef. moitié rouge, moitié rose.

Guillaume Tell. Fl. grandes, pleines, bombées, rose vif.

Hannequin. Fleurs moyennes, rouge foncé.

Héliodore Daullé. Fl. grandes, très pleines, bombées, rouge foncé, à bords pâles.

Helvétius (Desprez). Fl. grandes, pleines, rouges, à bords lilacés.

Henrion de Pansey. Fl. grandes, pleines, pourpres.

Henry de Buck. Fl. très grandes, très pleines, rose très vif.

Henry Fouquier. Fl. grandes, très pleines, rose tendre.

Hermione. Fl. moyennes, pleines, roses.

Heureuse surprise. Fl. grandes, pleines, cramoisies.

Hippolyte. Fl. moyennes, pleines, carmin vif nuancé de violet.

Honneur de Flandre. Fl. grandes, très pleines, bien faites, roses.

Idalise. Fleurs grandes, pleines, rose foncé.

Inconnu. Fl. moyennes, pleines, bien formées, rouge vif.

Insignes d'Esteckles. Fl. moyennes ou grandes, pleines, rose marbré ponctué.

Isoline. Fl. grandes, pleines, cramoisi ardoisé.

Jean. Fl. moyennes, très pleines, rouges, passant au rose.

Jean-Bart. Fl. grandes, pleines, rouge clair.

Jeanne Seymour. Fl. grandes, pleines, rose tendre.

Jolie Parmentier. Fl. grandes, pleines, belles formes, rouge violacé.

Juanita. Fl. moyennes, pleines, roses, à bords pâles.

Juive (La). Fl. larges, lilas pourpre.

Julie d'Étanges. Fl. moyennes, pleines, rose tendre.

Justine. Fl. moyennes, pleines, lilas clair.

Kean. Fl. moyennes ou grandes, pleines, rouge clair.

Lafontaine. Fl. grandes, pleines, rouge vif.

La Moscowa. Fl. grandes, multiples, rouge velouté vif.

La nationale. Fl. moyennes, pleines, rouge nuancé et moiré.

Laomédon. Fl. grandes, pleines, rouge nuancé de carmin.

La Pucelle. Fl. grandes, pleines, rose purpurin vif.

Latone. Fleurs grandes, pleines, rose tendre.

La Tour-d'Auvergne. Fleurs grandes, pleines, beau rose.

Le Caffre. Fl. moyennes, pleines, pourpre foncé passant au violet.

Le Diable boiteux. Fl. grandes, pleines, rose clair.

L'Enchanteresse. Fleurs très grandes, pleines, rouges, à bords pâles.

Léopold Ier. Fl. grandes, pleines, rose lilacé.

Le Roi des Pays-Bas. Fl. grandes, pleines, rouge clair.

Le Soleil. Fl. moyennes ou grandes, pleines, rouges, à bords pâles.

Loisiel. Fl. grandes, pleines, rose lilacé foncé, à bords plus clairs.

Lord Londonderry. Fl. moyennes, pleines, rouge cramoisi éblouissant.

Louis Parmentier. Fl. grandes, pleines, rose vif passant au rose pâle.

Louis-Philippe. Fl. grandes, pleines, rouge cramoisi nuancé de carmin.

Louis XVI. Fl. moyennes, très pleines, pourpre violacé.

Ma clochette. Fl. moyennes, pleines, rouge violacé, à centre cramoisi.

Macrantha rubicunda. Fl. grandes, très multiples ou pleines, rouge clair.

Madame Cottin. Fl. très grandes, pleines, rose vif.

Madame de Coster. Fl. moyennes, très pleines, rouge vif.

Madelon Friquet. Fl. moyennes, pleines, rose ponctué.

Madame Huvette. Fl. grandes, très pleines, très belles formes, rose vif.

Mahl. Fl. moyennes, pleines, bien faites, rouge vif.

Malesherbes. Fl. très grandes, très pleines, rouge nuancé.

Marequitta. Fl. grandes, pleines, rose lilas.

Marguerite Lansezeur. Fl. moyennes, pleines, rouge lilacé.

Marquise d'Exeter. Fl. très grandes, carnées.

Marquise de Montserret. Fl. grandes, pleines, rouge carminé.

Mathieu Molé. Fl. grandes, pleines, pourpre violet cramoisi.

Mazeppa. Fl. moyennes ou grandes, pleines, bombées, rose nuancé, à bords pâles.

Moïse Parmentier. Fl. moyennes, pleines, rouge très vif.

Monime. Fl. moyennes, multiples ou très multiples, rose ponctué.

Monthyon. Fl. grandes, pleines, rose ardoisé.

Musica. Fl. grandes, pleines, bombées, rose clair, à bords blancs.

Néala. Fleurs moyennes, pleines, rose foncé, à bords pâles.

Nelly. Fl. moyennes, pleines, carnées.

Nelson (Vibert). Fl. moyennes, pleines, pourpre violet marbré.

Nestor. Fleurs grandes, pleines, rouge cramoisi.

Ninon de l'Enclos. Fl. grandes, très pleines, rouge lilacé, à bords plus clairs.

Noble cramoisi. Fl. moyennes, pleines, cramoisies.

Noble pourpre. Fl. moyennes, pleines, pourpres.

Nouvelle pivoine. Fl. grandes, pleines, violettes, à intérieur rouge vif.

Nouvelle Redouté. Fleurs moyennes, pleines, roses, à centre carmin pur.

Nouvelle transparente. Fl. grandes, pleines, rose cramoisi.

Oberlin. Fl. moyennes ou grandes, pleines, bien faites, rouge clair violacé.

Ohl. Fl. grandes, très pleines, bien faites, pourpre violet, à centre rouge vif.

Ombrée parfaite. Fl. moyennes, pleines, violet nuancé.

Orphise. Fl. moyennes, pleines, bien faites, rouge cerise clair.

Panachée à fl. pleines, ou La Rubanée. Fl. violettes, panachées de blanc.

Paquita. Fl. moyennes ou grandes, pleines, bien faites, violacées.

Pergolèse. Fl. moyennes, pleines, cramoisies.

Perle de Brabant. Fl. grandes, pleines, rose lilacé, à bords pâles.

Petite Orléanaise. Fleurs petites ou moyennes, très pleines, beau rose.

Pharérigus ou Wariricus. Fl. grandes, pleines, bien faites, rouge clair.

Pierre Corneille. Fl. grandes, pleines, rouge purpurin.

Pierre Janssens. Fl. moyennes, très pleines, rouge vif.

Pierre Sterckmani. Fl. grandes, pleines, rouge très vif.

Pindare. Fl. moyennes, très pleines, rose lilacé.

Pivoine du Roi. Fl. grandes, très pleines, rouge vif, nuancé plus clair.

Plotine. Fl. moyennes, pleines, rose foncé.

Pourpre strié blanc. Fl. moyennes, pleines.

Pourpre violet marbré. Fl. moyennes, très pleines, pourpre ardoisé marbré.

Prince Frédéric. Fl. grandes, très pleines, belle forme, rouge vif.

Princesse de Siam. Fl. grandes, pleines, rouge carminé, nuancé de violet.

Provence éclatante. Fl. grandes, pleines, rouge vif écarlate, nuancé de cramoisi.

Pucelle de l'Est. Fl. grandes, pleines, rose vif.

Pucelle Sadeur. Fl. moyennes, pleines, cramoisi nuancé.

Pulchra Marmorea. Fl. moyennes ou grandes, pleines, rouge clair, marbré de blanc.

Pyrrhus. Fleurs grandes, pleines, lilas clair.

Quesné. Fl. moyennes, très pleines, bombées, rouge clair.

Reine des amateurs. Fl. grandes, très pleines, rose clair lilacé, de forme gracieuse.
Reine de Perse. Fl. moyennes, pleines, blanc légèrem. rosé.
Renoncule ponctuée (Vibert). Fleurs moyennes, pleines, rouge ponctué et marbré.
Rien ne me surpasse. Fl. grandes, pleines, bombées, rouges.
Roi de Rome. Fl. moyennes, pleines, pourpre clair.
Roi des Pays-Bas. Fl. grandes, pleines, bien faites, rouge clair.
Roi des pourpres. Fl. moyennes, très pleines, rouge-pourpre nuancé.
Romulus. Fl. moyennes ou grandes, rouge vif au centre, violacé à la circonférence.
Rosamonde Fl. moyennes, pleines, rouge clair lilacé, bien faites.
Rose Lée. Fl. grandes, pleines, plates, bien faites, rose très frais.
Rose Ravereau. Fl. très grandes, presque pleines, rouge clair.
Sanchette. Fl. moyennes, pleines, rose cramoisi.
Schrimaker. Fl. grandes, très multiples ou pleines, pourpre violet.
Serinka. Fl. moyennes, pleines, rouge très vif.
Shakespeare. Fl. moyennes ou grandes, pleines, rouge vif.
Sidonie. Fl. grandes, pleines, rouge clair, souvent striées.
Simon Lebouck. Fl. moyennes, très pleines, rouges, à bords plus clairs.
Sophie Cellier. Fl. larges, roses au centre, blanches sur les bords.
Sophie Cottin. Fl. grandes, pleines, rose foncé.
Spectabilis. Fl. très grandes, pleines, rouge violet.
Splendens. Fl. moyennes, pleines, rubis clair, capricieusement marbrées de blanc.
Superbe cramoisi. Fl. très grandes, pleines, rouge cramoisi.
Surlet de Chollier. Fl. moyennes, pleines, rouge nuancé.
Surpasse tout. Fl. grandes, multiples ou très multiples, rouge-cerise.
Tête de mort. Fl. moyennes, pleines, rose pâle veiné.
Théagène. Fl. grandes, pleines, rose purpurin.
Thésarin. Fl. moyennes, pleines, rouges, à bords violets.
Tibulle. Fl. grandes, pleines, rose lilas ponctué.
Tombeau de Napoléon. Fl. moyennes, pleines, imbriquées, rouge foncé nuancé.
Transon Gombault. Fl. grandes, pleines, rouges, à bords plus clairs.
Tricolor de Vazemmes. Fl moyennes, très multiples, violettes, rayées de blanc.
Tricolor ou Reine Marguerite. Fleurs moyennes, très multiples, pourpres, rayées de blanc.
Triomphe de beauté. Fl. moyennes, pleines, rose tendre.
Triomphe de Flore. Fl. moyennes, pleines, rose tendre.
Triomphe de Louvain. Fl. très grandes, très pleines, rouges, carminées au centre, passant au rouge violacé.
Triomphe de Parmentier. Fl. moyennes ou grandes, pleines, violet nuancé aux bords.
Triomphe de Rennes. Fl. très grandes, rouge vif nuancé, ardoisé.
Triomphe de Vibert. Fl. moyennes, très pleines, rouge carminé.
Triomphe de Zehler. Fl. moyennes, très multiples, ardoisées.
Turban royal. Fl. moyennes, pleines, rouge vif nuancé, ardoisé.
Uniflore marbrée. Fl. moyennes, très multiples, rouges, finement ponctuées.
Validatum. Fl. grandes, très pleines, pourpre violacé.
Velours d'Enghien. Fl. petites, très pleines, violet brillant nuancé.
Véturie. Fl. très grandes, pleines, rose violacé clair.
Vicomte de Spœlberg. Fl. moyennes, doubles ou pleines, rouge très vif, nuancé de violet.
Victoire de Waterloo. Fl. moyennes, pleines, rose vif.
Ville de Gand (La). Fl. très grandes, pleines, roses.
Violette de Douai. Fl. moyennes, pleines, rouge foncé marbré.
Violette à grande fleur. Fl. moyennes,

très pleines, rose vif, panachées de blanc.

Virginie. Fl. grandes, pleines, roses.

Vitruvius. Très florifère, à fl. moyennes ou grandes, pleines, rose clair.

Walter Scott. Fl. moyennes, pleines, bombées, rouges.

Washington. Fl. moyennes, très pleines, bombées, rouge pourpre.

Zénobie. Fl. grandes[1], pleines, rose très tendre.

ROSIERS DES QUATRE SAISONS ET PORTLANDS DITS PERPÉTUELS.

Adrienne. Fl. grandes, pleines, rose tendre.

Angélina. Fl. moyennes, presque pleines, rouge clair.

Antinoüs. Fl. moyennes ou grandes, pleines, bien faites, pourpre violacé.

Belle Faber. Fl. très grandes, très pleines, bombées, rose vif.

Bernard. Fl. moyennes, pleines, peu bombées, rouge clair.

Bifera Venusta. Fl. moyennes, pleines, rose tendre.

Billiard. Fl. grandes, très multiples, plates, beau rose.

Carmin royal. Fl. moyennes, pleines, bien faites, carmin clair.

Célestine. Fl. moyennes ou grandes, pleines, bien faites. beau rose.

Charles. Fl. très grandes, très pleines, rouge clair, s'ouvrant difficilement.

Claire du Châtelet. Fl. grandes, pleines, rose vif.

Couronne de Béranger. Fl. moyennes, très pleines, rouge violacé moiré.

Damas monstrueux, la Magnanime, Van Mons. Fl. très grandes, pleines, rose vif.

Dame rose. Fl. grandes, rose clair.

D'Angers. Fl. grandes, très multiples, rose vif.

De Rennes. Fl. grandes, très pleines, rouge vif.

Desdémona. Fl. moyennes, doubles, rouge carminé.

Desquermes. Fl. moyennes, pleines, rose vif.

De Trianon double. Fl. moyennes ou grandes, presque pleines, rose vif.

Deuil de Dumont d'Urville. Fl. petites, multiples, violacées, peu visiblement ponctuées.

Duc d'Enghien. Fl. moyennes, pleines, carné tendre.

Du Roi (rose). Fl. moyennes ou grandes, pleines, rouge vif.

Ébène. Fl. moyennes, pleines, pourpre violacé changeant.

Émélie Duval. Fl. moyennes ou grandes, pleines, roses.

Fantasse. Fl. grandes, pleines, carnées.

Féburier. Fl. moyennes, pleines, plates, rose clair.

Férox. Fl. très grandes, pleines, bombées, rouge clair.

Grand papa Caré. Fl. moyennes, très pleines, rose très vif, passant au rose pâle.

Henriette Boulogne. Fl. grandes, pleines, beau rose.

Isaure Lablé. Fl. moyennes, pleines, rose clair.

Jenny Audiot. Fl. grandes, pleines, globuleuses, beau rose.

Joséphine Antoinette. Fl. grandes, très pleines, bombées, roses.

Lady Seymour. Fl. moyennes, pleines, rose foncé ponctué.

La Gracieuse. Fl. grandes, pleines, roses.

La Mienne, ou Gloire des perpétuelles. Fl. moyennes, pleines, rouges.

Laurence de Montmorency. Fl. grandes, pleines, rose lilacé.

Lepage. Fleurs moyennes ou grandes, pleines, roses.

Le prince de Galles. Fl. moyennes, pleines, rouge-cerise, à bords plus clairs.

Lodoïsca marin. Fleurs grandes, très multiples, globuleuses, rose vif.

Louise Puget. Fl. moyennes, pleines, roses.

Louise Aimé. Fl. moyennes, pleines, rose clair.

Madame Féburier. Fl. grandes, pleines, plates, bien faites, rose clair.

Marie Denise. Fl. grandes, pleines, roses.

Marjolin. Fl. moyennes, très multiples, roses.

Minerve. Fl. moyennes ou grandes, pleines, rose lilacé.

Momus. Fl. moyennes, très multiples, rouges.

Noël. Fl. grandes, pleines, rouge clair.

Odeur de jacinthe. Fl. moyennes, pleines, rose tendre, forme parfaite.
Olgérasie. Fl. moyennes, pleines, carnées.
Palmyre. Fl. moyennes, pleines, roses.
Pauline de Mondeville. Fl. moyennes ou grandes, pleines, carné rose.
Perpétuel indigo. Fl. grandes, multiples, pourpre violet foncé.
Philippe Ier. Fl. grandes, très multiples, pourpre violacé.
Phœbus. Fl. grandes, très pleines, bombées, rose vif.
Portland blanc, ou Quatre saisons magnifique. Fl. moyennes ou grandes, très pleines, blanc pur.
Portland double. Fl. grandes, doubles, rose foncé.
Portland pourpre. Fl. grandes, doubles, pourpre clair.
Portland rose à grandes fleurs. Fl. très grandes, semi-doubles, rose foncé.
Préval. Fl. grandes, pleines, rose pâle.
Prud'homme. Fl. grandes, pleines, rose vif très frais.
Pulchérie. Fl. grandes, très multiples, rouge violacé vif.
Quatre saisons à feuilles bullées. Fl. grandes, multiples, roses.
Quatre saisons moussues. Fl. moyennes, très multiples, blanches.
Reine des perpétuelles. Fl. grandes, très pleines, blanc légèrem. carné, s'ouvrant difficilement.
Rénestine Audiot. Fl. grandes, pleines, rose foncé.
Réquien. Fl. grandes, pleines, rose carné vif, disposées en panicules.
Saint-Barthélemy. Fl. moyennes, doubles, rose tendre.
Saint-Fiacre. Fl. moyennes, doubles, pourpre violet.
Six juin. Fl. petites, pleines, bombées, rouge clair.
Taffin. Fl. très grandes, pleines, rouge très foncé.
Thiers. Fl. moyennes ou grandes, pleines, bien faites, rouge violacé.
Torrida. Fl. moyennes, multiples ou très multiples, cramoisi vif.
Waratah. Fl. moyennes, pleines, bien faites, rouge violacé.

Hybrides incertaines remontantes, ayant des rapports par leur bois et leur feuillage aux hybrides du Bengale, et par leur calice aux Portlands.

Aricie. Fl. grandes, pleines, forme des cent feuilles, beau rose.
Aubernon. Fl. grandes, pleines, rose vif.
Augustine Mouchelet. Fl. moyennes, très pleines, bien faites, rose violacé, à centre carné.
Baronne Prévost. Fl. grandes, pleines, beau rose.
Blanche Lamouroux. Fl. moyennes, pleines, rouge clair.
Bréon. Fl. grandes, pleines, carmin vif.
Callioppe. Fl. moyennes, pleines, rose-cerise clair; onglet des pétales blanc.
Clémentine Seringe, Pauline Plantier, Mistriss Wood. Fl. grandes, pleines, rose clair nuancé.
Comte de Paris. Fl. très grandes, pleines, rouge violacé, souvent striées.
Comte d'Eu. Fl. moyennes, pleines, rouge éclatant.
Comtesse Duchâtel. Fl. grandes, pleines, roses.
Coquette de Bellevue. Fl. petites ou moyennes, pleines, rose vif.
Coquette de Montmorency. Fl. moyennes, pleines, bien faites, rouge violacé.
Docteur Marjolin. Fl. grandes, pleines, rouge vif violacé à la circonférence.
Docteur Marx. Fl. moyennes, pleines, rouge violacé.
Duc d'Alençon. Fl. moyennes ou grandes, pleines, rose vif.
Duc d'Aumale. Fl. moyennes ou grandes, pleines, pourpres.
Duchesse de Nemours. Fl. moyennes ou grandes, très pleines, rose tendre, s'ouvrant difficilement.
Duchesse de Sutherland. Fl. moyennes ou grandes, très multiples, carnées.
Fulgorie. Fl. moyennes ou grandes, pleines, rouge vif.
Gloire de Guérin. Fl. moyennes, très pleines, carmin vif.
Grand capitaine. Fl. moyennes, très multiples, carmin vif.
Julie Dupont. Fl. moyennes, pleines, bien faites, rose vif.
Lady Alice Peel. Fleurs moyennes ou grandes, pleines, rose carminé.

Lady Elphinston. Fl. moyennes, pleines, rose clair.

Lady Fordwich. Fl. moyennes, pleines, rouges; très florifères à la première floraison.

Lane. Fl. moyennes, très pleines, roses.

Lilacé. Fl. moyennes, pleines, lilacées.

Louis Bonaparte. Fl. moyennes, presque pleines, rose vif.

Madame Damême. Fl. très grandes, pleines, bombées, rouge clair.

Madame Emma Dampierre. Fl. moyennes, pleines, rose vif.

Madame Jobey Desgaches. Fl. moyennes ou grandes, pleines, rose lilacé, à centre plus vif.

Madame Laffay. Fl. grandes, pleines, rouge clair.

Madame Verdier. Fl. moyennes, pleines, cupuliformes, carnées.

Maréchal Soult. Fl. moyennes, très pleines, rose purpurin vif.

Marquis d'Ailsa. Fleurs moyennes ou grandes, presque pleines, rose vif.

Marquise Boccella. Fl. moyennes ou grandes, pleines, carnées.

Mélanie Cornu. Fl. moyennes ou grandes, très pleines, rouge violacé vif.

Mistriss Elliot. Fl. grandes, pleines, rose lilacé foncé.

Perpétuelle de Neuilly. Fl. moyennes ou grandes, rouge carminé.

Perpétuelle Lindley. Fl. grandes, pleines, rouge très vif.

Ponctué. Fl. moyennes ou grandes, rose ponctué.

Prince Albert. Fl. grandes, très pleines, variable du rose au violet foncé.

Prince de Galles. Fleurs moyennes ou grandes, pleines, rose lilacé.

Princesse Hélène. Fl. grandes, très multiples ou pleines, rouge clair.

Prudence Rœser. Fl. moyennes, rose clair.

Psyché. Fl. petites, très pleines, beau rose.

Reine de la Guillotière. Fl. moyennes, très pleines, rouge vif, souvent violacées en automne.

Reine de Lyon. Fl. moyennes, pleines, rouge clair.

Reine Victoria. Fl. moyennes ou grandes, presque pleines, rouge clair.

Rivers. Fl. moyennes ou grandes, pleines, rouge nuancé.

Rose de la Reine (Laffay). Fl. très grandes, pleines, de la forme des cent feuilles, rose lilacé.

Sisley. Fl. moyennes, pleines, rose-cerise violacé vif.

Talbot. Fl. grandes, pleines, rouges.

William. Fl. très grandes, presque pleines, roses.

Yolande d'Aragon. Fl. moyennes, pleines, roses.

21 **R. turbiné.** *R. turbinata* Ait. *R. campanulata* Ehrh. *R. Francofurtana* Gmel. *R. Francofurtensis* Desf. *R. orbessanea* Red. Arbriss. de 2^m,60, à tiges peu épineuses; ram. lisses; feuil. à 5-7 fol. amples, ovales-cordiformes, rugueuses, bullées, simplement dentelées, velues en dessous; stipules grandes, amplexicaules; en juin-août, fl. rouge violacé, grandes, disposées en corymbes; pédonc. rugueux, hispides; calice turbiné, presque lisse; sépales indivis, à peu près spatulés. 1829.

Variétés jardinières.

Grande pivoine. Fl. rose vif.

Rose-cerise. Fl. rose-cerise vif.

Aimable Eléonore. Fl. rose foncé.

22 **R. velu.** *R. villosa* Lin. Arbriss. de 2 mètres, garni d'aiguillons droits, grêles, à peine comprimés à la base; feuil. ovales, doublement dentelées, à dentelures droites, plus ou moins cotonneuses; en juin-juill., fl. rosées; fruits pourpres, ovales, pulpeux, très épineux-hispides, quelquefois pendants.

Variétés.

1 *Sauvage. R. vill. sylvestris* Desv. *R. villosa* Poir. *R. Andrzejowskiana* Stev. Ramules courts; fol. lanc. ou ellipt., mollement velues, glanduleuses; calice ovale-glanduleux, très épineux.

2 *Porte-pomme. R. vill. pomifera* Desv. *R. hispida* Poir. Ramules allongés; fol. lanc. ou ovales, glanduleuses; calice ovale-épineux; fruits très gros.

3 *Nu. R. vill. nuda* Desv. *R. mollissima fl. submultiplici* Red. Ramules courts, denses; fol. ovales, ob-

tuses, velues-glutineuses; fruits obovales-globuleux, lisses.

[4] *Térébinthacé.R. vill.terebinthina* Red. et Thor. Fol. très amples, très odorantes; fl. presque corymbiformes; fruits hispides.

[5] *D'Evrat. R. vill. Evratiana* Red. et Thor. *R. Evratina* Bosc. Ram. et pétioles à peine épineux; fl. nombreuses, paniculées; pédonc. et ovaires hispides.

VARIÉTÉS ET HYBRIDES JARDINIÈRES.

A fl. jaspées. Fl. rose jaspé.

Ismérie. Fl. rose clair vif.

Fausse muscade rouge. Sous-variété de la *R. évratine* à fl. rouge pâle.

23 **R. tomenteux.** *R. tomentosa.* Smith. Arbriss. de 2 mètres, garni d'aiguillons grêles, un peu crochus, à peine comprimés à la base; fol. ovales, doublement dentelées à dentelures droites, plus ou moins cotonneuses; en juin-juill., fl. rose pâle; fruits ponceau, un peu pulpeux, ovales, plus ou moins hispides ainsi que les pédoncules. Indigène.

VARIÉTÉS.

[1] *De Smith. R. tom. Smithiana* Ser. *R. tomentosa* Smith. *R. dimorpha* Besser. Fol. ovales ou ovales-lanc., très cotonneuses-molles; pédonc. et fruits plus ou moins hispides.

[2] *Scabre. R. tom. scabriuscula* Ser. *R. scabriuscula* Smith. *R. montana* Dec. Feuil. ovales, rudes en dessus, cotonneuses en dessous; fruits ovales, plus ou moins hispides ainsi que les pédoncules.

[3] *Fétide. R. tom. fœtida* Ser. *R. fœtida* Bast. Fol. ovales, pubesc. en dessous, glabres ou légèrem. rugueuses en dessus; pédonc. hispides, terminaux, ordin. solit.; fruits fétides, ovales hispides ou lisses.

[4] *Farineux. R. tom. farinosa* Ser. *R. farinosa* Bechst. Fol. ovales, cotonneuses-glanduleuses, surtout en dessous; pédonc. ordin. glanduleux à la base; fruits ovales, lisses.

VARIÉTÉS ET HYBRIDES JARDINIÈRES.

Crenuta. Fl. carnées.

Reversa. Fl. plus grandes, carnées.

24 **R. blanc.** *R. alba.* Lin. Arbriss. de 1^m,30, glauque, ordin. garni d'aiguillons acérés, grêles, courbés; fol. très souvent ovales-arrondies, brièvem. acuminées, à pétioles et nervures des feuil. légèrement cotonneux et glanduleux; en juin-juil., fl. blanches à pétales étalés; sépales pennatifides; fruits ovales, hispides ou lisses, ainsi que les pédoncules. Crimée, 1597.

VARIÉTÉS.

[1] *Commun. R. alba vulgaris* Ser. *R. Boreykiana* Besser. Fol. ovales-arrondies, tube du calice ovale.

[2] *A feuilles de chanvre. R. alba cymbæfolia* Delaun. *R. cannabina.* Thor. et Red. Arbriss. glabre, sans aiguillons; fol. oblong.-lanc. presque naviculaires, finement dentelées; pédonc. et calice lisses; sépales entiers.

[3] *R. incarnat. Cuisse de nymphe émue. R. alba incarnata* Pers. Fol. petites, ovales; pétioles glabres; fl. roses, pleines, tube du calice ovale, plus ou moins hispides, ainsi que les pédoncules.

[4] *R. royal. R. alba regalis* Lois. Fol. ovales-arrondies; tube du calice ovale; fl. amples, roses; sépales souvent profondément pennatifides.

VARIÉTÉS ET HYBRIDES JARDINIÈRES.

Ancelin Fl. très grandes, pleines, rose foncé.

Angélique. Fl. moyennes, très pleines, bombées, rose clair, vif au centre.

Antoinette. Fl. moyennes, doubles, blanches.

Astrée. Fl. très grandes, doubles, roses.

Belle de Ségur. Fl. moyennes, pleines, carnées.

Belle Thérèse. Fl. moyennes, doubles, roses.

Camille Bouland. Fl. moyennes ou grandes, presque pleines, rose tendre.

Candide. Fl. moyennes, doubles, carnées.

Céleste blanche. Fl. moyennes, doubles, blanches.

Étoile de Malmaison. Fl. moyennes, pleines, carné tendre.

Félicité Parmentier. Fl. grandes, très pleines, carnées.

Férox. Rameaux couverts de forts aiguillons; fleurs moyennes, pleines, blanches.

Florine. Fl. moyennes ou grandes, pleines, blanches.
Françoise de Foix. Fl. moyennes, pleines, roses.
Gracilis. Fl. petites, pleines, carnées.
Joséphine. Fl. moyennes, doubles, blanc rosé.
La Remarquable. Fl. moyennes ou grandes, pleines, blanc pur.
La Séduisante. Fl. moyennes, pleines, carné rose, à bords pâles.
Madame Audot. Fl. moyennes, pleines, carné tendre.
Marie de Bourgogne. Fl. moyennes, doubles, rose ponctué.
Naissance de Vénus. Fl. moyennes, pleines, roses.
Nova cœlestis. Fl. moyennes, pleines, blanc pur.
Petite cuisse de nymphe. Fl. petites, pleines, carnées.
Pompon Bazard. Fl. petites, pleines, carné clair.
Pompon carné. Fl. moyennes, pleines, carnées.
Princesse Lamballe. Fl. moyennes, pleines, bien faites, blanc pur.
Royale, ou Grande cuisse de nymphe. Fl. grandes, très multiples, blanc rosé.
Sophie de Bavière. Fl. moyennes, pleines, rouge clair.
Sophie de Marcilly. Fl. grandes, très pleines, carné tendre.
Vix bifera. Fl. moyennes, doubles, roses.
Zénobie. Fl. moyennes, pleines, roses.

25 **R. rouillé.** *R. rubiginosa* Lin. Arbriss. de $1^m,60$, garni d'aiguillons ligneux comprimés, crochus, rarement droits; feuil. à 5-7 fol. ovales ou arrondies, dentelées, plus ou moins glanduleuses, jaune-rouille, surtout en dessous, à odeur de pomme de reinette lorsqu'on les froisse; en mai-juin, fl. rosées; fruits ellipt. ponceau, brièvement pédonculés, hispides. Indigène.

Variétés.

1 *Commun. R. rub. vulgaris* Willd. *R. rubiginosa* Smith. *R. agrestis* Savi. Aiguillons crochus; fol. ovales, obtuses, glabres ou glanduleuses; fruits solit. glanduleux-hispides, ainsi que les pédoncules.

2 *De Vaillant. R. rub. Vaillantiana* Red. et Thor. Aiguillons des ram. presque horizontaux; fol. ovales, glabres, luisantes en dessus, poilues-glanduleuses en dessous et sur les bords; fruits ovales, hispides, ainsi que les pédoncules.

3 *A feuilles rondes. R. rub. rotundifolia* Rau. Aiguillons droits, longs; fol. arrondies; fl. solit.; fruits ovales-globuleux lisses; pédonc. glanduleux-hispides.

4 *Très épineux. R. rub. aculeatissima* Dup. Aiguillons très nombreux, droits; fol. ovales-arrondies; fl. ordin. solit.; fruits ovales; glanduleux-hispides, ainsi que les pédoncules.

5 *Printannier. R. rub. nemoralis* Red. et Thor. *R. nemorosa* Libert. Aiguillons rares, droits; fol. amples, minces, couvertes de petites glandes en dessus; fl. presque solit., petites; fruits ovales, glanduleux-hispides, ainsi que les pédoncules.

6 *Ombellé. R. rub. umbellata* Lindl. *R. umbellata* Leers. *R. tenuiglandulosa* Mer. *R. Eglanteria cymosa* Woods. Aiguillons crochus; fol. amples, ovales-arrondies, glabres en dessous; fl. fasciculées par 3-4; fruits ovales-globuleux, presque lisses; pédonc. hispides.

7 *A grandes fl. R. rub. grandiflora* Lindl. *R. grandiflora* Wallr. Fol. à peine glanduleuses, en dessous seulement; pétioles velues; fl. très grandes; fruits gros, lisses, ainsi que les pédoncules.

8 *A petites feuilles. R. rub. parvifolia* Willd. *R. micrantha* Dec. Très petit arbriss., garni de nombreux aiguillons; fol. glabres, très petites, couvertes de glandes couleur de rouille en dessous; fl. presque solit.; fruits ovales-globuleux, lisses, ainsi que les pédoncules.

9 *De Crète. R. rub. Cretica* Red. et Thor. *R. rub. sphærocarpa* Desv. *R. glutinosa* Sibth. et Smith. Fol. lancéolées-ovales, larges, glanduleuses en dessous; pétioles et nervures médianes velus; fl. solit.; fruits presque globuleux, légèrement glanduleux-hispides, ainsi que les pédoncules.

[10] *A feuilles épineuses. R. rub. spinulifolia* SER. *R. spinulif. Dematratiana* THOR. *R. spinulif. Toxiana* THOR. Aiguillons très gros, droits ou un peu courbés ; fol. ovales, garnies de petites épines des deux côtés ; tube du calice ovale, plus ou moins hispide, ainsi que les pédoncules.

[11] *Zabeth. R. rub. Zabeth* DUP. Fol. ovales, glabres en dessus, pubesc. en dessous, glanduleuses sur les bords ; fleurs rouges, multiples, comme en corymbes ; fruits presque globuleux, hispides ou lisses, ainsi que les pédoncules.

[12] *A fl. d'Anémone. R. rub. anemonæflora* THOR. Aiguillons très petits, fol. ovales, glabres en dessus, un peu glanduleuses-hispides en dessous ; fl. pleines, ordin. géminées ; calice dilaté au sommet, très glanduleux-hispide, ainsi que les pédoncules.

[13] *Des haies. R. rub. sepium* SER. *R. sepium* THUIL. *R. myrtifolia* HALL. *R. canina* var. DEC. *R. rub. glabra* RAU. *R. sepium rosea* RED. et THOR. Aiguillons ligneux, solides ; fol. obovales, ellipt. ou lancéolées, glabres en dessus, glanduleuses en dessous ; pétioles glabres ; fl. solit. ou en corymbes ; fruits ovales, lisses, ainsi que les pédoncules.

[14] *A petites fl. R. rub. micrantha* LINDL. *R. micrantha* SMITH. Aiguillons grêles, droits ; fol. ovales et lanc., glabres en dessus, glanduleuses en dessous ; pétioles et nervures médianes pubesc. ; fl. ordin. solit. ; pédonc. hispides ; fruits ovales, plus ou moins hispides.

9e SECTION. — **Rosiers cynorrhodons.** — *Aiguillons égaux, crochus ; feuil. non glanduleuses ; sépales décidus ; gorge du calice entouré d'un disque.*

26 **R. des chiens, vrai églantier.** *R. canina* LIN. Arbriss. de 2 à 3 m., garni d'aiguillons distants, ligneux, comprimés, falciformes ; fol. un peu coriaces, ovales ou oblongues, souvent acuminées, doublement dentelées, à dents étroites, acuminées, les supér. presque conniventes ; stipules larges, acuminées, très finement dentelées ; en juin, fl. odorantes, blanches, solit., quelquefois rapprochées en corymbes ; calice à sépales pennatipartis, dépassant longuement la corolle, réfléchis après la floraison, caduques avant la maturité ; fruits coriaces, ponceau, ovales-oblongs ou presque globuleux. Indigène.

VARIÉTÉS.

[1] *De Bourbon. R. can. Borboniana* RED. et THOR. *R. Gallica Borboniana* RED. et THOR. Fol. ovales, presque en cœur, simplement dentelées ; sépales indivis ; fl. pourpres, très multiples, à pétales concaves.

[2] *Fastigié. R. can. fastigiata* DESV. *R. fastigiata* BAST. Aiguillons ligneux, solides ; pétioles pubesc. ; fol. ovales, aiguës, pubesc. en dessous ; fruits ovales, lisses ; pédoncules hispides.

[3] *Hispide. R. can. hispida* DESV. *R. Andegavensis* BAST. *R. sempervirens* BAST. Ram. couverts d'aiguillons ; pétioles glabres ; fol. ovales, aiguës, glabres ; fruits ovales, hispides, ainsi que les pédoncules.

[4] *Des buissons. R. can. Dumetorum. R. Dumetorum* THUILL. *R. cæsia* SMITH. Ram. épineux ; pétioles tomenteux ; fol. ovales, aiguës, pubesc. en dessous, glabres en dessus ; fruits ovales, lisses, ainsi que les pédoncules.

[5] *De Mérat. R. can. Meratiana* SER. *R. biserrata* MER. Aiguillons très arqués, glabres, ainsi que les pétioles ; fol. larges, doublement dentelées, glabres ; fl. solit. ; fruits très gros.

[6] *Ambigu. R. can. ambigua* DESV. *R. Malmundiariensis* LEJEUNE. Aiguillons droits ; fol. et pétioles glabres, ovales-arrondies ; fl. solit. ou ternées ; fruits ovales-globuleux, ainsi que les pédoncules.

[7] *A feuil. pointues. R. can. aciphylla* LINDL. *R. aciphylla* RAU. Ram. courts, très nombreux, denses ; pétioles glabres ; fol. très petites, lancéolées, acuminées et aiguës, dentelées, glabres ; fl. roses, petites, solit. ou ternées ; pédoncules lisses.

VARIÉTÉS JARDINIÈRES DU ROSIER BOURBON.

Acidalie. Fl. moyennes ou grandes, pleines, blanc légèrem. rosé.

Aliza. Fl. moyennes, pleines, beau rose vif.

Amarantine. Fl. moyennes, presque pleines, rouge-cerise vif.

Amourette. Fl. petites ou moyennes, pleines, carnées, à pétales mucronés.

Anaïs. Fl. moyennes, pleines, rouge violacé.

Antoine. Fl. grandes, presque pleines, rouge clair.

Armand Carrel. Fl. grandes, très multiples, rose clair.

Armentine. Fl. moyennes, doubles, rose rouge.

Astaroth. Fl. moyennes, doubles, pleines, rose très vif.

Astérodie. Fl. moyennes, pleines, bien faites, carné clair.

Augustine Lelieur. Fl. moyennes ou grandes, presque pleines, rouge clair.

Béluze. Fl. moyennes, pleines, rose pâle, s'ouvrant quelquefois difficilement.

Bizarine. Fl. moyennes, pleines, bombées, rouge pourpré.

Bouquet de Flore. Fl. moyennes, presque pleines, rouge très frais.

Bourbon cent feuilles. Fl. moyennes ou grandes, presque pleines, rose vif.

Bréon. Fl. cramoisi feu, veloutées.

Cardinal Fesch. Fl. moyennes, très pleines, rouge violet.

Carné de Montmorency. Fl. moyennes, pleines, carnées.

Célimène. Fl. grandes, très multiples, lilas clair.

Cérès. Fl. moyennes ou grandes, pleines, peu bombées, à pétales imbriqués, beau rose.

Charles Desprez. Fl. moyennes, pleines, bien faites, rose tendre.

Charles Souchet. Fl. moyennes, pleines, bien faites, pourpre violacé.

Clémentine. Fl. moyennes, presque pleines, rose vif.

Comice de Seine-et-Marne. Fl. grandes, pleines, creusées, bien faites, rouge violacé.

Comte de Nanteuil. Fleurs moyennes, pleines, rouge violacé.

Comte de Rambuteau. Fl. moyennes ou grandes, pleines, rouge clair violacé, à sommet des pétales régulièrement roulé en dehors après le parfait épanouissement.

Comtesse de Rességuier. Fl. moyennes, pleines, carnées.

Cythérée. Fl. moyennes ou grandes, pleines, rose carné.

De Lamartine. Fl. moyennes, pleines, rouges, passant au violacé.

Delille. Fl. moyennes, presque pleines, globuleuses, belle forme, rose foncé.

Desgâches ou Gantin. Fl. moyennes, pleines, creusées, bien faites, rose clair, en panicules.

Deuil du duc d'Orléans. Fl. moyennes, pleines, bombées, pourpre foncé nuancé.

Docteur Roques. Fl. moyennes, pleines, bien faites, rouge violacé.

Don Alvar. Fleurs moyennes, pleines, roses.

Duc d'Aumale. Fl. grandes, pleines, roses.

Duc de Chartres. Fl. moyennes ou grandes, pleines, bombées, rose incarnat, à bords clairs.

Dumont de Courset. Fl. moyennes, très pleines, carmin clair ou cramoisi foncé, souvent nuancé de ces deux couleurs.

Dupetit-Thouars. Fl. moyennes ou grandes, très pleines, rouge clair très vif, à reflet violacé.

Édouard Desfossés. Fl. moyennes, pleines, bien faites, rose clair très frais.

Élisa Lemaire. Fl. moyennes, presque pleines, carné clair.

Elvire. Fl. moyennes, presque pleines, beau rose tendre.

Émile Courtier. Fl. moyennes, pleines, bien faites, rouge clair nuancé.

Fafait. Fl. grandes, pleines, roses.

Faustine. Fl. en panicules, très multiples, blanc légèrem. carné.

Fédora. Fl. moyennes, pleines, pourpres.

Général d'Hautpoult. Fl. moyennes, très multiples, carnées.

Georges Cuvier. Fl. moyennes, pleines, rouge-cerise nuancé de rose clair.

Gloire de Paris. Fl. grandes, pleines, bien faites, rouge vif, à reflet cramoisi violet.

Grand capitaine. Fl. moyennes, pleines, creusées, carmin vif.

Hennequin. Fl. moyennes, pleines, pourpre clair.

Henry. Fl. moyennes, pleines, bien faites, carné clair.

Henry Plantier. Fl. moyennes ou grandes, très pleines, roses.

Hermosa ou Mélanie Lemarié. Fleurs moyennes, pleines, bien faites, carné vif.

Hersilie. Fl. moyennes, pleines, bien faites, rose tendre.

Ida Percot. Très florifère; fl. moyennes, pleines, rose clair.

Ida Sisley. Fl. grandes, pleines, rose violacé.

Impératrice Joséphine. Fl. grandes, pleines, bien faites, carné très tendre.

Irma. Fleurs moyennes, pleines, carnées.

Jacquard. Fl. petites ou moyennes, pleines, rose vif passant au violet clair.

Julie de Luynes. Fl. moyennes, très pleines, blanches.

Julie Sisley. Fl. grandes, pleines, rose violacé.

Justine. Fl. pleines, bien faites, rose carminé.

Lady Canning. Fl. moyennes, pleines, bien faites, beau rose.

La Gazelle. Fl. grandes, pleines, rose clair, s'ouvrant difficilement.

La Gracieuse. Fl. grandes, très pleines, beau rose vif.

La maréchale de Villars. Fl. grandes, très pleines, rouge violacé vif.

La reine de l'Ile Bourbon. Fl. moyennes ou grandes, pleines, carné très frais.

Lavinie d'Ost. Fl. moyennes, pleines, carnées.

Le Grenadier. Fl. moyennes, très multiples, cramoisi vif passant au rouge violacé.

Le Phœnix. Fl. grandes, pleines, rouge vif.

Madame Angélina. Fl. moyennes, très multiples, blanc jaunâtre passant au carné clair.

Madame Aude. Fl. moyennes, pleines, lilas clair.

Madame Desprez. Fl. moyennes, très pleines, creusées, rose lilas.

Madame Hobetz. Fl. petites ou moyennes, pleines, bien faites, rose clair.

Madame Lacharme. Fl. moyennes, très multiples ou pleines, carné clair.

Madame Nérard. Fl. moyennes, pleines, carné tendre.

Madame Souchet. Fl. grandes, pleines, rose clair nuancé de rose vif.

Manteau de Jeanne d'Arc. Fl. moyennes, pleines, blanc légèrem. carné.

Marianne. Fl. grandes, pleines, beau rose passant au lilas clair.

Marquise d'Ivry. Fl. moyennes, pleines, bombées, rose hortensia.

Minima. Fleurs petites, doubles, rose foncé.

Miss Fanny. Fl. moyennes, pleines, carné clair.

Mistriss Bosanquet. Très florifère; fl. moyennes, presque pleines, globuleuses, carné tendre.

Mistriss Lane. Fl. moyennes, pleines, blanc carné.

Multiflore. Fl. moyennes, très multiples ou pleines, rose vif.

Nérard. Fl. moyennes, doubles, rose tendre.

Nérine. Fl. moyennes, pleines, bien faites, beau rose tendre.

Neumann. Fl. grandes, très pleines, rose vif.

Ninon de Lenclos. Fl. moyennes, pleines, globuleuses, rouge passant au violacé.

Parfaite (La). Fl. moyennes, pleines, rose vif carné.

Parquin. Fl. moyennes, pleines, violacées.

Paul-Joseph. Fl. moyennes, pleines, pourpre violet changeant.

Pierre de Saint-Cyr. Fl. moyennes ou grandes, pleines, beau rose tendre.

Pourpre de Tyr. Fl. moyennes, pleines, pourpre vif passant au violet clair.

Pourpre Fafait. Fl. moyennes, pleines, bombées, pourpres.

Prince de Croï. Fl. grandes, pleines, carnées.

Prince de Salm. Fl. moyennes, très pleines, rose vif violacé, s'ouvrant difficilement.

Princesse Clémentine. Fl. moyennes, pleines, bien faites, à pétales régulièrement imbriqués, carmin violacé passant au violet pourpre.

Proserpine. Fl. moyennes, très pleines, bien faites, cramoisi vif.

Reine des vierges. Fl. grandes, très pleines, carnées.

Reine du congrès. Fl. moyennes, pleines, bien faites, carné tendre.

Rémond. Fl. moyennes ou grandes, pleines, rouge vif.

Seydrade. Fl. moyennes, très multiples, beau rose.

Souchet. Fl. grandes, pleines, bien faites, carmin pourpre.

Souvenir de Dumont d'Urville. Fleurs grandes, pleines, globuleuses, rouge-cerise passant au violacé.

Souvenir de la Malmaison. Fl. grandes, très pleines, blanc légèrement carné.

Souvenir d'Emselme, ou Enfant d'Ajaccio. Fl. grandes, pleines, écarlate brillant.

Térenta. Fl. moyennes, pleines, rose vif.

Thérèse Margat. Fl. grandes, pleines, rose vif.

Thérésita. Fl. moyennes, pleines, rose clair très frais.

Thomas Morus. Fl. moyennes, pleines, bombées, rouge lilacé.

Triomphe de Plantier. Fl. moyennes, pleines, rouge clair changeant.

Velléda. Fleurs très grandes, pleines, carné rose.

Victoire argentée. Fl. moyennes ou grandes, très pleines, creusées, rose clair.

Virgile. Fl. moyennes, pleines ou presque pleines, globuleuses, bien formées, roses.

Vulcanie. Fl. moyennes, très pleines, rouges.

Zuléma. Fl. moyennes, pleines, rose tendre.

Rosiers hybrides remontants, ayant des rapports avec les rosiers Bourbon.

Abrabanelle. Fl. moyennes, pleines, roses, à centre blanc.

Augustine Mouchelet. Fl. moyennes, très pleines, bien faites, rose violacé, carminées au centre.

Baronne Prévost. Fl. très grandes, très pleines, rouge violacé vif.

Bossuet ou Bossu. Fl. moyennes, très multiples, écarlate.

Bréon. Fl. grandes, pleines, carmin vif; onglet des pétales blanc.

Clémentine Duval. Fl. moyennes, pleines, bombées, rose un peu lilacé.

Comte d'Eu. Fl. grandes, presque pleines, rouge très vif.

Coquette de Montmorency. Fl. moyennes, pleines, bien faites, rouge violacé.

Descrivieux. Fl. multiples ou très multiples, grandes, rose violacé.

Duchesse de Montmorency. Fl. moyennes, très pleines, rose vif, passant au rose clair lilacé.

Eclair de Jupiter. Fl. grandes, très multiples, carmin vif.

Elise Miellez. Fl. moyennes, pleines, rose vif.

Ernestine de Barante. Fl. petites, pleines, rose vif.

Général Merlin. Fl. moyennes, pleines, rose nuancé.

Gloire d'Alger. Fl. moyennes, très pleines, cramoisi vif, s'ouvrant difficilement.

Gloire de Guérin. Fl. petites ou moyennes, pleines, carmin vif.

Gloire des rosomanes. Fl. grandes, multiples, rouge vif.

Grand capitaine. Fl. moyennes, très multiples ou pleines, carmin vif.

Ibrahim Fl. moyennes ou grandes, carmin clair, à centre blanchâtre.

Labédoyère. Fl. grandes, pleines, carmin vif; onglet des pétales blanc.

La Bouquetière. Fl. moyennes, très multiples, rose clair.

La Paluniade. Fl. moyennes, pleines, rose vif, à bords violacés.

Louis XIV. Fl. moyennes, très multiples, rose vif; onglet des pétales blanc.

Madame Lucie Astaix. Fl. moyennes, très multiples, rose carminé nuancé.

Madame Morel. Fl. moyennes ou grandes, pleines, rose carminé, à centre blanchâtre.

Mistriss Cripps. Fl. moyennes, presque pleines, rose clair.

Pauline Levanneur. Fl. moyennes ou grandes, presque pleines, beau rose clair.

Perpétuelle de Neuilly. Fl. moyennes ou grandes, pleines, rose carminé.

Psyché. Fl. petites, très pleines, beau rose.

Reine de Fontenay. Fl. moyennes, pleines, rose clair.

Roblin. Fl. grandes, pleines, carmin clair.

Roch Plantier. Fl. grandes, pleines, carmin vif; onglet des pétales blanc.

Scipion Amiralo. Fl. moyennes, très multiples, carnées.

Thibault. Fl. moyennes, pleines, bien faites, rose vif carminé.

Watzo. Fl. moyennes, multiples, cramoisi vif.

Rosiers hybrides de Bourbon non remontants, a feuil. larges.

Andrieux. Fl. grandes, pleines, rose lilacé.

Brennus. Fl. très grandes, pleines, bombées, rouge vif.

Brown. Fl. très grandes, pleines, bombées, rouge clair nuancé.

Charles Duval. Fl. très grandes, pleines, belle forme, rouge clair.

Châtelain. Fl. grandes, pleines, lilas clair.

Comte Boubert. Fl. grandes, pleines, roses.

Coupe d'Hébé. Fl. moyennes ou grandes, creusées, rose tendre.

Daphné. Fl. moyennes, pleines, bombées, rouge frais.

Duc Decazes. Fl. grandes, très pleines, bombées, roses, s'ouvrant ordinairement difficilement.

Edouard Delair. Fl. moyennes, pleines, rouge vif, passant au rouge clair.

Elisa Mercœur. Fl. très grandes, pleines, roses.

Grand Western. Fleurs très grandes, presque pleines, pourpre ardoisé nuancé.

Helvétius. Fl. grandes, très multiples, lilas violacé, souvent rayé de blanc.

Horatius Fl. grandes, très pleines, rouge clair, un peu lilacé.

La Dauphine. Fl. grandes, pleines, carné tendre.

Las-Casas. Fl. grandes, pleines, bombées, rouge clair nuancé.

Lord John Russell. Fl. grandes, pleines, rose brillant.

Paul Perras. Fl. grandes, pleines, beau rose.

Victor Hugo. Fl. grandes, pleines, bombées, rose violacé nuancé.

27 **R. à feuil. rouges.** *R. rubrifolia* Vill. Arbriss. de 2 mètres, garni de quelques aiguillons falciformes; feuil. à 5-7 fol. ovales, dentées; stipules larges, aiguës; en juin-juillet, fleurs pourpres, rassemblées en corymbes; pédonc. courts, hispides ou glabres; sépales presque spatulés, rarem. pennatiséqués; fruits rouges, ovales-globuleux, ascend. luisants. 1822.

Variétés.

[1] *Lisse. R. rubr. lævis* Ser. *R. rubrifolia* Willd. *R. rubicunda* Hall. *R. glauca* Desf. *R. cinnamomea rubrifolia* Red. et Thor. Fol. ovales; fl. rouges en corymbes; sépales entiers; fruits et pédonc. lisses.

[2] *Hispide. R. rubr. hispidula* Ser. *R. Cinnamomea glauca* Desv. Fol. ovales; fl. rouges en corymbes; sépales entiers; fruits lisses; pédonc. hispides.

[3] *R. Redouté. R. rubr. Redoutea* Ser. *R. Redutea* Thor. *R. Redutea glauca* Red. et Thor. Tiges et ram. rouges, garnis d'aiguillons grêles un peu courbés; pétioles épineux; fol. ovales; fl. en corymbes paucifl., à pétales blanc rosé, roses et ponctués sur les bords.

28 **R. de Montezuma.** *R. Montezumæ.* Arbriss. de 1 mètre, à ram. sans aiguillons; pétioles épineux; fol. ovales, finement dentelées, glabres; en juin-juil., fl. rosées, solit., terminales; tube du calice ellipt., glabre, ainsi que les pédoncules. Mexique, 1825.

29 **R. de l'Inde.** *R. Indica* Lin. Tiges dressées, atteignant quelquefois 5-6 mètres, vertes, un peu grisâtres ou pourpres, garnies d'aiguillons ligneux, épars, arqués; feuil. à 3-5 fol. ovales acuminées, coriaces, glabres, luisantes, dentelées; stipules très étroites, entières ou dentelées; tout l'été fl. solit., quelquefois rapprochées en panicules;

étam. infléchies; pédonc. presque articulés, souvent épaissis, lisses, ainsi que le calice, ou rugueux-soyeux; fruits turbinés. Chine, 1789.

VARIÉTÉS.

1 *Commun. R. Ind. vulgaris* RED. et THOR. *R. reclinata fl. submultiplici* RED. et THOR. Tiges fermes, garnies d'aiguillons ligneux; feuil. glauques en dessous, à 3-5 fol. lancéolées; stipules dentelées-ciliées; fleurs roses, rarement pourpres; pédonc. épaissis.

2 *Ternaux, R. Ind. Ternauxiana* SER. *R. Noisettiana purpurea* RED. et THOR. Tiges assez fermes, garnies d'aiguillons, ainsi que les rameaux; fol. très petites, lanc.; fl. rouges de la grandeur de celles du R. cent feuilles, rapprochées en panicules.

3 *A longues feuil. R. Ind. longifolia* RED. et THOR. *R. longifolia* WILLD. Tiges fermes, garnies de quelques aiguillons; feuil. à 3-5 fol. linéaires-lanc.; stipules entières; fl. presque simples, roses; pédonc. un peu rudes.

4 *Nain. R. Ind. humilis* SER. *R. Ind. pumila* RED. et THOR. Tiges et ram. très petits, garnis d'aiguillons; feuil. à 3-5 fol. petites, lanc.; fl. presque pourpres, à pétales ovales.

5 *Œillet. R. Ind. caryophyllea* RED. et THOR. Fol. amples, minces; fl. à pétales infléchis, presque en capuchon, rapprochées en panicules.

6 *A fl. pendantes. R. Ind. pannosa.* RED. et THOR. Tiges et ram. fermes, garnis d'aiguillons; fol. ovales, rouges en dessous; stipules très finement denticulées; fl. pendantes, à pétales oblongs, concaves, pourpres en dehors, roses et formant presque capuchon en dedans.

7 *Sanglant. R. Ind. cruenta* RED. et THOR. Grand arbriss. à tiges et ram. fermes, presque nus; fol. très grandes, rouges en dessous; stipules entières; fl. grandes, à peu près de la grandeur de celles de la rose-thé, à pétales larges, un peu concaves, pourpres.

8 *Rose-thé. R. Ind. flagrans* RED. et THOR. *R. Ind. odoratissima* LINDL. Tiges fermes, garnies d'aiguillons ligneux; feuil. à 3-5 grandes fol.; stipules légèrem. fimbriées ou entières, fl. très grandes et très odorantes, à pétales roses, jaunâtres à la base; pédonc. épaissis; fruits très gros, globuleux-turbinés.

VARIÉTÉS JARDINIÈRES DE LA ROSE THÉ.

Abricoté. Fl. grandes, presque pleines, blanc jaunâtre.

Adam. Fl. tres grandes, pleines, rose clair.

Adélina Camille. Fl. moyennes, très pleines, blanches.

Afranie. Fl. grandes, très pleines, légèrement carnées, s'ouvrant difficilement.

A grandes fl. Fl. grandes, doubles, roses.

Alexandre Rohar. Fl. moyennes, très multiples, rouge clair.

Aline. Fl. moyennes ou grandes, très multiples, roses.

Anthérose. Fl. grandes, pleines, creusées, blanches, à centre carné jaunâtre.

Arabella. Fl. moyennes, doubles, blanc jaunâtre.

Arance de Navarro. Fl. moyennes, pleines, bombées, rouge clair, très odorantes.

Archiduchesse Thérèse-Isabelle. Fl. grandes, pleines, blanches, à fond jaunâtre.

Aurore. Fl. grandes, pleines, jaunâtres.

Barbot. Fl. moyennes ou grandes, pleines, jaunâtres, à bords lavés de rose.

Barbot. Fl. moyennes, doubles, rose tendre.

Bause. Fl. grandes, très pleines, jaune clair, s'ouvrant difficilement.

Belle Archinto. Fl. grandes, très pleines, carné nuancé et jaunâtre.

Belle Marguerite. Fl. grandes, très pleines, rouge lilacé.

Belle Mélanie. Fl. moyennes, pleines, carnées.

Belle Traversi. Fl. moyennes, très pleines, blanches, souvent rosées.

Bergmann. Fl. grandes, très pleines, rose tendre, s'ouvrant difficilement.

Bocage. Fl. grandes, doubles, blanc jaunâtre.

Bon Silène. Fl. grandes, pleines, pourpre variable.

Bougère. Fl. très grandes, pleines, rose hortensia.

Bourbon. Fl. grandes, très pleines, blanches, à cœur souvent vert.

Boutelaud. Fl. grandes, pleines, carné lilacé.

Boutrand. Fl. grandes, pleines, rose clair.

Buret. Fl. grandes, très pleines, rouges, très odorantes.

Caroline. Fl. moyennes ou grandes, pleines, carné vif.

Cassio. Fl. moyennes, très multiples, jaunâtres.

Cels multiflore. Fl. grandes, pleines, carnées; très florifères.

Charles Raybaud. Fl. grandes, pleines, rose tendre.

Chevalier d'amour. Fleurs moyennes, multiples, roses.

Chrysocôme. Fl. grandes, très pleines, jaunes, à bords rose violacé.

Clara Sylvain. Fleurs moyennes ou grandes, pleines, blanc pur.

Clarisse. Fl. moyennes ou grandes, pleines, carné clair.

Claudia Gourd. Fl. moyennes ou grandes, multiples, globuleuses, carnées.

Comte de Paris. Fl. très grandes, pleines, rose très clair.

Comte d'Osmont. Fl. grandes, pleines, blanches, à centre carné jaunâtre.

Comtesse de Crillon. Fl. moyennes, pleines, rose violacé.

Corinne. Fl. moyennes, pleines, blanc carné, à centre jaunâtre.

Curieuse (La). Fl. grandes, pleines, roses.

Desfontaines. Fl. moyennes, pleines, blanc pur.

Devoniensis. Fl. grandes, très pleines, belle forme, blanc jaunâtre, à centre plus jaune.

Douceur d'Henry IV. Fl. moyennes ou grandes, pleines, roses.

Duc de Grammont. Fl. grandes, pleines, rose lilacé, s'ouvrant difficilement.

Duc d'Orléans. Fl. moyennes ou grandes, très pleines, bombées, rouge clair nuancé.

Duchesse de Mecklembourg. Fl. grandes, pleines, globuleuses, jaunâtres.

Duchesse d'Orléans. Fl. moyennes ou grandes, très pleines, blanc rosé.

D'Yèbles. Fl. grandes, pleines, rouge violacé.

Élisa Mercœur. Fl. moyennes, pleines, rouge foncé.

Élisa Sauvage. Fl. moyennes, pleines, jaunâtres.

Eugène Hardy. Fl. moyennes, pleines, blanc un peu carné.

Eugénie Desgaches. Fl. grandes, pleines, bombées, rose virginal.

Eugénie Jovain. Fl. moyennes ou grandes, pleines, légèrement carnées.

Fafait. Fl. très grandes, très pleines, blanc pur, s'ouvrant difficilement.

Fanny Boytd. Fl. moyennes, pleines, blanches, à centre jaunâtre.

Fanny Dupuis. Fl. moyennes ou grandes, pleines, roses.

Favart. Fleurs grandes, pleines, rose nuancé, à reflet jaune.

Fiancée d'Abydos. Fl. moyennes ou grandes, multiples, blanches, à centre jaunâtre.

Flavescens. Fl. grandes, pleines, jaune très pâle.

Fleur de Cypris. Fleurs moyennes ou grandes, presque pleines, carnées.

Fragoletta. Fl. grandes, pleines, rose clair.

Frédéric Weber. Fl. moyennes, pleines, rouge nuancé.

Galathée. Fl. moyennes, très pleines, couleur crême.

Gama. Fl. grandes, pleines, carnées.

Général Valazé. Fl. moyennes ou grandes, pleines, carné tendre, à centre rose.

Général Vallée. Fl. grandes, très pleines, blanches, à cœur rose vif.

Georges Sand. Fl. grandes, très multiples, roses.

Gigantesque. Fl. très grandes, pleines, carnées, nuancées au centre.

Goubault. Fl. grandes, pleines, rouge clair, aurore au centre.

Grandidier. Fl. grandes, pleines, rose nuancé.

Hamon. Fl. grandes, presque pleines,

très odorantes, rose passant au pourpre, à centre aurore.

Honneur de Flandre. Fl. grandes, pleines, rose foncé.

Hortensia. Fl. moyennes ou grandes, pleines, rose clair.

Huet. Fl. grandes, très pleines, carné jaunâtre, s'ouvrant quelquefois difficilement.

Hyménée. Fl. grandes, pleines, bombées, jaunâtres.

Jane Shore. Fl. moyennes, pleines, blanches.

Jaune ancien. Fleurs grandes, multiples ou très multiples, jaune clair égal.

Jeune Arcole. Fl. moyennes, pleines, rose foncé.

Joséphine Malton. Fl. grandes, presque pleines, blanc jaunâtre; pédoncules droits.

Jules Desmont. Fl. moyennes, pleines, bombées, rose très clair passant au blanc.

Jules Félice. Fl. moyennes ou grandes, très multiples, rose clair.

Julie. Fl. moyennes, blanc légèrement rosé.

Julie Mansais. Fl. grandes, pleines, blanches.

La belle Allemande. Fl. grandes, multiples, rose clair, très odorantes.

Lady Warrender. Fl. moyennes, pleines, blanc pur.

La Renommée. Fl. moyennes ou grandes, pleines, bien faites, blanches, à centre légèrem. jaunâtre.

Lavinie Dariul. Fl. grandes, très pleines, blanc carné, s'ouvrant difficilement.

Le Pactole. Fl. moyennes ou grandes, multiples ou pleines, très jaunes.

Lewson Gower. Fl. moyennes, multiples ou très multiples, rose clair; onglet des pétales jaunâtre.

L'hétéroclite. Fleurs grandes, pleines, rouge clair.

Louis-Philippe Ier. Fl. grandes, pleines, rose clair.

Lutescens mutabilis. Fl. grandes, très multiples, jaunâtres, nuancées de rose.

Lyonnais. Fl. grandes, très multiples, rose tendre.

Maccarthy. Fl. grandes, très multiples, rose clair.

Madame Chavant. Fl. grandes, très multiples, roses.

Madame Dupuis. Fl. grandes, pleines, blanc lavé de rose et jaunâtre.

Madame Feray. Fl. moyennes ou grandes, pleines, jaunâtres.

Madame Guérin. Fl. moyennes ou grandes, pleines, creusées, blanc pur.

Madame la princesse Adélaïde (du Luxembourg). Fl. grandes, pleines, jaune soufre.

Madame Mimi. Fl. moyennes, pleines, blanc jaunâtre.

Madame Tissot. Fl. moyennes, très pleines, blanches, s'ouvrant difficilement.

Magnus Ladulas. Fl. grandes, pleines, rose clair nuancé.

Malmort. Fl. moyennes ou grandes, très multiples, rose clair.

Mansais. Fl. grandes, très pleines, blanc jaunâtre, quelquefois rosé.

Maréchal Bugeaud. Fl. grandes, pleines, rose nuancé.

Maréchal Ney. Fl. moyennes, pleines, carné clair.

Marguerite. Fl. moyennes, pleines, rose rouge.

Marie de Médicis. Fl. grandes, pleines, roses, à fond jaunâtre.

Marquise d'Évry. Fleurs moyennes ou grandes, très multiples, rose clair.

Ma tante Aurore. Fleurs moyennes ou grandes, très multiples, roses, à centre jaunâtre.

Maximilien. Fl. petites, pleines, rose tendre.

Melville. Fl. grandes, plus ou moins multiples, roses.

Merley de Laboulaye. Fleurs moyennes, pleines, blanc jaunâtre, à bords roses.

Mirabilé. Fl. moyennes, pleines, jaunâtres, nuancées de rose.

Miranda. Fl. presque pleines, globuleuses, blanches, à centre lavé de rose.

Moiré. Fl. grandes, pleines, carné jaunâtre.

Morphée. Fleurs grandes, très pleines, rouge violacé, à centre aurore.

Nid d'amour. Fleurs grandes, pleines, blanches, à centre carné.

Nina. Fl. moyennes ou grandes, multiples ou pleines, carnées.
Niphetos. Fl. très grandes, très multiples, blanc pur.
Nisida. Fl. moyennes, pleines, aurore, à bords roses.
Nitida. Fl. grandes, globuleuses, très odorantes, rose tendre et jaunâtre.
Olympe. *Fleurs grandes, très pleines,* rouges.
Pauline Plantier. Fl. moyennes, globuleuses, blanc légèrem. jaunâtre.
Pellonia. Fl. grandes, doubles ou presque pleines, blanc jaunâtre.
Pepin-le-Bref. Fl. moyennes, très multiples ou pleines, rose hortensia.
Perfection. Fl. grandes, pleines, rose pâle, à pétales larges à la circonférence, étroits au centre.
Pharaon. Très florifère; fl. grandes, multiples, rose clair.
Pæonæflora. Fl. grandes, pleines, rose clair.
Prince d'Esterhazy. Fl. grandes, presque pleines, beau rose.
Princesse *Hélène (Luxembourg). Fl.* grandes, pleines, blanc rosé, à fond jaunâtre.
Princesse Hélène (Modeste). Fleurs moyennes, plates, blanc pur.
Princesse Marie. Fleurs grandes, très pleines, carné rose, à fond jaunâtre.
Reine de Golconde. Fleurs moyennes, pleines, carné rose.
Reine des Belges. Fl. grandes, très pleines, blanches.
Reine Victoria. Fl. grandes, pleines, jaune passant au blanc.
Robert Bruce. Fl. moyennes, presque pleines, blanc jaunâtre.
Romain. Fl. grandes, pleines, blanc légèrement jaunâtre.
Rose du *Luxembourg*. Fl. grandes, très multiples, très odorantes, roses.
Safrano. Fl. moyennes, multiples ou très multiples, jaune passant au blanc jaunâtre.
Silène. Fl. grandes, pleines, très odorantes, rose passant au rouge vif.
Sémélé. Fleurs moyennes ou grandes, pleines, blanc carné, à centre jaunâtre.
Smithii. Fl. moyennes ou grandes, très pleines, jaune soufre.
Solitaire. Fl. grandes, très pleines, rose clair.
Souvenir du 30 mai. Fl. grandes, très multiples, roses, à centre cuivré.
Strombio. Fl. grandes, doubles, globuleuses, blanc carné.
Sylphide. Fl. grandes, doubles, carnées.
Taglioni. Fl. grandes, pleines, blanc jaunâtre.
Thémistocle. Fl. moyennes ou grandes, pleines, blanches, à centre carné.
Thouin. Fl. moyennes, doubles, rose nuancé.
Triomphe de la Guillotière. Fl. moyennes, pleines, blanc jaunâtre.
Triomphe du Luxembourg. Fl. très grandes, pleines, rouge nuancé, à fond aurore.
Valentine. Fl. grandes, pleines, bombées, carné vif.
Vandael. Fleurs moyennes ou grandes, pleines, rose lilacé.
Venusta. Fl. grandes, presque pleines, à pétales obtus, blanc légèrement jaunâtre.
Virginie. Fl. grandes, très pleines, carnées, à centre aurore.
Walter Scott. Fleurs grandes, plus ou moins multiples, rouge vif.
William Wallace. Fleurs très grandes, multiples, roses.

VARIÉTÉS.

9 *Toujours fleuri. R. du Bengale, R. Ind. semperflorens* SER. *R. Bengalensis* PERS. *R. Indica* RED. et THOR. *R. diversifolia* VENT. *R. semperflorens* CART. Tiges et ram. grêles, garnis d'aiguillons, quelquefois nus; fol. minces, lancéolés ou ovales; fl. pourpres, à sépales allongés, appendiculés; pédonc. filiformes.

VARIÉTÉS JARDINIÈRES DU ROSIER BENGALE.

A odeur d'anis ou Egine. Fl. moyennes, pleines, carnées.
Abbé Delacroix. Fl. moyennes, pleines, bien faites, roses.
Abbé Mioland. Fl. moyennes ou grandes, pleines, pourpres, souvent rayées.
Adeline Cômo. Fl. moyennes, pleines, blanches.

Aimé Desprez. Fl. petites, doubles, pleines, rose violacé, à cœur blanc.
Alcine. Fl. grandes, pleines, rouge vif.
Alphonsine. Fl. moyennes, pleines, carmin clair.
Amiral de Rigny. Fl. moyennes, très pleines, rouge vineux.
Amiral Duperré. Fl. moyennes, pleines, cramoisi vif.
Anaïs. Fl. grandes, multiples ou très multiples, globuleuses, beau rose.
Annette Gysels. Fl. moyennes, pleines, jaunâtre passant au blanc.
Anthéros. Fl. grandes, pleines, creusées, blanches, à centre carné jaunâtre.
Archiduc Charles. Fl. grandes, pleines, rose passant au cramoisi.
Assuérus. Fl. grandes, très multiples, pourpre foncé vif.
Atropurpurea. Fl. moyennes, pleines, pourpre noirâtre.
Augustine Hersant. Fl. grandes, pleines, roses.
Azaïs. Fl. moyennes, pleines, rouge bleuâtre, souvent marquées d'une raie blanche.
Baronne de Delaage. Fl. moyennes ou grandes, pleines, rouges.
Beau carmin du Luxembourg. Fleurs moyennes, pleines, pourpre foncé velouté.
Beau Narcisse. Fl. multiples ou très multiples, violacées, légèrement striées.
Belle de Monza. Fl. moyennes, pourpres, violacées.
Belle Illyrienne. Fl. petites, pleines, pourpre foncé.
Bleu de la Chine. Fl. moyennes, pleines, rouge éblouissant.
Boisnard. Fl. moyennes, pleines, blanc légèrement jaunâtre.
Bolivar. Fl. moyennes, très multiples, rouge clair passant au rouge vif.
Bonheur du jour. Fl. moyennes, pleines, rose blanchâtre, souvent veinées.
Bouquet des Dames. Fl. moyennes, pleines, carné rose.
Caméléon (Desprez). Fl. grandes, pleines, rouge clair passant au pourpre.
Camellia (Lesieur). Fl. moyennes, pleines, blanc pur.
Camellia (Olry). Fl. grandes, multiples ou très multiples, blanc pur.
Camelliæflora. Fl. petites, pleines, rouge pourpré.
Camoens (le). Fl. moyennes, pleines, rose violacé changeant.
Carmin d'Yèbles. Fl. moyennes, très multiples, arrondies, bien faites, carmin vif.
Citoyen des deux mondes. Fl. moyennes, très pleines, cramoisi très foncé.
Clara. Fl. moyennes ou grandes, pleines, blanches, à centre carné.
Comble de gloire ou gros Charles. Fl. grandes, pleines, rouge violacé.
Confucius. Fl. grandes, pleines, rose clair.
Conquête heureuse. Fl. moyennes, pleines, rouge vif changeant.
Couronne des pourpres. Fl. moyennes ou grandes, pleines, rouge passant au pourpre.
Cramoisi supérieur. Fl. moyennes, pleines, cramoisi vif.
Cramoisi triomphant. Fl. moyennes, très multiples, cramoisi vif.
Darius. Fl. grandes, pleines, plates, violacées.
David. Fl. moyennes ou grandes, pleines, très multiples, rose vif.
De Créqui. Fl. doubles, pourpre foncé.
Don Carlos. Fl. moyennes ou grandes, pleines, blanc légèrement carné.
Doux espoir. Fl. moyennes ou grandes, pleines, pourpre clair.
Duc de Bordeaux. Fl. moyennes, très multiples, globuleuses, pourpre foncé.
Duchesse de Kent. Fleurs petites ou moyennes, bien faites, blanc rosé.
Eugène Hardy. Fl. moyennes, pleines, bien faites, blanc légèrement carné.
Fabvier. Fl. moyennes, multiples, rouge vif éblouissant.
Fanny Duval. Fl. grandes, pleines, blanches, à centre carné.
Fénélon d'Angers. Fl. grandes, pleines, rose passant au pourpre.
Fénélon du Luxembourg. Fl. grandes, pleines, rose passant au rouge vif.
Flore. Fl. moyennes, pleines, rose passant au pourpre vif.

Général Lawœstine. Fl. moyennes, pleines, rouge foncé vif.

Général Soyer. Fl. moyennes, pleines, rouge violacé.

Gloire de Pelay. Fl. petites, pleines, rouge violet.

Gouvion Saint-Cyr. Fl. moyennes, presque pleines, rose passant au pourpre.

Grandidier. Fl. moyennes ou grandes, rose nuancé de rouge.

Hanneloup. Fl. moyennes, très multiples, rouge clair passant au rouge vif.

Henri V. Fl. moyennes, très multiples, creusées, cramoisi vif.

Henriette. Fl. moyennes, pleines, pourpre violacé.

Hermine. Fl. moyennes, très pleines, bombées, blanc légèrem. carné.

Hermite. Fl. moyennes, très pleines, rouge vif, souvent monstrueuses, difformes.

Hippolyte. Fl. moyennes, pleines, rose clair nuancé.

Hortensia. Fl. moyennes, pleines, rose-hortensia.

Hospitalière. Fl. moyennes, pleines, pourpre foncé.

Ictéros. Très florifère; fl. moyennes, doubles, jaunâtres.

Isidore d'Angers. Fl. moyennes, pleines, blanc carné.

Jacques Plantier. Fl. moyennes, pleines, rouge brun.

Jean-Marie. Fl. petites, presque pleines, violet nuancé.

Joseph Deschiens. Fl. moyennes, pleines, pourpre violacé.

Joséphine Malton. Fl. grandes, doubles, blanches.

Jules Janin. Fl. moyennes, pleines, roses.

Lacépède. Fl. moyennes, doubles, rose lilacé.

La Charmante. Fl. moyennes, pleines, rose purpurin.

La régulière. Fl. moyennes, pleines, cramoisi clair.

Le Navarin. Fl. petites, pleines, pourpre clair.

Le Mesle. Fl. moyennes ou grandes, très pleines, rouge clair.

Léonidas. Fl. moyennes, doubles, pourpre violet velouté.

L'Etna. Fl. moyennes, pleines, pourpres.

Le Vésuve. Fl. grandes, très pleines, rose passant au rouge vif.

Louis XII. Fl. petites ou moyennes, pleines, violacées.

Louis-Philippe d'Angers. Fl. moyennes, pleines, creusées, cramoisi.

Lucile. Fl. moyennes, pleines, bien faites, blanches, à centre légèrement carné.

Madame Bréon. Fl. grandes, pleines, beau rose; pédonc. droit.

Madame Buréau. Fl. grandes, pleines, blanc pur.

Madame de Créqui. Fl. moyennes, pleines, rouge passant au cramoisi vif.

Madame Desprez. Fl. grandes, pleines, blanches.

Madame Desrongé. Fl. moyennes, pleines, pourpre foncé.

Madame Frics Morel. Fl. moyennes, très multiples, globuleuses, blanc rosé.

Madame Galez. Fl. moyennes ou grandes, pleines, blanc jaunâtre.

Marjolin (du Luxembourg). Fl. grandes, très pleines, rouge foncé vif.

Mars. Fl. moyennes, pleines, rose vif.

Maxima rosea. Fl. grandes, très multiples, roses.

Mazérati. Fl. moyennes, presque pleines, pourpre ombré noirâtre.

Ménès. Fl. moyennes, pleines, rose tendre.

Miellez. Fl. grandes, plus ou moins multiples, blanc teint jaunâtre.

Molière. Fl. grandes, presque pleines, rose clair.

Mont-Saint-Bernard. Fl. moyennes, pleines, carné lilacé.

Mousseaux. Fl. moyennes, pleines, globuleuses, rouge vineux.

Némésis. Fl. petites ou moyennes, pleines, pourpre foncé velouté.

Ordinaire. Fl. grandes, multiples ou très multiples, rose clair.

Paillet. Fl. moyennes, pleines, violet foncé.

Pajol. Fl. moyennes, pleines, rouge passant au pourpre.

Parure de Flore. Fl. moyennes, pleines, rose clair.

Pépin. Fl. moyennes, pleines, rouge vif.

Petite Nini. Fleurs petites ou moyennes, multiples, globuleuses, rose vieux.

Pluton. Fl. moyennes, pleines, cramoisi foncé.

Prince Charles (du Luxembourg). Fleurs moyennes, pleines, rouge cerise vif.

Prince Eugène (du Luxembourg). Fl. moyennes, pleines, bien faites, pourpre cramoisi.

Reine Blanche. Fl. moyennes ou grandes, multiples, blanc pur.

Reine de Lombardie. Fl. grandes, très multiples ou pleines, rouge passant au pourpre.

Reine de Pæstum. Fl. grandes, très multiples, blanches, à centre carné jaunâtre.

Rhadamiste. Fl. moyennes ou grandes, pleines, carné vif.

Roi des pourpres. Fl. moyennes, presque pleines, rouge pourpre vif.

Romain Desprez. Fl. moyennes ou grandes, très pleines, rouge clair.

Rouge transparent. Fl. moyennes, doubles ou pleines, rouge brillant.

Rubens. Fl. moyennes, très pleines, rose clair passant au pourpre.

Saint-Priest de Breuze. Fl. moyennes ou grandes, très multiples, rouge clair vif.

Saint-Samson. Fl. moyennes, pleines, rose changeant.

Sanguin. Fl. moyennes, très multiples, pourpre vif.

Snelgraave. Fl. moyennes, presque pleines, rouge clair, passant au rouge vif.

Taglioni. Fleurs grandes, pleines, blanches, à centre teint de jaunâtre.

Tancrède. Fl. moyennes, pleines, rouge violacé.

Thérésia Stravius. Très florifère; fl. moyennes, pleines, carnées.

Thétis. Fl. moyennes, pleines, lilas foncé.

Triomphant. Fl. grandes, pleines, rouge violacé.

Triomphe de Gand. Fl. grandes, pleines, rouges.

Victoire d'Angers. Fl. moyennes, pleines, rouge clair.

Victoire d'Aumy. Fl. moyennes, presque pleines, carmin pourpré.

Virginale, ou Thé madame Lacharme. Fl. moyennes, pleines, bien faites, blanc carné.

Virginie Lebon. Fl. grandes, presque pleines, blanc pur.

Zélie. Fl. grandes, très pleines, rose violacé.

Zirko. Fl. moyennes, très multiples, plates, roses.

HYBRIDES NON REMONTANTS DU ROSIER BENGALE.

Adèle Ancelin. Fl. moyennes, pleines, bombées, carné rose.

Adolphe Cachet. Fl. moyennes, très pleines, rouge vif.

A fl. blanches. Fl. moyennes, pleines, blanches.

Alphonse Maille. Fl. grandes, pleines, pourpre clair.

Alzire. Fl. moyennes, pleines, rose foncé.

Amiral de Rigny. Fl. moyennes, pleines, lilas clair.

Amelin. Fl. grandes, très pleines, rouge nuancé.

A odeur d'anisette. Fl. moyennes doubles, roses.

A odeur de pâte d'amande. Fl. moyennes, doubles, pourpre cerise.

A pétales frangés. Fl. grandes, pleines, rouge très vif.

Archevêque de Besançon. Fl. moyennes, pleines, pourpre nuancé.

Arpajon. Fl. grandes, très pleines, rose vif.

Aspidie. Fl. moyennes, pleines, rouge clair, légèrement maculé

Beauté du jour. Fl. grandes, multiples ou très multiples, rose violacé.

Bellard. Fl. moyennes, pleines, violet foncé, à centre rouge.

Belle de Parny. Fl. moyennes ou grandes, pleines, violet clair.

Belle de Rosny. Fl. moyennes, pleines, rose tendre un peu lilacé.

Belle d'Yvrée. Fl. grandes, pleines, rose lilas pourpré.

Belle Hélène. Fl. moyennes, très pleines, rose vif.

Belle Héloïse. Fl. grandes, pleines, lilas pâle, rose éclatant.

Belle Thuraite. Fl. moyennes, pleines, bombées, pourpre foncé.

Bequet. Fl. moyennes, pleines, pourpre violacé.

Béranger. Fl. moyennes, pleines, bombées, rouge clair.

Bombélina. Fleurs moyennes, pleines, rouge vif.

Bonne Geneviève. Fl. moyennes, très pleines, violettes, à centre rouge.

Brennus. Fl. grandes, pleines, pourpre cramoisi.

Camuzet carné. Fl. grandes, très multiples, carnées.

Charles-Louis. Fl. grandes, très pleines, bien faites, bombées, rouge cerise vif, à bords pâles.

Chénédolé. Fl. grandes, très multiples ou pleines, rouge cerise vif éblouissant.

Clef d'or. Fl. grandes, semi-doubles, rouge foncé.

Colonel Fabvier. Fl. moyennes, pleines, rose cerise.

Colonel Tillier. Fl. moyennes, pleines, rose lilacé.

Comte Coutard. Fl. grandes, pleines, rose tendre, à centre rose vif.

Comtesse de Lacépède. Fl. grandes, pleines, bien faites, carnées.

Coupe d'Hébé. Fl. grandes, pleines, roses, en forme de coupe.

Couture. Fl. moyennes, pleines, pourpre vif violacé.

Dandigné de la Blanchaie. Fleurs moyennes, pleines, violet nuancé rouge.

Daubenton. Fl. moyennes, pleines, rouge vif.

Decandolle. Fl. moyennes ou grandes, multiples, quelquefois pleines, rouge éclatant.

Delaage. Fl. moyennes, pleines, pourpre violacé.

Delaborde. Fl. moyennes, pleines, rose tendre.

Desmarchet. Fl. grandes, très pleines, rose lilacé.

Deuil du maréchal Mortier. Fl. moyennes, pleines, velours pourpre à centre clair.

Docteur Billard. Fleurs moyennes, pleines, bombées, rugoe vif éblouissant.

Docteur Guépin. Fl. grandes, pleines, violet nuancé.

Duc de Choiseul. Fl. grandes, très pleines, rouges, à bords pâles.

Duc de Devonshire. Fl. grandes, pleines, plates, rose lilacé nuancé.

Duc de Richelieu. Fl. grandes, pleines, beau rose vif.

Duchesse de Montebello. Fl. moyennes, pleines, roses.

Duvivier. Fl. grandes, pleines, rouge clair.

Ernest Feray. Fl. grandes, pleines, bien faites, rouges.

Eynard. Fl. moyennes ou grandes, pleines, rouge clair nuancé.

Ferdinand Ier. Fl. grandes, pleines, lilas clair nuancé de pourpre.

Flora Mac-Yvor. Fl. moyennes, pleines, lilas rosé.

Fraiche Erigone. Fl. moyennes, pleines, rouge clair, très frais.

Général Bernard. Fl. moyennes, pleines, violet nuancé.

Général Dauménil. Fl. moyennes ou grandes, pleines, pourpre violet à centre clair.

Général Kléber. Fl. moyennes, pleines, rouge violacé.

Général Thiars. Fl. moyennes, pleines, bombées, violet foncé.

Georges IV. Fl. moyennes, pleines, pourpre violacé à bords rouge vif.

Géorgine. Fl. moyennes, très pleines, rouge vif.

Gloire des Hellènes. Fl. moyennes, pleines, pourpre ardoisé nuancé.

Gloire d'un parterre. Fl. moyennes, très pleines, bien faites, pourpre clair.

Grand Hubert. Fl. grandes, pleines, rose très vif.

Grand Salomon. Fl. moyennes, pleines, rose carné.

Grilony. Fl. grandes, doubles, ardoisées.

Henri Barbet. Fl. grandes, très multiples, rouge clair vif.

Hippocrate. Fl. moyennes, pleines, lilas violacé, en coupe régulière.

Hortense Leroy. Fl. moyennes, pleines, lilacé rose.

Hortensia. Fl. multiples ou très multiples, violetées au sommet.

Jacques. Fl. grandes, pleines, rouge vif nuancé.

Lady Hamilton. Fl. moyennes ou grandes, pleines, violet clair.

Lady Stuart. Fl. grandes, très pleines, régulières, carné tendre.

La Grandeur. Fl. grandes, pleines, plates, rose vif.

Lamarque. Fleurs grandes, pleines, pourpre foncé à bords noirâtres.

La Nubienne. Fl. moyennes ou grandes, pleines, pourpre violet foncé.

L'archevêque de Besançon. Fleurs moyennes, pleines, pourpre violacé vif.

La Reine des Belges. Fl. grandes, pleines, rouge lilacé.

Las-Cases (d'Angers). Fl. moyennes, pleines, rose clair.

Léopold de Beauffremont. Fl. grandes, pleines, rose tendre.

Le 29 Juillet. Fl. moyennes, pleines, rouge cramoisi.

Lord Nelson. Fl. moyennes, pleines, pourpre brun velouté.

Lucrèce. Fl. moyennes, pleines, rouge clair très frais.

Madame Poncey. Fl. grandes, pleines, pourpre violet foncé.

Madame Rameau. Fl. grandes, presque pleines, pourpre velouté noirâtre, à centre rouge vif.

Magnanime. Fl. très grandes, pleines, rose très vif.

Magna rosa. Fl. très grandes, multiples ou très multiples, roses.

Malton. Fl. moyennes ou grandes, très multiples, carmin très vif.

Marbré (Vibert). Fl. moyennes, pleines, pourpre violet marbré.

Maréchal Duroc. Fl. moyennes, pleines, lilas violacé.

Maréchal Mortier. Fl. moyennes, pleines, pourpre velouté.

Marie de Champlouis. Fl. grandes, pleines, rouge clair.

Maubach. Fl. moyennes, pleines, violet foncé.

Miralba. Fl. moyennes, pleines, violet nuancé.

Montault ou l'Évêque d'Angers. Fl. grandes, pleines, rouge foncé.

Moyenne. Fl. moyennes, pleines, lilas.

Nathalie. Fl. petites, pleines, lilas.

Nathalie Daniel. Fl. moyennes, pleines, rose tendre.

Ninon. Fl. moyennes, très pleines, violettes, forme très gracieuse.

Noémi. Fl. moyennes, pleines, rouge clair.

Othello ou le Maure de Venise. Fl. grandes, pleines, violet ardoisé, à bords clairs.

Pallagi. Fl. grandes, multiples ou très multiples, rose cerise vif.

Parny. Fl. grandes, doubles, lilas cramoisi.

Petit Pierre. Fl. moyennes, pleines, rouge violacé.

Plantier. Fl. moyennes, presque pleines, rouge violacé.

Ponceau Capiaumont. Fl. moyennes, pleines, bombées, ponceau vif.

Poncey. Fl. grandes, pleines, pourpre violet foncé.

Richelieu (Duval). Fl. grandes, presque pleines, creusées, beau rose.

Richelieu (Verdier). Fl. moyennes, très pleines, roses.

Rose Zehler. Fl. moyennes, rouge clair vif.

Saphirine. Fl. très grandes, pleines, rouge violacé nuancé.

Saudeur. Fl. moyennes, pleines, rouge panaché de rose, quelquef. de blanc.

Senlisienne (La). Fl. moyennes, multiples ou très multiples, rouge à reflet violacé.

Sophie d'Houdetot. Fl. moyennes ou grandes, pleines, carné rose.

Targélie. Fl. moyennes, très pleines, rouge pourpre nuancé.

Titus. Fl. moyennes, pleines, rose lilacé.

Triomphe d'Angers. Fl. moyennes ou grandes, pleines, rouge vif.

Triomphe de Guérin. Fl. grandes, très multiples ou pleines, carnées.

Triomphe de Laffay. Fl. grandes, pleines, blanches.

Triomphe de Laqueux. Fl. grandes, très pleines, rouge lilacé nuancé pourpre.

Vandael. Fl. grandes, pleines, pourpre ardoisé.

Vanbuisson. Fl. grandes, presque pleines, rouge violacé.

Velours épiscopal. Fl. moyennes, pleines, pourpre foncé.

Vibert. Fl. moyennes, pleines, pourpres.

Victor de Tracy. Fl. grandes, pleines, pourpre foncé nuancé.

Violet de Belgique. Fl. grandes, pleines, violettes.

Violette Billard. Fl. moyennes, très pleines, rouge violacé passant au violet foncé.

Violet sans aiguillons. Fl. moyennes, pleines, violet foncé.

Volney. Fl. grandes, pleines, plates, bien faites, rose lilacé; très florifère.

Yolande Fontaine. Fl. moyennes, pleines, bombées, violet noirâtre.

Zélinda. Fl. grandes, pleines, rose tendre, bien faites.

Zéphirine. Fl. grandes, pleines, rouge vif passant au rose.

10 *Acuminé, R. de Lawrence. R. Ind. acuminata* Red. et Thor. *R. semperflorens minima* Sims. *R. Ind. Lawrenciana* Red. et Thor. Tiges et ram. glabres, garnis d'aiguillons sétiformes; fol. ovales, pourpres en dessous; pétales obovales-acuminés.

VARIÉTÉS JARDINIÈRES DU ROSIER MISS LAWRENCE.

Bengale pompon ancien. Fl. petites, presque pleines, roses.

Blanc. Fl. très petites, presque pleines, blanches.

De Chartres. Fl. très petites, multiples ou très multiples, roses.

Dieudonné. Fl. très petites, pleines, pourpres.

Double ou multiflore. Fl. très petites, très pleines, bombées, roses.

La Désirée. Fl. très petites, pleines, roses.

La gloire des Lawrenceanas. Fl. très petites, pleines, cramoisi.

La Laponne. Fl. très petites, pleines, roses.

La Mouche. Fl. très petites, pleines, rouge clair.

Pompon bijou. Fleurs petites, presque pleines, rose clair.

11 *Noisette. R. Ind. Noisettiana. R. Noisettiana* Red. *R. paniculata* Hort. Genev. Tiges fermes, garnies d'aiguillons, ainsi que les ram.; feuil. à 3-5 fol. grandes, lanc.; stipules entières; fl. semi-pleines, rose pâle, très nombreuses, rapprochées en panicules; style saillant, à peine soudé.

VARIÉTÉS JARDINIÈRES DU ROSIER NOISETTE.

A grandes fl. pourpres. Fl. moyennes, pleines, pourpres.

Aimé Vibert. Fl. moyennes, très pleines, blanc pur.

Anatole de Montesquieu. Fl. moyennes, pleines, rose lilacé.

Angélina. Fl. petites, pleines, pourpre brun foncé.

Antoine. Fl. moyennes, pleines, jaunâtres.

Belle d'Esquerme. Fl. moyennes, pleines, rose vif.

Belle Marseillaise. Fl. moyennes, pleines, rouge clair.

Belle Sarah. Fl. moyennes, pleines, carné rose.

Bernard. Fl. moyennes, pleines, blanches.

Blanche d'Orléans. Fleurs moyennes, pleines, blanches.

Bougainville. Fl. petites ou moyennes, violettes.

Boulogne. Fleurs petites ou moyennes, violettes.

Camellia rose. Fl. moyennes, pleines rose violacé.

Charles X. Fl. moyennes, très pleines, pourpre vineux.

Chérence. Fl. moyennes, presque pleines, blanches.

Chloris. Fl. moyennes, pleines, rose foncé lilas.

Chromatella. Fl. grandes, pleines, jaune passant au jaune clair en épanouissant.

Clara Wendel. Fl. grandes, pleines, jaune aurore passant au blanc.

Clarisse Harlowe. Fl. moyennes, très pleines, blanches, à centre blanc, s'ouvrant difficilement.

Comtesse de Tolosan. Fl. grandes, très multiples, souvent pleines, blanc légèrement carné.

Cornélia Vénéris. Fl. moyennes, pleines, creusées, roses, plus vif au centre.

Coronis. Fl. moyennes, pleines, rose foncé.

Corymbosa. Fleurs moyennes, pleines, blanches.

Désiré Roussel. Fl. moyennes, presque pleines, carné clair.

D'Espalais. Fl. moyennes, pleines, bien faites, roses.

Desprez. Fl. grandes, pleines, rose et jaunâtre.

Dona Maria. Fl. petites ou moyennes, très pleines, rose clair.

Duc de Nemours. Fl. moyennes, très pleines, carnées.

Ducreux. Fl. moyennes, presque pleines, rouge violacé vif.

Du Luxembourg. Fl. grandes, pleines, rose vif.

Edmond Garat. Fl. moyennes, pleines, rouge violacé nuancé.

Eugénie Dubourg. Fl. moyennes, pleines, bien faites, carné clair.

Euphrosine. Fl. moyennes ou grandes, multiples ou pleines, rose et jaunâtre, très odorantes.

Fellemberg. Fl. grandes, multiples, rouge très vif.

Fleur du jeune âge. Fl. grandes, pleines, blanc jaunâtre.

Flon. Fl. moyennes, pleines, roses.

Henri. Fl. moyennes, pleines, bien faites, carné clair.

Holopherne. Fl. moyennes, pleines, rose tendre.

Isabelle d'Orléans. Fl. moyennes, pleines, blanc pur.

Jeanne d'Arc. Fl. moyennes, pleines, blanches.

Jules Deschiens. Fl. moyennes, pleines, blanc carné.

Julie de Loynes. Fl. moyennes, très pleines, blanches.

Julienne Lesourt. Fl. petites, pleines, rose vif.

Juliette. Fl. moyennes, pleines, plates, blanches.

La Biche. Fl. grandes, pleines, blanc carné, jaunâtre au fond.

Lactans. Fl. moyennes, doubles, jaunâtres.

Lady Stanhope. Fl. petites, pleines, blanc légèrement carné.

Lamarque. Fl. grandes, très pleines, blanc jaunâtre.

La nymphe Écho. Fl. petites, pleines, roses.

Lascaris. Fl. moyennes, multiples ou très multiples, blanc carné.

La Victorieuse. Fl. grandes, très multiples, blanc légèrement carné.

Léa. Fl. grandes, pleines, blanc carné.

Maculé de Buret. Fl. petites ou moyennes, pleines, rose foncé légèrement strié.

Madame Guérin. Fl. moyennes, doubles, blanches.

Madame Jouvain. Fl. moyennes, pleines, rouge nuancé.

Miss Glegg. Fl. moyennes, presque pleines, blanc légèrem. lavé de rose.

Mistriss Sidon. Fl. moyennes ou grandes, pleines, jaune passant au jaune clair.

Morphée. Fl. moyennes, pleines, roses, à pétales aigus.

Némésis. Fl. petites, pleines, pourpre brun.

Ophirie. Fl. moyennes, pleines, aurore cuivré.

Pactole (Le). Fleurs grandes, pleines, blanc jaunâtre.

Paniculé. Fl. petites, doubles, roses.

Pauline Henry. Fl. multiples ou pleines, carné jaunâtre.

Petit. Très florifère ; fl. petites, pleines, bien faites, carnées.

Pompon pourpre. Fl. moyennes, pleines, rouge clair violacé.

Pumila. Fl. très petites, pleines, blanc pur.

Rosanger. Fl. moyennes, pleines, blanc carné.

Similor. Fl. grandes, pleines, jaunâtres, plus foncé au centre.

Solfatare. Fl. grandes, pleines, jaune soufre bien prononcé.

Théobaldine. Fl. moyennes, doubles, rouge clair.

Vitellina. Fl. moyennes, pleines, blanches, à centre rose et jaunâtre.

Hybrides non remontants du R. Noisette.

** Fleurs en corymbes.*

Adalilla. Fl. moyennes, presque pleines, carnées.

Adolphe. Fl. moyennes, pleines, rose vif, très belle forme.

Anisette de Chantemerle. Fl. moyennes ou grandes, pleines, odorantes, blanches.

Belle Parabère. Fl. pourpre clair velouté.

Bouquet blanc. Fl. moyennes, pleines, blanches.

Briséis. Fl. moyennes, pleines, carné tendre.
Claire d'Olban. Fl. moyennes, pleines, rose tendre.
Égérie. Fl. moyennes, pleines, rose foncé pourpre.
Élisabeth Fry. Fl. grandes, très multiples, roses.
Fleurette. Fl. moyennes, pleines, rose tendre.
Gracilis. Fl. moyennes, pleines, creusées, rose très frais.
Hybride parfaite. Fl. moyennes, pleines, tendres.
Madame Plantier. Fl. moyennes, pleines, blanc pur.
Madeline ou Emmeline. Fl. très pleines, bien faites, blanc carné, à bords roses.
Nathalie. Fleurs petites, pleines, lilas clair.
Plantier. Fl. moyennes, pleines, blanches.
Pompon carmin. Fl. petites, pleines, rouge carminé.
Prudence Rœser. Fl. moyennes, multiples, quelquef. pleines, rose clair.
Rachel Ruiche. Fleurs moyennes, très pleines, carné rose, à bords blancs, s'ouvrant difficilement.
Rosalba. Fl. petites, pleines, roses.
Sophie d'Houdetot. Fl. moyennes, pleines, rose foncé.
Ursule Deveaux. Fl. moyennes, pleines, rose tendre passant au blanc.

30. **R. à petites feuilles.** *R. microphylla.* Roxb. Tiges de 1 mètre, garnies de quelques aiguillons marqués de 2 sillons à la base; fol. luisantes, finement dentelées, à nervures réticulées-veinées; stipules très étroites, inégales; fl. roses; calice hérissé de nombreux aiguillons très rapprochés; sépales hérissés, courts, largement ovales, terminés par une petite pointe.

10ᵉ section. — **Synstylés.** — *Styles réunis entre eux en une longue colonne saillante; stipules adnées.*

31 **R. à longs styles.** *R. stylosa* Desv. Arbriss. de 2 mètres, émettant des rejetons droits, garnis d'aiguillons ligneux, crochus; feuil. à 5 fol. ovales-acuminées, finement dentelées, pubesc.; stipules très amples; pétioles toment.; en mai-juil., fl. rosées, ordin. solit.; sépales pennatiséqués, comme appendiculés; styles soudés entre eux, formant une colonne claviforme, glabre. Europe.

Variétés.

[1] *R. de Desvaux. R. stylosa Desvauxiana* Ser. *R. stylosa* Desv. *R. systyla ovata* Lindl. *R. collina* Smith. Feuil. pubesc. non glanduleuses; pédonc. et calice glabres.

[2] *R. à peau jaune. R. st. leucochrea* Ser. *R. systyla* Bast. *R. leucochroa* Desv. *R. brevistyla leucochra* Red. et Thor. Feuil. glabres, non glanduleuses; pédoncules hispides; calice glabre.

[3] *R. de lady Monson. R. st. Monsoniana* Ser. *R. collina Monsoniana* Red. et Thor. *R. systyla Monsoniœ* Lindl. Tiges très petites, dressées, très florifères; rameaux rarement poilus.

32 **R. des champs.** *R. arvensis.* Huds. Arbriss. de 2ᵐ,60, émettant des rejetons très élancés; aiguillons courbés, inégaux; feuil. à 5-7 fol. glabres, ou garnies de quelques poils décidus, glauques en dessous; en juin-juil., fl. blanches, solit. ou rapprochées en corymbes; sépales courts, presque entiers; styles réunis formant une longue colonne glabre; fruits ovales ou ovales-globuleux, coriaces, glabres ou hispides, ainsi que les pédoncules. Indigène.

Variétés.

[1] *R. commun. R. arv. vulgaris* Ser. *R. repens.* Gmel. *R. arvensis* var. *A. B.* Red. et Thor. Fol. ovales, aiguës.

[2] *A 2 bractées. R. arv. bibracteata* Red. et Thor. *R. bibracteata* Bast. Fol. larges; fl. très nombreuses; pédonc. munis de 2 ou de plusieurs bractées.

[3] *Couché. R. arv. prostrata* Desv. *R. prostrata* Dec. Fol. épaisses, toujours vertes.

[4] *Ayreshire. R. arv. Ayreshirea* Ser. *R. capreolata* Neil. Aiguillons grêles, très aigus; fol. ovales finement dentelées, minces; pédonc. glanduleux-hispides ou rugueux; fl. moyennes, pleines, carnées, à odeur de thé.

33 **R. toujours vert.** *R. sempervirens* Lin. Arbuste sarmenteux de 5-6 mètres,

émettant des rejetons grimpants; aiguillons arqués, un peu inégaux; feuil. persistantes à 5-7 fol. coriaces; en juin-août, fl. rose pâle, solit. ou rapprochées en corymbes; sépales très longs, presque entiers; styles soudés formant une longue colonne poilue; fruits ovales ou ovales-globuleux, jaune orange, très souvent glanduleux-hispides, ainsi que les pédoncules.

VARIÉTÉS.

[1] *Grimpant. R. semp. scandens* DEC. *R. scandens* MILL. *R. semp. globosa* RED. et THOR. *R. atrovirens* VIV. Pédonc. et fruits hispides.

[2] *A larges feuil. R. semp. latifolia* RED. et THOR. Tiges vertes; fol. très larges; fruits et pédonc. hispides.

[3] *De Leschenault. R. semp. Leschenaultiana* RED. et THOR. Tiges et pétioles garnis d'aiguillons violacés; fol. ovales-lanc.; ovaire ovale-glanduleux, hispide, ainsi que les pédoncules.

[4] *A petites feuil. R. semp. microphylla* DEC. Fol. très petites, fruits et pédonc. hispides.

VARIÉTÉS JARDINIÈRES.

Dona Maria. Fl. moyennes, pleines, blanc pur.

Félicité Perpétue. Fl. moyennes, pleines, bombées, légèrement carnées.

Princesse Louise. Fl. moyennes, pleines, creusées, blanches.

Princesse Marie. Fl. moyennes, pleines, creusées, rose très clair.

34 **R. multiflore.** *R. multiflora* THUNB. Arbuste de 4-5 mètres, garni d'aiguillons grêles, épars, émettant des rejetons très longs; ram., pédonc. et calice tomenteux; feuil. à 5-7 fol. ovales-lanc., mollement rugueuses; stipules pectinées; en juin-juil., fl. roses, très nombreuses, rapprochées en corymbes; boutons ovales-globuleux; sépales très courts; styles à peine réunis, formant une longue colonne saillante, poilue. Chine et Japon, 1804.

VARIÉTÉS.

[1] *R. de Thunberg. R. mult. Thunbergiana* RED. et THOR. Pétioles garnis d'aiguillons; fl. blanches, petites, pleines.

[2] *R. carné. R. mult. carnea* RED. et THOR. Fl. pleines, roses.

[3] *R. à feuil. larges. R. mult. platiphylla.* RED. et THOR. *R. Thorgi* TRAT. Fol. très larges; fl. grandes, pleines, pourpres.

VARIÉTÉS JARDINIÈRES.

A fl. coccinées. Fl. moyennes, pleines, cocciné changeant.

Beauté des prairies. Fleurs petites ou moyennes, pleines, rose violacé.

Belle de Baltimore. Fl. petites ou moyennes, pleines, blanc légèrement carné.

De la Grifferaie. Fl. grandes, pleines, pourpre carminé.

Graulhié. Fl. moyennes, pleines, blanches.

Laure Davoust. Fl. petites, très pleines, carné vif.

35 **R. de Brown.** *R. Brunonii* LINDL. *R. Brownii* SPRENG. Arbuste de 3-4 mètres, à tiges garnies d'aiguillons solides, courbés; feuil à 5-7 folioles lanc., poilues, glanduleuses en dessous; stipules très étroites, aiguës; fl. blanches très nombreuses, rapprochées en corymbes; pédonc. et calice poilus-hispides; sépales longs, étroits, entiers; styles réunis formant au centre une très longue colonne poilue; fruits ovales. Népaul, 1822.

VARIÉTÉS.

[1] *R. nu. R. Br. nudiuscula* LINDL. Fol. glabres, oblong., aiguës; pétioles, pédic. et calice glanduleux.

[2] *R. du Népaul. R. Br. Nepalensis* LINDL. Fol. distantes, ovales-lanc.; pédonc. et calice glandul.; pétales aigus.

[3] *R. en arbre. R. Br. arborea* LINDL. *R. arborea* PERS. Tiges arborescentes; fol. très fermes, pubesc. en dessous.

36 **R. muscate.** *R. moschata* MILL. Arbuste de 3-4 mètres, émettant des rejetons ascend.; tiges garnies d'aiguillons grêles, courbés; feuil. à 5-7 fol. glabres, lanc., acuminées; stipules très étroites, aiguës; en juil.-oct., fl. blanches, à onglet des pétales jaune, souvent très nombreuses, sur des pédonc. latéraux articulés, poilus, légèrem. hispides, ainsi que le calice; sépales pennatiséqués, appendiculés; fruits rouges, ovales.

VAR. *à fl. roses. R. mosc. rosea* SER. *R. mosc. nivea* LINDL. *R. nivea* DUPONT. Feuil. à 3-5 fol. amples en cœur ovale, brièvem. acuminé; fl. rapprochées en corymbes; pédonc. et calice hispides; pétales très grands en cœur renversé, rose pâle.

37 **R. à feuil. de Ronce.** *R. rubifolia* R. BR. Arbuste de 2 mètres, à tiges ascend., se divisant en ram. glabres, garnis d'aiguillons courbés, épars; feuil. à 3 fol. ovales-lanc., dentelées; stipules entières, étroites; en août-sept., fl. roses, ordin. solit.; boutons ovales; sépales simples, courts, ovales; styles réunis en une colonne claviforme, tomenteuse, de la longueur des étam.; fruits de la forme et de la grosseur d'un pois. Amér. sept., 1800.

VARIÉTÉS.

1 *R. à grandes feuilles. R. rub. macrophylla* SER. *R. rubifolia* RED. et THOR. Fol. très grandes rapprochées; fl. géminées ou fasciculées, grandes, roses.

2 *R. des fenêtres. R. rub. fenestralis* LINDL. *R. fenestrata* DON. Fol. très petites; fl. solit.; pédonc. et calice courts.

11e SECTION. — **Rosiers Banks.** — *Tiges grimpantes; feuil. souvent à trois fol.; stipules étroites, presque libres, souvent décidues.*

38 **R. de lady Banks.** *R. Banksiæ* R. BR. Arbuste de 6-7 mètres, grimpant, sans aiguillons, glabre, luisant; feuil. à 3-5 fol. rapprochées, lanc., à peine dentelées; stipules très étroites, en forme de poils, à peine adhérentes au pétiole, décidues, un peu luisantes; en juin-juil., fl. blanches, très nombreuses, rapprochées en ombelles; fruits globuleux, noirs. Chine, 1824.

VARIÉTÉS JARDINIÈRES.

A fl. blanches ancien. Fl. petites, pleines, odorantes.

A fl. jaunes ancien. Fl. petites, pleines, sans odeur.

Jaune serin, dit très épineux, ou lutescens spinosa. Fl. plus grandes et plus pleines que celles du jaune ancien.

39 **R. à feuil. ternées.** *R. ternata* LAMK. Arbriss. très fort, à tiges et pétioles garnis d'aiguillons plus ou moins courbés, épars, distants; ram. effilés; feuil. à 3 fol. glabres, luisantes, ovales-lanc.; stipules très courtes, fort étroites, linéaires, presque libres, denticulées. Chine, 1800. — Orang.

CULTURE. Tous les rosiers sont de pleine terre; excepté les R. muscades, multiflores, Banksia et quelques var. de Noisettes, qui fatiguent dans les hivers où le thermomètre descend à 10 degrés au-dessous de 0; tous les autres supportent les froids les plus rigoureux. Ces jolis arbustes aiment préférablement la terre franche légère, un peu fraîche, amendée avec du terreau. On peut les multiplier par drageons, par marcottes et par la greffe en fente, mais plus sûrement par écusson; quelques espèces se multiplient par boutures. On doit choisir préférablement, pour greffer, l'églantier des chiens (*Rosa canina*); mais on peut aussi greffer sur le R. odorant ou rouillé (*R. rubiginosa* LIN.), qu'il est facile de se procurer dans les bois ou dans les haies. Il n'est pas nécessaire que les drageons qu'on destine à recevoir la greffe aient des racines pour assurer la reprise après la transplantation: il suffit qu'ils présentent un bon talon mamelonné; les racines s'y développent promptement. Les drageons plantés, on les coupe à une hauteur déterminée, suivant l'usage et la place qu'on leur assignera plus tard, et de jeunes ram. ne tardent pas à se développer à la partie supérieure. Quand la tige n'est pas trop grosse, on peut y appliquer la greffe soit en fente, soit en écusson; si, au contraire, elle présente trop de développement, on doit greffer en écusson sur les jeunes ram. Pour obtenir de beaux rosiers-tiges, il faut placer deux écussons opposés l'un à l'autre : d'abord on obtient de suite une très belle tête, et l'on empêche la tige de dessécher d'un côté, ce qui amène le plus souvent la mort de l'individu. On peut écussonner à œil dormant ou à œil poussant; à mesure que les ram. s'allongent, on doit les pincer, afin de les faire ramifier et arrondir la tête de l'arbre.

Pour obtenir des variétés à fl. doubles, on doit semer les graines récoltées des fl. les plus doubles ou des semi-doubles. On les récolte lorsqu'elles sont bien mûres, et doivent être semées à 12-15 millim. de profondeur, en terrine ou en plate-bande au levant; l'hiver on doit couvrir le semis.

La taille se pratique dans les premiers jours de mars. On taille ordinairement à 1-2 yeux afin d'avoir de plus grandes fl.; mais les rosiers ne demandent pas tous d'être taillés pour donner des fl.; il y en a qu'il ne faut que nettoyer, c'est-à-dire enlever le bois mort; d'autres, comme les quatre-saisons, ne se taillent seulement qu'après la première floraison.

Ces plantes ont reçu de la nature une telle facilité, pour se prêter aux exigences des amateurs, qu'aujourd'hui plus de 2,000 variétés se trouvent répandues dans les collections. Ce n'est pas seulement en doublant leurs fleurs que ces plantes varient, mais encore par beaucoup d'autres changements, soit dans la forme, la disposition des fleurs, l'élévation des tiges, etc. Ces variations sont telles, qu'il est impossible de rapporter avec exactitude toutes ces nombreuses variétés aux espèces qui les ont produites. Nous avons dû nous en rapporter aux beaux mémoires sur les roses de MM. Redouté et Lindley, en adopter préférablement la classification du célèbre botaniste anglais.

Parlerons-nous de la rose, l'une des plus belles et des plus brillantes productions du règne végétal, chantée par les poëtes de tous les pays et de tous les âges? Qui peut refuser un hommage à cette fleur que chanta Anacréon, qui servait à couronner Horace dans ses jours de festin! à cette fl. dont Vénus composait ses bouquets, et l'Amour ses bosquets! à cette fl. enfin dont l'extrait divin parfume les palais et les boudoirs de nos reines!! Emblème de la vertu et de la fragilité, nous la voyons, d'un côté, non encore épanouie sur la tête des vierges; de l'autre, effeuillée, sur la sombre pierre tumulaire de la jeunesse. Reine des fl., la rose est le symbole du plaisir et du bonheur, la récompense de la vertu, le signe de ralliement des partis; la fl. de nos cérémonies religieuses, qui, autrefois, servait aussi à tresser les couronnes des grands sacrificateurs. Partout et toujours elle se rattache à l'histoire de nos fêtes, de nos guerres et de nos erreurs. La rose est la fl. dont s'occupa le plus le paganisme, religion qui cherchait plutôt à parler aux yeux qu'à l'âme, et qui saisissait tout ce qui offrait quelque éclat, ou le motif de quelques fictions. Pour lui, la fl. du rosier était blanche, mais le séduisant Adonis, amant de Vénus, ayant été frappé par un sanglier, son sang se répandit sur les fl. d'un rosier voisin, en changea aussitôt la couleur. Dans une autre fiction, la chose se passe moins tristement: dans un banquet de l'Olympe, l'Amour, voltigeant au milieu des déesses, renverse une coupe avec son aile, et le nectar répandu sur des roses blanches, les colora en rose, etc. Mais la rose n'est pas seulement un objet de luxe, elle est aussi un objet précieux dans l'art de guérir. Les pétales du rosier de Provins passent pour être toniques, astringents et détersifs. On prépare une poudre qui est employée avec succès dans les indigestions, les vomissements, les hémorrhagies et la diarrhée. On s'en sert fréquemment dans les fomentations astringentes, surtout pour les contusions de la tête, les foulures des parties tendineuses, les migraines violentes; infusé dans le vin ou le vinaigre, ce médicament a beaucoup plus d'efficacité. On prépare aussi une pommade de roses pour guérir les gerçures des lèvres. Les fruits du *Rosa canina* sont astringents; étant pulpés, ils servent à préparer une conserve employée contre la dysenterie. Le nom de *canina* donné à cette rose, vient de la propriété qu'on lui supposait de guérir la rage.

L'huile essentielle de rose est extraite de la *rose musquée;* elle nous vient surtout de l'Orient, et notamment de l'Inde. Son mode d'extraction est exactement le même que celui employé en Europe : 100 livres de roses, avec le calice, ne fournissent que 4-6 gros d'huile essentielle.

TRIBU II. — *DRYADÉES.*

Étamines ordin. en nombre indéfini,

quelquefois 5 *; ovaires nombreux distincts, formant à la maturité des akènes secs ou drupacés, disposés sur un réceptacle plus ou moins conique, sec ou charnu.*

RONCE. *RUBUS* Lin. [du celtique *rub*, rouge, de la couleur des fruits de plusieurs espèces]. — Calice à 5 divis. sans bractées; styles presque terminaux; akènes drupacés, succulents, réunis en un fruit bacciforme, sur un réceptacle conique, persistant. — Sous-arbriss. sarmenteux, à feuil. pennées, palmées ou simples, rarem. des herbes.

§ 1. *Feuilles pennées ou trifoliolées.*

* *Fol. glabres en dessous.*

1. **R. à feuil. de rosier.** *R. rosæfolius* Smith. Tiges de 1 mètre, cylindr., poilues, armées d'aiguillons un peu recourbés; feuilles pennées poilues; à fol. lanc. doublement dentelées, glanduleuses, ponctuées, stipules linéaires sétacées; en avril-oct. fl. blanches, au sommet des pédonc. ordin. solit.; divis. du calice lanc. longuement acuminées, à peine plus longues que la corolle; fruits très nombreux, petits, glabres presque secs, rugueux. Ile Maurice, 1811. Orang.

Variétés.

1 *Couronnée. R. ros. coronarius* Sims. *R. Sinensis* Hort. *R. Commersonii* Poir. — Pétales très nombreux, beaucoup plus longs que le calice. Orang.

** *Fol. tomenteuses, blanchâtres en dessous.*

2 **R. élancée.** *R. strigosus* Mich. *R. pensylvanicus* Poir. Tiges cylindr. très hispides; feuil. des ram. stériles, à 5 fol.; celles des ram. fertiles à 3; fol. ovales, inégalement dentelées, à base obtuse, marquées en dessous de lignes cotonneuses-blanchâtres; l'impaire souvent échancrée en cœur à la base; pédonc. ordin. triflores, hispides, ainsi que le calice; en juin-juill., fl. blanches à pétales plus longs que le calice. Pensylvanie.

3 **R. d'Amérique.** *R. occidentalis* Lin. Glabre; tiges glauques, cylindr. garnies d'aiguillons recourbés; feuil. des ram. stériles pennées, celles des ram. fertiles à 3 fol. ovales, incisées dentelées, toment. blanches en dessous; stipules très étroites, sétacées; en mai-juin, fl. blanches en ombelles; pédonc. épineux; pétales obovales-cunéiformes, bilobés, étalés, plus courts que le calice.

4 **R. à fruits poilus** *R. lasiocarpus* Smith. Tiges luisantes, garnies d'aiguillons solides, recourbés; feuil. à 7 fol. pennées, toment.-blanchâtres en dessous, à nervures poilues; la termin. souvent trilobée; stipules sétacées; fl. en grappes terminales; fruits réticulés, tomenteux.

5 **R. framboisière. Framboisier.** *R. Idæus* Lin. Arbriss. de 1^{m},60, à 2 mètres, velu; tiges cylindr. très glauques, garnies d'aiguillons faibles, sétacés, droits; feuil. à 3-5 fol. tomenteuses argentées en dessous; en mai-juin, fl. blanches à pétales connivents; fruits odorants presque globuleux; pubescents, rouges à la maturité. Indigène.

§ 2. *Feuilles à* 3-5 *fol. palmées.*

* *Arbrisseau ; stipules linéaires, pétiolaires.*

6 **R. laciniée.** *R. laciniatus* Willd. Tiges de 3-4 mètres cylindr., à aiguillons solides, recourbés, dilatés-comprimés à leur base; feuil. à 3-5 fol. pennatiséquées, finement dentelées, pubesc. en dessous; en juin-sept., fl. blanc rosé, en panicules lâches; divis. calicinales lanc., tomenteuses et épineuses, foliacées et réfléchies au sommet; pétales cunéiformes à sommet trilobé; fruits bruns, presque globuleux.

7 **R. bleue.** *R. cæsius* Lin. Tiges de 2 mètres tombantes ou couchées, cylindr., à aiguillons faibles à peine recourbés; feuil. à 3-5 fol. glabres ou pubescentes, jamais blanches en dessous, ovales, doublement dentelées; en juin-août, fl. blanches; pétales étalés, disposées en panicules simples; divis. du calice conniventes après la floraison; fruits noirs de forme irrégulière, couverts d'une efflorescence glauque très luisante. Indigène.

Var. *des haies. R. cæs. dumetorum. R. dumetorum* Weih. Pl. plus robuste, à feuil. infér. souvent à 5 fol.; divis. du calice un peu étalées; fruits luisants à peine glauques, composés d'akènes presque égaux.

8 **R. remarquable.** *R. spectabilis* PURSH. Tiges glabres, sans aiguillons; feuil. à 3 fol. palmées, ovales, aiguës, inégalement et doublement dentelées, pubesc. en dessous; en juin-août, fl. rouges, solit. au sommet des pédonc. terminaux; divis. du calice oblongues, brièvem. acuminées, plus courtes que la corolle. Colombie, 1827.

9 **R. frutescente, R. commune.** *R. fruticosus* LIN. Tiges de 3-4 mètres à 5 angles, dressées, toment., garnies d'aiguillons recourbés; feuil. à 3-5 fol. palmées, pétiolulées, ovales-oblongues, aiguës, glabres, toment. en dessous; en juin-sept., fl. rosées ou blanches, à pétales étalés; divis. du calice étalées ou réfractées après la floraison; fruits glabres, noirs, luisants. Indigène.

VARIÉTÉS.

1 *R. de 2 couleurs. R. discolor* WEIH. Fol. couvertes sur la face infér. d'une pubesc. appliquée, blanche ou cendrée.

2 *R. tomenteuse. R. tomentosus* WILLD. Fol. tomenteuses cendrées sur les deux faces ou glabrescentes sur la face supérieure.

Sous-Var. à fol. plus petites, souvent obtuses ou très briev. acuminées, à nervures ordin. très saillantes. *R. collinus.*

3 *R. à feuil. de coudrier. R. corylifolius* SMITH. Ram. pubesc. ou toment.; fol. molles, vertes sur les deux faces, pubesc. ou velues à la face infér.

4 *R. sans aiguillons. R. fr. inermis* DEC. Tiges dépourvues d'aiguillons.

5 *R. pompon. R. fr. pomponius* DEC. Fl. semi-pleines; fol. blanchâtres en dessous.

Sous-var. à fl. roses doubles; pétales plats.

A fleurs rosées doubles; pétales tubuleux.

10 **R. velue.** *R. villosus* AIT. Tiges de 1 mètre, grêles, cylindr., poilues, hispides ou velues; aiguillons un peu recourbés, grêles, très aigus; feuil. à 3 fol., rarem. 5, velues, minces, ovales, doublement dentelées; en juillet-août, fl. blanches en panicules blanches; divis. du calice lanc., acuminées. Indigène.

VARIÉTÉS.

1 *R. glanduleuse. R. glandulosa* BELLARD. *R. hybridus* VILL. Ram. couverts de poils glanduleux rougeâtres, entremêlés d'aiguillons très fins en forme de soies; fol. vertes sur les deux faces.

2 *R. de renard. R. vulpinus* DESF. *R. Sprengelii* WEIH. Tiges, pédonc. et pétioles finement velus, à peine glanduleux-hispides; feuilles glabres.

3 *R. intermédiaire. R. vil. intermedia* SER. *R. glandulosus.* var. *intermedius* DEC. Tiges, pédonc. et pétioles velus, glanduleux-hispides; fol. ovales arrondies, toment.-blanchâtres en dessous.

11 **R. à petites feuil.** *R. parvifolius* LIN. *R. Moluccus* RUMPH. Tiges cylindr. toment. de 0^m,60, à aiguillons recourbés; feuil. à 3 fol. toment. blanches en dessous; en août-sept., fl. rosées, en grappes; divis. du calice courtes, ovales, tomenteuses; fruits globuleux. Indes, 1818. Orangerie.

*** Plantes herbacées; stipules ovales, rarem. linéaires.*

12 **R. des rochers.** *R. saxatilis* LIN. Tiges herbacées de 7-8 cent., relevées d'angles obtus; feuil. à 3 fol. glabres, ovales rhombées, crénelées-dentelées, les latérales sessiles; stipules ovales, larges; en juin, fleurs blanches, rapprochées en corymbes ou solit., briev. pédonculées; divisions du calice ovales-lanc., légèrem. toment., réfléchies, égalant la corolle; fruits globuleux, gros, peu nombreux, luisants et rouges. Europe.

13 **R. du Nord.** *R. arcticus* LIN. Tiges herbacées sans aiguillons, pubesc., de 6-7 cent.; feuil. à 3 fol. glabres, ovales, obtuses, crénelées-dentelées; stipules ovales, très obtuses; en mai-août, fl. rosées, solit., terminales; divis. du calice lanc.-linéaires, réfléchies, plus courtes que la corolle; pétales échancrés; fruits rouges. Sibérie.

§ 3. *Feuilles simples, lobées.*

** Pl. herbacées.*

14 **R. mûrier.** *R. chamæmorus* LIN. Racines traçantes; tiges de 6-7 cent.,

simples, pubesc. sans aiguillons, unifl.; feuil. presque uniformes, pliées, denticulées, à lobes arrondis; stipules ovales, obtuses; en mai-juin, fl. blanches, monoïques; divis. du calice lanc. presque entières, plus longues que la corolle; pétales obovales, retombants; fruits gros, presque globuleux. Europe.

** *Frutescentes.*

15 **R. odorante.** *R. odoratus* Lin. Arbriss. de 2m, 50, à tiges dressées, glanduleuses-poilues, ainsi que les pétioles, pédonc. et calice; feuil. à lobes inégaux, dentelées; en juin-juill., fl. rouges rapprochées en corymbes; divis. du calice ovales, longuement acuminées, plus courtes que le calice; styles infondibuliformes; fruits très nombreux, rouges, ovales, velus. Amér. boréale, 1700.

16 **R. de Nutkan.** *R. Nutkanus* Moç. Tiges ligneuses, sans aiguillons, glutineuses; ram. roussâtres, cylindr. glabres; feuil. à 5 lobes inégaux, dentés; en juin-juill., fl. blanches rapprochées en corymbes; calice glabre à divis. ovales, longuem. acuminées, égalant la corolle. Amérique boréale.

17 **R. des Moluques.** *R. Moluccanus* Lin. Arbriss. de 1 mètre, à ram. hérissés; aiguillons recourbés; feuil. en cœur lobé, dentelées, toment. en dessous, sans stipules; en juill.-août, fl. rouges en grappes axill. pédonculées; divisions du calice très courtes, ovales. 1810. Serre chaude.

18 **R. rugueuse.** *R. rugosus* Lin. *R. reflexus* Ken. *R. Moluccanus* Roxb. *R. alceæfolius* Poir. *R. Hamiltonianus* Ser. Tiges de 1 mètre sans aiguillons; ram. épineux ainsi que le calice et la face infér. des feuil.; feuil. rugueuses, toment. fauves en dessous, à 3-5 lobes arrondis dentelés; stipules velues, denticulées; bractées ovales; en juin-juill., fl. rouges, en grappes axill.; divis. du calice ovales, obtuses, denticulées, de la long. de la corolle. Chine, 1817. Orang.

Culture. — Pl. la plupart de plein air et très rustiques; les espèces d'orangerie passent quelquefois l'hiver en plein air si on les couvre d'un léger abri. On les multiplie toutes de drageons ou de boutures d'une reprise très facile. Les esp. à ram. retombants se multiplient quelquefois par marcottes naturelles; l'extrémité des ram. s'enfonce en terre et prend racine en très peu de jours. Quelques belles espèces peuvent servir d'ornement dans les jardins. On distingue surtout les nos 8, 15, 16, et la ronce commune ou frutescente, ainsi que ses deux sous-variétés. En les soumettant à la taille régulière, on obtient de très beaux buissons propres à orner les jardins paysagers ou à couvrir des ruines ou des rochers en les abandonnant à elles-mêmes. Quelques espèces ont des fruits succulents, d'une odeur agréable qui les a fait rechercher pour la table. C'est principalement l'espèce dite *framboisière* qui est généralement cultivée pour cet usage. Ses fruits sont très rafraîchissants; on en prépare des confitures et des sirops.

DALIBARDE. *DALIBARDA* Lin. [Denis Dalibard, botaniste français].— Calice concave, briév. tubuleux, à 5-6 divis.; 5 pétales; étam. indéfinies, décidues; 5-10 ovaires terminés chacun par un style court; akènes sess., peu nombreux, secs, cartilagineux ou un peu charnus, renfermés dans le calice qui leur sert d'involucre.

1 **D. rampante.** *D. repens* Lin. *D. cordata* Steph. *D. violœoides* Mich. *Rubus Dalibarda* Lin. Herbe de 12-15 cent., à tiges rampantes; feuil. pétiolées, cordiformes, obtusément crénelées; stipules linéaires, sétacées; en mai-juin, fl. blanches, solit. au sommet des pédonc.; calice réfléchi, glabre extérieurement. Canada, 1768. — Plein air, en terrain gras et tourbeux; multipl. par la divis. des touffes.

FRAISIER. *FRAGARIA* Tourn. [du latin *fragrans*, odorant, eu égard au parfum des fruits]. — Calice concave, tubuleux, à 5 divis., muni de 5 petites bractées extérieures, alternant aux divis. calicinales 5 pétales; étam. indéfinies; ovaires très nombreux; styles latéraux; fruits secs, épars sur un réceptacle charnu, succulent.

1 **F. des bois.** *F. vesca* Lin. Herbes sans tiges, émettant des stolons ou tiges traçantes; feuil. à 3 fol. grossièrement

dentées, minces, pliées, poilues en dessous; en avril-mai, fl. blanches, disposées plusieurs au sommet de pédonc. couverts de poils appliqués; sépales réfléchis après l'épanouissement des fl.; fruits pendants. Indigène.

VARIÉTÉS JARDINIÈRES.

1re SECTION. — **Fraisiers communs.** —*Feuillage blond, petit ou de moyenne grandeur; fleurs petites; fruits ronds ou oblongs, très sapides.*

F. de Montreuil. *F. portentosa.* Premiers fruits monstrueux, diversement lobés, 6-8 fois plus gros que les autres.

F. des Alpes. *F. semperflorens.* Fruit presque aussi bon que la fraise des bois, plus gros, allongé; fl. depuis avril jusqu'aux gelées.

Sous-var. à fruit blanc.

F. de Gaillon. *F. semp. efflagellosa.* Diffère du fraisier des Alpes par l'absence de coulants.

F. buisson. *F. efflagellosa.* Sans coulants; fruit allongé, pâle.

F. monophylle. *F. monophylla.* Coulants très grêles; feuil. simples, crénelées, dentées; fruit allongé, régulier ou difforme, rouge.

2e SECTION. — **Fraisiers étoilés ou craquelins.** — *Feuillage petit, vert sombre ou bleuâtre; hampe grêle; calice rabattu sur le fruit, formant une étoile; fruits ronds, petits, faisant un peu de bruit lorsqu'on les détache, d'où leur second nom.*

F. de Bargemont. *F. Bergemonti.* Feuillage blond; hampe longuement ramifiée; fruits nombreux, arrondis, rouge foncé, fermes, parfumés.

F. hétérophylle, F. vert. *F. heterophylla.* Feuillage blond, à 3-4-5 fol.; fruits arrondis, un peu velus, succulents, d'une saveur exaltée.

F. de Champagne, vineuse de Champagne. *F. Campana.* Feuillage blond, petit; hampe et ramifications grêles; fruits ronds ou oblongs, bizarres.

F. à petites feuilles. *F. parvifolia.* Feuillage petit, soyeux, vert, bleuâtre; hampe très grêle, couchée; fruits petits, un peu allongés, rouge clair, succulents.

3e SECTION. — **Fraisiers capronniers.** — *Feuillage d'un vert blond, grand, velu; hampes droites, fortes; calice relevé; fruits gros, arrondis, rouge foncé, saveur souvent musquée.*

Capron royal. *F. elatior.* Fl. hermaphrodites; étam. persistantes; fruits musqués, à chair ferme.

Capron commun. *F. elatior communis.* Fl. unisexuées; fruits allongés, sans graines; chair succulente, fondante, formée.

4e SECTION. — **Fraisiers écarlates.** — *Feuillage très grand, vert bleuâtre; fruits petits et moyens, écarlates; calice rabattu sur le fruit; graines enfoncées dans de grandes alvéoles.*

F. de Virginie. *F. Canadensis.* Fol. étroites; fl. petites, femelles ou hermaphrodites; hampes très courtes, fruits petits, ronds; graines très enfoncées.

F. Roseberry. Fruits gros, plus allongés que dans la variété précédente.

F. écarlate oblongue. Fruits très gros, nombreux, tardifs.

F. Grimstone. Fruits gros, très sucrés, tardifs.

F. écarlate américaine. Fruits oblongs, très foncés en couleur, très nombreux.

F. duc de Kent. Fruits petits, ronds, très abondants, très hâtifs.

5e SECTION. — **Fraisiers ananas.** — *Feuillage très grand; fl. très grandes; calice rabattu sur le fruit qui est gros, arrondi ou allongé, rouge, rose, blanc, etc., très succulent.*

F. de la Caroline. *F. Caroliniana.* Fruit rond, rouge cocciné ou écarlate, mat ou luisant, très succulent, blanc ou rosé intérieurement, peu sapide.

Sous-var. à fruits longs. — A fruits blancs.

F. de Bath. *F. Bathonica.* Fruits plus gros que dans la var. précédente, de forme variable, rosé ou ponceau, chair succulente, peu parfumée.

F. ananas. *F. grandiflora.* Fruits gros, écarlate très vif; graines peu nombreuses.

F. ananas rouge. Fruits gros, ovales-arrondis, passant du rouge écarlate

au rouge pourpre foncé; chair ferme, **rouge**, parfumée.

F. Downton. Fruits gros, oblongs', rouge très foncé, presque noir, à **chair** ferme, parfumée, très abondants, mais tardifs.

F. de Keen, Reine des fraises. Fruits très gros, rouge très foncé; chair rouge et bien parfumée.

6e Section.—**Fraisiers chiliens.**—*Feuillage soyeux; fleurs très grandes; fruits se redressant à la maturité.*

F. du Chili. *F. Chilœnsis.* Fleurs unisexuées; fruits gros comme un œuf de poule, lavé de vermillon plus ou moins vif, sur un fond blanc jaunâtre; souvent monstrueux.

F. de Paris. Diffère de la précédente par ses fl. hermaphrodites.

F. superbe deWilmot. Fruits très gros, atteignant souvent jusqu'à 22 cent. de circonférence, beau rouge et de bonne qualité.

2 **F. de l'Inde.** *F. Indica* Andr. *Duchesnea fragarioides* Smith. *D. fragiformis* Don. Feuil. à 3 lobes obovales, crénelés; stipules lanc.; en mai-oct., fl. jaunes, axill.; divisions extérieures du calice à 3 crénelures au sommet. 1805.

Culture. — Les fraisiers ont trois modes de multiplication : la graine, le coulant et l'éclat ou œilleton. Par graines, il faut choisir un terrain léger, doux, à bonne exposition, bien labouré et terreauté. Après avoir égalisé au rateau, on le mouillera avec un arrosoir à pomme, afin de ne pas trop battre la terre. Cette opération terminée, on choisit les graines des plus belles fraises qu'on laisse bien mûrir, et, au moyen d'un lavage, on extrait les graines, qu'on doit semer aussitôt; on les recouvre ensuite d'une légère couche de terreau ou de terre de bruyère. Au bout de six semaines, deux mois, le plan pourra être repiqué en pépinière. Par coulants, on sépare vers le mois d'octobre toutes les petites touffes de feuilles qui se développent de distance en distance sur les longs filets que produit le pied mère, et qui ont pris racines. Chaque touffe produit ainsi un nouvel individu; mais lorsqu'on n'a pas besoin de plant, il faut avoir soin de détruire ces coulants, qui affaiblissent la plante mère. Quelques espèces ne produisent pas de coulants : pour celles-là, on divise les gros pieds à chaque œilleton, en ayant soin de conserver quelques racines. En général, les fraisiers aiment les terrains bien ameublis, bien divisés par un bon labour et amendés par du terreau. On plante en planche ou en bordure, à 30-40 cent. de distance, soit en septembre et octobre, soit en mars et avril; on arrose immédiatement, afin de bien lier la terre au jeune plant. Pour obtenir de bonnes fraises et en grande quantité, il faut replanter tous les deux ou trois ans, ou bien les rechausser de quelques centimètres de bonne terre qui fera développer de nouvelles racines pour entretenir leur vigueur et leur fertilité. — La fraise est un fruit délicieux estimé de tout le monde; on peut en faire des boissons rafraichissantes.

POTENTILLE. *POTENTILLA* Lin. [du latin *potens*, puissant : des éminentes propriétés médicales qu'on supposait alors à ces plantes].— Calice ordin. à 5 divis., muni de 5 bractées extérieures; 5 pétales obovales, arrondis ou échancrés; styles latéraux, caducs; fruits secs, disposés sur un réceptacle convexe, sec, pubescent ou hérissé, persistant.

1re Section.— **Potentillastrum.**— *Fleurs jaunes, rarem. rouges; fruits glabres; feuil. pennatiséquées ou palmatiséquées.*

§ 1. — *Feuilles palmatiséquées.*

1 **P. des glaciers.** *P. frigida* Vill. Poilue; racines épaisses; tiges gazonneuses, diffuses; feuilles à 3 segments ovales, crénelés, celui du milieu plus allongé; stipules ovales, lanc.; fleurit en avril-juin; calice à divis. lanc., aiguës, plus longues ou égalant la corolle; pétales arrondis, échancrés; fruits glabres. Alpes du Dauphiné, 1819.

2 **P. à grandes fleurs.** *P. grandiflora* Lin. *P. fragiformis* Willd. Tiges de 30 cent., ascendantes, paucifl.; feuil. à segm. obovales-cunéaires ou lanc., et profondément dentés ou doublement dentés, à dents obtuses, poilues; stipules lanc.; fleurit en juin-juil.; divis. du

calice lanc., aiguës, celles de l'involucre ou calicule ellipt., courtes, poilues; pétales obcordiformes plus longs que le calice; carpelles rugueux. Alpes, 1800.

3 **P. de Norwége.** *P. Norwegica* LIN. Bisann., hérissée; tiges de 20-25 cent., dressées, bifurquées au sommet; feuil. à 3 segm. lanc. ou obovales, simplement ou doublement dentelés; stipules lanc.; en juin-juil., fl. nombreuses, rapprochées en corymbes axill.; divis. du calice lanc.-aiguës; pétales obcordiformes, plus courts que le calice; fruits ovales, longitudinalem. rugueux. 1764.

4 **P. sans tiges.** *P. subacaulis* LIN. *P. grandiflora* SCOP. *P. velutina* LEHM. Toment.-blanchâtre; tiges très courtes; feuil. à 3 segm. obovales-cunéiformes, crénelés au sommet, grossièrem. veinés-réticulés; stipules linéaires; en avril-mai, fl. peu nombreuses, en panicules; divis. du calice ovales, obtuses, couvertes de poils cotonneux, étoilés; pétales obovales, plus courts que le calice; réceptacle velu; carpelles rugueux. France méridionale.

5 **P. tormentille.** *P. tormentilla* NESTL. *P. tetrapetala* HALL. *Tormentilla erecta* LIN. *Torm. officinalis* SMITH. Pl. de différentes formes, poilue, à racines tubéreuses; tiges très nombreuses, de 10 à 40 cent., le plus souvent ascend.; feuil. à 3, rarem. 5 segm. pubesc., les caulinaires sess., à segments oblongs, plus ou moins profondément dentés, les radicales pétiolées, à segm. obovales ou orbiculaires-cunéiformes: stipules des feuil. caulinaires foliacées, amples, à 3-5 lobes profonds; en mai-juin, fl. petites, disposées en cymes terminales; calice ordin. à 4 divis., autant de pétales dépassant peu le calice. Indigène.

VAR. **des bois.** *P. torm. nemoralis* SER. *P. procumbens* LIBTH. *P. nemoralis* NESTL. *Tormentilla reptans* LIN. Tiges dichotomes, grêles, couchées; feuil. caulinaires presque toutes pétiolées, à 3 segm., les infér. à 5; stipules entières, quelquefois à 3-5 lobes. Indigène.

6 **P. ombragée.** *P. umbrosa* STEV. Tiges de 15 à 20 cent., dressées, bifurquées à la base, nues; feuil. radicales à 5-6 segm. obovales-oblongs, dentelés, à dents obtuses; les caulinaires à 3 segments; stipules falciformes-lanc.; fl. en juin-juill.; divis. du calice lanc.-aiguës, presque égales; pétales obcordés, un peu plus longs que le calice. Taurus, 1818.

7 **P. rampante.** *P. reptans* LIN. *P. nemoralis* LEHM. Tiges de 15 à 20 cent., grêles, rampantes, indivises; feuil. plus ou moins pétiolées, à 5, rarem. 3 ou 7 segm. obovales, dentés presque dès la base, à dents obtuses; en juin-août, fl. solit., latérales, plus longues que les feuil. ou opposées aux feuilles; calice à 5 divis. larges, ovales, plus courtes que la corolle; pétales obcordés; fruits ponctués-rugueux sur un réceptacle poilu. Indigène.

8 **P. printanière.** *P. verna* LIN. Hérissée; tiges de 15 à 20 cent., penchées; feuil. infér. à 5 lobes, verts sur les 2 faces, obovales-cunéiformes, dentés; les dents supérieures très petites; stipules linéaires, le plus souvent entières, aiguës; en mars-mai, fl. à peu près disposées en panicules; calice à divisions lanc., obtuses; pétales obovales dépassant le calice; fruits le plus souvent rugueux. Indigène.

VAR. **blanchâtre.** *P. verna cinerea* SER. *P. cinerea* CHAIX. Tiges et feuil. plus ou moins couvertes d'une pubesc. blanchâtre, à poils étoilés.

9 **P. dorée.** *P. aurea* LIN. *P. crocea* HALL. FIL. *P. sabauda* DEC. Tiges de 30 cent., un peu penchées; feuil. radicales, peu poilues, à 5 segm. largement obovales, dentés, à dents obtuses, cunéaires; stipules lanc., obtuses; en mai-juil., fl. disposées à peu près en corymbes lâches, sur un pédonc. filif.; calice à divis. lanc., obtuses, les extér. ellipt., rarem. bilobées; pétales obovales, de la long. du calice ou le dépassant un peu. Alpes d'Europe.

VAR. **de Saltzbourg.** *P. aurea Salisburgensis* SER. *P. Salisburgensis* JACQ. Feuil. à segments beaucoup plus larges.

10 **P. argentée.** *P. argentea* LIN. Tiges de 10 à 50 c., ascend. ou dressées, toment.-blanchâtres; feuilles à 5 segm. oblongs, incisés ou pennatifides dans leur moitié supérieure, vert foncé en dessus, blanc-tomenteux en dessous;

en juin-juill., fl. disposées en cymes terminales; calice à divis. lanc., plus courtes que la corolle; fruits ovales, rugueux. Indigène.

VAR. **à tiges diffuses.** *P. arg. diffusa* WALLR. *P. Guntheri* POHL. Tiges et pédonc. filiformes, très nombreux, penchés; feuil. à lobes obovales-cunéaires, légèrem. toment. en dessous.

VAR. **de la Calabre.** *P. arg. Calabra* SER. *P. Calabra* TEN. Tiges fermes, penchées; feuil. à lobes laciniés au sommet, tomenteux sur les deux faces.

11 **P. des collines.** *P. collina* WIBEL. Tiges de 30 à 40 cent., ascend.; feuil. infér. à 5 segm., les supér. à 3; segm. cunéaires, à bords planes, dentés au sommet, à dents obtuses, cotonneux-blanchâtres en dessous; stipules ovales-lanc., très entières; fl. en juin-juill.; calice à divis. inégales, blanchâtres, semi-ovales, celles du calicule plus courtes, oblongues, obtuses; pétales plus longs que le calice; fruits et réceptacle glabres. Europe mérid., 1816.

12 **P. intermédiaire.** *P. intermedia* LIN. *P. Nestleriana* TRATT. Poilue; tiges de 30 à 40 cent., dichotomes, très grêles, gazonneuses, un peu couchées; feuil. radicales longuement pétiolées, à 5-7-9 segm. pâles, obovales-lanc., faiblement échancrés; stipules infér. très étroites, aiguës; en mai-sept., fl. très nombreuses, longuem. pédonculées; calice à divis. lanc., aiguës, égalant la corolle ou un peu plus courtes; fruits arqués-rugueux. Pyrénées, 1786.

13 **P. à fl. dorées.** *P. chrysantha* TRÉV. Tiges ascend., presque dressées; feuil. à 3-5-7 segments ovales-oblongs, ou lanc.-obovales; en juin-juil., fl. beau jaune à pétales 2 fois plus longs que le calice. Hongrie, 1827.

14 **P. blanchâtre.** *P. canescens* BESSER. *P. parviflora* GAUD. *P. hungarica* SCHLECH. *P. ornithopoda* TAUSCH. Tomenteuse blanchâtre; tiges dressées, fermes; feuil. à 5, rarem. 7 segments obovales-oblongs, denticulés; stipules lanc.; en juin-juill., fl. très nombreuses disposées en panicules; calice à divis. lanc.-linéaires, blanchâtres; pétales plus longs que le calice; fruits rugueux. Europe, 1817.

15 **P. hérissée.** *P. hirta.* LIN. Poilue; tiges de 30 à 40 cent., dressées ou ascend.; feuil. à 5, rarem. à 7 segments obovales, pennatifides plus ou moins dentés, les latéraux pédalés ou cunéiformes presque entiers, seulement tridentés au sommet; stipules lanc. plus ou moins profondément dentés; en mai-sept., fl. distantes en panicules; calice à divis. lanc. relevées de grosses veines anastomosées; pétales obcordés de longueur ou dépassant le calice; fruits marginés, rugueux. Europe mérid., 1725.

VARIÉTÉS.

1 *P. pédalée. P. hirta rubens* SER. *P. pedata* NESTL. *P. pilosa* WILLD. *P. rubens* AIT. Tiges rougeâtres, pauciflores; feuil. à segments obovales-oblongs ou cunéaires, plus ou moins dentés; stipules presque entières.

2 *P. divariquée. P. hirta astracanica* SER. *P. divaricata* DEC. *P. astracanica* JACQ. *P. taurica* SCHLECH. Tiges épaisses, très rameuses, multifl.; segments des feuilles très grands, larges, obtusément dentés; stipules, coriaces, larges, entières, ou dentées.

3 *P. droite P. hirta recta* SER. *P. recta* LIN. Tiges épaisses, très rameuses, multifl.; segments de feuil. grands, larges, à dents aiguës; stipules coriaces, larges, plus ou moins profondément dentées.

4 *P. obscure. P. hirta obscura* SER. *P. obscura* WILLD. Tiges épaisses, très rameuses, multifl., rouges; feuil. à 5-7 segments, grands, larges, profondément dentés; stipules larges, profondément dentées.

5 *P. laciniée. P. hirta laciniosa* SER. *P. laciniosa* WALDST. et KIT. *P. cardiopetala* BESSER. Tiges dressées, épaisses; très rameuses, multifl.; feuil. à segments très poilus, larges, denticulés; stipules profondément divisées.

16 **Rouge-brun.** *P. atrosanguinea* LODD. Velue soyeuse; tiges de 45 à 50 cent., décombantes; feuil. à 3 segments, supér. pétiolés, les infér. sess.; segments distants, larges, aigus, toment.-blanches en dessous; stipules obtuses; en mai-sept., fl. pourpres, très grandes, terminales; calice à divis. étroites, aiguës,

celles du calice de la grandeur et de la forme des sépales ; pétales obcordés plus longs que le calice ; étam. pourpres. Népaul, 1822.

17 **P. Népaul.** *P. Nepalensis* Hook. *P. formosa* Don. Vert obscur, poilue; tiges de 45 à 50 cent.; feuil. radicales à 5 segments, les caulinaires à 3; segments cunéaires-oblongs, dentelés; stipules amples, très entières; en juin-juil., fl. pourpres, grandes; pétales obcordés, plus longs que le calice. Népaul, 1822.

18 **P. remarquable.** *P. insignis* Royle. Tiges ascend., multifl.; feuil. à 3 segments, les radicales longuem. pétiolés; segm. ovales ou obovales, crénelés-dentelés, verts en dessus, blanchâtres en dessous; stipules ovales, obtuses, multifides ou entières; fl. en juin-août; calice à divis. ovales aiguës; pétales arrondis, échancrés, une fois plus longs que le calice. Tartarie chinoise, 1840.

§ 2. — *Feuilles pennatiséquées.*

19 **P. blanchie.** *P. dealbata.* Bunge. Tiges pubesc., ascend.; feuil. glabres en dessus, blanches-toment. en dessous, à 5-7, rarem. 9 segments, celles du sommet à 3; segments oblongs à base cunéaire, pennatifides, denticulés, à bords roulés en dessous; stipules presque entières ; fl. en juin-août, pétales obovales dépassant à peine le calice; fruits lisses sur un réceptacle velu. Altaï, 1840.

20 **P. frutescente.** *P. frutescens* Lin. Tiges ligneuses de 1 mètre environ; feuil. hérissées, à segments oblongs-lanc., entiers, rapprochés; stipules membranacées, lanc., aiguës ; en juin-août, fl. rapprochées en corymbes; calice à divis. poilues, larges à la base, lanc., aiguës ; divis. du calicule linéaires-lanc., brièvem. pétiolées ; pétales plus longs que le calice ; réceptacle très poilu. Europe.

21 **P. bifurquée.** *P. bifurca* Lin. Tiges herbacées, de 15 à 20 c., couchées ; feuilles poilues, à segm. oblongs-lanc., divisés en 3-4 petits lobes entiers; stipules lanc., aiguës; en juin-juil., fl. rapprochées à peu près en corymbes; pédonc. poilues; calice à divis. oblongues-lanc., un peu plus court que la corolle. Sibérie, 1775.

22 **P. renversée.** *P. supina* Lin. Tiges très basses, herbacées; feuilles glabrescentes, à segments obovales ou oblongs, plus ou moins dentés; stipules lanc. entières ; fl. en juil.-août; pédonc. solit. axill.; calice à divis. lanc.-triangulaires; divis. du calicule lanc.; pétales obovales de la long. du calice; fruits ovales, comprimés, rugueux. Sibérie, 1696.

23 **Fausse Benoite.** *P. Geoides* Bieb. *P. fragarioides* Habl. Tiges de 15 à 25 cent., dressées; feuil. poilues, à segments très larges, obovales, doublement dentés; stipules ovales dentées ; en juin-juil., fl. en panicules dichotomes; calice à divis. très obtuses, denticulées; celles du calicule plus courtes, oblongues, obtuses; pétales obovales, dépassant à peine le calice ; fruits ovales roussâtres. Taurus, 1820.

24 **P. délicate.** *P. arguta* Pursh. *P. confertiflora* Torr. *Geum agrimonioides* Pursh. *Bootia sylvestris* Bigel. Tiges dressées, pubesc. visqueuses; feuil. radicales, à 7-9 segments longuement pétiolés ; les caulin. à 3-7 ; segm. obovales-arrondis ou rhombés, à base oblique, incisés, ou doublement dentelés, pubesc. en dessous; stipules entières ou dentées; en juin-juil., fl. en cymes terminales, grandes, plus ou moins rapprochées; calice à divis. ovales, aiguës; pétales obovales, arrondis, plus longs que le calice. Canada, 1829.

25 **P. glanduleuse.** *P, glandulosa* Lindl. Poilues-glanduleuses; tiges dressées; feuil. radicales à 3-4 paires de segm. oblongs, grossièrement dentelés; les caulinaires supér. sess. à 3 segm. oblongs-lanc., aigus ; stipules membraneuses cuspidées; en juin-juil., fl. en panicules paucifl. dichotomes; calice à divis. ovales aiguës, entières; pétales ovales, obtus, égalant le calice. Californie, 1838.

26 **P. de Wrangell.** *P. Wrangeliana* Fisch. et Lallem. Hérissée de petits poils visqueux; tiges suffrutescentes dressées, rameuses; feuil. infér. à 2-3 paires de segm., les infér. à 3; segm. à peu près ovales, rugueux, doublement dentelés ; stipules ovales, très entières ; fl. en juil.-août; calice à di-

vis. inégales aiguës ; pétales orbiculaires de la longueur du calice ; fruits ovoïdes, larges, comprimés, rugueux à la base ; réceptacle velu. Californie, 1840.

27 **P. de Pensylvanie.** *P. Pensylvanica* Lin. *P. pectinata* Fisch. *P. hispida* Willd. Blanche-tomenteuse ; tiges dressées, herbacées ; feuil. pennatiséquées, les caulinaires trilobées ; segm. oblongs-obovales, profondément dentés ; stipules lanc., laciniés ; fl. en juin-août ; calice à divis. lanc.-triangulaires ; celles du calicule oblongues-lanc., de la long. de la corolle ; pétales obcordés ; fruits pâles. rugueux, sur un réceptacle velu. 1725.

Variétés.

1 *P. de Missouri. P. Missourica* Horn. Feuil. glabres en dessus, à 6 segm. allongés, lancéolés, les infér. distants, petits, entiers ou laciniés.

2 *P. très gracieuse. P. pulcherrima* Lehm. Feuilles à segments rapprochés, ellipt.-oblongs, pennatifides-dentelés, à dents lanc.-oblongues, ouvertes ; stipules le plus souvent entières.

3 *P. bipennatifide. P. bipinnatifida* Dougl. *P. arguta* Lehm. Feuil. soyeuses-pubesc., à 3-5 segm. rapprochés, souvent palmés, pennatifides à fissures linéaires allongées.

4 *P. du Mississipi. P. Hippiana* Lehm. *P. leucophylla* Torr. *P. dealbata* Dougl. Segm. des feuil. étroits, oblongs, rapprochés, soyeux en dessus, argentés en dessous, pennatifides-dentelés, à dents un peu ouvertes ; stipules ovales ou lancéolées.

28 **P. multifide.** *P. multifida* Lin. Tiges pubesc., gazonneuses, étalées ; feuil. bipennatiséquées, à segm. oblongs-linéaires, roulés sur les bords, glabres et verts en dessus, blanches-toment. en dessous ; stipules lanc. entières ; en mai-juin, fl. en corymbes ; calice à divis. lanc., celles du calicule oblongues ; pétales obcordés, plus longs que le calice ; fruits olivacés, faiblement rugueux, sur un réceptacle poilu.

Var. *Aigremoine. P. agrimonioides* Bieb. *P. Biebersteinii* Trott. Tiges et feuil. plus grandes ; segments distants un peu roulés.

29 **P. Anserine, Argentine.** *P. Anserina* Lin. Tiges grêles, filiformes, couchées au niveau des nœuds, naissant au-dessous des rosettes de feuil. ; feuil. à 15-25 segm. ovales-oblongs, plus ou moins profondément dentelés, glabres en dessus, soyeux en dessous ; stipules caulinaires engaînantes, multifides ; en mai-juil., fl. solit. au sommet de pédonc. de la long. des feuil. ; calice à divisions lanc. entières ; celles du calicule souvent à 3-5 lobes ; pétales obovales beaucoup plus longs que le calice ; réceptacle poilu. Indigène.

30 **P. éclatante.** *P. splendens* Wall. *P. lineata* Trév. Tiges de 30 à 40 cent., dressées, poilues ; feuil. soyeuses-blanches, à segments très aigus dentés, fortement nervés ; stipules caulinaires larges, dentées ; en mai-juil., fl. en corymbes capitulés ; calice à divisions lanc., soyeuses extérieurement, celles du calicule beaucoup plus petites ; fruits lisses, sur un réceptacle glabre. Népaul, 1822.

2e Section. — **Fragariastrum.** — *Fl. blanches ou rouges, à pétales obtus ou obcordés ; feuil. pennatiséquées ou palmatiséquées.*

§ 1. — *Feuilles pennatiséquées.*

31 **P. des rochers.** *P. rupestris.* Lin. Tiges de 30 à 40 cent., dressées, effilées, dichotomes ; feuil. poilues, les caulinaires trilobées ; segments ovales-arrondis, dentés ; stipules larges courtes, obtuses ; fl. en mai-sept. ; calice à divis. larges, lanc., celles du calicule très petites, souvent bilobées ; pétales obovales beaucoup plus longs que le calice ; fruits ovales-pyriformes, lisses. Alpes.

32 **P. renversée.** *P. effusa.* Dougl. Blanchâtre-tomenteuse ; tiges faibles, ascend. ; feuil. à segments oblongs, incisés, dentelés ; stipules lanc. acuminées, très entières ; en juin-août, fl. en panicules dichotomes ; pétales obcordés, égalant le calice, dont les divis. sont acuminées. Californie, 1840.

§ 2. — *Feuilles palmatiséquées.*

33 **P. blanche.** *P. alba* Lin. Tiges grêles couchées, paucifl. ; feuil. radic. à 5 segments, les caulinaires à 3 ; segm. étroits, ovales-oblongs, dentelés au sommet, à dents presque conniventes,

glabres en dessus, soyeux en dessous; stipules linéaires-aiguës; fl. en février-août; calice soyeux, à divis. linéaires-lanc. aiguës; pétales obcordés de la long. du calice; fruits rugueux, pâles, sur un réceptacle poilu. Alpes.

Var. *P. de Vaillant*. *P. Vaillantii* Nestl. *P. splendens* Rom. Feuil. à 3-5 segm., dentés seulement au sommet, à 3-7 dents conniventes; pétales environ une fois plus longs que le calice. Indigène.

34 **P. caulescente.** *P. caulescens* Lin. *P. Clusiana* Jacq. *P. nivalis* Lapeyr. *P. lupinoides* Willd. Tiges de 1 mètre, presque dressées, toment., multifl.; feuil. radic. à 5 segments, les caulinaires à 3; segm. obovales-cunéiformes, presque connivents au sommet, dentés, à peine ciliés; stipules infér. très longues et très étroites; les supér. ovales-lanc.; en mai-juin, fl. très nombreuses disposées en corymbes lâches; sépales lanc.-linéaires, aiguës; pétales obovales-cunéaires, à peine plus longs que le calice; fruits ovales-globuleux sur un réceptacle poilu. Autriche, 1759.

35 **P. luisante.** *P. nitida* Lin. *P. multidentata* Ser. Soyeuse; tiges gazonneuses, ordin. bifl.; feuil. radicales à 5 segm., les supér. à 3; segm. soyeux, ovales-cunéiformes, dentés seulement au sommet, à 3 dents aiguës, conniventes; stipules étroites, libres vers le sommet; fl. en juin-juil.; calice à divis. lanc. aiguës; celles du calicule très-étroites; pétales obcordés, très larges, plus longs que le calice; fruits très poilus, sur un réceptacle laineux. Dauphiné.

36 **P. tridentée.** *P. tridentata* Soland. Glabrescente; tiges de $0^m,15$ à $0^m,25$, ascend., dichotomes; feuil. radicales à 3 segm. coriaces, obovales-cunéaires, tridentés au sommet, glabres en dessus, pubesc. en dessous; les caulinaires souvent lanc., entières; stipules lanc., acuminées; fl. en juin-juill.; calice à divis. ovales, aiguës; celles du calicule obtuses; pétales oblongs, plus longs que le calice; fruits ovales, laineux, sur un réceptacle glabre. Europe.

37 **P. à petites fleurs.** *P. micrantha* Ram. *P. breviscapa* Vest. Pubescente; tiges filif. courtes; feuil. radicales à 3 segm. ovales-recourbés, dentés, presque sess., glauques en dessous, le terminal un peu échancré; feuil. caulinaires à un seul segment; stipules larges, courtes; fl. en mai-juin; pétales obcordés-cunéaires, plus courts que le calice; fruits pâles, fortem. rugueux, sur un réceptacle velu. Pyrénées, 1820.

38 **P. fraisière.** *P. fragaria* Poir. *Fragariastrum* Ehrh. *Fragaria sterilis* Lin., *F. præcox* Kit. Pubescente; tiges de $0^m,15$ à $0^m,25$, filif. retombantes, biflores; feuil. à 3 segments obovales-arrondis, finement dentés au sommet, l'intermédiaire un peu échancré; stipules larges, membranacées, obtuses; fl. en mai-juin; calice à divis. lancéolées, celles du calicule oblongues; pétales obcordés de la longueur ou un peu plus longs que le calice; fruits pâles, non rugueux, sur un réceptacle un peu ovale. Indigène.

39 **P. sanguine.** *P. hæmatochrus* Lehm. Tiges ascend. très longues, multifl.; feuil. à 5 segments, rar. 7, poilus, verts en dessus, blancs-toment. en dessous, sess., oblongs, étroits à la base, obtusément dentelés; stipules presque entières; fl. en juin-juill.; fl. rouge sanguin, à pétales obcordés, beaucoup plus longs que le calice. Mexique, 1840.

40 **P. grêle.** *P. gracilis* Dougl., *P. flabelliformis* Lehm. Tiges dressées, grêles, velues-pubesc.; feuil. radic. longuem. pétiolées, à 3-7 segm.; les caulinaires presque sess. souvent à 1-2; segm. lanc., profondément pennatifides, dentelés; à dents triangulaires-lanc. ouvertes, tomenteux-blancs en dessous; stipules grandes, ovales-lanc., acuminées, entières; en juin-juill., fl. en cymes; calice à divis. ovales-lanc. aiguës ou acuminées, celles du calicule linéaires, très courtes; pétales obcordés beaucoup plus longs que le calice. Orégon, 1840.

41 **P. d'Hoswald.** *P. Hoswaldiana* Hortul. Tiges dressées, rameuses, de $0^m,30$ à $0^m,60$, blanches, toment. au sommet; feuil. radicales longuement pétiolées, à 5 segments ovales, profondément dentés, verts et glabres en dessus, blancs et un peu velus en dessous; les caulin. presque sess. à 3 segm., lanc. aigus; stipules grandes,

ovales, entières, aiguës; fl. rouge sanguin, grandes, rapprochées en panicules, à pétales plus larges que longs, échancrés, rosés à la base. 1841.

42 **P. hybride.** *P. hybrida* Hortul. Tiges dressées, rameuses au sommet, légèrem. velues; feuil. radicales longuement pétiolées à 5 segm. lanc., briév. pétiolulés, profondément incisés, verts et glabres en dessus, blancs en dessous; fl. pourpre sanguin; pétales entiers à peine de la long. du calice. 1841.

Culture. — Toutes ces plantes, à la rigueur, pourraient être livrées au plein air, mais il est plus prudent de conserver l'hiver, soit en orangerie bien éclairée, soit sous châssis, quelques espèces appartenant aux régions tempérées, telles que les numéros 4, 16, 17, 23, 30, 35. Le terrain semble à peu près indifférent; elles préfèrent les positions ouvertes aux endroits ombragés. On les multiplie toutes par la séparation des touffes, quelques-unes de graines, semées aussitôt la récolte, autrement elles ne germeraient que la seconde année. Les espèces les plus propres à l'ornement des parterres, sont les nos 9, 16, 17, 41 et 42.

COMARUM. *COMMARUM* Lin. [du grec *komaros*, arbousier; de la ressemblance des fruits de cette plante avec ceux de l'arbousier.] — Calice à 5 divis., muni d'un calicule à 5 divis.; 5 pétales oblongs, aigus; styles latéraux persistants; akènes secs, sur un réceptacle hémisphérique, spongieux, velu, persistant.

1 **C. des marais.** *C. palustre* Lin. *Potentilla comarum* Scop. Pl. vivace des marais, herbacée, à tiges ascend., de 0m,25 à 0m,50, pubesc.; feuil. pennatiséquées, à 5-7 segm. oblongs, fortement dentés, verts en dessus, blanchâtres en dessous, pubesc. sur les nervures; en juin-juill., fl. à pétales pourpre foncé beaucoup plus courts que le calice, disposées en cymes pauciflores; calice rougeâtre rétréci, à divis. ovales-lanc., s'accroissant après la floraison. Indigène.

Terrains tourbeux, humides; multipl. par division des touffes.

HORKÉLIE. *HORKELIA* Chamiss. et Schlecht. [à John Horkel, professeur de physiologie à Berlin]. — Calice campanulé quinquéfide, muni d'un calicule à 5 divis.; 5 pétales plus courts que les divis. du calice; 10 étam. bisériées; styles presque terminaux, articulés; akènes nombreux, terminés par la base du style, réunis sur un réceptacle conique, sec.

1 **H. à fl. entassées.** *H. congesta* Dougl. *H. hirsuta* Lindl. *H. pilosa* Nutt. Pl. vivace, dressée, poilue, visqueuse, à feuilles radicales pétiolées, imparipennées, à segments cunéaires-oblongs, incisés à leur sommet; en août, fl. blanches rassemblées au sommet des pédonc.; divisions du calicule très entières, plus courtes que les pétales. Californie, 1827.

2 **H. à petites fleurs.** *H. parviflora* Nutt. Tomenteuse; tiges velues légèr. visqueuses au sommet; feuil. radicales à 9-13 segments très courts, arrondis, les supér. cunéiformes incisés; stipules petites, ovales-lanc.; en juin-juill., fl. en cymes plus ou moins compactes; divis. du calicule à 3-5 lobes linéaires-subulés, plus courtes que le calice; pétales spatulés dépassant le calice. Montagnes rocheuses, 1840. — Culture des potentilles.

SIBBALDIE. *SIBBALDIA* Lin. [à Robert Sibbald, professeur de physiologie à Edimbourg]. — Calice tubuleux, concave, à 4-5 divis., muni d'un calicule à 4-5 fol.; 4-5 pétales petits; étam. et ovaire souvent réduits à 5; réceptacle sec.

1 **S. procombante.** *S. procumbens* Lin. *Potentilla procumbens* Clairv. Tiges couchées, très courtes; feuil. à 3 segm. obovales, tridentés au sommet; glabres en dessus, poilus en dessous; en juin-août, fl. jaunes disposées en corymbes; pétales lanc. aigus, à peine de la long. du calice. Europe. — Plantes de peu d'intérêt et d'une culture difficile; terre de bruyère pure, humide.

AIGREMOINE. *AGRIMONIA* Lin. [corrompu de *argemone*, nom que les Grecs donnaient à une plante qui guérissait la taie de l'œil, *argema* en grec]. — Calice dépourvu de calicule, à tube herbacé, devenant presque ligneux à la

maturité, herissé au sommet d'épines **subulées**, crochues; 12-20 étam.; 1-2 **ovaires** devenant des akènes, renfermés **dans le tube** du calice. — Herbes vivaces.

1 **A. eupatoire.** *A. eupatoria* LIN. *A. odorata* THUIL. Hérissée; feuil. pennatiséquées à segments oblongs crénelés-dentés; en juin-juill., fl. jaunes à pétales deux fois plus longs que le calice; fruits distants; calice à tube campanulé, poilu-soyeux. Indigène.

2 **A. pileuse.** *A. pilosa* LEDEB. Tiges de 1 mètre, poilues; feuil. irrégulièrem. pennatiséquées, à segm. largement lancéolés, poilus en dessous et sur les nervures; en juill.-sept., fl. jaunes à pétales deux fois plus longs que le calice; fruits hispides. Russie, 1819.

3 **A. rampante.** *A. repens* LIN. *A. odorata* CAMER. Tiges épaisses de 0m,60; feuil. pennatiséquées, à segm. oblongs, le terminal sess.; en juill.-sept., fl. jaunes en épis presque sess.; pétales trois fois plus longs que le calice; akènes hispides, enfermés dans le tube du calice, qui est à peu près hémisphérique. Arménie, 1737.

ARÉMONIE. *AREMONIA* NECK. [corruption de *agrimonia*]. — Involucre caliciforme à 10-12 divis.; calice tubuleux oblong à 5 lobes; 5 pétales; 5-10 étam.; 2 ovaires terminés par un style; akènes souvent solit. enfermés dans le tube du calice qui est globuleux-membranacé.

1 **A. fausse aigremoine.** *A. agrimonoides* DEC. *Agrimonia agrimonoides* LIN. Herbe à feuil. pennatiséquées avec impaire, à segm. dentelés, les infér. plus petits que les supér.; en juin-juill., fl. petites, jaunes, fasciculées. Italie, 1739. — Plein air; terrains humides. Peu intéressant.

ALCHEMILLE. *ALCHIMILLA* TOURN. [nom arabe]. — Calice tubuleux, rétréci au sommet, à 8 divis., les externes très petites, en forme de dents; corolle nulle; 1-4 étam.; style latéral partant de la base des ovaires; 1-2 akènes renfermés dans le tube du calice cylindrique. — Herbes à feuil. palmatilobées; fl. verdâtres disposées en cymes corymbiformes ou en fascicules opposés aux feuilles.

§ 1. — Alchemilla LIN. — *Calice à 8 divisions; les extér. plus petites; 2-4 étam. — Espèces vivaces.*

1 **A. commune.** *A. vulgaris* LIN. Plus ou moins pubesc.; feuil. caulin. briév. pétiolées, réniformes, à 5-9 lobes peu profonds, dentés; les radicales longuem. pétiolées; en juin-août, fl. en cymes corymbiformes. Indigène.

2 **A. hybride.** *A. hybrida* HOFFM. *A. pubescens* LAMK. *A. montana* WILLD. *A. Alpina hybrida* LIN. *A. vulgaris hybrida* WILLD. Tiges et pétioles soyeux; feuil. réniformes à 9 lobes dentelés, soyeux en dessous; en juin-août, fl. sess. agglomérées. Alpes.

3 **A. des Alpes.** *A. Alpina* LIN. *A. argentea* LAMK. Feuil. à 5-7 segm. digités, lancéolés-cunéaires, obtus, dentelés au sommet, soyeux en dessous; en juil., fl. en cymes corymbiformes.

§ 2. — Aphanes LIN. — *Calice à 4, rar. à 5 divis., avec autant de petites dents, entre chaque divis.; 1-2 étam. fertiles. — Espèces annuelles.*

4 **A. des champs.** *A. arvensis* SCOP. *Aphanes arvensis* LIN. Feuil. pubesc.; pétiolées, à 3 divis. profondes, bi-trifides; en avril-juin, fl. en glomérules axillaires. Indigène.

ACÉNA. *ACÆNA* WAHL [du grec *akaina*, épine : du calice hérissé de pointe piquante]. — Calice tubuleux garni d'arêtes, muni à sa base de 2 petites écailles; 4-5 pétales quelquefois soudés inférieurem., insérés au sommet du calice; 2-4 étam.; style terminal; stigm. en forme de crête; 1-2 akènes renfermés dans le tube du calice. — Feuil. imparipennées à fol. dentelées.

1re SECTION. Acæna LIN. — *Corolle gammopétale; calice hérissé de tous côtés d'arêtes pointues.*

1 **A. soyeuse.** *A. sericea* JACQ. *Poterium australe* SAL. *Ancistrum acorna* LAG. Tiges retombantes; fol. obovales, incisées-dentées, pubescentes, soyeuses en dessous; en mai-juil., fl. rassemblées en capitules ovales-globuleux. Nouvelle-Espagne, 1829.

2e SECTION. Ancistrum FORST. — *Corolle à 4-5 pétales distincts; calice tubuleux terminé par 4-5 divis. étroites, épineuses.*

2 **A. à feuil. ovales.** *A. ovalifolia* Ruiz. et Pav. *Ancistrum repens* Vent. Tiges rampantes; feuil. rapprochées, à 4-5 paires de fol. oblongues et à peu près cunéaires, velues en dessous; en mai-juin, fl. en épis globuleux. Pérou, 1802.

3 **A. ascendante.** *A. ascendens* Wahl. *Ancistrum humile* Pers. *Anc. lævigatum* Lag. Tiges retombantes; feuil. à 5-7 fol. oblongues et obovales, dentelées, glabres; en mai-juin, fl. en épis globuleux. Magellan, 1822. — Pl. d'orangerie de bien peu d'intérêt.

SANGUISORBE. *SANGUISORBA* Lin. [du latin *sanguis*, sang, *sorbeo*, j'absorbe]. — Fl. hermaphrodites; calice à 4 divis., muni de 2 petites écailles; corolle nulle; 4 étam.; 3 ovaires renfermés dans le tube du calice; style terminal, formant au sommet une sorte de petit pinceau; 2 akènes secs. — Pl. vivaces, à feuil. imparipennées.

§ 1. — *Étam. égalant le calice ou plus courtes.*

1 **S. officinale.** *S. officinalis.* Tiges de 1m,30; fol. ovales à peu près cordiformes, glabres; en juin-août, fl. roses en épis ovales; étam. égalant le calice; bractées et calice glabres. Indigène.

2 **S. carnée.** *S. carnea* Fisch. Tiges de 1m,30; fol. glabres, en cœur lanc., crénelées-dentées; en juin-août, fl. rouges en épis presque globuleux; étam. plus courtes que le calice. 1823.

§ 2. — *Étamines saillantes.*

3 **S. à 12 étam.** *S. dodecandra* Moretti. Fol. oblongues-cordiformes, finement dentelées; en juin-juil., fl. à 12 étam. trois fois plus longues que le calice, disposées en épis cylindriques, très longs. Italie, 1839.

4 **S. des Alpes.** *S. Alpina* Bunge. Feuil. glabres, à fol. oblongues-cordiformes, pétiolulées, grossièrem. dentelées; en juin-août, fl. en épis très allongés, cylindr. pendants; étam. longuem. saillantes. 1840.

5 **S. du Canada.** *S. Canadensis* Lin. *S. media* Dec. Tiges de 1m,30; feuil. glabres, à fol. en cœur ovale, dentelées; en juil.-sept., fl. blanches en épis cylindr. très longs; bractées et calice glabres; étam. longuem. saillantes. 1633.

Culture. — Pl. de plein air, peu délicates sur le choix du terrain : elles végètent assez bien dans tous les sols. On les multiplie par la séparation des touffes ou par drageons, ou bien encore par les graines, qu'on sème au printemps en plate-bande; le jeune plant peut être repiqué au printemps suivant. — Toutes ces plantes font d'excellents fourrages; la 3e surtout, par ses tiges très ram. et très tendres, paraît très propre à cet usage.

PIMPRENELLE. *POTERIUM* Lin. [du grec *poterion*, coupe, tasse, etc.: de la forme du calice]. — Pl. monoïque ou polygame; calice tubuleux rétréci au sommet, à 4 divis., muni à la base de 3 écailles; corolle nulle; 20-30 étamines; 2 ovaires terminés par un style filif.; stigm. en forme de pinceau; akènes renfermés dans le tube du calice durci. — Feuil. imparipennées; fl. vertes.

1re Section. — *Tiges ligneuses; fl. en épis cylindriques; fruits lisses bacciformes.*

1 **P. épineuse.** *P. spinosum* Lin. Arbriss. de 0m,60, à ram. velus, les supér. transformés en épines rameuses; fol. glabres, dentelées; en avril-août, fl. en épis cylindriques. Levant, 1595.

2 **P. à queue.** *P. caudatum* Ait. Arbriss. de 1 mètre, dioïque, à ram. non épineux; pédonc., pétioles et feuil. velus en dessus; en janv.-avril, fl. en épis très allongés. Canaries, 1779.

2e Section. — *Tiges herbacées; fl. en épis globuleux; fruits rugueux ou tuberculeux.*

3 **P. commune.** *P. Sanguisorba* Lin. Tiges de 0m,65, anguleuses; feuilles glabres, à fol. ovales-arrondies; en juil., fl. en capitules, celles de la partie supér. femelles, celles de l'infér. mâles. Indigène.

4 **P. polygame.** *P. polygamum* Waldst et Kit. Tiges de 1 mètre, anguleuses, glabres, ainsi que les feuil.; fol. ovales-oblongues; en juil.-août, fl. en capitules, celles de la partie supér. femelles, celles de la partie infér. mâles, les intermédiaires hermaphrodites. Hongrie, 1803.

5 **P. à feuil. d'aigremoine. P. hybride.** *P. agrimonifolium.* Cav. *P. hybridum* Lin. Tiges de 0m,65, presque cy-

lindr., plus ou moins pubesc., glanduleuses, ainsi que les feuil.; fol. oblongues, petites ou ovales. Indigène.

6 **P. verruqueuse.** *P. verrucosum* Ehrh. Tiges anguleuses, glabres; fol. des feuil. infér. ovales, celles des feuil. caulinaires oblongues, toutes incisées dentées, poilues en dessous; fl. en capitules polygames; bractées arrondies, ciliées; fruits globuleux verruqueux. Sinaï, 1839.

Culture. — Excepté les 2 premières espèces, qui sont d'orangerie, les pimprenelles sont des pl. de pleine terre. De toutes ces espèces, une seule présente quelque intérêt comme plante fourragère ou d'économie, c'est la *pimprenelle* commune. Cette plante fournit un excellent pâturage, même dans les terrains les plus mauvais. Elle résiste aux grands froids, à la sécheresse, et procure ainsi l'hiver une excellente nourriture pour les moutons surtout. On la sème en mars ou septembre dans les terres légères. Elle est employée également dans les cuisines comme fourniture de salade. Pour cet usage, on la sème en bordure, ou bien on la multiplie par la séparation des touffes; les autres espèces se multiplient de même.

MARGYRICARPE. *MARGYRICARPUS* Ruiz et Pavon [du grec *margaron*, perle, *karpos*, fruit : les fruits bacciformes et blancs de cette plante ressemblent assez à des perles]. — Calice tubuleux rétréci au sommet, à 4-5 divisions munies à la base d'une petite dent épineuse; corolle nulle; 2 étam.; stigm. plumeux-multifides, fruits monospermes drupacés, blancs, ronds.

1 **M. porte-soies.** *M. setosus* Ruiz et Pav. *M. setosus* et *levis* Willd. *Ancistrum barbatum* Lamk. *Empetrum pinnatum* Lamk. Arbrisseau de $0^m,60$, très rameux, à feuil. imparipennées; fol. subulées, nues ou poilues au sommet; fl. vertes, solit. sessiles. Pérou, 1829.— Orangerie; terre de bruyère; multipl. de graines.

CLIFFORTIE. *CLIFFORTIA* Lin. [dédié par Linnée à son premier professeur, G. Cliffort, naturaliste hollandais]. — Pl. dioïque; calice tubuleux, urcéolé, à 3 divis.; corolle nulle; les fl. mâles de 30 étam. environ, les femelles à 2 ovaires; 2 styles, à stigm. plumeux; akènes renfermés dans le tube du calice. — Arbriss. du Cap, à feuil. simples ou trifoliolées; fl. axill. sessiles, vertes.

§ 1. — *Feuilles simples à plusieurs nervures.*

1 **C. à feuil. de houx.** *C. ilicifolia* Lin. Feuil. ellipt.-arrondies, amplexicaules, roides, à 3 lobes épineux-dentés; fl. en mai-sept. 1714.

2 **C. tridentée.** *C. tridentata* Willd. *C. ruscifolia* Thunb. Feuil. oblongues-cunéaires entières et tridentées, nervées et pubescentes en dessous.

3 **C. à feuil. de Fragon.** *C. ruscifolia* Lin. *C. arachnoidea* Lodd. Feuil. glabres, lanc., nervées, terminées par une pointe acuminée épineuse, entière ou dentée. 1752.

§ 2. — *Feuil. simples à une seule nervure, ou à 3 fol. dont les 2 latérales très petites en forme de dents.*

4 **C. odorante.** *C. odorata* Lin. Feuil. velues en dessous, ovales, obtuses-dentelées, veinées, pliées.

5 **C. obcordée.** *C. obcordata* Lin. Ram. légèrem. pubesc.; feuil à 3 fol. sans nervures, glabres, les latérales ellipt. arrondies, la médiane obcordée; fl. en juin-août. 1790.

Culture. — Pl. de serre tempérée, aimant le jour et le renouvellement d'air; multipl. de boutures.

WALDSTEINIE. *WALDSTEINIA* Willd. [à Fr. van Waldstein, botaniste allemand]. — Calice tubuleux, turbiné, couronné d'un anneau crénelé au-dessous des étam., muni de bractées au dehors; 5 pétales; étam. indéfinies; 2-4 ovaires au fond du tube du calice, soudés entre eux à la base; style terminal; 1-4 akènes charnus ou coriaces, globuleux, nu ou ombiliqué au sommet.

1 **W. fausse benoite.** *W. geoides* Willd. Pl. herbacée, à feuil. pétiolées divisées en 3-5 lobes palmés, dentés à dents aiguës; en juin-juil., fl. jaunes très petites. Hongrie, 1804. — Plein air; terre de bruyère humide ombragée; multipl. par la séparation des touffes.

SIEVERSIE. *SIEVERSIA* Willd. [à Sievers, voyageur botaniste russe]. — Calice turbiné, court, quinquefide, muni en dehors de 5 petites bractées; 5 pétales; plusieurs étam.; plusieurs ovaires distincts; style terminal subulé; stigm. papilleux; plusieurs akènes nus ou aristés, disposés sur un réceptacle court, cylindrique.

1 **S. à trois fleurs.** *S. triflora* R. Br. *Geum. triflorum*. Pursh. Poilue; tiges simples, ordin. terminées par 3 fl.; feuil. radic. irrégulièrem. pennatiséquées, à segm. cunéaires, incisés-dentés; en juin-août, fl. blanches; pétales oblongs de la longueur du calice; akènes terminés par une très longue arête velue.

2 **S. des bois.** *S. sylvatica* H. P. *Geum sylvaticum* Pourr. *G. Atlanticum* Desf. *G. biflorum* Brot. Poilue; tiges dressées, très simples; feuil. irrégulièrement pennatiséquées, à segm. infér. ovales dentés, les termin. grands, obcordés, doublement dentelés; feuil. caulinaires simples, profondément dentées; stipules lanc. faiblem. dentées; en juin-juil., fl. jaunes, ascendantes, à pétales obcordés plus longs que le calice; akènes poilus, terminés par une arête glabre; réceptacle sphérique, déprimé. Europe mérid., 1810.

Culture. — Plein air; terre de bruyère; multipl. de graines semées en automne, ou par la séparation des touffes. Pl. de peu d'agrément.

COMAROPSIDE. *COMAROPSIS* Rich. [de *Comarum*, et de *opsis*, ressemblance]. — Calice turbiné à 5 divis., sans bractées à la base; 5 pétales sess.; étam. nombreuses; akènes secs, peu nombreux, terminés par le style filiforme, longs, persistants.

1 **C. faux fraisier.** *C. fragarioides* Dec. *Dalibarda fragarioides* Michx. *Waldsteinia fragarioides* Trott. *Dryas trifoliata* Pall. Feuilles pétiolées à 3 segm. sess. cunéaires, incisés-dentelés; pédonc. rameux, portant en mai-juin, 3 fl. jaunes à pétales 3 fois plus longs que le calice; akènes glabres. Canada, 1803. — Pl. très délicate, de plein air, sans agrément, exigeant la terre de bruyère pure, de l'humidité et de l'ombrage.

BENOITE. *GEUM*. Lin. [du grec *geuô*, donner bon goût: du goût aromatique des racines]. — Calice tubuleux concave à la base, à 5 divisions, muni de 5 bractées; 5 pétales; étam. indéfinies; akènes nombreux, secs, terminés par le style persistant, articulé ou barbu, disposés sur un réceptacle presque globuleux. — Herbes à feuil. diversement découpées.

§ 1. — *Fleurs ascendantes, à calice réfléchi; styles géniculés réfléchis.*

1 **B. à fl. blanches.** *G. Virginianum*. Lin. *G. album* Gmel. *G. Canadense* Jacq. Tiges poilues rameuses; feuil. radicales pennatiséquées, les caulinaires à 3 segm. lancéolés-cunéiformes, dentés; feuil. supér. simples, aiguës ou trifides; stipules ovales dentées; en juin-juill., fl. blanches au sommet de pédonc. divariqués, filif. allongés; pétales égalant à peu près le calice; akènes en capitule sphérique, peu nombreux, poilus, terminés par le style très allongé, poilu. Virginie.

2 **B. serrée.** *G. striatum* Ait. *G. Canadense* Murr. *G. Aleppicum* Jacq. *G. ranunculoides* Ser. *G. rugosum* Desf. *G. Besseri* Fisch. *G. heterophyllum* Fisch. *G. intermedium* Besser. Tiges dressées, rameuses, plus ou moins rudes au toucher; feuil. radic. pennatiséquées, les caulinaires à 3-5 segm. cunéiformes-rhombés, dentés; stipules ovales lobées ou grossièrem. dentelées; en juin-juill., fl. jaunes au sommet de pédonc. très longs, filif.; pétales de la long. ou plus longs que le calice; akènes poilus, très nombreux, sur un réceptacle sphérique; styles glabres, terminés par un long appendice poilu. Amér. sept.

3 **B. urbaine.** *G. urbanum* Lin. Tiges poilues, dressées, rameuses; feuil. radicales à 5 segments, les caulinaires à 3, et les supérieurs à un seul; segm. larges, ovales crénelés-dentés; stipules très-grandes, presque orbiculaires; en mai-sept., fl. jaunes petites à pétales obovales, de la longueur du calice; akènes très poilus, nombreux, formant un capitule sphérique; style glabre surmonté d'un appendice poilu. Indigène.

4 **B. coccinée.** *G. coccineum* Sibth. et Smith. *G. Sadleri* Frivaldstzk. Tiges de 0m,50; feuil. radicales lyrées, les caulinaires à 3 lobes, le term. plus grand,

en cœur réniforme; en mai-juill., fl. coccinées, dressées. Orient.

§ 2. — *Fl. dressées ou penchées, calice dressé ; style géniculé réfléchi.*

5 **B. des Pyrénées.** *G. Pyrenaicum* Dec. *G. inclinatum* Schleich., *G. Sudeticum* Tausch. *G. Tournefortii* Lapeyr. Poilue ; tiges dressées, très simples, terminées par 1 ou 4 fleurs ; feuil. inégalement pennatiséquées ; segments inférieurs petits, ovales, dentés ; le terminal très grand, en cœur réniforme, doublement dentelé ; stipules ovales dentées, à dents obtuses; en juin-août, fleurs jaunes penchées ; pétales obcordés-arrondis, briėvem. onguiculés, plus longs que le calice ; akènes très poilus, sur un réceptacle sphérique déprimé; style rugueux, de la long. des akènes, terminé par un appendice poilu.

6 **B. intermédiaire.** *G. intermedium* Ehrh. *G. Alpinum* Hornem. *G. brachypetalum* Ser. *G. rubifolium* Lejeune. Légèrement poilue; tiges pauciflores ou multiflores; feuilles radicales inégalement pennatiséquées, à segm. doublement dentelés; stipules inférieures grandes, presque orbiculaires, grossièrem. dentées ; en juin-août, fl. jaunes penchées ; pétales égalant à peu près le calice, se rétrécissant à la base en un onglet beaucoup plus court que le limbe; akènes en capitules briėv. stipités, hérissés ainsi que le style qui les termine. Europe.

7 **B. penchée.** *G. nutans* Lamk. Tiges pauciflores; pétales obovales, beaucoup plus longs que le calice, s'atténuant insensiblement en un onglet beaucoup plus court que le limbe ; akènes hérissés.

8 **B. des ruisseaux.** *G. rivale* Lin. *G. nutans* Rafin. *G. hybridum* Jacq. Poilue ; tiges dressées, très simples, terminées par une ou deux fl.; feuil. pennatiséquées irrégulièrement, à segm. obovales, doublem. dentelés ; feuil. caulinaires à 3 lobes aigus ; stipules ovales dentées; en juin-juill., fl. jaune rosé, pendantes ; pédonc. allongés, poilus ; pétales obcordés, à base rétrécie, de la long. du calice ; akènes très nombreux, poilus, formant un capitule sphérique, stipité ; style allongé, flexible, poilu. Europe.

9 **B. des montagnes.** *G. montanum* Lin. Tiges basses, dressées, unifl.; stolons nuls ; feuil. radic. irrégulièrement pennatifides, à divis. latérales très petites, dentées, la termin. très grande, ovales-oblongues obtuses, doublement dentelées à dents obtuses; feuil. caulinaires à un seul lobe profondément denté ainsi que les stipules; en juin-août, fl. jaunes très grandes; pétales obcordés, plus longs que le calice; divis. calicinales indivises; style très poilu. Alpes.

Culture. — Plein air ; terrains frais un peu humides; multipl. de graines semées aussitôt la récolte, en platebande, dans une bonne terre meuble et un peu ombragée, ou de préférence par la séparation des touffes, en automne ou en mars. — La *B. coccinée* est une très jolie plante de parterre qui mérite d'être cultivée.

COLURIE. *COLURIA.* R. Br. [du grec *kolouros*, qui a la queue coupée : des akènes dépourvus d'arête]. — Calice persistant campanulé, à 5 divis., muni extérieurem. de 5 bractées ; 5 pétales plus grands que les divis. du calice ; étam. nombreuses ; styles presque terminaux, droits, épaissis et articulés à la base ; akènes mutiques, rugueux, très nombreux au fond du calice, sur un réceptacle très court.

1 **C. fausse benoite.** *C. geoides* R. Br. *Geum Laxmanni* Gærtn. *G. potentilloides* Ait. *Dryas geoides* Pallas. *Sieversia geoides* Spreng. Tiges dressées uniflores ; feuil. radicales irrégulièrement pennatiséquées, à segments obovales crénelés, les caulinaires oblongues, très petites, à un seul segment entier; stipules ovales entières; en juin, fl. jaunes à pétales ovales-orbiculaires, plus longs que le calice. Sibérie, 1780. — Terre de bruyère, multiplication d'éclats.

DRYADE. *DRYAS.* Lin. [de *Druades*, divinités du chêne, en mythologie]. — Calice tubuleux concave à 8-9 divisions, nu extérieurement ; 8-9 pétales ; étamines indéfinies ; ovaires très nombreux; style terminale ; akènes surmontés d'une longue arête plumeuse.

1 **D. à 8 pétales.** *D. octopetala* Lin. Herbe très petite, à feuil. ovales ou obcordées, simples, crénelées dentelées, à dents obtuses, blanches, toment. en dessous; en juin-août, fl. blanches. Europe. — Plein air; terre de bruyère ombragée; multiplication d'éclat.

TRIBU III. — *SPIRÉACÉES.*

Étamines nombreuses; ovaires ordinairem. 5, disposés en un seul verticille autour de l'axe de la fleur; fruits capsulaires, secs, déhiscents par le bord interne, contenant chacune 2-6 graines.

KERRIE. *KERRIA.* Dec. [à W. Ker, collecteur de plantes pour le jardin de Kew]. — Calice à 5 divis. ovales, dont 3 obtuses et 2 mucronées; 5 pétales orbiculaires; 20 étam. environ; 5-8 ovaires globuleux, libres, glabres, terminés par un style filiforme; ovules solitaires.

1 **K. du Japon. Corête du Japon.** *K. Japonica* Dec. *Rubus Japonicus* Lin. *Corchorus Japonicus* Thunb. *Spiræa Japonica* Camb. Arbriss. de 2-3 mètres à écorce lisse, verte; ram. effilés; feuil. ovales-lanc. grossièrement et inégalem. dentelées, à nervures pennées; stipules linéaires-subulées; pendant tout l'été, fl. jaunes, simples ou doubles. 1700. — Plein air, en terre ordinaire; exposition ombragée; multiplication de boutures. — Joli arbrisseau d'ornement.

SPIRÉE. *SPIRÆA* Lin. [du grec *speira* et *speiraia,* qui se tord : de la flexibilité des rameaux]. — Calice à 5 divis. persistantes; 5 pétales; 10-50 étam.; un ou plusieurs ovaires distincts, rarem. soudés à leur base, ordinairem. sessiles, terminés au sommet par une petite pointe; fruits capsulaires ou folliculaires à 2-3 graines sans périsperme.

1re Section. **Physocarpos** Camb. — *Fl. hermaphrodites en ombelles; ovaires soudés à la base; fruits folliculaires, vésiculeux presque membranacés, contenant 2-3 graines ovoïdes.*

1 **S. à feuil. d'obier. Bois à 7 écorce.** *S. opulifolia* Lin. Arbrisseau de 1m,50 à 2 mètres, très rameux, à ram. droits et roides, changeant tous les ans d'écorce; feuil. ovales-trilobées, pétiolées, doublement dentelées, en juin-juill., fl. blanches, nombreuses, en corymbes pédonculés hémisphériques; pédonc. grêles, glabres; sépales étalés; follicules très gros, divergents; graines luisantes, jaunes. Canada, 1690.

2e Section. **Chamœdryon.** Ser. — *Fl. hermaphrodites; ovaires distincts; fruits folliculaires non enflés. Arbriss. à feuil. non stipulées.*

* *Fleurs en ombelles ou en corymbes.*

2 **S. à feuil. d'orme.** *S. ulmifolia* Scop. *S. chamœdrifolia* Jacq. Arbriss de 1 mètre, à feuil. planes, ovales-lanc., aiguës, finement dentelées-ciliées; en juin-juillet, fl. blanches en corymbes presque hémisphériques, terminaux; sépales réfléchis. Sibérie, 1790.

3 **S. flexueuse.** *S. flexuosa* Fisch. *S. Alpina* Hort. Arbrisseau de 1m,30, à feuilles lancéolées, glabres, dentelées dans la moitié supérieure; en juin-juill., fl. blanches en corymbes. Europe, 1830.

4 **S. admirable.** *S. bella.* Sims. Arbrisseau de 0m,60, à tiges glabres, rousses; feuil. ovales, aiguës, finement dentelées, toment. blanches en dessous; en juill.-août, fl. rouges; sépales étroits réfléchis. Népaul, 1820.

5 **S. à feuil. de germandrée.** *S. chamœdrifolia* Lin. Arbriss. de 0m,50, à feuil. glabres, ovales, incisées-dentelées au sommet; en juin-juill., fl. blanches en corymbes hémisphériques; pédonc. grêles, allongés; sépales veinés, réfléchis. Hongrie, 1789.

Var. à feuil. oblongues. *S. chamœdr. oblongifolia* Camb. *S. oblongifolia* Waldst et Kit. Feuil. très étroites, très finement dentelées.

6 **S. à feuil. lancéolées.** *S. lanceolata* Poir. *S. Cantoniensis* Lour. Arbrisseau de 2 mètres environ, à feuil. lancéolées, glabres, obtusément dentelées, pâles en dessous; en juin-juill., fl. blanches en ombelles pauciflores, axill. sessiles. Chine, 1824. — Orangerie.

7 **S. blanchâtre.** *S. cana* Waldst. et Kit. Arbrisseau de 0m,50, à feuil. ovales, aiguës, très entières et légèrem.

dentées, velues-blanches; en juin-juill., fl. blanches en corymbes paucifl., lâches, rapprochées, formant une sorte d'épi; sépales étalés; style épais; fruits divergents légèrement velus. Hongrie, 1825.

8 **S. à feuil. trilobées.** *S. trilobata* Lin. Arbriss. de 1 mètre, à feuil. glabres, réticulées-veinées, arrondies, trilobées, à lobes crénelés; en mai, fl. blanches en corymbes ombelliformes, sépales ascendants, fruits glabres. Sibérie, 1801.

9 **S. à feuil. de millepertuis.** *S. hypericifolia* Dec. Espèce très polymorphe formant un arbrisseau de 1m, 50 environ; feuilles obovales-oblongues, à 3-4 nervures pennées, entières ou dentées, glabres ou légèrement pubescentes; en avril-mai, fl. blanches en corymbes pédonculés ou en ombelles sessiles; pédicelles glabres ou pubescents; sépales ascendants. Europe et Amérique, 1640.

Var. à feuil. aiguës: *S. hyp. acuta* Ser. *S. acutifolia* Willd. *S. Siberica* Hort. Par. Feuil. spatulées, allongées, aiguës, très entières, rarem. à 2-3 dents, glabres; fl. en corymbes sessiles.

Var. à feuil. crénelées: *S. hyp. crenata* Ser. *S. obovata* Waldst. et Kit. *S. crenata* Lin. Feuil. obovales, crénelées au sommet, légèrem. pubescentes; fl. en corymbes sessiles; pédonc. pubescents.

10 **S. en corymbiforme.** *S. corymbosa* Rafin. Arbriss. de 0m, 50, à feuil. ovales-oblongues, inégalem. dentelées, glabres de 2 couleurs; en juil.-août, fl. blanches rassemblées en corymbes terminaux; 3 pistils. Virginie, 1819.

***Fleurs en panicules.*

11 **S. à feuil. de bouleau.** *S. betulæfolia* Pallas. *S. cratægifolia* Link. Arbrisseau de 0m, 60, à feuil. glabres, brièvem. pétiolées, largem. ovales dentelées; en juin-juill., fl. roses en panicules fastigiées; 5 follicules glabres. Sibérie, 1812.

12 **S. à feuil. lisses.** *S. lævigata* Lin. *S. Altaicensis* Laxm. Arbriss. de 1m,30, à feuil. très lisses, obovales-oblongues, très entières, mucronées, sessiles; en avril-juin, fl. rouges en panicules cylindr., garnies de bractées linéaires égalant à peu près le calice; sépales triangulaires ascendants. Sibérie, 1774.

13 **S. à feuil. de saule.** *S. salicifolia* Lin. Arbrisseau de 1m, 60, à tiges et pédonc. glabres; feuil. lanc., doublement dentelées, glabres; en juin-août, fl. roses en panicules; sépales triangulaires, étalés; fruits glabres. Sibérie, 1820.

14 **S. tomenteuse.** *S. tomentosa* Lin. Arbriss. de 1m,50, à ram. et pédonc. tomenteux roux; feuil. ovales, doublement dentelées, tomenteuses en dessous; en juin-août, fl. roses en panicules; sépales triangulaires, tomenteux extérieurem.; fruits tomenteux, divariqués. Canada, 1736.

15 **S. à feuil. d'alouchier.** *S. ariæfolia* Smith. Arbrisseau de 2 mètres, à ram. retombants; feuil. ellipt.-oblongues, dentées ou à 3lobes, pâles, velues en dessous; en juin-juill., fl. blanches en belles et larges panicules velues. Amér. sept., 1827.

16 **S. en panicules lâches.** *S. laxiflora* Lindl. Arbriss. à rameaux grêles, cylindr. velus; feuil. glabres, longuem. pétiolées, ovales, crénelées, glauques en dessous; en juin-juill., fl. en panicules lâches, velues; pétales réfléchis. Indes orient., 1840. — Orangerie.

17 **S. à feuil. de vacciniè.** *S. vacciniifolia* Don. Arbrisseau de 1 mètre, à ram. flexueux; feuil. ovales ou ellipt. aiguës, glabres, glauques en dessous, dentelées ou incisées dentées vers le sommet; en juin-août, fl. blanches en cymes lâches tomenteuses. Népaul, 1824. — Orangerie.

18 **S. décombant.** *S. decumbens* Koch. *S. flexuosa* Reich. Arbuste très rameux de 0m,60, ascendants; feuil. glabres, pétiolées, obovales, inégalem. dentelées, à base cunéiforme entière; en juin-juill., fl. blanches en corymbes pédonculées, lâches; carpelles glabres. Montagnes du Frioul.

19 **S. de Douglas.** *S. Douglasii* Hook. Arbrisseau de 1m,50, à jeunes ram., pédonc. et face supér. des feuil. blanc-tomenteux; feuil. oblongues ou ellipt. inégalem. dentelées vers le sommet; en juin-juill., fl. rose, lilacé, petites, disposées en panicules denses, oblongues,

obtuses; étam. deux fois plus longues que les pétales; 5 carpelles glabres et luisants. Orégon, 1840.

20 **S. fendue.** *S. fissa* Lindl. Arbriss. poilu à ram. anguleux; feuil. obovales-cunéaires, incisées-dentelées, glabres en dessus; en juin-juill. fl. en panicules lâches, tomens. terminales; calice bibractéolé, de la long. des pétales finement pubescents. Nouvelle-Grenade, 1838. — Orangerie.

3e Section. **Sorbaria** Ser. *Fleurs hermaphrodites en panicules thyrsoïdes; 5 ovaires soudés.—Arbriss. à feuil. pennatiséquées munies de stipules.*

21 **S. à feuil. de sorbier.** *S. sorbifolia* Lin. *S. pinnata* Moench. Arbriss. de 1m,30, à feuil. pennatiséquées; segments sess., opposés, lancéolés, finement dentelés; en août, fl. blanches en panicules. Sibérie, 1817.

4e Section. **Aruncus.** *Fleurs unisexuées; 5 ovaires distincts, pendants. — Herbes à feuilles tripennatiséquées sans stipules.*

22 **S. barbe de bouc.** *S. aruncus* Lin. Tiges de 1 mètre et plus; segments des feuil. acuminés, le terminal ovale, les latéraux lancéolés; en juin-juill., fl. blanches très nombreuses; fruits glabres. Sibérie, 1633.

5e Section. **Ulmaria.** *Fleurs hermaphrodites en cymes ombelliformes; ovaires dressés. — Herbes à feuilles pennatiséquées munies de stipules.*

23 **S. ulmaire. Reine des prés.** *S. ulmaria* Lin. *Ulmaria pratensis* Moench. Tiges de 0m,60; feuil. irrégulièrement pennatiséquées, blanches, tomenteuses en dessous, à segment terminal très grand, trilobé; en juin-oct., fl. blanches à sépales réfléchis; style allongé, fruits glabres composés de carpelles contournés en spirale. Indigène.

Var. à fleurs doubles.

24 **S. lobée.** *S. lobata* Murr. *S. palmata* Lin. Tiges de 0m,60, à feuil. pennatiséquées, glabres en dessous, les infér. palmatiséquées; stipules réniformes; en juill.-août, fl. rouges à sépales réfléchis; styles très courts; fruits composés de carpelles glabres, parallèles non courbés. Sibérie, 1765.

25 **S. digitée.** *S. digitata.* Willd. *S. palmata.* Pall. Tiges de 0m,60; feuil. pennatiséquées, toment. en dessous; segment terminal très grand à 7 lobes, les latéraux à 5; en juill.-août, fl. rouges en corymbes rameux; style très épais, capité; fruits composés de carpelles parallèles velus. Sibérie, 1823.

26 **S. filipendule.** *S. filipendula* Lin. *Filipendula vulgaris* Moench. Racines tubéreuses; tiges de 0m,60; feuil. irrégulièrement pennatiséquées, à segments oblongs-linéaires, aigus, dentés; stipules presque réniformes, amplexicaules, dentées; en juin-octobre, fleurs blanches en corymbes lâches; sépales réfléchis; carpelles nombreux, parallèles, velus; stigm. capité. Indigène.

Culture. — A la rigueur, toutes les spirées peuvent être livrées à la pleine terre sous le climat de Paris. Pour les espèces d'orangerie il suffirait de les couvrir d'un peu de paille durant l'hiver, afin de les mettre à l'abri des plus fortes gelées. On les multiplie très facilement de drageons, marcottes et même de boutures, pour les espèces ligneuses. Cependant la 15e est assez rebelle à ce dernier mode de multipl., il est plus facile de la multiplier de graines qu'elle mûrit tous les ans. On les sème aussitôt la récolte, dans des terrines de terre de bruyère; on doit les recouvrir très peu. L'hiver on rentre ces terrines sous châssis, et lorsque, au printemps, les graines commencent à lever, on les place à mi-ombre. Les plants sont bons à être repiqués au printemps suivant. Les espèces herbacées se multiplient facilement par la séparation des touffes. En général ces plantes se plaisent beaucoup mieux dans les terrains humides et ombragés, que dans les terrains secs et exposés au soleil. La plupart sont de jolis arbriss. formant, sous les ciseaux du jardinier, de très beaux buissons. Comme économie domestique et médicale, ces plantes sont peu usitées; les racines de la *S. ulmaire* sont astringentes; on a employé, dit-on, les tubercules de la filipendule, comme alimentaires dans les moments de besoin.

GILLÉNIE. *GILLENIA* Moench. [à Gillénie, botaniste]. — Calice tubuleux-campanulé, rétréci au sommet, à

5 divis.; 5 pétales linéaires-lanc., un peu inégaux; 10-15 étam. renfermées dans le tube du calice; 5 ovaires surmontés d'un style filiforme, dressé, capité au sommet; le fruit est composé de 5 carpelles légèrem. soudés, formant ainsi une capsule à 5 loges, contenant chacune 2 graines.

1 **G. trifoliée.** *G. trifoliata* Moench. *Spiræa trifoliata* Lin. Herbe vivace de 0m,60, à feuil. composées de 3 folioles ou segments pétiolulés, dentelés; stipules linéaires acuminées, entières; en juin-août, *fl.* blanches, grandes, à pétales bordés de rose, longuem. pédicellées, axillaires et terminales. Amér. sept., 1713.—Cette élégante plante exige la terre de bruyère un peu humide et de l'ombre; elle passe très bien en pleine terre.

FAMILLE LXXX — POMACÉES (Rosacées Juss.).

Arbres ou arbriss. à bourgeons écailleux; feuil. alternes, simples, munies de stipules libres, le plus souvent caduques. Fleurs hermaphrodites, régulières; calice soudé avec l'ovaire à 5 divisions ordinairement persistantes; corolle à 5 pétales insérés à la gorge du calice, sur un petit disque très mince; 15-30 étam. distinctes, insérées au même point que les pétales; ovaire infère, ordinairement à 5 loges, *quelquefois moins*; ovules ascendants insérés à l'angle interne de chaque loge; styles, ordin. 5, distincts ou plus ou moins soudés à la base; stigm. entier. Fruit charnu ou pulpeux, ombiliqué ou couronné par les divisions du calice, à 5 loges mono ou dispermes, ou quelquefois à un ou plusieurs noyaux osseux (baie ou mélonide).

COGNASSIER. *CYDONIA* Tourn. (de *Cydon*, ville de l'île de Candie, d'où ces arbres sont originaires]. — Calice à 5 divis. presque foliacées; 5 pétales presque orbiculaires; 5 styles; fruit cotonneux pyriforme à 5 loges, contenant chacune 10-15 graines.

1 **C. commun.** *C. vulgaris* Pers. *C. Europæa* Sav. *Pyrus Cydonia* Lin. Arbre de 6-7 mètres, à feuil. ovales, très entières, toment. en dessous; en mai-juin, fl. blanches, grandes, solit., à calice tomenteux. Autriche, 1573.

Variétés.

- C. à fruits globuleux en forme de pomme. *C. vulgaris maliformis* Mill.
- C. de Portugal. *C. vulg. Lusitanica* Mill. Feuilles plus larges et fruits plus gros que l'espèce.
- C. à feuil. ovales et oblongues. *C. vulg. oblonga* Mill.

2 **C. de Chine.** *C. Sinensis* Thouin. *Pyrus Sinensis.* Poir. Arbre de 5 mètres, à feuilles ovales, acuminées aux deux bouts, dentelées, à dents aiguës, glabres, mais velues dans la jeunesse; stipules oblongues-linéaires, dentelées, à dents glanduleuses; en mai-juin, fl. blanches ou roses; calice glabre, à divis. foliacées. 1818.

3 **C. du Japon.** *C. Japonica* Pers. *Pyrus Japonica* Thunb. *Chænomeles Japonica* Lindl. Arbuste de 1 mètre à 1m,50; feuil. ovales, presque cunéaires, crénelées, dentelées, glabres; stipules réniformes, dentelées; en février-juin, fl. rouges, solit. ou fasciculées; calice glabre, à divis. courtes, très entières, obtuses. 1815.

Var. **à fl. blanches ou roses.**

4 **C. des Indes.** *C. Indica* Wall. *Cratægus Nepalensis* L. Nois. *Pyrus Nepalensis* Ann. fl. et Pom. Petit arbre à ramules spinescentes; feuil. longuem. pétiolées, ovales ou ovales-lanc., aiguës ou longuem. acuminées, dentelées, un peu velues dans la jeunesse, glabres ensuite; en mars-mai, fl. blanches, en corymbes simples, à pétales concaves; fruits petits, pyriformes. 1820. — Orangerie.

Culture. — A la rigueur, tous les cognassiers sont de plein air. La première espèce, cultivée dans le Midi pour ses fruits, aime les terrains légers et frais. Dans le Nord, ce n'est guère que pour obtenir des sujets propres à recevoir la greffe des poiriers qu'elle est cultivée. On sème le cognassier, aussitôt la récolte des fruits, dans une bonne terre ameublie, afin d'avoir des jeunes plants au printemps suivant; on peut encore le multiplier par marcottes ou en buttant les pieds pour en obtenir des scions enracinés. La 2e espèce se multiplie de marcottes, boutures et par la greffe sur le cognassier commun. La taille de ces arbres consiste seulement à les débarrasser du bois mort. — Le coing est un fruit très propre à la confection de marmelade, conserve, etc. On doit préférer pour cet usage le coing de Portugal, qui est pyriforme, plus gros et très charnu. Jusqu'à présent, il a été impossible de tirer parti des fruits du coing de la Chine; ils ne mûrissent pas sous le climat de Paris. Le *Cydonia Japonica* est un joli petit arbuste, très recherché des amateurs pour l'ornement des massifs de printemps. Les fleurs commencent souvent à se développer vers le mois de février et se succèdent jusqu'au mois de juin. Sous le climat de Paris, ce charmant arbriss. ne souffre pas des gelées de 15° centigrades. Il est moins difficile sur le terrain que les deux premières espèces; cependant il prospère mieux dans les bonnes terres franches, légères et profondes, et dans la terre de bruyère. On le multiplie de marcottes, qui mettent quelquefois deux ans à prendre racines, et de greffes sur l'espèce commune; mais ce mode réussit mal : on ne les voit jamais vivre plus de 2 ou 3 ans. Le moyen le plus prompt et le plus certain est par bouture de racines. On extrait des plus gros pieds des racines qu'on coupe par tronçons de 12 à 15 centim.; on les plante dans des pots en laissant sortir seulement au-dessus de la terre 8-10 mill.; on place les pots sur couche tiède ou châssis; 8 ou 10 jours après cette opération, les bourgeons commencent à se développer, et, à l'automne suivant, on a de très beaux pieds. La 4e espèce se multiplie très facilement de boutures faites avec de jeunes ram. pendant l'été sous cloches ombragées et sur couche tiède.

POIRIER. *PYRUS* Lin. [de *peren*, nom celtique]. — Calice tubuleux, urcéolé, à 5 divis.; 5 pétales orbiculaires; styles ordin. au nombre de 5, rarement 2-3; fruit (pomme ou mélonide) à 5 loges contenant chacune 2 graines à testa cartilagineux.

1re Section. — **Poirier vrai.** *Pyrus* Tourn. — *Feuil. simples, non glanduleuses; fl. en ombelles simples; pétales planes; 5 styles distincts; fruit plus ou moins turbiné, non ombiliqué à la base, ombiliqué au sommet et couronné par les divis. persistantes du calice; loges contenant 2, rarement une seule graine.*

1 **P. de Bollwyllerie, P. cotonneux.** *P. Bollwylleriana* Dec. *P. Bollwcria* Lin. Arbre de 5 mètres, à feuil. ovales, grossièrement dentelées, toment. en dessous, ainsi que les bourgeons; en avril-juin, fl. blanches, en corymbes multiflores. Allemagne, 1786.

2 **P. à feuil. de sauge, P. sauger.** *P. salvifolia* Dec. Arbre de 5 mètres, à bourgeons toment.; feuil. lancéolées, très entières, toment. en dessous et veloutées en dessus dans la jeunesse, devenant glabres à l'état adulte; en mai-juin, fl. blanches.

3 **P. amygdaliforme.** *P. amygdaliformis* Vill. *P. sylvestris* Magn. *P. salicifolia* Lois. Arbre de 5 mètres, épineux, à bourgeons toment.; feuil. oblongues-aiguës, très entières, toment. en dessous, veloutées en dessus dans la jeunesse, devenant glabres à l'état adulte; pétiole 6 fois plus court que le limbe; en mai-juin, fl. blanches. Europe mérid., 1810.

4 **P. à feuil. d'éléagnus.** *P. Elæagnifolia* Pall. *P. orientalis* Horn. Arbre de 6-7 mètres, à feuil. oblongues-lanc., aiguës, très entières, toment. sur les 2 faces, à limbe à peine plus long que le pétiole; en mai-juin, fl. blanches. Sibérie, 1806.

5 **P. à feuil. de saule.** *P. salicifolia* Lin. Arbre de 6-7 mètres, à bourgeons toment.-blancs; feuil. linéaires-lanc., aiguës, très entières, blanches-toment. en dessous, à limbe 3 fois plus long que le pétiole; en mai-juin, fl. blanches, briév. pédicellées, en corymbes pauciflores. Russie, 1780.

6 **P. du mont Sinaï.** *P. Sinaica* Thouin. *P. Persica* Pers. Arbriss. de 6-7 m., à bourgeons pubesc., blancs; feuil. ovales-oblongues, faiblement cré-

nelées, aiguës, blanches-pubesc. en dessous, glabres, un peu luisantes en dessus; en mai-juin, fl. blanches; fruits presque globuleux. 1820.

7 **P. commun.** *P. communis* Lin. Arbre de 6-7 mètres, à bourgeons et rameaux glabres; feuil. ovales, dentelées, glabres sur les 2 faces; en avril, fl. blanches, rassemblées en corymbes. Europe.

Variétés et hybrides jardinières.

Petit muscat, Sept-en-Gueule. Fruit très petit, précoce, peau unie, jaune-rouge-brun; chair demi-beurrée et musquée; fin de juin.

Amiré-Joannet, Petit Saint-Jean. Fruit petit, jaune-citron, à chair tendre; fin de juin.

Muscat Robert, Gros Saint-Jean musqué. Fruit plus gros que les précédents; peau unie, jaune; chair tendre, sucrée; mi-juillet.

Petit blanquet, Poire à perle. Fruit petit, en forme de perle, jaune très pâle, demi-cassant, musqué; fin de juill.

Blanquette à longue queue. Fruit petit, pyriforme, blanc, demi-cassant, sucré, parfumé; commenc. d'août.

Blanquet, Gros blanquet, Roi Louis. Fruit moyen, pyriforme, blanc et rouge clair, cassant, sucré; fin de juillet.

Magdeleine. Fruit moyen, en forme de toupie, vert clair, fondant, parfumé; juillet.

Cuisse-Madame. Fruit moyen, allongé, vert et roux, demi-beurré, un peu musqué; fin de juillet.

D'Espagne, Beau présent, Grosse cuisse-madame. Fruit moyen, très allongé, vert, fondant; fin de juillet.

Bellissime d'été, Suprême. Fruit gros, en forme de calebasse, jaune pâle; chair blanche, demi-beurrée, parfumée; fin de juillet.

Bellissime d'automne, Vermillon, Suprême, Petit certeau. Fruit moyen, plus allongé que le précédent, rouge foncé, cassant, demi-fondant, sucré; fin d'octobre.

Bellissime d'hiver. Fruit gros, presque rond, jaune et rouge, tendre; février-mai.

Bourdon musqué, ou Orange d'été. Fruit petit, rond, vert clair, cassant, musqué; juillet.

Ognonet, Archiduc d'été, Amiré roux, Poire ognon. Fruit moyen, en forme de toupie, jaune et rouge vif, demi-cassant, goût de rose; commencem. d'août.

Salviati. Fruit moyen, rond, jaune et rouge clair, demi-beurré, sucré, très parfumé; août.

Orange d'été ou Musquée. Fruit moyen, rond, boutonné, jaune et rouge clair, cassant, musqué; août.

Orange tulipée, Poire aux mouches. Fruit moyen, vert et brun, turbiné, rayé de rouge clair et marbré de gris, demi-cassant; commencement de septembre.

Orange rouge d'automne. Fruit moyen, rond, gris et rouge vif, cassant, sucré et musqué; août.

Orange d'hiver. Fruit moyen, rond, boutonné, vert, cassant, musqué; février-mars.

Rousselet hâtif, Poire de Chypre, Perdreau. Fruit petit, pyriforme, jaune et rouge vif, taché de gris, demi-cassant, sucré, très parfumé; mi-juillet.

Gros rousselet, Roi d'été. Fruit moyen, pyriforme, vert foncé et rouge brun, demi-cassant, parfumé; septembre.

Rousselet de Reims, Petit rousselet. Fruit tardif, petit, vert foncé et rouge brun, demi-beurré, fin, parfumé; fin d'août.

Rousselet d'hiver. Fruit petit, vert foncé et rouge brun, demi-cassant; février et mars.

Sans peau, Fleurs de guignes. Fruit moyen, pyriforme, vert et jaune, tacheté de rouge, fondant, parfumé; commencement d'août.

Belle de Bruxelles. Fruit gros, allongé en calebasse, blanc jaunâtre, chair fondante, parfumée; mi-août.

Napoléon, Poire médaille. Fruit gros, assez semblable au bon chrétien d'hiver; chair fondante; septembre et novembre.

Cassolette, Muscat vert, Friolet, Lèche friand. Fruit petit, vert clair et rouge pâle, cassant, tendre, sucré, musqué; fin d'août.

Épine d'été, Fondante, Musquée, Satin vert. Fruit moyen, pyriforme, allongé, vert, très musqué; commencement de septembre.

Robine, Royale d'été. Fruit en bouquet, moyen, en forme de toupie, court, jaune piqueté, demi-cassant, sucré, musqué; août.

Épine rose. Fruit gros, sphérique, jaune et rouge clair, demi-fondant, musqué, sucré; août.

Épine d'hiver. Fruit gros, allongé, vert pâle, fondant, doux; novembre et janvier.

Bon chrétien d'été. Fruit moyen, en forme de coing, jaune et rouge léger, cassant; fin d'août.

Bon chrétien musqué. Fruit petit, très bon.

Gros bon chrétien, Gracioli d'été. Fruit gros, pyramidal, tronqué, bossué, jaune, demi-cassant, sucré, très succulent; commencement de septembre.

Bon chrétien d'Espagne. Fruit très gros, pyramidal, jaune et beau rouge, cassant, doux; novembre et déc.

Bon chrétien d'hiver, Poire d'angoisse. Fruit gros; peau épaisse, unie, jaune verdâtre; chair ferme, grenue, sucrée; octobre.

Bon chrétien d'Auch. Fruit plus beau et meilleur que le précédent.

Bon chrétien de Vernois. Fruit de la forme et de la grosseur du bon chrétien d'hiver; chair plus fondante, meilleure, sans pierres; peau mince et jaune.

Bon chrétien spina. Fruit plus ramassé que le bon chrétien d'hiver.

Bon chrétien de Bruxelles. Beau et bon fruit; mûrit en mars.

Bon chrétien turc. Fruit parfumé, le plus beau et le plus gros de tous les bons chrétiens.

Ananas. Fr. ayant la forme du doyenné, un peu bossué; peau jaune ponctué; chair fine, fondante, sucrée; septembre.

Tougard. Fruit ovale, gros, jaune, lavé et fouetté de safrané; chair blanche, très fine, très fondante, sucrée; septembre.

Beurré gris. Fruit gros, varié en couleur, fondant.; très beurré; fin septembre.

Beurré royal. Fruit plus gros, plus coloré que le beurré ordinaire, et non moins bon; septembre-octobre.

Beurré d'Arenberg. Fruit très beau et bon, verdâtre, de la forme et de la grosseur du beurré gris; novembre et décembre.

Beurré d'Amanlis. Fruit gros, ventru, ayant un peu la forme de la calebasse, ponctué de rouge; chair fondante, sucrée; septembre.

Beurré d'Ardenpont. Fruit très beau, allongé, ventru, jaune clair; chair fondante sucrée et parfumée; septembre.

Beurré de Coloma. Fruit moyen, très bon; commencem. de septembre.

Angleterre, Beurré d'Angletere. Fruit ordinairement moyen; ovoïde allongé, gris, demi-beurré, fondant et succulent; septembre.

Beurré de Montgeron. Fruit moyen, très bon; fin d'août.

Beurré noiré. Fruit moyen de 1re qualité; fin de septembre.

Beurré Dumoutier. Fruit gros, excellent; fin d'octobre.

Espérine. Fruit moyen, oblong, obtus; peau jaunâtre; chair fondante, parfumée, sucrée; mi-septembre.

Poire Sicker, Sicker Pear (des Américains). Fruit ayant la forme d'un petit doyenné et la couleur d'un rousselet; chair blanche, fine, fondante, parfumée; fin de septembre.

Beurré de Rans. Fruit gros, allongé, obtus, bossué; peau jaune verdâtre, ponctuée; chair demi-fondante, un peu âpre; octobre.

Beurré Saint-Quentin. Fruit en forme de toupie, de 6-8 cent. de haut., peau jaune, lavée de rouge; chair blanche, fine, fondante, sucrée; septembre.

Angleterre d'hiver. Fruit moyen pyriforme, jaune citron, doux, un peu sec; de décembre à février.

Urbaniste. Fruit ayant la forme du doyenné; peau jaune, marbrée de roux; chair blanche, fondante, sucrée; septembre et octobre.

Doyenné d'été. Fruit ayant la forme

du doyenné ordinaire, mais plus petit, jaune clair, quelquefois rouge du côté du soleil; chair fondante, acidulée; juillet et août.

Doyenné blanc, Beurré blanc, Saint-Michel. Fruit gros, presque rond, jaune, très sucré ; mi-septembre.

Doyenné roux. Fruit moyen, roux, beurré, fondant ; octobre-novembre.

Doyenné d'hiver, Bergamotte de la Pentecôte. Fruit gros, à peau couverte de taches brunes; chair fondante, très bonne ; novembre à mai.

Doyenné gris d'hiver. Fruit moyen, très bon; janvier.

Doyenné d'hiver d'Alençon. Fruit moyen de 2e qualité ; mars, avril, mai.

Bergamotte d'été, de la Beuvrière, Milan blanc. Fruit gros, en forme de toupie, vert gai et roux, demi-beurré, presque fondant; commencem. de septembre.

Bergamotte d'Angleterre. Fruit ayant la forme, la grosseur et la couleur de la crassane, mais la queue grosse et courte du doyenné; chair blanche, fine, fondante, sucrée, parfumée ; fin de septembre

Bergamotte d'automne. Fruit gros, en forme de toupie, jaune et rouge-brun, beurré, sucré, doux, parfumé; d'octobre à décembre.

Bergamotte suisse. Fruit moyen, en forme de toupie, rayé de vert, de jaune et de rouge, beurré, fondant, sucré; octobre.

Bergamotte sylvange. Fruit moyen, en forme de toupie, vert, fondant; novembre et décembre.

Bergamotte de Pâques ou d'hiver. Fruit gros, court, forme de toupie, vert, piqueté de gris, demi-beurré; janvier-mars.

Bergamotte de Hollande, d'Alençon. Fruit très gros, aplati, jaune clair, demi-cassant.

Bergamotte-Crassane, Crassane. Fruit rond, gros ou moyen, gris vert, très fondant, sucré ; octobre.

Cassante de Brest, Cheneau. Fruit moyen, forme de toupie, allongé, vert gai et rouge clair, cassant, sucré; commencement de septembre.

Olive. Fruit moyen, très bon, fondant; septembre.

Noisette. Fruit ventru, haut de 55 millimètres, obtus du côté de la queue ; peau épaisse, d'un jaune clair finement ponctué de roux ; chair blanche, beurrée, fondante, sucrée ; octobre.

Figue. Fruit moyen, allongé, vert-brun, fondant, sucré ; commencement de septembre.

Verte-longue, Mouille-bouche, Muscat fleuri. Fruit gros, allongé, vert, fondant, doux, sucré ; commencement d'octobre.

Sucré-vert. Fruit moyen, ovale, vert, beurré, sucré ; fin d'octobre.

Noir-grain. Fruit moyen, changeant beaucoup ; septembre.

Saint-Michel-Archange. Fruit très gros, jaune à la maturité, à peine ponctué; chair blanc-jaunâtre, fine, fondante, sucrée ; commencem. d'oct.

Saint-Lezin, Poire de curé. Fruit gros, conique, haut de 14 à 16 cent., lisse, blanc-jaunâtre; chair un peu pâteuse, peu savonneuse ; novembre.

Angélique de Bordeaux, Saint-Marcel, Gros-Franc-Réal. Fruit gros, turbiné, à longue queue, plus pâle que le précédent, peu fondant à sa maturité, doux, sucré ; janvier-février.

Angélique de Rome. Fruit moyen, fondant, très bon ; automne.

Calebasse, Bosc. Fruit gros, allongé en calebasse, roux-doré, fondant, très bon ; septembre et octobre.

Jargonelle. Fruit moyen; en forme de toupie, luisant, jaune, demi-cassant, musqué ; commenc. de septembre.

Messire-Jean, Chaulis. Fruit moyen, presque rond, gris ou roux, cassant, sucré, quelquefois pierreux ; oct.

Sieulle. Fruit moyen, forme crassane, plus renflée vers la base, queue longue, placée dans un enfoncement entouré de quelques petits lobes ; peau fine, jaune-citron, légèrement lavée de rouge du côté du soleil ; chair demi-fondante, sucrée ; octobre et novembre.

Bezy de Chaumontel. Fruit gros, varié de forme et de couleur, demi-beurré, fondant, sucré ; de nov. à janv.

Bezy de la Motte. Fruit gros, renflé à sa base, roux, très coloré du côté du soleil, piqueté de gris, cassant et sucré; octobre-novembre.

Bezy de Montigny. Fruit moyen, forme de doyenné, jaune, très fondant, musqué; commencement d'octobre.

Frangipane. Fruit moyen, long, renflé au milieu, beau jaune, demi-fondant, doux, sucré; fin d'octobre.

Jalousie. Fruit gros, allongé, renflé, boutonné, roux, très beurré, sucré; fin d'octobre.

De rateau. Fruit très gros, forme de toupie, blanc-verdâtre d'un côté, rougeâtre de l'autre, parsemé de points roussâtres; chair ferme, cassante, un peu sucrée; fin de déc.

De jardin. Fruit gros, rond, boutonné, jaune d'un côté, roux de l'autre, cassant, sucré; décembre.

Rousseline. Fruit petit, pyriforme, couleur plus claire que celle du précédent, demi-beurré, sucré, musqué; novembre.

Marquise. Fruit gros, pyramidal, allongé, jaune, beurré, fondant, doux, sucré; novembre et décembre.

Mansuette solitaire. Fruit gros, pyramidal, peu régulier, vert et jaune, demi-fondant.

Martin-Sire, Ronville. Fruit moyen, beau, pyriforme, vert clair, cassant, doux et sucré; janvier.

Martin-Sec, Rousselet d'hiver. Fruit moyen, pyriforme-allongé, cassant, sucré; de novembre à janvier.

Sabine, Jaminette. Fruit moyen, renflé vers la base; peau verdâtre, marquée de points gris, nombreux; chair fondante, très parfumée; de décembre à février.

Sageret. Fruit en forme de toupie, vert, ponctué de brun, de 18-25 cent. de circonfér., chair fondante, douce, sucrée, peu parfumée; de décembre à mars.

Virgouleuse, de Virgoule. Poire-glace. Fruit gros, allongé, jaune tendre, beurré; novembre-février.

Saint-Germain. Fruit pyramidal, allongé, vert, fondant, souvent pierreux; octobre.

Pastorale, Musette d'automne, petit Rateau. Fruit gros, très allongé, jaune semé de roux, demi-fondant, un peu musqué; d'oct. à déc.

Lansac, Satin, Dauphine. Fruit moyen, presque rond, jaune, fondant, sucré, d'octobre à janvier.

Duchesse-d'Angoulême. Fruit gros, ventru, bossué, rétréci aux deux bouts, obtus, lavé de rouge du côté du soleil; chair fondante vineuse; oct. et novembre.

Bonne Ente. Fruit moyen, très bon; décembre.

Royal d'hiver. Fruit gros, pyriforme, jaune clair et rouge, demi-beurré, fondant, sucré; décembre et février.

Echassery, Bezy de Chassery. Fruit gros, ovale, jaune clair et rouge, fondant, sucré; de nov. à janvier.

Ambrette. Fruit moyen, rond, blanchâtre, fin, fondant, sucré; nov. à février.

Franc-Réal. Fruit gros, renflé vers le milieu, vert-jaune, plaqué et piqueté de roux; octobre.

Bezy de Caissoy, Roussette d'Anjou. Fruit petit, presque rond, jaune-brun, tendre, beurré, sucré; novembre et décembre.

Double-Fleur ou Arménie. Fruit gros, rond, jaune.

Colmar, Poire-Manne. Fruit très gros, pyramidal, tronqué, vert et rouge léger, beurré, fondant, sucré; de janvier à mars.

Colmar doré. Fruit plus allongé que le précédent, fondant, très bon; mars.

Colmar d'été. Fruit de moyenne grosseur, forme de toupie; septembre-octobre.

Passe-Colmar. Fruit gros, un peu allongé, à peau jaune-citron et piquetée; chair succulente, fondante, beurrée, très sucrée; de décembre à février.

Wilhelmine. Fruit ayant la forme du doyenné, ponctué de gris dans l'ombre, lavé de rouge du côté du soleil; chair blanc jaunâtre, beurrée, sucrée, parfumée; février-mars.

De Saint-Père. Fruit gros comme le précédent, plus coloré; mars.

Louise-Bonne. Fruit ressemblant au

Saint-Germain, gros, blanc, demi-beurré ; décembre et janvier.

Louise-Bonne d'Avranche. Fruit gros, allongé, ventru, ponctué; chair fine, très fondante, sucrée ; commencem. d'octobre.

Catillac. Fruit très gros, obtus, jaune et rouge-brunâtre; de novembre à avril.

D'une livre, Gros Rateau gris. Fruit très gros, aplati dans sa longueur, vert-jaunâtre, pointillé de roux; janvier-février.

Trésor d'Amour. Fruit très gros, allongé, renflé au milieu, jaune-citron tendre, doux; de décembre à mars.

De Tonneau. Fruit très gros, forme de tonneau, jaune et rouge vif; février-mars.

Chaptal. Fruit gros, pyramidal, vert jaunâtre.

De Naples. Fruit moyen, forme de calebasse, jaune, lavé de brun, demi-cassant, doux; février-mars.

Chat-brûlé. Fruit moyen, pyriforme, allongé, jaune et beau rouge vif; février-mars.

Sarrazin. Fruit moyen, brun, pointillé de gris et de jaune, presque beurré, sucré, parfumé.

Sanguine d'Italie. Fruit petit, grisâtre, rugueux ; chair cassante, marbrée de carmin.

Muscat-Lalleman. Fruit très gros, ventru, gris et rouge, beurré, fondant, musqué; mars-avril.

Fortunée. Fruit moyen, arrondi, gris, à chair beurrée, fondante.

Joséphine de Malines. Fruit en forme de toupie, jaune marbré et taché de roux-clair, fin, fondant; mars.

Beurré gris d'hiver. Fruit presque rond, à peau douce, rousse, à peine ponctuée; chair blanche, très fine, fondante, sapide, légèrem. parfumée ; janvier.

Aken d'hiver. Fruit jaune mais presque tout couvert de roux, forme du doyenné allongé; chair blanc jaunâtre demi-cassante, sucrée ; janv.

Jean-Baptiste. Fruit à peau jaune, couvert de roux, forme du St.-Germain; chair blanche, fine, fondante, sucrée; janvier-février.

Beurré Stockmann. Fruit un peu allongé, forme de messire Jean, jaune tacheté de rouge ; chair blanc jaunâtre, un peu grenue, fondante, sucrée ; janvier-février.

Vrai Ambert. Fruit ayant la forme et la grosseur d'une forte mouille-bouche ; peau jaune recouverte d'une couleur fauve tirant sur le rouge; chair blanc jaunâtre, ferme, un peu grenue, fondante, sucrée, parfumée; février-mars.

Beurré Spin. Fruit de la forme et de la grosseur d'un moyen doyenné, roux, assez rude, à chair blanc jaunâtre, demi-fine, beurrée, fondante, sucrée, parfumée; octobre.

Curtet. Fruit ayant la forme d'une toupie, court, jaune pâle, tigré de gris-roux dans l'ombre, plus gros du coté du soleil, où il prend une teinte rougeâtre ; chair demi-fondante, légèrement parfumée; octobre.

Beurré Mérod. Fruit gros, allongé, ventru, obtus, jaune très marbré de roux ; chair blanc jaunâtre, fine, fondante, sucrée, acidulée ; oct.

Culture. — Les poiriers viennent à peu près dans tous les terrains, mais, comme tous les végétaux, ils se développent beaucoup mieux dans les terrains bien ameublis et fumés. Les sols humides leur sont souvent préjudiciables; ils se couvrent de lichens, de mousses qu'il faut avoir grand soin d'enlever, afin de faciliter la transpiration. Les variétés si nombreuses de poires ne pouvant se multiplier avec certitude que par la greffe ; on pratique cette opération, soit en fente, soit par écusson, sur franc ou sur coignassier. A ce sujet on sème les pépins des espèces qui servent à faire le poiré, au printemps, dans une terre bien meuble, soit à la volée, soit dans des sillons de 30 à 35 cent. de profondeur. On enterre les graines et on les couvre d'une couche de fumier, afin d'entretenir la fraîcheur de la terre. A l'automne on peut repiquer le jeune plant en pépinière, lorsque le terrain est sablonneux, ou en février-mars, si le terrain est argileux. Lorsqu'on veut obtenir des arbres d'une taille médiocre, on doit greffer en écusson à œil dormant sur des sujets de 2 ans; si on veut au contraire des arbres de haute taille, il faut pratiquer la greffe sur des sujets de 4 ans. Pour les individus qu'on destine à l'espalier, on peut greffer sur le coignassier du Portugal. Dans l'un ou l'autre cas, la greffe ne doit pas être placée à plus de 15 ou 20 cent. au-dessus du niveau du sol. Les poiriers à fruits précoces doivent être placés à l'exposition du levant, comme les poiriers à fruits d'hiver à celle du midi; les espèces greffées sur coignassier doivent être préférablement à l'exposition du levant ou du couchant. Pour obtenir de belles récoltes, il est nécessaire de fumer au moins tous les 3-4 ans, avec du fumier pourri, de vache pour les terrains légers, ou de cheval si la terre est froide ou compacte. L'importance de ces arbres est tout entière dans le fruit; la culture est donc pour beaucoup dans l'amélioration des espèces ou variétés, soit pour augmenter la quantité de sucre qu'on y trouve, soit pour en augmenter le volume. Les variétés qui conservent leur âpreté servent à faire une sorte de cidre, qu'on désigne sous le nom de *poiré*, tels sont les poiriers *Moque Friand*, *Gréal*, *Raguenet*, *de Chemin*, *de Branche*, *Sabot*, *le Sauget*, etc.

2e Section. — **Pommier.** Malus Tourn. — *Feuilles simples non glanduleuses; fleurs en ombelles; pétales plus étalés; 5 styles soudés à la base; fruit presque globuleux, plus ou moins déprimé, profondément ombiliqué à la base, au point d'insertion du pédicelle, ombiliqué au sommet et couronné par les divis. persistantes du calice; loges à 2, rar. 1 seule graine.*

8 **P. acerbe. Pommier à cidre.** *P. acerba* Dec. *Malus acerba* Mérat. *P. Malus sylvestris* Flor. Dan. Arbre de 6-7 mètres, à feuil. ovales aiguës, crénelées, glabres; en avril-mai, fl. blanches; calice glabre. Europe.

9 **P. de paradis.** *P. paradisiaca* Lin. *P. præcox* Pallas. *Malus paradisiaca* Spach. Arbre buissonneux, de 5-6 mètres, donnant un grand nombre de rejets; feuil. acuminées, les jeunes très cotonneuses, les adultes glabres en dessus, pubesc. en dessous; en avril-mai, fl. blanc-rosé; calice cotonneux, à divis. lanc.-linéaires plus longues que le tube; fruit petit, sphérique, déprimé et ombiliqué aux deux bouts; chair fade et cotonneuse. Russie Mérid.

10 **P. pommier. Pommier à couteau.** *P. Malus* Lin. *P. Malus mitis* Wallr. *Malus communis* Juss. Arbre de 6-7 mètres, à feuil. ovales aiguës, crénelées, laineuses en dessous; en avril-mai, fl. blanches en corymbes; calice laineux; styles glabres. Europe.

Variétés et hybrides jardinières.

Pomme Calville d'été, Passe-pomme, Grosse pomme Magdeleine. Fruit petit, conique, à côtes, blanc et beau rouge; chair sèche, de peu de saveur; juillet.

Passe-pomme rouge. Fruit petit, aplati, rouge léger et rouge vif; fin d'août.

Calville blanc d'hiver, Bonnet carré. Fruit très gros, à côtes, jaune pâle tirant sur le vert; chair fine, tendre, grenue, légère; octobre.

Calville rouge d'hiver. Fruit très gros, à côtes, rouge très foncé, chair presque rose, fine, légère, grenue, vineuse; fin de mars.

Postophe d'hiver, Brostorff ou Postdoff. Fruit très gros, excellent, beau comme la pomme de reinette du Canada.

Calville rouge d'automne. Fruit moyen, conique et rouge foncé; chair un peu teintée, sucrée, parfumée de violette.

De châtaignier. Fruit gros, allongé, rouge vif; octobre.

Cœur-de-bœuf. Fruit très beau, rouge vif; octobre.

Figue, Sans pépin. Fleurs sans pétales ni étamines; fruit moyen, allongé, vert-jaunâtre, ponctué, un peu acide; mars.

Violette ou des 4 goûts. Fruit moyen; février.

D'Astracan, Transparente de Moscovie. Fruit médiocre, mais très transparent.

Joséphine. Fruit très gros, jaune clair, un peu allongé; chair tendre, acidulée; nov. et décembre.

Fenouillet gris, Anis. Fruit bien fait,

couleur ventre de biche, tendre, à odeur de fenouil ou d'anis; décembre, février.

Fenouillet jaune, Drap d'or, Pomme caractère. Fruit moyen, bien fait, beau jaune, marqué de traits fins ressemblant à des lettres, chair délicate, ferme, douce; déc. et février.

Fenouillet rouge, Bardin, Azerolly. Fruit moyen, gris foncé et rouge-brun, plus ferme et plus sucré que l'anis; février-mars.

De Reinette franche. Fruit moyen, aplati, jaune, ferme, sucré; jusqu'en août.

Reinette d'Angleterre, Pomme d'or. Fruit moyen, de la couleur du fenouillet jaune, rayé de rouge, ferme, sucré; jusqu'en mars.

Reinette blanche. Fruit moyen, très abondant, jaune pâle, très odorant; jusqu'en mars.

Reinette dorée, ou rousse, ou jaune tardive. Fruit moyen, raccourci, à peau rude, gris clair, sur fond jaune; chair ferme, sucrée, peu acide. Jusqu'en mars.

Reinette rouge. Fruit gros, raccourci, jaune très clair et beau rouge, ferme, aigrelet, tardif.

Reinette de Hollande. Fruit gros, très bon; octobre-novembre.

Reinette de Bretagne. Fruit très beau, rouge foncé, vif, piqueté de jaune, ferme, sucré, peu acide; novemb.-décembre.

Reinette du Canada. Fruit très gros, à côtes, jaune lavé de rouge; chair caverneuse, non acide; jusqu'en février-mars.

Reinette d'Espagne. Fruit gros, allongé, à côtes relevées.

Reinette grise haute bonté. Fruit gros, aplati, gris, ferme, sucré, fin; jusqu'en février.

Reinette grise de Granville. Fruit très beau, excellente qualité.

Reinette de Caux. Fruit gros, comprimé, forme irrégulière comme les rambours, vert jaunâtre, acidulé; décembre à février.

Reinette princesse noble. Excellent et beau fruit, gros, aplati.

Pigeonnet, Cœur de pigeon, Museau de lièvre. Fruit moyen, allongé, rouge, rayé de rouge foncé, fin, doux; jusqu'en décembre.

Pigeon Jérusalem. Fruit petit, conique, rose changeant; chair fine, délicate, grenue, légère; jusqu'en février.

Rambour franc, Gros rambour. Fruit gros, aplati, à côtes, jaune pâle, rayé de rouge, léger, aigrelet; sept.-oct.

Rambour d'hiver. Fruit gros, aplati, à côtes, jaune pâle, rayé de rouge, acide; jusqu'en mars.

Api. Fruit fort petit, jaune pâle, beau rouge vif du côté du soleil, ferme, croquant; jusqu'en avril.

Api noir. Peau rouge, très brun.

Gros api, Pomme rose. Fruit plus gros, et à odeur de rose.

Court pendu, Capendu. Fruit petit, conique, à queue très courte, rouge pourpre et rouge brun, piqueté de fauve, aigrelet; jusqu'en mars.

De Lestre. Fruit gros oblong, rouge du côté du soleil; jusqu'en mai.

D'Eve. Fruit très gros, aplati, vert pendant longtemps, suintant une eau huileuse à la maturité, alors jaune; chair jaunâtre, tendre, sucrée; février à mai.

Doux d'Angers. Fruit moyen, vert roussâtre du côté du soleil; chair blanc très prononcé; acide doux.

Sucrin. Fruit aplati, vert clair, à chair fine, parfumée.

11 **P. d'Astracan.** *P. Astracanica* DEC. *Malus Astracanica* DUM.-COURS. Arbre de 6-7 mètres à feuil. ovales-oblongues, aiguës, doublement dentelées, pâles et velues sur les nervures de la face infér., glabres sur la supér.; en avril-mai, fl. blanches en corymbes; rachis légèrem. pubesc. 1810.

12 **P. à bouquet. P. de la Chine.** *P. spectabilis* AIT. *Malus spectabilis* DESF. *Malus Sinensis* DUM.-COURS. Arbre de 6-7 mètres, à feuil. ovales-oblong., dentelées, lisses; en avril-mai fl. rosées, grandes, élégam. disposées en ombelles sess. multifl.; calice lisse; pétales onguiculés; styles laineux à la base. Chine, 1780.

13 **P. à feuil. de prunier.** *P. prunifolia* WILLD. *Malus hybrida* DESF. Arbre de 6-7 mètres, à feuil. ovales,

acumin. dentelées, glabres; en avril-mai, fl. rosées ; pédonc. pubesc. ; styles laineux à la base. Sibérie, 1758.

14 **P. bacciforme.** *P. baccata* Lin. *P. cerasiformis* Spach. *Malus baccata* Desf. Arbre de 5 mètres, à feuil. ovales, aiguës, glabres, inégalem. dentelées; pétiole de la long. du limbe ; en avril-mai, fl. rosées, corymbes très serrés ; divis. du calice décidues. Sibérie, 1784.

15 **P. odorant** *P. coronaria* Lin. *Malus coronaria* Mill. Arbre de 6-7 mètres, à feuil. lisses, largem. ovales, à base arrondie, dentelées, à dents presque angulaires ; en mai, fl. roses odorantes, en corymbes ; pédonc. glabres ; fruits couronnés. Virginie, 1724.

16 **P. à feuil. étroites.** *P. angustifolia* Ait. *P. coronaria* Wang. *Malus sempervirens* Desf. Arbre de 6-7 mètres, à feuil. luisantes, lanc.-oblongues, dentées, à base rétrécie, entière; en mai, fl. roses, en corymbes. Caroline, 1750.

17 **P. tomenteux.** *P. tomentosa* Dec. *Malus tomentosa* Dum.-Cours. Arbre de 6-7 mètres, à ramules toment. blanches; feuilles ovales-lanc., faiblement crénelées, briév. pétiolées, blanches toment. en dessous, légèr. velues et grisâtres en dessus ; en mai-juin, fl. blanches. Sibérie, 1810.

Culture.—Les pommiers, par leurs racines plutôt traçantes que pivotantes, n'exigent pas des terrains aussi profonds que les poiriers. Ils réussissent assez bien dans les terres calcaires et de médiocre qualité; mais les terres franches, douces et un peu humides leur conviennent préférablement. On multiplie les pommiers par la greffe en fente ou en écusson, sur des sujets obtenus de graines; on choisit ord. les pépins de marc de cidre qui donnent de vigoureux sujets qu'on désigne sous le nom d'*égrins*. La greffe en fente doit être établie à 1m50 ou 2 mètres de hauteur ; par ce moyen on obtient plus promptement une belle tête et des fruits. La greffe en écusson se place ordin. à 15-20 cent. du collet. Lors de la transplantation, on ne doit pas enterrer la greffe. Il est nécessaire d'enlever, tous les 3-4 ans, à l'automne, autour du pied des pommiers, une couche de terre de 12-15 c. de profondeur, afin de faire pénétrer plus directement jusqu'aux racines les divers principes de la végétation en même temps que pour détruire les insectes. On remplit cette sorte de tranchée avec une bonne terre substantielle, ou la même après l'avoir amendée. Comme les poiriers, les pommiers donnent des fruits plus ou moins sucrés, suivant qu'ils ont été soumis à une culture plus ou moins régulière. Ceux abandonnés pour ainsi dire à eux-mêmes ne produisent que de mauvais fruits, qui servent à faire le cidre. Parmi ces variétés, nous en signalerons quelques-unes comme étant réputées les meilleures. Ce sont les pommiers Gérard, Doux-Veret, Saint-Gilles, Fausse-Varin, Lorpolin jaune, Fréquin, Ozanne, Culnoué, Rouget, Germaine, Marin-Onfroi, Barbarie, Bouteille, Doux-belle-heure, Sapin, Doux-Martin, Jean-Heuré, etc.

Les pommes bouillies dans l'eau donnent aussi une excellente boisson très rafraîchissante; cuites, elles sont quelquefois employées en cataplasmes sur les yeux dans certains cas d'ophthalmie. On prépare avec les meilleures variétés, surtout avec la reinette grise, un sirop de pommes, des gelées, confitures, etc. Le bois du pommier, dur et solide, peut servir en menuiserie. La 12e espèce est un des plus beaux arbres pour l'ornement des bosquets, par ses belles fleurs rosées élégamment disposées en ombelles.

3e Section. **Alouchier.** Aria Dec. *Feuilles simples, non glanduleuses, blanches, toment. en dessous ; fl. en grappes-corymbiformes ; pétales plans ; 2-3 styles ; fruit globuleux.*

18 **P. alouchier.** *P. aria* Ehrh. *Cratœgus aria*, var. Lin. *Mespilus aria* Scop. *Sorbus aria* Crantz. Arbre de 10-15 mètres, à feuil. ovales doublem. dentelées, couvertes d'un duvet tomenteux-blanc appliqué sur la face infér.; en mai-juin, fl. blanches en corymbes plans. Indigène.

19 **P. intermédiaire.** *P. intermedia* Ehrh. *Cratœgus aria* var. Lin. *Crat. Scandica* Vahlenb. Arbre de 10-15 mètres, à feuil. ovales, incisées-lobées,

dentées, couvertes sur la face infér. d'un duvet toment.-blanc, appliqué; en mai, fl. blanches en corymbes plans. Suède, 1789.

VAR. à larges feuilles, Alisier de Fontainebleau. *P. intermedia latifolia* DEC. *Cratægus latifolia* LAMK. *Cratægus dentata* THUIL. *Sorbus latifolia* PERS., diffère de l'*intermedia* par ses feuil. plus larges.

20 **P. habillé.** *P. vestita. Sorbus vestita* WALL. *Cratægus cuspidata. S. Nepalensis* HORTUL. Arbriss. de 3-6 mètres, pyramidal; feuil. lanc.-oblongues ou ellipt. acuminées, dentées, blanchâtres dans la jeunesse, glabres en dessus, cotonneuses en dessous à l'état adulte; en mai-juin, fl. blanches en corymbes ombelliformes, rachis tomenteux. Népaul, 1820. — Orangerie.

21 **P. fleuri.** *P. floribunda* LINDL. *Aronia floribunda* SPACH. Arbre à ram. grisâtres, retombants; feuil. oblong.-lancéolées, aiguës, longuem. pétiolées; toment. en dessous; en mai-juin, fl. blanches en corymbes multiflores, plus longs que les feuilles; calice toment.; fruits sphériques, pourpre-noir. Amér. sept., 1840.

4e SECTION.—**Alisier.** TORMINALIA DEC. — *Feuil. glabres à l'état adulte, lobées, à lobes anguleux; fl. en corymbes rameux; pétales brièvem. onguiculés, plans, étalés; 2-5 styles glabres, soudés entre eux; fruit tronqué, turbiné à la base, peu charnu, non couronné par les divis. du calice.*

22 **P. alisier.** *P. torminalis* EHRH. *Cratægus torminalis* LIN. *Sorbus torminalis* CRANTZ. Arbre de 12-15 mètres, à feuil. ovales-cordiformes, penninervées, pennati-lobées, à lobes acuminés dentelés, les infér. divariqués; légèrem. pubesc. en dessous, glabres à l'état adulte; en avril, fl. blanches. Indigène.

5e SECTION.—**Sorbier.** SORBUS LIN. *Feuilles imparipennées ou pennatiséquées; pétales plans, étalés; 2-5 styles; fruit globuleux ou turbiné.*

23 **P. pennatifide.** *P. pennatifida* SMITH. *P. hybrida* SMITH. *Sorbus hybrida* LIN. Arbre de 12-15 mètres, à feuil. pennatifides ou pennatiséquées, tomenteuses-blanches en dessous, ainsi que les pétioles et pédoncules; en mai-juin, fl. blanches. Angleterre.

24 **P. à petits fruits.** *P. microcarpa* DEC. *Sorbus aucuparia* var. MICHX. *Sorbus micrantha* DUM. COURS. *Sorbus microcarpa* PURSH. Arbriss. de 3-4 mètres, à feuil. pennées, glabres, ainsi que le pétiole; fol. acuminées, inégalement incisées-dentelées, à dentelures terminées par une soie; en mai-juin, fl. blanches; fruit rouge globuleux. Amér. sept.

25 **P. des Oiseaux, Cachêne.** *P. aucuparia* GÆRTN. *Sorbus aucuparia* LIN. *Mespilus aucuparia* ALL. Arbre de 8-10 mètres, à feuil. pennées, glabres; fol. dentelées; bourgeons toment., mous; en mai-juin, fl. blanches; fruits ovoïdes. Indigène.

26 **P. d'Amérique.** *P. Americana* DEC. *Sorbus Americana* PURSH. Arbre de 5 mètres, à feuilles pennées; fol. glabres, aiguës, à peu près également dentelées; pétioles glabres; en mai-juin, fl. blanches; fruits globuleux, pourpre-jaune. Canada, 1780.

27 **P. sorbier, Cormier.** *P. Sorbus* GÆRTN. *Sorbus domestica* LIN. *Pyrus domestica* SMITH. Arbre de 10 mètres, à feuil. pennées; fol. dentelées; velues en dessous, quelquefois nues; bourgeons acuminés, glabres, glutineux; fruits obovales, en forme de poire.

28 **P. bâtard.** *P. spuria* DEC. *P. hybrida* MOENCH. *Sorbus spuria* PERS. *Mespilus sorbifolia* POIR. *P. sambucifolia* HORT. Arbre de 6-7 mètres, à feuil. de 3 paires de fol. velues en dessous, ovales, crénelées, la terminale plus grande; pétiole commun glanduleux en dessus; en mai-juin, fl. blanches.— Probablement hybride du P. des oiseaux et du P. à feuil. d'Arboisier.

6e SECTION.—**Adenorachis.** DEC.— *Feuil. simples, glandulifères en dessus; fl. en corymbes rameux; fl. blanches à pétales étalés, onguiculés, concaves; 2-5 styles; fruits globuleux.*

29 **P. à feuil. d'Arbousier.** *P. arbutifolia* LIN. *Aronia pyrifolia* PERS. *Cratægus pyrifolia* LAMK. *Crat. serrata* POIR. *Mespilus arbutifolia* SMITH. Arbris. de 1-2 mètres, à feuil. obovales-lanc., aiguës, crénelées, toment. en des-

sous, glanduleuses en dessus ; en mai-juin, fl. à calice tomenteux. Amér. sept., 1700.

7e SECTION. — **Chamœmespilus.** DEC. *Feuilles simples, non glanduleuses; fl. en corymbes capités ; pétales dressés, connivents, concaves ; 2 styles ; fruits ovales.*

30 **P. faux Néflier.** *P. chamœmespilus* LINDL. *Mespilus chamœmespilus* LIN. *Cratœgus chamœmespilus* JACQ. Arbriss. de 2-3 mètres, à feuil. ovales, dentelées, glabres, légèrement pubescentes dans la jeunesse; en mai-juin, fl. blanc rosé. Pyrénées, 1683.

CULTURE. — Toutes les espèces de ces 5 dernières sections sont de plein air, excepté pourtant la 19e, qui ne supporte pas les froids de 15° cent.; il est donc prudent d'en rentrer toujours plusieurs pieds en orangerie. On multiplie tous ces arbres par la greffe sur épine blanche, soit en fente au printemps, soit en écusson au mois d'août; quelques espèces mûrissent leurs graines, qui peuvent servir alors à la multiplication. Par leur port, leurs feuillages, et surtout par les fruits, tous ces arbres peuvent concourir à la formation des bosquets dans les jardins paysagers. Le bois peut être aussi avantageusement utilisé dans l'art du menuisier, de l'ébéniste et du tourneur. Les fruits du cormier sont mangés avec plaisir et l'on en fait, dans quelques provinces, une sorte de *poiré*.

NÉFLIER. *MESPILUS* LIN. [du grec *mesos*, moitié, *pilos*, balle]. — Calice à 5 divis. presque foliacées; pétales presque orbiculaires; ovaires à 5 loges biovulées ; 5 styles ; fruit charnu presque globuleux, couronné par les divis. persistantes et très développées, entourant une large surface disciforme qui présente 5 saillies correspondant à 5 noyaux osseux, monospermes, qu'il contient. — Fleurs ord. solitaires.

1 **N. commun.** *M. Germanica* LIN. Arbre de 3-4 mètres, épineux à l'état sauvage, se dépouillant de ses épines par la culture; feuil. lancéolées, indivises, toment. en dessous ; en mai-juil., fl. blanches, grandes, solitaires. Europe. — Le Néflier vient presque indistinctement dans tous les terrains, si ce n'est les sols marécageux, et à toute exposition. On le multiplie préférablement par marcottes et par la greffe en fente ou en écusson sur l'épine, le coignassier et le poirier. Les fruits sont âpres ; il est nécessaire de les laisser quelques temps sur la paille, où ils acquièrent une saveur assez douce.

AMÉLANCHIER. *AMELANCHIER* MEDIK. [nom donné en Savoie au Néflier.] — Calice à 5 divis.; 5 pétales lanc.; étam. un peu plus courtes que le calice ; ovaire à 10 loges uni-ovulées; 5 styles soudés à leur base ; fruits charnus à 3-5 loges monospermes, à endocarpe cartilagineux. — Arbre à feuil. simples dentelées; fl. blanches en grappes, accompagnées de bractées linéaires-lancéolées.

1 **A. commun.** *A. vulgaris* MOENCH. *Mespilus Amelanchier* LIN. *Pyrus Amelanchier* WILLD. *Aronia rotundifolia* PERS. *Cratœgus rotundifolia* LAMK. *Sorbus Amelanchier* CRANTZ. Arbriss. de 2 mètres, à feuil. ovales-arrondies, obtuses, pubesc. en dessous, quelquef. glabres; fl. en avril-mai. Europe, 1656.

2 **A. du Canada.** *A. Botryapium* DEC. *A. Canadensis* TORR. *Mespilus Canadensis* LIN. *Cratœgus racemosa* LAMK. *Pyrus Botryapium* LIN. F. *Aronia Botryapium* PERS. Arbriss. de 3-4 mètres, à feuil. oblong.-ellipt. cuspidées, légèrem. velues dans la jeunesse, quelquefois glabres; fl. en avril-mai. 1746.

3 **A. feuil. ovales.** *A. ovalis* DEC. *A. intermedia* SPACH. *Cratœgus spicata* LAMK. *Mespilus Amelanchier* WALT. *Pyrus ovalis* WILLD. Arbriss. de 2-3 mètres, à feuil. ellipt.-arrondies, aiguës, légèrem. veloutées dans la jeunesse, quelquefois glabres; en mai-juin, fl. à pétales obovales; calice pubescent. Amér. sept., 1800.

CULTURE. — Plein air; terrains légers et un peu frais; multipl. de greffes sur *épine blanche* ou de graines; Arbriss. d'un joli effet pour l'ornement des massifs, dans les jardins paysagers.

COTONEASTER. *COTONEASTER* MEDIK. [de *cotoneum*, nom que les Latins donnaient au coing, et que les botanistes ont donné à ces arbres à cause de leurs feuil. couvertes de duvet comme ce fruit]. — Arbriss. polygames ; calice en forme de toupie, à 5 dents obtuses ; pétales dressés, petits, persistants ; étam. de la long. des dents du calice ; styles glabres, plus courts que les étam. ; 2-3 carpelles biovulés enfermés et fixés sur la paroi du calice. — Feuil. simples, entières, cotonneuses en dessous ; fl. en corymbes latéraux.

1 **C. commun.** *C. vulgaris* LINDL. *Mespilus cotoneaster* LIN. *Mespilus melanocarpa* FISCH. Arbriss. de 1m,30, à feuil. ovales arrondies à la base; en avril-mai, fl. roses ; pédonc. et calice glabres. Indigène.

2 **C. tomenteux.** *C. tomentosa* LINDL. *Mespilus tomentosa* WILLD. *Mespilus eriocarpa* DEC. Arbriss. de 1m,30, à feuil. ellipt. obtuses aux 2 extrémités ; en avril-mai, fl. roses ; pédonc. et calice laineux. Alpes, 1759.

3 **C. du Népaul.** *C. affinis* LINDL. *Mespilus affinis* DON. *Mesp. integerrima* HAMILT. Arbriss. de 1m,30, à feuil. ovales, mucronées, atténuées à la base ; en avril-mai, fl. roses ; pédonc. et calice laineux, 1826.

4 **C. acuminé.** *C. acuminata* LINDL. *Mespilus acuminata* LODD. Arbriss. de 1m,30, à feuil. ovales-acuminées, poilues sur les 2 faces ; en avril-mai, fl. roses ; pédonc. et calice nus. Népaul, 1820.

5 **C. à petites feuilles.** *C. microphylla* WALL. Arbriss. à tiges étalées, rampantes ; feuil. persistantes, presque sessiles, oblong. ou obovales, obtuses ou échancrées, coriaces, luisantes en dessus, poilues en dessous ; en avril-mai, fl. blanches brièvem. pédicellées, solit. Népaul, 1820.

6 **C. à feuil. d'airelle.** *C. rotundifolia* LINDL. *C. buxifolia* HORTUL. Arbriss. à ram. souvent retombants ; ramules velues ; feuil. brièvem. pétiolées, ovales-ellipt. ou obovales, obtuses, luisantes en dessus, cotonneuses en dessous ; en avril-mai, fl. blanches, disposées trois, sur des pédonc. courts, cotonneux. Népaul, 1820.

7 **C. de Desfontaine.** *C. Fontanesii* SPACH. *Mespilus racemiflora* DESF. Arbriss. de 1 mètre, à ram. effilés ; feuil. variables, ovales ou ovales-ellipt. brièvement acuminées, pubesc. en dessus, cotonneuses en dessous ; en avril-mai, fl. blanches en corymbes dressés.

8 **C. denticulé.** *C. denticulata* KUNTH. Arbriss. à ram. un peu retombants ; ramules tomenteuses-blanchâtres ; feuil. persistantes, pétiolées, orbiculaires, un peu tronquées au sommet, quelquefois même échancrées, denticulées, glabres en dessus, velues en dessous. Mexique, 1843.

9 **C. uniflore.** *C. uniflora* BUNGE. Petit arbriss. presque dressé, à feuil. pétiolées, ovales-oblongues, entières, atténuées aux 2 extrémités, glabres en dessus, finement pubesc. en dessous ; en avril-mai, fl. blanches solit. très brièvement pédonculées ; calice glabre. Altaï, 1842.

10 **C. des neiges.** *C. frigida* WALL. Petit arbre à ram. ouverts ; feuil. caduques, ovales-lanc., glabres en dessus, tomenteuses en dessous ; en avril-mai, fl. blanches en cymes multifl. laineuses ; calice laineux. Népaul, 1823.

11 **C. à fl. lâches.** *C. laxiflora* JACQ. F. *Mespilus laxiflora* HORT. PAR. Arbriss. de 1-2 mètres, à feuil. caduques, ovales-ellipt. ou oblongues, obtuses aux 2 extrémités, laineuses en dessous ; en avril-juin, fl. roses en cymes paniculées, poilues.

CULTURE. — Plein air. Les espèces du Népaul souffrent quelquefois, lorsque le froid dépasse 12° cent. Il serait peut-être urgent de couvrir les pieds avec de la paille. On les multiplie toutes de marcottes ou de greffes sur aubépine ou sur coignassier ; on peut aussi employer les graines qui mûrissent souvent sous le climat de Paris. La 7e espèce peut se propager facilement de boutures. Franc de pied, cet arbuste, alors presque rampant, est d'un aspect très pittoresque ; il forme des massifs remarquables au printemps par ses innombrables fleurs blanches, et en automne par ses jolis petits fruits rouges. Greffé sur l'épine blanche, il s'élève davantage et forme de jolis buissons propres à orner les bordures des massifs d'arbres et arbustes à feuil. persistantes ; les autres espèces peuvent aussi être employées pour l'ornement des jardins paysagers, surtout la 7e espèce, qui a un port remarquable et élégant.

ERIOBOTHRYE, BIBACIER. *ERIOBOTHRYA* LINDL. [du grec *erion*, coton, duvet, et *botrus*, grappe : de la grappe qui est couverte d'un duvet cotonneux].— Calice cotonneux, à 5 dents obtuses ; pétales barbus ; étam. dressées, de la long. des dents du calice ; 5 styles filiformes, courts, poilus ; fruit charnu, à 3-5 loges.

1 **E. du Japon.** *E. Japonica* LINDL. *Mespilus Japonica* THUNB. *Cratægus Bibas* LOUR. Arbriss. atteignant jusqu'à 4 et 6 mètres, à ramules toment.; feuil. simples, un peu rugueuses, lancéolées, à base cunéaire, toment. en dessous; en octobre, fl. blanches, en grappes cotonneuses; dents du calice arrondies. 1787. —Pl. d'orangerie, mais qu'on livre souvent à la pleine terre, à bonne exposition. Malgré tous les soins qu'on prend à le garantir des grands froids, en entourant la base du pied avec de la paille, on le voit souvent périr par la gelée. Dans le Midi, il prospère très bien; ses fruits mûrissent et sont même vendus sur les marchés.

PHOTINIE. *PHOTINIA* LINDL. [du grec *phôteinos*, clair : des feuilles glabres et luisantes].—Calice à 5 dents; pétales réfléchis ; ovaire semi-adhérent, biloculaire, velu; 2 styles glabres; fruit biloculaire, renfermé dans le calice, charnu; graines à testa cartilagineux. —Arbriss. à feuil. persistantes, simples, coriaces ; fl. blanches, en corymbes terminaux.

1 **P. à feuil. dentelées.** *P. serrulata* LINDL. *Cratægus glabra* THUNB. Arbriss. de 3 à 4 mètres, à feuil. oblongues-aiguës, dentelées; fl. en avril-juil.; pédicelles plus longs que le calice. Chine, 1804.

2 **P. à feuil. d'arbousier.** *P. arbutifolia* LINDL. *Cratægus arbutifolia* AIT. Arbriss. de 3 à 4 mètres, à feuil. oblongues-lancéolées, aiguës, dentelées, à dents distantes ; fl. en juil.-août ; pédicelles plus longs que le calice. Californie, 1796.

CULTURE. — Ces arbriss. supportent très bien les hivers doux de Paris, mais dans la crainte de fortes gelées, il est prudent d'en avoir toujours quelques pieds en orangerie. On les multiplie facilement par la greffe en fente sur coignassier et sur l'*aubépine* : les boutures prennent racines difficilement. La première espèce est un joli arbuste qui orne avec avantage les massifs d'arbres verts.

RAPHIOLEPIDE. *RAPHIOLEPIS* LINDL. [du grec *raphis*, aiguille, et *lepis*, écaille : des bractées persistantes qui accompagnent les fleurs]. — Calice infondibuliforme, à limbe décidu; étam. à filets filiformes; ovaire biloculaire surmonté de 2 styles; fruit contenant 2 graines gibbeuses, à testa coriace, très épais.—Arbriss. de la Chine à feuil. persistantes, coriaces, crénelées, réticulées ; de février à août, fl. blanches, en grappes terminales, souvent accompagnées de bractées squamiformes, persistantes ; étam. à filets ordin. rouges.

1 **R. des Indes.** *R. Indica* LINDL. *Cratægus Indica* LIN. Arbriss. de 1m,30, à feuil. ovales, acuminées aux 2 extrémités; pétales ovales, aigus; étam. plus courts que le calice. 1806.

2 **R. à étam. rouges.** *R. pheostemon* LINDL. *R. Indica* BOT. MAG. Arbriss. de 1m,30, à feuil. lancéolées, acuminées des 2 côtés ; pétales arrondis ; étam. étalées, plus long. que le calice. 1820.

3 **R. rouge.** *R. rubra* LINDL. *Cratægus rubra* LOUR. *Mespilus Sinensis* POIR. Arbriss. de 1m,30, à feuil. ovales-lanc., acuminées; pétales lancéolés; étam. droites, plus longues que le calice. 1820.

4 **R. à feuil. de saule.** *R. salicifolia* LINDL. Arbriss. de 1 mètre, à feuil. lanc.-allongées ; pétales lancéolés, égalant les dents du calice ; étam. à filets blancs, arqués, plus courts que le calice. 1821.

CULTURE. — Pl. d'orangerie, mais rustiques ; multipl. assez facile de boutures et par la greffe en fente sur *aubépine* et coignassier. — Assez jolis arbustes qui méritent d'être introduits dans les collections.

ÉPINE. *CRATÆGUS* LINDL. [du

grec *kratos,* force : de la dureté du bois]. — Calice urcéolé, quinquefide, pétales orbiculaires, étalés; ovaire à 2-5 loges; 2-5 styles glabres; fruit charnu, ovale, couronné par les dents du calice ou par un disque épais; noyaux osseux. — Arbriss. épineux, à fl. blanches.

§ 1. — *Feuilles entières ou dentées, jamais lobées.*

1 **E. buisson ardent.** *E. pyracantha* Pers. *Mespilus pyracantha.* Arbriss. de 3-4 mètres, formant buisson; feuil. glabres, persistantes, ovales-lanc., crénelées; fl. en mai; divis. du calice obtuses; 5 styles; fruits globuleux, rouge cocciné. Europe mérid., 1629.

2 **E. ergot de coq.** *C. crus-galli* Lin. *C. lucida* Wang. *Mespilus crus-galli* Poir. *Mesp. lucida* Ehrh. Arbre de 6-7 mètres, garni de longues épines; feuil. obovales-cunéiformes, presque sess., glabres et luisantes; stipules linéaires; fl. en mai-juin; divis. du calice lancéolées, légèrement dentelées; 2 styles; fruits rouge-cocciné. Amérique sept., 1691.

Var. à feuil. de buisson ardent. *C. pyracantifolia* Ser. *Mesp. lucida* Dum. Cours. Feuilles oblongues-lancéolées, presque cunéiformes.

Var. à feuilles linéaires. *C. linearis* Ser. *Mespilus linearis* Desf. *M. nana* Dum. Cours. Arbriss. de 2 mètres au moins, à épines un peu plus courtes; feuil. linéaires-lancéolées.

Var. à feuil. de prunelier. *C. prunellæfolia* Bosc. *Mesp. Boscii* Spach. *M. cuneifolia* Ehrh. Ram. velus; feuilles ovales-ellipt., glabres.

3 **E. ponctuée.** *C. punctata* Jacq. *C. latifolia* Dec. *Mesp. cuneifolia* Ehrh. Arbre de 5 mètres, à feuil. obovales-cunéiformes, glabres, dentelées; fleurit en mai; calice légèrem. velu, à divisions subulées, entières; fruits souvent ponctués. Amér. sept., 1746.

4 **E. elliptique.** *C. elliptica* Ait. *Cr. Michauxii* Pers. Arbre de 6-7 mètres, à feuil. ellipt., inégalement dentelées, glabres; pétioles glanduleux, ainsi que le calice; fl. en mai; fruits globuleux, à 5 graines. Amér. sept., 1765.

Var. à feuil. plus petites, obovales ou arrondies. *C. Virginica* Lodd. *C. spathulata* Pursh. *C. parvifolia* Dec.

5 **E. tomenteuse.** *C. tomentosa* Lin. *C. pyrifolia* Dec. *C. latifolia* Pers. *C. lobata* Bosc. *C. flava* Hook. *Mesp. calpodendron* Ehrh. *M. latifolia* Poir. *M. cornifolia* Poir. Arbre de 5-6 mètres, à feuil. obovales ou ovales-ellipt., inégalement incisées, dentelées, un peu pliées, légèrem. poilues en dessous; fl. en mai-juin; calice velu, à divis. linéaires. Caroline, 1765.

6 **E. à feuil. de prunier.** *C. prunifolia* Bosc. *Mespilus prunifolia* Poir. Arbre de 6-7 mètres, à feuil. largement ovales, glabres, inégalement dentelées, glanduleuses sur le pétiole; fl. en mai-juin; calice velu, à lobes dentelés, glanduleux. Amér. sept., 1818.

7 **E. à petites feuil.** *C. parvifolia* Ait. *C. uniflora* Dum. Cours. *Mespilus xanthocarpus* Lin. f. *M. laciniata* Walt. *M. axillaris* Pers. *M. flexuosa* Poir. *M. tomentosa* Poir. Arbre de 5 mètres, à ram. velus; feuil. obovales-cunéiformes, incisées-dentelées, pubesc.; stipules sétacées; en mai-juin, fl. ordin. solit.; calice velu, à divis. dentelées; fruit ayant à peu près la forme d'une toupie, à 5 graines. Amér. sept., 1704.

8 **E. sanguine.** *C. sanguinea* Pall. *C. Douglasii* Lindl. *C. glandulosa brevispina* Nutt. *Mespilus purpurea* Poir. Arbre de 6-7 mètres, à feuil. obovales-cunéaires, aiguës, incisées, dentelées, glabres, quelquef. luisantes; stipules et pétioles ordin. glanduleux; fl. en mai-juin; calice glanduleux, glabre; fruits ovales, coccinés, à 5 graines. Amérique sept., 1750.

9 **E. coccinée.** *C. coccinea* Lin. *C. glandulosa* Willd. *C. flabellata* Bosc. *C. populifolia* Ell. Arbre de 6-7 mètres, à feuil. glabres, ovales-cordiformes, incisées, dentelées, à dents aiguës; pétioles glanduleux, pubesc.; fleurit en avril-mai; calice glanduleux, pubesc.; pétales orbiculaires; fruits rouges, doux. Canada, 1683.

10 **E. à feuil. en cœur.** *C. cordata* Ait. *C. populifolia* Walt. *Mespilus acerifolia* Poir. *Mesp. Corallina* Poir. *M.*

Phœnopyrum Ehrh. Arbre de 6-7 mètres, à feuil. ovales-cordiformes, incisées, à incisions angulaires, glabres; pétiole et calice non glanduleux; en mai, fl. à 5 pistils. Canada, 1758.

11 **E. noire.** *C. nigra* Waldst. et Kit. *Mesp. nigra* Willd. Arbre de 5-6 mètres, à feuil. lobées-sinuées, dentelées, à base tronquée, presque cunéaire, velues, blanches en dessous; stipules oblongues, incisées, dentelées; fl. en avril-mai; calice velu, à divis. légèr. dentées.

12 **E. jaune.** *C. flava* Ait. *C. Caroliniana* Pers. *C. turbinata* Pursh. *C. glandulosa* Mich. *Mespilus flexispina* Moench. *M. Michauxii* Pers. Arbre de 6-7 mètres, à feuil. obovales-cunéaires, lobées ou crénelées-dentelées, brièvem. pétiolées; stipules cordiformes, glanduleuses; en mai, fl. solit.; calice glanduleux; fruit en forme de toupie, à 4 graines. Virginie, 1724.

13 **E. fendue.** *C. fissa* Bosc. *Mespilus fissa* Poir. Arbre de 5 mètres; feuil. largem. ovales, incisées-lobées, dentelées, glabres à limbe décurrent sur le pétiole non glanduleux. 1810.

14 **E. du Maroc,** *C. Maroccana* Pers. Arbre de 5 mètres, à feuil. cunéaires, trilobées ou pennatifides, glabres, non glanduleuses; stipules incisées-palmées; en mai-juin, fl. longuem. pédicellées, en corymbes terminaux, glabres; calice à divis. obtuses; 2 styles. 1822.

15 **E. blanche, Aubépine.** *C. oxyacantha* Lin. *Mespilus oxyacantha* Gærtn. Arbuste de 5 mètres, à feuilles obovales-cunéiformes, presque entières ou laciniées, à 3-7 lobes dentés au sommet, glabres, un peu luisantes; en mai-juin, fl. blanches en corymbes; calice non glanduleux, à divisions aiguës; 1-3 styles.

Variétés.

A feuilles obtuses. *C. ox. obtusata.* Dec. *C. oxyacanthoides* Thuil. Feuil. rhombées, à base obovale, indivises ou à 3 lobes crénelés.

A feuilles laciniées. *C. ox. laciniata* Wallr. *C. oxyacantha* Dec. *C. monogyna* Auct.

Monogyne. *C. ox. monostyla* Dec. *C. monogyna* Jacq. *Mespilus monogyna* Wallr. *Mesp. apiifolia* Medik. Feuil. obovales-cunéiformes, presque entières ou à 3 lobes; fl. à un seul style.

Sous-variétés.

A fl. blanches, doubles, rosées à la fin de la floraison.
A fl. roses, simples.
A fl. pourpres, grandes et simples.
A feuil. panachées.
A fruits rouges.

16 **E. d'olivier.** *C. Oliveriana* Bosc. Arbre de 5-6 mètres, glabres, à épines subulées, droites; feuil. cunéiformes incisées-lobées, à lobes presque entiers, obtus; fl. en mai-juin. Levant, 1820.

17 **E. hétérophylle.** *C. heterophylla* Flugg. Arbre de 5-6 mètres, à feuil. glabres, cunéiformes ou obovales, à 3 lobes aigus, dentelées; en mai-juin, fl. en corymbes, paucifl., glabres; divis. du calice acuminées; 1 style. Amér., sept. 1816.

18 **E. azarolière. Pommettes de doux close.** *C. azarolus* Lin. *Pyrus azarolus* Scop. Arbre de 5-6 mètres, à ram. pubesc.; feuil. pubesc., cunéiformes, à 3 lobes obtus, grossièrem. dentés; en mai-juin, fl. en corymbes, pubesc.; calice à divis. obtuses; 1-3 styles; fruits globuleux, rouges. France méridionale. 1640.

19 **E. aronière.** *C. aronia* Bosc. *Mespilus aronia* Willd. Arbre de 5 mètres, à ram. pubesc.; feuil. cunéaires, à 3 lobes obtus, entiers ou à 3 dents obtuses mucronées; fl. en mai-juin. Europe méridion., 1810.

20 **E. d'Orient.** *C. Orientalis* Bosc. *Mesp. Orientalis* Poir. Arbre de 5 mètres, à ram. blancs-tomenteux; feuil. pubesc. en dessous, à 3 lobes ovales dentés au sommet, le terminal trifide; stipules larges incisées; fl. en mai-juin, 1810.

21 **E. à feuil. de Tanaisie.** *C. tanacetifolia* Pers. *C. Orientalis* Bieb. *C. odoratissima* Andr. *Mesp. tanacetifolia* Poir. *Mesp. Celsiana* Dum. Cours. Arbre de 5 mètres; feuilles velues, pennatifides, à lobes oblongs, aigus peu dentés; en mai-juin fl. à 5 styles; calice velu à lobes aigus, réfléchis; fruits globuleux.

22 **E. stipulacée.** *C. stipulacea*

Lodd. *Mesp. stipulacea* **Desf.** *Mesp. Loddigesiana* **Spach.** Arbrisseau de 2-4 mètres, à feuil. glabres en dessus, cotonneuses sur les nervures de la face inférieure ; celles des ramules lanc. ou lanc.-oblongues, aiguës, fortement dentées au sommet ; les supérieures des ramules terminales pennatifides à 3 lobes divergents ; stipules très grandes, persistantes, denticulées ou incisées ; fl. en corymbes denses ; pédicelles cotonneux.

23 **E. du Mexique.** *C. Mexicana* **Bot. Reg.** Arbre de 4-5 mètres, à feuil. persistantes, ovales, aiguës, dentées, souvent incisées au sommet, toment. en dessous ; celles des ram. vigoureux, ordinair. à 3 lobes ; stipules linéaires-lanc., glanduleuses sur le bord ; en mai-juin, fl. assez grandes, en corymbes ; divis. du calice aiguës, toment. ; fruits globuleux jaunes, à 3-5 noyaux. 1823. — Orangerie.

Culture. — Excepté la dernière espèce, tous les *Cratægus* sont des arbres de plein air, très rustiques, s'accommodant à peu près dans tous les terrains ; mais préférant ceux où les poiriers prospèrent. On peut les multiplier de graines qu'on met stratifier dans du sable frais, vers le mois de décembre, pour être semées 14 mois après cette première opération. Peut-être pourrait-on les semer sur place aussitôt la récolte, quelques-unes lèvent souvent au printemps, mais la majorité ne germerait que 15-16 mois après, ce qui embarrasserait inutilement le terrain. Le moyen le plus simple et le plus prompt est encore de les greffer, en fente au printemps ou en écusson à l'automne, sur l'aubépine. Presque tous ces arbres peuvent servir à l'ornement des jardins paysagers, au printemps par leurs fleurs, et à l'automne pour leurs fruits. Plusieurs produisent des fruits mangeables, surtout la 16e espèce. L'aubépine est un excellent buisson pour former des haies vives. Le bois de la plupart de ces arbres est très dur, on pourrait l'utiliser pour les ouvrages d'ébénisterie et de tour ; il fait un exellent bois de chauffage.

STRANVÉSIE. *STRANVÆSIA* **Lindl.** — Calice à 5 dents ; 20 étam. étalés ; ovaire velu ; 5 styles réunis à la base ; stigm. comprimé, réniforme ; fruit sphérique à 5 loges ; graines oblongues-comprimées, à testa cartilagineux.

1 **S. glauque.** *S. glaucescens* **Lindl.** *Cratægus glabra* **Wall.** Arbrisseau de taille médiocre ; feuilles coriaces, lancéolées, à base acuminée, floconneuses, velues sur les nervures de la face inférieure, ainsi que les jeunes rameaux et pétioles, beau vert en dessus ; fl. blanches, en corymbes multiflores légèrement laineux ; fruits globuleux rouge-orange. Népaul, 1839. — Orangerie.

FAMILLE LXXXI. — CALYCANTHÉES.

Arbrisseau à feuil. opposées, simples, sans stipules ; fleurs hermaphrodites, solit., pédicellées ; calice urcéolé, multiparti, coloré, un peu charnu, à divis. inégales ; corolle nulle ; étam. nombreuses, insérées à la gorge du calice sur un disque charnu, les intérieures stériles ; plusieurs ovaires insérés sur la paroi interne du tube calicinal, uniloc., biovulés ; style termin., saillant ; stigm. simple ; akènes enfermés dans le tube du calice charnu ; graines dépourvues de périsperme.

CALYCANTHE. *CALYCANTHUS* **Lindl.** [du grec *kalux*, calice, première enveloppe de la fleur, et *anthos*, fleur : allusion à la coloration du calice qui, à lui seul, constitue ce qu'on appelle vulgairement la fleur, c'est-à-dire les parties colorées]. — Lobes du calice lancéolés, un peu coriaces, colorés, disposés sur plusieurs séries ; étam. inégales, décidues, les 12 extér. fertiles ; akènes nombreux. Fl. term. naissant après les feuilles.

1 **C. de la Floride. C. Pompadoura.** *C. Floridus* **Lin.** *C. sterilis* **Walt.** Arbriss. formant de larges buissons de 3 mètres environ, à rameaux toment. ;

feuil. ovales toment. en dessous; en mai-août, fl. rouge brun, très odorantes, souvent stériles. 1726.

2 **C. glauque.** *C. glaucus* Willd. *C. fertilis* Walt. Arbriss. formant un buisson de 2 mètres environ, à ram. dressés; feuil. ovales-lanc., acuminées, pubescentes en dessous; en mai-juillet, fl. rouge brun, odorantes; anthères blanches. Amér. sept., 1806.

Var. à feuil. oblongues. *C. oblongifolius* Nut. *C. glaucus oblongifolius* Dec. Feuil. ovales-lancéolées, allongées. Caroline, 1812.

3 **C. lisse.** *C. lævigatus* Willd. *C. ferox* Michx. Arbriss. de 1 mètre, à ram. dressés; feuil. oblongues ou ovales, à peine acuminées, un peu rugueuses, rudes en dessus, glabres et vertes en dessous; en mai-juill., fl. rouge brun souvent fertiles. Virginie, 1806.

Culture. — Plein air; terre franche légère et fraîche, ou mieux en terre de bruyère où ces arbriss. se développent avec une grande vigueur. On les multip. de marcottes, mais plus facilement de rejetons qu'on lève au printemps; en les plantant en terre de bruyère, ils forment en peu de temps de très beaux buissons. La première espèce exhale, surtout le soir, une odeur de pomme de reinette très agréable.

CHIMONANTHE. *CHIMONANTHUS* Lindl. *MERATIA* Lois. [du grec *cheimôn*, hiver; *anthos* fleur; de l'époque de la floraison qui est de décembre à février. Pl. dédiée plus tard par M. Loiseleur à M. Mérat, auteur d'une Flore des environs de Paris.] — Lobes du calice ovales, obtus, imbriqués, les extér. en forme de bractées, les intér. plus grands, simulant une corolle; étam. presque égales, persistantes, les 5 extér. fertiles. Fl. naissant avant les feuilles.

1 **C. odoriférant.** *C. fragrans* Lindl. *Meratia fragans* Loisel. *Calycanthus præcox* Lin. Arbriss. formant un buisson de 2–3 mètres à ram. jaunâtres; feuil. opposées, lanc., luisantes en dessous, un peu rudes, surtout en dessous; en décembre-mars, fl. blanc-sale, rougeâtres en dedans, d'une odeur très agréable. Japon, 1776.

Var. à grandes fleurs. *C. grandiflorus* Lindl. Fl. très ouvertes, presque en étoile, jaunes, maculées de pourpre. Japon, 1812.

Très joli arbrisseau; pleine terre de bruyère; multiplication difficile de marcottes incisées; quelquefois les graines mûrissent, il faut dans ce cas les semer aussitôt la récolte dans des pots de terre de bruyère; les jeunes plants devront passer au moins deux ans en orangerie, avant d'être livrés à la pleine terre.

FAMILLE LXXXII. — COMBRÉTACÉES.

Arbres ou arbrisseaux à feuil. alternes ou opposées sans stipules; fleurs le plus souvent hermaphrodites, disposées en épis axillaires ou terminaux; calice adhérent à l'ovaire à limbe de 4-5 lobes décidus; corolle quelquefois nulle, quelquefois à 4-5 pétales insérés au sommet du tube du calice; étam. en nombre égal ou double de celui des pétales, insérées au même point; ovaire uniloc., à 2-4 ovules; 1 style grêle terminé par un stigm. simple. Fruit drupacé ou bacciforme, uniloc. monosperme, indéhiscent, souvent ailé; graines sans périsperme.

TRIBU I. — *TERMINALIÉES.*

Calice à 5 divisions; corolle souvent nulle; 10 étam.; embryon à cotylédons roulés en spirale.

BUCIDA. *BUCIDA* Lin. [du grec *bous*, bœuf; du fruit qui ressemble à la corne d'un bœuf]. — Calice campanulé à 5 dents décidues; corolle nulle; 10 étam. disposées en deux séries, 5 insérées à la base du limbe, et 5 plus longues insérées entre les dents du calice; ovaire à 3 ovules; style subulé; fruit drupacé aigu, à noyau anguleux.

1 **B. corne de bœuf.** *B. buceras* Lin. Arbre d'environ 10 mètres; feuil. éparses, disposées en touffes aux nœuds ou au sommet des ram., glabres, ovales-cunéiformes, obtuses; en août-sept., fl. petites, blanchâtres en épis cylindriques, pubescents-soyeux. Antilles, 1793.

2 B. à fl. en tête. *B. capitata* VAHL. Arbre à feuilles cunéaires, obtuses, à bords velus-ciliés; en août-sept., fl. en épis globuleux, capitulé. St-Domingue, 1826.

CULTURE. — Serre chaude; chaleur constante; peu cultivé. L'écorce de ces arbres est employée pour le tannage des cuirs, et le bois, dans la menuiserie et la charpenterie.

BADAMIER. *TERMINALIA* LIN. [du latin *terminus*, extrémité : des feuil. rapprochées en touffes au sommet des rameaux]. — Fleurs souvent polygames; calice campanulé à 5 lobes aigus, décidus; corolle nulle; 10 étam. bisériées plus longues que le calice; ovaire à 2 ovules; style filiforme subulé; drupe souvent sèche.

1 B. de Malabar. *T. Catappa* LIN. Arbre de 6-7 mètres à feuil. obovales atténuées à la base, mollement pubesc. en dessous où elles présentent des glandes à la base de la nervure médiane; fl. blanches en épis, axill. Indes orient. 1778.

VAR. à feuilles presque cordiformes. *T. subcordata* WILLD. *T. moluccana* LAMK. *T. myrobolana* KUNTH. *T. intermedia* SPRENG. *juglans catappa* LOUR. Feuil. obovales, à base un peu échancrée, obtuses au sommet, pubescentes en dessous ou glabres à l'état adulte, munies de petites glandes en dessous à la base des nervures latérales et de la médiane.

2 B. à feuil. étroites. *T. angustifolia* JACQ. *T. Benzoin* LIN. FIL. *Croton Benzoe* LIN. *Catappa Benzoin* GAERTN. Arbre de 6-7 mètres, à feuil. linéaires lanc, un peu recourbées, atténuées des deux côtés, pubesc. ou poilues sur la face infér., ainsi que sur le pétiole qui est muni de 2 glandes à son sommet; fl. blanches en grappes axillaires. Indes, 1692.

CULTURE. — Serre chaude; chaleur constante; terre franche mélangée de moitié terre de bruyère; arrosements modérés l'hiver. On les multiplie de graines qu'on obtient du pays où ces plantes sont originaires; il est nécessaire de les semer aussitôt la réception sur couche chaude; on peut aussi les multiplier de boutures, mais assez difficilement. Ces arbres sont peu cultivés en Europe. Dans l'Inde on obtient de la 2e espèce une gomme dite gomme Benzoin. Le bois est employé en menuiserie, et dans la charpenterie pour la construction des pirogues. L'écorce sert à tanner et à teindre les cuirs. Les amandes de la 1re espèce sont très bonnes à manger; elles fournissent une huile douce de très bonne qualité; elles servent aussi à faire des émulsions.

CONOCARPE. *CONOCARPUS* GÆRTN. [du grec *kônos*, cône, et *karpos*, fruit; de la forme du fruit]. — Calice tubuleux à 5 divis. décidues; corolle nulle; 5-10 étam. saillantes, à anthères cordiformes; ovaire comprimé, biovulé; un style simple; fruit subéreux-coriace, indéhiscent, garni d'écailles arquées, imbriquées; graines solitaires pendantes.

1 C. dressé. *C. erecta* HUMB. BONPL. et KUNTH. Arbre de 3-4 mètres à feuil. très variables, souvent munies de 2 glandes épaisses à leur base; fl. jaune-pâle en capitules paniculés; calice à limbe sessile, oblique. Jamaïque, 1752.

VARIÉTÉS.

1 C. En arbre. *C. arborea* DEC. *C. erecta* JACQ. Feuil. oblongues acuminées aux deux extrémités, glabres ou légèrem. pubescentes dans la jeunesse.

2 C. Couché. *C. procumbens* JACQ. *C. acutifolia* WILLD. Tiges rameuses à rameaux dressés ou couchés; feuil. glabres, obovales ou arrondies, acuminées.

3 C. soyeux. *C. sericea* FORST. Feuil. oblongues acuminées aux 2 extrémités, soyeuses, velues sur les deux faces.

Culture du genre précédent.

POIVRÉA. *POIVRÉA*. COMM. [à N. Poivre, gouverneur de l'île Maurice en 1766] — Calice infondibuliforme à 5 lobes décidus; 5 pétales; 10 étam. saillantes; ovaire à 2-3 ovules; style filiforme, saillant, aigu; fruit ovale, à 5 angles ou à 5 ailes; graines solit., pendantes.

1 P. écarlate. *P. coccinea* DEC. *Cristaria coccinea* SONN. *Combretum coccineum* LAMK. *C. purpureum* VAHL.

Arbrisseau grimpant, non épineux, atteignant 6-8 mètres; feuilles opposées, ovales-oblongues, aiguës, glabres, briév. pétiolées; en juin-déc., fl. rouge-écarlate en épis axill., munies de bractées, glabres. Madagascar, 1818. — Serre chaude; multiplic. de boutures étouffées sur couche chaude. Très joli arbrisseau d'ornement pour les serres.

TRIBU II. — *COMBRÉTACÉES.*

Calice à 4-5 divis.; 4-5 pétales; 8-10 étam.; embryon à cotylédons irrégulièrem. et longitudinalement pliés.

COMBRETUM. *COMBRETUM.* Soep. [nom donné par Pline à une plante grimpante]. — Calice infondibuliforme à 4 lobes décidus; 4 pétales insérés entre les lobes du calice; 8 étam. bisériées, 4 opposées aux pétales et 4 alternes longuement saillantes; ovaire à 2-5 ovules; style aigu, saillant; fruit uniloc. monosperme, indéhisc. à 4 ailes; graines anguleuses, pendantes.

1 **C. farineux.** *C. farinosum* H. B. et Kth. Arbriss. grimpant de 3-4 mètres, non épineux; feuilles opposées, ovales-oblongues, obtuses, couvertes, sur les deux faces, de petites écailles farineuses; en avril-juin, fl. jaune-orange en épis unilatéraux, géminés; fruit oblong-pyriforme à 4 ailes. Mexique, 1825.

2 **C. touffu.** *C. comosum* Don. *Poivrea comosa* Sweet. Arbrisseau grimpant de 6 à 7 mètres, non épineux; feuil. opposées, oblongues, aiguës, entières, glabres, à base un peu échancrée, briévem. pétiolées; en mai-août, fl. pourpre foncé en panicules dichotomes, munies de bractées lancéolées, aiguës. Sierra Leona, 1822.

3 **C. nain.** *C. nanum* Hamilt. Arbriss. glabres, rugueux, de $0^m,60$ à $0^m,70$; feuil. pétiolées, ovales, obtuses; fl. blanches en épis; calice campanulé, pubescent, à divis. ovales, aiguës. Népaul, 1825.

Culture des Badamiers.

QUISQUALIS. *QUISQUALIS* Rumph. [mot latin qui exprime l'incertitude, donné à ces végétaux de ce qu'ils sont sujets à varier]. — Calice longuem. tubuleux au-dessus de l'ovaire, grêle, décidu, à 5 divis.; 5 pétales ovales-oblongs, obtus, plus grands que les dents du calice; 10 étam. saillantes insérées à la gorge du calice, celles qui alternent aux divisions plus courtes; ovaire ovale-globuleux, à 4 ovules; style filiforme obtus, saillant; drupe sèche, monosperme, à 5 angles.

1 **Q. des Indes.** *Q. Indica* Lin. *Q. pubescens* Burm. *Q. glabra* Burm. *Q. Loureiri* G. Don. *Q. villosa* Roxb. Arbrisseau de 6-7 mètres, à rameaux volubiles, veloutés dans le jeune âge; feuil. opposées briév. pétiolées, ovales-ellipt. acuminées-obtuses, à base échancrée, pubescentes ou glabres; en mai-août, fl. jaune-orange en épis axill. et termin., accompagnées de bractées ovales-rhomboïdales, aristées; pétales ovales-obl., couverts d'une pubescence appliquée. 1815. — Serre chaude, en pleine terre de bruyère pure ou mélangée de terre franche. Cultivé en pots, la végétation est lente et les fleurs petites, mal développées. On le multiplie assez facilement de marcottes et de boutures faites sur couche chaude et sous cloche. C'est un très joli arbrisseau grimpant, d'un bel effet surtout lorsqu'il est couvert de ses beaux épis de fleurs jaunes.

FAMILLE LXXXIII. — VOCHYSIÉES.

Arbres de l'Amérique australe, à ram. tétragones dans le jeune âge, opposés; feuil. munies de 2 stipules à leur base; calice à 4-5 sépales inégaux soudés à la base, le supérieur éperonné; corolle de 1-2-3 ou 5 pétales inégaux, insérés à la base des sépales; 1 à 5 étam., souvent opposées aux pétales, la plupart ordin. stérile, une seule fertile; ovaire libre ou adhérent au calice, à 3 loges, contenant peu d'ovules, ordinairem. 1 ou 2; un style terminé par un stigm. simple; capsule triangulaire, s'ouvrant en 3 valves; graines dépourvues de périsperme.

VOCHYSIE. *VOCHYSIA* Juss. [de *Vochy*, nom que portent ces plantes à la Guyanne]. — Calice coloré à 5 sépales dont 4 petits et un grand éperonné; 3 pétales inégaux, les 2 latéraux deux fois plus courts; 3 étam. opposées aux pétales, les 2 latérales stériles; stigm. terminal, obtus.

1 **V. de la Guyane.** *V. Guyanensis* Lamk. *Vachy Guyanensis* Aubl. *Cucularia excelsa* Willd. Feuilles opposées obovales-oblongues, brièvem. acuminées, glabres; fl. jaunes en grappes simples, dressées, terminales; pédicelles uni ou biflores munis de 2 bractées à la base. 1822. — Serre chaude sur tannée, chaleur constante; terre de bruyère mélangée de terre franche; multipl. de boutures sur couche chaude. — Arbres peu répandus en Europe.

FAMILLE LXXXIV. — RHIZOPHORÉES.

Arbres ou arbriss. à feuil. opposées, munies de stipules interpétiolaires; calice adhérent à l'ovaire, à 4-13 lobes; pétales insérés sur le calice en nombre égal à celui des lobes; étam. distinctes, en nombre double ou triple de celui des pétales; ovaire biloculaire, à loges bi ou multiovulées; fruit indéhiscent, uniloculaire, monosperme, couronné par le calice; graines sans périsperme.

RHIZOPHORE. *RHIZOPHORA* Lin. [du grec *rhiza*, racine; *phoreo*, je porte; les rameaux émettent des racines aériennes qui descendent verticalement pour s'implanter en terre]. — Calice obovale à 4-13 lobes oblongs-linéaires, persistants; pétales oblongs terminés par 2 arêtes; étam. en nombre double de celui des pétales; un style bifide au sommet.

1 **R. manglier, manglier noir, palétuvier.** *R. mangle* Lin. Arbrisseau de 3-4 mètres, à feuil. obovales-oblongues, obtuses; fl. jaune-pâle à 4 pétales, 8 étam.; pédonc. portant 2-3 fl., plus longs que le pétiole; fruits subulés-claviformes. Brésil, 1818. — Peu cultivé; serre chaude, multiplic. de boutures. — L'écorce et les fruits sont employés dans le Brésil pour le tannage des cuirs; le bois est excellent pour le chauffage et pour charpente.

CARALLIA. *CARALLIA.* Roxb. [de *carallie* nom indien]. — Calice presque globuleux à 6-7 lobes triangulaires; 6-7 pétales orbiculaires; 12-14 étam. de la longueur des pétales; style de la longueur des étam.; stigm. urcéolé à 3 lobes; drupe globuleuse à 1 ou 2 graines, couronnée par le calice.

1 **C. luisante.** *C. lucida* Roxb. Arbre de 6-7 mètres, toujours vert; à feuil. ovales, acuminées, dentelées, deux fois plus longues que larges; fl. jaunes, disposées plusieurs au sommet de pédonc. trifides, axillaires. Indes orient., 1826. — Serre chaude, en tannée; chaleur constante.

FAMILLE LXXXV. — ONAGRARIÉES.

Herbes ou arbriss. à feuil. simples, alternes ou opposées, sans stipules; calice adhérent à l'ovaire, se prolongeant au-dessus en un tube plus ou moins long, divisé à son sommet en 2-5 lobes souvent en 4; pétales en nombre égal à celui des lobes du calice, réguliers, contournés avant la floraison, insérés, ainsi que les étam., au sommet du tube calicinal; étam. en nombre égal ou double, ou moitié moindre de celui des pétales; ovaire infér. à plusieurs loges, souvent glanduleux; style filiforme; stigm. capité ou divisé; fruit capsulaire, bacciforme ou drupacé, à 2-4 loges, contenant généralement un grand nombre de graines.

TRIBU I. — *MONTINIÉES.*

Arbriss. à feuil. alternes; fruit capsulaire; graines munies d'une aile membranacée.

MONTINIE. *MONTINIA* Lin. [Laurence Montin, botaniste suédois]. — Fl. dioïques; limbe du calice très court, à 4 dents; 4 pétales arrondis; 4 étam.; ovaire biloculaire; stigm. épais, bifide; capsule coriace-ligneuse, couronnée par le limbe du calice, biloc., à déhiscence loculicide; loges contenant 6-8 graines fixées sur un placenta central tétragone.

1 **M. âcre.** *M. acris* Lin. *M. caryophyllacea* Thunb. *M. frutescens* Gærtn. Arbriss. de 50 à 70 cent., rameux, glabre; feuil. lancéolées, aiguës, entières, glauques; en juil.-août, fl. petites, blanchâtres, pédonculées, les mâles en panicules termin., les femelles solitaires. Cap, 1774. — Orangerie.

TRIBU II. — *FUCHSIÉES.*

Arbriss. de l'Amérique, à feuil. opposées; tube du calice se prolongeant au-dessus de l'ovaire; étam. en nombre double de celui des pétales; fruit bacciforme.

FUCHSIA. *FUCHSIA* Plum. Fl. hermaphr.; calice coloré, à tube cylindr., divisé au sommet en 4 lobes; pétales à peu près de la longueur du calice; 8 étam.; ovaire à 4 loges; style filiforme; stigm. capité, marqué de 4 sillons plus ou moins profonds; baie pulpeuse ou presque sèche, à 4 loges polyspermes.

1 **F. à petites feuil.** *F. microphylla* H. B. Kunth. *Brebissonia microphylla* Spach. Arbriss. de près d'un mètre, très rameux; feuil. opposées, petites, oblongues-ellipt., aiguës, dentées, glabres, ciliées sur le bord; en juin-août, fl. axillaires, pédicellées; pédic. plus court que la fl.; calice infondibuliforme, pourpre foncé, à lobes ovales, acuminés; pétales rose vif, bilobés. Mexique, 1827.

Var. à plus grandes fleurs.

2 **F. à feuil. de thym.** *F. thymifolia* H. B. Kunth. *Brebissonia thymifolia* Spach. Arbriss. touffu, de 1 mètre, à ram. pubesc., grêles; feuilles presque opposées, petites, ovales ou arrondies-ovales, obtuses, presque entières, poilues en dessus, glabres en dessous; fl. en avril-octobre; pédic. axill., plus court que la fl.; calice infondibuliforme, pourpre, à lobes oblongs, aigus, verdâtres; pétales roses, obovales-oblongs, entiers. Mexique, 1829.

Var. à plus grandes fleurs.

3 **F. lycioide.** *F. lycioides* Andr. *Kierschlegeria lycioides* Spach. Ram. glabres, effilés, rougeâtres, garnis d'épines provenant de la base persistante du pétiole; feuil. opposées, pétiolées, ovales, entières; fl. en avril-sept.; pédic. agrégés, axill., plus courts que les fl.; calice infondibuliforme, rose pâle, à divis. oblongues, aiguës, réfléchies, rose vif en dessus, deux fois plus longs que la corolle; pétales pourpre violet, oblongs, obtus. Chili, 1796.

4 **F. à petites fleurs.** *F. parviflora* Lindl. Ram. un peu glabres; feuilles éparses et opposées, pétiolées, ovales-cordiformes ou ovales, très entières, glabres, glauques; en juin-juil., fl. pourpres, petites; pédic. agrégés; lobes du calice réfléchis; stigm. épais, à 4 lobes. Mexique, 1824.

5 **F. en arbre.** *F. arborescens* Sims. *F. amœna* Hortul. *Schufia arborescens* Spach. Grand arbriss. pouvant s'élever à 3 mètres; ram. glabres, rougeâtres dans le jeune âge; feuil. ternées ou verticellées, pétiolées, ovales-oblongues, acuminées aux deux extrémités, entières; en juin-oct., fl. roses, en panicules terminales, dichotomes, presque nues; calice infondibuliforme, à lobes ovales, aigus, réfléchis; pétales un peu plus courts que les divis. du calice. Mexique, 1823.

6 **F. décussé.** *F. decussata* Ruiz et Pav. Ram. grêles, veloutés; feuil. opposées ou verticillées par 3, pétiolées, lanc., pubesc. sur les 2 faces; fl. en mai-sept.; calice rose ponceau, à divis. oblongues, aiguës; pétales écarlates, oblongs, aigus, moins longs que le calice; étam. très courtes; pédic. axill., pendants, plus longs que le calice. Pérou, 1822.

7 **F. grêle.** *F. gracilis* Lindl. Arbriss. de 2-3 mètres, à ram. grêles, pubescents; feuil. opposées, longuement pétiolées, glabres, lancéolées, denticulées; fl. en mai-sept.; pédic. axill., pendants, pubesc., de la long. du calice pourpre; lobes calicinaux oblongs, aigus; pétales violets, obovales, roulés; stigm. fusiforme, indivis. Mexique, 1822.

Var. *multiflora* Lindl. Feuilles très petites, briévem. pétiolées, glauques; fl. nombreuses; stigm. conique.

8 **F. à grosse couronne.** *F. macrostemma* Ruiz et Pav. Arbriss. de 1 mètre, à ram. glabres; feuil. verticillées par 3, briev. pétiolées, ovales, aiguës, denticulées; fl. en mai-oct.; pédic. axill.,

pendants, plus longs que les fl.; calice rouge écarlate, à lobes oblongs, aigus; pétales violets, obovales, plus courts que le calice; stigm. à 4 lobes. Chili,

VAR. délicate. *F. macr. tenella* DEC. *F. gracilis tenella* LINDL. Feuil. opposées; fl. beaucoup plus petites.

9 **F. cocciné.** *F. coccinea* AIT. *F. pendula* SALISB. *F. Magellanica* LAMK. *Nahusia coccinea* SCHNEVOOGT. *Skinnera coccinea* MOENCH. Arbriss. de 2 mètres, très rameux, à ram. glabres; feuilles opposées ou verticillées par 3, ovales, aiguës, denticulées, briév. pétiolées; fl. en mai-oct.; pédic. axill., pendants, plus longs que les fleurs; calice rouge-cocciné, à lobes oblongs, aigus; pétales violets, roulés, obovales, une fois plus courts que le calice. Magellan,

VAR. pubérulente. *F. cocc. puberula* HORT.

VAR. à petites fleurs. *F. cocc. parviflora* HORT.

10 **F. brillant.** *F. fulgens* MOÇ. et SESS. Racine presque tubéreuse; ram. glabres; feuil. opposées, pétiolées, ovales-cordiformes, aiguës, denticulées, glabres; fl. en mai-oct.; pédic. axill., plus courts que les fl., les supér. disposées en grappes; calice rouge cocciné, à divis. ovales-lanc., aiguës; pétales rouge sang, aigus, moins longs que le calice Mexique, 1838.

11 **F. corymbiflore.** *F. corymbiflora* RUIZ et PAV. Arbriss. de 2-3 mètres, à ram. tétragones, rougeâtres, pubesc. dans le jeune âge; feuil. pétiolées, opposées, oblongues-lanc., presque entières; en mai-oct., fl. rouge violacé, disposées par 3 sur des pédonc. presque terminaux, pendants, plus courts que les fl.; lobes du calice lanc., aigus, 2 fois plus longs que les pétales oblongs-lancéolés. Pérou.

12 **F. à feuil. dentelées.** *F. serratifolia* RUIZ et PAV. Arbriss. à ram. sillonnés; feuil. opposées ou verticillées, pétiolées, oblongues, dentelées, pubescentes-luisantes en dessous; fl. en mai-oct.; pédic. axill., plus courts que les fl.; calice rose foncé, velu, à lobes lancéolés, acuminés, plus longs que les pétales, ovales-oblongs; corolle ponceau. Pérou.

13 **F. écorcé.** *F. excorticata* LIN. *Skinnera excorticata* FORST. Arbriss. de 1 mètre, à ram. lisses, quelquefois dépouillés de l'écorce; feuil. alternes, pétiolées, ovales-lanc., acuminées, denticulées, glabres, blanchâtres en dessous; fl. en juin-oct.; pédic. axill., plus courts que les fl.; calice pourpre, à lobes nervés, lanc., plus longs que le tube; pétales ovales, violets, moitié moins longs que le calice. Nouvelle-Zélande, 1821.

14 **F. conique.** *F. conica* BOT. REG. Arbriss. à ram. fermes; feuil. verticillées par 3 ou 4, pétiolées, à pétiole pubescent, 3 fois plus long que le limbe ovale, denticulé, glabre; fl. en juin-sept.; calice obconique, écarlate, à divis. lancéolées; pétales pourpre violet, échancrés, égalant le calice. Chili, 1824.

15 **F. globuleux.** *F. globosa* LINDL. *F. macrostemma* var. *globosa* SWEET. Arbriss. rameux; feuil. opposées, pétiolées, ovales, aiguës, glabres, légèrem. dentées; en juin-sept., fl. axill., pendantes, plus courtes que les feuil.; calice rouge pourpre, globuleux au sommet avant l'épanouissement; divis. ovales, aiguës; pétales dressés, tordus, pourpre violet, moitié moins longs que le calice. Chili.

VAR. à feuil. rondes. *F. glob. rotundifolia* HORTUL.

VAR. *major* HORTUL.

16 **F. de 2 couleurs.** *F. discolor* LINDL. Buisson très rameux, couleur vin, à ramules finement pubesc.; feuil. opposées ou verticillées par 3, pétiolées, ovales, ondulées, denticulées; fl. en mai-oct.; pédonc. plus longs que les feuil.; calice beau rouge, à divis. acuminées, très courtes; pétales violets, obtus, roulés; étam. longuem. saillantes. Magellan, 1840.

17 **F. cylindracé.** *F. cylindracea* LINDL. *Encliandra* ZUCC. *Brebissonia* SPACH. Arbriss. glabre, à ram. purpurescents, un peu tétragones; feuil. obovales, dentées, légèrem. pubesc. sur le pétiole; en mai-oct., fl. rouge sang; pédic. capillaires, solit., uniflores; calice cylindr., à 4 dents; pétales plans, bilobés, plus courts que les lobes du calice. Mexique.

Variétés et hybrides jardinières.

Admirable.
Alata.
Albion.
Albinos.
Audot.
Aurantia.
Aurora.
Ballonii.
Barckleyana.
Brennus.
Britannia.
Brockmannia.
Carswelliana.
Champion.
Chandleri.
Chauvierii.
Chinois.
Clio.
Colossus.
Compacta.
Conqueror.
Conspicua.
Constellation.
Curtisii.
Dalstonii.
Défiance.
Denisiana.
Docteur noble.
Dubiæ.
Duc de Wellington.
Éclipse.
Elvira.
Empereur de Chine.
Enchanteresse.
Epsii.
Espartero.
Fair pelen.
Gemma superba.
Gigantea.
Goldfinch.
Gloriot.
Grainvillii.
Grandis.
Hector.
Invincible.
Insignis.
King John.
Laneii.
London rival.
Lowryi.
Madona.
Magnet.
Majesta nova.
Medora.
Météore.
Mirabel.
Miss Talfourd.
Modesta.
Neptune.
Nobilissima.
Paragon.
Patens.
Pearl.
Pendula elegans.
Prima Dona.
Princeps.
Princesse de Joinville.
Princesse Sophie.
Pulcherrima superba.
Queen.
Radicans.
Reflexa.
Refulgens.
Robusta.
Rogersiana.
Rosea superba.
Sanguinea.
Saint-Clair.
Scandens.
Sidmouthii.
Spectabilis.
Splendens.
Standishi.
Stanwelliana.
Stormonti.
Stylosa maxima.
Superba.
Thibautii.
Thompsoniana.
Tilleryana.
Toddiana.
Towardii.
Transparens.
Tricolor.
Una.
Venus Victrix.
Vernalis.
Vesta.
Victory.
Woodsii.
Youellii.
Zenobia.

Culture. — Tous ces jolis arbriss. appartenant au Chili ou au Mexique, sont de serre tempérée bien aérée. On les cultive en terre de bruyère pure ou mélangée de terreau, dans des vases proportionnés à leur force. L'été on doit les placer à demi-ombre et leur donner de fréquents arrosements. On les multiplie facilement de boutures sur couche tiède et sous cloche. La plupart peuvent se multiplier aussi de graines qu'on doit semer aussitôt la récolte dans des pots de terre de bruyère, en les recouvrant peu. On place ces pots sur les tablettes des serres, en les tenant frais, sans être cependant trop humides. Ces graines germent pendant l'hiver, et au printemps suivant le plan est bon à repiquer; il arrive souvent qu'il fleurit la même saison. Les *Fuchsia* sont tous de très beaux arbrisseaux pouvant servir à l'ornement des serres, plates-bandes de terre de bruyère, etc.

TRIBU III. — *ONAGRARIÉES.*

Herbes, quelquefois sous-arbriss.; calice se prolongeant au-dessus de l'ovaire en un tube plus ou moins long; étam. en nombre double de celui des pétales; fruit capsulaire à loges polyspermes.

EPILOBE. *EPILOBIUM* Lin. [du grec *epi*, dessus; *lobos*, gousse; allusion à la fl. portée sur un long ovaire, qui, à la maturité, produit une capsule linéaire, allongé, assez semblable à une gousse]. — Calice à tube tétragone, dans la portion infér., courtement prolongé au-dessus de l'ovaire, limbe à 4 divis.; 4 pétales; 8 étam., ovaire à 4 loges; style filiforme; stigm. claviforme quadriparti; capsule linéaire tétragone à 4 loges polyspermes; graines poilues.

1re section.—Chamœnerion.—*Feuil. alternes; fl. irrégulières à pétales ovales; filets des étam. dilatés, recourbés, ainsi que le style.*

1. E. en épis, E. à feuil. étroites. *E. spicatum* Lamk. *E. angustifolium* Lin. *E. Gessneri* Vill. *Chamœnerion spicatum* Gray. Feuil. éparses, linéaires-lancéolées, très longues, entières, ondulées, un peu luisantes; en juin-sept.,

grandes et nombreuses fl. roses disposées en épis. Indigène.

VAR. à fl. blanches.

2 **E. à feuil. de romarin.** *E. rosmarinifolium* HÆNKE. *E. angustissimum* CURT. *E. angustifolium* LAMK. Tiges ascend. resserrées, rameuses vers le milieu; feuil. linéaires, denticulées, sans veines, à bords roulés; en juill.-août, fl. pourpres, à pédicelles soudés avec les bractées; style très fin, un peu recourbé, de la longueur des étamines. France.

2e SECTION. — Lysimachion. — *Feuil. inférieures opposées, les supér. alternes; fleurs régulières, à pétales échancrés; étam. et style dressés.*

3. **E. des Alpes.** *E. Alpinum* LIN. *E. anagallifolium* LAMK. Tiges rampantes à la base; feuil. ovales-oblongues, entières, glabres, un peu luisantes; en juin, fl. rouges, pendantes; stigm. indivis; fruits sessiles.

4 **E. à feuil. d'origan.** *E. origanifolium* LAMK. *E. alsinifolium* VILL. Tiges glabres, ascend., de 15-20 cent.; feuilles ovales, acuminées, légèrement dentelées, presque glabres; en juill., fl. roses; stigm. indivis, claviforme. Alpes.

5 **E. rose.** *E. roseum* DEC. Tiges dressées presque simples, de 0m,50, présentant 2-3 lignes saillantes; feuilles quelquefois verticellées par 3, pétiolées, glabres, ovales, acuminées, denticulées-dentelées, amplexicaules, hérissées sur les nervures; en juill., fl. roses, presque sessiles; pédic. fructifères souvent de la long. de la capsule; pétales beaucoup plus longs que le calice; stigm. indivis. Indigène.

6 **E. des montagnes.** *E. montanum* LIN. *E. lanceolatum* LEB. et MAURI. *Chamœnerion montanum* SCOP. Tiges de 0m,60, feuillées, cylindr., glabres; feuil. lancéolées irrégulièrement dentelées, presque sessiles; en juin-juill., fl. pourpres brièvement pédicellées; pétales obcordés plus longs que le calice. Europe.

7 **E. du Mexique.** *E. Mexicanum.* MOÇ. et SESS. Herbe ann., glabre, dressée, à feuil. sessiles, oblongues, peu denticulées. Mexique.

8 **E. penchée.** *E. nutans* SCHMIDT, *E. hypericifolium* TAUSCH. Tiges cylindriq., multifl., rameuses; feuil. presque sessiles, ovales-lanc. entières, obtuses; fl. blanches, puis rosées; pétales obcordés; 4 stigm. étalés en croix. Bohême.

9 **E. colorée.** *E. coloratum* MICHX. Tiges de 1 mètre, cylindr., pubescentes, rameuses au sommet; feuil. lancéolées, dentelées, pétiolées, les supér. alternes, glabres; en juill., fl. pourpres. Amér. sept., 1805.

10 **E. de Dahurie.** *E. Dahuricum* FISCH. Tiges de 0m,20 à 0m,25, dressées, simples; feuil. presque sessiles, pubescentes, faiblem. dentées; en juill., fl. petites, blanches; calice rouge; pétales obcordés; capsule poilue. 1822.

11 **E. divariqué.** *E. divaricatum.* RAFIN. Tiges glabres, très rameuses, à ram. étalés; feuil. pétiolées, opposées; fl. à pétales, lanc. aigus, glabres inégalement denticulés. Amér. sept.

12 **E. hérissée.** *E. hirsutum.* LIN. *E. amplexicaule* LAMK. *E. grandiflorum* ALL. *E. aquaticum* THUILL. Tiges de 1 mètre 33 cent., hérissées, très rameuses; feuil. opposées et alternes, amplexicaules, lanc.-oblongues, inégalement dentelées, hérissées; en juill.-août, fl. pourpres; sépales mucronées; stigm. étalés-réfléchis. Indigène.

VAR. intermédiaire. *E. intermedium* MÉR. Tiges, rameaux et feuil. poilues blanchâtres; fruit couvert de longs poils laineux.

13 **E. des marais.** *E. palustre* LIN. Tiges cylindr., dépourvues de lignes saillantes, rameuses, un peu hérissées; feuil. sessiles, opposées et alternes, glabres, lancéolées, peu denticulées; en juin-sept., fl. rose-pâle; stigm. indivis; capsule pubesc.; graines aigrettées. Indigène.

14 **E. molle.** *E. molle.* LAMK. *E. parviflorum* SCHRED. *E. palustre* WILLD. *E. villosum* CURT. *E. hirsutum* var. LIN. Racines fibreuses; tiges de 1 mètre environ, simples, velues; feuil. sessiles, pubesc., oblongues-lanc., dentelées; en juill.-août, fl. pourpres; stigm. étalés. Indigène.

15 **E. tétragone.** *E. tetragonum* LIN. *E. obscurum* SCHMIDT. *Chamœnerium obscurum* SCHRED. *E. virgatum* FRIES. Tige de 0m,60 à 0m,80, presque gla-

bres, offrant 2 à 4 lignes saillantes; feuil. glabres, sessiles ou presque sessiles, le plus souvent opposées, oblongues-lanc., denticulées; en juin-sept., fl. roses, petites, axill.; stigm. indivis. Indigène.

16 **E. petite.** *E. minutum* Lindl. *Crossostigma Lindleyi* Spach. Tiges dressées ou ascendantes, rameuses, poilues; feuil. le plus souvent alternes, pubesc., elliptiques-lancéolées, obtuses, presque entières; en juin-août, fl. petites, penchées, rose-pâle; pétales obcordés; stigm. indivis, quelquefois fimbrié. Californie, 1842.

17 **E. du Chili.** *E. Chilense* Hort. Par.

18 **E. de Durieux.** *E. Duriœi* Gay. Algérie?

Culture.—Plein air; terrains légers et frais; multiplicat. de drageons et de graines. La variété à fl. blanches de la première espèce est une très jolie plante d'ornement, malheureusem. ses racines traçantes la feront toujours rejeter des plates-bandes. La deuxième espèce peut être employée sur les plates-bandes; ses fl. sont assez jolies et durent longtemps. Enfin les grandes fl. de la douzième doivent faire rechercher la plante pour orner le bord des eaux, dans les jardins paysagers.

EUCHARIDIE. *EUCHARIDIUM* Fisch. et Mey. [du latin *eucharis*, agréable : de la beauté des fleurs]. — Calice cylindr. se prolongeant au-dessus de l'ovaire en un tube très long, filiforme, divisé au sommet en lobes égaux, souvent réunis au sommet; 4 pétales brièvement onguiculés, trilobés; 4 étam.; style filif.; stigm. à 4 lobes obtus; capsule coriace, à 4 loges polyspermes.

1 **E. agréable.** *E. concinnum* Fisch. et Mey. Herbe ann. du port du *Clarkia elegans;* feuil. ovales ou ovales-oblongues, très entières, pétiolées, éparses, les infér. opposées; en juil.-août, fleurs pourpre rosé; pétales maculés et veinés de 3 lignes blanches, régulièrement étalés; graines entourées d'une aile étroite et mince. Californie, 1842.

2 **E. à grandes fl.** *E. grandiflorum* Fisch. et Mey. Cette espèce diffère de la précédente par sa corolle irrégulière à 2 lèvres, résultant du rapprochement des 3 pétales supér. Californie, 1842.

Culture. — Plein air; multipl. de graines semées en place au printemps. — Très jolies plantes d'ornement.

CLARKIE. *CLARKIA* Pursh. [au capitaine Clark qui accompagna le capitaine Lévy dans son voyage aux montagnes Rocheuses]. — Calice presque cylindr., relevé de 8 côtes, à tube dépassant peu l'ovaire; limbe à 4 lobes égaux, quelquefois réunis par paire; 4 pétales longuement onguiculés, à onglet souvent bidenté, à limbe entier ou profondément trilobé; 8 étam.; style filiforme; stigm. tri-quadriparti; capsule polysperme, coriace, à 3-4 loges s'ouvrant en 3-4 valves au sommet; graines fimbriées sur le bord. — Herbes ann. de la Californie.

1 **C. à pétales découpés.** *C. pulchella* Pursh. Ann.; tiges de 0m,35 à 0m,65; feuil. linéaires ou lancéolées; tout l'été, fl. nombreuses, roses, à pétales profondément trilobés. 1826.

2 **C. élégante.** *C. elegans* Dougl. *Phæostoma Douglasii* Spach. Ann.; tiges de 0m,50 à 0m,70, à ram. effilés; feuilles ovales ou ovales-lancéolées, un peu dentées, brièvem. pétiolées; tout l'été, fl. lilas; pétales entiers, à onglet très grêle, non denté; capsule presque sessile, poilue. 1830.

3 **C. rhomboïde.** *C. rhomboidea* Dougl. *Cl. gauroides* Dougl. Ann.; tiges de 0m,35 à 0m,60; feuil. ovales ou oblongues, à pétiole très grêle; fl. lilas; pétales entiers, à onglet bidenté; capsule presque sessile, glabrescente. 1835.

Culture. — Plein air; multipl. de graines semées en place au printemps ou en automne : si le plant résiste à l'hiver, il devient beaucoup plus beau que celui du printemps. — Jolies plantes d'ornement, d'un très bel effet lorsqu'on les sème en massifs.

GODÉTIE. *GODETIA* Spach. [à M. Godet, jeune naturaliste français]. — Calice presque cylindr. ou tétragone dans la partie inférieure, se prolongeant au-dessus de l'ovaire en un tube infondibuliforme, barbu intérieurement, divisé au sommet en 4 lobes réfléchis; 4 pétales échancrés; 8 étamines unisériées; style filiforme; stigm. à 4 lobes ovales ou linéaires; capsule coriace, presque cylindr.-tétragone, à 4 loges polyspermes; graines entourées d'un bord membranacé-fimbrié.

* *Stigmate jaune, à lobes linéaires; capsule allongée, atténuée à la base, blanchâtre et légèrem. pubescente; graines ascendantes; fl. grandes.*

1 **G. de Lindley.** *G. Lindleyana* Spach. *Œnothera Lindleyi* Dougl. *Œn. macrantha* Nutt. Ann.; tiges rameuses, diffuses, ascend.; feuil. linéaires-lancéolées, entières, aiguës, glabres; en juin-juil., fl. rose panaché de blanc, pourpres à la base; tube du calice obconique, beaucoup plus court que les lobes; pétales 2 et 3 fois plus longs que les étam. et le style; capsule allongée, atténuée, pubérulente. Californie, 1827.

2 **G. rouge vin.** *G. rubicunda* Lindl. *Œnothera rubicunda* Tor. Ann.; tiges dressées; feuil. linéaires ou lanc., denticulées ou entières, aiguës ou acum., glabres; en juin-juil., fl. rouge vin; tube du calice obconique, beaucoup plus court que les lobes; pétales 2-3 fois plus longs que les étam. et le style; capsule linéaire, tronquée. Californie, 1842.

3 **G. vineuse.** *G. vinosa* Lindl. Ann.; tiges dressées; feuil. glabres, linéaires-oblongues, un peu dentelées; en juin-juil., fl. rouges, veinées; pétales cunéiformes, arrondis, non maculés; stigm. pâle. Californie, 1842.

4 **G. de Lehmann.** *G. Lehmanniana* Spach. *Œnothera amœna* Lehm. *Œn. rosa alba* Bern. Ann., blanchâtre; feuil. pétiolées, ovales-oblongues, denticulées; en juin-juil., fl. blanc et rose, maculées à la base des pétales; capsule tétragone, pubescente. Népaul et Californie, 1826.

** *Stigmate le plus souvent pourpre, à lobes courts, ovales; capsule sessile, atténuée ordin. vers le sommet; graines ascendantes.*

5 **G. effilée.** *G. viminea* Spach. *Œnothera* Dougl. Ann., blanchâtre; tiges dressées ou ascend., à ram. grêles; feuilles lanc. ou oblongues-lancéolées, presque entières, sess.; en juin-juil., fl. rose vif; tube du calice infondibuliforme de la long. des lobes; pétales une fois plus longs que les étam.; capsule cylindr., presque tétragone, pubesc.-blanchâtre, atténuée au sommet. Californie, 1827.

6 **G. de Romanzow.** *G. Romanzowii* Spach. *Œnothera* Ledeb. Peu soyeuse, glaucescente; tiges décombantes; feuil. lancéolées-oblongues, mucronulées, atténuées à la base en pétiole; en juin-juil., fl. violet pâle; tube du calice court, pétales larges, ovales, crénelés; étam. beaucoup plus courtes que la corolle; capsule oblongue-cylindr., presque tétragone, poilue. Californie, 1817.

7 **G. à 4 taches.** *G. quadrivulnera* Spach. *Œnothera* Dougl. Pubescente; tiges ascend., simples ou rameuses, élevées, grêles; feuil. linéaires ou lancéolées-linéaires, le plus souvent entières; en juin-sept., fl. rose pâle; tube du calice infondibuliforme, moitié plus court que les lobes; pétales une fois plus longs que les étam.; capsule oblongue-linéaire, poilue au sommet. Orégon, 1827.

8 **G. de Cavanilles.** *G. Cavanillesii* Spach. *Œnothera tenella* Cav. Ann.; tiges simples, dressées, effilées; feuil. linéaires, spatulées, entières ou légèrement denticulées, presque sessiles; en juin-juil., fl. violet panaché de blanc; pétales obovales, très obtus; étam. et style dressés de même longueur entre eux, mais beaucoup plus courts que les pétales; capsule cylindr.-tétragone, tomenteuse. Chili, 1822.

*** *Stigmate pourpre, à lobes courts; capsule poilue, courte, sessile, s'atténuant de la base au sommet; graines horizontales.*

9 **G. de Willdenow.** *G. Willdenowiana* Spach. *Œnothera purpurea* Willd. Ann., glaucescente; feuil. lanc., atténuées aux deux bouts, obtuses; en juin-juil., fl. rouges, assez grandes; tube du calice court; pétales largement obovales, crénelés; étam. et style plus longs que le tube calicinal, mais beaucoup plus courts que les pétales; stigm. très épais, pourpre; capsule ovale, triquètre, sessile, anguleuse, poilue; graines irrégulièrem. anguleuses, ruguеuses. Amér. sept., 1784.

10 **G. gracieuse.** *G. lepida* Lindl.

Œnothera Tor. Tiges dressées ; feuilles oblongues-linéaires, entières, glabres ou légèrem. pubescentes ; en juin-juil., fl. pourpre pâle ; tube du calice très court, obconique; pétales cunéaires-arrondis, 3 fois plus longs que les étam. ; capsule velue, obovale-oblongue. Californie, 1838.

11 **G. décombante.** *G. decumbens* Spach. *Œnothera* Dougl. Tiges ascend., très rameuses, diffuses ; feuil. glauques, le plus souvent entières, pubérulentes, les infér. ovales, les supér. ovales-lancéolées, pétiolées; en juin-juil., fl. lilacées ; tube du calice obconique, moitié plus court que les lobes, mais beaucoup plus long que l'ovaire, blanchâtre ; pétales échancrés, plus longs que les étamines; lobes du stigm. réfléchis; capsule velue-blanchâtre, oblongue-conique, faiblement quadrangulaire. Californie, 1827.

Culture. Toutes ces plantes sont de plein air ; on doit les semer dans les premiers jours de mai en terrains légers un peu ombragés. — Les Godéties sont de jolies plantes d'ornement pour les plates-bandes.

BOISDUVALIE. *BOISDUVALIA* Spach [dédié à M. Boisduval, docteur-médecin, entomologiste distingué]. — Calice oblong-cylindrique, à 4 côtes dans la partie infér., se prolongeant, au-dessus de l'ovaire, en un tube infondibuliforme tétragone, limbe à 4 divis. dressées, acuminées ; 4 pétales bilobés, insérés à la gorge du calice sur un anneau annulaire, membranacé, quadridenté ; 8 étam. bisériés ; style filiforme épaissi au sommet ; stigm. quadrifide ; capsule coriace, oblongue-cylindr., à 4 loges contenant de 16-20 graines marginées. Herbes annuelles.

1. **B. agréable.** *B. concinna* Spach. *Œnothera humifusa* Lindl. *Œn. cæspitosa* Gill. Mollement velue-tomenteuse ; feuilles caulinaires et raméales lancéolées ou linéaires-lanc. aiguës, peu dentées ; les florales ovales, ou ovales-lanc., longuemen. acuminées, entières ; en juin-juil., fl. pourpres ; tube du calice grêle, obconique-cylindr., un peu plus long que les lobes presque lancéolés. Chili, 1842.

2. **B. de Douglas.** *B. Douglasii* Spach. *Œnothera densiflora* Lindl. *Œ. salicina* Nutt. Légèrement pubescente-blanchâtre ; feuil. lancéolées ou linéaires-lanc., aiguës, denticulées ; les florales agrégées, ovales ou ovales-lanc., acuminées, sessiles, le plus souvent entières ; en juin-juill., fl. pourpres ; tube du calice obconique un peu plus long que l'ovaire, de la longueur, à peu près, des lobes triangulaires-lancéolés. Orégon, 1831.

Culture du genre précédent.

ONAGRE. *ŒNOTHERA* Lin. [nom donné par les anciens à une plante dont la racine donnée en breuvage, passait pour calmer les bêtes furieuses ; il vient du grec *ainos*, vin, du goût des racines, auquel on a ajouté *thera* de *ther*, bête féroce. Le nom de *Onagra* donné par Tournefort est tiré du grec *onos*, âne, et *agreôs* sauvage ; de la ressemblance des feuil. de l'espèce commune (*œ. biennis*) avec une oreille d'âne]. — Calice cylindr. dans la partie infér., se prolongeant au-dessus de l'ovaire en un long tube filiforme, divisé au sommet en 4 lobes aigus, réfléchis, souvent réunis par paires ; 4 pétales égaux entiers ou à 4 lobes, brièvem. onguiculés, insérés au sommet du tube du calice sur un anneau annulaire ; 8 étam. unisériées ; style filiforme; stigm. à 4 divis. linéaires obtuses ; capsule coriace ou presque ligneuse, prismatique-tétragone, à 4 loges polyspermes, se séparant en 4 valves septifères. Plantes herbacées.

1re Section. — *Anogra* Spach.

1. **O. à tiges blanches.** *albicaulis* Pursh. *Œ. purshii* Don. *Œ. pinnatifida* Mitt. Très menue, pubescente, bisann. ; tiges de 0m,15, décombantes, blanchâtres, ainsi que les nervures des feuilles ; feuil. radicales, presque entières ; les caulinaires pennatifides, à fissures divariquées, linéaires, aiguës ; en mai-août, fl. blanches peu nombreuses, rapprochées en épis ; pétales obcordés ; plus longs que les étam. ; style filif. très grêle ; ovaire sessile, prismatique, arqué. Missouri, 1811.

2e Section. — *Allochroa* Fisch. et Meyer. *Œnothera* Spach.

2. **O. à longues fleurs.** *Œ. longi-*

flora JACQ. Bisann., tiges de 1 mètre, poilues, simples; feuil. denticulées; en juill.-sept., fl. jaunes; tube du calice très long; pétales bilobés; étam. et style plus courts que la corolle; stigm. très longs, épais; capsule hérissée, obovale-oblongue, très longue, rétrécie au sommet. Buénos-Ayres, 1776.

3 **O. raide.** *Œ. stricta* LEDEB. (*Œ. striata*). Ann.; tiges de 0m, 60, verdâtres, muriquées; feuil. infér. très longues, linéaires, denticulées; les caulinaires lanc.; en avril-août, fl. jaunes; graines brunes, ovales-oblongues, finement et longitudinalement striées. Cap, 1790.

4 **O. odorante.** *Œ. odorata* JACQ. *Œ. undulata* AIT. *Onagra undulata* MOENCH. Bisann., pubescente; tiges de 0m, 60, frutescentes, rameuses; feuil. linéaires-lanc., un peu rudes; en avril-août, fl. jaunes, puis purpurescentes; pétales obcordés, entiers; étam. et style de la long. de la corolle; stigm. épais, velu; capsule épaisse allongée, cylindracée, velue. Amér. mérid., 1790.

5 **O. très molle.** *Œ. mollissima* LIN. *Œ. nocturna* WILLD. Ann.; tiges de 0m, 60, rameuses; feuil. linéaires-lanc., un peu ondulées, dentées, velues-molles; en juin-oct., fl. jaunes devenant ensuite rouges; pétales obovales à peine plus longs que les étam.; stigm. filiformes; capsule très longue, molle. Chili, 1752.

6 **O. velue.** *Œ. villosa* THUNB. Ann.; tiges très velues, un peu anguleuses; feuil. très velues, lancéolées, ondulées, dentées; en juin-juill., fl. jaunes; capsule cylindrique. Cap, 1820.

7 **O. blanchâtre.** *Œ. albicans* LAMK. *Œ. nocturna* JACQ. *Œ. prostrata* RUIZ. et PAV. Bisann.; pubescente-glauque; tiges de 0m,60; feuil. blanchâtres, lancéolées, dentées; en juin-août, fl. jaunes; pétales obovales, faiblement dentés au sommet; filets des étam. rouges; capsule pubesc., cylindr. ou ovale-oblongue, ordin. couronnée par 8 lobes. Pérou, 1825.

8. **O. de Drummond.** *Œ. Drummondii* HOOK. Pubescente, molle, retombante; feuil. oblongues-ellipt., obtuses, sinuées-dentées; les infér. atténuées en pétiole; en juin-juill., fl. jaunes, grandes, axill.; étam. un peu courbées, capsule pubesc.-hérissée, cylindr., striées. Texas, 1842.

9 **O. sinuée.** *Œ. sinuata* LIN. Décombante; mollement pubescente, tiges de 1 mètre, feuil. lanc., sinuées-dentées ou incisées; en juin-juill., fl. petites, jaunes; fruit cylindr.-tétragone, un peu arqué, poilu, de la longueur des bractées. Virginie, 1770.

VAR. *minima* WALSP. *Œn. minima* PURSH. *Œ. humifusa* NUT. Tiges plus petites, uniflores, feuil. denticulées ou entières.

3e SECTION. — *Megapterium* SPACH.

10 **O. de Missouri.** *Œ. Missouriensis* SIMS. *Œ. macrocarpa* PURSH. *Œ. alata* NUTT. *Megapterium Missouriense* et *Nuttalii* SPACH. Bisann.; glabre; tiges rameuses de 0m,30; feuil. lanc., à bord denté, glanduleux; en juin-juillet, fl. jaunes; pétales obcordés, mucronulés, dentelés; étam. arquées, plus courtes que la corolle; stigm. oblongs-linéaires; capsule pédicellée, elliptique, à 4 ailes. 1811.

4e SECTION. — *Onagra* SPACH.

11. **O. remarquable.** *Œ. spectabilis* HORTUL. *Œ. corymbosa* CURT. Tiges muriquées, hérissées; feuil. aiguës, un peu denticulées, légèrem. pubescentes, velues sur les bords; les infér. lanc., les florales oblongues-lancéolées; en juin-juill., fl. jaunes; divis. du calice beaucoup plus courtes que le tube et la corolle; style plus long que les étam.; capsule muriquée, hérissée. Mexique, 1836.

12 **O. à feuil. de saule.** *Œ. salicifolia* DESF. *Œ. elata* H. B. et KUNTH., *Œ. crassipes* HORT. BERAL. *Onagra Kunthiana* SPACH. Bisann.; tiges de 0m, 60, simples, anguleuses; feuilles oblongues-lancéolées, aiguës, pubesc.-blanchâtres, entières ou dentées, à dents écartées; en juin-août, fl. jaune-pâle passant au rouge; pétales obovales-arrondis, légèrement échancrés; etam. courbées, ascend. à peu près de la longueur des pétales; stigm. grands, épais, oblongs-linéaires; capsule sessile, oblongue, anguleuse. 1824.

13 **O. bisannuelle.** *Œ. biennis* LIN. *Onagra vulgaris* et *chrysantha* SPACH. Tiges de 0m, 60 à 1 metre, dressées, simples ou rameuses, rudes, poilues;

feuil. ovales-lanc., larges, planes, rétrécies en pétiole, légèrem. pubesc.; en juin-sept., fl. jaunes, grandes; pétales obcordiformes plus longs que les étam. ascendantes; stigm. épais, linéaires; capsule oblongue-conique, un peu renflée. Indigène.

VARIÉTÉS.

1 Commune. *vulgaris* WALP. *Œ. gauroides* HORNEM. Pétales un peu échancrés au sommet, dépassant très peu les étamines.

2 Muriquée. *muricata* WALP. *Œ. muricata* MURR. Tiges et ovaire hérissés-rugueux; pétales dépassant un peu les étamines.

3 A grandes fleurs. *grandiflora* WALP. *Œ. suaveolens* DESF. *Œ. grandiflora* AIT. *Œ. Lamarckiana* SER. Pétales très grands, profondém. échancrés au sommet, beaucoup plus longs que les étamines.

4 A petites fleurs. *parviflora* WALP. *Œ. parviflora* LIN. *Œ. cruciata* NUTT. Pétales petits, égalant à peu près les étam.; tube du calice 2 ou 3 fois plus long que les divis.; ovaire hérissé.

14 **O. de Link.** *Œ. media* LINK. *Onagra Linkiana* SPACH. Vivace; tiges pubesc. dressées, de 0m,60; feuil. lancéolées-linéaires, aiguës, dentées, mollement pubescentes; en juill.-août, fl. jaunes; tube du calice très long, pubescent. Amér. sept., 1823.

15 **O. de Lehmann.** *Œ. erosa* LEHM. *Onagra Lehmanniana* SPACH. Tiges herbacées, poilues, cylindr., fistuleuses; feuil. pubesc., lancéolées, veinées, un peu sinueuses, rongées-dentées à la base, très entières au sommet; en juin-juill., fl. petites, jaunes; capsule presque cylindrique. Cap, 1480.

5e SECTION. — *Pachylopis* SPACH.

16 **O. gazonneuse.** *Œ. cæspitosa* NUTT. *Œ. scapigera* PURSH. *Pachylophis Nuttallii* SPACH. Vivace; tiges très courtes; feuil. lanc. sinuées-dentées; en juin-juill., fl. blanc-rosé; tube calicinal très long; pétales profondément échancrés, grands, plus longs que les organes sexuels; stigm. étalés, épais, allongés; capsule sessile, oblongue, presque conique, à valves muriquées sur les bords. Missouri, 1811.

6e SECTION. — *Lavauxia* SPACH.

17 **O. trilobée.** *Œ. triloba* NUTT. *Œ. rhizocarpa* SPRENG. *Lavauxia Nuttalliana* SPACH. Vivace sans tiges; feuil. glabres, irrégulièrem. pennatifides dentées; en mai-sept., fl. jaune-pâle; pétales trinervés, trilobés au sommet; capsule très grosse, à 4 ailes. Amér. sept., 1822.

18 **O. acaule.** *Œ. acaulis* CAV. *Œ. taraxacifolia* SWEET. *Œ. anisoloba* DON. *Œ. grandiflora* RUIZ et PAV. *Lavauxia mutica* SPACH. Vivace, souvent dépourvue de tiges ou à tiges de 0m,30 environ (*Œ. grandiflora* RUIZ et PAV.); feuil. pennatiséquées, rongées, à lobe terminal très grand, denticulé; en mai-sept., fl. grandes, blanches passant ensuite au rose pâle; tube calicinal très long; divis. du calice libres, réfléchies; pétales obovales, entiers et légèrement échancrés, plus longs que les organes sexuels; capsule sess., obovale-tétragone subulée. Chili, 1821.

7e SECTION. — *Hartmannia* SPACH.

19 **O. rose.** *Œ. rosea* AIT. *Œ. purpurea* LAMK. *Œ. rubra* CAV. *Hartmannia gauroides* SPACH. Vivace; tiges de 30 cent., rameuses, à ram. effilés; feuil. ovales, dentées, atténuées aux 2 extrémités, les infér. lyrées; en mai-août, fl. rosées; tube calicinal très court; pétales obovales-arrondis, plus longs que les organes sexuels; capsule claviforme à 8 angles. Mexique, 1783.

20 **O à petites fleurs.** *Œ. micrantha* WALP. *Œ. pennatifida* HORT. *Hartmannia parviflora* SPACH. Tiges dressées, rameuses dès la base; feuil. pubesc.-blanchâtres, les radicales panduriformes (en violon) ou oblongues-spatulées, entières, longuem. pétiolées, les caulinaires oblongues ou lancéolées-oblongues, obtuses, recourbées ou sinuées; fl. en juin-août; divis. du calice un peu plus longues que la corolle, moitié plus longues que le tube calicinal; pétales obovales un peu plus courts que les étamines; capsule quadridentée à bords en forme de crête. Mexique, 1842.

21 **O. à 4 ailes.** *Œ. tetraptera* CAV. *Œ. dubia* et *Capensis* HORTUL. *Hartmannia macrantha* SPACH. Vivace; tiges poilues, rameuses, de 30 cent.; feuil. à

peines pétiolées, pennatiséquées-dentées, ou dentées-ciliées; en juin-août, fl. d'abord blanches, puis roses; pétales obcordés, entiers, plus longs que les organes sexuels; anthères et stigm. étroits, longs; capsule obovale, poilue, marquée de 8 côtes; graines pâles, ovales, aiguës lisses. Mexique, 1796.

8e SECTION. — *Kneiffia* SPACH.

22 **O. glauque.** *Œ. glauca* MICHX. Vivace, glabre; tiges de 60 cent.; feuil. largement ovales, recourbées-dentées, glauques; en mai-oct., fl. jaunes; divis. calicinales, plus longues que le tube; pétales très grands, obcordés, rongés, plus longs que les organes sexuels; capsule courte, épaisse, ovale-tétragone. Mississipi, 1812.

VAR. de Fraser. *Œ. Fraseri* PURSH. *Kneiffia Fraseri* SPACH. Feuil. ovales-lancéolées, un peu pétiolées.

23 **O. frutescente.** *Œ. fruticosa* LIN. *Œ. hybrida* MICHX. *Kneiffia suffruticosa* et *floribunda* SPACH. Vivace; tiges un peu ligneuses, de 80 cent., dressées; feuil. poilues, lancéolées-oblongues, aiguës, peu dentées; en juin-août, fl. jaunes, brièvem. pédicellées; pétales larges, obcordiformes, un peu rongés; style plus long que les étam. et plus court que la corolle; capsule poilue, oblongue-claviforme, marquée de 8 stries peu prononcées.

VAR. à fl. disposées en corymbes sessiles, garnies de feuil. *Œ. fruticosa* BOT. MAG. *Œ. serotina* DON.

24 **O. naine.** *Œ. pumila* LIN. *Œ. gracilis* SCHRAD. Vivace; tiges herbacées, rameuses, de 15 cent., courbées; feuil. glabres, oblongues-lanc., entières, très brièvem. pétiolées; en mai-sept., fl. jaune-vif, petites, axill.; pétales plus longs que les organes sexuels; capsule à peine pédonculée, à 8 angles dont 4 très larges, comprimés. Amér. sept. 1757.

25 **O. à feuil. de lin.** *Œ. linifolia* NUTT. Annuelle; tiges herbacées, effilées; feuil. linéaires, très étroites, entières, obtuses; en juin-sept., fl. jaunes, petites, disposées en épis; calice hispide, obovale-oblong, anguleux, à angles obtus; pétales obcordiformes, marqués d'une nervure épaisse, colorée. Amérique, 1822.

9e SECTION. — *Xylopleurum* SPACH.

26 **O. gracieuse.** *Œ. speciosa* NUTT. *Xylopleurum Drummondii* et *obtusifolium* SPACH. Vivace, pubérulente; tiges de 60 à 90 cent., quelquefois ligneuses à la base, rameuses, effilées; feuilles oblongues-lancéolées, atténuées aux 2 extrémités, irrégulièrement pennatifides et dentelées, nervées, pubescentes en dessous; en mars-sept., fl. blanc-veiné, d'abord penchées, disposées en grappes nues; pétales obcordées, de la long. des étam.; capsule obovale, anguleuse. Amérique sept., 1821.

27 **O. du Chili.** *Œ. Chilensis* HORT. PAR. Bisann. ou ann.; tiges dressées, peu rameuses, rougeâtres vers le haut, hérissées de quelques poils mous; feuil. glabres, linéaires-lancéolées, ondulées; en juin-juil., fl. beau jaune; calice longuem. tubuleux, à divis. à peu près de la longueur du tube, et plus courtes que les pétales; capsule presque claviforme, velue, de 5 à 6 cent. de longueur.

28 **O. de Sellow.** *Œ. Sellowii* LINK. et OTTO.

CULTURE. Plein air; les espèces 10, 16 et 18 fondent assez souvent par les neiges ou l'humidité des fins d'hivers; pour elles, il serait prudent d'en rentrer quelques pieds en orangerie. Les espèces annuelles et bisannuelles doivent être semées au commencement de mai, préférablement dans les terrains légers, demi-ombragés; les espèces vivaces se multiplient soit par les graines qu'elles mûrissent ordinairement, ou par la séparation des touffes, et même par boutures. — En général les Onagres sont de très jolies plantes d'ornement.

SPHÉROSTIGMA. *SPHŒROSTIGMA.* SERINGE [du grec *sphaira*, globe, *stigma*, stigmate; de la forme globuleuse du stigmate]. — Calice tubuleux, tétragone dans la partie infér., à 4 divis. distinctes ou réunies par paire; 4 pétales obovales ou cunéaires; 8 étam. à filets comprimés, filiformes; ovaire à 4 loges contenant plusieurs ovules fixés à l'angle interne sur une seule série; style filiforme; stigm. presque globuleux, épais, indivis.

1 **S. à feuil. de giroflée.** *S. cheiranthifolium* FISCH. et MEYER. *S. spirale*

FISCH. et MEYER. *Holostigma cheiranthifolium* et *spirale* SPACH. *Œnothera cheiranthifolia* HORNEM. *Œ. spiralis* HOOK. Ann.; tiges de 30 cent., très rameuses, ascendantes, hérissées; feuil. velues, sessiles, spatulées, obtuses, à peu près entières; en juin-sept., fl. jaunes, petites, sessiles; capsule hérissée, courbée, anguleuse, subulée, aiguë. Chili, 1820.

2 **S. à petites fleurs.** S. *micrantha* WALP. *S. hirtum* FISCH et MEY. *Œnothera micrantha* HORNEM. *Œ. hirta* LINK. *Œ. asperifolia* NUTT. Hérissée; tiges flexueuses, ascend.; feuil. linéaires-oblongues, obtuses, denticulées, à dents aiguës; les radicales pétiolées, spatulées; en juin-août, fl. très petites, axill.; calice hérissé, à tube obconique, moitié moins long que les divis. linéaires-oblongues; pétales obovales, de la long. des étam. ou deux fois plus longs; capsule grêle, allongée, aiguë, poilue, très contournée, relevée de 4 angles aigus. Californie.

3 **S. dentée.** *S. dentatum* WALP. *Holostigma virgatum* SPACH. *Œnothera dentata* CAV. Ann.; tiges de 15 cent.; feuil. à peu près linéaires, denticulées; en juin-août, fl. jaunes; capsule courbée, cylindr., très étroite. Pérou, 1818.

4 **S. de Chamisso.** *S. Chamissonis* FISCH. et MEYER. *Holostigma heterophyllum* SPACH. *Œnothera Chamissonis* LINK. *Onosuris Chamissonis* DEC. Ann., très petite; tiges cylindr., légèrement poilues; feuil. lisses, dentées, à dents très distantes; en juin-août, fl. jaunes; pétales oblongs, obtus; ovaire cylindr. Chili, 1818.

5 **S. tortueuse.** *S. contortum* WALP. *S. minutiflorum* FISCH. et MEY. *Œnothera contorta* LEHM. Glabre; tiges grêles, rameuses; feuil. linéaires, entières; en juin-août, fl. jaunes, petites, très nombreuses; calice infondibuliforme, à peu près aussi long que les divisions; capsule cylindr. allongée, courbée ou tordue, bosselée. Orégon, 1838.

6 **S. élancée.** *S. strigulosum* FISCH. et MEY. *Œnothera strigulosa* TORR. *Œ. siliquosa* NUTT. Couverte de très petits poils soyeux, appliqués, quelquefois presque glabre; tiges grêles, rameuses dès la base; feuil. linéaires-denticulées, atténuées vers la base; en juin-août, fl. jaunes, très petites, axill.; calice à tube obconique très court, moitié plus court que les divis. rougeâtres et oblongues-lancéolées; pétales d'une ligne de longueur, obovales, entiers; capsule allongée, grêle, un peu quadrangulaire, bosselée, sessile, non atténuée, quelquefois courbée ou tordue. Californie, 1838.

Culture du genre Onagre.

MÉRIOLIX. *MERIOLIX* RAFIN. [étymologie inconnue].— Calice tétragone se prolongeant au-dessus de l'ovaire en un tube court, infondibuliforme, divisé au sommet en 4 lobes carénés; 4 pétales ondulés-crénelés; 8 étam. à filets très courts; ovaire à 4 loges; style filiforme, géniculé vers le milieu; stigm. pelté, en forme de disque crénelé; capsule coriace, cylindr. ou claviforme à une seule loge polysperme, s'ouvrant par 4 valves au sommet; graines oblongues, anguleuses, lisses.

1 **M. dentelée.** *M. serrulata* WALP. *Œnothera serrulata* NUTT. *Calylophis Nuttalii, Berlandieri* et *Drummondiana* SPACH. Tiges suffrutescentes, grêles, ascendantes; feuil. raides, linéaires-lanc. ou atténuées vers la base, irrégulièrem. et finement denticulées; en juin-août, fl. jaunes, axill.; pétales obovales, ondulés-crénelés, beaucoup plus longs que les étam. et les divisions calicinales; capsule grêle, cylindr. ou presque prismatique, à 4 sillons. Amér. sept.—Culture du genre Onagre.

TRIBU. — *JUSSIEUÉES.*

Plantes herbacées, rarem. suffrutescentes; calice ne se prolongeant pas au-dessus de l'ovaire; limbe persistant; fruit capsulaire, à loges polyspermes.

ISNARDIE. *ISNARDIA* DEC. [A. T. D. d'Isnard, botaniste français]. — Calice à tube très court, ovale ou presque cylindr., adhérent à l'ovaire; limbe calicinal à divisions persistantes; 4 pétales, quelquefois rudimentaires ou nuls; 4 étam. plus courtes que le calice; style filiforme, décidu; stigm. capité; capsule obovale ou presque cylindr.-tétragone, à 4 loges polyspermes, s'ouvrant en 4 valves.

1 **I. des marais.** *I. palustris* Lin. Pl. vivace, herbacée, aquatique; tiges de 0m,10 à 0m,40, grêles, souvent rameuses, glabres; feuil. glabres, opposées, oblongues-orbiculaires, aiguës, très entières, atténuées en pétiole; en juil.-août, fl. vertes axill., solitaires, sessiles. Indigènes.

JUSSIEUA. *JUSSIEUA* Lin. [en l'honneur de l'illustre famille de Jussieu : Antoine, Bernard, Joseph et Antoine-Laurent].— Calice à tube prismatique ou cylindr., adhérent dans toute sa longueur avec l'ovaire; limbe calicinal à 4 divis. aiguës, persistantes; 4 pétales étalés; étam. en nombre double; style filif., court; stigm. capité, à 4-5 sillons; capsule couronnée par les lobes du calice et par un disque épigyne, à 4-5 loges polyspermes.

1 **J. à grandes fl.** *J. grandiflora* Michx. Pl. vivace, herbacée, aquatique, à racines rampantes; tiges velues-hispides, ordin. dressées; feuilles pubesc., oblongues-lanc., les infér. presque spatulées, les autres acuminées aux 2 extrémités; en juil.-oct., fl. grandes, beau jaune, sans bractées sur les pédicelles; calice velu, à 5 lobes aigus, moitié plus courts que les pétales obovales-échancrés. Caroline, 1812.

2 **J. nageante.** *J. natans* Humb. et Bonpl. Vivace, aquatique, glabre, présentant des vésicules sur les racines; feuil. pétiolées, presque orbiculaires, entières ou dentées; en août-sept., fl. jaunes, pédicellées; calice à 4-5 lobes aigus, plus courts que les pétales ovales; capsule cunéaire. Nouvelle-Grenade, 1818.

3 **J. à feuil. ovales.** *J. ovalifolia* Sims. Herbacée, pubescente; tiges de 0m,60, dressées, rameuses, à ram. tétragones, presque ailés; feuil. presque sessiles, ellipt., acuminées, nervées; en août-sept., fl. jaunes, sessiles; calice à 4 lobes ovales, acuminés, trinervés, égalant à peu près les pétales orbiculaires; capsule allongée, tétragone. Madagascar, 1810.

Culture. — Les *Jussieua* sont des plantes qui croissent dans les marais des régions tropicales : on doit donc les cultiver en serre chaude, et les tenir constamment dans un milieu très humide. La première espèce pourrait servir à l'ornement des bassins ou pièces d'eau dans les jardins paysagers; en la plantant dans un grand pot, on pourrait la rentrer l'hiver dans une simple orangerie. On les multiplie de graines ou par marcottes; les tiges émettent des racines à chaque nœud.

TRIBU V. — *LOPÉZIÉES.*

Plantes herbacées ou frutescentes; calice à tube se prolongeant au-dessus de l'ovaire; 4 pétales quelquefois nuls; 2 ou 1 étam.; fruit capsulaire, polysperme.

LOPÉZIE. *LOPEZIA* Cav. [à T. Lopez, botaniste espagnol]. — Calice à 4 divis., dont 3 rapprochées et la 4e éloignée, colorées, décidues; 4 pétales inégaux, longuem. onguiculés; 2 étam., une seule fertile, l'autre pétaliforme; style filiforme, court; stigm. capité; capsule globuleuse, à 4 loges polyspermes, s'ouvrant en 4 valves.

1 **L. en grappes.** *L. racemosa* Cav. *L. Mexicana* Jacq. Ann., glabre, de 0m,40 à 0m,50; feuil. alternes, ovales-lancéolées, dentelées, atténuées à la base; en août-oct., fl. rouges, en grappes rameuses, termin.; bractées beaucoup plus courtes que les pédicelles. Mexique, 1792.

2 **L. couronnée.** *L. coronata* Andr. *L. axillaris* Schweigger. *L. minuta* Lag. *L. Mexicana* var. *coronata* Dec. Ann., glabre, de 0m,50; ram. anguleux; feuil. alternes, ovales, dentelées, atténuées à la base; en juil.-sept., fl. rouges en grappes rameuses, termin.; bractées inférieures dépassant les pédicelles. Mexique, 1805.

3 **L. frutescente.** *L. miniata* Dec. *L. frutescens* Roem. et Schultz. *L. fruticosa* Schranck. Tiges frutescentes, cylindr., glabres, de 0m,30; feuil. alternes, ovales-lanc., dentelées; en juil.-nov., fl. rouges en grappes rameuses et terminales. Mexique, 1826.

Culture. — Serre tempérée; cependant, on peut livrer les espèces ann. au plein air, en pleine terre, dans les plates-bandes de fleuristes. Pour s'assurer des graines, on doit en conserver quelques pots qu'on rentre en serre, où elles fleurissent une partie de l'hiver. On sème au printemps sous châssis; on repique le plant dans des pots de 18 à 24 cent., et pour faciliter la reprise, on les place sous châssis tiède. La 3e espèce étant ligneuse, on peut la multiplier de boutures.— Les fleurs petites, mais élégantes de ces plantes, peuvent servir à l'ornement des parterres, mais surtout des serres pendant l'hiver.

TRIBU VI. — *CIRCÉES.*

Plantes herbacées ; calice ne se prolongeant jamais au-dessus de l'ovaire ; limbe calicinal à 2 lobes ; 2 étam.; fruit indéhiscent, à 2 loges monospermes.

CIRCÉE. *CIRCÆA* Tourn. [à l'enchanteresse Circée]. — Calice obovale, à 2 divis. égales ; 2 pétales bifides ; 2 étam. alternant avec les pétales ; ovaire biloculaire ; style filif., terminé par un stigm. épais, échancré ; fruit sec, pyriforme, indéhiscent, couvert de poils crochus, à 2 loges monospermes.

1 **C. parisienne.** *C. Lutetiana* Lin. Vivace; tiges de 30 cent., pubesc., dressées; feuilles opposées, ovales, aiguës, denticulées, souvent un peu pubescentes ; en juin-août, fl. blanches, souvent striées de rose, disposées en grappes effilées, dressées. Indigène.

2 **C. des Alpes.** *C. Alpina.* Lin. *C. intermedia* Ehrh. Vivace ; tiges glabres, dressées ou ascendantes, simples, de 0m,10 à 0m,20; feuil. cordiformes, aiguës, lisses, membranacées, dentées, en juin-août, fl. rosées en grappes dressées. Europe, 1821.

Culture. — Plantes rustiques de plein air.

TRIBU VII. — *GAURÉES.*

Plantes herbacées ou sous-frutescentes; calice se prolongeant au-dessus de l'ovaire ; étam. en nombre double de celui des pétales ; fruit sec, ligneux, à 1 ou 4 graines.

GAURA. *GAURA* Lin. [du grec *gauros*, superbe ; de l'élégance des fleurs]. — Calice à 3 ou 4 angles à la base, se prolongeant au-dessus de l'ovaire, en un long tube droit ou réfléchi, divisé au sommet en 4 lobes décidus, rarement 3 ; 3 ou 4 pétales ; 6-8 étam. unisériées ; ovaire à 3-4 loges uniovulées ; style filiforme courbé ; 3-4 stigm. linéaires, obtus ; fruit nucamentacé, ligneux, à 3-4 angles ou ailes, uniloculaire, à 1 ou 4 graines.

1 **G. bisannuelle.** *G. biennis* Lin. Tiges de plus de 1 mètre, herbacées; feuil. lanc.-oblongues, aiguës, denticulées ; en août-octobre, fl. irrégulières, blanc-rosé, réunies au sommet des rameaux ; pétales obovales, étalés, ascendants, nus ; organes sexuels courbés ; style plus long que les étam.; fruit sessile poilu, obovale, à 4 angles, terminé par une très petite pointe. Virginie, 1762.

2 **G. changeante.** *G. mutabilis* Cav. *Œnothera anomala* Curt. Vivace ; tiges presque ligneuses, de 0m,60; feuil. ovales, sessiles, lâchement dentées ; en juill.-août, fl. jaunes, puis rougeâtres; pétales largement ovales, aigus, étalés, opposés en croix ; étam. et style droits. Nouv. Espagne, 1795.

3 **G. coccinée.** *G. coccinea* Fras. Vivace ; tiges de 0m,15, simples, retombantes ; feuil. linéaires-lanc., denticulées, blanchâtres ; en août-octobre, fl. roses, en grappes lâches, mutifl.; pétales arrondis, à onglet filif., plus long que le calice ; stigm. à 4 dents ; fruit aigu aux 2 extrémités, à 4 graines. Louisiane, 1811.

4 **G. à 3 pétales.** *G. tripetala* Cav. *G. hexandra* Ortéga. Ann.; tiges de 0m,50 ; ram. pubescents ; feuil. pubérulentes, linéaires-lanc. peu dentées ; en août, fl. rosées, à 6 étam.; calice à 3 divis., 3 pétales obovales-oblongs, unilatéraux, ascendants ; fruit ovale triangulaire, aigu.

Culture. — Plein air, à bonne exposition ; recouvrir l'hiver d'une simple couverture de litière ou feuil. sèches. Ces plantes étant susceptibles de fondre par les neiges et l'humidité, il serait peut-être prudent d'en conserver toujours en pot pour les rentrer l'hiver en orangerie. Peu intéressantes comme plantes d'ornement.

FAMILLE LXXXVI. — HALORAGÉES.

Plantes herbacées aquatiques, ou sous-frutescentes terrestres, à feuilles non stipulées. Fl. hermaphrodites ou quelquefois unisexuées, régulières, souvent incomplètes, peu apparentes, axillaires ou rassemblées à l'extrémité des tiges ou rameaux; calice adhérent à l'ovaire, à limbe partagé en un nombre variable de divisions, quelquefois entier; pétales en nombre égal à celui des divisions du calice, décidus; étam. en nombre égal ou double, quelquefois en nombre moindre. Ovaire infère, de 2 à 4 loges uniovulées, ou à une seule loge quadriovulée; style filiforme ou nul; stigm. velus, en nombre égal à celui des loges; fruit sec, souvent ligneux, couronné par le limbe du calice, à 4 loges monospermes, ou uniloculaire par l'oblitération des cloisons.

HIPPURIDE. *HIPPURIS* Lin. [du grec *hippos*, cheval, et *oura*, queue: de la forme de la plante]. — Calice à limbe très petit, entier ou à 4 divis. très petites, corolle nulle; une étam. insérée au sommet du tube calicinal; ovaire uniloculaire; style filif. portant le stigm. à la face interne; fruit sec, uniloculaire, monosperme, indéhiscent, couronné par le limbe du calice. Pl. aquatiques.

1 **H. commune**, **Pesse d'eau.** *H. vulgaris* Lin. *Limnopeuce* Vaill. Vivace à rhizomes traçants; tiges de 0m,20 à 0m,60, dressées, simples; feuil. verticillées par 8 ou 12, linéaires, aiguës, les infér. plus longues; en juin-août, fl. vertes, solit., axill., sessiles. Indigène.

MYRIOPHYLLE. *MYRIOPHYLLUM* Vaill. [du grec *murios*, innombrable, et *phullon*, feuille; des feuilles divisées en un grand nombre de segments étroits]. — Pl. monoïques; calice à 4 divis. caduques; 4 pétales plus longs que les divis. calicinales, dans les fl. mâles, ordin. nuls dans les fl. femelles; 8 étam., très rarem. 4; ovaire à 4 loges; 4 stigm. sessiles, très gros, à papilles saillantes; fruit composé de 4 coques monospermes, indéhiscentes. — Plantes vivaces, submergées; feuil. verticillées, sessiles, pennatiséquées; fl. blanches, aériennes, disposées à la partie supér. des tiges.

1 **M. en épis.** *M. spicatum* Lin. Fl. verticellées, disposées en épis dépourvus de feuilles, ou munis de petites bractées entières. Indigène.

2 **M. verticillée.** *M. verticillatum* Lin. Fl. disposées en verticilles, tous munis de feuilles florales pectinées. Indigène. — Pl. de peu d'intérêt, croissant dans les mares et fossés tourbeux.

PROSERPINIE. *PROSERPINACA* Lin. [du grec *proserpô*, qui s'approche en rampant: allusion aux racines rampantes]. — Calice anguleux, à 3-4 divis. dressées, alternant avec les angles du tube; corolle nulle; 3-4 étam.; ovaire infère., à 3-4 loges uniovulées; 3-4 stigm. aigus, sessiles; fruit sec à 3-4 angles. — Herbes vivaces aquatiques, à feuil. opposées, pennatifides, ou les supér., sortant de l'eau, dentelées; fl. blanches sessiles, ramassées en faisceaux à l'aisselle des feuilles.

1 **P. des marais.** *P. palustris.* Lin. Vivace, feuilles linéaires-lancéolées, dentelées, les infér. souv. pennatifides; fl. en juin; fruit à angles aigus. Canada, 1818. — Plante sans aucun intérêt.

MACRE, CORNUELLE. *TRAPA* Lin. [de *chausse-trappe*, dont a pris seulement le dernier mot; du fruit hérissé de 4 pointes dures et piquantes]. — Calice adhérent avec la base de l'ovaire, à 4 divisions persistantes, s'accroissant après la floraison; 4 pétales; 4 étam.; ovaire biloculaire ou uniloc. par avortement; style filif., terminé par un stigm. capité; fruit ligneux presque corné, uniloculaire monosperme, armé de 2-4 épines. — Plantes annuelles, nageantes, à feuil. infér. opposées, pennatiséquées, à segm. presque capillaires, les supér. nageantes disposées en rosettes, pétiolées, deltoïdes, dentées, à pétiole se renflant après la floraison; fl. axill. sessiles.

1 **M. nageante.** *T. natans* Lin. Tiges simples; feuil. pubescentes en dessous; en juin-juill., fl. blanches; fruits à 4 cornes coniques, aiguës, garnies, au sommet, de cils dirigés en bas; les 2

cornes supér. ascend., les 2 infér. étalées-horizontales. Indigène. — Pl. des marais, de peu d'intérêt sous le rapport horticole, mais qui mériterait cependant d'attirer notre attention sous le rapport économique. La graine, connue, généralement, sous le nom de *chataigne d'eau*, contient une grande quantité de fécule, qu'on pourrait utiliser. Cuite à l'eau ou sous les cendres, son goût est très agréable. En Chine, cette plante est l'objet d'une culture toute spéciale. En France, dans les localités où elle croît spontanément, les graines sont assez recherchées; on les mange à la manière des châtaignes.

CALLITRICHÉES.

CALLITRICHE. *CALLITRICHE.* Lin. [du grec *kallos*, beau, *thrix*, cheveu: de la finesse des tiges]. — Involucre composée de 2 bractées opposées, pétaloïdes; calice et corolle nuls; fl. mâles de 1-2 étam. alternes avec les bractées, à anthères uniloc.; fl. fem. composées d'un ovaire à 4 loges uniovulées; 2 styles subulés, glanduleux; fruit capsulaire composé de 4 coques indéhiscentes, monospermes, se séparant à la maturité.—Pl. aquat., nageantes ou submergées, à feuil. opposées, entières; fl. très petites, axill., solitaires.

1 **C. printanière.** *C. verna* Lin. *C. aquatica* Huds. *C. sessilis.* Fl. Fr. *C. pallens* Grav. *C. stagnalis* Scop. *C. platicarpa* et *vernalis* Kutz. *C. autumnalis* Lin. Ann. ou vivace; tiges grêles, filif., rameuses; feuil. glabres, trinervées, les supér. souvent rapprochées en rosette; fleurit en juin-sept.; fruit sessile, à coques carénées; quelquefois ailées membraneuses. Indigène.

CÉRATOPHYLLÉES.

CÉRATOPHYLLE. *CERATOPHYLLUM* Lin. [du grec *keras*, corne; *phullon*, feuille; des feuilles profondément découpées]. — Pl. monoïques; involucre à 10-12 divis. égales, linéaires, disposées sur un seul rang; calice et corolle nuls. Fl. mâles; 10-25 étamines réunies dans l'involucre; anthères sessiles, biloculaires. Fl. fem.; ovaire solit. dans l'involucre, uniloculaire, uniovulé; style terminal, subulé, arqué dans la partie supérieure; fruit coriace uniloculaire, monosperme, indéhiscent, surmonté du style persistant.— Herbes vivaces, submergées, à feuil. verticillées, sessiles, découpées, bi-trichotomes; fl. axill., solitaires, sessiles.

1 **C. noyé, Cornifle.** *C. demersum.* Lin. Feuil. à segments linéaires-filiformes, fortement denticulés; fl. en juill.-sept.; fruit noirâtre, muni de 2 épines au-dessus de la base.

2 **C. submergée.** *C. submersum.* Lin. Feuil. à segm. sétacés. faibl. denticulés; fl. en juin-août; fruit noirâtre, dépourvu d'épines au-dessus de labase.

Plantes des marais tourbeux sans aucun agrément.

FAMILLE LXXXVII. — LYTHRARIÉES.

Herbes ou arbres à ram. souvent tétragones; feuilles le plus souvent opposées, simples, sans stipules. Fleurs hermaphrodites, généralement régulières; calice libre, persistant, monosépale, divisé en un nombre variable de lobes, disposés sur deux rangs; pétales en nombre égal aux lobes intérieurs, insérés au sommet du tube calicinal; étam. en même nombre que les pétales insérées à des hauteurs différentes dans le tube du calice; ovaire libre, à plusieurs loges; style terminal, simple; stigm. capité, rarement échancré; fruit capsulaire membraneux, biloculaire ou pluriloculaire, à loges polyspermes, se déchirant irrégulièrement à la maturité; graines sans périsperme.

TRIBU 1. — *SALICARIÉES.*

Graines dépourvues d'ailes.

PÉPLIDE. *PEPLIS* Lin. [nom que les Grecs donnaient au Pourpier. Linné l'appliqua à ce genre à cause de la ressemblance extér. de ces plantes].— Calice campanulé, court, à 12 divis., les extér. étalées, très étroites, les intérieures dressées, plus larges; 6 pétales, très petits, souvent nuls; 6 étam.; stigm. presque sessile; capsule biloculaire polysperme. — Pl. couchée, herbacée, à feuill. opposées entières; fl. solit. ou géminées, axill., sessiles.

1 P. pourpière. *P. portula* LIN. Ann. ou vivace; feuil. glabres, obovales-arrondies, atténuées en pétiole étroit; en juin-sept., fl. rose-pâle, solit.; calice souvent rougeâtre. Indigène.

2 P. biflore. *P. biflora* SALTZM. Ann.; feuill. obovales, à base cunéaire, brièvement pétiolées; en juin-sept., fl. rose-pâle, axill., géminées. Tanger.

CULTURE. — Pl. sans intérêt, cultivées en plein air dans les terrains humides; on la sème en place au commencement de mai.

AMMANNIE. *AMMANNIA* HOUST. [à Paul Ammann, botaniste silésien, mort en 1690]. — Calice bibractéolé à sa base, campanulé, à 8-14 dents, les extér. étalées, beaucoup plus petites, en forme de cornes, les intér. dressées; 4-7 pétales alternes avec les dents intér. du calice, quelquef. nuls; étam. en nombre égal à celui des pétales ou en nombre double, insérées au milieu du tube calicinal; capsule ovale-globuleuse, membraneuse, à 2 ou 5 loges polyspermes, rarem. uniloculaire. — Herbes aquatiques, glabres, à feuil. opposées, entières; fl. axillaires, petites.

* *Pétales nuls ; 4 étamines.*

1 A. du Sénégal. *A. Senegalensis* LAMK. Tiges dressées, cylindriques et rameuses à la base, tétragones au sommet; feuil. sess., lanc.-linéaires, à base un peu dilatée, échancrée; en juil.-août, fl. disposées en ombelles axill., multifl., briév. pédonculées; capsule globuleuse 2 fois plus longue que le calice.

2 A. baccifère. *A. baccifera* LIN. *A. vesicatoria* ROXB. Tiges dressées, rameuses, à ram. indivis.; feuil. sessiles, lancéolées, atténuées à la base; en juil.-août, fl. sessiles, rassemblées en grand nombre à l'aisselle des feuil., formant une sorte de verticille; capsule uniloculaire. Indes orient., 1820.

** *Corolle à 4 pétales ; 4 étamines.*

3 A. de la mer Caspienne. *A. Caspica* BIEB. Tiges rameuses, dressées, tétragones; feuil. lancéolées, atténuées à la base; en juil.-août, fl. pourpres, sessiles, ramassées en bouquet à l'aisselle des feuil. 1818.

4 A. à fl. pourpres. *A. ramosior* LIN. *A. purpurea* LAMK. Tiges tétragones, rougeâtres, rameuses, dressées; feuil. linéaires-lanc., à base dilatée, presque semi-amplexicaule; en juil.-août, fl. pourpres, très nombreuses, les inférieures axill. verticillées, les supér. solit. opposées; pétales obovales-arrondis. Caroline, 1759.

5 A. à larges feuilles. *A. latifolia* LIN. Tiges tétragones, dressées, rameuses; feuil. linéaires-lanc., à base échancrée-auriculaire, à oreillettes obtuses; en juil.-août; fl. blanches, sessiles, solit. ou ternées. Caroline, 1733.

*** *Corolle à 4-7 pétales ; étamines en nombre double de celui des pétales.*

6 A. sanguinolente. *A. sanguinolenta* SWARTZ. Tiges de 15 cent.; feuil. linéaires-lanc., aiguës, à base échancrée-auriculée, semi-amplexicaule, à oreillettes obtuses; en juil.-août, fl. rouge sang, à 4 pétales, sessiles, disposées 1-3 à l'aisselle des feuilles; capsule à 4 loges. Jamaïque, 1803.

7 A. à 8 étamines. *A. octandra* LIN. *A. coccinea* PERS. Tiges de 30 cent.; feuil. linéaires-lanc., sessiles, échancrées-auriculées à la base, à oreillettes aiguës; en juil.-août, fl. coccinées, presque sessiles, disposées 1-3 à l'aisselle des feuilles; capsule à 4 loges. Indes orient., 1820.

CULTURE.—Ces plantes sont peu cultivées, et avec raison. On doit semer en avril en pots sous châssis; à la fin de mai, on plante en pleine terre, à bonne exposition; arrosements copieux.

NÉSÉA. *NESÆA* COMMERS. [à la nymphe *Nesæa*]. — Calice quelquefois muni de 2 bractées à sa base, hémisphérique, campanulé, à 10-12-14 dents, les intér. triangulaires, dressées, et les extér. étalées, très étroites, en forme de cornes; 5-6-7 pétales réguliers, étalés, opposés aux dents extérieures; étam. en nombre égal à celui de pétales et insérées au milieu du tube du calice, presque égales entre elles; style simple; stigm. capité; capsule globuleuse, sessile, à 3-5 loges polyspermes, s'ouvrant en autant de valves septifères.

— Herbes ou sous-arbriss. terrestres, à feuil. le plus souvent opposées, entières.

1 **N. à feuil. de saule.** *N. salicifolia* HUMB. BONPL. et KUNTH. *Heimia salicifolia* LINK. et OTTO. *Lythrum flavum* SPRENG. var. *grandiflora* BOT. R. Sous-arbriss. glabre, de près de 2 m., à feuil. ternées ou opposées, celles du sommet alternes, brièvem. pétiolées, lanc., aiguës, à base rétrécie; en juin-sept., fl. jaunes, à pétales obovales; pédonc. uniflores plus courts que le calice. Nouvelle-Espagne, 1821.

2 **N. à feuil. de myrte.** *N. myrtifolia* DESF. *Heimia myrtifolia* CHAM. et SCHLECHT. *Lythrum apetalum* SPRENG. Petit sous-arbriss. très rameux, de 30 à 50 cent., à ram. un peu tétragones; feuil. opposées, sessiles, linéaires-allongées, très aiguës, glabres, quelquef. finem. denticulées, en juin-sept., fleurs jaune d'or, axill., solit., presque sessiles. Mexique, 1827.

CULTURE. — Orangerie; terre de bruyère pure ou mélangée de moitié de terre franche; multipl. facile de boutures ou de graines; on sème au printemps sous châssis tiède, en terre de bruyère, en recouvrant peu les graines.

PEMPHIDE. *PEMPHIS* FORST. [du grec *Pemphix*, vent, souffle : allusion à la capsule membraneuse enflée]. — Calice turbiné, marqué de 12 sillons, à 12 dents étalées, les extér. plus petites; 6 pétales obovales, réguliers, alternes aux grandes dents calicinales; 12 étam. insérées au milieu du tube du calice sur deux rangées; ovaire trilocul.; style très court; stigm. capité, gros; capsule membranacée, presque globuleuse, quelquefois uniloculaire, se déchirant circulairem. et irrégulièrem. à la base; graines nombreuses. — Arbriss. pubesc., blanchâtres, à feuil. opposées, entières.

1 **P. acidulée.** *P. acidula* FORST. *Lythrum Pemphis* LIN. FIL. *Melanium fruticosum* SPRENG. Arbriss. à feuilles oblongues-lanc., très entières; en juil.-sept., fl. blanches, axill., solit., pédonculées, accompagnées de 2 bractées à la base. Timor. — Serre chaude.

LYTHRAIRE, SALICAIRE. *LYTHRUM* [du grec *Luthron*, sang caillé, sang noir : de la couleur sombre des fleurs]. — Calice cylindr., strié, à 8 ou 12 dents, dont les extér. plus petites; 4, rarem. 6 pétales, étalés, ordin. réguliers, opposés aux dents extér.; étam. en nombre variable, insérées au fond du calice ou au milieu du tube; style simple, filif.; stigm. capité; capsule oblongue, membranacée, biloculaire, à loges polyspermes. — Herbes, rarem. arbriss., à feuil. entières; fl. axillaires.

1 **L. à feuil. de thym.** *L. thymifolia* LIN. *Salicaria thymifolia* LAMK. *Pentaglossum linifolium* FORSK. Ann.; tiges dressées, de 30 cent.; feuil. alternes, linéaires, aiguës; en juil.-août, fl. rose pâle, axill., presque sessiles, plus courtes que les feuil., accompagnées de petites bractées foliacées, linéaires, souvent plus longues que le calice; 4-5 pétales; 2 étam. Europe mérid., 1816.

2 **L. à feuil. d'hyssope.** *L. hyssopifolia* LIN. *Salicaria hyssopifolia* LAMK. Ann.; tiges de 30 cent.; feuil. alternes, sess., linéaires-lancéolées, obtuses, atténuées à la base; en juil.-sept., fl. pourpres, presque sess., solit., axill., accompagnées de 2 bractées aiguës; calice glabre; 5-6 pétales; 5-6 étamines. Indigène.

3 **L. de Grœffer.** *L. Grœfferi* TEN. Ann.; tiges de 15 cent., herbacées; feuil. alternes, linéaires-lanc.; en juin-août, fl. pourpres, brièvem. pédicellées, accompagnées de 2 très petites bractées aiguës; 6 pétales oblongs-obovales; 12 étamines. Italie, 1800.

4 **L. commune, Salicaire.** *L. Salicaria* LIN. *Salicaria spicata* LAMK. Vivace; tiges de 30 cent. à 1m,20, ordin. sous-frutescentes à la base; feuil. glabres ou pubescentes, opposées ou verticillées par 3, les supér. quelquef. alternes, sess., lancéolées, cordif. à la base; en juil.-sept., fl. pourpres ou blanches, disposées par 4-10 sur des pédonc. axill. très courts; calice pubesc., dépourvu de bractées à la base. Indigène.

5 **L. effilée.** *L. virgatum* LIN. *L. austriacum* JACQ. *Salicaria virgata* MOENCH. Vivace, glabre; tiges de 1 mètre; feuil. lancéolées, à base atténuée; en juin-sept., fl. pourpres, pédicellées, disposées par 3 à l'aisselle des feuilles,

formant une panicule effilée au sommet des ram. Autriche, 1776.

Culture. — Plein air ; terrains humides ; multipl. de graines semées au printemps, ou par la séparation des touffes pour les espèces vivaces. La salicaire est une jolie plante propre à orner les bords des étangs.

CUPHÉA. *CUPHEA* Jacq. [du grec *kuphos*, courbé : de la forme de la capsule qui est courbée et bossue]. — Calice tubuleux, bossu à la base, strié, à 12 dents inégales, les externes plus petites, les internes triangul., les supérieures souvent plus larges ; 6 pétales, rarem. nuls, inégaux, onguiculés, opposés aux dents externes ; 11 étam. inégales, incluses, insérées à diverses hauteurs sur le calice ; ovaire biloculaire, entouré à la base de glandes épaisses ; style subulé, arqué ; stigm. capité, échancré ou bilobé ; capsule obl., comprimée, membranacée, uniloculaire, contenant un plus ou moins grand nombre de graines. — Herbes ou sous-arbriss. souvent visqueux, à feuil. opposées, rarement verticillées, entières ; calice coloré.

1 **C. circéoïde.** *C. circæoides* Smith. Ann. ; tiges poilues, rameuses, dressées, de 20 cent. ; feuil. pubescentes, pétiolées, ovales, aiguës ; en sept., fl. pourpres, éparses, en panicules terminales ; calice hispide ; pétales petits, presque égaux entre eux. Amér. sept., 1821.

2 **C. de Melville.** *C. Melvilla* Lindl. *Melvilla speciosa* Anders. Vivace ; tiges herbacées, dressées, de près de 1 mètre de hauteur ; feuil. rudes au toucher, sess., lancéolées, atténuées aux 2 extrémités ; en août, fl. rouge écarlate, disposées en grappes termin. simples, multifl. ; calice poilu, long, courbé ; corolle nulle. Guyane, 1823.

3 **C. de la Llave.** *C. Llavea* Dec. Tiges hispides, de 30 cent., à ram. ascendants ; feuil. presque sessiles, ovales-lancéolées, acuminées ; en août-sept., fl. pourpre-brun, pédicellées, dressées, disposées 2-3 à l'aisselle des feuilles ; calice vert en dessous ; corolle à 2 pétales obovales, grands ; 11 étam. dont 3 plus longues. Mexique, 1829.

4 **C. très visqueux.** *C. viscosissima* Jacq. *Lythrum petiolatum* Linn. *L. Cuphea* Lin. Fil. Ann. ; tiges herbacées, pubesc.-visqueuses, rameuses, dressées, de 30 cent. ; feuil. opposées, un peu rudes, pétiolées, ovales-oblongues ; en juil.-août, fl. pourpres, pédicellées, solit., axill., pendantes ; calice pubesc.-visqueux gibbeux, à 6 dents ; 6 pétales inégaux ; 12 étam. ; capsule à 4-6 graines. Amérique, 1776.

5 **C. couché.** *C. procumbens* Cav. Ann. ; tiges dressées de 30 cent., à ram. réfléchis, velus-visqueux ; feuil. opposées, brièvem. pétiolées, un peu hispides, ovales-lancéolées ; en juil.-sept., fl. pourpre-pâle, pédicellées, solitaires, axill., pendantes ; calice gibbeux, poilu-visqueux, à 6 dents ; corolle à 6 pétales obovales, dont 2 plus grands ; 11 étam. dont 2 plus longues, à anthères laineuses. Mexique, 1816.

6 **C. à feuil. lancéolées.** *C. lanceolata* Ait. Ann. ; tiges herbacées, pubesc., visqueuses, dressées, de 50 cent. ; feuil. opposées, briév. pétiolées, légèrem. poilues, lancéolées ; en juil.-sept., fl. pourpres, pédicellées, solit., axill., pendantes ; calice poilu-visqueux, à 6 dents ; corolle à 6 pétales obovales, dont 2 plus grands ; 11-12 étam., dont 2 plus longues, à anthères laineuses ; ovaire à 18 graines. Mexique, 1796.

7 **C. multiflore.** *C. multiflora.* Lodd. Vivace ; tiges lign., rameuses, de 50 c. ; feuil. oblong., atténuées en pointe ; en sept., fl. pourpres, solit., axill. ; corolle à 6 pétales presque égaux, oblongs-linéaires. Iles de la Trinité, 1820.

8 **C. silénoïde.** *C. silenoïdes.* Nées d'Esenb. Tiges rameuses ascendantes, couvertes, ainsi que le calice, de petits poils raides, bruns, hispides et glutineux ; feuil. opposées, oblong.-lanc., obtuses, hérissées à la base, visqueuses au sommet ; en juil.-sept., fl. brun-foncé, solit., axill. ; calice longuem. tubuleux ; pétales inégaux, obovales, à bords lilacés, dont 2 plus grands ; capsule à 8 graines. Mexique, 1839.

9 **C. à fl. pubescentes.** *C. pubiflora* Benth. *C. strigillosa* Bot. Reg. Vivace ; tiges pubesc., retombantes ou presque dressées, rameuses ; feuill. pubesc., un peu rudes sur les 2 faces, briév. pétiolées, ovales ou ovales-lanc.,

aiguës, à base arrondie; en juil.-sept., pédonc. ordinair. biflores, disposés en grappes au sommet des rameaux; calice pubesc.-visqueux, se prolongeant en un long éperon obtus; 2 pétales petits; 11 étam. glabres, inégales, saillantes. Mexique, 1839.

10 **C. à feuil. en cœur.** *C. cordata* Ruiz et Pav. Sous-arbriss. pubescent, à tiges dressées; feuil. ovales, à peine échancrées à leur base, entières, opposées, presque sessiles; en juil.-sept., fl. rouge-écarlate en panicules termin.; calice gibbeux, rouge, à 6 dents, les supérieures vertes; 2 pétales supér. très grands, arrondis, 4 infér. très petits; 11 étam. inégales, disposées sur 3 rangées. Pérou, 1845.

11 **C. vermillon.** *C. miniata.* Ad. Brong. Vivace; tiges herbacées, de 30 cent., dressées, rameuses, hérissées de poils blancs;, feuil. opposées briev. pétiolées, ovales ou obl.-lanc., aiguës, rugueuses, ciliées; en juil.-août, fl. rouge vermillon, axill., solit.; calice pubesc., gibbeux, à dents supér. plus larges, laineuses intérieurement; 2 pétales chiffonnés; 11 étam. inégales, dont 2 laineuses au sommet du filet. Mexique, 1845.

Culture. — On sème les espèces annuelles en avril, en pots placés sous châssis chauds. Aussitôt levé, on donne de l'air; vers le milieu de mai on plante en plein air, en terre légère; les arrosements doivent être modérés. Les espèces vivaces sont de serre chaude et doivent être placées sur les tablettes près des jours. On les multiplie de boutures sur couche ombragée; arrosem. très modérés, comme pour les espèces ann.—Toutes sont de jolies plantes d'ornement.

GINORIE. *GINORIA* Jacq. [à Charles Ginori, botaniste italien, l'un des fondateurs du jardin botanique de Florence].—Calice campanulé à 6 divis. lancéolées, acuminées, étalées; 6 pétales onguiculés, presque orbiculaires; 12 étam. saillantes, insérées dans le tube du calice; ovaire libre à 4 loges; style filiforme longuem. saillant; stigm. capité; capsule uniloc. polysp., presque globuleuse, à 4 sillons, s'ouvrant en 4 valves.

1 **G. d'Amérique.** *G. Americana* Jacq. Arbriss. toujours vert, à feuil. opposées, presque sessiles, lanc., entières, glabres; fl. bleues, grandes, pédonculées, solit., axill.; pédonc. non munis de bractées, plus courts que les feuilles. Cuba, 1827. — Belle plante de serre chaude ou tempérée. On la multiplie de boutures sur couche ou tannée.

GRISLÉA. *GRISLEA* Loeffl. [à Gabriel Grisle, horticulteur portugais, auteur du *Verger de Portugal*].— Calice tubuleux, coloré, strié, à 8 ou 12 dents bisériées, les extérieures beaucoup plus petites; 4-6 pétales oblongs, onguiculés, égaux, opposés aux dents extér.; étam. en nombre double de celui des pétales, unisériées, longuement saillantes, insérées au fond du tube calicinal; ovaire sess., biloculaire; style filiforme saillant; stigm. entier, presque claviforme; capsule uniloc. polysperme, s'ouvrant en 2 valves. — Arbriss. à feuill. opposées, ponctuées de glandes noires en dessous.

1 **G. tomenteuse.** *G. tomentosa* Roxb. *Lythrum fruticosum* Lin. *Woodfordia floribunda* Salisb. Arbriss. de 1 mètre, à ram. pubescents; feuil. sess., tomenteuses-blanchâtres en dessous, glabres en dessus; en mai-juin, fl. rouges, souvent à 6 pétales et 12 étam.; disposées plusieurs au sommet de pédonc. axillaires. Indes orient., 1804. — Jolie plante de serre chaude qu'on multiplie très facilement de boutures faites sur couche chaude et ombragée, en terre de bruyère mélangée d'un peu de bonne terre normale.

LAWSONIE. *LAWSONIA* Lin. [à William Lawson, horticulteur anglais, auteur d'un ouvrage intitulé : *Nouveau Jardin et Verger*]. — Calice à 4 divis. étalées, aiguës; 4 pétales obovales, onguiculés, insérés entre les dents du calice; 8 étam. insérées par paires au fond du calice, en face les divis. calicinales; ovaire quadriloculaire; style filiforme, simple; stigm. à 4 dents; fruit bacciforme globuleux, membranacé, à 4 loges contenant chacune 6-8 graines cunéaires. — Arbriss. à feuil. opposées.

1 **L. à fl. blanches.** *L. alba* Lin. *L. inermis* Desf. *L. inermis* et *spinosa* Lin. Arbriss. de 3-4 mètres, glabre, devenant épineux en vieillissant, par l'endurcissement des rameaux; feuil. presque ses-

siles, ovales-lanc., entières; fl. blanches, disposées en panicules terminales. Indes-orient., 1752. — Serre chaude ou bonne serre tempérée, en terre de bruyère pure; multipl. de boutures faites en été, sur couche chaude, et recouvertes d'une cloche.

TRIBU II. — *LAGERSTRŒMIÉES.*

Graines munies d'une aile membran.

LAGERSTRÉMIE. *LAGERSTRŒMIA* Willd. [dédiée à Magnus Lagerstrœm, naturaliste suédois].—Calice muni de 2 petites bractées à sa base, campanulé, à 6 lobes égaux; 6 pétales égaux, obovales-oblongs, longuem. onguiculés; 18-30 étam. longuement saillantes, insérées au fond du calice; ovaire à 3-6 loges; style saillant, long; stigm. capité; capsule à 3-6 loges polyspermes, s'ouvrant en 3-6 valves septifères; graines s'allongeant supérieurem. en aile membraneuse.—Arbriss. de l'Asie, à ram. tétragones et à feuil. opposées, quelquefois alternes au sommet des rameaux.

1 **L. de l'Inde.** *L. Indica* Lin. Arbriss. de 2-3 mètres, à ramules tétragones dans la jeunesse; feuil. ovales-arrondies, aiguës, glabres; en août-oct., fl. pourpres, en panicules terminales, multifl.; calice non sillonné; pétales crispés, longuem. onguiculés; les 6 étam. extérieures plus longues et plus épaisses. Chine, 1759.

2 **L. de la reine.** *L. reginæ* Roxb. *Adambea glabra* Lamk. Arbriss. de 4 mètres, à feuil. glabres, oblongues; fl. très grandes, rose pâle, en panicules terminales; calice toment., longitudinalem. sillonné et plié; pétales orbiculaires ondulés, briév. onguiculés; étam. à peu près égales entre elles. Indes orient., 1792.

Culture. — Ces plantes passent très bien nos hivers en serre tempérée, mais pour obtenir une brillante floraison, il faut les placer en pleine terre dans une serre chaude; autrement, il faudrait les rencaisser au moins tous les deux ans, et leur donner une bonne exposition chaude l'été et de fréquents arrosements. Il est aussi nécessaire de tailler, vers le mois de mai, les ram. supérieurs à 3 ou 4 yeux, et de retirer toutes les petites branches ou brindilles. On les multipl. de boutures faites, au moment de la taille, avec les ram. de l'année précédente, en les coupant par tronçons de 10 cent. environ. On plante ces boutures à quelques cent. de distance dans des terrines de terre de bruyère qu'on place ensuite sur une couche chaude en les recouvrant d'une cloche ou d'un châssis. Toutes les boutures ne réussissent pas; celles qui forment des racines ne doivent être séparées qu'au printemps suivant. Le premier hiver, on doit les rentrer en orangerie ou sur les tablettes d'une serre tempérée, car elles sont très sujettes à fondre dans cette première période de végétation.—Les Lagerstrémies sont toutes de charmants arbrisseaux qui méritent d'être plus répandus dans les collections. La première espèce surtout est admirable par ses grosses panicules de fleurs pourpres qui terminent les rameaux.

FAMILLE LXXXVIII. — TAMARISCINÉES.

Arbriss. à feuil. alternes, très petites, un peu épaisses, sess., quelquef. amplexicaules, imbriquées; stipules nulles. Fl. hermaphrodites, régulières, en épis ordin. disposés en larges et élégantes panicules terminales; calice libre, persistant, à 5, rarem. 4 sépales bisériés, imbriqués; corolle à 5 pétales hypogynes, persistants; étam. hypogynes, en nombre égal ou double de celui des pétales; ovaire supère, souvent à 3 angles, uniloculaire; 2-3 styles distincts ou réunis en un seul; capsule uniloc., polysperme, s'ouvrant en 3, rarem. 2 ou 4 valves, portant sur leur milieu les placentas et les graines dépourvues d'albumen.

MYRICAIRE. *MYRICARIA* Desv. [de *murike*, nom grec du Tamaris].—Calice à 5 sépales réunis par leur base; 10 étam. à filets soudés inférieurem. en un tube membranacé, celles opposées aux pétales plus courtes; un style; stigm. presque capité.

1 **M. de Germanie.** *M. Germanica* Desv. *Tamarix Germanica* Lin. *Tamariscus decandrus* Lamk. Arbriss. glabre.

de 3-4 mètres; feuil. sess. linéaires-lanc.; en juin-sept., fl. rosées, en épis terminaux, solit., garnis de bractées plus longues que les pédicelles; capsule ascendante. France.

TAMARIS. *TAMARIX* Desv. [de *tamarisci*, nom des peuples qui habitaient le revers des Pyrénées, où cet arbrisseau croissait abondamment]. — Calice à 4-5 sépales; 4-5 pétales; 4-10 étam. égales, à filets distincts, insérées sur le bord d'un disque scutelliforme; 3 styles; stigm. tronqué, dilaté. — Arbriss. à feuil. squamiformes, imbriquées.

1 **T. d'Afrique.** *T. Africana* Poir. Arbriss. de 3-4 mètres, un peu glauque; feuil. lanc., presque amplexicaules, imbriquées; en juil.-sept., fl. rosées, en épis sess., garnis de bractées paléacées, ovales; 3 styles; capsule à 3 valves. Algérie.

2 **T. de France.** *T. Gallica* Lin. *T. Narbonensis* Lob. *Tamariscus pentandrus* Lamk. Arbriss. de 4-5 mètres, glabre et glauque; feuil. petites, aiguës, amplexicaules, appliquées sur les rameaux; en mai-sept., fl. rosées, en larges panicules; style allongé. France.

3 **T. de l'Inde.** *T. Indica* Willd. *T. Gallica* var. *Indica* Ehrenberg. *T. articulata* Vall. Arbriss. de 2-3 mètres, glabre, vert, à ram. raides, effilés; feuil. très petites, ovales, aiguës, amplexicaules, imbriquées, à base gibbeuse; en juil.-sept., fl. rosées, en épis paniculés, grêles, allongés; bractées subulées, plus courtes que les fl.; étam. dépassant la corolle. — Serre chaude.

4 **T. à 4 étamines.** *T. tetrandra* Pallas. Arbriss. glabre et un peu glauque; feuil. amplexicaules, à sommet transparent dans l'âge adulte; en juil.-août, fl. roses, en épis latéraux très allongés; bractées plus longues que les pédicelles; ovaire plus long que la corolle. Orient, 1821.

Culture.—Excepté la 3e espèce, les Tamaris sont des arbriss. de plein air assez rustiques. Ils viennent à peu près bien dans tous les terrains, mais préférablement dans les terres légères et fraîches, sur le bord des étangs. On les multiplie très facilement de boutures au mois de mars.—Ces arbriss., par leurs belles et élégantes panicules de fl. roses, sont d'un très bel effet dans les jardins, surtout sur le bord des lacs, des ruisseaux, etc., dans les jardins paysagers. Le bois est très bon pour le chauffage; on en retire des cendres une sorte de sulfate de soude.

FAMILLE LXXXIX. — MÉLASTOMACÉES.

Arbres ou arbriss., rarem. herbes, à tiges et ram. noueux; feuil. opposées ou verticillées, sans stipules, simples, à plusieurs nervures principales naissant de de la base du limbe. Fl. hermaphrodites, régulières; calice tubuleux, plus ou moins adhérent avec l'ovaire, le plus souvent à 5 divis., quelquef. moins; pétales brièvem. onguiculés, insérés à la gorge du calice et en nombre égal à celui des divis. calicinales; étam. insérées avec les pétales et en nombre double, à anthères s'ouvrant par des pores au sommet, et présentant ordin. des appendices de forme variable; ovaire plus ou moins libre; style simple terminé par un stigm. indivis; fruit bacciforme ou capsulaire, à plusieurs loges polyspermes; graines dépourvues de périsperme.

TRIBU I. — *LAVOISIÉRÉES.*

Plantes américaines, à ovaire libre, très souvent glabre à son sommet; capsule sèche; graines ovales ou anguleuses, droites.

LAVOISIÉRÉE. *LAVOISIERA* Dec. [dédié au célèbre chimiste Lavoisier].—Calice campanulé, à 5 ou 10 dents très souvent décidues; 5 ou 10 pétales ovales ou obovales, alternes aux dents du calice; 10-20 étam. à anthères ovales, terminées par un bec très court; style filif.; stigm. épaissi; capsule à 5-10 loges polyspermes. — Arbriss. du Brésil, à ram. le plus souvent dressés, dichotomes; feuil. sess., marquées de petites cicatrices linéaires.

1 **L. imbriquée.** *L. imbricata* Dec. Arbriss. glabre, à ram. légèrem. tétra-

gones; feuilles décussées, imbriquées, ovales, ne présentant qu'une seule nervure médiane, ciliées, sur les bords épaissis, par des poils soyeux, raides; fl. sess., solit., terminales; calice turbiné, soyeux, à 6 lobes munis d'appendices obovales, scarieux; pétales obovales; 12 étam. à anthères dissemblables. 1843. — Serre chaude, sur les tablettes près du jour; multipl. de boutures.

CENTRADÉNIE. *CENTRADENIA* G. DON. [du grec *kentron*, centre, et *aden*, glande : du connectif présentant, entre les lobes de l'anthère, un appendice glanduleux]. — Calice campanulé, presque tétragone, à 4 divisions larges, triangulaires, aiguës; 4 pétales obovales; 8 étam. inégales, alternativement petites et grandes; anthères ellipt., à connectif gros, se prolongeant en appendices glanduliformes; style court; stigm. presque capité; capsule à 4 loges polyspermes, s'ouvrant en 4 valves septifères.—Sous-arbrisseaux du Mexique, à ram. poilus, tétragones.

1 **C. rose.** *C. rosea* LINDL. *C. inæquilateralis* G. DON. *Rhexia inæquilateralis* SCHLECHT. *Arthrostemma parietaria* HORT. BELG. Petite plante sous-frutescente de 2-4 décim., à tiges rougeâtres, rameuses, poilues; feuil. opposées, inégales, l'une très petite, presque nulle, l'autre grande, à l'aisselle de laquelle se développe un ram., oblongues-lanc., aiguës, brièvem. pétiolées, entières, poilues, ciliées, vert rougeâtre en dessus, pourpre cramoisi brillant en dessous; fl. rosées, en grappes axill., pauciflores; pétales obovales-arrondis, 1841.—Serre chaude, sur les tablettes, ou bonne serre tempérée; multipl. facile de boutures. Cette plante, qui est presque toute l'année en fleurs, est un très bel ornement pour les serres.

RHYNCHANTHÉRIE. *RHYNCHANTHERA* DEC. [des mots grecs *rhygchos*, bec, et *anthos*, fleur : duquel on a fait anthère, une des parties les plus essentielles de la fleur qui, dans ces plantes, est très allongée et ressemble à un bec d'oiseau]. — Calice persistant, ovale-globuleux, à 5 lobes linéaires ou en forme de soies; 5 pétales obovales; 10 étam., celles opposées aux pétales plus petites ou sans anthères; anthères ovales-cylindr., terminées par un très long bec; connectif filif. allongé muni de 2 petites bosses à la base; ovaire presque globuleux; style filif., épaissi vers le sommet; stigm. obtus; capsule à 3-5 loges polyspermes. Arbriss. de l'Amérique tropicale, à tiges et ram. presque tétragones, pubesc., souvent visqueux; feuil. pétiolées, dentelées, à 5-9 nervures poilues.

1 **R. à 5 étam. fertiles.** *R. pentanthera* DEC. Arbriss. à ram. glutineux; feuil. ovales, acuminées, échancrées à la base, ciliées, à 7 nervures; fl. violettes en panicules terminales, lâches; calice poilu, quelquefois glabre, à 5 lobes; 10 étam. dont 5 privées d'anthères, et 5 à anthères se prolongeant en un long bec. Brésil, 1839. — Serre chaude; terre de bruyère mélangée de terre franche; arrosements abondants pendant la végétation; multipl. de boutures étouffées.

TRIBU II. — *RHEXIÉES.*

Plantes américaines; ovaire libre, le plus ordinairement glabre au sommet; fruit sec, capsulaire; graines contournées en limaçon.

SPENNÉRIE. *SPENNERA* MART. [à M. Spenner, botaniste allemand].— Calice presque globuleux, à 4-5 petits lobes triangulaires; 4-5 pétales lancéolés, aigus; 8-10 étam. égales; anthères cylindr. à connectif se prolongeant simplement sans émettre d'appendices; style courbé; stigm. tronqué; capsule membranacée à 2-3 loges polyspermes renfermé dans le calice, se rompant irrégulièrement à la maturité; graines hérissées. — Herbes du Brésil, molles, à tiges et ram. tétragones; feuil. pétiolées, membranacées, à 5-7 nervures principales; fl. en panicules rameuses.

1 **S. des marais.** *S. paludosa* DEC. Tiges à base couchée, anguleuses, mollement hérissées de poils bruns disposés sur 2 séries; feuil. briev. pétiolées, ovales, aiguës, dentelées et ciliées, à nervures parsemées de quelques poils; fl. roses en cymes paniculées un peu raccourcies; calice à 4 divis.; 8 étam.; fruit

petit, globuleux, légèrem. pubesc. 1825.

Culture. — Les *Spennera* sont généralement des plantes annuelles qu'on multiplie de graines semées sur couche; quelques-unes, vivaces, sont de serre chaude, et demandent beaucoup de lumière. On doit les cultiver, toutes, en terre de bruyère; la multiplication des espèces vivaces se fait par boutures sur couche tiède.

MICROLICIE *MICROLICIA* Don. [du grec *micros*, petit, et de *élikia*, stature : ces plantes sont en général de petite taille]. — Calice campanulé, à 5 divisions subulées; 5 pétales obovales; 10 étam., celles opposées aux pétales beaucoup plus petites; anthères ovales-cylindr.; connectif des grandes étam. se prolongeant en un appendice claviforme; style filiforme, ascendant; stigm. aigu; capsule membranacée, enveloppée par le calice, à 3 loges polyspermes, s'ouvrant en 3 valves septif.; graines ponctuées.—Arbriss., rarement herbes, du Brésil, pubescents, à ram. tétragones; feuil. sess., à 3 nervures.

1 **M. à feuil. petites.** *M. brevifolia* Dec. *Rhexia brevifolia* Rich. *Melastoma trivalvis* Aubl. Ann., glabre; feuil. oblongues, entières à 8 nervures, les supérieures aiguës, les inférieures obtuses; fl. pourpres, brièvement pédicellées, solit.; lobes du calice subulés, plus longs que le tube; capsule ovale. Guyane, 1823.

Culture. — Les *Microlicia* sont toutes de serre chaude. On sème les espèces annuelles au printemps, sur couche chaude, en terre de bruyère tenue humide.

RHEXIE. *RHEXIA* [du grec *rhex*, futur du verbe *rhessô*, je romps : cette plante est employée contre les ruptures. Pline a donné ce nom à une plante de la famille des Borraginées].—Calice ovale, renflé à la base, rétréci au sommet, à 4 divis.; 4 pétales obovales; 8 étam. à anthères ovales, sans appendices sur le connectif; style filiforme; stigm. aigu; capsule enveloppée par le calice, à 4 loges polyspermes, s'ouvrant en 4 valves septifères; placentas pédicellés, semi-lunés. — Herbes ordin. lisses, à tiges dressées, tétragones; feuil. sess., à 3 nervures, entières; fl. disposées en cymes corymbiformes.

1 **R. de Marylan.** *R. Mariana* Lin. Tiges presque cylindr., de 25 cent., hérissées; feuil. brièvement pétiolées, lancéolées, aiguës; en juin-août, fl. pourpres; calice glabre. 1759.

2 **R. de Virginie.** *R. Virginia.* Lin. Tiges glabres, de 25 cent, tétragones-ailés; feuil. ovales-lanc, dentelées, ciliées; en juin-août, fl. pourpres, petites; calice parsemé de poils hispides. 1812.

Culture. — Ces jolies petites plantes peuvent être livrées au plein air en terre de bruyère légère; l'hiver on les couvre de châssis ou d'un tout autre abri qui puisse les protéger contre les grands froids. On les multiplie par la séparation des touffes et des boutures.

HÉTÉRONOMA. *HETERONOMA* Mart. [du grec *heteros*, différent, et *noma*, loi]. — Calice cylindr., plus large au sommet, à 4 petites dents; 4 pétales obovales; 8 étam., dont 4 petites opposées aux pétales; anthères linéaires, acuminées, à connectif muni à sa base de 2 poils soyeux; style filiforme; stigm. ponctiforme; capsule renfermée dans le calice, à 4 loges polyspermes, s'ouvrant en 4 valves; graines striées ponctuées.

1 **H. à feuil. diverses.** *H. diversifolia* Dec. *Rhexia* Bonpl. Vivace; tiges herbacées; feuil. pétiolées, ovales, aiguës, à 5 nervures, dentelées-ciliées, à dents inégales; fl. roses très élégantes, disposées en cymes corymbiformes pauciflores terminales. Pérou, 1830. — Serre chaude sur les tablettes de devant; terre de bruyère; arrosements très modérés; multipl. facile de boutures.

TRIBU III. — *OSBECKIÉES.*

Ovaire libre ou adhérent au calice, très souvent couronné par des soies ou des écailles; graines contournées en limaçon.

LASIANDRA. *LASIANDRA* Dec. [du grec *lasios*, hispide, velu, et de *andros*, génitif de *anér*, mari : des filets des étam., ou organes mâles des végétaux, qui sont très souvent couverts de poils]. — Calice campanulé, à 5 lobes étroits, acuminés; 5 pétales obovales;

10 étam. à filets souvent poilus; anthères oblongues, terminées par un bec court, à connectif muni, à la base, de 2 oreillettes variables; ovaire adhérent avec la base du calice, couronné par des soies; styles filif.; stigm. ponctiforme; capsule à 5 loges, s'ouvrant au sommet par 5 fentes. — Arbre ou arbriss. à ram. tétragones; feuil. quelquef. verticillées, entières, à 3-5 nervures; fl. disposées en panicules terminales.

1 **L. bleue.** *L. cærulea* Reich. *Melastoma cærulea* Hortor. *Rhexia viminea* Bot. Reg. *Pleroma viminea* Don. Arbriss. de 2 mètres, à ram. tétragones; feuil. briév. pétiolées, ovales-oblongues, aiguës, vertes, hérissées, un peu rudes; en juin-août, fl. pourpres; calice poilu, glanduleux, à divis. lanc. mucronées; pétales obovales, légèrement échancrés. Brésil, 1821.

2 **L. argentée.** *L. argentea* Dec. *Melastoma argentea* Desr. *Mel. clavata* Pers. *Rhexia holosericea* Bonpl. *Pleroma holosericea* Don. Arbriss. de 3-4 mètres, à ram. tétragones couverts de poils soyeux appliqués; feuil. sess., velues-soyeuses, ovales, à 5-7 nervures; en juil., fl. bleues en panicules terminales; calice, filets des étam. et style, poilus, un peu hispides. Brésil, 1816.

3 **L. à feuil. triplinervées.** *L. subtriplinervia* Lindl. *Melastoma* Link et Otto. *Heteronoma* Sweet. Sous-arbriss. à tiges tétragones ailées; feuilles ovales ou ovales-lanc., à nervures pennées, fl. bleuâtres. Mexique, 1824.

4 **L. pétiolée.** *L. petiolata*. Grah. Arbriss. à ram. comprimés, couverts de poils étalés; feuil. opposées, oblongues-lanc., un peu échancrées à la base; en juin-juil., fl. bleuâtres, disposées au sommet des ram. en panicules amples; calice hérissé de poils soyeux. Brésil, 1836.

Culture. — Très jolies plantes de serre chaude; culture des Mélastomes.

CHÆTOGASTRA. *CHÆTOGASTRA* Dec. [du grec *chaitê*, chevelure, *gaster*, ventre : de l'ovaire poilu à son sommet]. — Calice libre, turbiné, poilu ou garni de petites écailles extérieurem., à 5 lobes persistants; 5 pétales obovales; 10 étam. presque égales, à filets glabres; anthères oblongues, à connectif se prolongeant en un éperon simple ou bifide; ovaire couronné par des soies ou par des petites dents; style filif.; stigm. simple; capsule renfermée dans le calice, à 5 loges polyspermes, s'ouvrant par 5 fentes. — Arbriss. ou herbes à tiges et ram. quadrangulaires; feuil. pétiolées, poilues, à 3-5 nervures.

1 **C. grêle.** *C. gracilis* Dec. *Rhexia gracilis* Humb. et Kunth. Vivace; tige dressée, velue, presque simple, nue au sommet; feuilles presque sess., lanc.-linéaires, aiguës, entières; en juin, fl. grandes, lilas-rosé, pédicellées, ternées, axill. et termin.; lobes du calice presque égaux, lanc., acuminés. Brésil, 1833.

2 **C. à feuil. lancéolées.** *C. lanceolata* Dec. *Rhexia lanceolata* Bonpl. *Rh. flexuosa* Ruiz. et Pav. *Osbeckia lanceolata* Spreng. Ann., poilue; tige presque tétragone; feuil. largem. lancéolées, dentelées, briév. pétiolées, à 5 nervures; en juin, fl. petites, blanches, disposées 3 sur les pédonc. axill. et terminaux; lobes du calice linéaires, réfléchis; pétales ciliés, aigus. Pérou, 1827.

Culture. — Serre chaude; multipl. de graines semées sur couche chaude au printemps pour les esp. ann., et de boutures pour les esp. vivaces.

ARTHROSTEMMA. *ARTHROSTEMMA* Pavon. [du grec *arthroô*, façonner, et *stemma*, couronne; allusion aux poils qui forment la couronne au sommet de l'ovaire]. — Calice campanulé, persistant, à 4 lobes, poilu ou écailleux extérieurement; 4 pétales; 8 étamines presque égales, à filets glabres; anthères oblongues, à connectif très long se prolongeant en 2 oreillettes arrondies à la base; ovaire libre, couronné par des poils; style et stigm. simples; capsule renfermée dans le calice, à 4 loges polyspermes, s'ouvrant au sommet par 4 valves. — Herbes ou arbriss. de l'Amérique tropicale.

1 **A de diverses couleurs.** *A. versicolor* Dec. *Rhexia versicolor* Lindl. Sous-arbriss. de 0, 25, poilu; feuilles pétiolées, ovales, dentelées, à 5 nervures, de plusieurs couleurs en dessous; en sept., fl. rosées, solit., terminales; calice à 4 lobes dentelés au sommet;

pétales obovales, ciliés. Brésil, 1825.

2 **A. luisante.** *A. nitida* GRAH. Tiges sous-frutescentes dressées; ram. étalés, tétragones, ailés, hérissés de poils étalés et colorés; feuilles glabres, ovales, aiguës, dentelées, luisantes en dessus, à nervures glanduleuses-hispides; fl. lilas-pâle, disposées par 3 sur les pédonc. axill., plus longs que le pétiole et rassemblés vers le sommet des rameaux; pétales obovales un peu échancrés; anthères dissemblables. Buenos-Ayres, 1830.

CULTURE. — Serre chaude sans tannée, en terre de bruyère; multipl. facile de boutures.

PLÉROMA. *PLEROMA*. DON. (du grec *plerôma*, abondance; de l'abondance des fruits]. — Calice muni de 2 bractées caduques, ovale, à 5 lobes décidus; 5 pétales obovales; 10 étamines presque égales, à filets glabres; anthères allongées, arquées à la base, à connectif en forme de stipe, muni de 2 petites oreillettes; ovaire adhérent au calice couronné par des poils soyeux; style filif.; stigm. glanduleux; capsule bacciforme à 5 loges polyspermes.—Arbriss. du port des *Lasiandra*, à feuil. pubesc. ou soyeux en dessus, velues en dessous.

1 **P. de Desfontaines.** *P. Fontanesianum* GARDN. *Lasiandra Fontanesiana* DEC. *Rhexia Fontanesii* BONPL. *Melastoma granulosa* DESR. *Pleroma granulosa* D. DON. Arbriss. de 3-4 mètres, à ram. tétragones-ailés; feuil. pétiolées, oblongues, aiguës, à 5 nervures, couvertes en dessus, ainsi que les nervures de la face infér., le pétiole et les pédonc., de petites soies appliquées; la face infér. est veloutée par des petits poils mous étoilés; en août-sept., fl. pourpres, grandes; calice très velu; filets des étam. très poilus; style glabre. Brésil, 1819.

2 **P. hétéromalle.** *P. heteromallum* DON. *Melastoma heteromalla* DON. Arbrisseau de 2 mètres, à feuil. pétiolées, ovales-cordiformes, laineuses en dessous; en juill.-sept., fl. pourpres; divis. du calice oblongues, obtuses; pétales obcordés. Brésil, 1819.

Culture du genre Mélastome.

MÉLASTOME. *MELASTOMA* BURM. [du grec *melas*, noir, et *stoma*, bouche; des fruits tachés de points noirs]. — Calice adhérent avec la base de l'ovaire, ovale, poilu ou écailleux, à 5 ou 6 lobes décidus, entre lesquels se trouvent des petits appendices; 5-6 pétales ovales; 10 ou 12 étam. inégales, celles opposées aux pétales plus petites; anthères oblongues-linéaires, un peu arquées, à connectif en forme de stipe, échancré ou à 2 oreillettes; ovaire semi-infère, couronné des poils; style filiforme s'épaississant vers le sommet; stigm. glanduleux; capsule bacciforme à 5-6 loges polyspermes s'ouvrant irrégulièrement. — Arbriss. souvent hispides, à feuil. pétiolées; fl. munies de 2 petites bractées à leur base.

1 **M. polyanthe.** *M. polyanthum* BLUME. *M. malabathrichum* JACK. Tiges de 2 mètres; ram., pétioles et nervures de la face infér. des feuil., hérissés de petites écailles; feuil. ellipt. ou ovales-oblongues, aiguës ou obtuses à la base, entières, à 3 nervures, rudes en dessus, pubesc.-soyeuses en dessous; en juin-août, fl. pourpres, disposées 7-11, ou beaucoup plus, en corymbes paniculés; calice rugueux par des écailles appliquées, à divis. courtes, triangulaires-ovales, aiguës. Java, 1793.

2 **M. à gros fruit.** *M. macrocarpum* DON. *M. malabathricha* SIMS. Arbriss. de 2 mètres, à ramules presque cylindr., rugueuses par des soies appliquées; pétiole légèrement hispide; feuil. ovales-oblongues, acuminées, entières, à 5 nervures, vertes sur les 2 faces, rudes en dessus, pubérulentes en dessous; en juin-août, fl. pourpres, terminales, ordin. solit.; calice arrondi, hérissé de longues soies denses. Chine, 1793.

3 **M. sanguin.** *M. sanguineum* DON. Arbriss. de 2 mètres, à ram. cylindr., hispides par des poils soyeux, rouges; feuil. brièvem pétiolées, ovales-lanc., acuminées, à 5 nervures, vert-luisant en dessus, rouge-pourpre sur les nervures de la face infér., ainsi que le pétiole; en sept.-oct., fl. rosées, terminales peu nombreuses; calice recouvert de longues soies étalées; corolle à 6 pétales très grands. Chine, 1818.

4 **M. en cymes.** *M. cymosum* Dec. *M. corymbosa* Sims. Sous-arbrisseau de 0,75, à tiges rameuses, pubesc., verruqueuses, obscurément tétragones; feuil. pétiolées, cordiformes, acum., dentelées, à 7 nervures; en mai-sept., fl. pourpres, en cymes; calice à dents triangulaires, moitié plus courtes que le calice; pétales obovales acuminés; étam. et style réfléchis; capsule à 5 loges. Amér. sept., 1792.

5 **M. velu.** *M. villosa* Sims. *Pleroma villosum* Dec. Sous-arbriss. de 0,50, à ram. cylindr., velus, ainsi que les pétioles; feuil. ovales, aiguës, entières, velues, à 5 nervures; en mai-juin, fl. lilas clair, pédonculées, peu nombreuses, au sommet des ram.; pétales obovales, faiblem. échancrés, mucronés; 10 étam. dont 5 stériles. Amér. sept., 1820.

6 **M. hérissé.** *M. hirtum.* Spreng. Tiges ligneuses; ram. étalés, cylindr., hérissés de poils bruns; feuil. oblong. un peu cordiformes, obtuses, crénelées, membranacées, hérissées, à 3 nervures; en sept.-décembre, fl. blanches en corymbes pauciflores, raccourcis, axill., hérissés. Indes orient., 1817.

7 **M. lisse.** *M. lævigata* Spreng. *M. stamineum* Desr. Tiges ligneuses de 1 mètre 50, cylindr., rameuses, glabres; feuil. ovales-oblongues, acuminées, entières, lisses, à 5 nervures; fl. blanches, petites, nombreuses, disposées en panicules terminales, allongées; pétales ovales, de la long. du calice; 10 étam. un peu saillantes. 1815.

8 **M. à équerre.** *M. normale* Don. *M. Nepalensis* Hortul. Arbrisseau tout couvert de poils soyeux, denses; feuil. ellipt., aiguës, à base arrondie, à 5 nervures, hispides en dessus, laineuses en dessous; fl. rose-pâle disposées par 3 au sommet des ram.; calice globuleux hérissé de petites écailles blanchâtres, linéaires-sétacées, ciliées. Népaul, 1819.

Culture. — Serre chaude, excepté les 5e et 6e espèces qui sont de serre tempérée; terre de bruyère pure ou mélangée d'un quart de bonne terre franche; multipl. de boutures, faites sur couche chaude, et sous cloche ombragée. Jolies plantes qui méritent d'être cultivées pour l'ornement des serres.

OSBECKIE. *OSBECKIA* Lin. [à Pierre Osbeck, naturaliste suédois]. — Calice adhérent inférieurement avec l'ovaire, ovale ou oblong, à 4-5 lobes et 5 appendices alternant avec eux; 4-5 pétales ovales ou obovales; 8 ou 10 étam. presque égales; anthères oblongues-linéaires, un peu arquées, terminées par un bec, à connectif épaissi vers la base et à 2 bosses; ovaire semi-infère, couronné par des poils; style filif., épaissi vers le sommet; stigm. glanduleux; fruit bacciforme, à 4-5 loges polyspermes, s'ouvrant au sommet en 4-5 valves. — Arbriss. le plus souvent rugueux, à feuil. quelquef. verticillées; fl. terminales souvent capitulées, entourées d'un involucre.

1 **O. de Sims.** *O. Simsii* Dec. *Melastoma Osbeckioides* Sims. Arbriss. à ram. tétragones, hispides; feuil. briév. pétiolées, oblongues-ellipt., trinervées, à bords et nervures ciliés; fl. en juillet-août; calice muni d'appendices en forme de soies. Ile Maurice.

2 **O. glomérée.** *O. glomerata* Dec. *R. capitata* Rich. Sous-arbriss. ou herbe à ram. presque cylindr., rugueux par des soies appliquées; feuil. très courtem. pétiolées, lanc., acuminées, trinervées, velues; en juin-juillet, fl. roses, en capitules axill., ordin. solit. et terminaux; calice ovale, à 4 lobes lanc. raides, hérissé de petites écailles ciliées, allongées, distantes; pétales obovales, à peine plus longs que les lobes du calice. Ile Maurice.

3 **O. de Chine.** *O. Chinensis* Lin. Tiges herbacées, tétragones, de 70 c.; feuil. presque sess., lanc.-oblongues, trinervées, faiblement crénelées, hispides; en juil., fl. pourpres, peu nombreuses, en cymes terminales; calice hémisphérique, muni d'appendices plumeux, à 4-5 lobes décidus, linéaires, aigus, soyeux; pétales obovales, acuminés, plus longs que les étam.; capsule arrondie, blanchâtre, à 5 loges. 1818.

4 **O. de Ceylan.** *O. Zeylanica* Lin. fil. Herbe à ram. tétragones; feuilles presque sess., ovales-lanc., étalées-réfléchies, trinervées, rugueuses; en juil.-août, fl. jaunes, presque sess., ordin. ternées; calice tubuleux, muni d'appen-

dices plumeux ou pectinés, à 4 lobes ovales-oblongs; ovaire couronné par 16 ou 20 poils soyeux; capsule ellipt., à 4-5 loges. 1799.

5 **O. du Népaul.** *O. Nepalensis* HOOK. Tiges herbacées, de 50 centim.; ram. tétragones, rugueux par de petites soies appliquées; feuil. sess., oblongues-lanc., couvertes de poils courts et appliqués, à 5 nervures; en juin, fl. pourpres, fasciculées, entourées de bractées; appendices du calice larges, palmés-ciliés; lobes obovales, décidus, de la long. du tube; 5 pétales obovales. 1821.

VAR. à fl. blanches. *O. Nepal. albiflora* BOT. REG.

6 **O. étoilée.** *O. stellata* DON. Sous-arbriss. de 30 cent., à ram. rugueux par des soies couchées; feuil. pétiolées, légèrement poilues, lanc.-oblongues, acuminées, à 5 nervures; en juin-août, fl. rose pâle, en cymes terminales; calice urcéolé, longuem. tubuleux, muni d'écailles nombreuses, ciliées-pectinées; 4 pétales; capsule à 4 loges. Népaul, 1820.

7 **O. blanchâtre.** *O. canescens* GRAHAM. Tiges ligneuses, dressées; feuil. tuberculeuses, ovales-cordiformes, obtuses, blanchâtres en dessous; en juil.-août, fl. lilas rouge, en panicules terminales et axill., garnies de bractées ovales, caduques; calice ovale, à 5 divis., tuberculeux-blanchâtre; pétales obovales, glabres; 10 étam. fertiles, dont 5 à connectif très long et arqué. 1838.

CULTURE. — Serre chaude; chaleur constante et beaucoup de lumière; multipl. de boutures étouffées; terre de bruyère; arrosem. fréquents pendant la végétation. — Jolies plantes qui méritent d'être cultivées.

TRIBU IV. — *MICONIÉES.*

Ovaire adhérent avec le calice; fruit bacciforme; graines non contournées en limaçon.

CLIDÉMIE. *CLIDEMIA* DON. [à Clidemi, botaniste grec]. — Calice cylindr., à 5, rarem. 4-6 divis. herbacées, simples; 5-6, rarem. 4 pétales étroits, ovales ou ovales-oblongs, étalés ou réfléchis; 10-12, rarem. 8 étam. presque égales; anthères subulées se prolongeant inférieurem. en 2 petits lobes; ovaire hérissé; style filif.; stigm. glanduleux ou capité; baie charnue à 3-4-5 loges polyspermes.— Arbriss. le plus souvent poilus; feuil. pétiolées, à 3-7 nervures.

1 **C. élégante.** *C. elegans* DON. *Melastoma* AUBL. Arbriss. de 50 centim., poilu-hispide, à ram. cylindr.-comprimés; feuil. cordiformes, acuminées, à 5 nervures, ciliées, crénelées, à crénelures arrondies, larges et dentées; en juil.-août, fl. blanches, en panicules trichotomes, pauciflores, axill., plus longues que les pétioles; calice hispide, ovale, à lobes sétiformes; pétales obovales. Cayenne, 1822.

2 **C. agreste.** *C. agrestis* DON. *Melastoma* AUBL. Sous-arbriss. de 30 c., velu, à tiges herbacées, cylindr.; feuil brièvement pétiolées, ovales-oblongues, acuminées, dentelées, à 5 nervures; en juil.-août, fl. blanches, en panicules terminales ou opposées aux ram.; bractées très petites ou nulles; calice globuleux, à 5 lobes courts, aigus; pétales ovales; baie bleue, velue. Guyane, 1822.

CULTURE. — Serre chaude; culture des Mélastomes.

MÉDINILLIER. *MEDINILLA* GAUDICH. — Calice à limbe tronqué ou à 4-5-6 petites dents; 4-5-6 pétales épais, ovales, obliques; étam. inégales, en nombre double de celui des pétales; anthères subulées, arquées, à connectif bilobé en avant, éperonné en arrière; ovaire glabre ou très rarem. pubesc. au sommet; style filif., quelquef. enflé inférieurement; stigm. petit, obtus; baie ovoïde-allongée ou ovoïde-globuleuse, couronnée par le limbe du calice, à 4-4-6 loges polyspermes. — Arbriss. des Moluques, glabres, très rarement couverts de poils doux, étoilés.

1 **M. à feuil. rouges.** *M. erythrophylla* LINDL. Ram. lisses, cylindr.; feuil. opposées, brièvem. pétiolées, lanc., acuminées, aiguës à la base, à 3 nervures; en juin-août, fl. blanc rosé, en cymes axill.; calice tronqué; 8 étam. à anthères mutiques. Indes orient., 1840. — Culture des Mélastomes.

SAGRÉA. *SAGRÆA* DEC. [à M. Sagré]. — Calice à limbe très court, quadrilobé; 4 pétales égaux; anthères roses, munies de 2 petites oreillettes; ovaire glabre au sommet; style filif.; stigm. obtus; baie à 4 loges polyspermes, couronnée par le limbe du calice; graines petites, anguleuses. — Arbriss. de l'Amérique tropicale, à feuil. pétiolées.

1 **S. à fl. sessiles.** *S. sessiliflora* Dec. *Meslat. rubra* Rich. Ram. cylindr., hérissés de poils bruns, denses; feuilles presque sessiles, ovales, acuminées, crénelées, ciliées, à 7 nervures, poilues en dessus, velues en dessous; fl. roses, presque sess., rassemblées plusieurs à l'aisselle des feuil.; calice cylindr., hérissé; pétales ovales, obtus. Brésil, 1793.

2 **S. poilue.** *S. pilosa* Dec. *Melast. pilosa* Swartz. Ram. cylindr., hérissés de poils ferrugineux, ainsi que les pétioles et les pédonc.; feuilles pétiolées, oblongues, aiguës, à 5 nervures, glabres en dessus, poilues en dessous; fl. petites, blanches, maculées de rouge à la base, disposées en panicules axill., rameuses; calice à 4 dents très petites; pétales arrondis, réfléchis; baie hérissée, à 4 loges. Jamaïque, 1828.

Culture des Mélastomes.

TÉTRAZYGIDE. *TETRAZYGIA* Rich. [du grec *tétra*, quatre, et *zugia*, lien, mariage : de la régularité numérique des parties de la fleur]. — Calice globuleux se prolongeant au-dessus de l'ovaire, à 4 dents très courtes; 4 pétales obovales; 4 étam. ou 8; anthères linéaires, à base obtuse; ovaire glabre; style filif.; stigm. glanduleux; baie à 4 loges polyspermes, couronnée par le limbe du calice. — Arbriss. des Antilles, à feuil. trinervées, blanchâtres en dessous.

1 **T. tétrandre.** *T. tetrandra* Dec. *Melast. tetrandra* Swartz. Ram. tétragones, ferrugineux, glabres, ainsi que les pétioles; feuilles oblongues, aiguës, entières, à base obtuse ou échancrée, roulées sur les bords, glabres en dessus, pubesc. en dessous, ainsi que le calice et les pédonc.; fl. petites, blanches, en panicules multifl. Jamaïque, 1815.

2 **T. à feuil. étroites.** *T. angustifolia* Dec. *Melast. angustifolia* Swartz. Ram. cylindr., veloutés par des poils mous, étoilés, très petits; feuil. linéaires-lanc., entières, à bords roulés, parsemés de ponctuations jaunes, à 3 nervures, dont les latérales rapprochées du bord; fl. blanc rosé, en cymes trichotomes, paniculées, terminales; calice presque globuleux; 8 étam. Guadeloupe, 1793.

Culture des Mélastomes.

HÉTÉROTRIQUE. *HETEROTRICHUM* Dec. [du grec *heteros*, différent, et de *trichos*, génitif de *thrix*, poil, soie : les rameaux sont couverts de différents poils, raides, hispides, étoilés, etc.]. — Calice ovale-globuleux, à 5 ou 8 lobes allongés, subulés; 5 ou 8 pétales ovales; 10-16 étam. égales, à filets glabres; anthères oblongues, à peine gibbeuses à leur base; ovaire glabre, ombiliqué au sommet; style cylindr.; stigm. glanduleux, couvert d'une efflorescence blanchâtre; baie presque globuleuse, à 4-8 loges, couronnée par le limbe du calice. — Arbriss. de Saint-Domingue, couvert de poils rudes, hispides ou étoilés.

1 **H. blanche.** *H. niveum* Dec. *Melast. nivea* Desr. Rameaux, pétioles, pédonc. et face inférieure des feuil., veloutés par des petits poils blancs, mous, étoilés, entremêlés d'autres poils soyeux, raides, noirâtres et hispides; feuil. cordiformes, acuminées, rugueuses en dessus, à 7 nervures; fl. bleuâtres, disposées en panicules lâches; 6 pétales; 6-12 étam. 1820. — Culture des mélastomes.

CONOSTÉGIE. *CONOSTEGIA* Don. [du grec *kônos*, cône, et *stégé*, couverture : de la forme du calice]. —Calice recouvert d'une sorte de coiffe conique, se rompant irrégulièrement, et transversalement vers la base au moment de l'épanouissement; 5-6 pétales; 10-16 étam. à anthères souvent munies de 2 oreillettes à la base; style filif.; stigm. capité ou pelté; baie à 3-8 loges polyspermes. — Arbre ou arbriss. à feuil. pétiolées; fl. en thyrses paniculés terminaux.

1 **C. allongée.** *C. procera* Don. *Melast. procera* Swartz. Arbriss. glabre, à ram. faiblem. tétragones; feuil. triplinervées, ovales-lanc., acuminées, entières, munies en dessous de petits pa-

quets de poils à l'aisselle des nervures; fl. blanches en thyrses lâches; boutons ovales, acuminés, se rompant au milieu. 1822.

Culture du genre Mélastome.

MICONIE. *MICONIA* Ruiz. et Pav. [à D. Micon, botaniste espagnol]. — Calice campanulé, à limbe membranacé, à 5 dents persistantes ou se détachant circulairement; 5 pétales ovales ou oblongs; 10 étamines égales; anthères cylindr. à connectif se prolongeant un peu à la base; ovaire nu ou tomenteux; style filif.; stigm. capité ou glanduleux; baie globuleuse ombiliquée, entourée par le calice membranacé ou charnu, à 3-5 loges polyspermes.—Arbrisseau à feuil. souvent toment., blanchâtres ou jaunâtres en dessous; fl. petites munies de 2 bractées.

1 **M. argentée.** *M. argentea* Dec. *Melast. argentea* Swartz. Ram. anguleux, blanchâtres; feuil. pétiolées ovales, brièvement acuminées, légèrement denticulées, à 5 nervures, glabres en dessus, toment.-blanches en dessous; en avril-juin, fl. blanches, nombreuses, brièvem. pédicellées, en panicules terminales, étalées; calice à 5 dents aiguës. Indes occident., 1827.

2 **M. à feuil. sans pétiole.** *M. impetiolaris* Don. *Melast. impetiolaris* Swartz *Melast. macrophylla* Ser. Rameaux cylindr., toment., velus par des poils étoilés roux; feuil. sessiles semi-amplexicaules, ovales, à base en cœur, acuminées au sommet, presque entières, à 5 nervures, glabres en dessus, toment.-velues en dessous comme les ram.; en avril-juill., fl. blanches, sessiles en thyrses paniculés, terminaux; calice globuleux à 5 petites dents. Saint-Domingue, 1822. — Culture des Mélastomes.

BLAKÉA. *BLAKEA.* Lin. [à E. Blakée, horticulteur anglais, auteur d'un ouvrage intitulé : *Pratique du jardinier*]. — Calice campanulé, muni, à la base, de 4-6 écailles larges, disposées en croix ou sur trois rangées; limbe membranacé à 6 lobes ou dents persistantes; 6 pétales; 12-16 étam.; anthères, très grosses, s'ouvrant par deux pores au sommet, se prolongeant inférieurem. en une sorte d'éperon; style filif.; stigm. capité ou pelté; baie à 6 loges polyspermes, couronnée par le calice.—Arbrisseau à feuil. luisantes en dessus, tomenteuses et ferrugineuses en dessous; fl. roses, grandes.

1 **B. à feuil. trinervées.** *B. trinervia* Lin. Feuil. ovales-oblongues, trinervées, dentelées dans la jeunesse, glabres et luisantes à l'état adulte; pédonc. solit. axill., plus longs que les pétioles; calice à 6 lobes, entouré à la base de 4 ou 6 écailles dépassant les lobes. Jamaïque, 1789.

2 **B. à feuil. quinquénervées.** *B. quinquenervia* Aubl. *B. triplinervia* Lin. Fil. Feuil. ellipt. acuminées, nues et luisantes, à 5 nervures; fl. couleur chair, à disque blanc; pédonc. géminés plus courts que les pétioles; calice à 6 petites dents, entouré de 4 écailles plus longues; 16-18 étam. à filets dilatés au sommet; stigm. pelté. Brésil, 1820.

Culture des Mélastomes.

FAMILLE XC. — MÉMÉCYLÉES.

Arbriss. à feuil. opposées, simples, entières, à nervures presque toujours pennées, sans stipules ni ponctuations. Fl. axill. pédicellées; calice adhérent à l'ovaire, ovale ou globuleux, à 4-5 dents ou lobes; 4-5 pétales insérés sur le calice; étam. en nombre double de celui des pétales, à filets distincts; style filif. terminé par un stigm. simple; baie couronnée par le calice, à 1-4 loges contenant peu de graines dépourvues de périsperme.

MÉMÉCYLON. *MEMECYLON* Lin. [nom grec des fruits de l'Arbousier]. — Calice presque globuleux, à 4 dents très courtes, quelquefois entier; 4 pétales ovales; 8 étam. à anthères se prolongeant inférieurem. en un petit bec courbé; baie uniloculaire, monosp. ou disperme.—Arbriss. à ram. noueux; fl. bleu-violet, axill., fasciculées ou en grappes capitulées; pédonc. muni de 2 bractées à la base et de deux autres plus petites au sommet.

1 **M. capitellé.** *M. capitellatum* Lin. Arbriss. de 3-4 mètres, à ram. cylindr.; feuil. ovales, briév. pétiolées, obtuses, à une seule nervure; en juil., fl. en capitules axill., 3 fois plus longs que les pétioles. Ceylan, 1796.

2 **M. anguleux.** *M. angulatum* Reich. *Melaleuca ovatifolia* Poir. Ram. tétragones; feuilles briév. pétiolées, de 4 à 6 cent. de long. sur 25 cent. de largeur, ovales, atténuées aux 2 extrémités, obtuses, à une seule nervure; en juil.-août, fleurs pédicellées, fasciculées. Ile Maurice.

Culture. — Serre chaude: chaleur soutenue; terre de bruyère mélangée de terre franche; multipl. de boutures.

FAMILLE XCI. — ALANGIÉES.

Arbres ou arbriss. de l'Asie tropicale, à feuil. alternes, simples, pétiolées, non ponctuées, sans stipules. Fl. hermaphrodites, régulières, rassemblées en faisceaux ou en corymbes à l'aisselle des feuil.; calice campanulé adhérent à l'ovaire, à 5 ou 10 dents, quelquefois, mais très rarem., à 6 ou 8; pétales linéaires, un peu charnus, insérés à la gorge du calice et en nombre égal à ses dents; étam. insérées avec les pétales, en nombre égal lorsque la corolle est de 6 ou 8 pétales, ou en nombre double ou quadruple lorsque la corolle est de 5 ou 10 pétales; ovaire infère unil. ou biloculaire; style filif., simple, un peu plus long que les étam.; stigm. tronqué, dilaté; drupe ovale; noyau osseux, à une ou deux loges monospermes; graines à périsperme charnu.

ALANGÉE. *ALANGIUM* Lamk. [de *Alangi*, nom malabar]. — Calice à 5-10 dents; 5-10 pétales; étam. en nombre double ou quadruple de celui des pétales, à filets distincts, velus à la base; ovaire unilocul.; drupe monosperme.

1 **A. à 10 pétales.** *A. decapetalum* Lamk. *A. tomentosa* Lamk. Arbriss. de 3-4 mètres, à ram. glabres, spinescents; feuil. oblongues, lanc.; fl. blanches, odorantes, solit. ou rassemblées 2-3 à l'aisselle des feuil. Inde, 1779.

2 **A. à 6 pétales.** *A. hexapetalum* Lamk. Arbre de 5-6 mètres, à ram. glabres, à peine spinescents; feuil. ovales-lanc., acuminées; fl. pourpres à 6-7 pétales. Inde, 1813.

MARLÉA. *MARLEA* Roxb. [de *Marliga* et *Marlea*, nom indien]. — Calice à 6-8 dents; 6-8 pétales; étam. en même nombre, à filets velus à la base et réunis deux à deux; ovaire biloc.; drupe à noyau biloculaire, à loges monospermes.

1 **M. à feuil. de Bégonia.** *M. Begonifolia* Roxb. *Stylis Chinensis* Poir. Arbriss. de 1m30; feuil. inégalement cordiformes, acuminées, entières; glabres, excepté les nervures rouges de la face infér.; fl. blanches axill., rassemblées en corymbes. Chine, 1824.

Culture. — Les plantes de cette petite famille sont toutes de serre chaude et exigent constamment le même degré de chaleur. On les multiplie de boutures en terre plutôt forte que légère.

FAMILLE XCII. — PHILADELPHÉES

Arbriss. à feuil. opposées, sans stipules, simples, pétiolées, non ponctuées. Fl. hermaphrodites, régulières, blanches, odorantes; calice soudé à l'ovaire, à 4-10 divis. plus ou moins profondes, persistantes; pétales en nombre égal aux divis. calicinales, insérées sur un disque épigyne, annulaire, charnu; étam. insérées avec les pétales, sur une ou deux rangées, et en nombre double ou multiple; ovaire infère ou semi-infère; styles en nombre égal à celui des loges de l'ovaire, distincts ou plus ou moins soudées entre eux; capsule à 4-10 loges polysperme, s'ouvrant au sommet ou se déchirant irrégulièrement; graines à périsperme charnu.

SYRINGA, SERINGA. *PHILADELPHUS* Lin. [nom employé par Athénée pour désigner un arbriss. qui nous est inconnu. Il est formé du grec *philos*, ami, *adelphos*, frère]. — Calice obovale-turbiné, à 4-5 divisions;

4-5 pétales obovales; étam. nombreuses, à filets comprimés subulés; ovaire infère le plus ordin. à 4-5 loges; 4-5 styles soudés à la base; stigm. oblongs-linéaires; capsule coriace à 5-10 loges polysp., s'ouvrant au sommet en 4-10 valves septifères, se divisant quelquef. en deux.—Fl. en corymbes, rarem. axill.

1 **S. des jardins. S. odorant.** *P. coronarius* Lin. Arbriss. de 2-3 mètres, très rameux, à rameaux anguleux; feuilles ovales, acuminées, dentelées-denticulées, glabres, à nervures de la face inférieure hérissées; en juin-juil., fl. blanc-sale, en corymbes rapprochés en grappes terminales; divis. du calice acuminées; styles presque distincts ne dépassant pas les étamines. Indigène.

VARIÉTÉS NAINES.

A fl. doubles.

A fl. panachées.

2 **S. pubescent.** *P. latifolia* Schrad. *P. pubescens* Herb. Amat. Arbriss. de 2-4 mètres; feuil. larges, ovales, acuminées, dentées, quintuplinervées, à nervures de la face infér. pubescentes; en mai-juillet, fl. blanches inodores, assez grandes. Amér. sept., 1820.

Var. à fl. blanc de neige *P. nivalis* Hortul. Feuil. ovales-lancé., aiguës, blanchâtres en dessous; fl. à corolle campanuliforme; étam. blanches; calice velu.

3 **S. à fl. nombreuses** *P. grandiflorus* Schrad. Arbriss. de 2-3 mètres, à feuil. ovales longuem. acuminées, dentées, triplinervées, pubesc. en dessous; en juin-juil., fl. odorantes, disposées 5-7 en petites grappes; divis. du calice longuem. acuminées; style quadrifide. Amér. sept. 1816.

4 **S. verruqueux.** *P. verrucosus* Schrad. *P. grandiflorus* Lindl. Arbriss. de 2-3 mètres, à feuil. ellipt.-ovales, acuminées, denticulées, pubescentes en dessous et verruqueuses sur les nervures; en juin-juil., fl. en grappes; pédonc. et calice verruqueux; lobes calicinales acuminés; style quadrifide. Amér. sept. 1812.

5 **S. à grandes fleurs.** *P. grandiflorus* Willd. *P. inodorus* et *macranthus* Hortul. Arbriss. de 2-3 mètres, à feuil. ovales longuem. acuminées, denticulées, triplinervées; hérissées sur les nervures de la face inférieure, et munies de petits paquets de poils à l'aisselle de ces nervures; en juin-juil., fl. inodores, solit. ou ternées; lobes du calice longuement acuminés; un style plus long que les étamines; 4 stigm. linéaires. Caroline, 1811.

6 **S. élégant.** *P. speciosus* Schrad. *P. grandiflorus* Hortul. Arbriss. de 4-5 mètres, à feuil. ovales longuement acuminées, finement dentelées, pubesc. en dessous; en juin-juil., fl. solit. ou ternées; calice cylindr. à lobes très longuement acuminés; style profondément divisé en 4 branches, dépassant les étamines. Amér. sept., 1820.

7 **S. lâche.** *P. laxus.* Schrad. Arbriss. de 2 mètres, à feuil. ovales longuem. acuminées, denticulées, pubesc. en dessous; en juin-juil., fl. solit. ou ternées; lobes du calice longuem. acuminés; style quadrifide, ne dépassant pas les étamines. Amér. sept., 1820.

8 **S. hérissé.** *P. hirsutus* Nutt. Arbriss. de 1 mètre, à feuil. ovales-oblongues, aiguës, dentées, à 5 nervures, blanches et hérissées en dessous; en juin, fl. solit. ou ternées; style et stigm. indivis. Amér. sept., 1820.

Var. à ram. très grêles et à feuil. trinervées. *P. gracilis* Hortul.

9 **S. inodore.** *P. inodorus* Lin. Sous-arbriss. de 65 c., feuil. largement ovales, acuminées, très entières, triplinervées ou presque penninervées; en juin-juil., fl. solit. ou ternées; style fendu au sommet en 4 branches terminées chacune par un stigm. oblong. Caroline, 1738.

10 **S. du Mexique.** *P. Mexicanus* Schlecht. Petit sous-arbriss. de 60 c., à ram. lâches, étalés, pubesc.; feuilles ovales, très étroitem. acuminées, finement denticulées ou entières, triplinervées, hérissées en dessous, presque glabres en dessus; en juin-juil., fl. solit. ou disposées par 3 au sommet des petites branches; calice obconique, pubesc., à lobes largem. ovales, acumin., mucronés; 4 styles presque entièrem. libres, égalant à peu près les étamines. 1838.

11 **S. de Gordon.** *P. Gordonianus* Lindl. *P. Oreganus* Nutt. Arbriss, à ram. couleur de briques et à rameaux

pubesc.; feuil. ovales, aiguës, grossièrement dentées, poilues en dessous; en juin-juil., fl. disposées 5-9 en grappes terminales; ovaire semi-supère; style quadriparti. Orégon, 1838.

Culture. — Plein air; multipl. de marcottes et boutures, faites avec les ram. de l'année précédente, dans le courant de mai et avril. On peut aussi les multiplier de graines semées au printemps dans un terrain bien apprêté, et recouvert d'une couche de sable fin ou de terre de bruyère; on recouvre très peu les graines. On doit bassiner tous les jours afin que le terrain soit toujours frais. Mais par ce dernier mode de multipl., on n'obtient pas toujours l'espèce dont on a semé les graines; lorsqu'on voudra conserver un type, il faudra employer préférablement le bouturage ou le marcottage. — Tous les Seringas sont très propres à l'ornement des jardins paysagers; ils ne sont pas délicats sur le choix des terrains; on les voit très bien végéter à demi-ombre et même sous les grands arbres.

DÉCUMAIRE. *DECUMARIA* Lin. [du grec *decuma*, dixième; du nombre des parties des fleurs et des fruits]. — Calice campanulé à 7 ou 10 dents; 7-10 pétales oblongs; étam. en nombre triple de celui des pétales, unisériées, à filets filif.; ovaire libre dans sa partie supérieure, à 7-10 loges; style simple, épais, élargi au sommet en un disque portant des stigm. rayonnants en même nombre que les loges de l'ovaire; capsule ovoïde à 7-10 loges polyspermes, couronnée par le style et le stigm., se déchirant irrégulièrement à la maturité. — Fl. blanches, odorantes, petites, en grappes ou corymbes terminaux.

1 **D. grimpant**. *D. barbara* Lin. *D. Forsythia* Michx. Arbriss. sarmenteux, à ram. glabres et articulés; feuil. ovales-oblongues, aiguës; fl. en juil.-août. Caroline, 1785.

Culture. — Cet arbuste, d'abord cultivé en serre chaude, passe, actuellement, très bien en plein air. Une situation un peu ombragée lui convient mieux qu'une trop ouverte. Il s'accommode de presque tous les terrains, et se multiplie lui-même par l'enracinement de ses rameaux qui rampent sur le sol. Dans le nord de la France, il est prudent de le couvrir pendant les grands froids, et d'en avoir un ou deux pieds en orangerie. Très joli arbuste d'ornement.

DEUTZIE. *DEUTZIA* Thunb. (à John Deutz, shérif d'Amsterdam, botaniste]. — Calice campanulé à 5 dents; 5 pétales obovales-oblongs; 10 étam. à filets comprimés; ovaire à 3-4 loges, surmonté d'autant de styles filif. dressés; stigm. épais, claviforme; capsule coriace à 3-4 loges, se séparant par la désunion des cloisons en autant de coques polyspermes. — Arbriss. couverts de poils rudes et étoilés; fl. blanches très élégantes, disposées en thyrses.

1 **D. scabre**. *D. scabra* Thunb. *D. grandiflora* Hortul. Arbriss. de 2 mètres, à feuil. pétiolées, rudes, ovales, acuminées, dentelées; fleurit en mai-juin. Japon, 1833.

2 **D. crénelée**. *D. crenata* Sieb. *D. scabra* Hortul. Arbriss. de 1 à 2 mètres, à ram. effilés; feuil. brièvem. pétiolées, ovales-lanc. finem. crénelées, aiguës, un peu acuminées, à base arrondie, couvertes de poils étoilés sur les 2 faces, ceux de la face supér. à 4-6 branches, ceux de la face infér. à branches très nombreuses; en mai-juillet, fleurs en thyrses disposés en panicules terminales; filets des étam. à 3 dents, celle du milieu portant l'anthère. Japon. 1833.

3 **D. blanchâtre**. *D. canescens* Sieb. Arbrisseau à ram. blanchâtres, effilés, dressés; feuil. lanc.-arrondies, cuspidées au sommet, un peu échancrées à leur base, denticulées, à dents glanduleuses, rudes en dessus, pubescentes-blanchâtres en dessous; en juin-juillet, fl. en thyrses disposés en panicules terminales. Japon, 1837.

4 **D. en corymbes**. *D. corymbosa* R. Br. Arbriss. glabre, à feuil. ovales, acuminées, dentelées-cuspidées; en juin-juill., fl. en panicules trichotomes corymbiformes; calice à dents très courtes, arrondies, ponctué extérieurem., ainsi que les panicules; filets des étam. à 3 dents, celle du milieu, ou anthérifère, plus courte. Japon.

5 **D. grêle.** *D. gracilis* Sieb. Feuil. lanc. à base cunéaire, ou ovales-lanc., acuminées, finement dentelées, pétiolées, poilues; en juin-juill., fl. disposées en grappes simples; dents du calice acuminées; filets des étam. tridentés; anthères glabres. Japon, 1845.

Culture. — Avec un peu de soin, toutes ces plantes pourraient passer en plein air; il est prudent, toutefois, d'en conserver quelques individus en orangerie. Les terrains semblent être indifférents; ils viennent bien dans tous, pourvu que la situation soit ouverte. On les multiplie de marcottes qui développent des racines très facilement, ou bien encore de boutures faites au mois de mars, avec les ram. d'un an, ou de boutures herbacées au mois de juin, sur couche et sous cloche. — Jolis arbriss. propres à orner les plates-bandes et les bordures des massifs.

FAMILLE XCIII. — MYRTACÉES.

Arbres ou arbriss. à ram. souvent anguleux; feuil. opposées, rarem. alternes ou verticillées, simples, très souvent ponctuées-glanduleuses, ordinairement sans stipules; fleurs hermaphrodites régulières, accompagnées quelquefois de deux bractéoles à la base; calice plus ou moins soudé avec l'ovaire, à 4-5 ou un plus grand nombre de divisions; pétales en nombre égal à celui des divisions calicinales, insérés sur le bord d'un disque qui tapisse la gorge du calice; étamines nombreuses, rarement en même nombre que les pétales, distinctes ou réunies en plusieurs faisceaux; ovaire infère ou semi-infère, uni ou multiloculaire, entouré d'un disque charnu; style unique, simple; stigm. indivis., terminal ou très rarem. latéral; fruit très variable, sec, ou charnu, uniloculaire ou à plus. loges monospermes ou polyspermes; graines sans albumen.

TRIBU I. — *CHAMÆLAUCIÉES.*

Arbrisseaux de la Nouvelle-Hollande ayant ordin. le port des bruyères; étam. très souvent en nombre défini, dont quelques-unes stériles; ovaire uniloculaire; capsule monosperme, indéhiscente, ou s'ouvrant au sommet en 2 valves.

CALYTHRIS. *CALYTHRIX* ou *CALYCOTHRIX* Labill. [du grec *kalux*, calice, et *trixos*, triple]. — Bractéoles géminées, carénées, persistantes; calice se prolongeant au-dessus de l'ovaire, en un long tube grêle, cylindr.; limbe à 5 lobes ovales terminés par une longue soie; 5 pétales ovales, aigus; 10 étam., ou plus, distinctes, d'inégale longueur, toutes fertiles; ovaire uniloc. biovulé; style filif. égalant les étam.; capsule uniloculaire monosperme indéhiscente, à 5 côtes. — Arbriss. à feuil. éparses, cylindr., munies de très petites stipules sétiformes.

1 **C. glabre.** *C. glabra* R. Br. *Calycothrix Billardieri* Walp. *C. tetragona* Labill. *C. tetraptera* Dec. Arbriss. de 1m,30, à ram. légèrem. velus; feuil. pétiolées, les adultes glabres, imbriquées, oblongues-linéaires, carénées ou sémicylindr., obtuses; en juin-juill., fl. icosandres, rose-pâle, axill., presque sessiles. 1818.

2. **C. effilé.** *C. virgata* All.-Cunn. Arbriss. très rameux, à ram. effilés, presque glabres; feuil. pétiolées, glabres, rapprochées, cylindr.-claviformes; en avril-juin, fl. blanches icosandres, en corymbes; bractéoles herbacées-scarieuses, obtuses ou mucronées; arêtes des divis. du calice 2-3 fois plus longues que la corolle. 1823.

Culture. — Ces arbriss., comme tous ceux de la Nouvelle-Hollande, exigent une bonne terre de bruyère tenue fraîche en été, et une exposition demi-ombragée; l'hiver on doit les placer dans une serre vitrée où ils puissent jouir de beaucoup d'air et de lumière; on les multiplie assez difficilement de boutures faites pendant toute la belle saison.

TRIBU II. — *LEPTOSPERMÉES.*

Arbriss. de la Nouvelle-Hollande, quelques-uns de l'Asie tropicale, à feuil. opposées ou alternes sans stipules; étam. très souvent indéfinies, distinctes ou polyadelphes, rar. mona-

delphes; ovaire à 2 ou plusieurs loges multiovulées; capsule déhiscente, rar. indéhiscente.

TRISTANIE. *TRISTANIA* R. Br. [au comte de Tristan, botaniste français]. — Calice turbiné à 5 divis. dressées persistantes; 5 pétales étalés; 15-25 étam. réunies en 5 faisceaux opposés aux pétales; ovaire semi-supère, à 3 loges; style filif.; stigm. obtus; capsule à 3 loges polyspermes, s'ouvrant en 3 valves septifères.—Arbriss. de la Nouvelle-Hollande, à fl. jaunes pédonculées, disposées en corymbes.

1 **T. à feuil. de Nérium.** *T. neriifolia.* R. Br. *Melaleuca neriifolia* Sims. *Mel. salicifolia* Andrew. Arbriss. de 2 mètres environ, à feuil. opposées, lancéolées, aiguës, un peu glauques en dessous; en juill.-sept., fl. jaune vif, en corymbes pubesc. pauciflores; étam. réunies, 3 ou 5, en 5 faisceaux; capsule infère. 1824.

2 **T. à feuil. de Laurier.** *T. laurina* R.Br. *Melaleuca laurina* Smith. Arbriss. de 3-4 m., à ram. pubesc., blanch. dans la jeunesse; feuil. alternes rapprochées, cunéaires-lanc., de même forme et de même grandeur que celles du *Daphne laureola,* glabres, vert foncé en dessus, plus pâles en dessous; fl. en juin-sept.; calice pubesc.; capsule semi-supère. 1798.

3 **T. à feuil. rapprochées.** *T. conferta* R.Br. Arbriss. de 2 mètres, à ram. légèr. pubesc. dans la jeunesse; feuil. alternes, rapprochées au sommet des rameaux, lanc.-elliptiques, aiguës, pétiolées, glabres; fl. en juill.-août; calice à divis. foliacées, aiguës, réfléchies; étam. nombreuses. 1805.

Culture du genre précédent.

CALOTHAMNUS. *CALOTHAMNUS* Labill. [du grec *kalos,* beau, et *thamnos,* petit arbrisseau]. — Calice presque hémisphérique, à 4-5 lobes persistants; 4-5 pétales; étam. nombreuses, longuem. saillantes, réunies en 4-5 faisceaux opposés aux pétales; filets filif. dans la partie libre, quelques-uns stériles; style filif.; stigm. simple; capsule infère, à 3 loges polyspermes, s'ouvrant au sommet en 3 valves septifères. — Arbrisseau de la Nouvelle-Hollande, à feuilles cylindr. éparses, rapprochées, sans stipules; fl. rouge-écarlate, axill. sessiles, formant un épis au sommet des rameaux.

1 **C. quadrifide.** *C. quadrifida* R. Br. Arbriss. de 1 mètre et plus; feuil. glabres ainsi que les fl.; étam. réunies par 12-15 en 4 faisceaux égaux; calice et corolle à 4 parties; fl. en juill.-sept. 1803.

2 **C. velu.** *C. villosa* R. Br. Arbriss. de 1 mètre, à feuil. et fruits velus, à l'état adulte; étam. nombreuses réunies en 5 faisceaux égaux; calice et corolle à 5 parties, fl. en juillet-sept. 1803.

3 **C. grêle.** *C. gracilis* R. Br. Arbriss. de 1 mètre et plus, à tiges rameuses; feuil glabres, aiguës, raides; fl. en juill.-sept.; fl. à 5 parties; fruit glabre, longuem. saillant en dehors du calice; étam. disposées par 3 en faisceaux égaux. 1803.

4 **C. claviforme.** *C. clavata* Ma. C. Arbriss. de 0m,60 à 0m,70.

Culture du genre Calythris.

BEAUFORTIE. *BEAUFORTIA* R. Br. [en l'honneur de la duchesse de Beaufort]. — Calice turbiné à 5 lobes aigus; 5 pétales; étam. nombreuses, réunies en faisceaux opposés aux pétales; style filif.; stigm. obtus; capsule enfermée dans le tube du calice très épais, avec lequel elle est soudée, à 3 loges monospermes. — Très jolis arbriss. de l'Australie, à feuil. sessiles, opposées ou éparses.

1 **B. décussée.** *B. decussata* R. Br. Arbriss. de plus de 1 mètre, à feuil. opposées, décussées, ovales, multinervées; en mai-juill. fl. rouge-écarlate; étam. réunies en faisceaux très longuem. onguiculés; style flexueux. 1803.

2 **B. remarquable.** *B. splendens* Baxter. Arbriss. à tige dressée, rameuse; feuil. alternes rapprochées, ou verticillées par 3, lancéolées, à 5 nervures; en mai-juill. fl. rouge-ponceau, en épis; étam. réunis ordin. par 7 en faisceaux inégaux. 1830.

3 **B. de Dampière.** *B. Dampieri* Lindl. *Schizopleura Dampieri* All. Cunn. Arbriss. très rameux, à ram. tortueux; feuil. opposées, rapprochées, dé-

cussées, largem. ellipt. ou orbiculaires, obtuses, à nervures latérales peu saillantes, rapprochées du bord épaissi des feuil.; fl. en avril-août; étam. réunies par 7-9 en faisceaux, dont l'onglet est deux fois plus long que la corolle; filets des étam. étalés. 1836.

Culture du genre Calythris.

MÉLALEUCA. *MELALEUCA*. LIN. [du grec *mélas*, noir, et *leukos*, blanc; du tronc qui est noir et des jeunes ram. qui sont ordin. blancs]. — Calice presque hémisphérique à 5 dents ou 5 lobes; 5 pétales; étam. nombreuses, réunies en 5 faisceaux opposés aux pétales; style filif.; stigm. obtus; capsule à 3 loges polyspermes, s'ouvrant au sommet par 3 fentes; graines anguleuses. — Arbre ou arbriss. de la Nouvelle-Hollande, quelques-uns des Indes orient., à feuil. alternes ou opposées; fl. sessiles en épis ou en capitules, feuilles alternes.

1 **M. Cajuput.** *M. leucadendron* LIN. *Myrtus* LIN. FIL. Arbre de 5-6 mètres, à tronc tortueux; ram.' florifères pendants; feuil. lancéolées-allongées, acuminées, arquées, à 3-5 nervures; en juin-sept. fl. blanches en épis glabres. Indes orient., 1796. — Serre chaude.

2 **M. à fl. vertes.** *M. viridiflora* GÆRTN. *Metros. coriacea* POIR. Arbriss. de 3-4 mètres, à ram. pubescents; feuil. ellipt.-lancéolées, régulières, aiguës, à 5 nervures; en juil.-sept., fl. verdâtres rapprochées en épis; calice et rachis pubescents; onglets des faisceaux d'étam. plus courts que les lobes du calice. Nouvelle-Calédonie, 1798.

3 **M. porte-globe.** *M. globifera* R. BR. Arbriss. de 1^m,50, à feuil. oblongues régulières, atténuées à la base, à 5 nervures; en juin-sept., fl. blanches en capitules sphériques; capsule soudée entièrement avec le calice. 1803.

4 **M. à feuil. de diosme.** *M. diosmifolia* ANDREW. *M. chlorantha* BONPL. *M. foliosa* DUM. COURS. Arbrisseau de 1^m,50, à ram. glabres; feuil. oblongues ou ovales, uninervées, pétiolées, planes, rapprochées, glabres; en juin-juill. fl. jaune-verdâtre, en épis oblongs, glabres; étam. réunies par 3-5. 1794.

5 **M. faux Styphélia.** *M. styphilioides* SMITH. *M. obliqua* HORTUL. Arbrisseau de 1^{m}50, à feuil. sess., ovales, aiguës, striées multinervées, glabres, terminées par une petite pointe piquante; en mai-juin, fl. blanches, épis pubescents; lobes du calice aigus, nervés. 1793.

6 **M. à feuil. de genêt.** *M. genistifolia* SMITH. Arbuste de 1^m,30, à ram. glabres; feuil. linéaires-lanc., planes, ponctuées, à 3 nervures; en juin-sept., fl. blanches; faisceaux d'étam. polyandres, à onglets égalant à peu près les pétales. 1793.

7 **M. faux Thym.** *M. thymoides* LABILL. Arbuste de 1 mètre, à rameaux glabres; feuil. lanc. ou oblongues, pétiolées, trinervées, glabres; en juin-sept., fl. pourpres en épis globuleux ou ovales; lobes du calice aigus, trinervés; étam. réunies ordinair. par 10; onglets des faisceaux plus courts que les pétales. 1803.

8 **M. écailleux.** *M. squamea*. LABILL. Arbriss. de 1^m,30, à ram. velus; feuil. lanc.-ovales, acuminées, trinervées, les nouvelles velues; en juin-juill., fl. pourpres très rapprochées, en épis globuleux pubescents; étam. réunies par 5 ou 9; onglets des faisceaux très courts. 1805.

9 **M. noueux.** *M. nodosa* SMITH. *Metrosideros nodosa* GÆRTN. *Metr. pungens* REICH. Petit sous-arbriss. de 0^m,60, à feuil. linéaires-subulées, mucronées, raides, planes, étalées, à une seule nervure; en juin-juill., fl. pourpres en épis globuleux; lobes du calice membranacés, glabres; étam. réunies par 3-6 en faisceaux à onglets très courts. 1790.

10 **M. à feuil. de Bruyère** SMITH. *M. nodosa* LINK. Arbuste de 1 mètre, à ram. glabres; feuil. linéaires-subulées, sans nervures, mutiques, étalées ou un peu courbées; en juill.-sept., fl. blanches ou jaune-pâle, en épis, ovales, glabres; étam. réunies par 8-10 en faisceaux, à onglets dépassant à peine les pétales. 1788.

11 **M. armillaire.** *M. armillaris* SMITH. *Melal. ericæfolia* ANDREW. *Metrosideros armillaris* GÆRTN. Sous-arbrisseau de 0^m,65, à feuil. linéaires-subulées, mucronées, courbées au som-

met; en juin-juill., fl. jaunâtres en épis cylindr. glabres; étam. réunies en grand nombre, en faisceaux à onglets dépassant les pétales. 1788.

12 **M. à crochets.** *M. uncinata* R. Br. Arbriss. de 1 mètre, à ram. effilés; feuil. filif. anguleuses, mucronées, dressées, à sommet recourbé en crochet; en juin-sept., fl. pourpres en épis ovales, laineux; étam. réunies par 5-6, en faisceaux à onglets dépassant les pétales. 1803.

13 **M. à étamines rougeâtres.** *M. erubescens* Otto. *M. diosmifolia* Dum. Cours. Arbriss. de 0m,70 à 0m,80, à ram. glabres; feuil. linéaires-subulées, mucronées, planes en dessus; en juin-sept., fl. petites, très serrées, en épis cylindr., glabres; pétales jaune-pâle; étam. rose-lilacée, réunies en grand nombre en faisceaux à onglets dépassant les pétales. 1820.

14 **M. gracieux.** *M. pulchella* R. Br. *M. serpyllifolia* Dum. Cours. Sous-arbriss. de 0m,65, à ram. glabres; feuil. éparses ou presque opposées, ovales ou oblongues, obtuses, à 3 nervures peu saillantes; en juin-sept., fl. pourpres, glabres, presque solitaires; étam. réunies en grand nombre en faisceaux dépassant les pétales. 1803.

15 **M. de Fraser.** *M. Fraseri* Hook. Arbriss. à feuil. linéaires-subulées, comprimées, sans nervures, acuminées, mucronées, atténuées à la base, étalées ou recourbées; en juin-juill. fl. blanches en épis ovales-globuleux, terminaux; étam. à filets roses, réunies par 12-14 en faisceaux dont l'onglet dépasse la corolle. 1838.

16 **M. de Huegel.** *M. Huegelii* Endl. Arbriss. à feuil. très rapprochées, imbriquées, sessiles, ovales-lanc.; acuminées, larges à la base, étalées, striées au sommet; en juin-juil., fl. en épis glabres; calice multinervé, glabre. 1840.

** *Feuilles opposées.*

17 **M. à feuil. de thym.** *M. thymifolia* Smith. *M. gnidiæfolia* Vent. *M. coronata* Andr. *M. parviflora* Otto. Petit arbriss. de 65 cent., à feuil. lancéolées, sans nervures; en juin-sept., fl. pourpres, en épis pauciflores; étamines réunies en grand nombre en faisceaux pétaloïdes. 1792.

18 **M. décussé.** *M. decussata* R. Br. *M. pumila* et *parviflora* Otto. Arbriss. de 1m,50, à feuil. décussées, ovales-lanc., trinervées; en juin-sept., fl. pourpres en épis ovales, glabres; étamines réunies en grand nombre en faisceaux à onglets très courts. 1803.

19 **M. brillant.** *M. fulgens* R. Br. Arbriss. de 2 mètres, à feuil. linéaires-lanc., aiguës, à une seule nervure; en juil.-sept., fl. très grandes, rouge-écarlate, en épis ovales, glabres; calice à lobes arrondis-obtus; étam. réunies en grand nombre en faisceaux palmatifides, rouges, à onglets de la longueur des pétales; fruit presque globuleux, glabre. 1803.

20 **M. à feuil. de linaire.** *M. linariifolia* Smith. *Metrosideros hyssopifolia* Cav. Arbriss. de 1 mètre, à ram. glabres; feuil. linéaires-lanc., aiguës, trinervées à la base, ponctuées; en juin-août, fl. pourpres (Loudon) ou jaune-ocre (Decandolle) en épis oblongs, glabres; lobes du calice très petits, aigus; étam. réunies en grand nombre en faisceaux penniformes, dépassant la corolle. 1793.

21 **M. à feuil. de millepertuis.** *M hypericifolia* Smith. *Metrosideros hypericifolia* Salisb. Arbriss, de 1 mètre, à feuil. décussées, oblongues-ellipt., à 3 nervures dont les latérales peu saillantes courbées et rapprochées du bord de la feuille; en juin-sept., fl. élégantes, rouge-écarlate, en épis cylindr. glabres; étam. réunies en grand nombre en faisceaux, à onglets allongés et à filets rayonnants. 1792.

22 **M. à feuil. elliptiques.** *M. elliptica* Labill. Arbriss. à feuil. ellipt., obtuses aux 2 extrémités, à une seule nervure donnant naissance à des veines pennées se joignant toutes en une nervure unique rapprochée du bord de la feuil.; en juin-sept, fl. pourpre-écarlate en épis cylindr., pubescents; calice à lobes aigus, persistants; étam. réunies en grand nombre en faisceaux, à onglets dépassant les pétales. 1824.

23 **M. raboteux.** *M. squarrosa* Smith. *M. myrtifolia* Vent. Petit ar-

briss. de 70 cent., à ram. velus; feuil. glabres, ovales, aiguës, briév. pétiolées, à 5-7 nervures; en juin-juil., fl. jaune-pâle, en épis cylindr., accompagnées de bractées foliacées; calice à lobes obtus, sans nervures; étam. réunies par 12 en faisceaux très briév. onguiculés. 1794.

24 **M. gibbeux.** *M. gibbosa* Labill. *M. imbricata* Hortul. Arbriss. de 1 mètre, à ram. glabres; feuil. décussées très rapprochées, ou verticillées par 3, ovales, obtuses, trinervées; en juin-sept., fl. en épis pauciflores, glabres; étam. réunies en grand nombre en faisceaux à onglets égalant les pétales; fruits et ram. relevés de petites bosses. 1820.

25 **M. à grand calice.** *M. calycina* R. Br. Arbriss. de 1 mètre, à feuil. ovales-lancéolées, presque sess., à 3-5 nervures; en juil.-août, fl. pourpres, en épis arrondis, pauciflores; lobes du calice aigus, sans nervures; étam. réunies en grand nombre en faisceaux à onglets plus courts que les pétales. 1803.

*** *Feuilles verticillées.*

26 **M. blanchâtre.** *M. incana* R. Br. *M. lanata* Nois. *M. canescens* Link. et Otto. *M. tomentosa* Colla. Arbriss. de 1 mètre, à ram. et feuil. pubesc.-blanchâtres; feuil. verticillées par 3, linéaires-lanc.; en juin août, fl. blanc sale, en épis ovales ou oblongs; étam. réunies par 5-7 en faisceaux à onglets plus courts que les pétales. 1810.

Culture. — Orangerie ou serre tempérée, près des jours; terre de bruyère; arrosements abondants pendant l'été, modérés l'hiver, sans jamais laisser la terre se dessécher; car bien que peu délicats, lorsque ces arbriss. ont manqué d'eau, il est très rare de les faire revenir à la vie. — Tous sont de très jolis ornements pour serres, tant par leur feuillage que par leurs élégants épis de fleurs.

EUCALYPTUS. *EUCALYPTUS* L'Hérit. [du grec *eu*, bien, *kaluptô*, couvrir; du limbe du calice qui se sépare circulairem. au moment de l'épanouissement en forme de couvercle]. — Calice obovale ou presque globuleux, à limbe se détachant circulairement en forme d'opercule; pétales soudés à l'opercule et tombant avec lui; étam. distinctes, indéfinies, insérées à la gorge du calice; ovaire libre; style cylindr., simple; stigm. obtus; capsule renfermée dans le calice cupuliforme, à 3-4 loges polyspermes, s'ouvrant par 3-4 fentes. — Arbre de la Nouvelle-Hollande; feuil. coriaces, entières, alternes ou opposées; fl. blanches.

* *Feuilles alternes.*

1 **E. résinifère.** *E. resinifera* Smith. *Metrosideros gummifera* Gærtn. Arbre de 10-12 mètres, à feuil. ovales-lancéolées, longuement acuminées, atténuées à la base, bordées par une nervure, finement ponctuées; en avril-juil., fl. en ombelles, portées par un pédonc. comprimé, un peu plus long que le pétiole; opercule du calice conique, coriace, une fois plus long que la cupule. 1788.

2 **E. gigantesque.** *E. robusta* Smith. Arbriss. de 10-12 mètres, à feuil. ovales; en août-sept., fl. portées par des pédicelles courts, comprimés, au sommet de pédoncules ancipités, latéraux et terminaux; opercule conique de la long. de la cupule. 1794.

3 **E. capitellé.** *E. capitellata* Smith. *A. triantha* Link. Arbre de 10-12 mètres, à feuil. raides, ovales-lanc., obliques; en juil.-août, fl. en capitules, au sommet de pédonc. latéraux; opercule conique, obtus, de la long. de la capsule anguleuse ou presque ancipitée. 1804.

4 **E. scabre.** *E. scabra* Dum. Cours. *E. penicillata* Hortul. Arbre de 10-12 mètres, à ram. velus, ainsi que les jeunes feuil.; feuil. lancéolées à base inégale, celles des ram. florifères, planes; celles des ram. stériles, crispées; en juin-sept., fl. en capitules au sommet de pédonc. axill., anguleux, égalant le pétiole ou plus longs; opercule presque conique un peu plus court que la cupule. 1810.

5 **E. amandier.** *E. amygdalina* Labill. *E. globularis* Hortul. *Metrosideros salicifolia* Gærtn. Arbre de 10-12 mètres, à feuil. linéaires-lanc., acuminées, mucronées, atténuées à la base; fl. disposées 6-8, en ombelles capitulées au sommet de pédonc. axill. et latéraux cylindr. de la long. du pétiole; opercule hémisphérique, presque mutique, plus court que la cupule. 1822.

6 **E. de Lindley.** *E. Lindleyana.* Dec. *E. longifolia* Lindl. Arbre de 10-12 mètres, à feuil. linéaires-lanc., les unes pétiolées à base linéaires-inégales, les autres sess. à base obtuse; fl. disposées 3-5 en ombelles; pédonc. cylindr.; opercule hémisphérique presque mutique, plus court que la cupule. 1824.

7 **E. poivré.** *E. piperita* Smith. Arbre de 10-12 mètres, à ram. anguleux; feuil. coriaces, lanc.-acuminées, à une seule nervure; fl. disposées 3-5 en ombelles; pédonc. comprimés, axill. et latéraux plus courts que le pétiole; opercule hémisphérique, mucronulé, plus court que la cupule. 1788.

8 **E. à feuil. obliques.** *E. obliqua* L'Hér. Arbre de 10-12 mètres, à ram. cylindr.; feuil. largem. lancéolées, acuminées, penninervées, à base inégale; en juillet-août, fl. disposées 9-12 en ombelles au sommet de pédonc. cylindr., axill. et termin.; opercule hémisphérique mucroné, plus court que la cupule. 1774.

9 **E. à feuil. de peuplier.** *E. populifolia* Desf. Arbre à ram. grêles, flexueux, rouge-brun; feuil. pétiolées, glauques, presque orbiculaires, inégales, acuminées, veinées, larges de 5 à 8 cent., ressemblant à celles du Tremble, (*Populus tremula.*)

****Feuilles toutes opposées, sessiles, ou quelques-unes alternes, pétiolées.*

10 **E. à feuil. variables.** *E. diversifolia* Bonpl. *E. connata* Dum. Cours. *E. piperita* Hortul. Arbre de 10-12 mètres, à ram. adultes cylindr., les jeunes comprimés; feuil. infér. opposées, sess., ovales, obtuses, les supér. alternes, pétiolées, lanc., acumin., mucronées; fl. disposées 6-8 au sommet de pédonc. cylindr., axill.; opercule conique, de la long. de la cupule turbinée. 1810.

11 **E. à feuil. en cœur.** *E. cordata* Labill. Arbre de 10-12 mètres, à ram. cylindr., glauques; feuil. presque toutes opposées, sess., cordiformes, souvent crénelées, les jeunes glauques; en juin, fl. disposées 3-4 en capitules au sommet de pédonc. axill. et terminaux courts, un peu anguleux; opercule mucroné, à bord déprimé, plus court que la cupule obovale. 1816.

12 **E. de 2 couleurs.** *E. discolor* Desf. Arbre de 10-12 mètres, à ram. presque tétragones, lisses; feuil. sess. ou briév. pétiolées, lancéolées ou ovales-lanc., acumin., coriaces, à base inégale, vertes en dessus, glauques ou rougeâtres en dessous.

13 **E. pulvérulent.** *E. pulverulenta* Sims. *E. cordata* Hort. Berol. Arbre de 10-12 mètres, à ram. cylindr.; feuil. ovales-orbiculaires-cordiformes, courtem. mucronées, très entières, pulvérulentes, glauques; en juin, fl. disposées par 3 au sommet de pédoncules axill. courts; opercule hémisphérique. 1816.

14 **E. glauque.** *E. glauca* Dec. *E. perfoliata* Nois. *E. pulverulenta* Link. Rameaux à 4 ailes ou 4 angles; feuilles pulvérulentes, glauques, les infér. opposées, sess., amplexicaules, ovales-cordiformes, mucronées, celles du sommet alternes, pétiolées, lanc., acumin., les intermédiaires briév. pétiolées, presque opposées.

15 **E. purpurescent.** *E. purpurescens* Link. Arbre à ram. et nervures purpurescentes; feuil. amplexicaules, opposées, lanc., aiguës, glauques en dessous.

Var. à feuil. pétiolées. *E. purp. petiolaris* Dec. *E. oppositifolia* Desf. Feuil. lancéolées, larges, longuem. pétiolées.

16 **E. tuberculeux.** *E. tuberculata* Parm. *E. glandulosa* Desf. Arbre à ram. filif., tuberculeux; feuil. amplexicaules, glabres, membranacées, oblongues-linéaires, aiguës. 1804.

17 **E. à feuil. de millepertuis.** *E. hypericifolia* Dum. Cours. Arbre à ram. filif.; feuil. lanc.-oblongues, aiguës, glaucescentes en dessous, à nervures latérales parallèles.

Culture.—Serre tempérée ou bonne orangerie; terre de bruyère; multipl. de marcottes et boutures assez longues et même assez difficiles à émettre des racines. — Arbre végétant très mal en pots et d'un triste effet dans nos serres. A Naples, à Toulon, plusieurs espèces passent très bien en plein air.

ANGOPHORA. *ANGOPHORA* Cav. [du grec *aggos*, urne, *phora*, je porte : allusion à la forme des fruits].

— Calice turbiné, quinquéfide, denté, à 5 côtes; 5 pétales insérés sur le bord du disque annulaire à la gorge du calice; étam. nombreuses, insérées avec les pétales, distinctes, à anthères ovales; ovaire à 3 loges pluriovulées; style filif.; stigm. aigu; capsule presque ligneuse, à 3 loges monospermes ou ne contenant que peu de graines. — Arbriss. de la Nouvelle-Hollande, à feuil. ordin. opposées, sans stipules; fl. blanches en corymbes.

1 **A. à feuil. en cœur.** *A. cordifolia* Cav. *Metrosideros hispida* Smith. *Metr. hirsuta* Andr. *Metr. anomala* Vent. Arbriss. de 2 mètres, à ramules soyeuses-hispides; feuil. glabres, sess., ovales, à base échancrée en cœur; en mai-juin, fl. grandes, jaune pâle; pédonc. hispides. 1789.

2 **A. à feuil. lancéolées.** *A. lanceolata* Cav. Arbriss. de 2 mètres, à ram. glabres; feuilles pétiolées, lanc., acumin.; en mai-août, fl. jaunes; pédonc. glabres. 1816.

3 **A. axillaire.** *A. axillaris* R. Br. *Melaleuca axillaris* Hort. Par.

Culture.—Serre tempérée ou orangerie; multipl. de boutures et de marcottes très difficiles à prendre racine.

CALLISTEMON. *CALLISTEMON* R. Br. [du grec *kallisto*, très beau, et *stemon*, étamines : eu égard à l'élégance des étamines]. — Calice hémisphérique, à 5 lobes obtus ou aigus; 5 pétales insérés à la gorge du calice; étam. nombreuses, insérées avec les pétales, longuement saillantes, distinctes; ovaire infère, à 3-5 loges multiovulées; style filif.; stigm. capité; capsule à 3-5 loges polyspermes, s'ouvrant au sommet en 3-5 fentes. — Arbriss. de la Nouvelle-Hollande, à feuil. alternes, allongées, sans stipules; fl. en épis couronnés par des feuil. au sommet.

1 **C. à feuil. de pin.** *C. pinifolium* Dec. *Metrosideros pinifolia* Wendl. *Metr. viridiflora* Cels. Arbrisseau de 2 mètres, à feuil. linéaires-filif., acérées, raides, mucronées, canaliculées, rudes; en juin-août, fl. vertes; calice glabre; pétales ovales; étam. à filets jaunâtres, 3 fois plus longues que les pétales. 1806.

2 **C. à fleurs vertes.** *C. viridiflorum* Dec. *Metrosideros viridiflora* Sims. Arbriss. de 1 mètre 60 cent., à ramules velues; feuil. linéaires-lanc., raides, piquantes, ponctuées, scabres, velues dans la jeunesse; en juin-août, fl. vertes; calice glabre; filets des étamines jaune verdâtre, réfléchis, 4 fois plus longs que les pétales. 1818.

3 **C. à feuil. de saule.** *C. salignum* Dec. *Metrosideros* Smith. Grand arbriss. à tige droite, très rameux; ram. pendants; ramules soyeuses et rougeâtres; feuil. lanc., acumin. aux 2 extrémités, mucronées, glabres à l'état adulte; nervure médiane émettant des nervures pennées, les latérales rapprochées du bord; en juin-août, fl. jaune pâle; calice glabre; étam. à filets jaunes, 3 fois plus longs que les pétales arrondis. 1788.

4 **C. raide.** *C. rigidum* R. Br. *Metrosideros linearis* Willd. *Metr. viminalis* Hort. Berol. Arbriss. de 1 mètre, à feuil. linéaires ou lancéolées-linéaires, planes, raides, très aiguës, mucronées, lisses; en avril-mai, fl. rouge cramoisi; calice pubescent; filets des étam. ponceau. 1800.

5 **C. linéaire.** *C. lineare* Dec. *Metrosideros linearis* Smith. *Melaleuca linearis* Wendl. Arbriss. de 2 mètres, à feuil. raides, linéaires, aiguës, carénées en dessous, canaliculées en dessus, velues dans la jeunesse; en juin-juillet, fl. rouge écarlate; calice pubesc.-velouté; filets des étam. rouge ponceau, plus courts que le style. 1788.

6 **C. rugueux.** *C. rugulosum* Dec. *Metrosideros rugulosa* Willd. *Metr. glandulosa* Desf. *Metr. macropunctata* Dum. Cours. Arbriss. de 2 mètres, à feuil. linéaires-lanc., raides, mucronées, planes, tuberculeuses, trinervées, à nervures latérales rapprochées du bord qui est un peu rugueux; en avril-mai, fl. rouge cramoisi; calice glabre; anthères rouge ponceau. 1800.

7 **C. à feuil. lancéolées.** *C. lanceolatum* Dec. *C. lophanthum* Sweet. *Metrosideros lophantha* Vent. *Metr. saligna* Sims. *Metr. citrina* Curtis. Arbriss. de 2 mètres, à feuil. lanc., mucronées, atténuées aux 2 extrémités; nervure médiane un peu saillante, émet-

tant des veines pennées, les nervures latérales rapprochées du bord ; en juin-août, fleurs beau rouge ; calice pubescent; filets des étamines rouge ponceau. 1800.

VAR. toujours fleurie. *C. semperflorens* LODD. Arbriss. fleurissant à la hauteur de 40 à 60 cent. ; fl. d'un très beau rouge.

8 **C. élégant.** *C. speciosum* DEC *Metrosideros speciosa* SIMS. Arbriss. de 3-4 mètres, à feuil. planes, lanc., acuminées, à nervure médiane penninervée, les latérales rapprochées du bord ; en mars-juin, fl. rouge cramoisi; calice velu ; filets des étam. rouge ponceau ; capsule à 4 loges, velue au sommet. 1823.

CULTURE.—Ces jolis arbriss. se cultivent comme les genres précédents : orangerie l'hiver, mi-ombre l'été ; leur multipl. est plus facile ; les boutures s'enracinent facilement sur couche tiède; on peut aussi les greffer sur la 7e espèce qui est la plus commune.

MÉTROSIDÉROS. *METROSIDEROS* R. BR. [du grec *metrios*, médiocre, et *sideron*, fer : de la dureté du bois]. — Calice campanulé, cylindr., à 5 dents ou lobes; 5 pétales insérés sur le bord d'un disque annulaire à la gorge du calice; 20 à 100 étam. insérées avec les pétales, distinctes, longuem. saillantes ; ovaire semi-infère ; style cylindr.; stigm. simple ou capité; capsule à 2-3 loges polyspermes, à déhiscence loculicide. — Arbres ou arbriss. à feuil. ordin. opposées, entières, sans stipules; fl. axill. et terminales, pédonculées.

1 **M. à feuil. de Coris.** *M. corifolia* VENT. *Leptospermum ambiguum* SMITH. Petit arbre à ram. étalés; feuil. alternes, linéaires, recourbées au sommet, mucronées, légèrem. pubesc.; en juin-août, fl. blanches axill.; calice glabre à lobes lanc ; stigm. capité ; étam. un peu plus longues que les pétales. Nouvelle-Hollande, 1791. Orangerie.

2 **M. vrai.** *M. vera* RHUMPHIUS. *Eugenia Amboinensis* HORTUL. Arbre de 6-7 mètres, à feuil. opposées, brièvem. pétiolées, ovales-lanc., acuminées, glabres ; fl. jaunes en cymes multifl. axill. pédonculées ; 30 étam.; ovaire biloculaire. Java, 1819. Serre chaude.

Culture des *Callistemon.*

BILLIOTIE. *BILLIOTIA* R. BR. [à Mme Billioti, de Turin]. — Calice turbiné à 5 divis. décidues ; 5 pétales orbiculaires, brièvem. onguiculés, insérés à la gorge du calice ; 10-20 étam. distinctes, insérées avec les pétales ; ovaire infère ; style filif. ; stigm. capité ; capsule à 3 loges polyspermes, s'ouvrant en 3 valves septifères. — Arbriss. de la Nouvelle-Hollande, à feuilles alternes, linéaires-lancéolées, sans stipules, trinervées; fleurs blanches sessiles, axillaires ou rassemblées en capitules globuleux.

1 **B. flexueuse.** *B. flexuosa* R. BR. *Leptospermum flexuosum* SPRENG. *Metrosideros flexuosa* WILLD. Arbriss. à ram. flexueux, glabres ; feuil. linéaires-lanc., acuminées, glabres, trinervées, à nervures latérales rapprochées du bord vers le sommet ; fl. en capitules. 1823.

Culture du genre *Callistemon.*

LEPTOSPERME. *LEPTOSPERMUM* FORST. [du grec *leptos*, mince ; *sperma*, semence, graine].—Calice campanulé quinquifide; 5 pétales orbiculaires, brièvem. onguiculés, insérés à la gorge du calice; 20-60 étam. distinctes, insérées avec les pétales; ovaire infère, à 4-5 loges multiovulées ; style filif.; stigm. capité; capsule à 4-5 loges polyspermes, s'ouvrant au sommet en autant de valves. — Arbriss. de la Nouvelle-Hollande ou de la Nouvelle-Zélande, à feuil. alternes, entières, sans stipules ; en juin-juill., fl. blanches pédicellées, solit., éparses.

1 **L. à feuil. échancrées.** *L. emarginatum* WENDL. FIL. *Melaleuca nervosa* HORTUL. Arbriss. de 1m,60, à feuilles linéaires-oblongues, échancrées, à 5 nervures peu saillantes; dents du calice membranacées, colorées. Nouvelle-Hollande. 1818.

2 **L. à grandes feuilles.** *L. grandifolium* SMITH. Arbrisseau de 2m,60, à feuil. lancéolées, rétrécies aux deux extrémités, mucronées au sommet, pubesc. dans la jeunesse; calice velu à dents colorées; fl. grandes accompagnées de

bractées géminées persistantes. Nouvelle-Hollande, 1803.

3 **L. porte-laine.** *L. lanigerum* Ait. *Philadelphus laniger* Ait. Arbrisseau de 1m,60, à ram. velus; feuil. oblongues ou ovales mucronées, pubescentes sur les deux faces ou seulement en dessous, à 3 nervures peu saillantes; calice très velu, par des poils étoilés. Nouvelle-Hollande, 1774.

Var. à feuil. très petites, un peu obliques, *L. pubescens*, Willd.

4 **L. à balais.** *L. scoparium* Smith. *Philadelphus scoparius* Ait. *Melaleuca scoparia* Wendl. Arbriss. de 2 mètres, à feuil. ovales, mucronées, à 3 nervures peu saillantes; calice glabre, à dents membranacées, colorées. Nouvelle-Zélande, 1772.

Var. à feuilles lancéolées, *L. scoparium* Forst. *Melaleuca scoparia diosmatifolia* Wendl.

5 **L. jaunâtre.** *L. flavescens* Smith. *L. Thea* Willd. *Melaleuca Thea* Wendl. Arbriss. de 1m,60, à feuilles linéaires-lanc., obtuses, ponctuées, à une seule nervure; calice glabre, à dents membranacées, quelquefois décidues. Nouvelle-Hollande, 1787.

6 **L. à feuil. de myrthe.** *L. myrtifolium* Sieb. Arbriss. à feuil. obovales-oblongues, ponctuées, trinervées, légèrement pubescentes dans la jeunesse; calice velu-soyeux, à dents membranacées, colorées, pubescentes. Nouvelle-Hollande, 1824.

7 **L. à feuil. de Genévrier.** *L. juniperinum* Smith. *L. recurvifolium* Sieb. *Melaleuca tenuifolia* Wendl. Sous-arbriss. de 0m,60, à ramules soyeuses; feuil. linéaires-lanc., piquantes, à une seule nervure, soyeuse dans la jeunesse; calice glabre, à dents colorées, membranacées. Nouvelle-Hollande, 1790.

8 **L. à fruits bacciformes.** *L. baccatum* Smith. *L. juniperifolium* Cav. Arbrisseau de 1 mètre, à ram. hérissés; feuil. linéaires-lanc., piquantes, à une seule nervure; calice glabre, à dents pubescentes, colorées; fruit bacciforme. Nouvelle-Hollande, 1790.

9 **L. triloculaire.** *L. triloculare* Vent. Sous-arbriss. de 0m,60, à feuil. linéaires, piquantes, ponctuées, ciliées; calice velu-soyeux; 15 étam.; capsule à 3-5 loges. Nouvelle-Hollande, 1800.

Culture des Mélaleuques.

BÉKÉA. *BÆCKEA.* Lin. [à Bæck, physicien suédois]. — Calice turbiné à limbe supère ou semi-supère, quinquefide, persistant; 5 pétales orbiculaires, brièvem. onguiculés, insérés à la gorge du calice; 5-10 étam. distinctes, insérées avec les pétales; ovaire infère ou semi-infère; style simple; stigm. capité; capsule déhiscente au sommet, à 2-3-5 loges polyspermes; graines anguleuses.— Arbriss. à feuil. opposées, sans stipules, souvent acérées.

1 **B. effilé.** *B. virgata.* Andr. *Leptospermum virgatum* Forest. *Melaleuca virgata* Lin. Fils. Arbriss. de 1 mètre, à feuil. linéaires-lanc., aiguës; en août-oct., fl. blanches disposées en une sorte d'ombelles au sommet de pédonc. axill. Nouvelle-Calédonie, 1806.

2 **B. camphré.** *B. camphorata* R. Br. Arbrisseau de 1 mètre, glabre, à feuil. formant sur les ram. quatre séries parallèles, lâchement imbriquées, obovales-lanc., planes, ponctuées, étroitem. bordées, briev. pétiolées; en juill.-août, fl. blanches pédicellées, axill., géminées ou solit.; 15 étam. Nouvelle-Hollande, 1818.

3 **B. des rochers.** *B. saxicola* All. Cunn. Petit arbriss. très glabre, à ram. quadrangulaires; feuil. disposées sur quatre séries parallèles, imbriquées, obovales, aiguës, ponctuées, brièvement pétiolées; fl. solit. ou géminées, brièvem. pédicellées, à l'aisselle des feuil. supérieures; 10 étam. Nouvelle-Hollande, 1840.

Culture des Mélaleuques.

FABRICIA. *FABRICIA* Gærtn. [à J. C. Fabricius, célèbre naturaliste danois]. — Calice semi-supère, campanulé, quinquefide; 5 pétales orbiculaires, brièvem. onguiculés, insérés à la gorge du calice; étam. nombreuses, distinctes, insérées avec les pétales; anthères ovales; ovaire semi-infère, multiloculaire; style simple; stigm. capité; capsule à plusieurs loges, déhiscente au sommet; graines peu nombreuses, ailées. — Arbriss. de la Nouvelle-Hollande, à feuil. alternes, entières, glauques, ponctuées, sans stipules; fl. blanches brièvement pédicellées, axill., solitaires.

1 **L. à feuil. de myrte.** *F. myrtifolia* Gærtn. Arbriss. de 1 mètre, à feuil. obovales, soyeuses dans la jeunesse; fleurit en mai-juin; calice à dents orbiculaires; capsule à loge contenant 2-3 graines. Nouvelle-Hollande, 1803.

Culture du genre Melaleuca.

TRIBU II. — *MYRTACÉES*.

Arbres ou arbriss. à feuilles opposées, entières, ponctuées, sans stipules; étam. indéfinies, libres; ovaire à 2 ou plusieurs loges multiovulées; baie à 2 ou plusieurs loges souvent monospermes.

GOYAVIER. *PSIDIUM* Lin. [de *psidios*, nom que les Grecs donnaient aux fruits du grenadier]. — Calice à limbe supère de 4-5 divis.; 4-5 pétales insérés à la gorge du calice; étamines nombreuses, distinctes, insérées sur plusieurs rangées, sur un disque épigyne à la gorge du calice; ovaire infère; style simple; stigm. capité; baie couronnée par le calice, à 4 ou plusieurs loges polyspermes.—Arbres de l'Asie ou de l'Amérique tropicale, à fl. blanches munies à leur base de 2 petites bractées.

1 **G. des montagnes.** *P. montanum* Swartz. Arbriss. de 1m,30, à ram. tétragones; feuil. ovales acuminées, très glabres; en mai-juin, fl. disposées plusieurs au sommet des pédonc.; fruit petit, acide. Jamaïque, 1779.

2 **G. aromatique.** *P. aromaticum* Aubl. Arbriss. de 1m,60, à ram. tétragones; feuil. glabres, oblongues, acuminées; en mai-juin, fl. solit; fruit jaune, globuleux, à 4 loges, à peu près de la grosseur d'une cerise. Guyane, 1779.

3 **G. porte-poire,** *P. pyriferum* Lin. Arbrisseau de 2m30, à ram. tétragones; feuil. ellipt., aiguës, pubesc.-veloutées en dessous, à nervures saillantes; en juin-juill., fl. solit. pédicellées; fruit en forme de poire. Guyane, 1656.

4 **G. porte-pomme.** *P. pomiferum* Lin. Arbriss. de 3-4 mètres, à ram. quadrangulaires; feuil. ovales ou oblongues-lanc., pubescentes en dessous; en juin-juil., fleurs disposées par 3 ou en plus grand nombre au sommet des pédoncules axillaires; fruit globuleux. Mexique, 1692.

5 **G. polycarpe.** *P. polycarpon* Lamk. Arbriss. de 1 mètre, à ram. cylindr., hérissés; feuil. presque sessiles, ovales-oblongues, aiguës, pubesc. en dessus, rugueuses en dessous; en mai, fl. disposées par 3 au sommet des pédonc.; fruit globuleux, jaune, de la grosseur d'une prune. Iles de la Trinité, 1810.

6 **G. de Cattley.** *P. Cattleyanum* Lindl. *P. coriaceum* Mart. Arbre de 10 mètres, à rameaux cylindriques, glabres; feuilles coriaces, glabres, obovales; en mai-juin, fleurs opposées, pédicellées, solitaires, égalant à peu près le pétiole; fruit arrondi, pourpre, plus gros qu'une prune. Chine, 1818.

7 **G. à feuil. en cœur.** *P. cordatum* Sims. Arbriss. de 1 mètre 60 cent., à ram. cylindr., glabres; feuil. sess., cordiformes, arrondies, presque amplexicaules, coriaces, glabres; en mai-juil., pédicelles agrégés ou pluriflores, plus longs que les fleurs. Guadeloupe, 1811. — Serre tempérée.

Culture. — A l'exception de la dernière espèce, les *Goyaviers* sont de serre chaude; on les multiplie de boutures et de graines, on peut aussi les greffer les uns sur les autres, en choisissant surtout les espèces les plus rustiques. Tous ou presque tous ont les fruits mangeables; on doit préférer les espèces 1, 3, 6 et 7. Il est probable qu'on pourrait cultiver ces arbres en pleine terre dans le midi de la France ou de l'Algérie.

MYRTE. *MYRTUS* Tourn. [du grec *muron*, essence, parfum liquide: de l'odeur de ces arbres]. — Calice presque globuleux, à 4-5 divis.; 4-5 pétales insérés à la gorge du calice; étam. indéfinies, distinctes, plurisériées, insérées sur un disque épigyne à la gorge du calice; ovaire infère à 2-3-4 loges multiovulées; style simple; stigm. terminal; baie couronnée par le limbe du calice, à 2-3-4 loges quelquef. monosp. —Arbres ou arbriss. à fleurs blanches ou rouges, axill., solit., pédicellées, accompagnées de 2 petites bractées.

** Fleurs blanches à 5 pétales.*

1 **M. commun.** *M. communis* LIN. Arbriss. de 2 mètres, à feuil. ovales ou lancéolées, aiguës; fleurit en juil.-août; pédicelles solit., uniflores, à peu près de la longueur des feuil.; bractéoles linéaires, décidues; baie arrondie, à 2-3 loges; graines réniformes. Europe méridionale, 1597.

VARIÉTÉS.

1 M. de Rome, à feuil. larges, ovales, plus longues que les pédicelles. *M. Romana* MILL.

2 M. de Portugal, à feuil. lanc.-ovales, aiguës. *M. Lusitanica* LIN. *M. acuta* MILL.
Sous-var. à feuil. panachées.

3 M. de Belgique, à feuil. lanc., acuminées. *M. Belgica* MILL.
Sous-var. à fl. doubles.

4 M. de l'Andalousie, ou à feuil. d'oranger. Feuil. ovales-lancéolées, rapprochées au sommet des rameaux. *M. Bœtica* MILL.

5 M. d'Italie à ram. dressés, à feuil. ovales-lanc., aiguës. *M. Italica* MILL.
Sous-var. à feuil. bordées de blanc.

6 M. de Tarente à ram. courts; feuil. ovales rapprochées; fruit rond. Sous-var. à feuil. bordées de blanc, à feuil. maculées. *M. Tarentina* MILL.

7 M. à feuil. mucronées, petites, linéaires-lancéolées, acuminées. *M. mucronata* LIN. *M. minima* MILL.

2 **M. horizontal.** *M. horizontalis* VENT. *M. disticha* SWARTZ. Arbre peu élevé; feuil. pétiolées, ovales, presque ellipt., aiguës, entières, ponctuées, disposées en éventail, les jeunes rouges, luisantes et soyeuses, les adultes vert terne; en été, fl. petites, réunies 3-4 sur un pédonc. axill. Jamaïque.

3 **M. à feuil. étroites.** *M. tenuifolia* SMITH. Petit arbriss. vert rougeâtre, à feuil. linéaires, mucronées, à bords roulés en dessous, pubesc. sur la face infér.; fl. solit., axill., petites; pédicelles plus courts que les feuil. Nouvelle-Hollande, 1824.

4 **M. à feuil. bullées.** *M. bullata* ALL. CUN. Arbriss. d'un aspect remarquable par sa teinte bronzée; ramules très pubesc.; feuil. ovales, briév. pétiolées, aiguës, plus ou moins bullées, glabres en dessus, pubesc. en dessous; pédonc. axill. solit., unifl.; fl. à 4 pétales arrondis, concaves, verruqueux en dehors; fruit globuleux. Nouvelle-Zélande, 1842.

*** Fleurs roses à 5 pétales.*

5 **M. tomenteux.** *M. tomentosa* AIT. *M. canescens* LOUR. Arbriss. de 2 mètres, à ram. veloutés; feuil. ovales, veloutées en dessus dans la jeunesse, toment.-blanches en dessous, à 3 nervures, les latérales presque marginales; en juin-juil., fl. disposées 1-3 au sommet de pédoncules plus courts que les feuil.; calice velu; baie ovale, à 3 loges. Inde.

**** Fleurs blanches à 4 pétales; étam. indéfinies.*

6 **M. bois de nèfle à grandes feuil.**, **Bois de pêche marron.** *M. mespiloides* SPRENG. *Eugenia* LAMK. *Jossinia* DEC. Arbriss. à ram. un peu velus; feuil. longuem. pétiolées, coriaces, ovales-lanc., à bords revolutés, glabres et luisantes en dessus, légèrement veloutées en dessous. Ile Bourbon, 1826.

7 **M. à feuil. orbiculaires.** *M. orbiculata* SPRENG. *Eugenia* LAMK. *Jossinia* DEC. Arbriss. de 2 mètres, à feuil. arrondies, obtuses, coriaces, glabres, briév. pétiolées, à bords réfléchis; pédicelles très courts, uniflores, réunis 5-6 à l'aisselle des feuil.; calice velu. Ile Maurice, 1823.

CULTURE. — Les 2, 5, 6, 7e espèces sont de serre chaude; les autres d'orangerie. Bonne terre normale pure ou mélangée de terre de bruyère; arrosements modérés; multipl. de boutures ou de marcottes. — Le myrte est un des plus élégants et des plus jolis arbriss. d'ornement. Chez les Grecs et les Romains, il était consacré au culte de Vénus et de l'Amour : dans les fêtes, il était le symbole du plaisir, et lorsqu'on récitait les vers des poëtes érotiques, il fallait en tenir une branche à la main. Les feuil. contiennent une huile volatile qu'on extrait par la distillation. On en prépare une eau cosmétique connue sous le nom *d'eau d'ange*, et une pommade à laquelle on attribuait la merveilleuse propriété de rendre à la nature flétrie par les ravages du temps ou de l'abus des plaisirs la fraîcheur et le coloris virginal de la jeunesse.

CALYPTRANTHES. *CALYPTRANTHES* Swartz. [du grec *kalupto*, je couvre, et *anthos*, fleur : allusion au limbe du calice qui se sépare circulairement de la base du calice, en forme de coiffe, mais qui, avant l'épanouissement, recouvre en effet la fleur]. — Calice obovale, à limbe se séparant circulairement en forme d'opercule ; 5 pétales insérés à la gorge du calice, très petits, souvent nuls; étamines nombreuses, distinctes, plurisériées, insérées sur un disque épigyne ; ovaire infère, à 2 loges bi ou multiovulées; style simple; stigmate terminal; baie uniloculaire, monosperme ou tétrasperme. — Arbres ou arbrisseaux de l'Amérique tropicale, à fleurs accompagnées de 2 bractéoles.

1 **C. Suzygie.** *C. Suzygium* Swartz. *Suzygium fruticosum* R. Br. *Myrtus Suzygium* Lin. Arbre de 10 mètres, à feuil. ovales, obtuses, raides; en mai-juil., fl. blanches, brièvem. pédicellées; pédonc. glabres, axill., trichotomes, multiflores; baie arrondie, noire, à 3-4 graines. Jamaïque, 1778. — Serre chaude ; terre franche mélangée d'un quart de terre de bruyère ; multiplication de boutures étouffées.

SYZYGIE. *SYZYGIUM* Gærtn. [étymologie inconnue]. — Calice obovale, à limbe presque entier ou recourbé; 4-5 pétales insérés à la gorge du calice, soudés en une petite coiffe tombant au moment de l'épanouissement; étam. nombreuses, distinctes, insérées à la gorge du calice ; ovaire infère, biloculaire, à loges pluriovulées; style simple ; stigm. aigu ; baie uniloculaire, monosperme ou à 2 graines.—Arbre ou arbrisseau à feuilles entières.

1 **S. Jambolan.** *S. Jambolanum* Dec. *Jambolifera pedunculata* Houtt. *Eugenia Jambolana* Lamk. *Calyptranthes Jambolana* Willd. Arbre de 10 mètres, à écorce rugueuse; feuil. obovales ou ovales, coriaces, penninervées, briév. pétiolées ; en mai-juil., fl. en cymes paniculées, lâches, latérales et terminales; fruits pédicellés, pendants, de la grosseur d'une olive, rouges, puis noirâtres, à chair succulente, blanchâtre. Indes orient., 1796.

2 **S. à odeur de gérofle.** *S. caryophyllæum* Gærtn. *Myrtus caryophyllata* Lin. *Calyptr. caryophyllata* Pers. Arbre de 10 mètres, à feuil. un peu coriaces, obovales, un peu obtuses ou échancrées, sans ponctuations ; en mai-juil., fl. très petites; pédonc. trichotomes, disposées en cymes corymbiformes, terminales; calice à dents recourbées. Ceylan, 1822.

Culture. — Serre chaude ; chaleur constante ; terre franche ou mélangée ; arrosements très modérés. — L'écorce de la dernière espèce, connue dans le commerce sous les noms de *canelle giroflée*, *bois de crâbe*, est employée comme condiment.

GÉROFLIER. *CARYOPHYLLUS* Lin. [du grec *karua*, noix ; et *phullon*, feuil. : de la forme des feuil. ayant quelque ressemblance avec les folioles du Noyer]. — Calice cylindr. quadriparti; 4 pétales insérés à la gorge du calice, soudés en une sorte de coiffe, tombant au moment de l'épanouissement ; étam. nombreuses, insérées sur un disque annulaire tétragone, charnu, rapprochées en faisceaux sans se souder; ovaire infère-biloculaire multiovulé ; style simple ; stigmate obtus ; baie sèche, couronnée par le calice, à 1 ou 2 loges monospermes, ou à 2 graines.—Arbres des îles Moluques.

1 **G. aromatique.** *C. aromaticus* Lin. *Myrtus aromaticus* Spreng. Arbre de 6 mètres, à feuil. coriaces, ovales-oblongues, acuminées aux 2 extrémités, entières ; fleurs blanc légèrement pourpré, en cymes multiflores; calice pourprebrun. 1797.

Culture. — Serre chaude. Cet arbre important, qui fournit par an, à l'Europe, de 2 à 3 millions de livres de clous de *gérofle*, et non *girofle*, a le port du Cafeyer. Il croît avec une grande rapidité et rapporte très jeune. On fait la cueillette des clous, qui sont les fleurs non épanouies, de octobre à février, soit à la main soit en les abattant avec de longs roseaux. On les expose sur des claies à la fumée, et la dessiccation s'achève au soleil. Un Géroflier donne de 1 à 2 ki-

1ogr. de clous par an, lorsqu'on le laisse à l'état d'arbrisseau ; mais par la taille, si on lui donne le port d'un arbre, il en fournit alors de 8 à 10 kilogrammes. On cite un pied de cet arbre, dont le tronc avait 2^m,50 de diamètre, qui a rapporté jusqu'à 70 kilogr. de ces fleurs non épanouies ; mais il paraît que cette production l'épuisa, car il mourut quelques années après. Pendant longtemps les Moluques seules fournissaient les gérofles, mais aujourd'hui, grâce au zèle et à l'ardeur des deux hommes dévoués au bien public et à la prospérité du commerce français, Poivre et Céré, tous deux gouverneurs, en 1770 et 1775, des Iles de France et Bourbon, nous voyons, dans nos colonies des Antilles, de Bourbon, etc., de belles plantations de Gérofliers qui fournissent au commerce du gérofle, presque aussi estimé que celui des Moluques, et qui en diffère en ce qu'il est plus grêle, plus aigu, plus sec et de couleur noirâtre. Les gérofles entrent dans plusieurs préparations pharmaceutiques, telles que le *baume de Fioraventi, l'élixir de Garus*, le *vinaigre des 4 Voleurs*, etc. On en extrait une huile volatile très employée dans la parfumerie ; on l'applique aussi quelquefois sur des dents pour en cautériser le nerf. Les fruits connus sous le nom de *anthofles, clous-matrices, mère des gérofles*, sont de la grosseur d'un gland; on les fait confire, lorsqu'ils sont récents, avec du sucre, et on les mange après les repas pour faciliter la digestion.

ACMÉNIE. *ACMENA*. Dec. [à Acmena, nymphe de Vénus].— Calice turbiné, à limbe tronqué, un peu involuté dans le jeune âge ; 5 pétales insérés à la gorge du calice, très petits, distants, quelquefois nuls; étamines nombreuses, distinctes, insérées avec les pétales; ovaire infère, triloculaire ; style court ; stigm. obtus; baie globuleuse ou ovale, monosperme; graines arrondies —Arbrisseau de la Nouvelle-Hollande, à fleurs blanches en cymes triflores disposées en thyrses ou en panicules terminales.

1 **A. multiflore.** *A. floribunda* Dec. *Metrosideros floribunda* Smith. Arbrisseau de 2 mètres, à feuilles ovales-lancéolées, acuminées aux 2 extrémités, parsemées de glandes transparentes, entières, glabres ; fleurit en juil.-août; étamines à peu près 2 fois plus longues que les pétales. 1788. — Serre tempérée ; culture des plantes de la Nouvelle Hollande.

EUGENIA. *EUGENIA* Michx. [au prince Eugène de Savoie].—Calice arrondi, à limbe supère de 4, très rarem. 5 lobes ; 4-5 pétales insérées à la gorge du calice; étam. nombreuses, distinctes, insérées sur plusieurs rangées, sur un disque épigyne à la gorge du calice ; ovaire infère, biloculaire, multiovulé; style simple ; stigm. terminal ; baie couronnée par le limbe du calice, très souvent à une seule loge monosperme, ou à 2 graines. — Arbres ou arbrisseaux de l'Asie ou de l'Amérique tropicale, à fleurs blanches accompagnées de 2 bractéoles.

* *Pédicelles uniflores axillaires.*

1 **E. de Micheli.** *E. Michelii* Lamk. *Eugenia uniflora* Wild. *Myrtus Brasiliana* Lin. *Plinia rubra* et *pedunculata* Lin. fil. Arbriss. fort rameux et diffus, à ram. pendants ; feuil. glabres, ovales-lanc., entières ; fl. mai-juil.; pédic. ordinairement solit., plus courts que les feuil.; calice à 4 lobes réfléchis; baie bosselée. Brésil, cultivé à la Martinique, 1759.

2 **E. à feuil sessiles.** *E. sessilifolia* Dec. Arbriss. à ram. glabres; feuilles sessiles, glabres, oblongues, atténuées aux 2 extrémités, ponctuées ; fl. en mai-juin ; pédicelles grêles, solit., opposées, sans bractéoles, 3 fois plus courts que les feuil.; fruit globuleux couronné par les lobes du calice oblongs-aigus. Brésil.

3 **E. obscur.** *E. obscura* Dec. *Myrtus? obscura* Bot. reg. Arbriss. de 2 mètres, à ramules hérissées ; feuil. presque sessiles, glabres, ovales-lanc., courtem. acuminées ; fl. en juin-août ; pédic. solit. ou géminées, très courts ; bractéoles subulées, soudées au tube du calice poilu ; pétales poilus extérieurem. Brésil, 1823.

** *Pédicelles uniflores axillaires, géminés, ternés ou fasciculés.*

4 **E. Gouayavier bâtard.** *E. pseudo-*

Psidium Jacq. *Myrtus* Spreng. Arbriss. à ram. glabres; feuil. ovales-aiguës, glabres; pédicelles bibractéolés, plus courts que les feuil., les infér. solit., les supér. presque terminaux, fasciculés; fruit globuleux, lisse, rouge, monosperme. Martinique.

5 **E. à larges feuil.** *E. latifolia* Aubl. *Myrtus* Spreng. Arbriss. de 3-4 mètres, à ram. glabres; feuil. largem. ovales, aiguës, veinées-réticulées, glabres; pédicelles ordin. ternés, de la longueur du pétiole, munis de bractéoles au-dessous de la fl.; fruit ovale, violacé, monosperme de la grosseur d'une olive. Guyane française, 1793.

*** *Fleurs presque sessiles, axillaires.*

6 **E. à feuil. de Buis.** *E. buxifolia* Willd. *Myrtus* Swartz. *Eug. myrtoides* Poir. Arbriss. de 1m,30, à ram. glabres; feuil. oblongues-obovales, obtuses, atténuées à la base, glabres, parsemées de ponctuations opaques en dessous, à bords un peu révolutés; fl. en mai-juin; pédonc. très courts, rameux, multifl.; pédicelles munis de 2 bractéoles sous la fl.; fruit arrondi, monosperme. Saint-Domingue, 1818.

7 **E. de Baru.** *E. Baruensis* Jacq. *Myrtus* Spreng. Arbre de 6-7 mètres, à feuil. glabres, ovales ou oblongues-lanc., à base aiguë, courtem. acumin., membranacées, parsemées de ponctuations transparentes; fl. en grappes pubesc., axill., égalant à peine le pétiole; calice pubesc.; fruit glabre, monosperme.

**** *Pédoncules axill. ou dichotomes; fleurs placées dans la bifurcation, sessiles, les autres pédicellées.*

8 **E. à feuil. trinervées.** *E. trinervia* Dec. *Myrtus* Smith. Arbriss. de 1m,70, à ram. un peu hérissés; feuilles ovales-oblong., acuminées aux 2 extrémités, glabres en dessus à l'état adulte, pubesc.-toment. en dessous, à 3 nervures, les latérales presque marginales; pédonc. très courts, trifides, portant 3-7 fl.; bractéoles oblongues, hérissées, ainsi que le calice, et placées sous la fl.; fruit globuleux de la grosseur d'un pois. Nouvelle-Hollande, 1824.

***** *Pédoncules disposés en grappes ou panicules, axill. ou terminales.*

9 **E. odorant.** *E. fragrans* Willd. *Myrtus* Swartz. *Eug. paniculata* Jacq. *Eug. montana* Aubl. Petit arbre de 3-4 mètres, à ram. glabres; feuil. ovales, légèrem. convexes, un peu coriaces, glabres, ponctuées; en mai-juin, fl. à 4 pétales; pédonc. comprimés, simples et trichotomes, deux fois plus longs que les feuil.; fruit arrondi, monosperme. Martinique, 1790.

10 **E. Piment.** *E. Pimenta* Dec. *Myrtus* Lin. *Pimenta vulgaris* Lindl. Arbre de 10 mètres à ram. cylindr., comprimés, pubesc. dans le jeune âge; feuil. oblongues ou ovales, glabres, parsemées de ponctuations transparentes; en avril-mai, fl. à 4 pétales; pédonc. axill. et terminaux, trichotomes, paniculés; fruit globuleux, monosperme. Jamaïque, 1723.

Culture. — Serre chaude; chaleur constante; terre franche mélangée d'un quart de terre de bruyère; arrosements assez fréquents pendant la végétation; multipl. de boutures faites sur couche chaude, au moment où la plante commence à végéter.

JAMBOSIER. *JAMBOSA* Rumph. [étymologie inconnue]. — Calice turbiné, atténué à la base, dilaté à la gorge, se prolongeant au-dessus de l'ovaire; limbe à 4 lobes arrondis; 4 pétales larges, concaves, obtus, insérés à la gorge du calice entre les lobes; étam. nombreuses, insérées à la gorge du calice sur un disque épigyne, en plusieurs séries; ovaire à 2 loges multiovulées; style simple; stigm. terminal, aigu; fruit charnu, couronné par le limbe très large du calice, hérissé de petits mamelons charnus, contenant par avortement une ou deux graines. — Arbres de l'Asie ou de l'Afrique tropicale, à fl. très grandes dépourvues de bractées et articulées sur les pédicelles.

1 **J. commun.** *J. vulgaris* Dec. *Eugenia Jambos* Lin. *Myrtus Jambos* Kunth. Arbre de 8-10 mètres, à feuil. briev. pétiolées, lancéolées-étroites, atténuées à la base, acumin. au sommet; en février-juil., fl. blanches, en cymes terminales. Indes orient., 1786.

2 **J. pourpré.** *J. purpurascens* Dec. *Eug. Malaccensis* Smith. *Eug. purpurea* Roxb. *E. pseudo-Malaccensis* Hort.

PAR. Arbre à feuil. ellipt., aiguës aux 2 extrémités; fleurs pourpres en cymes latérales, ordin. fasciculées. Iles de la Trinité.

3 **J. à feuilles amplexicaules.** *J. amplexicaulis* DEC. *Eugenia* ROXB. Arbriss. de 3-4 mètres, à feuil. membranacées, glabres, oblongues-lanc., obtuses, ondulées, un peu échancrées en cœur à la base; en mai-juil., fl. blanches en grappes pauciflores, terminales. Sumatra, 1823.

4 **J. de Malacca.** *J. Malaccensis* DEC. *Eugenia* LIN. *Myrtus* SPRENG. *Jambosa nigra* RUMPH. Arbre de 8-10 mètres, à feuil. ovales-lanc., atténuées aux 2 extrémités, entières, glabres; en mai-août, fl. blanches en cymes raccourcies, latérales; fruit pyriforme. 1768.

5 **J. de la Nouvelle-Hollande.** *J. australis* DEC. *Myrtus* SPRENG. *Eugenia myrtifolia* SIMS. *E. australis* WENDL. Arbriss. de 3 mètres, à feuil. ellipt.-lancéolées, aiguës; en avril-juil., fleurs blanches, disposées par 3 au sommet de pédoncules axillaires, solitaires ou terminaux, et presque paniculés. 1818. — Orangerie.

CULTURE.—Excepté la dernière espèce, toutes les autres sont de serre chaude. La 1re exige moins de chaleur et peut être sortie pendant les 3 ou 4 mois d'été; on les cultive comme les espèces du genre précédent. Les fruits de la 1re, 2e et 4e espèce sont très bons à manger. Ces arbres sont cultivés comme arbres fruitiers.

TRIBU IV. — *BARRINGTONIÉES.*

Arbres à feuil. alternes, rarem. opposées ou verticillées, entières ou dentelées, non ponctuées, sans stipules.

BARRINGTONIE. *BARRINGTONIA* FORST. [à Daniel Barrington, voyageur naturaliste anglais]. — Calice ovale, à limbe persistant, de 2-3-4 lobes ovales, obtus, concaves; 4 pétales insérés sur un gros disque annulaire épigyne, charnu; étam. nombreuses, distinctes, insérées avec les pétales sur le disque, en plusieurs rangées; ovaire infère, à 2-4 loges contenant chacune 2-6 ovules, recouvert par l'anneau glanduleux qui enveloppe la base du style fil.; stigm. simple; fruit fibreux, tétragone, renflé à la base, couronné par les lobes du calice, de forme oblongue ou pyramidale, à une seule loge monosperme.—Arbre de l'Inde, à fl. grandes, munies d'une petite bractée sur le pédicelle et disposées en thyrses terminaux.

1 **B. élégant, Bonnet d'évêque.** *B. speciosa* LIN. FIL. *B. Butonica* FORST. *Mammea Americana* LIN. *Butonica speciosa* LAMK. Grand arbre à branches étalées; feuilles luisantes, cunéaires-oblongues, obtuses, très entières; fleurs grandes, blanc mêlé de pourpre, disposées en thyrses dressés; fruit pyramidal-tétragone. Moluques, 1786.

2 **B. à grappes.** *B. racemosa* BLUME. *Eugenia* LIN. Grand arbre à feuil. oblongues-cunéaires, acumin., crénelées; fl. blanches en longues grappes pendantes; fruit pyramidal-tétragone. Malabar, 1822.

Culture du genre précédent.

GUSTAVIE. *GUSTAVIA* LIN. [genre dédié par Linné à Gustave III, roi de Suède, son protecteur]. — Calice turbiné, à limbe entier ou à 4-6-8 lobes; 4-8 pétales insérés à la gorge du calice, ovales, à peu près égaux; étam. nombreuses, monadelphes à la base, légèrem. soudées avec l'onglet des pétales; ovaire infère; style très court; stigm. obtus, sillonné; capsule indéhiscente, coriace, ovale ou presque globuleuse, à 3-6 loges ne contenant chacune que peu de graines. — Arbre de l'Amérique tropicale, à feuil. alternes, sans stipules ni ponctuations; fl. blanches, grandes, munies de 2 bractées et disposées en grappes pauciflores et terminales.

1 **G. superbe.** *G. augusta* LIN. *Pirigara superba* KUNTH. Feuil. oblongues-lanc., acumin., plus étroites à la base, membranacées, lâchem. et finem. dentées; fl. à 4 pétales; calice entier, glabre. Guyane, 1794.

Culture du genre précédent.

TRIBU V. — *LÉCYTHIDÉES.*

Arbres de l'Amérique tropicale, à feuil. alternes, non ponctuées, entières ou rarem. dentelées; stipules nulles ou décidues; étam. nombreuses, fertiles et stériles, toutes soudées en un urcéole raccourci ou en ligule péta-

loïde; ovaire à plusieurs loges multiovulées; fruit sec ou charnu, indéhiscent, ou s'ouvrant au sommet, par la caducité du disque épigyne, en forme d'opercule.

LECYTHIDE, MARMITTE DE SINGE. *LECYTHIS* [du grec *lekuthos*, vase : allusion à la forme du fruit. A la maturité, l'opercule se détache, tombe, et la partie inférieure ressemble alors à une marmitte]. — Calice turbiné, à limbe de 6 lobes presque égaux, décidus; 6 pétales presque égaux, insérés sur le bord du disque épigyne en forme de coussin; étam. monadelphes, les centrales plus courtes, fertiles, les autres formant des sortes de ligules; style très court; stigm. simple; capsule coriace ou ligneuse, s'ouvrant au sommet par un opercule, à 2-6 loges monospermes ou ne renfermant que peu de graines.

1 **L. petit.** *L. minor* Jacq. Petit arbre ou arbuste de 3 mètres, à feuil. pétiolées, dentelées, lancéolées-oblongues; fl. grandes, blanches, odorantes, en grappes terminales; fruit de 6 cent. de diamètre. Carthagène, 1825.

2 **L. à grandes fleurs, Marmitte de singe, Canarimacaque.** *L. grandiflora* Aublet. Arbre de 20 mètres, à feuil. pétiolées, ovales, aiguës, très entières, coriaces, glabres, ondulées, longues de 35 à 36 cent., sur 9 à 10 de large; fl. roses, grandes, en grappes pendantes, axill. et terminales; pédicelles claviformes, épais, beaucoup plus courts que les pétales; capsule ovale-globuleuse, à opercule convexe, mucronée. Guyane, 1804.

3 **L. idatimon.** *L. idatimon* Aublet. Arbre de 20 mètres, à feuil. glabres, coriaces, courtem. pétiolées, ovales-lanc., acumin., très entières; fleurs jaunes et blanches, en grappes axill. et terminales; pédicelles grêles, plus longs que les fl.; pétales obtus; fruit presque ovale, déprimé, à 4 loges. Guyane, 1825.

Culture. — Serre chaude; chaleur constante; multipl. de boutures.

BERTHOLLETIE. *BERTHOLLETIA* Humb. et Bonpl. [à Berthollet, botaniste-physiologiste français]. — Calice presque globuleux, à 2 divis. décidues; corolle et étam. comme dans le genre *Lecythis;* ovaire infère, à 4 loges; style subulé, courbé; stigm. simple; capsule ligneuse, charnue intérieurem., uniloculaire, renfermant 16-20 graines triangulaires, fixées à un axe ou placenta central.

1 **B. gigantesque.** *B. excelsa* Humb. et Bonpl. Arbre très élevé, à feuil. alternes, oblongues, entières, coriaces; fl. jaunes, à filets des étam. blancs, disposées en grappes. Orénoque. — Serre chaude.

COUROUPITA. *COUROUPITA* Aubl. [de *Coroupitoumou,* nom que porte la plante à la Guyane]. — Ce genre diffère du *Lecythis* par le stigm. sessile, hexagonal, en étoile; la capsule globuleuse, indéhiscente, contenant plusieurs graines ovales dans une pulpe charnue.

1 **C. de la Guyane, Boulet de canon, Abricot sauvage.** *C. Guyanensis* Aubl. *Lecythis bracteata* Willd. *Pekea couroupita* Juss. Arbre très élevé, à feuil. alternes, pétiolées, oblongues-cunéaires, aiguës, finem. crénelées, munies de petites stipules caduques; fl. grandes, jaune pâle en dehors, pourpres en dedans, accompagnées de 2 bractées; calice bordé; pétales aigus. Cayenne. — Serre chaude; chaleur soutenue; terre plutôt consistante que trop légère; arrosements modérés; multipl. de boutures ou de graines, si on peut s'en procurer de fraîches.

FAMILLE LXXXII. — GRANATÉES.

Arbustes ou arbriss. à ramules presque tétragones, un peu spinescents; feuil. décidues, non ponctuées; fl. très briév. pédonculées, presque terminales; calice tubuleux-turbiné, coriace, à 5-7 lobes à préfloraison valvaire; 5-7 pétales; étam. indéfinies, distinctes; ovaire infère; style filiforme terminé par un stigm. papilleux; fruit gros, sphérique, couronné par le limbe tubuleux du calice, indéhisc., partagé par un diaphragme transversal en deux séries de loges superposées; graines très nombreuses dépourvues de périsperme.

GRENADIER. *PUNICA* Tourn. [de *Punicus*, nom latin des Carthaginois, où croît le grenadier]. — Genre unique. *Voir* les caractères de la famille.

1 **G. commun.** *P. granatum* Lin. Grand arbrisseau de 2-3 mètres, très branchu; feuil. lancéolées, minces, lisses; en juill.-sept., fl. écarlate vif, solit. ou disposées 2-3 au sommet des jeunes rameaux. Mauritanie, 1548.

Variétés.

1 A fl. doubles.

Sous-var. à fleurs plus grandes, très pleines.

2 A fl. jaunâtres simples. Chine, 1810.

3 A fl. blanchâtres simples. Chine. Sous-var. à fl. doubles.

2 **G. nain des Antilles.** *P. nana* Lin. Petit arbriss. de 1 mètre, à feuil. linéaires; en juin-sept. fl. rouges, petites, très nombreuses. Amér. mérid., 1723.

Culture.— Orangerie. La 1re espèce se cultive quelquefois aux environs de Paris, en plein air, le long d'un mur bien exposé au midi. En couvrant le pied de litière sèche et les branches de paillassons, on obtient de charmantes palissades, couvertes, en été, de belles fleurs rouges, et en automne de beaux fruits. La var. à fl. doubles est plus délicate et doit être cultivée en caisse, afin de la rentrer l'hiver dans une mauvaise orangerie. On en fait pourtant de beaux massifs dans les jardins d'agrément; mais pour cela, il faut avoir un bon terrain, bien exposé au midi. Vers la fin d'avril on décaisse les arbriss. pour les livrer à la pleine terre; on arrose amplement en été, et on obtient ainsi une longue et brillante succession de fleurs. A la fin de septembre on relève les arbres avec leur motte et on les place très près les uns des autres, dans un sellier où la gelée ne dépasse pas 5°, et pour que les mottes ne se dessèchent pas, on les arrose une ou deux fois. Au printemps on les livre de nouveau à la pleine terre. Le grenadier simple se multiplie facilement de marcottes, de drageons et de boutures; on peut aussi en semer les graines sur couche et sous châssis au printemps; elles germent ordinair. bien et forment en 2-3 ans de très bon plant pour greffer l'espèce naine ou les autres variétés, qui pourtant peuvent se multiplier de marcottes et de graines. — Les grenadiers sont de très beaux arbriss. d'ornement. Le nain est charmant lorsqu'il est conduit avec soin, il peut servir à orner les corbeilles jardinières, etc. Les fl. qu'on désigne sous le nom de *balaustes*, et l'écorce du fruit sont toniques et astringents. On les emploie en décoction, soit en tisane édulcorée avec du sirop de coing, soit en lavement contre la diarrhée chronique, lorsque les symptômes d'irritation ont disparu. Dans les pays où les grenadiers sont abondants, on se sert du péricarpe ou écorce du fruit pour le tannage des cuirs. Les graines ont une saveur aigrelette très agréable, on les mange dans les pays méridionaux, pour rafraîchir la bouche et étancher la soif, pendant les chaleurs. L'écorce et surtout les racines, très riches en tannin, sont vermifuges. Les jeunes racines fraîches des grenadiers sauvages sont employées avec succès contre le tœnia. Dans l'Inde, la racine est employée à cet usage, en décoction à la dose de 65 grammes, dans 1 kilogr. d'eau, réduites à 380 ou 400 grammes; on prend le tout dans la journée, en deux fois, et on répète cette opération pendant 4 à 5 jours.

FAMILLE XCIII. — CUCURBITACÉES.

Herbes vivaces ou annuelles, dioïques ou monoïques, herbacées, ordinairement succulentes et hérissées de poils rudes; tiges sarmenteuses, rampantes ou grimpantes au moyen de vrilles simples ou rameuses, opposées aux feuilles; feuilles alternes, pétiolées, simples, entières ou plus ou moins découpées; stipules nulles. Fleurs régulières unisexuées, axill. fasciculées ou en corymbes; calice monosépale, à 5 divisions; corolle à 5 pétales, insérés à la gorge du calice, distincts ou soudés en une corolle monopétale, semblant soudée inférieurement avec le tube calicinal; étamines insérées à la base de la corolle ou au fond du calice, au nombre de 5, plus souvent 3 ou 2, distinctes ou monadelphes, le plus ordinairement 4 soudées deux à deux, la cinquième restant libre; filets courts, épais; anthères à 1 ou 2 lobes linéaires, flexueux ou repliés plusieurs fois sur eux-mêmes; ovaire infère de 3-5 carpelles, à 3-5 loges subdivisées chacune en deux loges secondaires par une fausse cloison se dirigeant du centre à la circonférence, et qui, arrivée à la périphérie de l'ovaire se dédouble en deux branches en forme de T, pour donner attache aux ovules; styles très courts, soudés à la base; 3-5 stigm. épais, bilobés; fruit ordinairement très gros, charnu ou succulent, bacciforme, à 3-5 loges, ou souvent uniloculaire par la destruction des cloisons ou leur empâtement avec la pulpe, à loges polyspermes, plus rarement monospermes, indéhiscent ou se déchirant irrégulièrement; graines dépourvues de périsperme.

TRIBU I. — *JOLIFFIÉES.*

Bords séminifères des carpelles, se repliant dans l'intérieur des loges, mais ne les partageant pas complétement en 2 loges secondaires; graines nombreuses, à tégument presque ligneux.

JOLIFFIE. *JOLIFFIA* Bojer. [à M. Jollif, horticulteur, ami de l'auteur]. — Dioïque. Fl. mâles; calice court, turbiné, à 5 divis. lancéolées, finem. dentelées, décidues; 5 pétales obovales-cunéaires, étalés, fimbriés au sommet; 5 étamines insérées avec les pétales, triadelphes, à anthères distinctes, biloculaires, à loges à peu près droites, fixées sur un connectif épais, plan. Fl. fem.; calice oblong, marqué de 10 sillons, bosselé à la base, atténué au sommet, à limbe très petit, décidu; ovaire infère à 3 ou 5 loges, incomplétement divisées en deux loges secondaires; style court, à 3 angles saillants; stigm. capité, trilobé; baie charnue, allongée, pulpeuse, à 3-5 loges polyspermes; graines orbiculaires, comprimées.

1 **J. d'Afrique.** *J. Africana* Delile. *Feuillæa pedata* Smith. *Telfaira pedata* Hook. Arbriss. grimpant de plus de 30 mètres, à tige cylindr. à la base, anguleuse supérieur.; feuil. alternes, pétiolées, à 5 segm. ovales-oblongs, acuminés, dentelés, presque sessiles, digités, glabres luisants en dessus, un peu pâles en dessous; en juillet, fl. pourpres, axill.; les mâles en grappes pédonculées, les fem. solit.; fruit très gros de 0m,70 à 1m de longueur, sur 0m,26 de circonférence. Zanzibar, 1825. — Serre chaude, multipl. de boutures ou de graines.

TRIBU II. — *CUCURBITÉES.*

Loges de l'ovaire partagées complétement en deux loges secondaires par les bords rentrants, séminifères, des carpelles; graines nombreuses.

§ I. — 5 *étamines saillantes; anthères uniloculaires, à lobes linéaires, droits, fixés sur le devant du connectif.*

CONIANDRE. *CONIANDRA* Schrad [du grec *kônos*, cône, et de *andros*, génitif de *anér*, mâle; de la forme conique des anthères, organes mâles des végétaux]. — Monoïque. Fl. mâles : calice campanulé quinquefide; corolle à 5 divis. étalées; 5 étam. insérées à la gorge de la corolle, souvent uniloc. à anthères à peu près coniques. Fl. fem., calice ovale, rétréci brusquement au sommet, à limbe campanulé, quinquefide; corolle quinquefide; ovaire infère à 3 loges multiovulées; style court; stigm. en tête déprimée, trilobé; baie ovale terminée par une pointe, à 3 loges contenant peu de graines. — Herbes du Cap, à rhizomes tubéreux; fl. vertes; fruits jaunes.

1 **C. à feuil. séquées.** *C. dissecta* Schrad. *Bryonia dissecta* Thunb. *B. Africana* Lin. Vivace : tiges de 1 mètre; feuil. palmées, à 5 segm. divisés en petites fissures linéaires, rudes, à bords révolutés; en juill.-août, fl. mâles en grappes, les fem. solit.; fruit arrondi, mucroné faiblem. anguleux, à 3-4 graines, 1710. — Orangerie, près des jours; arrosements très modérés l'hiver; multipl. de graines sur couche tiède.

§ II. — 2 *à 5 étamines; anthères biloculaires, à lobes droits ou courbés, fixés sur les bords du connectif.*

MÉLOTHRIE. *MELOTHRIA* Lin.

[de *mélothron*, nom grec de la *Bryone*]. — Monoïque. Fl. mâles : calice campanulé à 5 dents ; corolle insérée et soudée avec le calice, presque rotacée, à 5 lobes étalés, denticulés-ciliés ; 3 étam. insérées à la gorge de la corolle ; anthères biloc. à lobes linéaires droits ou en forme de S. Fl. fem. : calice ovale ou globuleux, à limbe campanulé quinquedenté ; corolle comme dans la fleur mâle ; ovaire à 3 loges multiovulées ; style court ; stigm. fimbrié, triparti ; baie ovale ou globuleuse, oligosperme.

1 **M. pendante.** *M. pendula* Lin. Ann. pubesc.-scabre ; tiges grimpantes ; feuil. pétiolées, cordif., à 5 lobes dentés ; vrilles simples ; en juill.-sept., fl. jaunes axill. solit., les fem. longuem. pédonculées ; corolle denticulée, légèrem. poilue, fruit ovale-globuleux, pendant. Amérique, 1752. — P. ein air ; semé à la fin de mai, en place.

ZEHNERIE. *ZEHNERIA* Endl. [étymologie inconnue]. — Monoïque ou dioïque. Fl. mâles : calice campanulé à 5 dents ; corolle soudée avec le calice, poilue intérieurement, à 5 lobes étalés ; 3 étam., rarem. 5, distinctes, insérées à la base de la corolle ; anthères à lobes linéaires, fixées sur les bords du connectif orbiculaire ou un peu échancré ; glandes basilaires trilobées. Fl. fem. : calice globuleux ou fusiforme, à 5 dents ; corolle comme dans la fleur mâle ; ovaire à 3 loges multiovulées ; style cylindrique entouré à la base par des glandes trifides ; stigm. à 3-4 lobes capités, étalés ; baie coriace presque sèche, polysperme. — Pl. vivaces hérissées de papilles ou de poils rudes.

1 **Z. agréable.** *Z. suavis* Endl. *Bryonia scabra* Thunb. Grimpant ; feuilles cordiformes, dentées, rudes en dessus, pubesc.-hérissées sur les veines de la face infér., les caulinaires à 5 lobes, les supér. trilobées, à lobes aigus dont celui du milieu, longuement cuspidé ; fleurs axillaires, les mâles disposées en grappes, les femelles solitaires ou agrégées. Cap. — Orangerie.

ANGURIE. *ANGURIA.* Lin. [un des noms grecs donné au Concombre]. — Dioïque. Fl. mâles : calice campanulé, ventru, à 5 divis. ; corolle soudée avec le calice, à 5 lobes étroits, étalés ; 2 étam. distinctes, insérées au fond de la corolle ; anthères à lobes droits ou flexueux, fixés sur les bords du connectif large et mutique, ou étroit et se prolongeant en bec. Fleurs femelles : 2 étamines stériles ; ovaire infère ; style bifide, stigmate biparti ; baie oblongue presque tétragone, à 2-4 loges polyspermes.

1 **A. trilobée.** *A. triloba* Lin. Vivace ; tiges grimpantes, grêles, de 5 à 6 mètres ; feuil. veinées profondém. trilobées ou à 5 lobes dentés ; vrilles simples ; en juin-août, fl. roses ; les mâles disposées en grosses grappes, les fem. solit., presque sessiles ; fruit ovale-oblong, ombiliqué, vert maculé de blanc. Martinique, 1793. — Serre chaude.

RHYNCHOCARPE. *RHYNCHOCARPA* Schrad. [du grec *rhygchos*, bec, et *karpos*, fruit : du fruit ovale, terminé par un long bec]. — Monoïque. Fl. mâles : calice urcéolé, globuleux, à 5 dents ; corolle soudée avec le calice, campanulée, à 5 lobes étalés, denticulés ; 3 étam. distinctes, insérées à la base de la corolle ; anthères à lobes linéaires, fixés sur les bords du connectif dilaté et bilobé. Fl. fem. : calice se prolongeant au-dessus de l'ovaire en un long tube, à limbe campanulé quinquedenté ; ovaire infère, à 3 loges multiovulés ; style court ; stigm. triparti ; baie sillonnée, polysperme, se prolongeant au sommet, en un long bec. — Herbe poilue, à racines en forme de navet ; fl. jaunes.

1 **R. très fétide.** *R. fœtidissima* Schrad. *Melothria fœtida* Dec. *Trichosanthes fœtidissima* Jacq. tiges grimpantes, feuilles poilues, presque sess., cordif., finem. dentées ; vrilles simples ; en juin-sept., fl. mâles en grappes pauciflores briév. pédonculées ; fl. femelles solit. ou sess. avec les mâles ; fruit poilu jaune-pâle. Guinée. — Serre chaude.

§ 3. — *5 étamines, très souvent triadelphes ; anthères uniloculaires, à lobes linéaires, tournoyant sur le bord du connectif lobé.*

BRYONE, COULEUVRÉE. *BRYONIA* Lin. [du grec *bruo*, repousser, bourgeonner ; à cause de la rapidité avec laquelle se développent les tiges de ces plantes]. — Monoïque ou dioïque. — Fl. mâles; calice campanulé quinquefide; corolle quinquefide; 5 étam. triadelphes, insérées au fond de la corolle; anthères à lobes linéaires courbés en S; ovaire réduit à une glande trilobée. Fl. femelles : calice presque globuleux, rétréci au-dessus de l'ovaire, à limbe campanulé quinquefide; corolle quinquefide; ovaire infère trilocul.; style trifide; stigmate capité, bilobé; fruit globuleux ou ovale, à 6 graines obovales-globuleuses, quelquefois moins par avortement. — Plantes vivaces, grimpantes, à fl. blanc-verdâtre.

1 **B. à fl. blanches.** *B. alba* Lin. Tiges grimpantes de 3 mètres environ; feuil. rudes, marquées de petites callosités, cordif. à 5 lobes dentés, le terminal un peu plus grand; vrilles géminées; en juin-juil., fl. mâles en grappes; fruit globuleux, noir. Indigène.

2 **B. dioïque.** *B. dioïca* Jacq. Tiges très longues; feuil. cordiformes, à 5 lobes palmés, le terminal plus long, plus aigu; vrilles simples; fl. en grappes; filets des étam. poilus à la base; fruit globuleux, rouge; graines un peu comprimées, grises, tachetées de noir. Indigène.

3 **B. à feuil. laciniées.** *B. laciniosa.* Lin. Tiges de plus de 1 mètre; feuil. bullées, rudes, cordif., palmées, à 5 segm., oblongs-lanc., acuminés, dentelés; pétiole muriqué, ainsi que les pédonc. unifl.; en juil.-août, fl. poilues toment. en dedans, lisses en dehors; fruit de la grosseur d'une cerise, strié de blanc; graines obovales, longitudinalement rayées. Ceylan, 1710. — Serre chaude.

4 **B. d'Afrique.** *B. Africana.* Thunb. Racine tubéreuse; tiges de plus de 1 m.; feuil. supér. palmées, à 5 segm. obl., incisés-dentés; les infér. cordif., dentées, à dents anguleuses; en juil.-août, fl. paniculées; fruit mucroné. 1759. — Orang.

Culture. — A l'exception des espèces indigènes à l'Europe, les Bryones sont de serre chaude ou d'orangerie, suivant qu'elles appartiennent aux régions plus ou moins tempérées. On les multiplie de boutures ou de graines, qu'on doit semer sur couche chaude au commencement de mai. Leur place dans les serres doit être le plus près des jours; toutes peuvent passer la belle saison dehors, en ayant soin de les placer à une bonne exposition chaude.

CITROUILLE. *CITRULLUS* Neck. — Monoïque. — Fl. mâles : calice profond. divis. en 5 lanières planes, lanc.-linéaires; corolle rotacée, quinquepartie, insérée au fond du calice et soudée avec lui; 5 étam. triadelphes, insérées au fond de la corolle; anthères à lobes linéaires, suivant les contours du connectif incisé-trilobé. Fleurs femelles : calice globuleux, quinquefide; étam. rudimentaire; ovaire infère, à 3-6 loges multiovulées; style cylindracé, trifide; stigm. convexe, réniforme; baies globuleuses, polysp., à chair solide.

1 **C. cultivée.** *C. vulgaris* Schrad. *Cucurbita Citrullus* Lin. *Cucumis Citrullus* Ser. *Cucurb. Anguria* Duch. Très poilue; tiges couchées munies de vrilles; feuil. cordif., très profondém. divisées, un peu glauques; en mai-sept., fl. jaunes, solit., munies d'une bractée oblongue; fruit à peu près globuleux, glabre, maculé. Afrique, 1597.

Var. à chair ferme non aqueuse, *Pastèque.*

A chair rougeâtre très aqueuse, *Jacé, Melon d'eau.*

2 **C. Coloquinthe.** *C. Colocinthis* Arnolt. *Cucumis Colocynthis* Lin. Tiges rampantes, hispides, de plus de 2 mètres; feuil. poilues-blanches en dessous, ovales cordif., multilobées, à lobes obtus; pétiole de la long. du limbe; vrilles courtes; en mai-août, fl. jaunes axill., solit.; calice des fleurs femelles, globuleux-hispide; fruit jaune à écorce mince, solide, presque ligneuse; chair très amère. Japon, 1551.

Culture des melons. — Les fruits de la 1re espèce sont alimentaires dans le midi de l'Europe : sous le climat de Paris, ils ne mûrissent pas; ceux de la 2e sont purgatifs; leurs graines sont au nombre des semences froides. La Coloquinte, en vieux français, portait le nom de *chicotin*; c'est de l'excessive amertume de sa pulpe qu'est venu le proverbe : *Amer comme chicotin.*

ECBALIUM. *ECBALIUM* L. C. Rich. [du grec *ecballô*, pousser hors de, rejeter : allusion au fruit qui, à la maturité, se détache du pédonc., et laisse échapper les graines avec beaucoup de force, par son point d'attache qui, étant très mince, se déchire sous la pression de la pulpe mucilagineuse qu'il contient]. —Monoïque.—Fl. mâles : calice très court, campanulé, à 2-5 divis. aiguës ; corolle soudée avec le calice, à 5 lobes étalés, aigus ; 5 étam. triadelphes insérées au fond du calice ; anthères à lobes linéaires, en forme d'S, sur le connectif charnu. Fleurs femelles : calice ovale, campanulé, quinqueparti ; corolle à 5 lobes aigus ; ovaire infère, triloculaire multiovulé ; style cylindr. trifide ; 3 stigm. profondément bifides, à divis. linéaires, hérissées, en forme de crinière; baie ovale-oblongue, hérissée, rugueuse, longuem. pédonculée, se perçant à la maturité, à sa base, par le point d'attache du pédonc. pour laisser échapper les graines.

1 **E. des champs, Concombre sauvage,** *E. agreste* Reich. *Momordica elaterium* Lin. Ann. ; hispide-rugueux, de couleur glauque ; tiges naines, ascend., sans vrilles; feuil. très rugueuses, longuem. pétiolées, cordif., à bords sinueux, crénelés-dentés ; fl. jaunes, les mâles en grappes, les femelles solit. axill. ; Europe mérid., 1548. — Plein air ; multipl. de graines sur couche au commencement de mai.

MOMORDIQUE. *MOMORDICA* Lin. [du grec *mordeo*, mordre ; de la graine qui paraît avoir été mordue].—Monoïque. — Fl. mâles : calice campanulé, à 5 div. étalées ; corolle insérée sur le calice, à 5 lobes étalés, obtus, un peu ondulés ; 5 étam. triadelphes insérées au fond du calice ; anthères unilobées, à lobes linéaires fixés sur les bords sinueux du connectif épais. Fl. femelles : calice obovale ou presque cylindr., à limbe étalé, quinqueparti ; corolle quinquepartie, insérée sur un disque annulaire épigyne ; 3 étamines rudiment. entourant la base du style ; ovaire infère triloculaire.. multiovulé; style cylindrique trifide ou triparti ; baie pulpeuse muriquée ou tuberculeuse, polysperme, se déchirant irrégulièrem. à la maturité, avec élasticité ; graines comprimées, réticulées.—Herbes grimpantes; fl. jaunes.

1 **M. commune, Pomme de merveille.** *M. Balsamina* Lin. Ann. ; tiges de plus de 1 mètre ; feuil. glabres, luisantes, à 5 lobes dentés et palmés ; en juin-juil., fl. solit. au sommet du pédic., munies d'une bractée cordif. dentée ; fruit ovale-arrondi, atténué aux 2 bouts, anguleux et tuberculeux, jaune-orange; graines enveloppées d'une sorte d'arille rouge. Indes orient., 1568.

2 **M. à feuil. de vigne.** *M. Charantia* Lin. Ann. ; tiges de 1^{m},30 ; feuil. un peu hérissées en dessous, à 7 lobes dentés et palmés ; vrilles pubesc.; en juin-juil., fl. axill., solit. au sommet de pédic. munis d'une bractée cordif., entière ; fruit jaune safran ou rouge, oblong, acuminé, anguleux, tuberculeux, à pulpe molle, jaune; graines oblongues, tuberculeuses ; arille rouge sanguin. Indes orient., 1710.

Culture. — Plein air, sur couche ; semé au commencement de mai en pot sur couche chaude.

LUFFA. *LUFFA* Tourn. [de *Louf*, nom arabe]. — Monoïque ou dioïque.— Fl. mâles : calice campanulé, à 5 dents; corolle soudée avec le calice, à 5 lobes profonds, étalés ; 5 étam. distinctes ou monadelphes, quelquefois triadelphes, insérées au fond du calice ; anthères unilobées, à lobes linéaires, fixés sur les bords sinueux du connectif épais. Fl. femelles : calice claviforme, quinquefide ; 5 pétales soudés à peine à la base, insérés sur un disque annulaire épigyne ; ovaire infère, triloc., multiovulé ; style trifide ; stigm. épais, réniforme-bilobé; baie obovale ou oblongue, un peu sèche, polysperme, fibreuse en dedans, s'ouvrant quelquefois au sommet par un opercule.

1 **L. anguleuse. Liane-torchon** *L. acutangula* Ser. *Cucumis acutangulus* Lin. Herbe ann., poilue, à tiges grimpantes, tortillées, de plus de 3 mètres ; feuil. cordif., à 5 lobes dentés ; vrilles simples ou bi-trifides ; en juin-oct., fl. jaune-pâle, les mâles en grappes, les femelles solit.; fruit claviforme, à 10 angles, à écorce dure, un peu ligneuse,

couronné au sommet par les divis. linéaires du calice; graines planes, arrondies, noires. Chine, 1792.

2 **L. d'Égypte.** *L. Ægyptiaca* Mill. *Momordica Luffa* Lin. Ann., poilue; tiges grimpantes de plus de 3 mètres; feuil. cordif.-arrondies, à 5 lobes anguleux, rudes au toucher; vrilles simples; en juin-août, fl. jaune-pâle, les mâles en grappes, les femelles solit.; fruit obovale-claviforme, à 10 angles, couronné par les divis. du calice. 1739.

Culture du genre précédent.

BENINCASA. *BENINCASA* Savi [au comte de Benincasa, noble italien]. —Polygame ou monoïque. —Fl. mâles : calice à 5 divis. larges, à bords ondulés-dentés; corolle à 5-7 lobes obovales-obtus, ondulés; 5 étam. triadelphes; anthères unilobées, à lobes linéaires fixés sur les bords sinueux du connectif dilaté. Fl. femelles : calice cylindr. quinqueparti; corolle comme dans les fl. mâles, mais insérées sur un disque annulaire épigyne; étam. stériles, quelquefois fertiles; ovaire infère, triloc.; style court; stigm. charnu, irrégulièrement trilobé; baie obovale-cylindrique, laineuse, glauque, polysperme; graines ovales, entourées d'un bord épais. — Herbes très poilues, musquées.

1 **B. cérifère.** *B. cerifera* Savi. *B. cylindrica* Hortul. *Cucurbita cerifera* Fisch. Ann.; tiges de 2 mètres environ; feuil. cordif., à 5 lobes aigus, crénelés; vrilles simples; en mai-juil., fl. jaunes, grandes, pédonc., axill., solit.; fruit vert, pendant. Inde, 1827.

Culture.—Dans le midi de l'Europe, on cultive cette plante comme alimentaire; sous le climat de Paris, on doit l'élever sous châssis et ne la livrer à la pleine terre qu'à la fin de mai; elle demande de la chaleur pour mûrir ses fruits.— On trouve aujourd'hui, dans le commerce, un *B. chinensis* qui n'est probablement qu'une variété de cette plante?

LAGÉNARIA. *LAGENARIA* Ser. [du grec *lagénos*, bouteille; de la forme du fruit]. — Monoïque. — Fl. mâles : calice campanulé, à limbe court quinqueparti; corolle à 5 pétales étalés, ovales, aigus, insérés au sommet du tube du calice; 5 étam. triadelphes, insérées au fond du calice; anthères unilobées, à lobes linéaires, sinueux, fixés sur le bord et la partie externe du connectif épais. Femelles : calice cylindr. ventru, rétréci au sommet, à limbe court quinqueparti; 5 pétales; ovaire infère triloculaire; style presque nul; 3 stigm. épais, granuleux, bilobé; baie charnue, ligneuse à la maturité, polysperme; graines comprimées, à bord plus épais. — Herbes annuelles, mollem. pubesc., musquées.

1 **L. à bouteille.** Gourde, *L. vulgaris* Lin. *Cucurbita lagenaria* Lin. *Cucurbita leucantha* Duch. Tiges grimpantes, de plus de 5 mètres; vrilles rameuses; feuil. cordif., entières, poilues-pubesc., munies de 2 glandes à la base; en juil.-sept., fl. blanches pédonculées, axill., solit. ou fasciculées; fruit pubesc. d'abord, devenant lisse à la maturité, de forme et de grosseur variables. Inde, 1597.

Culture. — Semer sur couche; on repique le plant en pots. Lorsqu'il est bien repris et assez fort, on le plante sur couche, ou bien on pratique un large trou qu'on remplit de fumier recouvert d'une bonne épaisseur de terre bien amendée; on a ainsi une couche sourde sur laquelle on peut planter toutes les cucurbitacées. Les arrosem. doivent être très fréquents pendant les chaleurs de l'été. On cultive cette plante pour la forme de ses fruits, qui est très variable. Les plus remarquables sont 1° la *Gourde des pèlerins*, fruit à 2 ventres inégaux, celui du sommet plus petit; 2° la *Cougourde*, fruit ventru à la base, rétréci dans la partie supérieure en un long goulot; 3° la *Gourde-poire*, fruit ayant la forme de la poire; 4° *Gourde-trompette* ou *C. massue*, fruit obovale-oblong, en forme de massue.

§ 4 — 5 *étamines très souvent triadelphes; anthères plus ou moins réunies entre elles, à lobes linéaires, très flexueux, fixés extérieurement sur le connectif.*

CONCOMBRE. *CUCUMIS* Lin. [du radical celtique *cuce*, qui signifie toute chose creuse : ce genre comprend des plantes dont les fruits étant vidés servent de vases]. — Monoïque ou polygame. Fleurs mâles : calice campanulé à 5 dents ; 5 pétales étalés, ovales, aigus, soudés avec le calice ; 5 étam. triadelphes ; anthères conniventes. Fl. femelles : ovaire infère à 3 loges multiovulées ; style trifide ; stigm. bifides ; fruit succulent, à écorce épaisse, marquée de sillons ; graines nombreuses, obovales, comprimées, à bord mince. — Plantes annuelles, à tiges couchées ; fl. jaunes, pédicellées, axill., les mâles souvent fasciculées, les femelles solitaires.

1 **C. Melon.** *C. Melo.* Lin. Tiges rudes garnies de vrilles ; feuil. pétiolées, obscurém. lobées, à lobes arrondis, sinués, denticulés ; en mai-septemb., fl. de grandeur moyenne ; étam. incluses, fruit ovale ou presque globuleux, à 9-12 côtes réticulées-verruqueuses, à chair succulente, jaune ou blanche. 1570.

Variétés.

[1] M. réticulé. Fruit arrondi ou oblong, à écorce grise, réticulée.

Sous-var. Melon maraîcher, des carmes, sucrés de Tours, etc.

[2] M. Cantaloup. Fruit à côtes très larges et épaisses, verruqueuses.

Sous-var. C. orange, C. Boule-de-Siam, Petit-Prescott. etc.

[3] M. de Malte. Fruit à écorce mince et lisse.

Sous-var. M. de Morée, M. de Malte jaune, d'hiver, etc. Voir, pour les nombreuses sous-var., la monographie des melons, par M. Jacquin aîné.

2 **C. cultivé.** *C. sativus* Lin. Tiges rugueuses garnies de vrilles ; feuil. pétiolées, cordif., obscurém. lobées, à lobes anguleux, aigus, sinués, inégalement denticulés ; en juill.-sept., fl. de grandeur moyenne, brièvem. pédonculées ; fruit oblong, ordin. arqué, à peu près triangulaire, rugueux dans le jeune âge, lisse ensuite, à pulpe blanche, aqueuse, d'une saveur fade. Indes orientales, 1597.

Variétés.

[1] C. vert, C. à cornichons. Fruit vert, présentant de petits tubercules ;

[2] C. jaune. Fruit lisse et luisant. Sous-var. C. hâtif, de Russie, etc.

[3] C. blanc. Fruit très allongé, aqueux, etc.

3 **C. flexueux.** *C. flexuosus* Lin. Tiges flexueuses, rudes, garnies de vrilles ; feuil. pétiolées, ovales-cordif. denticulées ; en mai-sept., fl. axill. fasciculées ; calice très poilu ; fruit allongé, cylindr.-claviforme, sillonné, flexueux, blanc ou jaune. Indes orientales, 1597.

4 **C. d'Egypte.** *C. Chate* Lin. Très velu ; tiges flexueuses, à 5 angles obtus ; feuil. pétiolées, arrondies, obscurément lobées, denticulées ; en juin-juill., fl. petites, briév. pédicellées ; fruit ellipt. poilu, atténué aux 2 extrémités. 1759.

5 **C. Conomon.** *C. Conomon* Thunb. Légèrem. poilu ; tiges striées ; feuilles poilues, pétiolées, cordif., faiblement lobées ; fruit glabre, oblong, à 6-10 sillons ; chair ferme. Japon.

6 **C. des prophètes.** *C. prophetarum* Lin. *C. grossularioïdes.* Tiges striées ; feuil. cordif. à 5 lobes obtus, denticulés ; en juin-sept., fl. disposées 2-5 au sommet de pédonc. axill. ; fruit globuleux de la grosseur d'une cérise, hérissé, panaché. Arabie, 1777.

7 **C. d'Amérique.** *C. anguria* Lin. *C. echinatus* Moench. Tiges presque filiformes, garnies de vrilles ; feuilles rugueuses, sinueuses, palmées, à base échancrée en cœur ; en juill.-août, fl. ordin. solit. ; fruit presque globuleux, glabre, maculé-étoilé. 1692.

8 **C. porte-soies.** *C. dipsaceus* Ehr. Tiges couchées, très rugueuses, diffuses ; feuil. cordiformes-orbiculaires, obscurément trilobées, rudes au toucher, très longuem. pétiolées ; vrilles filif. simples ; baie cylindr. obtuse aux deux bouts, hérissée de soies raides et très serrées. Mer Rouge.

9 **C. porte-bornes.** *C. metuliferus* Hort. Par. Tiges sillonnées, hispides ; feuil. pétiolées, cordif.-arrondies, obscurém. trilobées, denticulées, légèrem. hispides ; fruit à 5 loges polyspermes, glabre, jaune-foncé, taché de vert, hérissé de nombreuses protubérances coniques, pointues, en forme de cornes. Afriq.

10 **C. très amer.** *C. amarissimus* Schrad.

Culture. — Toutes ces plantes peuvent être semées en place vers la mi-mai, au pied d'un mur au midi, ou au moins au levant ; mais il vaut beaucoup mieux les semer sur couche et suivre la culture indiquée au genre *Lagenaria*. Les melons exigent une culture beaucoup plus sévère. On les sème sur couche depuis janvier jusqu'à mai, soit dans des pots de terreau, en y mettant une seule graine, ou dans des terrines, ou bien encore sur la couche dans des rigoles de 2 à 3 cent. de profondeur. Pour les semis faits en janvier, on les recouvre d'un châssis et d'un paillasson qu'on soulève un peu lorsque les graines sont germées, pour habituer le jeune plant peu à peu à la lumière ; l'air doit être donné au milieu de la journée. Mais comme cette première couche, au moment où le plant est bon à repiquer, a déjà perdu une grande partie de sa chaleur, il est bon, lorsqu'on veut activer la végétation, d'établir une nouvelle couche, sur laquelle on fait le repiquage, si l'on a semé en pleine couche ou dans les terrines. Cette seconde couche établie, on y transporte les plantes, ou on y enterre des pots de terre dans lesquels on repique, quelques jours après, le jeune plant qui a été levé de la couche ou des terrines, en les enfonçant en terre jusqu'aux cotylédons. On place ensuite les châssis, on établit le réchaud, et tous les jours on donne graduellem. de l'air ; on doit profiter de cette opération pour enlever l'humidité intérieure du châssis. Un mois environ après ce repiquage, on peut mettre le plant en place, sur une couche bombée au milieu, chargée de 15-20 centim. de terre douce mélangée avec moitié de terreau, aussitôt qu'elle a jeté son grand feu ; on place le châssis et on établit le réchaud qui est presque toujours nécessaire pour cette dernière couche. Lorsque chaque pied aura poussé sa 4e feuil., on doit la pincer au-dessus de la seconde. Il se développe alors deux branches qu'on taille au-dessus de la 5e ou 6e feuil., et on y laisse croître ensuite toutes les branches qui se sont développées par suite de cette opération.

Pour les semis de mars et avril, on sème et on repique encore sur couche, mais sans châssis. On plante sur couche sourde de 80 cent. de profondeur, recouverte de terre bien amendée ; on arrose légèrement, puis on couvre d'une cloche en les ombrageant d'un peu de litière ou d'un paillasson; quelques jours après on donne graduellement de l'air et de la lumière. Les semis de mai se font sur couche sourde; on les couvre simplement d'une cloche. Les arrosements doivent être très modérés; il ne faut arroser que dans les grandes sécheresses, et préférablement les flancs, ou le tour du pied, que le pied lui-même. On préfère ordin., pour semences, les graines de plusieurs années, et à ce sujet les maraîchers ont l'habitude de porter les graines qu'ils destinent aux semis dans les poches de leur pantalon, afin de les sécher plus promptement, et leur donner cette vieillesse qui les rend plus fertiles.

COURGE. *CUCURBITA* Lin. [même étymologie que *cucumis*].—Monoïque.—Fl. mâles : calice campanulé, quinquefide; corolle insérée au fond du calice et soudée avec lui, campanulée, quinquefide ; 5 étam. triadelphes, soudées en une col. centrale. Fl. fem. : ovaire infère à 3 loges multiovulées; style trifide; stigm. épaissi, bilobé; fruit charnu très gros, à écorce épaisse ; graines nombreuses, obovales, comprimées, entourées d'un rebord épais. — Pl. ann., rampantes ou grimpantes au moyen de vrilles rameuses; fl. jaunes, axill., solitaires.

1 **C. Potiron.** *C. maxima* Duch. *Cuc. Potiro* Pers. Tiges très longues, hérissées de poils raides; feuil. cordif., rugueuses, à pétiole hispide, fistuleux; en juin-août, fl. très grandes, les mâles très longuem. pédicellées; fruit globuleux-déprimé, jaune, rouge ou vert. Levant, 1570.

Var. Potiron jaune commun, Gros potiron vert, Courgeron, Petit potiron vert, etc.

2 **C. bonnet de prêtre, Bonnet d'électeur.** *C. Melopepo* Lin. *C. polymorpha Melopepo* Duch. Feuil. cordif., obtuses, à 5 lobes denticulés; vrilles avortées; en mai sept., fl. à calice hémisphérique, campanulé, court, à gorge très dilatée; fruit déprimé, terminé par un mamelon irrégulier, chair blanche, spongieuse. 1597.

3 **C. de Saint-Jean, Giraumon Citrouille iroquoise.** *C. Pepo* Lin. Feuil.

cordif., obtuses, à 5 lobes denticulés; calice tubuleux jusqu'au-dessous du limbe; fruit lisse, arrondi ou oblong. Orient, 1570.

4 **C. verruqueuse, Barbarine.** *C. verrucosa* LIN. Feuil. cordif., à 5 lobes profonds, denticulés, celui du milieu rétréci à la base; fruit ellipt.-arrondi, verruqueux. 1658.

5 **C. orange, Orangine, Coloquinelle.** *C. aurantia* WILLD. Rugueuse; feuil. cordif., à 3 lobes cuspidés, finem. denticulés; fruit globuleux, lisse, semblable à une orange.

6 **C. Cougourdette.** *C. ovifera* LIN. *C. polymorpha pyxidaris* DUCH. Feuil. pubesc., cordif., à lobes anguleux, denticulés; calice obovale, à tube court; fruit obovale, lisse, vert ou jaune marbré. Astracan.

Culture du genre *Lagenaria.* — Les 5 premières espèces sont cultivées pour l'usage alimentaire, ainsi que leurs nombreuses variétés. Les dernières ne sont que de simples curiosités.

TRICHOSANTHE. *TRICHOSANTHES* LIN. [du grec *thrix*, soie, et *anthos*, fleur : des divis. de la corolle profondém. et finem. fimbriées-ciliées]. — Monoïque ou dioïque. — Fl. mâles : calice campanulé, presque claviforme, quinquefide; corolle à 5 divisions fimbriées-ciliées. Fl. femelles : ovaire infère à 3 loges multiovulées; style trifide; stigm. oblongs-subulés; baie oblongue ou presque globuleuse, pulpeuse, polysperme; graines ovales-comprimées. — Herbes ann. ou vivaces, garnies de vrilles.

1 **T. anguine.** *T. anguina* LIN. *Cuc. anguinus* LIN. Ann.; tiges de 1 mètre 30 cent., pentagones; feuil. cordif., trilobées, lâchement dentées, légèrement pubesc.; vrilles très longues, bifides; en mai-juin, fl. mâles en grappes longuem. pédonc.; lobes du calice très courts, en forme de dents; fruit poilu-hispide, cylindr., oblong, terminé par un long bec, se déchirant irrégulièrem. Chine, 1755.

2 **T. couleuvre.** *T. colubrina* JACQ. Ann.; tiges épaisses, sillonnées; vrilles bifides; feuil. cordif.-arrondies, à 3-5 lobes larges et dentés; en juin-juil., fl. mâles en panicules très longuem. pédonc., les femelles sess., solit. ou axill. avec les mâles; calice très long, à limbe réfléchi; fruit très long, presque cylindr. graines obovales, rouges. 1817.

Culture du genre *Lagenaria.*

ÉLATÉRIE. *ELATERIUM* JACQ. [du latin *elaterium*, ressort, vertu élastique, dérivé du grec *elaunô*, pousser : du fruit qui se rompt avec élasticité à la maturité]. — Monoïque. — Fl. mâles : calice longuement tubuleux, cylindrique, à limbe quinquedenté; corolle à 5 pétales linéaires ou lanc., étalés, à peine soudés à la base, insérés au sommet du calice; 5 étam. monadelphes, insérées dans le tube du calice. Fl. femelles : calice ventru à la base; étam. stériles, en forme de glandes; ovaire infère à 3 loges multiovulées; style cylindr.; stigm. capité; baie comprimée, réniforme, muriquée, polysperme, s'ouvrant élastiquement en 2-3 valves; graines comprimées, entourées d'un rebord membranacé. — Herbes grimpantes garnies de vrilles.

1 **E. de Carthagène.** *E. Carthaginense* LIN. Feuil. pétiolées, cordif., anguleuses, denticulées, rugueuses en dessus; en juin-juil., fl. blanches, odorantes, les mâles en panicules, les femelles solit.; pétales linéaires-lancéolés, aigus; fruit mollem. hispide. 1823.

Culture des *Lagenaria.*

§ 5. — *Étam. monadelphes, à connectifs dilatés au sommet en un disque orbiculaire portant les anthères sur son bord.*

CYCLANTHÈRE. *CYCLANTHERA* SCHRAD. [du grec *kuklos*, cercle, et de *anthos*, fleur, anthère : de la disposition des anthères autour du disque orbiculaire formé par la réunion des étam.]. — Monoïque. — Fl. mâles : calice très court, à 5 divis. subulées, distantes; corolle hémisphérique à 5 lobes triangulaires, aigus; étam. monadelphes formant une colonne discoïde autour de laquelle sont fixées les anthères. Fl. femelles : calice oblong; ovaire infère; stigm. sess., convexe; fruit charnu, uniloc., polysperme.

1 **C. pédiaire.** *C. pedata* SCHRAD. Herbe ann., à tiges grimpantes, glabres; vrilles bifides; feuil. alternes, pétiolées,

pédalées; en juil.-sept., fl. vertes, petites, axill., les mâles en corymbes longuem. pédonculés, les femelles solit., sess. à la base des fl. mâles.

Culture des *Lagenaria.*

TRIBU III. — *SICYOIDÉES.*

Ovaire uniloculaire, uniovulé, à ovule pendant.

SICIOS. *SICYOS* LIN. [de *Sikuos,* nom que les Grecs donnaient au Concombre]. — Monoïque. — Fl. mâles : calice campanulé, à 5 dents subulées; corolle quinquefide, soudée au calice; 5 étam. soudées en une colonne capitulée portant les anthères à son sommet. Fl. femelles : calice rétréci au-dessus de l'ovaire, campanulé, à 5 dents; ovaire infère, uniloc.; style bi-trifide ; stigm. indivis; fruit coriace, ovale, hérissé, monosperme. — Herbes grimpantes, garnies de vrilles.

1 **S. anguleux.** *S. angulata* LIN. Feuilles cordif., denticulées, rugueuses, lobées, à lobes acumin.; 3-5 vrilles ombellées; en juillet-sept., fl. jaunes, les mâles en corymbes capitulés, longuem. pédonculés, les femelles sess., rassemblées au sommet des pédoncules; fruit ovale, toment., spinescent. Amér. sept., 1710.

2 **S. à feuil. de bryone.** *S. bryoniæfolius* MORIS. *S. baderoa* HOOK. Tiges glabres, poilues aux nœuds; feuil. cordif., anguleuses, denticulées, légèrem. rugueuses; en juil.-sept., fl. mâles pédic., en grappes, les femelles presque sess., en capitules ombelliformes; dents du calice peu apparentes; fruit mucroné, hérissé de soies. Chili, 1840.

Culture des *Lagenaria.*

SÉCHIUM. *SECHIUM* P. BR. [du grec *sekiuo,* engraisser : on en donne aux cochons pour les engraisser]. — Monoïque. — Fl. mâles : calice claviforme, quinquefide; corolle quinquepartie, soudée avec le calice; 5 étam. insérées au fond de la corolle, soudées en une colonne trifide à son sommet; anthères flexueuses. Fl. femelles : ovaire infère uniloc.; style trifide; stigm. épaissi, bilobé; baie globuleuse ou ovale, monosperme.

1 **S. comestible, Choco.** *S. edule* SWARTZ. *Chayota edulis* JACQ. Ann.; tiges cylindr., striées; feuil. cordif., lobées, rugueuses en dessous, à lobes anguleux, connivents à la base, denticulés, le termin. longuem. acuminé; vrilles rameuses, à 4-5 branches; en juin-sept., fl. jaunes, les mâles en grappes, les femelles solit. à l'aisselle des mâles; fruit gros, obovale, hérissé de poils, à 5 sillons. Indes orient.

Culture des *Lagenaria,* mais exigeant beaucoup de soins et d'attentions. — Les fruits sont très recherchés dans les Antilles; les naturels en font un de leurs mets favoris.

GRONOVIÉES.

GRONOVIA. *GRONOVIA* LIN. [à J.-F. Gronovius, botaniste de Leyde]. — Fleurs hermaphrodites; calice presque globuleux, à 5 nervures, infondibuliforme, quinquefide; 5 pétales linéaires-lanc., insérés à la gorge du calice, et plus courts que les divisions; 5 étam. incluses, insérées avec les pétales; anthères biloculaires, globuleuses; ovaire infère, uniloc. uniovulé; style terminal, simple; stigm. indivis., capité; disque urcéolé, charnu, épigyne, entourant la base du style; fruit presque globuleux, anguleux, monosperme.

1 **G. grimpante.** *G. scandens* LIN. Herbe bisann. grimpante, de 2 mètres environ, poilue, garnie de vrilles; feuil. cordif. à 5 lobes; en juin-juil., fl. jaune-verdâtre, accompagnées de petites bractées, rassemblées en corymbes au sommet de pédonc. opposés aux feuil. Jamaïque, 1781. — Serre chaude, peu cultivée.

FAMILLE XCIV. — PAPAYACÉES.

Arbres lactescens, à tronc cylindr.; feuilles alternes, longuement pétiolées, rassemblées au sommet des rameaux; stipules nulles. Fl. unisexuées; les mâles en grappes composées, ou en corymbes; calice petit, à 5 dents; corolle hypogyne, infondibuliforme, quinquepartie; 10 étamines incluses, insérées à la gorge de la corolle; ovaire rudimentaire, cylindriq., libre : les fleurs femelles disposées en grappes simples; ovaire libre, sessile, ovale-globuleux, uniloculaire ou à 5 loges multiovulées; style terminal, très court; stigm. très gros, déprimé, à 5 lobes rayonnants, fimbriés au sommet. Baie ovale, uniloculaire polysperme, à chair ferme; graines à périsperme charnu.

PAPAYER. *CARICA* Lin. [originaire de la Carie]. — Ovaire uniloculaire, surmonté d'un style très court, terminé par un stigm. à 5 lobes rayonnants.

1 **C. cultivée.** *C. papaya* Lin. *Papaya sativa* Tussac. Arbre de plus de 5 mètres; feuill. à 5 lobes sinués, aigus; glabres; fl. mâles blanc-jaunâtre, en grappes étalées, au sommet de pédonc. axill. très longs; les fem. presque sess.; fruit de la grosseur d'un petit melon, pulpeux, plein d'un jus âcre. Indes orient. 1690.

2 **C. à fruit en forme de citron.** *C. citriformis* Jacq. Arbre du port du précédent, à feuil. cordiformes, glanduleuses sur les nervures de la face supérieure, à 3-5 lobes oblongs, acuminés, le lobe médian trifide; fl. jaune-pâle, réunies plusieurs au sommet de pédonc. axill. très courts; fruit ovale, lisse, jaune-orange. Guiane, 1835.

VASCONCELLA. *VASCONCELLA* St. Hil. Ovaire à 5 loges, sessiles; ovules nombreux fixés sur des placentas pariétaux; style très court à 5 divis. subulées, portant le stigm. sur la partie antérieure.

1 **V. à feuil. de chêne,** *V. quercifolia* St. Hil. Arbre de 2 mètres et plus, à ram. très courts; feuill. semblables à celles du chêne liége, lanc.-cordif. glabres; fl. vertes, les mâles en panicules, les fem. axill., solit.; fruits petits.

Culture. — Serre chaude; chaleur assez soutenue dans la jeunesse; terre de bruyère mélangée de moitié de terre franche; arrosements modérés l'hiver; multipl. de boutures lorsque les graines font défaut. — Dans l'Inde et le Brésil, les fruits sont comestibles.

FAMILLE XCV. — BÉGONIACÉES.

Herbes ann. ou vivaces, souvent succulentes; tiges et rameaux cylindr. articulés-noueux; feuilles alternes, pétiolées, simples, plus ou moins irrégulières; stipules latérales, membran., libres. Fleurs unisexuées, monoïques, en cymes dichotomes, axill.; les mâles composées d'un calice à 4 sépales colorés, pétaloïdes, les deux extérieurs plus grands; corolle nulle; plusieurs étamines insérées au centre; les femelles, d'un calice à 4-9 divis.; ovaire infère, triloc. à 3 ailes; 6 styles cylindr., courts, épais, bifides; stigm. épaissi, flexueux ou capité; capsule triloc., à 3 ailes membranacées; graines assez nombreuses, très petites, striées, à albumen charnu.

BÉGONIA. *BEGONIA* Lin. [dédié à Michel Bégon, né en 1638, intendant de la marine, promoteur de la botanique]. — Genre unique. — Caractère de la famille.

Sect. I. — *Calice simple; sépales de même couleur.*

§ 1. — *Plantes vivaces, à rhizomes tubéreux.*

1 **B. discolore.** *B. discolor* R. Br. *B. Evansiana.* Andrew. Feuil. cordiformes inégales, acuminées, un peu anguleuses, dentelées, rouges en dessous; en juill.-août, fl. blanches; pédonc. biflores, dichotomes; capsule à ailes inégales, formant des angles aigus à leur sommet. Chine, 1804.

2 **B. picté.** *B. picta* Lin. *B. hirta* Wall. Tiges très courtes, herbacées; feuil. hérissées-rugueuses, cordiformes, profondément échancrées à la base, dentelées, aiguës, maculées en dessous; fl. en sept.; pédonc. trifides; capsule toment. à ailes inégales, très petites. Népaul, 1818.

3 **B. à feuil. diverses.** *B. diversifolia* Grah. Herbe glabre; feuil. radicales réniformes, largem. crénelées, les caulinaires un peu lobées, inégalement et finement dentelées, les supérieures en cœur irrégulier, les infér. réniformes; fl. en bouquet axill.; pédonc. rameux de la long. ou plus longs que les pétales; capsule à ailes très grandes, aiguës.

4 **B. à une aile.** *B. monoptera* Link. et Otto. Tiges de 0m,60; feuil. arron-

dies-spatulées, obliquement tronquées, sinuées-crénelées, papilleuses, rouges en dessous; en août, fl. en thyrses; capsule à une aile. Mexique, 1829.

5 **B. à huit pétales.** *B. octopetala* Herit. *B. grandiflora* Knowl. Tiges de 60 cent.; feuil. longuem. pétiolées, cordiformes, lobées et dentelées; en oct.-novemb. fl. mâles, à 8 divis.; les fem. à 6; pédonc. très longs; capsule à ailes oblongues, étalées et allongées. Pérou, 1835.

§ 2. — *Plantes vivaces à rhizomes rampants.*

6 **B. à grandes feuilles.** *B. macrophylla* Dryand. *B. grandifolia* Jacq. Tiges allongées; feuil. en cœur irrégulier, crénelées-dentées, les infér. anguleuses; capsule à ailes anguleuses, obtuses, dont une très grande. Jamaïque.

7 **B. ponctué.** *B. punctata* Kltzch. Feuilles cordiformes, à 7 lobes, inégalem. sinueuses, dentées, ciliées, parsemées de quelques poils, vertes en dessus, pâles en dessous, un peu rouges sur les bords; pétioles longitud.-striés, poilus, garnis d'un anneau de poils poupres au sommet; calice à 4 sépales dont deux roses, les extér. ponctués de rouge écarlate, ainsi que la capsule; ailes arrondies, grandes, roses. Mexique.

8 **B. à feuil. de géranium.** *B. geraniifolia* Hook. Tiges glabres de 50 cent., feuil. en cœur irrégulier, aiguës, lobées, incisées-dentelées, pliées, luisantes, brunes sur les bords; en sept., fl. disposées, 2-3, au sommet de pédonc. terminaux; fl. mâles à 4 sépales, dont les 2 extér. arrondis, rouges en dehors, et les extér. oblongs ondulés, blancs. Pérou, 1833.

9 **B. à feuil. de Berce.** *B. heracleifolia* Cham. et Schlecht. *B. radiata* Grah. Acaule; rhyzome spongieux; feuil. à peu près régulières, profondém. divisées en 7 lobes lanc., inégalem. sinueux, lobés ou denticulés, ciliés, quelquef. parsemés de poils, vert obscur en dessus, pâles et vésiculeux en dessous, à nervures saillantes, brunes, légèrement poilues; pétioles et pédonc. hérissés de poils très serrés. Mexique, 1831.

10 **B. à tiges épaisses.** *B. crassicaulis* Lindl. Tiges charnues, articulées; feuil. palmées, celles du sommet découpées, à divis. acuminées, pennatifides, incisées-dentées, poilues-ferrugineuses en dessous, ainsi que les pétioles; fl. à 2 sépales arrondis, en panicules denses, multifl., pubesc.-ferrugineuses; bractées ovales, obtuses, convexes, glabres; capsule à ailes inégales, à angles arrondis au sommet. Guatemala.

11 **B. à feuil. de potiron.** *B. peponifolia* Ad. Brong. Rhyzome charnu; pétioles entièrement hérissés d'écailles blanchâtres; feuil. très grandes, lisses en dessus, ciliées et un peu ondulées sur les bords, hérissées de poils lamelleux sur les nervures de la face infér.; fl. très nombreuses en panicules dichotomes; ovaire à 4 ailes inégales avec une cinquième rudimentaire poilue. Mexiq, 1841.

12 **B. à feuil. d'hydrocotylé.** *B. hydrocotylifolia* Hook. Pubescent, tiges épaisses, courtes, garnies d'écailles; feuil. pétiolées, cordif.-arrondies; pédonc. axill., beaucoup plus longs que les feuil., portant des fl., à 2 sépales, disposées en grappes paniculées; capsule à ailes presque égales.

§ 3. — *Plantes vivaces à tiges dressées, rameuses.*

* *Feuilles digitées.*

13 **B. à cinq feuilles.** *B. pentaphylla* Walprs. *B. muricata* Scheidw. Dioïque; tiges simples, vivaces, noueuses, muriquées; feuil. alternes, à 5-7 fol. lanc., acuminées, inégalement et finement dentelées, luisantes, glanduleuses sur les 2 faces; pétioles cylindriq.; stipules nulles; fl. en cymes dichotomes, longuement pédonculées; les mâles blanches, à 4 sépales bisériés, concaves, égaux, réfléchis; étamines réunies à la base par les filets épaissis au sommet. Brésil.

** *Feuilles simples, lobées.*

14 **B. de Lindley.** *B. Lindleyana* Walprs. *B. vitifolia* Lindl. Tiges frutescentes, charnues, pubesc.-ferrugineuses; feuil. longuem. pétiolées, concaves, ovales-obliques, grossièrem. incisées-dentées, glabres en dessus, presque pubesc. en dessous; fl. glabres à 2 sépales, disposées en panicules axill.; pédonc. tomenteux-ferrugineux; bractées gla-

bres, ovales-arrondies, convexes; capsules à ailes semi-circulaires, égales. Guatemala.

15. **B. à petites feuil.** *B. parvifolia* SCHOTT. Tiges de 1 mètre, sous-frutescentes, glabres; feuil. en cœur irrégulier, lobées, à lobes aigus, ondulés, dentelés çà et là, un peu glauques; capsule à 3 ailes deltoïdes presque égales. Brésil, 1835.

16 **B. sinueux.** *B. sinuata* GRAH. Tiges très rameuses, glabres; feuil. en cœur irrégulier, lobées aiguës, obtusément dentées, luisantes, pâles en dessous avec les nervures colorées; fl. géminées au sommet de pédonc. bifides, les mâles à 2 sépales, et les étam. presque libres; les fem. à 5 sépales inégaux; capsule à ailes aiguës, à peu près égales. Brésil.

17 **B. à feuil. de vigne.** *B. vitifolia* SCHOTT. *B. grandis* OTTO. *B. reniformis* HOOK. Tiges arboresc.; feuil. irrégulièrem. réniformes, anguleuses, dentelées, hérissées sur les deux faces; fl. pubesc., en cymes dichotomes; capsule à 2 ailes étroites et une troisième plus grande, anguleuse, aiguë au sommet. Brésil.

18 **B. à feuil. de platane.** *B. platanifolia* SCHOTT. Tiges arboresc. de 3 mètres et plus; feuil. rudes à 5 lobes ovales, aigus, sinueux et dentés; en sept., fl. en cymes dichotomes. Brésil, 1829.

19 **B. à long pied.** *B. longipes* HOOK. Tiges de 1 mètre 15 cent., arboresc., glanduleuses, rudes au sommet; feuil. en cœur réniforme irrégulier, anguleuses, dentelées, glabres en dessus, légèrement pubescentes en dessous; en mars-août, fl. en cymes dichotomes; capsule à 3 ailes, dont une très grande. Mexique, 1828.

20 **B. de la Cafrerie.** *B. Caffra*. MEISSN. *B. sinuata* E. MEY. Tiges charnues, rameuses; feuil. en cœur réniforme irrégulier, anguleuses, dentelées, glabres et luisantes; fl. en cymes axill. dichotomes; capsule à ailes très grandes, anguleuses-aiguës au sommet. Cap.

*** *Feuilles entières ou denticulées, jamais lobées.*

21 **B. pelté,** *B. peltata* OTTO. Tiges simples tomenteuses; feuil. charnues, tomenteuses, semi-peltées, obliquem. ovales, crénelées; fl. en cymes dichotomes, longuem. pédonculées; les mâles à 4 sépales, dont 2 plus petits; les fem. à 3, dont un plus court; capsule à ailes à peu près égales, dont 2 un peu plus grandes, anguleuses-aiguës au sommet, et la troisième anguleuse-obtuse. Mexique.

22 **B. de Diricks.** *B. Diricksii* LEMANN. Rhyzome rampant; feuil. peltées, ovales, pointues, glabres, ciliées sur les bords; pétioles longs, un peu velus, cylindriques; hampe radicale plus haute que les feuilles; fl. blanc-verdâtre, en panicule bifurquée; les mâles à deux sépales. 1845.

23 **B. blanchâtre.** *B. incana* LINDL. Tiges dressées, tombantes, blanchâtres; feuil. coriaces, peltées, oblongues, aiguës, à peine anguleuses, blanches en dessous; fl. très longuem. pédonculées, en panicules un peu contractées, les mâles à 4 sépales pubescents. Mexique.

24 **B. réniforme.** *B. reniformis* DRYANDR. Frutescent; feuil. à peu près réniformes, anguleuses, crénelées, dentées; en juin-juil., fl. en panicules dichotomes; capsule à ailes anguleuses, aiguës, dont 2 très petites.

25 **B. de Drège.** *B. Dregei* OTTO. *B. parvifolia* E. MEY. Tiges charnues, noueuses; feuil. en cœur réniforme irrégulier, anguleuses, dentelées, glabres, luisantes; pédonc. axill., dichotomes, paucifl.; capsule à ailes à peu près égales, 2 arrondies, la 3e anguleuse, aiguë. Cap, 1838.

26 **B. ondulé.** *B. undulata* SCHOTT. Tiges frutescentes, dressées; feuil. presque sessiles, oblongues, irrégulièrement cordiformes, ondulées, très entières, glabres et luisantes; en juin-juil., fl. en cymes dichotomes; capsule à ailes égales, arrondies. Brésil, 1825.

27 **B. à feuil. d'orme.** *B. ulmifolia* HUMB. et KUNTH. Tiges de 60 c., sous-frutescentes; feuil. semi-cordif., oblongues, poilues, rugueuses, égalem. dentelées; stipules lanc., aiguës; capsule à ailes inégales, une grande, anguleuse aiguë, les autres anguleuses obtuses. Amérique septentrionale, 1823.

28 **B. à 2 pétales.** *B. dipetala* Grah. Tiges frutescentes, dressées ; feuil. en cœur irrégulier, acuminées, anguleuses, doublement dentelées, très glabres, rouges en dessous ; fl. en cymes dichotomes ; calice à 2 sépales ; capsule à ailes à peu près égales, arrondies. Indes orientales.

29 **B. sanguin.** *B. sanguinea* Raddi. Tiges rameuses ; feuil. en cœur irrégulier, acuminées, charnues-coriaces, très glabres, rouge sang en dessous, à bords roulés et crénelés ; stipules membranacées ; capsule à ailes presque égales, arrondies. Brésil.

30 **B. de Fischer.** *B. Fischeri* Otto. Tiges de 50 cent. ; feuil. oblongues, aiguës, irrégulièrem. cordiformes, dentées, glabres et luisantes des deux côtés ; stipules ovales, très entières ; en février-mars, fl. mâles, à 4 sépales, dont les extér. arrondis, concaves, à bords enroulés ; les fl. fem. à 6 sépales ovales-lanc. ; capsule à ailes géminées, inégales, arrondies. Brésil, 1835.

31 **B. maculé.** *B. maculata* Raddi. *B. argyrostigma* Fisch. Tiges frutescentes, de près de 1 mètre ; feuil. allongées, semi-cordif., acuminées, à pointes recourbées, maculées de blanc en dessus, rouges en dessous ; fleurit en juil.-oct. ; capsule à ailes inégales, arrondies. Brésil, 1819.

32 **B. dichotome.** *B. dichotoma* Jacq. Tiges frutescentes, dressées, de 60 cent. ; feuil. en cœur irrégulier, un peu anguleuses, denticulées, glabres, à nervures de la face inférieure un peu hérissées ; en juil.-août, fl. en panicules dichotomes ; capsule à ailes inégales, anguleuses, aiguës, une grande, les autres parallèles. Caracas, 1800.

33 **B. acuminé.** *B. acuminata* Dryand. Tiges de 30 cent. ; feuil. cordif., acuminées, hispides, inégalem. incisées-dentées ; fl. en mai-décembre ; capsule à ailes inégales, une grande anguleuse, obtuse, les autres anguleuses, aiguës. Jamaïque, 1790.

34 **B. incarnat.** *B. incarnata* Link. et Otto. *B. insignis* Grah. Tiges frutescentes, dressées ; feuil. semi-cordiformes, acumin., un peu anguleuses, doublement dentelées-ciliées ; fl. en cymes pendantes, 2-3 fois dichotomes ; capsule à 2 ailes très étroites, une troisième très grande, obtusément triangulaire. Brésil.

35 **B. papilleux.** *B. papillosa* Lindl. Tiges dressées, mollement poilues ; feuil. semi-cordif., poilues, papilleuses en dessus, blanchâtres en dessous, oblongues, acuminées, denticulées ; fl. en panicules 3 fois dichotomes ; capsule poilue, à ailes obtuses, inégales. Amérique septentrionale.

36 **B. velu.** *B. villosa* Lindl. Ram. et pétioles velus ; feuilles semi-cordif., doublem. dentées, obtuses ; ailes de la capsule très grandes, arrondies. Brésil.

37 **B. luisant.** *B. nitida* Ait. *B. minor* Jacq. *B. obliqua* l'Hérit. Tiges frutescentes, dressées, de 50 centim. ; feuil. très glabres, inégalement cordif., faiblem. dentées ; stipules carénées ; ailes de la capsule très grandes, un peu arrondies. Jamaïque, 1771.

38 **B. odorant.** *B. suaveolens* Haw. *B. odorata* Willd. *B. humilis* Bot. reg. Tiges frutescentes, dressées ; feuil. irrégulièrem. cordif., acuminées, luisantes, hérissées de poils rudes ; fl. en cymes dichotomes ; capsule à ailes à peu près égales. Antilles.

39 **B.occiné.** *B. coccinea* Hook. Feuil. charnues, oblongues-ovales, obliques, acuminées, sinueuses, dentelées, rouges sur les bords ; stipules amples, obovales, concaves, colorées, décidues ; fleurs rouge écarlate, en panicules penchées, les mâles à 4 sépales arrondis, dont 2 petits, les fem. à 5-6 sépales ovales, égaux ; capsule à 3 ailes égales. Brésil.

40 **B. à gantelet.** *B. manicata* Ad. Brong. Tiges charnues, presque ligneuses, glabres, retombantes ; feuilles obliques-cordif., dentées, brièvem. acumin., à bords et nervures de la face infér. garnies de petites écailles colorées, pourpres, hérissées au sommet de filaments épars ; pétioles charnus, glabres, entourés vers le sommet d'anneaux écailleux, filamenteux au sommet, disposés sur plusieurs rangées ; fl. dichotomes, amples, longuem. pédonculées ; calice à 2 sépales égaux ; capsule à ailes à peu près égales, anguleuses,

obtuses au sommet, atténuées à la base.

41 **B. à feuil. tachées.** *B. stigmosa* Bot. reg. *B. stigmata* Lodd. Tiges très courtes, rampantes; feuil. obliquement cordif., aiguës, entières, ciliées, maculées en dessus, glabres en dessous; pétioles couverts de petites écailles; fl. à 2 sépales, disposées en petites cymes paniculées; capsule à 3 ailes obtuses, dont une plus grande.

42 **B. de Meyer.** *B. Meyeri* Hort. Berol. Tiges sous-frutescentes, dressées; feuil. peltées, amples, obliques, auriculées à la base, sinuées et mollement toment.-blanchâtres; fl. blanches, en panicules amples, multifl.; pédonc. très longs, pubescents; fl. mâles à 4 sépales, dont 2 arrondis, les 2 autres 4 fois plus petits et oblongs; les femelles à 2 sépales obovales; capsule triangulaire, à 3 ailes très larges, à peu près égales. 1842.

§ 4. — *Plantes vivaces, à tiges grimpantes.*

43 **B. à feuil. de hêtre.** *B. fagifolia* Fisch. Tiges frutescentes; feuilles ovales, irrégulières, un peu anguleuses, dentelées, pliées, hérissées; fleurs en cymes dichotomes; capsule à 2 ailes très étroites, la troisième anguleuse-aiguë. Brésil.

§ 5.— *Plantes annuelles.*

44 **B. étalé.** *B. patula* Haw. *B. pauciflora* Lindl. Tiges un peu charnues; feuil. obliquem. cordif., aiguës, anguleuses, dentelées, pubescentes; fl. en cymes dichotomes, paucifl.; capsule à 2 ailes étroites, arrondies, la troisième plus grande, anguleuse-aiguë. Indes orient.

45 **B. toujours fleuri.** *B. semperflorens* Link. et Otto. Tiges sous-frutescentes; feuil. obliquem. ovales, aiguës, un peu cordif., crénelées, glabres, à veines ciliées; stipules oblongues; fl. en cymes dichotomes; capsule à 2 ailes arrondies, la 3e plus grande. Brésil.

46 **B. spatulé.** *B. spatulata* Haw. Tiges sous-frutescentes, de 50 centim.; feuil. obliquement cordif., très obtuses, glabres, crénelées-ciliées; stipules spatulées, très grandes; en juil., fl. en cymes dichotomes, axill., paucifl.; capsule à 2 ailes très étroites, la 3e plus grande anguleuse-aiguë. Indes orient., 1819.

47 **B. nain.** *B. humilis* Dryand. Tiges pubescentes; feuilles semi-cordif., acuminées, doublement dentelées, hispides; pédonc. axill., dichotomes; capsule à 2 ailes arrondies, la 3e plus grande. Iles de la Trinité.

2e Section.—*Calice à sépales presque égaux, les intérieurs blancs, les extérieurs rouges.*

48 **B. pétaloïde.** *B. petaloïdes* Lindl. Tiges de 1 mètre; feuil. régulièrement orbiculaires, à 5-9 lobes incisés, dentelés, roulés en cornet; en avril, fl. disposées 2-3 en cymes; les fem. à 4 sépales et 4 pétales; les mâles à 2 sépales; capsule à ailes à peu près égales, acuminées. Brésil, 1832.

49 **B. à tiges rouges.** *B. rubricaulis* Hook. Plante pubesc.-poilue, sans tiges; feuil briév. pétiolées, obliquem. cordif., sinuées, lobées, dentelées, rugueuses; les deux lobes de la base arrondis, imbriqués; hampe plus longue que les feuil., épaisse, rouge, divisée au sommet en panicule rameuse; fl. très élégantes, rosées en dehors, à 5 sépales obovales; fruit turbiné, triangulaire, à 2 ailes très courtes, la 3e allongée, très grande. 1842.

50 **B. blanc et rouge.** *B. albo-coccinea* Hook. Feuil. obliquement ovales, très obtuses, presque réniformes, peltées, charnues-coriaces, sinuées, glabres, de la long. du pétiole, hérissées de poils appliqués; fl. à 4 sépales, les extérieurs arrondis, rouges en dessous, les 2 intér. plus petits, obovales, blancs; fruit à 3 ailes larges, à peu près égales. Indes, 1843.

Culture. — Ces plantes, très intéressantes par la forme de leurs feuil. et l'originalité de leurs fl., sont toutes de serre chaude; mais en couvrant d'un peu de litière ou de feuilles sèches les espèces à racines tubéreuses, peut-être pourrait-on les conserver en pleine terre durant l'hiver. Par prudence, il vaut mieux les rentrer en serre dans un endroit éclairé. L'été, une exposition demi-ombragée leur convient mieux que le grand soleil. La terre doit être légère, telle que terre de bruyère pure ou mélangée de terre franche, ou bien

encore de détritus de bois ou de mousse. **On les** multiplie de boutures très facilement, ou par les bulbilles qui naissent **à** l'aisselle des feuilles de quelques **espèces. Les** boutures peuvent se faire soit avec les rhizomes, soit avec les feuilles, munies d'une partie du pétiole, sur une couche chaude et recouverte d'une cloche fermée ou d'un bocal.

FAMILLE XCVI. — PASSIFLORÉES.

Herbes ou sous-arbriss. le plus souvent grimpants, munis **de vrilles axillaires**; feuil. alternes, munies de stipules géminées à la base des pétioles. Fl. hermaphrodites, régulières, très élégantes, très rarem. unisexuées; pédonc. souvent unifl., garni d'un involucelle de 3 bractées, ou gamophylle; calice coloré, gamosépale, à tube urcéolé, quelquef. très court; limbe le plus souvent à 8-12 divis. bisériées, les extér. vertes, les intér. plus grandes, colorées; gorge du calice rarem. nue, munie ordin. d'une couronne de filaments distincts ou réunis en tube; étam. en nombre égal à celui des divis. extér. du calice, rarem. plus nombreuses, tantôt insérées au fond du calice, tantôt au sommet d'une colonne centrale qui est terminée par l'ovaire; ovaire plus ou moins longuem. stipité, uniloc.; ovules nombreux, fixés à 3-5 placentas pariétaux; styles en nombre égal à celui des placentas, soudés à la base, étalés au sommet; stigmate épaissi, claviforme ou pelté. Fruit charnu, indéhiscent ou capsulaire, s'ouvrant en 3-5 valves septifères; graines à périsperme charnu.

TRIBU I. — *PAROPSIÉES.*

Arbriss. dressés, non grimpants, dépourvus de vrilles; fl. hermaphrodites; ovaire sessile ou stipité; fruit capsulaire.

SMEATHMANNIE. *SMEATHMANNIA* Soland. [à Smeathmann, voyageur en Afrique]. — Calice à 10 divis. bisériées, les intér. pétaloïdes; couronne urcéolée, membranacée, simple, insérée à la gorge du calice; 20 étam. environ, unisériées, insérées au sommet d'une petite colonne centrale; ovaire briév. stipité; 5 styles terminaux; stigm. pelté; capsule papyracée, enflée, s'ouvrant en 5 valves; graines nombreuses, fixées à 5 placentas pariétaux.

1 **S. lisse.** *S. lævigata* Soland. Ramules soyeuses; feuil. glabres, luisantes, oblongues, grossièrem. dentelées, atténuées à la base en pétiole très court, acuminées au sommet; en février-mars, fl. blanches, à urcéole incisé, poilu intérieurement. Sierra-Leona, 1822. — Serre chaude; chaleur assez constante; multipl. de boutures.

TRIBU II. — *PASSIFLORÉES.*

Arbriss. grimpants, munis de vrilles axillaires; fleurs hermaphrodites; ovaire stipité; fruit bacciforme ou quelquef. capsulaire.

PASSIFLORE. *PASSIFLORA* Juss. [du latin *passio*, la passion de Jésus-Christ, et de *flos, floris*, fleur. On a cru trouver dans la disposition des organes sexuels de ces fl. quelque ressemblance avec les instruments de la Passion]. — Calice briév. tubuleux, garni à la gorge de nombreux filets formant une élégante couronne; limbe à 4-5 divis. unisériées ou à 10, disposées sur 2 rangées, les intér. colorées; 4-5 étam. soudées avec le stipe de l'ovaire; stigm. capité; baie globuleuse, pulpeuse; graines nombreuses, ovales, fixées à 3 placentas pariétaux. — Fl. le plus souvent accompagnées de 3 bractées formant un involucre.

1re Section. — **Astropea** Dec. — *Tiges arborescentes, sans vrilles; involucre nul; calice à 10 lobes.*

1 **P. glauque.** *P. glauca* Humb. et Kunth. Feuil. obovales-oblongues, glauques en dessous, glanduleuses à l'aisselle des nervures; pétioles non glanduleux; en mai-oct., fl. blanches, disposées 3-5 au sommet de pédonc. dichotomes. Amérique mérid.

2e Section. — **Polyanthea** Dec. — *Tiges grimpantes; pédonc. multiflores; involucre nul ou très petit; calice à 10 lobes.*

2 **P. soyeuse.** *P. holosericea* Lin.

Mollem. soyeuse ; feuilles ovales, trilobées, dentées à la base, à dents aristées ; pétiole garni de 2 glandes, en mai-octobre, fl. blanches, à couronne pourpre. Véra-Cruz. 1733.

3e SECTION. — **Cieca** MED. — *Pédoncules uniflores ; calice à 5 lobes; involucre nul ou très petit.*

3 **P. pâle.** *P. pallida* LIN. Feuilles glabres, ovales, acuminées, trinervées ; pétiole garni de 2 glandes au-dessus du milieu ; en mai-oct., fl. jaunes, petites. Saint-Domingue, 1820.

4 **P. cuivrée.** *P. cuprea* LIN. Feuil. glabres, ovales, glanduleuses en dessous; pétiole non glanduleux ; pédicelles solit.; en juil.-août, fl. rouge-sang. Bahaman, 1724.

5 **P. régulière.** *P. normalis* LIN. Feuil. glabres, presque cordif., trinervées à la base, glanduleuses en dessous, à 3 lobes, celui du milieu plus petit, les latéraux anguleux, divariqués; pétiole très court sans glandes. Jamaïque, 1775.

6 **P. à feuil. étroites.** *P. angustifolia* SWARTZ. *P. heterophylla* JACQ. *P. longifolia* LAMK. Feuil. glabres, non glanduleuses, peltées, les infér. ovales, les supér. lancéolées ou à 2-3 lobes ; pétioles garnis de 2 glandes vers la partie supér.; pédic. uni ou biflores ; en juil.-sept., fl. blanches. Iles Caribes, 1773.

7 **P. grêle.** *P. gracilis* LINK. Ann.; feuil. glabres, cordif., à 3 lobes arrondis garnis de 2-4 glandes ; pétioles à 2 glandes ; pédonc., axill., solit.; en juil.-oct., fl. blanches; fruits ovoïdes. 1823.

8 **P. jaune.** *P. lutea* LIN. Feuil. glabres, cordif., à 3 lobes ovales, terminés par une pointe sétiforme; pétioles non glanduleux ; pédicelles géminés ; en mai-juil., fl. jaunes. Amérique, 1714.

4 **P. très petite.** *P. minima* JACQ. *P. hederacea* LAMK. Feuil. glabres, sans glandes, quinquenervées, à 3 lobes ovales, celui du milieu plus long ; pétioles garnis de 2 glandes vers leur sommet ; pédicelles géminés ; en juil.-août, fl. petites, vert-jaunâtre. Amér. mérid., 1690.

10 **P. hirsuteuse.** *P. hirsuta* LIN. *P. parviflora* SWARTZ. Feuil. hérissées en dessous, sans glandes, à 5 nervures, à 3 lobes ovales, le médian beaucoup plus long ; pétioles garnis de glandes vers le milieu ; pédic. géminés ; en sept.-oct., fl. blanches. Iles Caribes, 1778.

11 **P. subéreuse.** *P. suberosa* LIN. Feuil. glabres, un peu ciliées, à 5 nervures à la base, ovales-cordiformes, souvent trilobées, à lobes ovales, aigus, le médian plus grand ; pétioles garnis de 2 glandes un peu au-dessus du milieu ; pédicelles géminés ; en juin-sept., fl. blanches. Iles Caribes, 1759.

12 **P. peltée.** *P. peltata* CAV. Feuil. pubescentes en dessus, non glanduleuses, trinervées, presque peltées, à 3 lobes lanc. divariqués ; pétioles garnis de 2 glandes à la partie médiane ; en août-sept., fl. vertes, solitaires. Antilles, 1778.

13 **P. à 2 couleurs.** *P. discolor* LINK. et OTTO. Feuil. rouges en dessous, à 2 lobes, le médian à peine développé, presque cordif., à 2 glandes ; pétioles non glanduleux ; pédonc. axill., solit.; fl. sans involucre. Brésil, 1800.

4e SECTION. — **Decaloba** DEC. — *Calice à 10 lobes ; involucre nul ou très petit et éloigné de la fleur.*

14 **P. perfoliée.** *P. perfoliata.* Feuil. glabres, glanduleuses en dessous, cordif., à 3 lobes, le médian très court; pétioles sans glandes, courts ; pédicelles solit. ou géminés, pubescents ; en juil.-sept., fl. rouge-sang, à tube oblong-campanulé. Jamaïque.

15 **P. rouge.** *P. rubra* LIN. Feuil. veloutées, non glanduleuses, cordif., bilobées, garnies d'une pointe entre les 2 lobes ; pétioles sans glandes; pédicelles solit.; en avril-sept., fl. rouges ; ovaire presque globuleux, hérissé. Iles Caribes, 1731.

16 **P. capsulaire.** *E. capsularis* LIN. Feuil. un peu veloutées, cordif., bilobées, à sinus aristé; sans glandes ni sur la face infér. ni sur le pétiole; pédicelles solit.; en juin-juil., fl. jaune-verdâtre ; ovaire glabre, ellipt.-oblong, à 6 angles. Iles Caribes, 1820.

17 **P. à 2 fleurs.** *P. biflora* LAMK. *P. lunata* LIN. Feuil., glabres, glanduleuses en dessous, cordif., trinervées, tronquées ou à 2-3 lobes; pétioles courts, sans glandes ; pédicelles géminés ; en juin-août, fl. blanches. Jamaïque, 1733.

18 **P. chauve-souris.** *P. vespertilio* Lin. Feuil. glabres, glanduleuses en dessous, à une seule nervure, à 2 lobes divariqués, rar. à 3, cunéif. à la base; pétioles très courts, sans glandes; pédic. solitaires. Amér. mérid.

19 **P. de Maximilien.** *P. Maximiliana* Bory. *P. vespertilio* Ker. Feuil. glabres, cordif., à 2 lobes divariqués, le médian à peine développé, rouges et glanduleuses en dessous; pétioles sans glandes; pédic. solit. ou géminés, plus longs que le pétiole; en mai-juin, fl. vertes à couronne blanche. Brésil, 1800.

20 **P. tubéreuse.** *P. tuberosa* Jacq. *P. punctata* Lodd. Racines tubéreuses; feuil. glabres, glanduleuses en dessous, à base arrondie, trinervées, à 3 lobes oblongs-aigus, le médian plus petit; pétioles sans glandes; pédicelles géminés; en juin-oct., fl. vertes. Amér. mérid., 1810.

21 **P. du Kermès.** *P. Kermesiana* Link et Otto. Feuil. cordiformes, à 3 lobes obtus très entiers, d'une autre couleur en dessous; pétioles garnis de 2-3 glandes; stipules semi-cordif., grandes; pédonc. nu, unifl.; en juin-oct., fl. pourpre très vif; divis. du calice uniformes, linéaires-oblongues, quelquefois réfléchies; couronne pourpre-violet. Brésil, 1831.

Var. *Lemichezii* Hortul. Fl. violet changeant ou gorge de pigeon; couronne violette, marbrée de blanc. — Hybride de la *P. alata* et *P. Kermesiana*. 1842.

22 **P. albâtre.** *P. onychina* Lindl. Feuil. glabres, cordif., trilobées, à lobes presque égaux, oblongs, obtus, faiblement dentelés; pétioles garnis de 2-3 glandes; pédonc. de la long. des feuil., portant en juil.-sept. des fl. blanches, à couronne formée de plusieurs rayons, les extér. réfléchis, les intér. redressés, formant un toit conique à la base du gynophore, qui porte l'ovaire tomenteux. Amér. mérid., 1835.

5e Section. — **Grenadilla** Dec. — *Feuilles entières ou dentées; involucre à 3 bractées placées sous la fl.; calice à 10 lobes.*

23 **P. à feuil. dentelées.** *P. serratifolia* Lin. Feuil. ovales-lanc., aiguës, dentelées, penninervées, pubesc. en dessous; pétioles garnis de 4 glandes; pédicelles pubesc.; en mai-oct., fl. blanchâtres, à couronne rouge et frangée. Guyane, 1731.

24 **P. pomiforme.** *P. maliformis* Lin. Feuil. glabres, ovales-cordif., acuminées, entières; pétioles garnis de 2 glandes; bractées de l'involucre ovales, aiguës, plus grandes que les fleurs; en juil.-nov., fl. jaunâtres, à couronne rouge. Saint-Domingue, 1731.

25 **P. ponceau.** *P. phœnicea* Lindl. Feuil. glabres, oblongues, cuspidées, entières; pétioles garnis de 2 glandes à son sommet; stipules linéaires-lanc., plus courtes que les pétioles; bractées de l'involucre ovales-cordif., soyeuses à la base; fl. rouges en dedans, violettes en dehors, grandes, à couronne violette au sommet, rayée de pourpre et de blanc à la base. 1832.

26 **P. actinie.** *P. actinia* Hook. Feuil. très entières, ovales, obtuses ou échancrées, glauques en dessous; pétioles garnis de plusieurs glandes; pédicelles solit. axill.; involucre à 3 bractées ovales-cordif., aiguës, très entières; en nov., fl. blanchâtres à sépales oblongs, de la long., à peu près, de la couronne, qui est panachée de bleu, de blanc et de brun. Brésil, 1842.

27 **P. ligulaire.** *P. ligularis* Juss. Feuil. glabres, cordif., acuminées, entières; pétioles cylindr., garnis de 4-6 glandes; stipules ovales-lanc., acumin.; bractées ovales-entières; en sept., fl. grisâtres à couronne pourpre. Pérou, 1819.

28 **P. quadrangulaire.** *P. quadrangularis* Lin. feuil. glabres, ovales-cordif., acuminées; pétioles garnis de 4-6 glandes; stipules ovales, entières, ainsi que les bractées; en août-sept., fl. grandes, odorantes, roses, à couronne panachée de blanc et de brun. Jamaïque, 1768.

29 **P. de l'Ile Maurice.** *P. Mauritiana* Dupet.-Th. Feuil. glabres, cordiformes-ovales, acuminées; pétioles garnis de 4-6 glandes; bractées lanc., acuminées, denticulées; en août-sept., fl. grandes, roses, à couronne panachée de blanc et de brun. 1844.

30 **P. ailée.** *P. alata* Ait. Ram.

tétragones, garnis de 4 ailes; feuil. glabres, en cœur ovale, aiguës; pétioles garnis de 4 glandes; stipules lanc.-arquées, faiblem. dentelées; bractées denticulées; pédic. cylindr.; en avril-août, fl. grandes, roses, à couronne panachée de blanc et de brun. Pérou, 1772.

31 **P. du Brésil.** *P. Brasiliana* Desv. Tiges quadrangulaires dans la jeunesse; feuil. glabres, lanc., aiguës, finement dentées; pétioles garnis de 2 glandes; stipules linéaires, entières; en avril-août, fl. grandes, roses, pourpres en dedans, à bord des sépales plus pâle; couronne blanche, rayée de violet foncé. Brésil, 1820.

32 **P. blanchâtre.** *P. albida* Ker. Feuil. glabres, en cœur arrondi, entières; pétioles garnis de 2 glandes dans la partie médiane; stipules ovales-lanc., terminées par une soie; bractées très rapprochées des fleurs, mais caduques; pédic. 2 fois plus longs que les feuil.; en sept., fl. blanches, puis blanc rosé. Brésil, 1816.

33 **P. à feuil. de laurier.** *P. laurifolia* Lin. Feuil. glabres, ovales-oblongues, entières; pétioles garnis de 2 glandes à leur sommet; stipules en forme de soies, de la longueur des pétioles; bractées obovales, dentelées au sommet, à dents glanduleuses; en juin-juil., fl. panachées de blanc, de pourpre et de violet. Saint-Domingue, 1690.

* *Feuilles plus ou moins découpées.*

34 **P. en grappes.** *P. racemosa*. Brot. *P. princeps* Lodd. Feuil. très glabres, petites, un peu coriaces, le plus souvent trilobées; pétioles garnis ordinairem. de 4 glandes; pédicelles géminés; fl. rouge pourpre, en grappes pendantes, se développant une partie de l'année. Brésil, 1816.

35 **P. bleues en grappes.** *P. cœrulea-racemosa* Sab. Hybride de la *P. racemosa* et de la *cœrulea*, à feuil. glabres, un peu coriaces, à 3-5 lobes ondulés, légèrem. dentés à la base; pédicelles axill., solit., uniflores; fl. bleu-pourpré. 1820.

36 **P. ailée-bleue.** *P. alato-cœrulea* Lindl. Hybride de la **P. ailée** et de la **P. bleue**, à ram. anguleux; feuil. glabres, en cœur, à 3 lobes très entiers, ovales-lanc.; pétioles garnis de 2-4 glandes; stipules auriculées, entières, acuminées, terminées par une petite pointe; pédicelles cylindr. beaucoup plus longs que les pétioles; en avril-juil, fl. pourpres, à couronne panachée de blanc, de noir et de bleu. 1823.

37 **P. de Neumann.** *P. Neumannii* Cels. Feuil. luisantes en dessus, blanchâtres en dessous, à 3 lobes lanc. munis à leur base de 2 glandes jaunâtres, pétioles munis également de 2 glandes à la partie médiane; stipules dentées, terminées par une longue soie; fl. à odeur de jacinthe, blanc-verdâtre, tiquetées de pourpre, principalement sur les bords; couronne pourpre à la base, violacée au milieu, blanc-violet au sommet. Brésil, 1835.

38 **P. stipulée.** *P. stipulata* Aublet. *P. glauca* Ait. Feuil. glabres, cordif., à 3 lobes très entiers, ovales-lanc.; pétioles à 2-4 glandes; stipules auriculées, oblongues, mucronées, entières, ainsi que les bractées; pédic. égalant à peu près le pétiole; en août-sept., fl. blanches. Guyane, 1779.

39 **P. incarnat.** *P. incarnata* Lin. Feuil. glabres, à base linéaire, à 5 nervures, profondément trilobées, à lobes aigus, finement dentelées; pétioles garnis de 2 glandes à leur sommet; stipules très petites; bractées dentelées, glanduleuses; en juil.-août, fl. rouge-chair; ovaire hérissé. Virginie, 1629.

40 **P. à fruits doux.** *P. edulis.* Sims. *P. incarnata* var. Bot. Reg. Feuil. glabres, à 3 lobes dentelés; pétioles garnis de 2 glandes à leur sommet; bractées dentelées-glanduleuses; en juil.-août, fl. blanches, à couronne égalant à peu près le calice; ovaire glabre; fruit pourpre, doux, comestible. Brésil, 1816.

41 **P. filamenteuse.** *P. filamentosa.* Cav. Feuil. glabres, quinqueparties, à lobes dentelés; pétioles garnis de 2 glandes à la partie moyenne; bractées dentelées; en juil.-oct, fl. blanches, à couronne plus longue ou aussi longue que le calice. Amér. mérid., 1817.

42 **P. palmée.** *P. palmata* Lodd. *P. filamentosa* var. Bot. reg. Feuil. glabres, à 5 divis. palmées, dentelées, à dents glanduleuses; en juillet-octobre,

fl. blanches, à couronne bleue, un peu plus courte que le calice. Brésil, 1817.

43 **P. bleue, fl. de la passion.** *P. cœrulea* LIN. Feuil. glabres, à 5 lobes oblongs, très entiers; pétioles garnis de 4 glandes au sommet; stipules arquées; bractées ovales, entières; en juin-octobre, fl. bleues, à couronne plus courte que le calice. Brésil, 1699.

Var. *Colvillii.*

44 **P. pédalée.** *P. pedata* LIN. Feuil. pédalées, à segm. ovales acuminés, dentelés; pétioles rameux garnis de 2 glandes; bractées dentées-fimbriées; fl. blanches. Saint-Domingue.

45 **P. de Loudon.** *P. Loudoniana* HORTUL. Feuil. à 3 lobes dentés; pétiole garni de 4 glandes pédicellées; stipules grandes, presque réniformes, incisées; fl. grandes, pourpre-violet, à couronne violet-noir, blanche à l'extrémité.

46 **P. de Tucuman.** *P. Tucumanensis* HOOK. Glabre; feuil. largem. cordiformes, pétiolées, glauques en dessous, celles du sommet à 3 lobes oblongs, celles de la base dentelées-glanduleuses; stipules très grandes, semi-cordif., grossièrement dentelées; pédonc. uniflores; bractées cordif., dentelées, lâches, égalant à peu près le calice; fl. blanchâtres; couronne bisériée; filets, de la rangée extérieure, de la long. des sépales. Paraguay, 1842.

47 **P. de Moore.** *P. Mooreana* HOOK. Glabre; feuil. glauques en dessous, très briév. pétiolées, cunéaires, à 3 lobes palmés, obscurém. dentelées, glanduleuses entre chaque lobe; pétioles garnies de 2 grosses glandes; stipules glauques, grandes, ovales-acumin., cordif.; pédoncules unifl.; bractées grandes, ovales, dentelées; fl. blanches; couronne bleue, à trois rangées de filaments, les extér. égalant les sépales. Brésil, 1844.

48 **P. porte-verrues.** *P. verrucifera* LINDL. Feuil. glabres, trilobées, dentelées, à base obtuse et cunéaire; pétioles garnis de 2 glandes au sommet; pédonc. 2 fois plus longs que le pétiole; bractées ovales, acuminées, dentelées, garnies de glandes en forme de verrues, sur les bords; fl. blanches à sépales glanduleux, plus longs que la couronne tiquetée de brun.

49 **P. hispidulée.** *P. hispidula* KNOW. Feuil. membranacées, légèr. hispides, sinuées-cordif. à la base, dentées, apiculées, à 3 lobes presque égaux, obtu-apiculés, ciliés; pétioles hispides, garnis de 2 glandes dans la partie infér.; pédic. géminés, très courts, garnis de 2-3 bractées; ovaire elliptique, glabre. 1842.

50. **P. piquetée.** *P. picturata* KER. Glabre; feuil. presque peltées, colorées en dessous, à 3 lobes très entiers, mucronés, terminés par une soie; sinus et pétioles garnis de 4 glandes; en sept. fl. pourpres à couronne deux fois plus longue que les sépales réfléchis. Brésil, 1820.

6ᵉ SECT. — **Dysosmia** DEC. *Involucre à 3 bractées multifides, glanduleuses au sommet; calice à 10 lobes; pédicelles uniflores, solit.; fruit presque capsulaire.*

51 **P. à feuil. de cotonnier.** *P. gossypifolia* DESV. *P hibiscifolia* LAMK. Mollement veloutée; feuil. tronquées à la base, quinquinervées, à 3 lobes ovales, acuminés, un peu dentés; en juil.-août, fl. blanches. Amér., 1751.

52 **P. fétide** *P. fœtida* CAV. *P. variegata* MILL. *P. hirsuta* LODD. Ann.; tiges et pétales hispides; feuil. velues, à 5 nervures, cordiformes, à 3 lobes entiers, les latéraux très petits, le médian acuminé; en juill.-août, fl. blanches à couronne violette. Amér. mérid., 1731.

53 **P. ciliée.** *P. ciliata* AIT. Tiges glabres; pétioles légèrement poilus; feuil. glabres, ordin. à 5 nervures, cordiformes, à 3 lobes acuminés, ciliés, dentelés; fl. rouge-chair, à couronne violet-foncé, blanche au milieu. Jamaïque, 1783.

54 **P. à feuil. de Nigelle.** *P. nigelliflora* TWEDIE. Poilue-soyeuse; feuilles cordiformes, à 5 lobes finement dentelés; bractées multifides, à fissures très étroites, glanduleuses au sommet; fl. verdâtres, 1842.

CULTURE. — Parmi les nombreuses espèces de Passiflores cultivées en Europe, deux seulement (nᵒˢ 39 et 48) peuvent être livrées à la pleine terre, et encore faut-il avoir soin d'en couvrir le pied, pendant l'hiver, avec de la litière ou des feuilles sèches, pour les protéger contre les gelées; on les plante en terre douce, près d'un mur au midi. Toutes les autres sont de serre chaude, sans cependant exiger beaucoup de chaleur, car beaucoup sont cultivées, chez certains jardiniers, dans des serres froides ou tempérées. Elles demandent une bonne terre légère, douce, comme par exemple un mélange, en parties égales, de terre de bruyère et de terre franche. On les multiplie de boutures étouffées ou par la greffe en fente. Les espèces annuelles (7 et 52) se sèment sur couche chaude au printemps; on les repique en pots, qu'on place sous châssis, et vers la fin de mai on les livre à la pleine terre, au pied d'un mur au midi; pour obtenir des graines, il faut les cultiver en serre chaude; car souvent les pieds cultivés en pleine terre ne mûrissent pas leurs fruits.—Ces plantes sont très remarquables par l'élégance et surtout par la singularité de leurs fleurs, dans lesquelles les personnes douées d'une imagination ardente reconnaissent les instruments de la passion de Jésus-Christ. Lorsqu'on veut jouir de toute la splendeur de ces végétaux, il faut les mettre en pleine terre dans la bâche d'une serre, ou dans de grands vases, en changeant souvent la terre. Les fruits de la 40e espèce sont comestibles.

MURUCUJA. *MURUCUJA* Tourn. [nom brésilien]. — Calice brièvement tubuleux, sillonné en dessous, à 5 ou 10 divis. colorées; couronne simple, membranacée, tubuleuse, conique, à gorge tronquée ou denticulée; 5 étam. soudées au gynaphore entouré à sa base d'un urcéole charnu, à 5 ou 10 lobes; 3 styles cylindr.; stigm. capité; baie presque globuleuse, pulpeuse intérieurem.; graines nombreuses fixées à 3 placentas pariétaux.

1 **M. à plusieurs yeux.** *M. ocellata* Pers. *Passiflora Murucuia* Lin. Feuilles glabres, glanduleuses en dessous, échancrées à la base, tronquées au sommet, à 2 lobes divariqués; pétioles sans glandes, plus courts que les pédicelles; bractées étroites, très aiguës; en juill.-août, fl. rouge écarlate. Antilles, 1730. — Serre chaude, culture des passiflores.

DISEMMA. *DISEMMA* Labill. [du grec *dis*, double, et *stemma*, couronne; de la double couronne qui garnit la gorge du calice]. — Calice brièvem. tubuleux, sillonné en dessous, à 10 lobes, les intér. plus petits, colorés, pétaliformes; couronne double, l'extér. formée de filets unisériés, l'intér. tubuleuse-conique; urcéole, entourant la base du gynaphore, à 5 lobes; 3 styles presque claviformes; stigm. capités; baie presque globuleuse, pulpeuse intérieurem.; graines nombreuses fixées à 3 placentas pariétaux.

1 **D. de Herbert.** *D. Herbertiana* Dec. *Passiflora* Bot. Reg. Feuil. pubesc., à base cordiforme, divisées au sommet en 3 lobes ovales, un peu aigus; pétioles garnis de 2 glandes au sommet; pédicelles uniflores, géminés; bractées, sétiformes très éloignées de la fleur; en juill.-août, fl. rouge pâle en dessus; filets, de la couronne extérieure, jaunes, 3 ou 4 fois plus courts que les sépales intérieurs du calice. Nouvelle-Hollande, 1822.

2 **D. à feuil. d'adiante.** *D. adiantifolia* Dec. *Passiflora adiantifolia* Dec. *P. adianthum* Willd. *P. aurantia* Andrews. Feuil. glabres, glanduleuses en dessous, tronquées à la base, à 3-5 lobes obtus, divisés en 3 lobules; pétioles sans glandes, beaucoup plus longs que les pédicelles; bractées subulées, éparses; en juin-sept., fl. rouges en dedans, jaune-orange en dehors. Ile Norfolk, 1792. — Serre tempérée; culture des passiflores.

TACSONIE. *TACSONIA* Juss. [de *tacso*, nom que portent ces plantes au Pérou]. — Calice longuement tubuleux, cylindr., à 10 divis. étalées, les intér. plus petites, pétaloïdes; couronne double, annulaire, entière ou filamenteuse; 5 étam.; 3 styles cylindr.; stigm. capité; baie presque globuleuse, pulpeuse; graines nombreuses fixées à 3 placentas pariétaux.

1 **T. à stipules pennées.** *T. pinnatistipula* Juss. *Passiflora* Cav. *Passiflora tomentosa* Cav. *P. tiliæfolia* Molina. Feuilles veloutées-blanchâtres en des-

sous, divisées, jusqu'aux dessous du milieu du limbe, en 3 lobes dentelés; stipules pinnatifides, à fissures très étroites; fl. roses. Chili, 1826.

2 **T. pédonculée.** *T. pedunculoris* Juss. Feuil. pubescentes sur les nervures de la face infér., trinervées, à 3 lobes ovales, obtus, dentelés; pétioles garnis de 4 glandes; stipules ovales-lanc., acuminées, dentelées. Pérou, 1815.

3 **T. molle.** *T. mollissima* Humb. et Bonpl. Feuil. toment.-blanches en dessus, pubescentes en dessous, cordif., quinquinervées, à 3 lobes ovales, aigus, finement dentés; pétioles glanduleux; stipules semi-ovales, acuminées, denticulées; fl. rouges. Pérou, 1844.

Culture. — Serre tempérée; culture des passiflores.

TRIBU III. — *MODECCÉES.*

Plantes grimpantes garnies de vrilles; fleurs unisexuées; ovaire stipité.

MODECCA. *MODECCA* Lin. [nom vulgaire indien]. — Involucre nul, calice campanulé, à 8-10 divis., les intér. plus petites, distinctes; fl. mâles garnies d'écailles pétaloïdes; 4-8 étamines insérées au fond du calice, incluses; ovaire rudiment, fusiforme; fl. fem. garnies de 4-5 filets subulés, soudés à la base en un anneau entourant le gynophore; ovaire stipité, couronné par 3 stigm. dilatés, obtus, presque pétaloïdes; capsule globuleuse, uniloculaire, s'ouvrant en 3 valves portant les placentas sur lesquels sont fixées les graines.

1 **M. lobé.** *M. lobata* Jacq. Arbriss. sarmenteux, feuilles non glanduleuses, glabres, cordiformes, à 3-5-7 lobes; pétioles garnis de 2 glandes au sommet; en août, fl. verdâtres. Sierra Léona, 1812. — Serre chaude; culture et multipl. des passiflores.

FAMILLE XCVII. — MALESHERBIÉES.

Herbes ou sous-arbrisseaux pubescents, à feuilles alternes, sess., sans stipules. Fleurs hermaphrodites, régulières; calice un peu membranacé, tubuleux, nervé, quinquefide, muni à la gorge d'une couronne membranacée, annulaire ou à 10 lobes; corolle à 5 pétales insérés à la gorge du calice; 5 étamines hypogynes, insérées sur le gynaphore ou support de l'ovaire; ovaire brièvement stipité, uniloculaire, à 3 placentas pariétaux; 3 styles filiformes; stigm. capité ou claviforme; capsule oblongue ou globuleuse, stipitée, uniloc., s'ouvrant au sommet en 3 valves séminifères; graines nombreuses, ovales, à périsperme charnu.

MALESHERBIA. *MALESHERBIA* Ruiz et Pav. [au célèbre Malesherbes, homme politique et promoteur des sciences.] — Calice longuement tubuleux, cylindr., garni à la gorge d'une couronne divisée profondément en 10 lobes tronqués et denticulés; corolle à 5 pétales lanc. plus courts que le limbe du calice; 3 styles.

1 **M. en thyrses.** *C. thyrsiflora* Ruiz et Pav. *Gynopleura tubulosa* Cav. Sous-arbriss. à feuil. linéaires-lanc., aiguës, sinuées-dentées, tomenteuses; fl. jaunes, axill. et terminales, formant de longues grappes au sommet des rameaux; calice à long tube resserré à la gorge. Pérou, 1820. — Serre chaude.

GYNOPLEURA. *GYNOPLEURA* Cav. [du grec *gunê*, femme, *pleuran*, latéral; de la position des styles]. — Calice campanulé, garni à la gorge d'une couronne annulaire, membranacée, seulement denticulée; corolle à 5 pétales ovales, un peu plus longs que les lobes du calice; 3-4 styles.

1 **G. à feuil. linéaires.** *G. linearifolia* Cav. *G. cœrulea* Presl. *Malesherbia linearifolia* Poir. *Malh. paniculata* Don. *Malh. coronata* D. Don. Herbacé, vivace; feuil. oblongues, obtuses, pennatifides, ciliées, celles du sommet presque entières; fl. bleu de ciel, en panicules terminales; calice dilaté à la gorge. Chili, 1820. — Serre chaude.

FAMILLE XCVIII. — LOASÉES.

Herbes de l'Amérique, recouvertes de poils raides, souvent très **brûlants par la piqûre; feuil.** opposées ou alternes, sans stipules. Fl. hermaphrodites; calice **tubuleux**, globuleux, rarem. cylindr., à 4-5 divis.; corolle **insérée à la gorge** du calice, à 4-5 pétales concaves, ou en nombre double de celui des sépales, et disposés sur 2 rangées, les intér. plus courts que les lobes du calice; étamines en nombre indéfini, distinctes ou réunies à la base en plusieurs phalanges, les extérieures souvent stériles; ovaire infère, uniloc., à 3-4-5 placentas pariétaux; style simple; stigm. indivis ou quadrifide; capsule uniloc., souvent couronnée par le limbe du calice; graines nombreuses, à périsperme charnu.

MENTZÉLIE. *MENTZELIA* Lin. [à C. Mentzel, botaniste allemand]. — Calice cylindr., marqué de 5 sillons, à 5 lobes lanc. ou subulés, égaux, persistants; 5 pétales plans, égaux; étam. inégales, les extér. plus longues, les intér. souvent rapprochées en 6 phalanges opposées aux pétales; style trigone; stigm. à 3 divis. aiguës, conniventes; capsule cylindr., couronnée par le calice, s'ouvrant en 3-5 valves; graines peu nombreuses, ovales ou oblongues, rugueuses. — Herbes de 40 à 60 cent., à feuil. alternes, grossièrem. dentées; de mai à juil., fl. jaune orange, solit., sessiles.

* *Fleurs petites, de 20-25 étam. à peu près égales; capsule à 3-6 graines.*

1 **M. oligosperme.** *M. oligosperma* Nutt. *M. aurea* Nutt. Pétales ovales, acuminés, plus longs que les lobes du calice; étam. un peu plus longues. Louisiane, 1812.

** *Fleurs grandes, de 30-100 étam., dont 10 extér. plus longues; capsule à 6-9 graines.*

2 **M. hispide.** *M. hispida* Willd. *M. aspera* Cav. Fl. presque sess.; pétales obovales, acuminés-mucronés, plus longs que le calice; 30 à 35 étamines. Mexique, 1820.

3 **M. stipité.** *M. stipitata* Sess. et Moç. Fl. pédicellées; pétales obovales, mucronés-cuspidés, un peu plus longs que le calice; 30-40 étam. Mexique, 1835.

*** *Fleurs grandes, à étamines indéfinies; graines très nombreuses.*

4 **M. de Lindley.** *M. Lindleyana* Torr. et Gr. *Bartonia aurea* Lindl. Feuil. sess., profondém. pennatifides; fl. grandes, agrégées au sommet des ram.; pétales obovales, briev. acuminés, une fois plus longs que les lobes du calice lancéolés et aigus; capsule allongée, hérissée. Californie, 1842.

Culture.—Serre tempérée, en terre à oranger; multiplication de graines ou de boutures d'une reprise très facile.— Ces plantes sont assez jolies pour être cultivées comme plantes d'ornement. La 4e esp. exige la terre de bruyère pure; les arrosements doivent être très modérés. La racine de la 3e esp. est un violent purgatif employé au Mexique dans le traitement des maladies vénériennes.

BARTONIE. *BARTONIA* Sims. [au docteur B.-S. Barton, professeur de botanique à Philadelphie].—Calice cylindr., à 5 lobes égaux, persistants; 10 pétales onguiculés; étam. indéfinies (200 à 250), plus courtes que les pétales, distinctes, les extér. quelquef. stériles; style simple, filiforme; stigm. obtus; capsule cylindr., couronnée par le calice, s'ouvrant au sommet en 3-7 valves.

1 **B blanchâtre.** *B. albescens* Gill. et Arnott. *B. sinuata* Presl. Feuil. sinuées; en juin-juil., fl. jaune pâle; pétales à peine plus longs que le calice; filets des étam. tous dilatés; anthères arrondies, mutiques; 3 stigm. distincts. Chili, 1831.

2 **B. ornée.** *B. ornata* Nutt. *B. decapetala* Sims. Bisann.; feuil. lobées, à lobes aigus; en juil.-sept., fl. blanches; capsule entourée de feuil., s'ouvrant en 5-7 valves; graines un peu échancrées. Missouri, 1811.

Culture du genre précédent.

LOASA. *LOASA* Adans. [nom sans signification, comme tous ceux composés par Adanson]. — Calice ovale ou cylindr., marqué de côtes longitudinales ou spirales, à 5 lobes égaux; 10 pétales, dont 5 concaves, plus grands que les lobes du calice, et 5 plus petits, garnis de 3 soies sur la partie extérieure; étam. nombreuses, les extér. stériles, filif., géminées et opposées aux petits pétales, les intér. fertiles, rapprochées en 5 faisceaux opposés aux pétales extér.; style simple; stigm. à divis. aiguës, connivenles; capsule ovale ou globuleuse, couronnée par le calice, s'ouvrant en 3 valves; graines nombreuses. — Herbes hérissées de poils très brûlants.

** Feuilles opposées.*

1 **L. luisant.** *L. nitida* Lamk. *L. tricolor* Bot. reg. Ann.; feuil. cordif., à 5-7 lobes aigus, dentés, les infér. souv. pennatifides, celles du sommet sess.; en juin-sept., fl. jaunes, solit., axill.; calice à lobes oblongs, acuminés, égalant les pétales. Chili, 1822.

2 **L. à grandes fl.** *L. grandiflora* Lamk. Ann.; feuil. infér. opposées, longuement pétiolées, les supér. alternes, toutes cordif., à 5 lobes incisés-dentés; en juin-sept., fl. jaunes, longuem. pédicellées, axil. et terminales; calice à lobes acuminés, plus courts que les pétales. Pérou, 1825.

3 **L. de Place.** *L. Placei* Lindl. *L. acanthifolia* Lindl. Ann.; tiges dressées, rameuses; feuil. supér. sess., divisées en lobes incisés; en juin-sept., fl. jaunes; calice à lobes ovales-lanc.; étam. stériles, ovales, sessiles; capsule claviforme, très hispide. Chili, 1822.

4 **L. blanc.** *L. alba* D. Don. Ann., hispide, blanc; feuil. palmées, dentées; calice à lobes linéaires allongés; pétales profondém. concaves; filets des étam. stériles, aristés, en forme de doloire. Chili, 1840.

*** Feuilles alternes.*

5 **L. blanchâtre.** *L. incana* Grah. Sous-arbriss. à tiges dressées, rameuses, rudes au toucher; feuilles éparses, pétiolées, ovales, lanc., incisées, dentelées, blanchâtres et rudes au toucher; fl. blanches, solit., opposées aux feuilles. Chili, 1830.

6 **L. à feuil. d'ambroisie.** *L. ambrosifolia* Juss. Ann.; tiges de 40 cent., un peu rameuses; feuil. pétiolées, bipennatifides, à fissures un peu obtuses; en juin-sept., fl. jaunes, extra-axillaires; divis. du calice lanc.-linéaires, aiguës, plus courtes que les pétales. Pérou, 1829.

Var. hispide, à lobes des feuil. plus nombreux, plus larges et rapprochés. *L. hispida* Lamk. *L. urens* Jacq.

7 **L. à fl. rouges.** *L. lateritia* Hook. *Loasa coccinea* Hort. *Cajophora lateritia* Sweet. Vivace; tiges grimpantes, très longues, hispides; feuil. cordiformes, pennatifides ou à 3 lobes grossièrem. dentelés; en juin-oct., fl. rouges, à pétales sess., carénés; écailles appendiculaires, trilobées, membranacées, se prolongeant intérieurem. en deux longues pointes sétiformes; capsule cylindr., un peu contournée. Tucaman, 1837.

Culture. — Les espèces vivaces sont de serre tempérée; l'été, on peut les livrer à la pleine terre le long d'un treillage, à bonne exposition au midi, sans trop les arroser. Les espèces ann. se sèment sur couche tiède, au mois de mars; lorsque le plant est assez fort, on le repique en pots qu'on place sous châssis pour faciliter la reprise; enfin, au mois de mai, on les place en pleine terre comme les espèces vivaces. La multipl. de ces dernières se fait de boutures, lorsque les graines ne mûrissent pas. — La dernière espèce est une très jolie plante d'ornement.

BLUMENBACHIE. *BLUMENBACHIA* Schrad. [au docteur J.-F. Blumenbach, professeur de médecine à Gœttingue]. — Calice turbiné ou globuleux, marqué de 10 côtes contournées en spirale, à 5 lobes égaux; 10 pétales concaves, dont 5 plus grands, alternes aux lobes du calice; étamines nombreuses, les extér. stériles, filif., disposées par paires en face les pétales intérieurs, les fertiles rapprochées en faisceaux opposés aux grands pétales extér.; ovaire à 5 placentas pariétaux; style simple; stigm. aigu; capsule nue au sommet, contournée en spirale, à 10 valves, 5 seulement séminifères. — Herbes ann., à tiges grimpantes, rameuses; feuil. opposées; fl. blanches, axill., solit., munies de bractées.

1 **B. remarquable.** *B. insignis*

SCHRAD. *B. parviflora* GILL. *Loasa palmata* SPRENG. Feuil. palmatifides, grossièrem. et irrégulièrem. dentelées, hispides; pédonc. latéraux; en juin-nov., fl. blanches. Chili, 1825.

2 **B. multifide.** *B. multifida* HOOK. Feuil. palmées, à lobes pennatifides; en juin-nov., fl. munies de 2 bractées; pétales hispides. Buénos-Ayres, 1834.

Culture des esp. annuelles du genre précédent.

FAMILLE XCIX. — TURNÉRACÉES.

Herbes ou sous-arbrisseaux hérissés de poils; feuilles alternes, pétiolées, simples, souvent munies de 2 glandes à la base; stipules nulles. Fl. hermaphrodites, régulières, axillaires; calice libre, plus ou moins profondément divisé en 5 lobes égaux; 5 pétales briév. onguiculés, insérés à la base ou à la gorge du calice; 5 étam. incluses, insérées au fond du tube calicinal; ovaire libre, uniloc., à 3 placentas pariétaux; 3 styles terminaux, quelquef. bifides; 3 ou 6 stigm. multifides; capsule uniloc., s'ouvrant longitudinalem. en 3 valves; graines nombreuses, à périsperme charnu.

TURNÉRA. *TURNERA* PLUM. [dédié à W. Turner, mort en 1568]. — Calice infondibuliforme, quinqueparti; 5 pétales plus longs que le calice; 3 styles indivis; stigm. multifides. — Herbes ou sous-arbriss. couverts de poils simples.

1 **T. à feuil. d'orme.** *T. ulmifolia* LIN. Bisann.; tiges de 1 mètre; feuilles pubesc., glanduleuses, ovales-oblongues, finem. dentelées; en juin-sept., fl. jaunes, sess.; styles un peu plus courts que les étamines. Jamaïque, 1733.

VAR. à feuilles oblongues-lancéolées. *T. angustifolia* CURTIS.

2 **T. à fl. de Ketmie.** *T. trioniflora* SIMS. *T. elegans* OTTO. Vivace; tiges de 70 cent.; feuil. pubescentes, glanduleuses, oblongues-lanc., grossièrement dentelées, à base longuem. cunéaire, très entières; en été, fl. jaune pâle; styles plus longs que les étam. Brésil, 1812.

3 **T. faux ciste.** *T. cistoides* LIN. Ann.; feuil. linéaires-lanc., dentelées, pubesc. en dessus, toment. en dessous, sans glandes à la base; en juin-oct., fl. jaunes, en grappes feuillées; pédicelles articulés, sans bractées, plus courts que les feuilles. Saint-Domingue.

CULTURE. — Serre chaude, bien éclairée; multipl. de graines semées sur couche chaude. Les espèces ligneuses peuvent se multiplier de boutures. — Les deux premières sont d'assez jolies plantes pour l'ornement des serres.

PIRIQUETA. *PIRIQUETA* AUBL. [nom vulgaire à la Guyane]. — Calice campanulé, quinquefide; 5 pétales briév. onguiculés; ovaire libre; 3 styles bifides ou bipartis; 6 stigm. multifides. — Herbes poilues, à poils étoilés; feuilles alternes, glanduleuses.

1 **P. de l'Herminier.** *P. Herminieri* HERINCQ. *Turnera Herminieri* AD. BRONG. Ann.; tiges hérissées de longs poils simples; feuil. briév. pétiolées, linéaires-lancéolées, aiguës, sinuées ou lâchement dentelées, tuberculeuses, un peu rudes en dessus, poilues en dessous par des poils étoilés; en juil.-août, fl. jaunes, pédicellées, axill., solit.; pédicelles munis de 2 petites bractées au-dessus du milieu; calice poilu; 3 styles bipartis; stigm. bifides, fimbriés. Antilles, 1842. — Plein air; multipl. de graines semées sur couche chaude.

FAMILLE C. — PORTULACÉES.

Herbes ou sous-arbriss. à tiges et ram. cylindr., le plus souvent diffus; feuil. alternes, plus ou moins charnues, entières; stipules nulles ou latérales, subulées, sétiformes. Fl. hermaphrodites, régulières, en cymes terminales ou axill.; calice quelquefois bractéolé, persistant, à deux sépales, ou gamosépale à 2-5 divis., très souvent coloré; corolle souvent nulle, ou à 4-6 pétales distincts; étamines en nombre variable, hypogynes ou insérées à la base du calice; ovaire libre, entouré d'un disque hypogyne, uniloc. ou à 8 loges; style simple ou à 8 divisions;

stigm. capités, terminaux ; capsule à 1 ou 8 loges mono ou polyspermes, ovoïde ou lenticulaire ; graines à périsperme farineux ou plus ou moins charnu.

TRIBU I. — *TÉTRAGONIÉES.*

Calice tubuleux, soudé avec l'ovaire, à 3 ou 5 divis. ; corolle nulle ; fruit drupacé ou sec, anguleux ou ailé, de 1 à 9 loges monospermes.

TÉTRAGONIE. *TETRAGONIA* LIN. [du grec *tétra*, nombre quatre, *gônia*, angle : du fruit à quatre angles].— *Voir* les caractères de la tribu.

1 **T. cornue.** *T. expansa* AIT. *T. cornuta* GÆRTN. *T. Japonica* THUNB. Ann.; tiges grêles, velues ; feuilles pétiolées, ovales-rhombées; en août, fl. jaunâtres, sess. ; fruit à 4 cornes, renfermant 6-8 graines. Japon, 1772.

2 **T. cristalline.** *T. cristallina* L'HÉRIT. Ann., herbacée, couverte d'une efflorescence blanchâtre et de petits tubercules cristallins; feuil. ovales, sess.; en juin, fl. jaunes, sess.; fruit tétragone sans cornes, à 4 graines. Pérou, 1755.

3 **T. hérissée.** *T. echinata* AIT. Ann. ou bisann., herbacée; feuil. pétiolées, rhombées-ovales;en août,fl. pédicellées, pendantes; fruit hérissé, à 3-4 graines. Cap, 1774.

4 **T. décombante** *T. decumbens* MILL. Arbuste à tiges rampantes, épaisses et succulentes; feuil. briév. pétiolées, obovales-oblongues ; en juil.-sept., fl. jaune-pâle, pédicellées, disposées par 3; fruit ailé à 4-5 angles. Cap, 1758.

5 **T. frutescente.** *T. fruticosa* LIN. Sous-arbriss. dressé ; feuil. oblongues, briév. pétiolées, succulentes ; en juil.-sept., fl. jaunes, solit. ou disposées 2-3 à l'aisselle des feuill.; fruit ailé, à 3-4 angles. Cap, 1712.

CULTURE. — Les espèces ligneuses se cultivent comme les Ficoïdes et peuvent être placées dans la même serre. On les multiplie très facilement de boutures ; les espèces ann. se sèment en pleine terre et en place, au commencement de mai, dans un terrain chaud et bien exposé. De toutes ces plantes, une seule mérite de fixer notre attention comme plante potagère, c'est la **T. cornue.** Elle pourrait remplacer, en été, les épinards, qui manquent généralement à cette époque. On la sème en place, vers la fin d'avril, dans un terrain bien amendé et chaud. On peut récolter les feuil. depuis la fin de juin jusqu'aux premières gelées.

TRIBU II. — *AIZOIDÉES.*

Calice libre à 4 ou 5 divisions ; corolle nulle ; 2-5 styles ; capsule ligneuse à 2-5 loges ou uniloc. par avortement, s'ouvrant par les angles en plusieurs valves.

AIZOON. *AIZOON* LIN. [du grec *aiô*, exhaler, *zôon*, animal].—Calice quinquefide, coloré intérieurement; 5 étam. ou 20, environ, disposées par 3-5 entre chaque lobe du calice; ovaire à 5 angles ; 5 stigm. sess., charnus, claviformes; capsule presque osseuse, à 5 loges, s'ouvrant au sommet par 5 petites fentes ; 2 à 10 graines dans chaque loge.

1 **A. des Canaries.** *A. Canariense* LIN. *Glinus cristallinus* FORSK. Vivace, herbacée ; tiges couchées, velues, rameuses ; feuil. pubesc., ovales-cunéif.; en juil.-août, fl. jaunes, axill., sessiles, à 2-4 étamines. 1731.

2 **A. d'Espagne.** *A. Hispanicum* LIN. Ann.; tiges herbacées, dressées, dichotomes, papilleuses au sommet; feuil. opposées, glabres, lancéolées ; en juil.-août, fl. vertes, pédicellées, solit. dans les bifurcations. 1728.

3 **A. raide.** *A. rigidum* LIN. Sous-arbriss. à tiges retombantes, rameuses; ram. très allongés, hérissés de petits poils blancs, un peu hispides ; feuil. glauques, tomenteuses, ovales, aiguës ; fl. sessiles, alternes, unilatérales. Cap, 1843.

CULTURE. — Serre froide ; terre de bruyère; arrosements très modérés; multipl. de boutures, ou de graines pour les espèces annuelles.

GALÉNIE. *GALENIA* LIN. [au célèbre physicien italien C. Galenus]. — Calice profondément divisé en 4-5 lobes, colorés en dedans; 8 ou 10 étam. disposées par 2 entre chaque lobe ; ovaire de 2-5 loges ; 2-5 stigm. filif., épais ; capsule ligneuse ou subéreuse à 3 ou 5 angles, et à 1-5 loges monospermes.

1 **G. d'Afrique.** *G. Africana* Willd. Herbes velues de 70 cent.; feuil. alternes, charnues, entières, velues-hispides, en juin-août, fl. blanches, sess., axillaires. Cap, 1752. — Orangerie; terre de bruyère mélangée.

TRIBU III. — *SÉSUVIÉES.*

Calice quinquefide, rarement bifide, libre ou soudé avec l'ovaire; corolle nulle, quelquefois à 4-6 pétales; ovaire à 1 ou 5 loges multiovulées; capsule s'ouvrant circulairement.

TRIANTHEME. *TRIANTHEMA* Sauvag. [du grec *treis*, trois, *anthema*, floraison; de la disposition des fleurs]. Calice brièv. tubuleux, soudé à la base avec l'ovaire, à 5 divis. colorées intérieurem.; corolle nulle; 5-10 étam., rarem. plus; ovaire biloculaire, tronqué au sommet; 2 stigm. cylindr., quelquefois 1 par avortement; capsule cylindr. ou turbinée, à 1 ou 2 loges mono ou dispermes.

1 **T. monogyne.** *T. monogyna* Lin. Ann.; tiges rameuses, herbacées, diffuses, glabres; feuil. opposées, ovales, obtuses, inégales, rougeâtres sur les bords; en automne, fl. verdâtres, rougeâtres en dedans, axill. sess., munies de 2 bractées; 5 étamines. Jamaïque, 1820. — Serre tempérée, multipl. de boutures ou de graines.

SÉSUVIE. *SESUVIUM* Lin. [étymologie inconnue]. — Calice persistant, à 5 lobes colorés en dedans; corolle nulle; 15-20 étam. insérées au sommet du tube calicinal; ovaire libre, sessile; 3-5 stigm. sessiles, capsule membranacée, à 3 rarem. 4-5 loges; graines nombreuses.

1 **S. faux pourpier.** *S. portulacastrum* Lin. *S. pedunculatum* Pers. *Aizoon Canariense* Andr. Vivace; feuil. opposées, linéaires ou oblongues-lanc., planes; en juin-juil., fl. blanchâtres, rouges en dedans, pédicellées, axill., solitaires. Amérique, 1622.

2 **T. à feuil. révolutées.** *T. revolutifolium* Ort. *S. portulacastrum* var. Sims. Vivace; feuil. opposées, glauques, ovales-oblongues, à bords roulés; en juil.-août, fl. blanches, rouges intérieurement, sessiles, axill. solit. Cuba.

Culture. — Bonne serre tempérée; multipl. de graines, de boutures ou d'éclats. — Plantes sans intérêt.

POURPIER. *PORTULACA* Tourn. [du grec *portis*, génisse, *lac*, lait; des propriétés présumées de ces plantes pour augmenter le lait des vaches]. — Calice à 2 divis, se détachant quelquef. circulairement à la base; 4-6 pétales égaux, distincts ou plus ou moins soudés entre eux; 8-15 étam.; ovaire arrondi; style à 3-6 branches ou 3-6 stigm. sessiles; capsule globuleuse, uniloc., s'ouvrant circulairement au milieu. Herbes charnues, à feuilles éparses, entières.

1 **P. des jardins.** *P. oleracea* Lin. Ann.; tiges couchées, rameuses, succulentes, lisses; feuil. alternes, charnues, cunéiformes; en juin-sept., fl. jaunes, sess. axillaires. Europe, 1582.

Var. à feuil. jaunâtres. *L. aurea* Hort.

2 **P. feuillu.** *P. foliosa* Bot. reg. Ann.; tiges diffuses, à ram. dressés; feuil. subulées; en juin, fl. jaunes, solit. au sommet des rameaux, poilues, entourées d'un involucre à plusieurs feuil.; pétales légèr. échancrées. Guinée, 1822.

3 **P. mucroné.** *P. mucronata* Link. Ann.; tiges dressées; feuil. oblongues, brièv. acuminées, les florales au nombre de 8, inégales, constituent un involucre à la fl.; en juin, fl. jaunes, sess., terminales.

4 **P. poilu.** *P. pilosa* Lin. Ann. ou bisann.; tiges diffuses, géniculées-poilues; feuil. alternes, linéaires-lancéolées, les florales presque verticillées; en juin, fl. pourpres, velues, rassemblées au sommet des rameaux. Martinique, 1690.

5 **P. à grandes fleurs.** *P. grandiflora* Cambess. Vivace; tiges dressées, poilues à l'aisselle des feuil.; feuil. linéaires-lanc., aiguës, planes en dessus, convexes en dessous, couvertes de longs poils; fl. pourpre-violacé passant au jaune-orange, rassemblées au sommet des rameaux; pétales obcordés, beaucoup plus longs que le calice. Brésil, 1828.

6 **P. de Thellusson.** *P. Thellusonii* Lindl. *P. grandifl.* var. *rutila* Lindl. Ann.; tiges dressées, longuem. poilues à l'aisselle des feuil.; feuil. alternes pres-

que cylindr. acumin., obtuses, les florales presque verticillées; fl. pourpres, sess., rassemblées au sommet des rameaux; pétales concaves, bilobés, dépassant le calice. Brésil, 1835.

7 **P. de Gillées.** *P. Gilliesii* Hook. Vivace; tiges dressées, rameuses; feuil. oblongues-cylindriques un peu comprimées, obtuses, ponctuées, garnies à leur aisselle d'un petit faisceau de poils dressés; en juin-août, fl. pourpres, rassemblées au sommet des ram.; pétales poilus, plus longs que le calice. Chili, 1827.

Culture. — Toutes peuvent être, à la rigueur, livrées à la pleine terre. Cependant, pour obtenir une brillante floraison des 3 dernières espèces, il faut les cultiver sous châssis ou en serre froide. Lorsqu'on les livre en pleine terre, il faut choisir une exposition bien exposée au soleil, car ce n'est que par la force de la chaleur et de la lumière que leurs belles fl. s'épanouissent. On les sème sur couche et sous châssis à la fin du mois d'avril; on repique le plant lorsqu'il est assez fort pour supporter cette opération; et vers la fin de mai, on les livre à la pleine terre. Ce sont de très jolies plantes d'ornement. La 1re espèce est cultivée comme plante potagère; on s'en sert comme fourniture dans les salades; c'est la variété **dorée**, plante très rafraîchissante, qui est employée à cet usage.

TRIBU IV. — *PORTULACARIÉES.*

Calice à 2 sépales persistants, distincts; corolle persistante; ovaire libre uniloc.; 3 stigm.; capsule à 3 ailes, indéhiscente, monosperme.

PORTULACARIE. *PORTULACARIA* Jacq. [de *portulaca*, à cause des rapports de ces deux genres]. — Calice à sépales membranacés; 4-5 pétales égaux, plus longs que le calice; 5-7 étam. insérées à la base des pétales; style très court; stigm. étalés, papilleux intérieur.; capsule sèche.

1 **P. d'Afrique.** *P. afra* Jacq. *Claytonia portulacaria* Lin. *Crassula portulacaria* Lin. *Portulaca fruticosa* Thunb. Arbriss. glabre, à feuil. opposées, charnues, obovales-arrondies, planes; fl. roses, petites, sess. 1732. — Serre tempérée.

TRIBU V. — *CALANDRINIÉES.*

Calice à 2 sépales distincts, ou plus ou moins soudés; corolle polypétale ou monopétale, rarement nulle; ovaire libre, uniloc.; capsule déhiscente.

ANACAMPSÉROS. *ANACAMPSEROS* Lin. [du grec *anakamptô*, recourber, replier; allusion aux divis. du style, qui sont recourbées]. — Calice à 2 sépales d'inégale longueur; 6 pétales onguiculés, à préfloraison tordue; 12-30 étam. hypogynes, adhérentes à la base des pétales; style filif. à 3 divis. recourbées, portant les stigm. en dedans; capsule uniloc., membranacées, s'ouvrant en 3 6 valves réticulées-veinées; graines nombreuses. — Sous-arbriss. du Cap.

1 **A. faux Téléphium.** *A. Telephiastrum* Dec. *A. rotundifolia* Sweet. *Portulaca anacampseros* Lin. *Talinum anacampseros* Willd. Sous-arbriss. de 25 cent., à tiges charnues; feuil. sess., glabres, ovales, difformes, garnies de longs poils à l'aisselle; en juil.-sept., fl. rouges en grappes pauciflores paniculées. 1732.

2 **A. arachnoïde.** *A. arachnoides* Sims. *Talinum* Ait. *Portulaca* et *Rulingia* Haw. Sous-arbriss. de 25 c., à feuil. ovales, acuminées, difformes, vert luisant, couvertes de longs filaments blancs semblables à des fils d'araignée, garnies à l'aisselle de poils plus courts; en juil.-sept., fl. rouges en grappes simples; pétales lancéolés. 1790.

3 **A. filamenteux.** *A. filamentosa* Haw. Sous-arbriss. de 35 cent.; feuil. ovales-globuleuses, gibbeuses, couvertes de filaments, un peu rugueuses en dessus; stipules couvertes d'écailles, plus longues que les feuil.; en août-sept., fl. rouges, à pétales oblongs. 1795.

Culture. — Bonne serre tempérée sèche; multipl. de boutures.

TALINUM. *TALINUM* Adans. [du grec *thalia*, rameau vert; de la couleur verte des tiges et des rameaux]. — Calice à 2 sépales ovales, opposées; 5 pétales insérés au fond du calice; 10-20 étam. insérées avec les pétales; style filif., fendu au sommet en 3 stigm. étalés; capsule uniloc., polysperme, s'ouvrant en 3 valves; graines ailées, fixées à un placenta central.

1 **T. frutescent.** *T. crassifolium* Willd. *Portulaca crassifolia* Jacq. Tiges frutescentes, dressées, de 35 cent.; feuil. planes, obovales-lanc., mucronées; en août-sept., fl. rouges, disposées en corymbes paniculés-alongés; pédonc. triangulaires. 1800.

Var. à fl. blanches. *T. fructicosum* Willd. *Portulaca paniculata* Lin.

2 **T. étalé.** *T. patens.* Willd. *Portulaca paniculata* et *patens* Jacq. *T. paniculatum* Gærtn.. Tiges frutesc. dressées, de 35 cent; feuil. planes, ovales, mucronées, les infér. obovales; en août-oct., fl. rouges en panicules terminales; pédonc. alternes, dichotomes, sans bractées. Martinique, 1776.

3 **T. réfléchi.** *T. reflexum.* Cav. *T. dichotomum* Ruiz. et Pav. *Portulaca reflexa* Haw. Tiges frutesc., dressées, de 35 cent., feuil. planes, lanc., ou ovales, obtuses, souvent opposées; en août-oct., fl. jaunes, en panicules terminales; pédonc. souvent opposés, dichotomes, sans bractées. Amér. mérid., 1800.

4 **T. à feuil. cylindriques.** *T. teretifolium* Pursh. *T. trichotomum* Desf. Vivace; racines fibreuses; tiges cylindr. herbacées, de 35 cent.; feuil. cylindr.-subulées, charnues; en août, fl. rouges en cymes trichotomes-corymbif. terminales; stigm. rapprochées; simulant un stigm. simple. Virginie, 1823.

Culture. — Excepté la dernière espèce, qui est de plein air, les *Talinum* sont des plantes de serre chaude qu'on doit placer sur les tablettes de devant. On peut les traiter aussi comme plantes annuelles, en les semant en pots sur couche au mois d'avril, pour les livrer, à la fin de mai, en pleine terre; autrement on les multiplie de boutures, comme toutes les plantes ligneuses de cette famille.

CALANDRINIA. *CALANDRINIA* Humb., Bonpl. et Kunth. [en l'honneur de J.-L. Calandrini, botaniste de Genève]. — Calice monosépale, persistant, à 2 divis. ovales-arrondies; 3-5 pétales distincts ou plus ou moins soudés entre eux, insérés au fond du calice; 4-15 étam. libres, hypogynes ou insérées à la base des pétales; ovaire libre, uniloc.; un style très court, divisé au sommet en 3 branches rapprochées, formant comme une massue; stigm. sur la face interne des divis. du style; capsule oblongue-elliptique, uniloc., monosperme, s'ouvrant en 3 valves; graines fixées au placenta central par un funicule capillaire.

1 **C. poilue.** *C. pilosiuscula* Dec. *Talinum ciliatum* Hook. Ann.; tiges anguleuses, redressées, légèrem. poilues; feuil. linéaires-spatulées, poilues comme les tiges; en juin-sept., fl. roses, axill., rapprochées en grappes terminales; pédicelles unifl., soudés avec la base des feuil. florales; stigm. étalés. Chili, 1823.

2 **C. comprimée.** *C. compressa* Schrad. Ann.; tiges succulentes; feuil. linéaires-ciliées, obtuses, légèrem. carénées; en juin-sept., fl. pourpres, petites, disposées en grappes; calice comprimé, à divis. acuminées, triangulaires-cordiformes, inégales. Chili.

3 **C. luisante.** *C. nitida* Dec. *Talinum nitidum* Ruiz. et Pav. Feuil. spatulées; fl. axill., solit.; 1-9 étam. Chili.

4 **C. élégante.** *C. Menziesii* Hook. *C. speciosa* Lindl. Feuil. linéaires-spatulées, les infér. longuem. pétiolées, à bords nus; les supér. glanduleuses-ciliées; en sept.-oct., fl. pourpre violacé, pédonculées, axill.; pétales carénés, ciliés-glanduleux. Chili.

5 **C. gracieuse.** *C. speciosa* Lehm. Tiges simples, cylindr., dépourvues de feuil.; feuil. charnues, obovales-oblongues, obtuses, glauques, disposées en rosette à la base de la tige; en sept.-oct., fl. pourpre violet, longuem. pédicellées, pendantes, disposées en grappes simples, lâches; calice maculé. Chili.

6 **C. couchée.** *C. procumbens* Moris. Tiges grêles, rameuses, glabres; feuil. alternes, glabres, charnues, étroitement linéaires, canaliculées, obtuses; en juin-sept., fl. rouges, pédonculées, axill. ou opposées aux feuil.; 3-6 étam. Chili.

7 **C. de 2 couleurs.** *C. discolor* Schrad. Tiges sous-frutescentes, cylindr.; feuil. charnues, spatulées-lanc., aiguës, glauques en dessus, rouge pourpre en dessous; en juin-sept., fl. rou-

ges, en grappes rameuses, terminales; calice maculé. Chili, 1832.

8 **C. à grandes fleurs.** *C. grandiflora* LINDL. Tiges sous-frutescentes; feuil. charnues, pétiolées, rhombées, aiguës, glauques; en juin-oct., fl. pourpres, en grappes simples, terminales; calice maculé. Chili, 1826.

9 **C. de Lindley.** *C. Lindleyana* WALPRS. *C. discolor* LINDL. Tiges sous-frutescentes; feuilles charnues, obovales, obtuses, rétrécies en pétiole; en juin-oct., fleurs pourpres, en grappes unilatérales; pédonc. fructifères réfléchis; pétales plus longs que le calice.

10 **C. de Gillies.** *C. Gilliesii* HOOK. *C. umbellata* GILL. Racines ligneuses, émettant plusieurs tiges simples, dressées, garnies à la base d'un grand nombre de feuilles éparses, oblongues-linéaires, hérissées de poils couchés; en juin-oct., fl. violettes, munies de bractées de la long. du pédicelle, disposées en corymbes terminaux; sépales ovales, tridentés, poilus en dehors; 5 étamines. Chili, 1832.

11 **C. des sables.** *C. arenaria* CHAM. *C. vinulosa* HOOK. Tiges herbacées, couchées sur terre en forme de rosette, dépourvues de feuil. au sommet; feuil. longuem. pétiolées, rhombées, très denses vers le milieu des tiges, éparses à leur base; en juin-oct., fl. rouge vin, en grappes multifl., denses, terminales; bractées membranacées. Chili.

12 **C. à petites fl.** *C. micrantha* SCHLECHT. Feuil. très étroites, aiguës; en juin-oct., fl. à 3-5 pétales sans bractées; calice à lobes ovales-arrondis; capsule triangul., oblongue, se rétrécissant en pointe, de la longueur du calice, s'ouvrant en 3 valves. Mexique, 1840.

CULTURE. — Quoique la plupart de ces plantes soient vivaces, il est difficile de les cultiver comme telles; il est plus simple de les traiter comme plantes annuelles en les semant tous les ans au printemps, sur couche. Lorsque les plantes sont assez fortes, on les rique en les plaçant sous châssis pour faciliter la reprise, et au mois de juin on les livre à la pleine terre où elles fleurissent et mûrissent leurs graines. Les plus remarquables, comme pl. d'ornement, sont les espèces 1, 4, 5, 7, 8, 9 et 10.

CLAYTONIA. *CLAYTONIA* LIN. [à J. Clayton, botaniste-collecteur en Virginie]. — Calice à 2 sépales ovales, entiers, persistants; 5 pétales égaux, hypogynes, quelquef. soudés par l'onglet; 5 étam. insérées à la base de l'onglet des pétales; ovaire sess.; style divisé en 3 branches portant le stigm. sur la partie interne; capsule uniloc., à 3 graines sessiles, s'ouvrant en 3 valves.

1 **C. de Cuba.** *C. perfoliata* DON. *C. Cubensis* BONPL. *Limnia perfoliata* HAW. Ann.; feuil. sans nervures, celles du sommet opposées, arrondies, soudées par la base, les radicales pétiolées, ovales-rhombées; en mars-juin, fleurs blanches, petites, pédicellées, disposées en grappes, les infér. fasciculées; pétales entiers ou légèrem. échancrés. 1794.

2 **C. faux alsiné.** *C. alsinoides* SIMS. *C. Sibirica* HORTUL. *Limnia* HAW. Ann.; feuil. supér. opposées, sess., ovales, mucronées; les radicales pétiolées, ovales, acuminées; en mars-juil., fl. blanches, pédicellées, en grappes, ou le plus souvent solit.; pétales à 2 dents aiguës. Colombie, 1794.

VAR. à fl. roses, à feuil. sans nervures. *C. Sibirica* BOT. REG.

3 **C. de Virginie.** *C. Virginica* LIN. *C. grandiflora* SWEET. Vivace; feuil. linéaires ou linéaires-lanc., aiguës, rétrécies en pétiole, les radicales très peu nombreuses; en mars-mai, fl. rouge écarlate, pédicellées, pendantes, disposées en grappes allongées; pétales le plus souvent échancrés. 1748.

4 **C. faux gypsophile.** *C. gypsophiloides* FISCH. et MEY. Vivace, glauque; feuil. radicales très longues, filif., les caulinaires opposées et soudées par leur base, formant une feuil. perfoliée; fl. sans bractées, disposées en grappes simples; pétales linéaires-échancrés, 3 fois plus longs que le calice. Californie, 1834.

CULTURE. — Plein air; terre de bruyère. Les espèces vivaces doivent être abritées l'hiver avec de la paille, pendant les fortes gelées. On sème les espèces ann. au mois de mai, en place. Les arrosements ne doivent pas manquer l'été; la terre doit toujours être humide.

MONOCOSMIA. *MONOCOSMIA* FENZL. [du grec *monos*, seul, *cosmos*, le monde. L'auteur fait allusion sans doute à l'organe mâle de cette plante, qui est représenté dans chaque fl. par une seule étamine]. — Calice à 2 sépales ovales-arrondis, munis, sur le dos, d'un appendice en forme d'aile; 3, rar. 4 pétales hypogynes, distincts, oblongs; une étam. opposée à un pétale; style très court, bifide; stigm. étalés; capsule membranacée, mono ou disperme, s'ouvrant en 2 valves.

1 **M. faux corrigiola.** *M. corrigioloides* FENZL. *Talinum monandrum* RUIZ. et PAV. *Calandrinia monandra* DEC. Ann.; tiges nombreuses, glabres, charnues; feuil. radicales disposées en rosette, deltoïdes-rhombées, obtuses, atténuées en pétiole, les caulinaires alternes, sans stipules; fl. très petites, presque sess., disposées en grappes termin. et axillaires. Chili.

MONTIA. *MONTIA* MICHELI. [à Joseph Monti, professeur de botanique à Bologne]. — Calice libre, persistant, à 2, rar. 3 sépales; 5 pétales inégaux soudés à la base; 3 étam., rar. 4-5, insérées à la gorge de la corolle; style trifide portant les stigm. sur la face interne; capsule uniloc. à 3 graines, s'ouvrant en 3 valves.

1 **M. des fontaines.** *M. fontana* LIN. Ann., charnue; tige irrégulière, dichotome, de 3-10 cent.; feuil. opposées, très glabres, oblongues, rétrécies en pétiole; en mai-juin, fl. blanches, très petites, disposées en cymes unilatérales, paucifl. Indigène; bords des ruisseaux ou endroits humides.

TRIBU VI. — *MOLLUGINÉES.*

Calice persistant, à 5 divisions plus ou moins profondes, rar. à 4; ovaire uniloculaire, multiovulé, ou à 3-5 loges unies ou multiovulées; capsule à déhiscence loculicide.

MOLLUGINE. *MOLLUGO* LIN. [nom appliqué par Pline à une plante supposée être le *galium mollugo*, auquel le genre *mollugo* ressemble par ses feuil. verticillées et douces]. — Calice à 5 sépales; corolle nulle; 3-5 étam.; 3 stigm. linéaires-arrondis; capsule à 3 loges, s'ouvrant en 3 valves.

1 **M. verticillée.** *M. verticillata* LIN. Ann.; tiges de 20 cent., décombantes, divisées; feuil. verticillées, inégales, rétrécies en coin à la base, aiguës; pédoncules unifl. Virginie, 1748.

2 **M. à 3 feuil.** *M. triphylla* LAMK. Ann.; tiges dressées; feuil. verticillées par 3; fl. en panic. termin. et latérales. Brésil, 1821.

PHARNACÉ. *PHARNACEUM* LIN. [Pharnace, roi de Pont, fut le premier, selon Pline, qui mit cette plante en usage dans la médecine]. — 5 sépales colorés à l'intérieur; corolle nulle; 5 étam.; 3 stigm. charnus, obovales, carénés en dessous; capsule uniloc., polysperme, s'ouvrant en 3 valves.

P. ombellée. *P. cerviana* LIN. Ann.; tiges de 30 cent., grêles, cylindr., décombantes, peu rameuses; feuil. linéaires, nombreuses, entières, un peu charnues, les radicales ovales, en rosette, les caulin. verticillées; en juin, fl. axill.; pédonc. latéraux, ombellif., de la long. des feuilles. Russie, 1771.

GLINUS. *GLINUS* LOEFFL. [nom donné par Théophraste à l'érable]. — Calice à sépales persistants; 5-20 pétales très étroits, en forme de languettes; 3-20 étam.; 3-5 stigm. linéaires, étalés; capsule papyracée, ronde, à 3-5 angles, autant de loges polyspermes, s'ouvrant en 3-5 valves.

1 **G. faux lotus.** *G. lotoides* LIN. Ann., herbacé, diffus, laineux, blanchâtre; feuil. inégales, fasciculées, obovales; en juil., fleurs jaunes, pédicellées, axill., solitaires. Europe, 1788.—Plein air.

FAMILLE CI. — CRASSULACÉES.

Herbes ou sous-arbriss. à tiges et ram. plus ou moins succulents; feuil. éparses ou quelquef. opposées, charnues; stipules nulles. Fl. le plus souvent hermaphrodites, régulières, disposées en cymes ou en grappes unilatérales, rarem. axill.,

solit.; calice libre, ordin. à 5 divis.; pétales en nombre égal à celui des divis. **calicinales,** quelquef. soudés à la base, insérés au fond du calice; étam. insérées avec les pétales ou sur la corolle lorsqu'elle est gamopétale, et en nombre égal ou double; ovaires en même nombre que les pétales, uniloc., distincts ou soudés à leur base, et entourés de petites écailles hypogynes, planes; style simple, terminant chaque ovaire; stigm. presque terminal; fruits folliculaires, s'ouvrant par une suture ventrale; graines nombreuses, à albumen charnu, très mince.

TRIBU I. — *CRASSULÉES.*

aires distincts, formant à la maturité des follicules, déhiscents par leur angle interne.

1re SECTION.—*Pétales distincts; étamines en nombre égal.*

TILLÉA. *TILLÆA.* LIN. [en l'honneur de A. Tilli, botaniste italien, mort en 1740]. — Calice à 3-4 divis., autant de pétales et d'étamines périgynes; 3-4 ovaires entourés d'écailles variables, très petites; follicules à 2 graines.

1 **T. moussu.** *T. muscosa* LIN. Petites plantes ann. de 2 à 6 cent., à tiges grêles, charnues, étalées, plus ou moins rameuses; feuil. ovales-aiguës, mucronées, glabres, soudées à la base; en juin-août, fl. blanches, axill., solit., très petites. Indigène. — Terre humide et sablonneuse.

2 **T. pubescent.** *T. pubescens* H. B. et KUNTH. *T. connata* RUIZ et PAVON. Ann.; tiges très petites, rameuses, couchées; feuil, oblongues-lanc. ou ovales-mucronées, un peu charnues, soudées par leur base; fl. longuem. pédicellées; pétales plus courts que le calice. Pérou, 1838.

BULLIARDIE. *BULLIARDIA* DEC. [dédié à Bulliard, botaniste français]. — Calice à 4 sépales; 4 pétales aigus, autant d'étamines; ovaires entourés de petites écailles linéaires; follicules polyspermes.

1 **B. de Vaillant.** *B. Vaillantii* DEC. *Tillæa* WILLD. Petite plante ann. de 2-6 cent., à tiges dressées, grêles, plus ou moins rameuses; feuil. opposées, glabres, linéaires-oblongues, soudées par leur base; en juin-août, fl. blanc-rosé, pédicellées, en cymes irrégulières. Indigène.—Terre sablonneuse et humide.

DASYSTEMON. *DASYSTEMON* DEC. [du grec *dasus*, épais, *stemon*, étamine; allusion au filet des étamines].— Calice à 3-7 sépales inégaux, filif., de la longueur de la corolle; 3-7 pétales dressés, souvent 5; 3-7 étam. plus courtes que les pétales, à filets épais; écailles nulles; 3-5 ovaires.

1 **D. à grand calice.** *D. calycina* DEC. *Crassula* DESF. Herbe ann., couverte de petites papilles squamiformes; tiges rameuses au sommet; feuil. opposées, épaisses, linéaires-aiguës, un peu convexes en dessous, planes en dessus, soudées par leur base; fl. blanc-verdâtre. Nouvelle-Hollande, 1805. — Plein air; terre de bruyère; semé au printemps en place.

SEPTAS. *SEPTAS* LIN. [du latin *septem*, le nombre sept; du nombre des parties de la fl., qui est très souvent 7]. — Calice de 5-9 sépales, plus court que la corolle; 5-9 pétales étalés; 5-9 étam. à filets minces, acuminés; 5-9 écailles très petites, arrondies, entourant les ovaires; 5-9 follicules polyspermes.

1 **S. du Cap.** *S. Capensis* LIN. *Crassula Septas* THUNB. Herbe vivace, à racines tubéreuses; tiges simples cylindr.; feuil. pétiolées, disposées par paires, souvent rapprochées en verticilles, arrondies, largement crénelées, atténuées en pétiole et soudées par la base; en août-sept., fl. blanches en ombelles. 1774. — Assez jolie plante de serre tempérée, qu'on multiplie par la séparation des racines.

CRASSULA. *CRASSULA* LIN. [diminutif du mot latin *crassus*, épais; des tiges et des feuil. de ces plantes, qui sont charnues, très épaisses]. — Calice à 5 sépales plus courts que la corolle; 5 pétales; 5 étam. périgynes; 5 ovaires distincts, entourés à la base de très petites écailles hypogynes.—Plantes charnues, du Cap.

1re SECTION. — **Crassula.** — HAW. — *Pétales non terminés par une petite boule jaune.*

§ 1. — *Arbrisseaux à feuil. planes, larges, lisses.*

1 **C. arborescente.** *C. arborescens* WILLD. *C. cotyledon* CURT. *Cotyledon arborescens* MILL. Arbriss. de 1 mètre, à tiges cylindr. dressées; feuil. opposées, charnues, planes, arrondies, mucronées, glauques, glabres, ponctuées en dessus; en mai-juin, fl. roses étoilées, disposées en cymes trichotomes. 1739.

2 **C. portulacée.** *C. portulacea* LAMK. *C. obliqua* et *Cotyledon ovata* MILL. Tiges frutescentes, dressées, de 1m,30; feuil. opposées, distinctes, obliques, aiguës, glabres, luisantes, ponctuées; en avril-mai, fl. rouges disposées en cymes trichotomes. 1759.

3 **C. lactée.** *C. lactea* AIT. Tiges de 25 cent., frutescentes, cylindr., rameuses, tortueuses à la base; feuil. ovales, atténuées et soudées à la base, ponctuées, glabres; en sept.-oct., fl. blanches étoilées, disposées en cymes multiflores, en forme de panicules. 1774.

§ 2. — *Arbrisseaux à feuilles subulées.*

4 **C. rameuse.** *C. ramosa* AIT. Glabre; tiges rameuses à la base; feuil. connées, planes en dessus, étalées, luisantes; en juil.-août, fl. roses, longuem. pédonculées, disposées en cymes corymbiformes.

5 **C. tétragone.** *C. tetragona* LIN. Tiges cylindr., dressées, de 1 mètre; feuil. opposées en croix, déprimées en dessus, presque tétragones, glabres, étalées ou courbées; en juil., fl. blanches, petites, disposées en cymes pédonculées. 1711.

6 **C. à feuil. aiguës.** *C. acutifolia* LAMK. Tiges de 20 cent., cylindr., rameuses, retombantes; feuil. glabres, opposées, cylindr.-subulées, étalées, souvent recourbées; en sept.-nov., fl. blanches, petites, disposées en cymes pédonculées. 1796.

§ 3. — *Arbrisseaux à feuilles linéaires-lancéolées, hérissées de papilles squamiformes.*

7 **C. scabre.** *C. scabra* LIN. Tiges de 20 cent., cylindr., rameuses, dressées; feuil. opposées, connées, aiguës, étalées, ciliées, rudes au toucher; en juin-juil., fl. jaune pâle, disposées en corymbes terminaux. 1730.

§ 4. — *Arbrisseaux à feuilles aplaties, larges, très rapprochées, imbriquées sur les tiges et les rameaux.*

8 **C. faux Lycopode.** *C. lycopodioides* LAMK. *C. imbricata* AIT. *C. muscosa* LIN. Tiges de 85 cent.; rameuses, garnies, sans aucun intervalle, de feuil. lisses, ovales, aiguës, opposées en croix, imbriquées sur quatre séries parallèles; en juin, fl. pourprées à la base, sess., bractéolées, axill. 1760.

9 **C. fausse bruyère.** *C. ericoïdes* HAW. Tiges de 20 cent., dressées; feuil. petites, ovales-oblongues, planes, étroitement imbriquées sur 4 rangées; en sept., fl. blanches, disposées, 3-5, en cymes ombelliformes. 1820.

§ 5. — *Arbrisseaux ou herbes à feuil. glabres, planes, très larges, soudées par la base, semblant n'en former qu'une traversée par la tige.*

10 **C. ponctuée.** *C. perfossa* LAMK. *C. perfilata* SCOP. *C. punctata* MILL. Tiges frutesc., grêles, peu rameuses, retombantes, de 25 cent.; feuil. glabres, arrondies, presque aiguës, ponctuées en dessus; en avril août, fl. blanches, très petites, en thyrses allongés, formés de cymes opposées pédonculées. 1785.

11 **C. perforée.** *C. perforata* LIN. Tiges frutescentes, dressées; feuil. vertes, ovales, connées, distantes, glabres sur les 2 faces, ciliées et cartilagineuses sur le bord; fl. blanches en thyrses interrompus. 1785.

12 **C. fausse centaurée.** *C. centauroïdes* LIN. *C. pellucida* JACQ. Ann. ou bisann.; tiges herbacées, de 20 cent., dichotomes, couchées; feuil. opposées, sess., planes, glabres, oblongues-ovales, ponctuées et denticulées sur le bord; en mai-août, fl. roses pédonculées, axillaires. 1774.

§ 6. *Arbrisseaux à feuilles planes, très larges, pétiolées.*

13 **C. en cœur.** *C. cordata.* AIT. Tiges de 20 cent.; feuil. opposées, en cœur, obtuses, très entières, glabres et ponctuées en dessus; en mai-août, fl. roses, en cymes-paniculiformes. 1774.

14 **C. spatulée.** *C. spatulata.* THUNB. *C. lucida* LAMK. *C. cordata* LODD. Glabre; tiges sous-frutesc. retombantes, de 20 cent.; feuil. arrondies, crénelées, glabres, luisantes en dessus; en juil.-

sept., fl. rose-chair, disposées en corymbes paniculiformes : pétales aiguës. 1774.

§ 7. — *Herbes à tiges presque nues ; feuilles le plus souvent radicales ; fl. presque sessiles, ordinairement verticillées, disposées en épis-thyrsoïdes.*

15 **C. ciliée.** *C. ciliata* LIN. *C. ligulifolia* et *concinna* HAW. Tiges sous-frutesc. cylindr., peu rameuses, de 20 cent.; feuil. opposées, ciliées, planes, ovales, obtuses ; en juil.-août, fl. jaunes, petites, en corymbes terminaux. 1752.

16 **C. cotylédon.** *C. cotyledonis* LIN. *C. cotyledon* HAW. Vivace ; tiges de 35 cent., herbacées, à peu près tétragones, presque nues, dressées ; feuil. radicales oblongues-connées, obtuses, tomenteuses, ciliées ; en juin-août, fl. blanches, fasciculées, disposées en corymbes. 1800.

17 **C. capitellée.** *C. capitellata* LIN. Ann.; tiges glabres, cylindr., dressées ; feuil. connées, étalées, oblongues, glabres, cartilagineuses, ciliées sur le bord, plus longues que les entre-nœuds ; en juil., fl. blanches verticillées, formant comme un capitule.

18 **C. fausse aloès.** *C. aloïdes* AIT. *Turgosea aloïdes* HAW. Bisann. ; tiges de 20 cent., simples, poilues ; feuil. distinctes, ovales ou spatulées-lanc., ciliées, ponctuées ; en juin-août, fl. blanc-rosé, en capitules axill. constituant des épis thyrsoïdes. 1774.

2e SECTION. — **Globulea** HAW. — *Pétales terminés par une petite boule jaune.*

19 **C. à feuil. tranchantes.** *C. cultrata* LIN. *Globulea cultrata* HAW. Vivace ; tiges presque ligneuses, de 35 cent., dressées ; feuil. connées, obovales-elliptiques, un peu aiguës, obliquement réfléchies, tranchantes, planes, luisantes ; en juil.-août, fl. blanches, petites, en corymbes serrés. 1823.

20 **C. obovales.** *C. obovallata* LIN. *C. obovallaris* et *obfalcata* HORTUL. *Globulea obovallata* HAW. Vivace ; tiges herbacées, de 20 cent.; feuil. opposées, connées, imbriquées sur 4 rangs, presque lanc., convexes en dessous, tranchantes, à bords cartilagineux, ciliés ; les radicales, très rapprochées ; en juil.-août, fl. blanches en panicules allongées, formées de cymes serrées, pédonculées et opposées sur une hampe nue. 1795.

21 **C. paniculée.** *C. paniculata* — *Globulea paniculata* HAW. Vivace ; tiges très courtes; feuil. allongées, acuminées, maculées de très petits points verts, cartilagineuses et ciliées sur le bord, canaliculées en dessus, convexes en dessous; en octobre-novembre, fl. blanches en panicules. 1825.

22 **C. fausse ficoïde.** *C. mesembryanthemoïdes.* — *Globulea mesembr.* HAW. Hispide ; tiges sous-frutesc., rameuses, de 20 cent., dressées ; feuil. charnues, subulées, planes en dessus ; en août-sept, fl. blanches en cymes très serrées, terminales. 1820.

CULTURE. — Serre froide, bien aérée ; terre de bruyère ; multipl. de boutures On sème les espèces ann. en pots sur couche chaude et sous châssis ; on les repique lorsque le plant est assez fort, et au mois de juin on plante en pleine terre à bonne exposition. — Plantes de peu d'agrément.

3e SECTION. — *Pétales plus ou moins soudés entre eux ; étam. en nombre égal.*

THISANTHA. *THISANTHA* ECKL. et ZEYH. [du *this* ou *thirs*, tas, monceau, *anthos*, fleur : allusion à l'agglomération des fleurs]. — Calice à 5 divis. dressées; corolle périgyne, quinquepartie, à divis. oblongues-lanc., dressées, plus courtes que le calice ; 5 ovaires distincts, sans écailles à la base ; follicules à 1 ou 2 graines.

1 **T. glomérée.** *T. glomerata* ECKL. et ZEYH. *Crassula glomerata* LIN. Ann.; tiges rudes au toucher, de 20 cent., dichotomes ; feuil. linéaires - lanc.; en août-oct., fl. blanches, les unes solit., les autres rassemblées en glomérules. Cap, 1774. — Culture des *Crassula*, annuelles.

CYRTOGYNÉ. *CYRTOGYNE.* HAW. [du grec *kurtos*, courbé ; *gunê*, femelle : allusion à la courbure du pistil, organe femelle des végétaux]. — Calice très court, quinqueparti ; corolle quinquepartie, à divis. étalées, beaucoup plus longues que le calice ; 5 ovaires, entourés à la base d'écailles très petites, renflés à leur sommet, se prolongeant par un long style presque latéral.

1 **C. renversée.** *C. dejecta* Dec. *Crassula dejecta* Jacq. *Crassula* et *Cyrtogyne undata* Haw. Sous-arbriss. de 0m,25, à tiges très rameuses, grêles; feuil. opposées, charnues, planes, oblongues ou ovales étalées, les supér. ondulées, à bords cartilagineux, ciliés; en août, fl. blanches en cymes ombelliformes. Cap, 1818. — Culture des *Crassula.*

ROCHÉA. *ROCHEA* Dec. [à M. de la Roche, botaniste français]. — Calice à 5 lobes; corolle hypocratériforme, longuement tubuleuse, à 5 divis. étalées; 5 étam.; 5 ovaires entourés de 5 glandes à la base. — Sous-arbriss. à feuil. opposées, légèrement soudées par leur base.

1re Section.— **Larochea** Haw. *Tube du calice de la longueur du limbe ou plus court.*

1 **R. falciforme.** *R. falcata* Dec. *Crassula falcata* Willd. *Cr. obliqua* Andr. *Cr. Swellingrebliana* et *decussata* Hortul. Tiges presque simples, de 1 mètre; feuilles épaisses, glauques, oblongues, obtuses, recourbées en faux; en juin-sept., fl. rouges en corymbes terminaux. 1795.

2 **R. perfoliée.** *R. perfoliata* Haw. *Crassula perfoliata* Lin. Tiges de 1m,30, presque simples; feuil. connées, lancéolées, acuminées, glauques-grisâtres, canaliculées en dessus, convexes en dessous; en juil.-août, fl. rouge-écarlate, en corymbes terminaux. 1700.

3 **R. à fl. blanches.** *R. albiflora* Dec. *Crassula* Sims. Tiges de 1m,30, presque simples; feuilles distinctes, ovales, acuminées, étalées, cartilagineuses-ciliées sur le bord; en juill.-août, fl. blanches, en corymbes terminaux. 1800.

2e Section. — **Kalosanthes** Haw. *Corolle à tube cylindr., deux ou trois fois plus long que le limbe.*

4. **R. coccinée.** *R. coccinea* Dec. *Crassula* Lin. *Larochea* Haw. Tiges succulentes, de 0m,35; feuil. engaînantes-connées, planes, ovales-oblongues, un peu aiguës; en juin-août, fl. rouge cocciné, bractéolées, en cymes. 1710.

5 **R. de plusieurs couleurs.** *R. versicolor* Dec. *Crassula* Burch. Tiges dressées, rameuses, de 0m,70; feuilles oblongues-lanc., aiguës, connées-engaînantes; en mars-sept., fl. en ombelles-capitulées, à tube blanc, à divis. ovales, blanches sur le milieu, rouge-ponceau sur les bords. 1817.

6 **R. très odorante.** *R. odoratissima* Dec. *Crassula* Andr. Tiges de 0m,35; feuil. amplexicaules-connées, linéaires-lanc., acuminées graduellement; en juin-juill., fl. roses à odeur de bulbeuses, disposées en ombelles très serrées; divis. de la corolle oblongues, aiguës. 1793.

7 **R. à fl. de jasmin.** *R. jasminea* Dec. *Crassula* Sims. *Cr. jasminiflora* et *obtusa* Haw. Tiges sous-frutesc., retombantes, de 0m,25; feuil. sess., oblongues, obtuses; en avril-mai, fl. blanches, inodores, semblables à celles du jasmin, disposées 2-4 en capitules. 1815.

Culture du genre *Crassula.*

3e Section. — *Corolle gamopétale; étam. en nombre double de celui des divisions de la corolle.*

KALANCHOÉ. *KALANCHOE* Adans. [nom Chinois]. — Calice à 4 divis. étroites, aiguës, un peu écartées; corolle périgyne, hypocratérimorphe, quadrilobée; 8 étam. incluses, insérées au fond de la corolle; 4 ovaires distincts, entourés à la base par 4 écailles hypogynes linéaires; follicules polyspermes. —Sous-arb. charnus, à feuil. opposées.

1 **K. spatulée.** *K. spathulata* Dec. *Cotyledon hybrida* Hort. Par. *Cot. spathulata* Poir. Sous-arbriss. de 75 centim. environ; feuil. glabres, obovales-spatulées, crénelées; celles de la base obtuses, les supér. aiguës; en juil.-août, fl. jaune-orange, en cymes paniculées, lâches. Chine. 1820.

2 **K. d'Egypte.** *K. Ægyptiaca* Dec. *Cotyledon Ægyptiaca* Dum.-Cours. *C. integra* Medik. Feuil. glabres, obovales-spatulées, crénelées, les infér. obtuses, un peu concaves, les supér. aiguës; en juill.-août, fl. jaune-orange en cymes paniculées, un peu serrées. 1820.

3 **K. à fl. aiguës.** *K. acutiflora* Haw. *Vareia acutiflora* Andr. Feuil. largem. lanc., crénelées; en juill.-sept., fl. blanches en cymes paniculées; divis. de la corolle aiguës. Indes orient., 1806.

4 **K. crénelée.** *K. crenata* Haw., *Vereia* Andr. *Cotyledon* Vent. Sous-arbriss. à ram. longs, dressés; feuil. glabres, ovales ou oblongues, presque lanc., crénelées, quelquefois doublement crénelées; en juill.-sept., fl. jaunes en cymes paniculées. Sierra-Leona, 1793.

5 **K. laciniée.** *K. laciniata* Dec. *Cotyledon* Lin. Feuil. divisées en 3-5-7 segments oblongs, aigus, grossièrement dentés; celles du sommet presque entières; en juill.-août, fl. jaunes en cymes paniculées. Indes, 1781.

Culture des *Crassula*. — Très jolies plantes d'ornement, desquelles on pourrait certainement obtenir de belles variétés par les semis. On doit semer les graines, en pots, aussitôt la maturité ou au printemps, en terre de bruyère légère; on entretient la terre toujours fraîche par de légers bassinages, et on couvre les pots d'une lame de verre; les graines germent assez facilement.

BRYOPHYLLUM. *BRYOPHYLLUM* Salisb. [du grec *bruô,* pousser; *phullon*, feuille: allusion aux feuilles qui émettent des bourgeons lorsqu'on les place dans un milieu convenable]. — Calice enflé-vésiculeux, quadrifide; corolle à tube très long, cylindr., obscurément tétragone à la base; limbe à 4 lobes ovales-triang., aigus; 8 étam. incluses, insérées au fond du calice; 4 ovaires entourés, à la base, de 4 glandes hypogynes obl.; follicules polyspermes.

1 **B. à grand calice.** *B. calycinum* Salisb. *Cotyledon pinnata* Lamk. Sous-arbrisseau charnu de 70 cent., dressé, glabre, rameux; feuil. opposées, pétiolées, épaisses, imparipennées à 1 ou 2 paires de segments crénelés, munis d'un petit mamelon opaque, entre chaque crénelure; quelquefois par avortement, il n'y a que le lobe terminal qui existe; en avril-juil., fl. jaune rougeâtre en cymes terminales paniculées. Inde, 1800. — Serre chaude sur les tablettes; terre franche, mélangée de moitié de terre de bruyère; arrosements modérés; multipl. faciles par boutures de feuilles qu'on met à plat sur la terre en les maintenant ainsi au moyen de petits crochets; les mamelons de l'aisselle des crénelures s'animent et donnent bientôt naissance à des rameaux, qu'on peut séparer pour en faire autant d'individus.

COTYLÉDON. *COTYLEDON* Dec. [du grec *kotule*, creux, cavité; de la forme des feuilles]. — Calice très court, quinqueparti; corolle à tube ovale-cylindracé; limbe étalé ou réfléchi, à 5 lobes obtus; 10 étam. plus ou moins saillantes; 5 ovaires entourés, à la base, de petites écailles hypogynes, ovales; follicules polyspermes, terminés par le style subulé. Arbriss. du Cap, charnus, à feuil. souvent épars.

* *Feuilles opposées.*

1 **C. à feuil. orbiculaires.** *C. orbiculata* Haw. Tiges de 75 cent.; feuil. vert-pâle, rhomboïdes-obovales, terminées par un petit bec, les anciennes très grandes et très épaisses, rouges sur le bord et au sommet, les jeunes plus minces et ondulées; en juil.-août, fl. rouges en panicules lâches, 1798.

Var. à feuil. obovales, *C. orbic. obovata* Dec. Feuil. obovales rouges sur le bord.

2 **C. tremblant.** *C. coruscans* Haw. *C canalifolia* Haw. Tiges de 35 cent.; feuil. farineuses-blanches, décussées, cunéaires-obl., canaliculées, apiculées, à bords épais; en juin, fl. jaunes en panicules ombellées, pendantes. 1818.

3 **C. à ongles.** *C. ungulata* Lamk. Tiges de 17 c.; feuil. glabres, décussées, semi-cylindr., canaliculées, apiculées, à som. et bords hérissés de callosités; en mai-juin, fl. pourpres pendantes, rapprochées en panicules glabres. 1818.

4 **C. papillacé.** *C. papillaris* Lin. *C. decussata* Sims. Tiges de 50 cent., retombantes, légèrement velues; feuilles charnues, glabres, ovoïdes, aiguës, dressées, en août; fl. rouge-écarlate, glabres, rapprochées en panicules. 1819.

** *Feuilles alternes.*

5 **C. à fl. courbées.** *C. curviflora* Sims. *C. purpurea* Haw. Tiges de 50 c.; feuil. glabres, semi-cylindr., marquées de cicatrices saillantes; en oct., fl. jaunes, en panicules pendantes; calice large; corolle à tube pentagone, courbé; styles plus longs que les étamines. 1818.

6 **C. tuberculeux.** *C. tuberculosa* Lamk. Tiges de 35 c.; feuil. presque cylindr. linéaires-obl., aiguës, marquées

de cicatrices tuberculeuses; en juin-août, fleurs jaunes, rapprochées en panicules dressées; pédonc. et calice pubesc. 1820.

7 **C. fasciculé.** *C. fascicularis* AIT. *C. paniculata* THUNB. Tiges épaisses, rameuses, de 35 cent.; feuil. éparses et fasciculées au sommet des rameaux, épaisses, planes, cunéiformes, obtuses; en juill.-sept., fl. rouges, disposées en panicules pendantes; limbe de la corolle roulée en dessous.

8 **C. hémisphérique.** *C. hemisphærica* LIN. Tiges de 35 cent.; feuil. éparses, glabres, épaisses, ovales-arrondies; en juin-juill., fl. blanc-verdâtre, petites, sessiles sur un pédonc. allongé, dressé; lobes de la corolle étalés. 1731.

Culture du genre *Crassula.*

PISTORINIE. *PISTORINIA* DEC. [du grec *pistron*, gobelet]. — Calice quinqueparti, plus court que la corolle; corolle hypocratérimorphe, à tube cylindr., allongés; limbe étalé quinqueparti; 10 étam. insérées au sommet de la corolle, peu saillantes; 5 ovaires entourés, à la base, de petites écailles hypogynes, oblongues, obtuses; follicules polyspermes, terminés par le style très long, filiforme.

1 **P. d'Espagne.** *P. Hispanica* DEC. *Cotyledon* LOEFL. Ann. ou bisann., de 20 cent., dressée; feuil. éparses, presque cylindr., oblongues, sess.; en juin-juill., fl. rouges, en cymes. 1796.

Culture des *Crassula*, annuels.

OMBILIQUE. *UMBILICUS* DEC. [du latin *umbilicus*, le nombril: allusion à la forme des feuilles]. — Calice quinqueparti; corolle campanulée à 5 lobes dressés, ovales, aigus; 10 étam. insérées au fond de la corolle; 5 ovaires entourés, à la base, de petites écailles obtuses; follicules polyspermes, terminés par le style persistant, subulé. — Plantes charnues, herbacées.

1 **O. en forme de joubarbe.** *U. sempervivum* DEC. *Cotyledon* BIEB. Vivace; feuil. radicales disposées en rosette, cunéaires, ciliées-rudes sur les bords; en juin-juil., fl. rouges, disposées en grappes lâches paniculées, au sommet d'une hampe dépourvue de feuilles. Caucase, 1837.

2 **O. faux Orpin.** *U. sedoides* DEC. *Cotyledon* DEC. *Cotyledon sediformis* LAPEYR. Ann.; tiges simples ou peu rameuses, couchées, glabres; feuil. oblongues, obtuses, convexes, glabres; en juin-août, fl. rouges, peu nombreuses, disposées en grappes, celles du sommet presque sessiles. Pyrénées.

3 **O. à fl. pendantes, Nombril de Vénus.** *U. pendulinus* DEC. *Cotyledon umbilicus* LIN. *C. umb. Veneris* BLACK. Vivace; racines tubéreuses; tiges florifères, rameuses; feuil. infér. pétiolées, peltées, concaves, arrondies, lâchement crénelées; bractées entières; en juin-août, fl. verdâtres, tubuleuses, petites, pendantes ou étalées, disposées en grappes. Europe.

4 **O. dressé.** *U. erectus* DEC. *Cotyledon umbilicus* LIN. *Cot. lutea* HUDS. *Cot. Lusitanica* LAMK. *Cot. tuberosa* HORT. PARIS. Vivace; racines charnues, traçantes; feuil. infér. pétiolées, peltées, arrondies, crénelées-dentées; bractées légèrem. dentées; en juin-août, fl. jaunes, dressées, disposées en grappes terminales. Europe.

CULTURE. — Plein air; multipl. par la séparation des touffes. — La 1re espèce est une jolie plante d'ornement.

ÉCHÉVÉRIA. *ECHEVERIA* [à Écheveri, botaniste mexicain]. — Calice à 5 divis., très grandes, foliacées, dressées; corolle quinquepartie, à divisions dressées, épaisses, raides, aiguës, plus épaisses au milieu, à base presque trigone; 10 étam. insérées au fond de la corolle, incluses; 5 ovaires entourés à la base de 5 écailles très petites, obtuses; follicules polyspermes, terminés par le style subulé. — Arbriss. du Mexique, charnus, à feuil. très entières, alternes, souvent très rapprochées, presque opposées, formant une rosette.

1 **E. coccinée.** *E. coccinea* DEC. *Cotyledon* CAV. Tiges de 75 cent.; feuilles éparses, charnues, obovales-cunéaires, aiguës; en oct.; fl. rouge écarlate, en épis feuillés, allongés, terminaux. 1816.

2 **E. à fl. gibbeuses.** *E. gibbiflora* DEC. Tiges de 75 c.; feuil. planes, cunéiformes, aiguës, mucronées, rassemblées au sommet des rameaux; en juil.-oct., fl. jaune rosé, briev. pédicellées, disposées en panicules étalées. 1826.

3 **E. en grappes**. *E. racemosa* SCHLECHT. Glabre et glauque; feuilles lancéolées, aiguës, à bords blancs; en juin-sept., fl. roses, disposées en grappes simples; divis. de la corolle acuminées, mucronées. 1836.

4 **E. rose.** *E. rosea* LINDL. Tiges dressées; feuil. ovales-aiguës, dressées, quelquef. termin., rapprochées en rosette ou imbriquées; en juin-sept., fl. roses, en épis cylindracés, denses, accompagnées de bractées, les infér. lanc., colorées, à base triangul., plus longues que la corolle; divis. du calice linéaires, acuminées, égalant la corolle. 1838.

5 **E. à feuil. aiguës.** *E. acutifolia* LINDL. Tiges rameuses, à ram. couronnés par une rosette de feuilles presque rhombées, aiguës, concaves; en juil.-août, fl. pourpre jaunâtre, disposées 3-4 sur les ramules, constituant des panicules cylindr., denses; div. du calice aiguës, bien plus courtes que la corolle. 1838.

6 **E. à fl. unilatérales.** *E. secunda* LINDL. Feuil. rappr. en rosette au sommet des ram., glauques, cunéaires, mucronées, épaisses; en juin-août, fl. rouges, unilatérales, longuem. pédicellées, disposées en grappes recourbées. 1839.

7 **E. livide.** *E. lurida* LINDL. Feuil. rapprochées en rosette, oblongues, concaves, glauques, de 2 couleurs; en juin-août, fl. rouges, pédonculées, disposées en grappes à sommet penché. 1840.

8 **E. pulvérulente.** *E. pulverulenta* NUTT. Feuil. pulvérul., spatulées, acuminées, les caulinaires largem. cordif., amplexicaules, se transformant graduel. en bractées; en juin-sept., fl. rose chair, en panicules dichotomes, fastigiées; calice moitié plus court que la corolle. 1842.

CULTURE. — Serre tempérée, bien aérée; terre de bruyère mélangée avec de bonne terre normale; multipl. par boutures de ram. ou de feuilles disposées comme celles du *Bryophyllum*.—Toutes ces plantes sont jolies et dignes de figurer dans les serres d'amateurs.

4e DIVISION.—*Corolle à pétales distincts; étam. en nombre double.*

ORPIN. *SEDUM* LIN. [du latin *sedeo, sedere,* être assis; allusion aux tiges].—Calice à 5 sépales ovales, souvent renflés; 5 pétales ordinair. étalés; 10 étam. périgynes; 5 ovaires entourés à la base de 5 écailles hypogynes, entières ou très faiblem. échancrées; follicules polyspermes.—Herbes ann. ou vivaces, très petites, de 5 à 20 cent., rar. plus élevées., à feuil. charnues, éparses, rarement opposées.

* *Feuilles planes.*

1 **O. odorant.** *S. Rhodiola* DEC. *Rhodiola rosea* LIN. *Rh. odorata* LAMK. Vivace; racines presque tubéreuses, à odeur de rose; tiges simples; feuil. glabres, oblongues, dentelées au sommet; en juin-juil., fl. jaunes, souvent à 4 pétales, rapprochées en corymbes. Europe.

2 **O. à fl. jaunes.** *S. Aizoon* LIN. Vivace; racines épaisses, rameuses, fasciculées; tiges dressées, de 35 centim.; feuil. glabres, lanc., dentelées; en juin-juil., fl. jaunes, disposées en cymes terminales. Sibérie, 1757.

3 **O. hybride.** *S. hybridum* LIN. *Anacampseros* HAW. Vivace; tiges ascendantes, de 20 cent.; feuil. glabres, rapprochées, cunéiformes, un peu concaves, dentelées, à dents obtuses; en juin-sept., fl. jaunes, en cymes terminales. Tartarie, 1766.

4 **O. à larges feuilles.** *S. latifolium* BERT. *S. maximum* HOFFM. Vivace; tiges rougeât.; feuil. glabres, souvent opposées, ovales-cordif., obtuses, dentelées; en juil.-sept., fl. blanc verdâtre, en corymbes longuem. pédonculés; étam. plus longues que la corolle. France.

5 **O. commun, Herbe à la coupure.** *S. Telephium* LIN. Vivace; tiges de 30 à 50 cent., dressées; feuilles glabres, obl. ou ovales, atténuées à la base, dentées; en juil.-sept., fl. pourpres, en cymes corymbif., terminales; étam. ne dépassant pas la corolle. Indigène.

6 **O. bâtard.** *S. spurium* BIEB. Vivace; feuil. obovales-cunéif., crénelées-dentées au sommet, pubesc. en dessous, ciliées sur les bords, les caulinaires opposées, les radicales fasciculées, souvent alternes; en juin-sept., fl. pourpres, en corymbes composés, terminaux, à pétales lancéolés. Caucase, 1816.

7 **O. en croix.** *S. cruciatum* DESF. Vivace; tiges très basses, rameuses, diffuses, ascendantes, pubesc. au sommet; feuil. épaisses, convexes, verticil.

lées par 4; en juin-juil., fl. blanches, longuem. pédicellées, disposées en panicules, à pétales acuminés. Corse.

8 **O. à feuil. opposées.** *S. oppositifolium* SIMS. *S. denticulatum* DON. *Crassula crenata* DESF. Vivace; tiges légèrem. pubesc., retombantes; feuil. opposées, cunéaires-spatulées, dentées au sommet, légèrem. pubesc. sur les bords et les nervures de la face infér.; en juin-sept., fl. blanches, en cymes terminales, serrées; pétales obl., aigus. Caucase 1810.

9 **O. à feuil. ternées.** *S. ternatum* MICHX. *S. portulacoïdes* WILLD. *S. deficiens* DON. *S. octogonum* HORTUL. Vivace; feuil. planes, glabres, entières, les infér. obovales, atténuées à la base, verticillées par 3, celles du sommet sessiles, lancéolées, éparses; en juin-sept., fl. blanches, sess., en cymes trifides; pétales oblongs, aigus. Caroline, 1789.

10 **O. de Siebold.** *S. Sieboldtii* HORTUL. Tiges ascend., de 12 à 19 c., simples, rougeâtres; feuilles glauques, presque orbiculaires, grossièrem. crénelées au sommet, verticillées par 3; en juin-juil., fl. rose tendre, disposées en cymes terminales. Japon.

11 **O. à feuil. de peuplier.** *S. populifolium* LIN. Vivace; tiges dressées, frutescentes; feuil. alternes, glabres, pétiolées, cordif., grossièrem. dentées; en juin-sept., fl. blanches, en corymbes multifl., terminaux, rapprochés en panicules; pétales ovales-lanc.; anthères pourpres. Sibérie, 1780.

12 **O. à feuil. rondes.** *S. anacampseros* LIN. *S. rotundifolium* LAMK. *Anacampseros sempervirens* HAW. Vivace; tiges décombantes; feuil. alt., presque sess., glabres, cunéif., obtuses, très entières; en juin-juil., fl. pourpres, en corymbes composés. France méridionale.

13 **O. fausse joubarbe.** *S. sempervivum* LEDEB. *S. sempervivoïdes* FISCH. Vivace; tiges simples; feuil. pubesc., ovales-spatulées, aiguës, entières, les infér. rassemblées en rosette, les caulinaires semi-amplexicaules; en juin-août, fl. pourpres, élégantes, disposées en corymbes rassemblés en panicules; pétales lanc., subulés. Ibérie, 1823.

14 **O. étoilé.** *S. stellatum* LIN. Ann.; feuil. glabres, alternes et opposées, planes, arrondies, anguleuses-dentées, atténuées à la base en pétiole; en juin-juil., fl. blanc rosé, sess., disposées en cymes; pétales lanc. Europe.

15 **O. paniculé.** *S. Cepœa* LIN. *S. paniculatum* LAMK. *Anacampseros Cepœa* HAW. Ann. ou bisann.; tiges herbacées, cylindr., pubesc.; feuil. planes, entières, les infér. presque spatulées, les supér. oblongues ou linéaires; en juin-sept., fl. blanches, en panicules; pétales acuminés aristés. Indigène.

16 **O. multicaule.** *S. multicaule* WALL. Tiges nombreuses, dressées, rameuses, glabres; feuil. linéaires, acuminées, charnues, terminées par une petite pointe; en juin-sept., fl. jaunes, sess., unilatérales, disposées en cymes; sépales foliacés, plus longs que les pétales. Inde, 1840.

17 **O. d'Altaï.** *S. Altaïcum* G. DON. *Rhodiola Sibirica* HORTUL. Racines tubéreuses; tiges simples; feuil. éparses, obovales-lanc., dentelées au sommet, glabres, glauques; en juil.-sept., fleurs briév. pédicellées, disposées en cymes corymbiformes; écailles nectarifères, aussi larges que longues. 1835.

18 **O. d'Ewers.** *S. Ewersii* LEDEB. Vivace; feuil. opposées, denticulées, les infér. largem. ellipt., les supér. cordif., sess.; en juin-août, fl. en corymbes terminaux, composés; pétales lanc., aigus; follicules dressés. Altaï, 1830.

19 **O. du Kamtschatka.** *S. Kamtschatica* FISCH. et MEY. Glabre, luisant; tiges ascend.; feuil. obovales-lanc., obtusém. dentelées, alt. ou pr. opposées; en juin-août, fl. en cymes terminales; feuil. florales, beaucoup plus longues que les cymes; follicules étalés. 1842.

* *Feuilles cylindriques.*

20 **O. affreux.** *S. miserum* LINDL. Tiges procombantes; feuil. infér. éparses, cylindr.-déprimées, les supér. ovales linéaires, semi-cylindr. agrégées; en juin-juill., fl. sess., solit., terminales; sépales foliacés; pétales ovales, creusés, apiculés; étam. plus courtes que la corolle. 1840.

21 **O. bleu.** *S. cœruleum* VAHL. *S. azureum* DESF. Tiges très courtes, rameuses, retombantes; feuil. oblongues, obtuses, alternes; en juin-juil. fl. bleues,

glabres, en cymes bifides, à 7 pétales obtus. Tunis, 1821

22 **O. anglais.** *S. anglicum* Huds. *S. rubens* Fl. Dan. *S. Guettardi* Vill. Ann.; tiges basses, rameuses, ascendantes; feuil. très rapprochées, alternes, raccourcies, ovales, gibbeuses, glabres; en juin-sept., fl. blanches ou rosées, sess., en cymes rameuses, pauciflores; pétales acuminés-aristés.

23 **O. velu.** *S. villosum* Lin. Ann.; tiges simples dressées, poilues-visqueuses; feuil. semi-cylindr. éloignées, dressées, poilues-visqueuses; en juin-juill., fl. rouge-pâle, en cymes terminales, pauciflores. Indigène.

24 **O. rougeâtre.** *S. rubens* Dec. Ann.; tiges dressées, rameuses; feuilles glabres, sess., étalées, obl., obtuses, cylindr.; en juin-juil., fl. rouge-pâle; sess., unilatérales, sur les branches; 5 pétales acuminés-aristés. Indigène.

Var. à 5 étam., *Crassula rubens*, Lin.

25 **O. gazonneux.** *S. cæspitosum* Dec. *Crassula Magnolii* Dec. *Crass. rubens*. Var. Fl. fr. *Crassula verticillaris* Lin. Ann.; tiges simples, glabres; feuil. ovales, enflées, imbriquées, glabres; en juin-juill., fl. latérales, sess. solit.; follicules étalés en étoile. Europe.

26 **O. d'Anjou.** *S. Andegavensis* Dec. *Crassula* Dec. Ann.; tiges dressées, simples, trichotomes au sommet; feuil. glab., épaisses, dressées, oval. obtuses, les infér. opposées, celles du sommet alternes; en juin-sept., fl. sess. éparses sur les rameaux; pétales-ovales, aigus.

27 **O. à feuil. épaisses.** *S. dasyphyllum* Lin. *S. glaucum* Lamk. Vivace; tiges grêles, retombantes; feuil. glauques, charnues, ovales-presque globuleuses, opposées, rarement alternes; celles des tiges stériles, imbriquées; en juil.-sept., fl. blanches, à pétales obtus, disposées en cymes terminales, pauciflores, légèrem. pubescentes. Europe.

28 **O. de Corse.** *S. Corsicum* Duby. Vivace; tiges rameuses, tortueuses, ascendantes; feuil. hispides, ovales, obtuses; celles des tiges stériles, rapprochées; en juin-sept., fl. blanc-pourpré, très petites, à pétales aigus, disposées en cymes paucifl., glabres.

29 **O. hérissé.** *S. hirsutum* All. *S. hispidum* Poir. Bisann. ou vivace; tiges florifères dressées, presque entièrement dépourvues de feuil.; feuil. alternes, écartées, poilues, oblongues, cylindr., obtuses, celles des tiges stériles, rapprochées; en juin-août, fl. blanches, marquées de lignes rouges, disposées en cymes terminales, paucifl.; pétales acuminés-aristés. Indigène.

30 **O. d'Espagne.** *S. Hispanicum* Lin. *S. aristatum* Ténoré. Vivace; tiges glabres, rameuses, dressées; feuil. éparses, glauques, cylindr., aiguës; celles des tiges stériles, rassemblées en rosace; en juin-juil., fl. blanches, sess., à 6 pétales acuminés-aristés, disposées en cymes rameuses. 1732

31 **O. blanc.** *S. album* Lin. *S. teretifolium* var. Lamk. Vivace; tiges ascendantes, herbacées, à base presque ligneuse, couchée; feuil. glabres, sess., oblongues-cylindr., obtuses; celles des tiges stériles, étalées dans le jeune âge; en juin-juill., fl. blanches à pétales obtus, disposées en cymes rameuses corymbiformes terminales. Indigène.

32 **O. âcre, Vermiculaire âcre.** *S. acre.* Lin. Vivace; tiges rampantes à la base, à ram. dressés; feuilles alternes, glabres, sess., ovales, gibbeuses, dressées; en juin-juill., fl. jaunes en cymes trifides, sess. sur les ramifications; pétales lanc., acuminés. Indigène.

33 **O. à six angles.** *S. hexangulare* Lin. *S. spirale* Haw. Vivace; tiges basses, rameuses; feuil. sess. cylindracées, linéaires, obtuses, presque ternées sur les tiges florifères, imbriquées sur 6 rangs sur les tiges stériles; en juin-juill., fl. jaunes, presque sess., disposées en cymes trifides, rapprochées en corymbes terminaux; pétales lanc. aigus. Indigène.

34 **O. amplexicaule.** *S. amplexicaule* Dec. *S. rostratum* Tenore. *S. tenuifolium* Sibth. Vivace; tiges rameuses dès la base, dressées; feuil. glabres, cylindr.-subulées, dilatées à la base en une membrane amplexicaule; en juin-juill., fl. jaunes en cymes bifides, sess. et écartées sur les ramifications; pétal. 5-7, lanc. aigus. Europe mérid.

35 **O. des murs.** *S. rupestre* Lin. *S. reflexum* Dec. *S. minus* Haw. Vivace; tiges rameuses, les florifères dressées;

feuil. glauques, cylindr.-subulées ; celles des tiges stériles, cylindr., très rapprochées et imbriquées ; en juin-août, fl. jaunes, en cymes, à 5-7 pétales ; sépales obtus. Indigène.

36 **O. courbée**. *S. reflexum* Lin. Vivace ; tiges rameuses à la base ; les florifères dressées, courbées en crochet au sommet avant l'épanouiss. des fl.; feuil. cylindr. subulées, verdâtres, celles des tiges stériles, cylindracées, étalées ; en juin-août, fl. jaunes à 5-7 pétales, disposées en cymes; sépales obtus. Indigène.

37 **O. très élevé**. *S. altissimum*. Poir. *S. rufescens* Tenore. *S. Nicœensis* All. *Sempervivum sediforme* Jacq. Vivace ; tiges rameuses, presque ligneuses à la base ; les florifères dressées ; feuilles glabres, glauques, cylindr., aiguës, les supér. éparses, planes en dessus, celles des rameaux stériles imbriquées ; en juin-juill., fl. jaunes disposées en cymes rameuses multifl., sess. sur les ram. qui sont courbés en queue de scorpion; pétales, 6-8, lanc. aigus, étalés. Europe mérid.

38 **O. à pétales dressés**. *S. anopetalum* Dec. *S. Hispanicum* Fl. Fr. *S. rupestre* Vill. Vivace ; tiges rameuses à la base, dressées ; feuil. cylindr. un peu comprimées, glauques, mucronées ; celles des ram. stériles imbriquées ; en juin-juill., fl. jaunes en cymes corymbiformes, à 4 branches ; pétales dressés, lanc., acuminés. France mérid.

39 **O. des rochers**. *S. saxatile* Willd. *S. alpestre* Vill. *S. annuum* Lin. Ann.; tiges rameuses, dressées ; feuil. éparses, écartées, cylindr., obtuses, en juin-juill., fl. jaunes en cymes feuillées, étalées, brièvem. pédicellées sur les ramules ; pétales oblongs. France.

40 **O. rampant**. *S. repens* Schleich. *S. Gueltardi* Vill. *S. annuum*. All. Ann., tiges ascendantes, rameuses et rampantes à la base ; feuil. éparses, cylindr. obtuses ; en juin-juillet fl. jaunes en cymes pauciflores ; pétales ovales. Piémont.

41 **O. à cymes lâches**. *S. laxiflorum* Dec. Vivace ; tiges frutesc., rameuses, ascend., glabres, à ram. tortueux ; feuil. éparses, épaisses, glabres, ovales-cylindracées ; en juin-août fl. blanches, disposées en cymes divariquées, lâches, recouvertes d'une pubescence glanduleuse. Ténériffe.

42 **O. à pétales aigus**. *S. oxypetalum* H. B. et Kunth. Vivace ; tiges frutescentes, rameuses ; feuil. planes, alternes, obovales-spatulées, entières, arrondies au sommet et légèrem. échancrées ; en juin-juill., fl. rougeâtres sess. unilatérales, disposées en cymes terminales, dichotomes; pétales, 5, linéaires, étroitem. acuminés. Mexique.

43 **O. en arbre**. *S. dendroideum*. Sess. et Moç. Tiges frutesc., rameuses, dressées ; feuil. éparses ou opposées, glabres, obov.-cunéaires, celles des rameaux stériles, rapprochées en rosace ; en juin-août, fl. jaunes, sess., sans bractées, unilatérales, disposées en thyrses multiples ; pétales, 5, lanc. Mexique.

44 **O. verdoyant**. *S. virens* Ait. Vivace ; tiges herbacées ; feuil. éparses, vertes, subulées ; en juin-juill., fl. jaunes disposées en cymes ; pétales plus longs que les sépales lanc. Portugal.

Culture.—De tous ces Orpins, 6 seulement sont d'orangerie ou serre tempérée, et doivent être traités comme les *Crassula* ; ce sont les nos 30, 38, 41 à 44. Les autres peuvent être livrés au plein air en terre sablonneuse et pierreuse. Mais parmi ces dernières, les espèces 6, 8, 9 et 13 sont très sujettes à fondre dans les hivers longs et humides; il est prudent d'en conserver en pots, qu'on place simplement sous châssis froid. Toutes les espèces vivaces se multiplient de boutures, ou par la séparation de touffes ; les ann. se sèment en place au printemps. — Ces plantes sont généralement employées pour la garniture des rochers.

JOUBARBE. *SEMPERVIVUM* Lin. [du latin *sempervivus*, qui vit toujours : de la persistance et de la ténacité des feuilles]. — Calice de 6 à 20 divisions ; 6-20 pétales oblongs, aigus ; 12-40 étam. périgynes ; 6-20 ovaires, entourés, à la base, de petites écailles hypogynes, dentées ou lacérées au sommet ; follicules polyspermes. — Herbes ou sous-arbrisseau à feuilles planes, épaisses, sur les tiges florifères, rapprochées en rosette au sommet des rameaux stériles ou des rejets qui naissent à la base des tiges; fl. disposées en épis scorpioïdes, rappr. en un corymbe terminal au sommet de la tige florifère, naissant du milieu de la rosette de feuilles.

* *Plantes ligneuses n'émettant pas de rejets ou propagules.*

1 **J. aizoïde.** *S. aizoïdes* Lamk. *Sedum aizoïdes* Dec. *Sedum divaricatum* Ait. Tige dressée, rameuse, fourchue, terminée par une rosette de feuilles glabres, obovales, très entières; en mai-septembre, fl. jaunes à 5-8 pétales étalés; pédonc. rougeâtres. Madère.

2 **J. tortueuse.** *S. tortuosum* Ait. Tige dressée, rameuse, de 25 c.; feuil. obovales spatulées, légèrement convexes en dessous; en juil.-août, fl. jaunes à 7-8 pétales étalés; écailles nectarifères, bilobées. Canaries, 1779.

3 **J. velue.** *S. villosum* Haw. Tige de 20 cent., presque dressée, tortueuse; feuil. très rapprochées, obovales, velues, gibbeuses en dessous; en juin-juill., fl. jaunes à écailles nectariferes fimbriées. Canaries, 1777.

4 **J. ciliée.** *S. ciliatum* Willd. Tige de 50 cent.; feuil. obovales presque spatulées, mucronées, à bord cartilagineux-cilié; en mai-juill., fl. blanches, rassemblées au sommet des rameaux florifères disposés en thyrse paniculé. Canaries, 1815.

5 **J. glutineuse.** *S. glutinosum* Ait. Tiges de 50 cent., feuilles cunéiformes, visqueuses, cartilagineuses et ciliées sur le bord, ordin. éparses, appliquées sur la tige; en juill.-août, fl. jaunes à 8-10 pétales. Madère, 1777.

6 **J. des villes.** *S. urbicum* Horn. Tige ligneuse, de 75 cent., marquée de cicatrices à peu près quadrangulaires et terminée au sommet par une rosette de feuil. glabres, luisantes, rougeâtres au sommet, spatulées, cartilagineuses-ciliées sur le bord, rétrécies à la base en une sorte de pétiole tétragone; en juin-août, fl. jaunes. Ténériffe, 1816.

7 **J. en arbre.** *S. arboreum* Lin. Tige arborescente, de près de 1 mètre, rameuse, nue, lisse; feuil. cunéaires, glabres, ciliées, disposées en rosette au sommet des ram.; en mars-décembre, fl. jaunes, à 9-11 pétales, disposées en panicules lâches. Orient, 1640.

Var. à feuil. panachées de blanc et de rouge.

8 **J. porte-tables.** *S. tabulæforme* Haw. Tige ligneuse, dressée, rameuse, de 50 centim.; feuil. planes, oblongues-spatulées, ciliées, rétrécies à la base, rassemblées au sommet des ram. en une rosette plane, ronde, comme une petite table; en juillet-août, fl. jaune pâle, à 10-12 pétales linéaires-lanc. Ténériffe,

9 **J. des Canaries.** *S. Canariense* Lin. Tige ligneuse, de 50 cent.; feuil. de la base disposées en rosette, grandes, obovales-spatulées, velues, celles de la tige florale éparses, ovales; en juin-juil., fl. blanches, pédicellées, en panicules rameuses. 1699.

10 **J. de Smith.** *S. Smithii* Sims. Tige ligneuse, dressée, hispide, de 35 cent.; feuil. éparses, obovales, acuminées, planes, maculées; en juil.-août, fl. jaune pâle, sess. sur des ram. courbés au sommet, rapprochés en panicules rameuses; pétales ovales-oblongs, étalés. Ténériffe, 1815.

11 **J. gazonneuse.** *S. cæspitosum* Dec. *S. ciliatum* Sims. *S. Simsii* Sweet. Tige ligneuse, de 15 cent., quelquefois rameuse; feuilles oblongues-linéaires, glabres, bordées de cils raides, marquées sur les deux faces de lignes jaunes, éparses sur la tige, et rassemblées en rosette au sommet; en avril-sept., fl. jaunes, à 7-8 pétales étalés, disposées en cymes corymbiformes. Canaries, 1815.

** *Plantes herbacées, n'émettant pas de rejets ou propagules.*

12 **J. dorée.** *S. aureum* Smith. *S. calyciforme* Haw. Bisann.; tige glabre, dressée, de 30 cent.; feuil. glabres, obovales-spatulées, entières, cartilagineuses-membranacées sur les bords; en juil.-août, fl. jaunes, à 20 pétales, disposées en panicules dichotomes, multiflores. Canaries, 1815.

13 **J. étoilée.** *S. stellatum* Smith. *S. villosum* Ait. Ann.; tige dressée, de 15 cent., herbacée, pubescente, rameuse, feuilles éparses, oblongues, spatulées-cunéiformes; obtuses, velues; en juillet-août, fl. jaunes, à 6-8 pétales étalés, disposées en panicules; écailles nectarifères, palmati-lobées, à lobes subulés. Madère, 1790.

****Plantes herbacées, émettant de l'aisselle des feuilles des propagules ou rejets terminés par une rosette de feuilles.*

14 **J. hérissée.** *S. hirtum* Lin. *S. soboliferum* Sims. Propagules globuleux ; feuil. à peine ciliées, celles des tiges florales lanc., imbriquées, disposées sur 3 rangées spirales; en juin-juil., fl. jaunâtres, à 6 pétales dressés, fimbriés, 2 fois plus longs que le calice. Italie, 1804.

15 **J. porte-globes.** *S. globiferum* Lin. *S. grandiflorum* Haw. Vivace ; propagules un peu resserrés, globuleux ; feuil. ciliées ; en juin-juil., fl. jaunes, à 15-20 pétales étalés, 3 fois plus longs que le calice. Allemagne, 1731.

16 **J. des toits, Artichaut bâtard.** *S. tectorum* Lin. *Sedum* Scop. Viv. ; propagules étalés ; feuil. ciliées ; en juin-sept., fl. pourprées, à 5-9 pétales étalés ; écailles nectarifères cunéaires, caronculées. Indigène.

17 **J. des montagnes.** *S. montanum* Lin. Vivace ; propagules un peu resserrés ; feuil. pubesc., entières ; en juin-juil., fl. rouges, à 10-14 pétales ; écailles nectarifères très petites, presque entières. Pyrénées.

18 **J. toile d'araignée.*** *S. arachnoïdeum* Lin. Vivace ; propagules globuleux ; feuilles recouvertes de poils blancs, entremêlés, simulant une toile d'araignée ; en juin-juil., fl. rouges, à 8-9 pétales étalés ; écailles nectarifères tronquées, échancrées. Pyrénées.

**** *Herbes vivaces, sans tiges, ne développant pas de propagules.*

19 **J. uniflore.** *S. monanthes* Ait. *Monanthes polyphylla* Haw. Feuil. cylindr.-clavif., glabres, disposées en rosette ; en juil.-sept., fl. pourprées, solit. ou peu nombr. au sommet de hampes dépourvues de feuil.; pétales, 6-9, dépassant à peine le calice. Canaries, 1777

Culture. — Les espèces des îles Canaries sont de serre tempérée et doivent recevoir la même culture que les *Crassula*, *Echeveria*, etc. Les espèces indigènes à l'Europe se cultivent en plein air dans les terrains sablonneux et graveleux, ou sur les rocailles ; on multiplie les espèces ligneuses par boutures; les vivaces par la séparation des propagules ou bourgeons axill.; les annuelles en les semant au printemps sur couche. On repique le plant dans des pots qu'on place sous châssis chaud pour faciliter la reprise, et l'été, on les livre en plein air à bonne exposition.—La plupart des espèces ligneuses sont d'un assez bel effet au moment de la floraison ; on emploie les espèces vivaces européennes pour l'ornement des rochers ou des murs de clôture.

TRIBU II. — *DIAMORPHÉES.*

Ovaires soudés à leur base ou dans toute la longueur, formant à la maturité une capsule à plusieurs loges.

PENTHORUM. *PENTHORUM* Lin. [du grec *pente*, nombre cinq ; *horos*, montagne, colonne : allusion à la capsule, qui est couronnée par 5 petites pointes ou colonnes].—Calice quinquéparti ; corolle à 5 pétales ; 10 étam. périgynes ; capsule à 5 loges polyspermes, surmontée par 5 becs divergents terminant chaque loge.

1 **P. faux Orpin.** *P. sedoïdes* Lin. Vivace ; tiges de 30 cent. et plus ; feuilles alternes, oblongues-linéaires, membranacées, inégalement dentelées ; en juil.-août, fl. jaune verdâtre, unilatérales, en épis recourbés au sommet et rapprochés en cyme terminale. Virginie, 1768. — Plein air, en terre de bruyère tenue humide, surtout en été ; recouvrir de litière ou feuilles sèches en hiver.

FIN DU PREMIER VOLUME.

Paris. — Typ. G.-A. Pinard, 9, cour des Miracles.

TABLE

DES FAMILLES, GENRES ET ESPÈCES

ET DE LEURS SYNONYMES[1].

(1) Les mots imprimés en PETITES CAPITALES sont les noms de familles; les mots en gros texte romain sont les noms des genres adoptés dans l'ouvrage; les noms en *italiques* indiquent les synonymes ou les espèces d'un genre reportées dans un autre; les mots en petit texte romain sont les noms vulgaires et français.

FIN DE LA TABLE DES MATIÈRES DU PREMIER VOLUME.

DICTIONNAIRE EXPLICATIF

DES

TERMES DE BOTANIQUE

LES PLUS USUELS.

(*Les abréviations employées dans le cours de l'ouvrage précèdent les termes.*)

A

A [*a* privatif des Grecs, *an* devant une voyelle]. — Placé devant un mot composé, il signifie *sans* : *a*caule, sans tige; *a*pétales, fleur sans pétales; *an*omale, qui n'est pas régulier, etc.

Acaule. — Plante sans tige apparente. Ex. : Plantain, Primevère.

Acclimatation. — Une plante vivace, étrangère au pays où elle a été importée, et qui peut y vivre et prospérer en plein air est dite *acclimatée*.

Accombant. — Se dit des embryons dont la radicule est repliée sur le dos des cotylédons. Ex. : Passerage et autres Crucifères.

Accrescent. — Calice continuant à végéter et à prendre de l'accroissement après la floraison. Ex. : Alkekenge.

Accroissement. — Les végétaux, ainsi que tous les êtres organisés, croissent en force et en étendue jusqu'à ce qu'ils aient atteint la limite que leur a imposée la nature; comme eux, ils puisent dans les divers milieux où ils aiment à vivre les fluides qui leur sont propres pour accomplir le cours de leur existence; mais, eu égard à la structure de chacune des races des végétaux, toutes n'ont pas une croissance égale et uniforme. La durée de leur accroissement est, en général, subordonnée à celle de leur vie. Les unes se développent avec rapidité et terminent leur existence dans un laps de temps souvent très-court, telles sont les plantes annuelles, brillants et passagers ornements de nos parterres, qui se développent, fleurissent, fructifient, et meurent en quelques mois; d'autres, au contraire, croissent avec tant de lenteur que leur développement est, pour ainsi dire, insensible : tels sont les Cèdres, les Palmiers, les Cycas, certaines Cactées, auxquels des siècles suffisent à peine pour acquérir tout leur accroissement. Plusieurs théories ont été émises sur les phénomènes qui se passent durant la période d'accroissement des végétaux; et bien qu'un grand nombre de probabilités viennent à l'appui de ces théories ingénieuses, les physiologistes cependant ne sont pas d'accord sur la question.

Acéré. — Employé ordinairement pour désigner les *feuilles* cylindriques, raides, pointues et piquantes *.

Acicul. — **Aciculaire.** — *Épines* grêles, allongées, piquantes; *feuilles* étroites, allongées, aiguës : les feuilles de Pin.

Acinacif. — **Acinaciforme.** — *Feuilles* ou *fruits* aplatis, présentant deux bords, l'un épais, obtus; l'autre mince, tranchant, recourbé en arrière comme un sabre. Ex. : Ficoïde acinaciforme.

Acotylédones. — Plantes dépourvues de *cotylédons*. Une des 3 grandes divis. établies par L. de Jussieu dans sa méthode naturelle, et qui correspond aux CELLULAIRES de Decandolle; elle comprend les Algues, les Champignons, Lichens, Mousses, Fougères, etc.

Acum. — **Acuminé.** — Toute partie

* Le mot celtique *ac*, pointe, est la racine de beaucoup des noms qui désignent des objets pointus.

d'un végétal terminé en pointe prolongée. Ex. : les feuilles du Tilleul argenté.

Adhérent. — On désigne ainsi les parties ou organes d'un végétal qui, bien que différents, sont attachés ou soudés ensemble (voy. COHÉRENT). M. Decandolle appelait l'ADHÉRENCE *greffe naturelle* des organes. Ex. de calice adhérent à l'ovaire : Myrte, Poirier.

Adné. — Deux ou plusieurs parties soudées latéralement dans toute leur longueur; les anthères sont dites adnées lorsqu'elles sont attachées au filet dans leur longueur. Ex. : Cabaret, Renoncule.

Adventif. — Bouton qui naît sur la plante ailleurs que dans sa position naturelle; on nomme *racines adventives* celles qui se développent à la base d'une bouture, là où il n'y en aurait jamais eu, si, par la multiplication, on ne les avait provoquées.

Aérienne. — Toute partie d'une plante qui vit aux dépens de l'atmosphère : les *tiges*, les *rameaux*, les *feuilles*. Plusieurs Orchidées épiphytes ont des *racines aériennes*.

Agglom. — **Aggloméré.** — Réuni en boule ou en tête, comme les *fleurs* des Echinops, du Platane; les *étamines* de certaines plantes; les *chatons* de quelques Conifères.

Agrégé. — *Fleurs* réunies dans un réceptacle commun : la Scabieuse; *fruits* réunis et soudés entre eux : l'Ananas, les fruits des Conifères.

Aigrette. — Appendices soyeux surmontant le fruit ou les graines de certaines races de plantes, surtout dans les Composées; poussées par le vent, ces graines sont portées à des distances souvent considérables. La *carène* des fleurs des Polygala est plus ou moins *aigrettée*.

Aigu. — Toute partie d'un végétal se rétrécissant imperceptiblement en pointe, de manière à former un angle. Ex. : les *feuilles* du Laurier-rose, la *capsule* de la Digitale pourprée.

Aiguillons. — [radical *ac*, pointe]. — Piquants adhérents seulement à l'écorce, et que l'on peut en détacher sans l'endommager ou qui tombent d'eux-mêmes; ils diffèrent des ÉPINES, qui naissent de la partie ligneuse : le Rosier est aiguillonné, l'Acacia porte des épines.

Ailes. — *Pétales* latéraux d'une corolle papilionacée; *limbe* des feuilles se prolongeant en saillie sur la tige ou sur le pétiole : Grenadille **ailée**; *folioles* d'une feuille composée (voy. PENNÉE); tégument des graines s'élargissant en membrane : Sycomore. Les organes munis de ces appendices sont dits AILÉS.

Aisselle. — On nomme ainsi l'intérieur du point d'attache d'un pétiole ou d'une feuille formant *angle* avec le rameau qui le porte; de même le rameau avec la tige, etc.

Akène. — Fruit sec, monosperme, indéhiscent : comme celui des Anémones, des Synanthérées.

Albumen. — Voy. PÉRISPERME.

Alène. — Pointe qui termine une feuille linéaire (voy. SUBULÉE).

Alliacée. — Qui a l'odeur de l'Ail.

Alpines. — Acception employée pour les plantes des Alpes, et généralement pour toutes celles qui croissent sur les montagnes les plus élevées. La partie septentrionale des montagnes, situées même sous l'équateur, est toujours couverte de neige; en suivant les hauteurs proportionnelles, on trouve les mêmes degrés de température que sur les autres montagnes, et aussi beaucoup des mêmes végétaux nommés PLANTES ALPINES.

Alt. — **Alternes.** — *Feuilles* placées successivement, une à une, sur la tige, séparées chacune, par une portion égale, de sa circonférence, et décrivant une spirale autour d'elle, de manière que si une feuille vient à se placer verticalement, au-dessus de la 1re feuille de la tige, se trouvant séparée d'elle par un certain nombre de feuilles intermédiaires, la suivante se trouvera au-dessus de la 2e, celle qui suivra celle-ci au-dessus de la 3e, etc. Ces feuilles forment ainsi plusieurs séries parallèles qui tournent autour de la tige. Appliqué à une fleur, ce mot signifie que les *pétales* sont placés entre les divisions du calice et alternent avec elles, de même les *étamines* avec les pétales. Les *folioles* des feuilles composées qui sont alternes sur le pétiole commun, sont dites ALTERNI-PENNÉES.

Alvéolé. — Creusé de cavités placées les unes à côté des autres, simulant les alvéoles des abeilles. Ex. : *graines* des

Antirrhinum, réceptacle de quelques Synanthérées.

Amande. — *Graine*, abstraction faite des téguments, c'est-à-dire *embryon* et *périsperme* (voy. ces mots), ou embryon seul, comme dans les Amandiers.

Amentacées. — Fleurs en CHATON. (Voy. ce mot.)

Aminci. — Organe ou partie d'un organe allongé, grêle, rétréci, ATTÉNUÉ. (Voy. ce mot.)

Amphibie. — Ainsi que certains animaux, il est des plantes qui vivent sous l'eau comme sur la terre.

Amplexic. — **Amplexicaule.** *Feuille, pétiole* ou *stipule* dont la base élargie embrasse la tige ou le rameau.

Ampulacé. — Qui affecte la forme d'une bouteille, d'une vessie.

Amylacé. — Qui a les propriétés de l'amidon.

Analyse. — Même signification que ANATOMIE VÉGÉTALE.

Anastomose. — Synonyme d'embranchement; union des diverses parties rameuses entre elles. Les *fibres*, les *nervures* présentent souvent ce caractère.

Anatomie végétale. — Branche de la botanique ayant pour objet la dissection des plantes, afin d'arriver à la connaissance des organes élémentaires, de déterminer leur situation et leurs formes.

Ancipité. — Qui a deux bords opposés plus ou moins comprimés et tranchants, et la partie médiane épaissie, comme la tige de l'Androsemum.

Angulaire. — Tout organe ou appendice qui naît sur un angle.

Angulé. — Partie d'une plante relevée d'angles dont le nombre est déterminé.

Anguleux. — Partie d'une plante dont le nombre des angles n'est pas déterminé.

Ann. — **Annuel.** — Tout végétal qui germe, fleurit, mûrit ses graines et meurt l'année de son semis.

Anomal. — Irrégulier. Se dit des fleurs dont la forme s'éloigne le plus des types des autres fleurs le plus communément observées. Ex. : Aconit, Violette.

Anormal. — Qui s'écarte des règles établies ; organes des plantes présentant des altérations, des avortements.

Antér. — **Antérieur.** — Se dit du *stigmate* qui, dans les fleurs irrégulières, regarde la partie antérieure de la fleur. Ex. : Orchidées.

Anthères. — Partie capsulaire de l'*étamine* qui renferme la poussière fécondante appelée POLLEN. Les anthères sont presque toujours solitaires sur leur FILET ; elles sont SESSILES lorsque ce dernier manque.

Anthèse. — Moment où tous les organes qui composent une fleur ont atteint leur complet accroissement ; épanouissement de la fleur.

Apétale. — Fleur dépourvue de corolle et conséquemment de pétales. Toute fleur dont les organes sexuels sont seulement enveloppés d'un calice ou d'un involucre est dite APÉTALÉE : les Graminées, le Frêne, l'Oseille, etc.

Aphylle. — Plante, tige ou rameau dépourvu de feuilles.

Apicule. — Désigne le plus ordinairement la pointe filiforme, courte et aiguë, mais peu consistante, qui termine un pétale, un sépale, une feuille, ou les divisions des feuilles de quelques plantes : *Tortula unguiculata*. L'organe qui la porte est dit APICULÉ.

Appendice. — Toute partie d'un végétal qui n'est qu'un prolongement d'elle-même ou l'avortement d'un organe, et forme ainsi une portion additionnelle à sa structure. Cette partie ou cet organe est dit alors APPENDICULÉ : les pétales des Silénées, la gorge du périanthe des Narcisses.

Appliquées. — Exprime que les *feuilles* d'une plante sont rapprochées du rameau dans leur longueur, et le cachent en tout ou en partie : *Buchnera gesnerioides*.

Apre. — Synonyme de RUDE.

Aquat. — **Aquatique.** — Plante qui naît et vit dans l'eau ou sur son bord, et dans les lieux humides : *Nymphæa*.

Aqueux. — Partie d'un végétal dont le tissu renferme un *suc aqueux* : Laitue.

Arboré. — Qui a le port d'un arbre ; *Datura arborea*.

Arboresc. — **Arborescent.** — Plante herbacée dont les tiges ou les rameaux vivaces affectent l'apparence d'une plante ligneuse.

Arbre. — Végétal à tige ligneuse,

ordinairement unique, nue inférieurement, ramifiée à sa partie supérieure, et qui s'élève à plus de 6 mètres (1).

Arbre-vert.—Qui conserve ses feuilles plusieurs années : les Conifères (voy. PERSISTANT).

Arbriss. — **Arbrisseau.** — Végétal ligneux, ramifié dès sa base, et qui, ayant le port et les caractères de l'Arbre, s'élève de 1 mèt. 50 centim. à 6 mèt. : Lilas, Sureau (voy. FRUTESCENT).

S.-Arbrisss.—**Arbrisseau (sous-).**— Plante ligneuse seulement à la base et dont les ramifications herbacées meurent chaque année.

Arbuste. — Végétal à tige et ramifications ligneuses, ayant le port d'un arbre en miniature et s'élevant à un mètre au plus : Bruyères.

Aréole. — Petite cavité ; souvent employé comme synonyme de *cellule* ou d'*alvéole*. Une surface est dite ARÉOLÉE lorsqu'elle est marquée d'inégalités peu sensibles.

Arête. — Prolongement piquant et ferme ; BARBE des Graminées offrant ces filets raides, secs et grêles qui sont la continuation de la nervure des *balles* ou *paillettes florales*. Dans le *Stipa pennata*, ce prolongement est un filet délié, long, flexible et plumeux. L'organe d'une plante muni de ces appendices est dit ARISTÉ.

Arille. — Prolongement particulier du support de la graine, qui n'y adhère que par le hile et la recouvre en tout ou en partie d'une sorte de membrane, comme le *parchemin* qui enveloppe les graines du Café, le *macis* de la Muscade, etc.

Aromat. — **Aromatique.**—

Arrondi. — Partie du végétal dont le contour approche de la forme d'un cercle : feuilles de la Lysimache nummulaire.

Article. — Intervalle qui sépare deux articulations.

Articulation. — Point d'attache d'une tige à l'autre, des rameaux à la tige, des pétioles au rameau, des folioles au pétiole commun, et formant des jonctions faciles à séparer (voy. ARTICULÉ). Différent de NŒUD : *Tiges* des OEillets.

Articulé. — Muni d'articulations comme le chaume des Graminées ; les rameaux des *Opuntia ;* les pétioles et pétiolules des feuilles d'Acacia ; les légumes et siliques des Sainfoins et de plusieurs Crucifères, etc.

Ascend. — **Ascendants.** — Tiges ou rameaux qui, horizontaux à leur base, se courbent ensuite vers le ciel pour prendre une position qui se rapproche de la verticale : Véronique en épi, Trèfle des prés.

Assurgent. — Qui se relève par une courbure ; ce mot, synonyme du précédent, est appliqué aux autres organes d'une plante dans le même sens que *ascendant* pour les tiges et rameaux.

Astring. — **Astringent.** — Saveur qui contracte fortement les papilles de la langue et que possèdent certaines plantes : Sumac, Ronce.

Atténué. — Organe d'un végétal qui est rétréci du sommet à la base, ou de la base au sommet.

Aubier. — Couche du bois des arbres dicotylédonés qui, ayant été formée la dernière et étant la plus extérieure, se trouve après l'écorce.

Auric. — **Auriculée.** — Partie d'une plante et surtout feuille munie à sa base de deux sortes de lobes opposés simulant deux petites oreilles ou AURICULES : Sauge officinale.

Avort. — **Avortement.**— Défini par Decandolle comme étant le phénomène par lequel un végétal ou un de ses organes, ayant commencé à se développer, cesse de s'accroître ou meurt avant le temps ; ainsi, on dit d'une fleur imparfaite dans le développement des parties qui la composent qu'elle est AVORTÉE.

Axe. — Point vital. Ligne centrale réelle ou imaginaire ; les rameaux, feuilles, fleurs, etc., divergent d'un *axe* ou *centre* commun, qui est la tige.

Axill. — **Axillaire.** — Qui naît de l'*aisselle*, c'est-à-dire de l'angle formé supérieurement par l'insertion de la branche sur la tige, de la feuille sur le rameau, etc. ; comme les bourgeons des arbres et un grand nombre de fleurs.

(1) Les caractères différentiels indiqués ici pour les mots *arbre, arbrisseau, arbuste* sont ceux reçus par les jardiniers.

B

Baccifère. — Végétal qui porte des baies (1).

Baccif. — **Bacciforme** ou **Baccien.** — Fruits renfermant une pulpe charnue et qui, formés de la réunion de plusieurs ovaires, ont l'apparence et à peu près la structure d'une *baie* : les fruits du Genévrier, de la Ronce, etc.

Baie. — Fruit mou, succulent, contenant plusieurs graines nichées dans la pulpe ou renfermées dans une ou plusieurs loges : Raisin, Morelle, Groseille, Épine-vinette, etc.

Bale ou **Glume.** — Organe membraneux, sec et coriace, connu sous les noms de *folioles* écailleuses, *valves* ou *paillettes florales*, qui enveloppe les organes sexuels et le fruit de chaque fleur de Graminées.

Baliveau. — Jeune arbre que l'on ne taille pas et qui file droit avec toutes ses branches.

Barbe. — Se dit particulièrement de l'ARÊTE (voy. ce mot) qui surmonte les balles des Graminées. — Un organe est dit BARBU lorsqu'il est chargé de poils réunis en touffe en nombre indéfini.

Base. — Exprime, en botanique, l'extrémité inférieure d'un organe ou d'une partie quelconque.

Basilaire. — Tout organe fixé à la base d'un autre organe, comme le *style* inséré à la base de l'ovaire, est dit *basilaire* : Fraisier.

Bi ou **2.** — Double la signification du terme devant lequel il est placé; les mots qui suivent en sont les exemples principaux. (V. le terme simple.)

Bi-ailé. — A deux ailes.

Bi-denté. — Qui porte 2 dents, ou 2 fois denté.

Bifère. — Végétal qui porte fleur et fructifie 2 fois dans l'espace d'une année à l'autre.

Bifide. — Organe fendu jusque vers son milieu en 2 parties formant entre elles un angle aigu : Lychnis dioïque.

Bifl. — **Biflore.** — Qui porte 2 fleurs : *pédoncule*. Qui renferme 2 fleurs : *balle* de plusieurs graminées, *spathe* de quelques Liliacées.

Bifurcation. — Point où une tige, un rameau, une racine, etc., se divise en deux; chacune de ces parties est dite alors BIFURQUÉE.

Bijugué. — Pétiole commun portant 2 paires de folioles : Mimosa nodosa.

Bilabié. — Calice ou corolle dont les 2 divisions supérieure et inférieure inégales s'entr'ouvrent comme 2 lèvres : les Labiées, quelques Pédiculaires.

Bilobé. — Partagé en 2 lobes plus ou moins rapprochés, formant entre eux un sinus obtus, toujours arrondi à la base.

Bilocul. — **Biloculaire** ou à **2 loges.** — Se dit plus particulièrement de l'*anthère* et du *fruit*.

Biparti. — Organe fendu en 2 jusqu'au-dessous de son milieu : *pétales* de l'*Alsine media*.

Bipennatif. — **Bipennatifide**, 2 fois **pennatifide.** — Divisions du pétiole qui elles-mêmes sont pennatifides : *Papaver argemone.*

Bipennée, 2 fois **pennée.** — Feuille munie de pétioles secondaires pennés eux-mêmes et attachés au pétiole commun : *Mimosa julibrissin ;* lorsque ces pétioles en portent d'autres, on dit la feuille TRIPENNÉE.

Bisann. — **Bisannuel.** — Qui dure 2 ans : Plante, racine.

Bisérié. — Disposé sur deux rangs : Graines, Feuilles, etc.

Biternée. — Feuille portée sur un pétiole commun qui se divise à son sommet en 2, 3 pétioles secondaires soutenant chacun 3 folioles : Fumeterre bulbeuse. Lorsque ces pétioles se subdivisent en 2-3 autres pétioles, les feuilles sont TRITERNÉES.

Bivalve. — Fruit formé de 2 VALVES ou parois : légume, silique, capsule, etc. Lilas.

Blanch. — **Blanche, Blanchâtre.**

Blaste. — Partie ordinairement cylindrique et externe de l'embryon, susceptible de se développer par la ger-

(1) Il est à remarquer que la plus grande partie des plantes herbacées *baccifères* sont vénéneuses, telles que les *solanum*, *atropa*, *physalis*, *actæa*, *arum*, etc.

mination; point vital ou de première expansion.

Bois. — Toute partie d'un végétal de nature ligneuse. Le *Bois parfait*, c'est-à-dire qui a acquis toute sa dureté, est placé au centre dans les arbres dicotylédonés.

Bosselé ou **Toruleux.** — Corps cylindrique relevé irrégulièrement en bosses; fruit de plusieurs Crucifères.

Botanique. — Partie de l'histoire naturelle ayant pour objet la connaissance des plantes. La Botanique peut se diviser en 3 sections : la *Botanique spéciale*, qui comprend la physiologie et l'anatomie ; la *Botanique de classification*, à laquelle se lie l'*Organographie* végétale, et enfin la *Botanique d'application*, c'est-à-dire qui s'applique aux arts, à l'industrie, à l'agriculture, etc. On arrive à la description et au classement des végétaux par l'étude de la science botanique.

Botanographie, Phytographie. — Art de décrire les plantes; le *Botanographe* est celui qui s'occupe de cet art.

Bouquet, fleurs en bouquet. — Disposition des pédoncules simples qui, naissant d'un même centre, portent leurs fleurs à peu près à la même hauteur : *Butomus*, *Primula*, etc.

Bourgeons, Embryons fixes. — *Boutons* qui commencent à se développer et qui renferment les *rudiments* ou principes des rameaux, des feuilles, des fleurs et fruits à venir. On remarque que, sous les latitudes froides et tempérées, les bourgeons sont recouverts d'écailles imbriquées chargées à l'extérieur d'une couche visqueuse, et sont garnis à l'intérieur d'une substance cotonneuse qui sert à protéger les organes qu'ils abritent contre les intempéries ; tandis que les végétaux croissant sous les zones brûlantes des tropiques, et qui, chez nous, ne sauraient prospérer ailleurs que dans les serres, sont dépourvus de ces sortes d'enveloppes que Linné appelait *hibernacles*. (Logements d'hiver.)

Bourrelet. — Renflement plus ou moins considérable que l'on remarque sur le tronc des végétaux ligneux. Agglomération d'utricules qui se forment à la base d'une bouture et d'où naissent les racines.

Bouton. — Dans les végétaux ligneux, le bouton n'est autre que le *bourgeon* qui n'est pas encore arrivé au point de maturité nécessaire pour s'épanouir et se développer. On entend aussi par bouton l'ensemble de l'inflorescence avant l'épanouissement.

Bouture. — La bouture proprement dite est un rameau détaché d'un végétal et que l'on plante dans les conditions convenables pour lui faire prendre racine; cette bouture produit à sa base une sorte de bourrelet d'où naissent des *fibrilles radicales* ou *racines adventives*, et qui plus tard émettra un bourgeon qui, en se développant, formera la tige. Les rameaux, des portions de racine et les feuilles de beaucoup de plantes dicotylédones peuvent servir à faire des boutures; ce genre de multiplication perpétue les espèces et variétés et en conserve les types, tandis que la propagation par graines produit souvent des variétés nouvelles.

Bractées. — Feuilles modifiées, toujours plus petites que les autres, le plus souvent d'une autre forme et colorées, qui avoisinent les fleurs ou s'entremêlent avec elles. Elles reçoivent aussi le nom de FEUILLES FLORALES : Pivoines, Sauge, *Maranta obliqua*, etc.

Bractéoles. — Bractées les plus petites.

Branches. — Divisions secondaires du tronc et de la tige des végétaux ligneux; les branches donnent naissance aux RAMEAUX qui se divisent eux-mêmes en RAMILLES ou BRINDILLES.

Branchu. — Synonyme de RAMEUX.

Brou. — Enveloppe extérieure charnue et coriace de la Noix, de l'Amande.

Bruy. — **Bruyère.**

Buisson. — *Arbrisseau* ou *arbuste* très-rameux dès sa base.

Bulbe ou **Ognon.** — Corps arrondi, charnu, composé de tuniques concentriques ou d'écailles placées sur le *collet* ou *plateau* d'où partent les racines ; les feuilles ou les tiges sortent du milieu de cette sorte de *bourgeon;* les nouveaux bourgeons qui se forment sur le collet à côté de la bulbe principale prennent le nom de CAYEUX. Les plantes qui portent une bulbe sont dites vulgairement PLANTES BULBEUSES : Jacinthe, Tulipe, Ixia, Lis, etc.

Bulbifère, mieux **Bulbillifère**. — Qui produit des bulbilles, soit dans les articulations des tiges : Ixia ; soit dans les aisselles de feuilles : Lis bulbifère ; quelques *Achimènes*, ou enfin, au lieu de fleurs : Fourcroya, certains *Allium*.

Bulbilles. — Petits corps arrondis, herbacés, charnus, qui naissent sur diverses parties de certains végétaux, et qui, contenant les éléments de nouvelles plantes, peuvent servir à les propager.

Bullée. — Feuille dont la face interne est gaufrée, c'est-à-dire chargée de bossolures marquées en creux sur la face inférieure : *Lamium orvala*.

C

Caduc ou **Fugace**. — Opposé de PERSISTANT ; parties végétales ou organes qui tombent avant l'époque où les mêmes parties ou organes se détachent dans les autres plantes ; le *calice* est *caduc* lorsqu'il tombe au moment de l'épanouissement de la fleur : Pavot ; la *corolle* est *caduque* quand elle se détache au moment où la fleur s'ouvre : Vigne.

Cal. — **Calice**. — Enveloppe extérieure renfermant la corolle et les organes sexuels de la fleur, composée de feuilles généralement vertes appelées sépales (voy. ce mot).

Calicinal. — Appendices qui participent du calice ou qui lui ressemblent : poils *calicinaux*, écailles *calicinales*.

Calicule. — Quelquefois le calice est accompagné à sa base de petites écailles qui le font paraître double, comme dans la plupart des Malvacées. C'est à cette partie extérieure qu'on applique le nom de CALICULE.

Calleux. — Partie d'une plante présentant des petites callosités ou renflements raboteux, comme le bord des feuilles de certaines plantes ; se dit aussi des parties plus sèches et plus dures que les autres : Feuilles de la *Saxifraga cotyledon*.

Campanif., Campanul. — **Campaniforme, Campanulé, Campanulacé**. — Employés indistinctement, ces mots expriment un *calice*, une *corolle* figurés à peu près en cloche ; d'où le nom donné à la famille des Campanulacées.

Canalic. — **Canaliculé**. — Marqué de rainures longitudinales, creusées en gouttière : feuilles du *Pinus sylvestris*.

Capill. — **Capillaire**. — Qui est menu comme un cheveu : *racine*, *tige*, *pédoncule*, *filet* d'étamine, etc. : racines du Paturin annuel.

Capité. — Réuni ou renflé en tête arrondie : stigmate des *Ipomea*.

Capitule. — Mode d'inflorescence présentant un assemblage de fleurs sessiles, rapprochées en boule sur un axe plus ou moins aplati : Scorsonère, Scabieuse.

Capsulaire. — Fruit sec, déhiscent, qui, par sa forme, présente l'apparence et la structure d'une capsule : la silique, la gousse.

Caps. — **Capsule**. — Fruit à péricarpe sec, formé intérieurement d'une ou plusieurs loges séparées par des cloisons membraneuses et s'ouvrant dans leur longueur par des valves : Violette, Tulipe ; ou seulement par des pores à son sommet : Muflier.

Capuchon. — Sépales ou pétales formant un prolongement concave affectant la forme d'un capuchon à la partie postérieure de la fleur : Ancolie.

Caractères. — Rapports ou ressemblances que les plantes ont entre elles ; selon ces rapports, les botanistes ont formé des groupes auxquels ont été donnés les noms de *classe*, *famille*, *genre* ; chacune de ces divisions a ses caractères généraux qui la constituent ; puis enfin sous les genres sont rangées les *espèces*, rapprochées par l'analogie, et qui, elles-mêmes, ont leurs caractères particuliers ou *spécifiques* qui servent à les distinguer.

Carène ou **Nacelle**. — On donne plus particulièrement ce nom aux deux pétales inférieurs de la corolle des fleurs *papilionacées*, qui, par leur forme arquée, ressemblent assez bien à la carène ou quille d'un vaisseau ; tel autre organe d'un végétal plié ou soudé, de manière à offrir une saillie longitudinale en forme de carène, est dit CARÉNÉ.

Cariopse. — Fruit à une seule loge, indéhiscent, dont le péricarpe très-mince, intimement uni avec la membrane de la graine, forme en apparence une enveloppe unique ; tels sont les fruits des *graminées* connus sous le nom de grains.

Caroncule. — Entourage que l'on observe sur les graines, autour du *hile*, due à la présence de petits corps charnus, rapprochés, que l'on pense n'être qu'une modification de l'*arille* : Ricin.

Carpellaire (feuille). — Synonyme de CARPELLE ; est employé pour désigner les feuilles qui entrent dans la composition d'un ovaire à plusieurs loges ; dans le fruit elles prennent le nom de valves : l'ovaire de la Violette est formé de trois feuilles carpellaires, qui se séparent à la maturité en trois valves.

Carpelle. — Chacun des fruits ou pistils partiels, indépendants les uns des autres, comme dans la Pivoine ; lorsqu'ils se soudent entre eux en un corps unique, et proviennent d'une seule fleur, comme dans la Digitale, chacun de ces carpelles pris séparément porte le nom de *feuille carpellaire*.

Cartacée. — Partie quelconque, sèche, tenace et flexible comme du parchemin : tégument des pepins de Poires.

Cartilagineux. — Qui a la ténacité d'un cartilage ; synonyme de CORIACE.

Caryophyllée. — Se dit d'une corolle à 5 pétales onguiculés, dont les onglets sont cachés en grande partie par un calice monosépale, comme l'OEillet.

Casque. — Pétale, plus ou moins concave et arrondi en forme de casque : Aconit.

Caulesc. — **Caulescent.** — Végétal muni d'une tige ; opposé d'ACAULE.

Caulin. — **Caulinaires.** — Feuilles qui appartiennent à la tige ; opposé de *feuilles radicales*. Se dit aussi des *épines, aiguillons, racines*, etc., qui naissent sur la tige.

Cayeu. — Voy. BULBE.

Cent., centim. — **Centimètres.**.

Céphaloïde. — Qui a la forme d'une tête ; s'emploie quelquefois comme synonyme de CAPITULE.

Céréales. — Plantes *graminées* qui fournissent à l'homme sa principale nourriture.

Changeant. — Fleurs qui prennent successivem. différentes couleurs : l'Hortensia, la Mahonille.

Charnu. — Fruit succulent, ayant la consistance de la chair, et le plus souvent indéhiscent : Pêche, Prune. Les organes et appendices d'une plante peuvent être charnus, les végétaux de la famille des Cactées sont charnus.

Chaton (inflorescence). — Épi formé de fleurs unisexuées, disposées sur un axe commun articulé sur la tige, et se détachant après la floraison : Noyer, Coudrier.

Chaume. — Paille ou tige des *Graminées* ; elle est herbacée ou ligneuse, droite, fistuleuse et munie de distance en distance de nœuds ou articulations de chacun desquels naît une feuille.

Chevelu. — Radicelles capillaires ou menues comme des cheveux ; dernières ramifications des racines.

Cils. — Poils un peu fermes dont sont bordés les organes de certains végétaux, qui alors sont dits CILIÉS : feuilles de la Joubarbe.

Cime ou **Cyme.** — Disposition des fleurs en fausse OMBELLE résultant d'une suite de bifurcations des rameaux, tous terminés par une fleur, comme dans la petite Centaurée et quelques Caryophyllées.

Circinées. — Feuilles roulées en crosse avant leur développement : Fougères.

Cirrhes. — Synonyme de VRILLES (voy. ce mot).

Cirrhifère. — Tige portant des vrilles : Vigne.

Cirrhiforme. — Pétiole, etc., qui se contourne en *vrille* : Clématite.

Classes. — Premières et grandes divisions des végétaux qui ont entre eux des rapports généraux. La méthode de Decandolle est composée de deux classes : 1° *Dicotylédonées* ou *Exogènes* ; 2° *Monocotylédonées* ou *Endogènes*. Chacune est divisée en SOUS-CLASSES, subdivisées en FAMILLES, qui contiennent les GENRES sous lesquels sont rangées les ESPÈCES et VARIÉTÉS.

Clavif. — **Claviforme.** — En forme

de massue, se dit de toute partie cylindrique d'un végétal s'épaississant de la base au sommet.

Cloison. — Séparation ou lame membraneuse qui partage l'intérieur des fruits en plusieurs loges comme les *siliques* des Crucifères.

Coadné, Coaduné. — Voy. CONJOINT.

Cœur (*(feuille, pétale*, etc., en). — Voy. CORDIFORME.

Cohérent. — Se dit des *organes homogènes* soudés entre eux; *étamines* des Solanum; opposé de ADHÉRENT, indiquant la soudure des *organes différents.*

Collet. — Point vital situé entre la tige et la racine, d'où les fibres radicales descendent et les parties aériennes s'élèvent.

Coloré. — On désigne ainsi un organe qui prend une couleur autre que celle qu'il doit avoir dans l'ordre naturel, comme il arrive dans certaines plantes aux *feuilles*, au *calice*, aux *bractées*, etc.

Columelle. — Corps allongé sur lequel les carpelles des Euphorbiacées, des Géranium, etc., semblent fixés; ce corps résulte véritablement des bords unis des carpelles, qui le plus souvent persistent après la déhiscence du fruit, et semble continuer l'axe.

Commissure. — Point où deux corps se réunissent, comme la ligne où deux fruits d'Ombellifères se touchent.

Commun. — Le *pétiole* des feuilles composées : l'Acacia.

Complète. — *Fleur* normale, composée du *calice*, de la *corolle*, des *étamines* et du *pistil.*

Composé. — Opposé de SIMPLE. Se dit d'une feuille dont les FOLIOLES, portées sur un pétiole commun, sont articulées et tombent séparément : celles des Légumineuses, du Marronnier. Exprime aussi la réunion de plusieurs corps dans un seul *réceptacle;* telles sont les fleurs réunies et serrées dans l'involucre ou calice commun de la famille des Composées (Synanthérées de Decandolle); une *ombelle composée* est formée de plusieurs ombelles partielles simples, etc. Les fruits de l'Ananas, des Conifères, sont *composés.*

Comprimé. — Tout organe aplati longitudinalement sur ses côtés.

Concave. — Toute partie creuse et ronde, sans angles.

Condupliqués. — *Feuilles* dans le bourgeon; *cotylédons* dans la graine, pliés en deux longitudinalement et placés à côté l'un de l'autre sans soudure; dans ce cas la radicule est toujours dorsale, comme dans la graine des Choux.

Cône. — Nom affecté aux fruits composés des Pins, Sapins, et arbres analogues, à cause de la forme *conique*, d'où le nom *conifère*, qui porte des cônes; ces fruits portent aussi le nom de STROBILES.

Confluent. — Se dit des *feuilles* ou *folioles* quand elles se réunissent et se confondent par leur base; des *nervures* lorsqu'elles semblent se joindre au sommet, etc.

Congénères. — Les espèces du même genre sont congénères.

Conjoint, Coadné, Conné. — Parties d'une même nature soudées entre elles, comme les *feuilles* du Chardon à foulon et de quelques Chèvrefeuilles.

Conjugué. — Terme appliqué seulement aux *feuilles* dont le pétiole se divise en deux pétiolules portant chacun des folioles, ou à celles qui sont liées par paire, comme on le voit dans le *Zygophyllum fabago.*

Conné. — Voy. CONJOINT.

Connivents. — Organes dont les sommets sont rapprochés : les *feuilles*, les *sépales*, les *pétales*, les *étamines.*

Constant. — On dit qu'un caractère est constant lorsqu'il se présente d'une manière invariable dans les *genres* d'une même famille, dans les *espèces* d'un même genre.

Convexe. — Courbe extérieure ou surface circulaire opposée à une partie CONCAVE, arrondie ou relevée en bosse sans former d'angle : réceptacle des Chrysanthèmes.

Convoluté. — Qui est roulé en forme de cornet : *feuilles*, *pétales*, etc. : Bananier.

Coque. — Se dit des divisions membraneuses et sèches de certains fruits dont la déhiscence a lieu de bas en haut avec élasticité; les graines de ces fruits n'adhèrent pas au péricarpe : Euphorbes.

Coralliforme. — C'est-à-dire dont

les branches offrent une disposition analogue à celle des coraux.

Cordif. — **Cordiforme** ou **Cordé.** — Organes qui affectent la forme d'un cœur : *feuilles* du Tilleul.

Coriace. — Qui est d'une consistance semblable à du cuir; *écorce, feuilles, sépales* ou *pétales* épais, durs et tenaces.

Corolle. — Enveloppe immédiate et colorée des organes sexuels, composée de feuilles appelées pétales (voy. ce mot). La *corolle* et le *calice* peuvent être considérés comme les organes de protection des parties sexuelles.

Corymbe. — Inflorescence où toutes les fleurs s'épanouissent à peu près à la même hauteur; il diffère de l'OMBELLE en ce que les pédicelles ne partant pas tous du même centre forment une sorte de parasol à rayons inégaux : le Cerisier Mahaleb. Le corymbe est *composé* lorsque, comme dans l'Alisier des bois, il est porté sur un pédoncule ramifié plus de 2 fois.

Corymbif. — **Corymbiforme.** — Qui affecte la forme d'un Corymbe.

Cosse. — Nom vulgaire de la GOUSSE.

Cotyléd. — **Cotylédons.** — Parties latérales des graines à 1 ou 2 lobes distincts, appelés aussi LOBES SÉMINAUX, et qui représentent les premières feuilles de la plante (voy. EMBRYON).

Crénelé. — Se dit des organes dont les bords sont découpés en dents larges, arrondies, droites et séparées par des angles aigus : les feuilles de Bétoine.

Crispée ou **Crépue.** — *Feuille* marquée de plis irréguliers, petits et multipliés sur toute sa surface.

Crosse. — Les *tiges* et les *feuilles* des Fougères se déroulent en crosse avant de se développer entièrement; l'inflorescence de plusieurs Borraginées se développe en forme de crosse comme celle du *Myosotis palustris*, de l'Héliotrope, etc.

Cruciforme. — *Corolle* formée de 4 pétales onguiculés, disposés en croix, comme dans les crucifères.

Crustacée. — Organe végétal formé d'une substance sèche, dure, friable.

Cryptogamie. — Classe de plantes dont la fructification est cachée, inconnue ou irrégulière, par opposition à la PHANÉROGAMIE, dont les végétaux ont les sexes apparents et la fructification régulière.

Cucullif. — **Cucullé** ou **Cuculliforme.** — Creusé en forme de capuchon : *feuilles, sépales, pétales*, etc. : Ancolie.

Cunéif. — **Cunéiforme.** — Qui s'élargit de la base au sommet en forme de coin : plusieurs organes peuvent affecter cette forme.

Cupule. — Petite coupe ou godet; partie creuse formée d'écailles plus ou moins soudées, et qui entoure la base du *gland* du Chêne ou l'enveloppe entièrement comme dans le Coudrier.

Cupuliforme. — Qui affecte la forme d'une CUPULE.

Cuspidée. — *Feuille* dont le sommet rétréci se termine en une pointe aiguë et ferme : Yucca, Ananas.

Cylindracé. — Qui approche de la forme cylindrique; se dit d'un grand nombre d'organes.

Cylindr. — **Cylindrique.** — Corps long, arrondi, dont la coupe transversale offre partout un cercle.

Cyme. — (Voyez CIME.)

D

Déchiqueté. — Se dit des *feuilles* divisées plusieurs fois en petites lanières inégales et très-nombreuses, comme dans les Ombellifères.

Déeidu. — On dit un arbre à feuilles décidues lorsqu'il perd celles-ci chaque année à l'époque où la végétation entre à l'état de repos pour en repousser d'autres lorsque la sève se met de nouveau en mouvement; le *calice* est *décidu* lorsque, ainsi que dans les Crucifères, il se détache après que la fécondation s'est opérée (voy. CADUC).

Décombant. — Se dit habituellement des *tiges* ou *rameaux* qui, d'abord dressés, se courbent ensuite vers la terre sur laquelle ils sont en partie couchés : telles sont plusieurs Pervenches.

Décomposées. — On appelle *feuilles décomposées*, celles dont le pétiole commun se ramifie en pétioles secondaires portant les folioles : les *Mimosa*.

Découpé. — Les *feuilles*, le *calice*, la *corolle* sont découpés toutes les fois que ces divisions ne se prolongent pas jusqu'à la base de l'organe. Le mot DÉCOUPURES s'applique, en général, à toutes divisions, quelles qu'elles soient, des parties minces des plantes.

Décurrent. — Se dit des feuilles dont le *limbe* se prolonge de chaque côté au-dessous du point d'insertion sur le pétiole ou sur la tige qui les porte, et qu'alors on dit être AILÉS, comme cela a lieu sur quelques Chardons, sur la Consoude.

Décussé. — Les feuilles affectent souvent cette disposition lorsque, placées par paires, chaque paire croise l'autre à angle droit : *Pimelea decussata*.

Défini. — Dont le nombre est déterminé ou constant ; au delà de vingt, le nombre des *étamines* est INDÉFINI. Ce terme s'applique aussi aux *pétales*, aux *graines* lorsque leur nombre est CONSTANT dans une famille.

Déhiscence. — Employé pour exprimer le mode par lequel les *valves* des *fruits* se séparent d'elles-mêmes pour répandre leurs graines ou les mettre à nu. On distingue 6 sortes de déhiscence : 1° PORICIDE, lorsque le fruit s'ouvre par des pores ou trous au sommet : Muflier ; 2° DENTICIDE, lorsque les valves ne se séparent qu'au sommet en figurant autant de dents : Silène ; 3° SEPTICIDE, lorsque les carpelles se séparent par le dédoublement des cloisons, lesquelles forment les côtés des valves : Digitale ; 4° SEPTIFÈRE OU LOCULICIDE, valves composées par deux moitiés de carpelles voisins, portant la cloison sur leur milieu : Hibiscus ; 5° SEPTIFRAGE, valves se séparant des cloisons qui persistent au milieu : Datura ; 6° TRANSVERSALE, se coupant transversalement comme une boite à savonnette ; les fruits s'ouvrant ainsi sont appelés PYXIDES : Jusquiame. Ce terme Déhiscence s'applique également aux *anthères* lorsqu'elles s'ouvrent pour laisser échapper le pollen.

Déhiscent. — Se dit des *fruits* qui s'ouvrent d'eux-mêmes à l'époque de la maturité des graines, tels sont la plupart des fruits capsulaires et siliqueux ; les *anthères* sont constamment *déhiscentes*.

Deltoïde. — Tout organe qui, par sa forme triangulaire, offre, par la coupe transversale, la figure d'un delta grec, Δ : les feuilles de quelques espèces de *Mesembrianthemum*.

Demi-Fleurons, Semi-Flosculeuses. — Ce sont, surtout dans les Synanthérées, de *petites fleurs irrégulières* dont le tube court s'épanouit en languette unilatérale : la Chicorée n'est composée que de demi-fleurons ; dans le Soleil, les demi-fleurons entourent le disque. (Voy. FLEURONS.)

Dendroïde. — Se dit d'une plante qui, par sa forme, ressemble à un arbre.

Denté. — Se dit de *tout organe* dont les bords sont découpés en forme de dents plus ou moins larges, ne s'inclinant ni d'un côté ni de l'autre : *Feuilles* du Seneçon commun.

Denté en scie, Dentelé. — Dont les dents sont toutes dirigées vers le sommet de l'organe qui les porte : Scrophulaire aquatique.

Denticide. — Voy. DÉHISCENCE.

Dentic. — **Denticulé.** — Lorsque les dents elles-mêmes sont découpées en dents plus fines, l'organe est denticulé : Feuilles de la Laitue vireuse.

Déprimé. — Organe qui, plus ou moins aplati de la base au sommet, comme s'il y avait eu pression, offre plus de largeur que de longueur.

Descendant. — Se dit de toute partie qui se dirige vers le sol.

Développement. — L'ACCROISSEMENT (voy. ce mot) est la conséquence du développement des diverses parties qui constituent l'ensemble d'un végétal.

Di. — placé devant un mot composé grec, en double la signification, et s'emploie comme le monosyllabe latin BI dans les composés latins.

Diadelphe. — Se dit particulièrement des *étamines* dont les filets sont réunis en deux faisceaux par leur base : Fumeterre.

Dialypétale. — Corolle formée de pétales distincts : Rose.

Dichotome. — Qui est deux fois divisé ; se dit d'une tige qui se partage en deux branches, dont chacune se bifurque en deux rameaux : Mâche.

Diclines. — Terme créé par Linné pour désigner les *plantes* dont les organes mâles et femelles, quoique pouvant exister sur le même individu, ne sont pas réunis dans la même fleur, qui alors est dite UNISEXUÉE (voy. DIOÏQUE).

Dicotylédone. — Plante dont l'embryon est pourvu de 2 COTYLÉDONS (voy. ce mot). Les végétaux dicotylédons forment la plus grande division du règne végétal.

Didyme. — Ce terme est appliqué aux parties qui, formés de 2 lobes, sont réunies par un point; il est ordinairement employé pour les *fruits* (Siliques, etc.), comme le mot CONJUGUÉ pour les feuilles : Biscutella.

Didyname. — *Etamines* au nombre de 4, 2 petites et 2 grandes, disposées par paires : Digitale.

Diffus. — Se dit des branches et rameaux lâches, étalés horizontalement sans ordre apparent : Fumeterre officinale.

Digité. — Partie ou organe d'une plante divisée plus ou moins profondément en lobes étroits ayant l'apparence de doigts : la *feuille* du Marronnier, dont les folioles, partant du sommet d'un pétiole commun, sont rassemblés en rayon, imitent une main ouverte; les *racines* tubéreuses dont les ramifications peuvent être comparées à des doigts.

Dilaté. — Qui va en s'élargissant de la base au sommet.

Dioïque. — Plante dont les *fleurs* unisexuées sont portées sur des individus différents : le Chanvre, la Valériane dioïque.

Diphylle. — Le *calice* du pavot formé de 2 folioles est diphylle ; s'emploie très-rarement pour d'autres parties.

Discolore. — Partie foliacée, et particulièrement *feuille* dont les deux faces sont de couleur différente.

Disperme. — Fruit ou loge qui ne contient que deux graines. *Arachis*, *Cicer arietinum*.

Disque. — *Milieu* des feuilles à bords sinués ou dentés; *centre* des fleurs composées occupé par les fleurons autour desquels sont placés les demi-fleurons : le Soleil; *bourrelet* annulaire, charnu, qui entoure la base des ovaires dans plusieurs plantes : *Cobæa*.

Dissectées, Séquées. — *Feuilles* à divisions très-profondes comme les feuilles composées, mais dont les divisions, appelées *segments*, ne sont pas articulées sur le pétiole : Clématite.

Distinct. — Se dit des organes qui n'ont aucune adhérence entre eux : les *étamines* sont distinctes lorsqu'elles ne sont soudées ni par leurs filets, ni par leurs anthères.

Distique.—Se dit des *tiges, rameaux, feuilles, épis*, disposés en deux séries opposées de chaque côté d'un axe commun : feuilles de l'Orme.

Divariqué. — Se dit des *rameaux* qui, en s'allongeant, s'écartent et divergent dans toutes les directions à partir du point de leur insertion : *Phlox divaricata*.

Divis. — **Division.** — On nomme ainsi chacune des parties plus ou moins profondes qui divisent un organe et en constituent l'ensemble.

Dolabrif. — **Dolabriforme.** — *Feuilles* en forme de doloire, c'est-à-dire charnues, cylindriques à la base, circulaires et tranchantes sur un de leurs bords, épaisses de l'autre : Mésembryanthemum dolabriforme.

Dorsal. — Organe ou appendice qui naît sur le dos d'un autre organe; se dit le plus souvent de la *radicule* lorsqu'elle est repliée sur le dos d'un des cotylédons.

Double. — *Fleur* double ou PLEINE, c'est-à-dire dont les pétales sont multipliés à l'infini.

Dressé. — Se dit de la *tige*, des *rameaux*, lorsqu'ils s'élèvent verticalement; des *feuilles*, du *calice*, quand ils se dirigent parallèlement à l'axe qui leur est propre.

Droit. — Ce terme, qu'il ne faut pas confondre avec DRESSÉ, exprime qu'un organe ne présente aucune courbure : une *branche* peut être couchée ou pendante sans cesser d'être droite.

Drupacé. — Se dit d'un végétal dont le fruit est un DRUPE; des fruits qui sont de la nature des drupes : Tamarin.

Drupe. — *Fruit* charnu, succulent, renfermant une seule graine enveloppée d'une paroi ligneuse ou osseuse : Pêche, Cerise, Olive.

E

Ecailles. — Sortes de lames foliacées, petites et membraneuses, ressemblant plus ou moins aux écailles des poissons, et que l'on trouve appliquées contre la tige de certaines plantes, comme sur les Asperges, ou qui constituent les bulbes de quelques liliacées : Lis ; elles forment l'enveloppe extérieure des boutons à feuilles et à fleurs (voy. BOURGEON). Dans les fleurs en chatons, les pétales sont remplacés par des écailles ; le calice des fleurs d'une partie des Synanthérées, plusieurs fruits sont également ÉCAILLEUX.

Echancré. — Se dit d'un organe quand au sommet il offre une seule incision peu profonde : *feuilles* du buis.

Ecorce. — Enveloppe extérieure du *tronc*, des *branches*, *rameaux*, *racines* des plantes dicotylédones ; elle comprend tout l'espace intermédiaire entre l'ÉPIDERME et l'AUBIER.

Effilé. — Sert à désigner les *tiges*, *rameaux* grêles, souples et allongés en baguettes, comme l'Osier.

Egal. — Les divisions d'une *corolle*, d'un *calice*, etc., sont dites égales lorsqu'elles sont toutes des mêmes forme, dimension et hauteur, de même les *étamines* entre elles.

Ellipsoïde. — Qui est à peu près elliptique.

Elliptiq. — **Elliptique.** — *Feuille* ou surface dont la forme allongée et presque circulaire a ses deux extrémités arrondies également, par opposition à l'*ovale*, dont les bouts sont inégaux entre eux : Muguet.

Emarginé.—Synonyme d'ECHANCRÉ.

Embrassant. — *Pétiole*, *feuille*, *stipule*, etc., qui embrasse la tige ou les rameaux ; synonyme d'AMPLEXICAULE : Pavot somnifère.

Embryon. — Corps non développé ; *germe* de la graine qui se développe par la végétation et qui renferme les rudiments des organes qui constituent le végétal parfait. Il présente ordinairement dans la graine un ou deux petits corps plus ou moins aplatis, quelquefois charnus, qui ont été appelés COTYLÉDONS, fixés à un petit axe qui a reçu le nom de *tigelle*, et dont l'extrémité inférieure est la *radicule*. Entre les cotylédons se trouve un petit mamelon, composé de petits lobes ; c'est à l'ensemble de ces lobes qu'on a donné le nom de *gemmule*. Mise dans la terre, la graine se gonfle ; bientôt la radicule commence à se développer pour former les racines, puis les cotylédons sortent du sol et se déploient en 1 ou 2 parties qui prennent alors le nom de FEUILLES SÉMINALES, entre lesquelles on aperçoit la GEMMULE qui doit former la tige ; ces cotylédons élaborent les premiers sucs nourriciers, puis ils se dessèchent et tombent dès que la plante peut se suffire à elle-même. — Lorsque l'embryon est muni de 2 cotylédons, comme le Haricot, l'Amande, il est dit DICOTYLÉDONÉ, c'est le cas du plus grand nombre des végétaux connus ; quand il n'en porte qu'un seul, il est dit MONOCOTYLÉDONÉ : les Palmiers, les Graminées, etc. Enfin, un embryon est ACOTYLÉDONÉ lorsqu'il est dépourvu de cotylédon. C'est sur la présence et le nombre des cotylédons que A.-L. de Jussieu a établi les 3 grandes divisions de sa Méthode naturelle.

Endosperme. — Voy. PÉRISPERME.

Engaînante. — Feuille dont le *pétiole*, élargi en membrane, forme une GAINE qui embrasse le pourtour de la *tige* ou du *rameau*, qui sont dits alors ENGAINÉS : Graminées et Cypéracées.

Ensif. — **Ensiforme.** — *Feuille* longue et étroite, dont la côte ou partie moyenne est plus épaisse que les bords tranchants, et se termine en pointe au sommet, ce qui lui donne à peu près la forme d'une *épée* : Iris.

Entier. — En parlant des *feuilles*, *pétales*, *sépales* dont les bords unis se continuent sans présenter ni dents ni crénelures.

Entre-Nœuds ou **Mérithalle.** — Portion de la tige comprise entre deux nœuds ou deux insertions de feuilles.

Enveloppes florales. — Ensemble des parties florales qui entourent les organes sexuels : le *calice* et la *corolle*, la *collerette* ou *involucre*.

Eparses. — *Feuilles* et *fleurs* répandues sur les tiges ou les rameaux sans ordre apparent.

Eperon. — Sorte d'appendice creux en cornet plus ou moins prolongé, placé à la partie postérieure de certaines fleurs : Pied-d'alouette, Violette, etc. Les fleurs qui en sont munies sont dites ÉPERONNÉES.

Epi. — Inflorescence dans laquelle les fleurs sessiles ou portées par un pédicelle très-court sont fixées sur un axe commun, allongé et raide : dans ce cas l'*épi* est *simple*, comme dans le Plantain; lorsqu'il est formé de plusieurs ÉPILLETS ou petits épis redressés, il est *composé :* le Blé.

Epiderme. — *Pellicule* membraneuse, très-mince, qui forme l'enveloppe la plus extérieure de tous les organes qui composent les végétaux; cette membrane, qui se sépare plus ou moins facilement, est généralement incolore et transparente.

Epigyne. — Un des 3 modes d'insertion découverts et fixés par L. de Jussieu dans sa Méthode naturelle. Se dit des *étamines* et de la *corolle* qui sont insérés *sur* l'ovaire ou au-dessus de lui : Carottes (Voy. HYPOGYNE, PÉRIGYNE.)

Epines. — Excroissances fermes et pointues qui naissent du bois et qu'on ne peut détacher sans déchirer l'écorce. Telles sont celles de l'Aubépine, de l'Acacia, etc.(Voy. AIGUILLONS.) Les feuillles sont quelquefois terminées par une épine ou elles sont armées de plusieurs.

Epiphytes. — La plus grande partie des Orchidées sont épiphytes, parce qu'elles croissent sur d'autres végétaux dont elles ne tirent cependant aucune nourriture; leurs parties aériennes élaborent seules les sucs qui leur donnent la vie. Ce terme est employé par opposition à PARASITE, qui indique les plantes qui vivent aux dépens des végétaux sur lesquels elles sont fixées.

Erigé. — Synonyme de DRESSÉ.

Erodé. — Synonyme de RONGÉ.

Esp. — **Espèces.** — *Plantes* dont les rapports entre elles ont le plus d'analogie, et qui, par ce fait, sont classées sous une même dénomination, qui est le GENRE. Ces plantes, par la fécondation réciproque, reproduisent des individus semblables à elles et dont les mêmes caractères sont *constants;* les différences, toujours légères, que peuvent apporter dans les espèces, la nature du sol, le mode de culture, le climat, font les VARIÉTÉS.

Etalé. — Se dit des divers organes qui sont placés horizontalement par rapport à l'axe qui les porte.

Étam. — **Etamines.** — Organes mâles ou générateurs de la plante : ils sont formés d'un FILET et d'une ANTHÈRE portée par ce dernier (voy. ces mots).

Etendard ou **Pavillon.** — Pétale supérieur des fleurs papilionacées, déployé et plus large que les autres. (Voy. LÉGUMINEUSES.)

Etiolée. — Se dit d'une plante privée de lumière, dont les tiges s'allongent comme pour la chercher, et n'acquièrent ni la consistance ni la couleur verte des autres végétaux placés dans une meilleure condition; les salades *blanchies* pour l'usage de la table ont été soumises à l'ÉTIOLEMENT.

Etoilé. — Se dit le plus souvent des poils qui, naissant d'un centre commun, divergent comme les rayons d'une *étoile*. Les organes qui affectent cette disposition prennent aussi cette épithète.

Exotiques. — *Plantes étrangères* au pays qu'on habite; opposé d'INDIGÈNE.

Externe. — Synonyme d'*extérieur :* qui est placé en dehors; opposé à INTERNE.

Extra-axill. — **Extra-axillaire.** — Se dit des organes qui, au lieu de sortir de l'aisselle d'un rameau ou d'une feuille, naissent au-dessus ou à côté, ainsi que cela arrive quelquefois dans les Mesembrianthemum, les Solanum.

Extraire. — Se dit de l'embryon situé en dehors du périsperme : Graminées.

Extrorses. — Les *anthères* sont extrorses lorsqu'elles présentent le sillon sutural en dehors de la fleur : Iris; par opposition à INTRORSES quand elles le présentent vers le pistil.

F

Facies. — Exprime le PORT général d'une plante.

Faisceau. — Se dit des *racines*, *feuilles*, *fleurs*, *étamines*, etc., qui, partant d'un même point, sont rassemblées en paquet; ces organes sont dits alors FASCICULÉS.

Falcif. — **Falciforme.** — Qui est courbé en forme de faux ou de faucille : *Embryon* de l'Hypecoum.

Familles. — On donne ce nom aux groupes de végétaux que des rapports ou des caractères communs font réunir sous une même CLASSE; les familles sont divisées quelquefois en TRIBUS, mais toujours en GENRES, sous lesquels viennent se ranger les ESPÈCES, que rapprochent des caractères analogues plus fréquents.

Fasciculé. — Réuni en FAISCEAU.

Fastigié. — Se dit des *rameaux*, des *fleurs* qui partent d'une branche ou d'un pédoncule commun et se terminent à la même hauteur; se dit aussi des branches et des rameaux d'un arbre, qui, rapprochés de la partie sur laquelle ils sont implantés, se dirigent tous vers le ciel.

Fécondation. — La fécondation des organes reproducteurs d'une plante a pour résultat de lui faire engendrer des graines; c'est le mode de multiplication par lequel la nature pourvoit à la conservation de l'espèce. Au moment de la déhiscence, les *anthères* laissent échapper le *pollen*, le stigmate s'en empare. C'est alors que se passant un phénomène qui n'est pas encore bien défini, les ovules qui renferment l'ovaire sont *fécondés*. Mais il est des plantes étrangères qui ne donnent pas de graines fertiles, quoique fleurissant très-bien; la main de l'homme vient alors en aide à la nature en posant le pollen de l'organe mâle sur le stigmate : c'est ce que l'on nomme FÉCONDATION ARTIFICIELLE. Observons que ces plantes, qui réclament chez nous l'assistance de l'homme pour opérer la fécondation des ovules, sont fécondées naturellement dans les pays où elles sont spontanées, et que ce cas d'avortement des graines chez certaines que nous cultivons dans nos serres, est dû à l'absence des agents extérieurs qui concourent à l'opération de la fécondation, tels que les insectes, par exemple. Le pollen d'une fleur peut féconder le pistil d'une autre fleur appartenant à une espèce différente jusqu'à un certain degré; de cette union adultérine, dite FÉCONDATION CROISÉE ou HYBRIDATION, naît une HYBRIDE ou une VARIÉTÉ.

Femelle. — Le *pistil* est l'organe femelle des fleurs; la fleur femelle est celle dont l'enveloppe florale ne renferme qu'un ou plusieurs pistils sans étamines.

Fertile. — Se dit des *graines* fécondées, des *fleurs* qui fécondent leurs ovules; employé alors par opposition à STÉRILE. On s'en sert aussi comme synonyme d'abondant, qui produit beaucoup : Arbre, terre fertile.

Feuil. — **Feuilles.** — Expansions variées de forme, le plus souvent plates et vertes, qui naissent du pourtour de la tige ou des rameaux; chacune est portée par le PÉTIOLE, prolongement rétréci, plus ou moins allongé de sa base, et qui est implanté sur la tige ou le rameau; lorsque ce pétiole manque tout à fait, la feuille est SESSILE. On dit d'une feuille qu'elle est *simple* lorsque le *pétiole non ramifié* donne une seule feuille entière ou dont les divisions atteignent la nervure moyenne; on appelle *feuille composée* celle dont le pétiole donne naissance à des pétiolules qui portent des petites feuilles ou *folioles* qui sont articulées. La partie épanouie de la feuille s'appelle LIMBE, lequel est sillonné par les *nervures*, presque toujours ramifiées et plus ou moins saillantes. C'est par le moyen des feuilles que le végétal aspire les fluides aériformes, dont il s'approprie les parties convenables à sa nature. Les feuilles affectent trois dispositions principales : elles sont *alternes* lorsqu'il n'y en a qu'une seule sur le nœud, au point d'insertion; *opposées*, quand il y en a deux; *verticillées*, s'il y en a plusieurs. Les feuilles disparaissent quelquefois, ou plutôt avortent, comme dans les Cactées (plantes grasses), et leur place est occupée tantôt par des écailles, tantôt par des épines.

Selon leur forme, leur consistance, leur direction, etc., les feuilles prennent un grand nombre de désignations, qui se trouvent répandues dans ce Dictionnaire.

Feuilles florales. — Voy. BRACTÉES.

Feuilles séminales. — Voy. COTYLÉDONS.

Fibr. — **Fibreuse.** — Se dit des *racines* lorsqu'elles sont uniquement composées de filets plus ou moins menus, allongés, rarement ramifiés : Jacinthe.

Fibrilles. — Petits filets menus qui émanent de la racine ou de ses divisions et dont l'ensemble constitue le *chevelu*.

Filet ou **Filament.** — Partie déliée, allongée, menue comme un fil, presque toujours cylindrique de l'*étamine* et portant l'anthère : lorsque ce filet manque, l'anthère est *sessile*.

Filif. — **Filiforme.** — Tout organe ou partie, menu et allongé comme un fil ; grosseur au-dessus de CAPILLAIRE.

Fiss. — **Fissures.** — Découpures peu profondes, ressemblant à des folioles, et qui constituent les *feuilles pennatifides, palmatifides, multifides*.

Fistuleux. — Cylindrique et creux comme une flûte : *feuilles, hampe* de l'Ognon ; *tige* des Graminées ; *spadice* de l'Arum.

Flabellif. — **Flabelliforme ; en éventail.** — Feuilles en coin, dont le sommet est arrondi : *Ginkgo biloba*.

Flagellif. — **Flagelliforme.** — Qui est délié, long et flexible comme un fouet : certaines *racines* : Chardon. Se dit aussi des *tiges* qui, par leur souplesse, peuvent être dirigées ou tournées en sens divers, ou rester pendantes : *Cereus flagelliformis*.

Fl. — **Fleur.** — Ensemble des organes reproducteurs d'une plante et des parties qui les protégent ; portion d'un végétal la plus importante pour le botaniste comme pour l'amateur : objet d'étude pour l'un, elle attire l'autre par la beauté de ses nuances et par la suavité de son odeur. Elle est *complète*, si, comme la Giroflée, elle est pourvue d'un calice, d'une corolle, des étamines et d'un pistil ; l'absence d'une de ces parties la rend *incomplète* : le Laurier. La fleur HERMAPHRODITE est celle qui contient les organes des deux sexes ; lorsqu'on ne trouve que les étamines, sans pistils, la fleur est MALE ; la présence des pistils non accompagnés d'étamines constitue la fleur FEMELLE. La fleur peut aussi être *neutre*, quand elle ne contient ni étamines ni pistil, comme celles qui forment l'extérieur des corymbes de l'*Hydrangea japonica*. Selon la disposition plus ou moins symétrique des organes qui composent la fleur, celle-ci est dite RÉGULIÈRE ou IRRÉGULIÈRE (voy. ces mots). — Dans l'ordre naturel, une plante ne peut périr si elle n'a porté fleur au moins une fois : telles sont les plantes annuelles, pour lesquelles la FLORAISON est un indice de mort, après, toutefois, qu'elles ont fécondé leurs graines, qui donneront naissance à des individus semblables à elles. On sait que le Bananier est annuel dans les contrées où il croît spontanément, parce qu'il y fructifie chaque année ; dans nos serres il devient pour ainsi dire vivace, jusqu'à ce que l'influence des fluides qui lui sont propres ayant provoqué la floraison, il périt en abandonnant son régime chargé de fruits.

Fleurons. — Fleurs monopétales, tubulées, très-petites des Synanthérées, dont la réunion constitue le capitule. Ex. : Centaurée. Quelquefois le tube se fend d'un côté et forme une languette plate, appelée LIGULE ; la fleur prend alors le nom de *demi-fleuron* ou de *fleur ligulée* : Pissenlit.

Flexueux. — Qui est tourmenté dans sa longueur, de manière à former un zigzag : les tiges, rameaux et quelquefois d'autres organes ; opposé de DROIT : Aristoloche serpentaire.

Floral. — Se dit des organes et appendices qui accompagnent la fleur ou lui appartiennent : le calice et la corolle sont les *enveloppes florales ;* les BRACTÉES sont des *feuilles florales ;* dans quelques Achimènes, des *bulbilles florales* se développent en place de fleurs ; les NECTAIRES qui naissent dans la fleur même sont des *glandes florales* ou *nectarifères*.

Floraison. — Moment où la fleur s'épanouit ; synonyme d'ANTHÈSE.

Florif. — **Florifère.** — Toute partie d'un végétal qui porte les fleurs. Une plante est très-florifère lorsqu'elle donne beaucoup de fleurs.

Flosculeuses. — Plantes dont les capitules sont composés de *fleurons*. On dit *semi-flosculeuses* quand cet assemblage ne présente que des DEMI-FLEURONS.

Flottantes. — *Plantes* dont les racines, fixées au fond de l'eau, laissent flotter leurs tiges et leurs feuilles entre deux eaux : *Potamogeton lucens*. Celles dont les feuilles restent appliquées à la surface sont dites NAGEANTES : *Nymphæa*.

Fluviatiles. — Végétaux qui croissent dans les fleuves et les eaux courantes : Potamogeton.

Foliacé. — Se dit des organes qui ont la forme et la consistance des *feuilles*.

Foliaire. — Qui naît des feuilles ou leur appartient; on dit *aisselle foliaire*, *aiguillons*, *glandes*, etc., *foliaires*.

Fol. **Foliole** (diminution de feuille, petite feuille). — Portion d'une feuille composée, articulée sur le pétiole commun, et qui s'en détache sans déchirement des parties : Acacia. (Voy. FEUILLES.)

Follic. — **Follicule.** — *Fruit* sec, uniloculaire, s'ouvrant par une suture longitudinale et formé d'un seul carpelle libre, comme dans les Apocyns, le Pied d'alouette, etc.

Fongueux. — Voy. SUBÉREUX.

Fourchu. — Qui se *bifurque* en deux parties ; on dit *tri*, *quadrifurqué* lorsque les divisions sont formées par 3, 4, naissant du même point d'insertion (voy. DICHOTOME) : les *tiges*, les *rameaux*, les *racines*, etc.

Frangé. — Bordé de découpures fines et serrées, comme les pétales du *Camelia fimbriata* : quelques OEillets.

Fructifère. — Végétal qui porte fruit.

Fructification. — La fécondation des organes reproducteurs a pour résultat de faire porter des FRUITS à la plante ; l'ensemble des phénomènes qui accompagnent leur production se nomme *fructification*.

Frutesc. — **Frutescent.** — Ce terme s'applique à une tige qui, sans être décidément ligneuse, persiste au moins par sa base pendant plusieurs années.

Frutiq. — **Frutiqueux.** — Se dit lorsque le végétal approche davantage de la nature d'un *arbrisseau*, et lorsqu'il produit beaucoup de rejetons.

Fugace. — Qui tombe presque aussitôt que l'épanouissement a eu lieu ; synonyme de CADUC : *calice* du Pavot.

Funicule. — Filet souvent délié, qui, dans certains fruits, unit la *graine* au *placenta*.

Fusif. — **Fusiforme.** — Se dit d'un organe qui s'amincit insensiblement à ses deux extrémités, en forme de fuseau ou de navette, comme les *racines* des Raves.

G

Gaîne. — (Voy. ENGAINANT.)

Galéiforme. — *Pétale* fait en forme de casque.

Gamopétale. — *Corolle* dont les pétales sont soudés entre eux. (Voy. MONOPÉTALE.)

Gamosépale. — *Calice* dont les sépales sont soudés entre eux. (Voy. MONOSÉPALE.)

Géminé. — Se dit des *feuilles*, *fleurs* jumelles ou autres organes portés deux à deux sur un support commun : feuilles des Pins de Corse, de Bordeaux, etc.

Gemmule. — Synonyme de PLUMULE. Premier bourgeon placé à l'aisselle des cotylédons qui doit donner naissance à la tige.

Générique. — *Caractère* ou *nom* qui sert à distinguer le genre.

Géniculé. — Organe courbé formant un angle arrondi comme un genou : Géranium.

Genre. — Les caractères du genre sous lequel sont classées les ESPÈCES, sont communs à celles-ci ; ces caractères sont moins généraux que ceux qui constituent les FAMILLES, mais plus marqués et moins partiels que ceux qui forment les espèces.

Géographie botanique. — Partie de la science dont le but est la connaissance de la distribution naturelle des végétaux sur la surface du globe ; c'est par elle que l'on connait la position géographique d'une plante qui est son HABITAT : son pays, son élévation, la nature du sol, les milieux dans lesquels elle croît, etc.

Germe. — Partie de la graine qui renferme les rudiments d'un nouvel être (voy. EMBRYON) ; on nomme aussi germe les *boutons* disséminés sur la plante et qui doivent produire des feuilles et des fleurs.

Germination. — Premier acte de la végétation par lequel une graine, semée dans des conditions favorables, développe son *germe*, qui donnera naissance à une nouvelle plante.

Gibbeux. — Organe muni de protubérances plus ou moins saillantes : corolle du Muflier.

Glabre. — Se dit des surfaces dépourvues de poils et d'appendice, par opposition à VELU : Aristoloche, Clématite.

Gladié. — Comprimé et tranchant ; s'emploie comme synonyme d'ENSIFORME.

Gland. — Fruit sec, indéhiscent, enveloppé en tout ou en partie par la CUPULE : Fruits du Chêne, du Noisetier.

Glandes. — Petits corps vésiculeux, de formes très-variées, qui naissent sur différentes parties des végétaux, et qui sécrètent une matière liquide ; celles qui naissent dans la fleur sont dites *glandes florales* ou *nectarifères* : Couronne impériale (voy. NECTAIRE).

Glandul. — **Glandulifère, Glanduligère, Glanduleux.** — Organe chargé de *glandes*.

Glandulif. — **Glanduliforme.** — Qui a la forme de glandes.

Glaucesc. — **Glaucescent.** — Qui offre un aspect presque *glauque*.

Glauque. — Matière vert-bleuâtre et pulvérulente qui couvre les tiges et surtout les feuilles de certaines plantes : l'Ananas, le Crambé maritime.

Globul. — **Globuleux.** — Qui affecte une forme sphérique, soit un organe seul, soit un assemblage de *fleurs* ou de *fruits* réunis en forme arrondie.

Glomérulé. — Se dit des *fleurs*, *fruits*, etc., agglomérés irrégulièrement, c'est-à-dire sans forme décidée.

Glossologie. — Branche de la botanique qui a pour objet l'étude des termes employés dans cette science.

Glumacé. — Se dit d'un végétal dont les fleurs ont l'apparence de celles des Graminées.

Glume. — (Voy. BALE.)

Godet (en). — Se dit du calice ou de la corolle, enflé à la base, rétréci au sommet : le Muguet, la Jacinthe.

Gorge. — On donne ce nom à l'*orifice* du tube d'une corolle monopétale, d'un calice monosépale.

Gousse ou **Légume.** — *Fruit* sec à 2 valves des plantes légumineuses et à fleurs papilionacées et dont les graines sont attachées alternativement à l'une et l'autre valve d'un seul côté : le Pois, le Haricot.

Graine ou **Semence.** — Résultat de la fécondation qui, ayant fertilisé les *ovules*, fait de chacune un être composé d'un ou 2 COTYLÉDONS, d'une RADICULE et d'une PLUMULE ; à l'époque de la maturité, la graine se détache du PLACENTA, et si elle est semée dans des conditions favorables, elle doit donner naissance à une plante en tout semblable à celle qui l'a produite.

Gr. — **Grand.**

Granul. — **Granuleux.** — Organe chargé de petits corps appendiculaires en forme de petits *grains*.

Grappe. — Disposition des *fleurs* et des *fruits* portés par des pédicelles sur un axe commun qui prend le nom de RAFLE ou RACHIS ; la grappe est *simple* quand les pédicelles ne se ramifient pas : l'Épine-vinette, le Groseillier ; dans le cas contraire, elle est *composée* ou *rameuse* : le Raisin.

Greffer. — Opération par laquelle on applique un œil ou un rameau d'un végétal sur un autre végétal par des procédés connus, de telle sorte que leur sève puisse se mettre en communication et s'unir par une organisation commune ; ce qui ne peut réussir qu'entre des plantes qui ont beaucoup d'analogie entre elles.

Grêle. — Partie longue, étroite et déliée.

Grimp. — **Grimpant.** — Terme général employé pour les végétaux dont les tiges minces proportionnellement à leur longueur s'accrochent à l'aide de *vrilles* aux corps qui les avoisinent. (Voy. VOLUBILE.)

Gueule (fleurs en). — Fleurs des Scrophularinées, dont l'ensemble présente une image imparfaite de la *gueule* ou *mufle* d'un animal.

Gymnosperme. — Se dit d'un végétal dont les *graines*, comme dans les Conifères, sont nues ; ces fruits sont dits GYMNOCARPES.

H

Habitat. — Position géographique d'une plante. (Voy. GÉOGRAPHIE BOTANIQUE.)

Hampe. — Tige herbacée et nue de plusieurs végétaux, souvent droite et ferme, et terminée par une ou plusieurs fleurs auxquelles elle sert de pédoncule : les Narcisses ; quelquefois elle est accompagnée d'une feuille ou plus, comme la Tulipe.

Hasté. — Qui a la figure d'un fer de hallebarde : la feuille de l'Oseille.

Hémisph. — **Hémisphérique.** — Organe qui a la forme d'une demi-sphère.

Herbacé. — Opposé de LIGNEUX ; se dit des *plantes*, des *tiges* vertes, molles, succulentes, telles que les plantes annuelles.

Herbe. — On désigne par ce mot tout végétal qui, n'étant point ligneux, ne vit qu'un an, ou dont les racines vivaces émettent chaque année de nouvelles tiges herbacées.

Herbier. — Collection de plantes desséchées et conservées avec soin, et qu'on peut consulter au besoin pour reconnaître leurs caractères.

Hérissé ou **Hispide.** — Se dit d'un végétal ou de ses parties, chargés de poils raides, non couchés et cassants : Coquelicot.

Hermaphr. — **Hermaphrodite.** — *Fleur* qui réunit les *deux sexes* dans la même enveloppe florale.

Hétéroph. — **Hétérophylle.** — Epithète fréquente en botanique, et qui exprime une plante qui porte des feuilles de différentes formes : Mûrier à papier.

Hile ou **Ombilic.** — Point d'attache par lequel les graines sont fixées au FUNICULE.

Hirsuté. — Surface chargée de poils raides et piquants.

Hispide. — Voy. HÉRISSÉ.

Homogène. — Se dit des parties de nature ou de formation uniforme.

Hybridation. — Opération ayant pour but de féconder une espèce avec le pollen d'une autre espèce ou même d'un genre différent (voy. FÉCONDATION).

Hybride. — Plante obtenue par la *fécondation croisée* d'espèces, de variétés et quelquefois de genres différents. Souvent les hybrides ne donnent pas de graines fertiles. Synonyme de BATARD dans le langage usuel.

Hyperboréennes. — *Plantes* qui croissent et vivent dans des régions très-froides.

Hypocratérif. — **Hypocratériforme,** mieux **Hypocratérimorphe.** — *Corolle monopétale*, formée par un tube allongé qui s'épanouit en un limbe présentant la forme d'une *soucoupe* : les Gloxinia, Pervenche, etc.

Hypogés. — Se dit des cotylédons qui pendant la germination restent cachés sous terre : Marronnier, Graminées.

Hypogyne. — Un des trois modes d'insertion découverts par L. de Jussieu ; se dit des *étamines* et de la *corolle* insérées *sous* l'ovaire (voy. ÉPIGYNE, PÉRIGYNE).

I

Imbriqué. — Se dit des *feuilles*, *écailles*, *pétales*, etc., appliqués les uns sur les autres, et se recouvrant comme les écailles des poissons ou les tuiles sur un toit.

Impaire. — *Feuille avec impaire* ; se dit de la *foliole* qui termine le pédoncule commun des feuilles composées de certaines plantes : la Luzerne, le Rosier ; ce qui fait que les folioles de ces feuilles sont en nombre impair.

Imparfaite. — *Fleur* à laquelle il manque un des organes : calice, corolle, étamines ou pistil.

Implanté. — Synonyme d'INSÉRÉ.

Incisé. — Pris dans le sens général, ce mot indique toute *feuille* ou *organe* découpé, par opposition à ENTIER.

Inclus. — Style ou étamines ne dépassant pas l'orifice du tube de la corolle : Jasmin, Phlox. Lorsqu'ils s'élèvent au-dessus, ils sont dits *saillants* : Fuchsia.

Incombant. — Qui est appuyé sur une autre partie, comme l'*anthère* sur le filet, la *radicule* sur l'un des cotylédons, etc.

Incomplète. — *Fleur* qui ne réunit pas à la fois calice, corolle, étamines et pistil (voy. FLEUR).

Inconstants. — *Caractères* susceptibles de subir des variations, quelquefois peu appréciables, mais qui servent à constater une variété ou même une espèce.

Indéfini. — Se dit des organes dont le nombre n'est pas déterminé (voy. DÉFINI).

Indéhisc. — **Indéhiscent.** — Fruit dont la nature est de ne pas s'ouvrir à l'époque de la maturité; opposé de DÉHISCENT.

Indigènes. — *Plantes* qui croissent spontanément dans le pays qu'on habite; opposé d'EXOTIQUES.

Individu. — On désigne quelquefois sous ce nom une *plante seule*, comme on dit un individu en parlant d'un homme.

Indivis — ou ENTIER; qui est sans divisions.

Inerme. — Sert à désigner, entre les espèces épineuses ou aiguillonnées, celles qui ne le sont pas.

Infér. — **Infère, Inférieur.** — Organe placé au-dessous d'un autre; l'*ovaire* lorsqu'il est soudé avec le calice : le Myrte, le Poirier.

Infléchi. — Opposé de RÉFLÉCHI, c'est-à-dire dont la courbure est intérieure : *petales* recourbés en dedans de la fleur.

Inflorescence. — On nomme ainsi les différents modes d'arrangement qu'affectent les fleurs dans leurs dispositions plus ou moins symétriques sur les rameaux : l'Ombelle, la Grappe, le Capitule, etc., sont des modes d'inflorescence.

Infundibulif. —**Infundibuliforme.** — En forme d'entonnoir : la fleur du Liseron.

Inséré. — Se dit d'une partie fixée ou implantée sur une autre; le point où les deux parties sont soudées est dit POINT D'ATTACHE ou D'INSERTION.

Insertion. — Se dit le plus ordinairement du calice, de la corolle et des étamines, et indique la position de ces organes eu égard à l'*ovaire* ou *pistil*. La connaissance des 3 modes d'insertion : HYPOGYNE, PÉRIGYNE et ÉPIGYNE (voy. ces mots) facilite beaucoup l'étude de la botanique.

Interne. — Synonyme d'INTÉRIEUR.

Introrses. — Les *anthères* sont dites ainsi lorsqu'elles présentent le sillon sutural en dedans, c'est-à-dire vers le pistil, ce qui arrive le plus souvent : Giroflée (voy. EXTRORSES).

Involucelle. — Petit INVOLUCRE partiel qui accompagne chaque fleur ou chaque ombellule de fleurs lorsque l'ombelle est déjà munie d'un involucre commun.

Invol. — **Involucre** ou **Collerette.** — Assemblage de bractées ou feuilles florales à la base des fleurs de certaines plantes : Synanthérées, Ombellifères. Lors de l'épanouissement des fleurs, la collerette s'en trouve éloignée par l'allongement du pédoncule.

Involuté. — Dont les *bords* sont roulés en dedans, par opposition à RÉVOLUTÉ : *feuilles, sépales, pétales*, etc.

Irrégul. — **Irrégulière.** — Se dit des fleurs dont les parties manquent de symétrie ou ne sont pas toutes à égale distance du centre.

Irritabilité. — Contraction naturelle à certains organes : les feuilles de l'*Hedysarum gyrans*; les étamines des Kalmia, etc. Sensibilité que manifestent les organes de divers végétaux lorsqu'on les touche : les *feuilles* de la Sensitive et de la *Dionæa muscipula*, les étamines de la *Sparmannia africana*, des *Berberis*, etc. On a appelé *sommeil des plantes* l'irritation qu'éprouvent certains végétaux, quelques Acacia par exemple, et qui force les folioles à s'appliquer les unes contre les autres, et les pédoncules à fléchir lorsque le soleil disparaît de l'horizon.

J

Jet. — Première pousse d'un arbre. Une plante pousse de nouveaux jets lorsque du *collet* sortent des rejetons tombants qui prennent racine.

Joint. — Employé quelquefois comme synonyme d'ARTICULATION.

L

Labelle. — *Pétale* inférieur des Orchidées, offrant un aspect particulier, différent des autres parties de la fleur et dont la forme tombante l'a fait désigner aussi sous le nom de TABLIER.

Labiée. — Corolle monopétale dont le limbe a la forme d'une *lèvre;* elle peut être *unilabiée* lorsqu'une seule inférieure est apparente, et *bilabiée*, lorsque le limbe est divisé en deux parties ou lèvres constamment écartées, ce qui la distingue d'une *corolle personnée*, dont les deux lèvres sont toujours rapprochées : Sauge.

Lâche. — *Grappe, panicule*, etc., dont les fleurs sont distantes entre elles.

Lacinié. — Organe dont les découpures sont étroites, allongées, souvent irrégulières ; ces divisions prennent le nom de LACINIURES : les feuilles de l'Érable lacinié.

Lactesc. — **Lactescent** ou **Laiteux**. — Qui contient et laisse écouler par l'incision un suc blanc : le *Ficus elastica,* beaucoup d'Euphorbes.

Lagénif. — **Lagéniforme.** — *Fruit* dont la forme est à peu près celle d'une bouteille ; le fruit de la Courge dite Gourde de pèlerin.

Laineux. — Qui est recouvert d'un duvet épais et mou comme de la laine : Sauge à calice laineux.

Lame. — Partie supérieure d'un pétale supportée par l'*onglet* dans les corolles polypétales, et que l'on nomme *limbe* dans les corolles monopétales.

Lamelles. — On désigne ainsi certains appendices qui naissent sur la corolle de quelques Borraginées, du Laurier-rose, etc.

Lanc., Lancéol. — **Lancéolé.** — Organe allongé, oblong, rétréci aux deux bouts comme un fer de lance ; les feuilles d'un grand nombre de plantes affectent cette forme : feuilles du Laurier-rose.

Languette. — Prolongement latéral du tube des *demi-fleurons* des Composées.

Lanugineux. — Synonyme de LAINEUX.

Latéral. — Se dit des organes insérés sur les côtés de leur support ; *feuilles, fleurs*, etc. ; lorsque ces organes sont disposés d'un seul côté, ils sont *unilatéraux*.

Légume. — (Voy. GOUSSE.)

Légumineuses ou **Papilionacées.** — *Fleurs* qui comme celles du Pois sont, pour la plupart, composées d'un pétale supérieur ordinairement plus large que les autres, et nommé ÉTENDARD OU PAVILLON, de 2 pétales latéraux ou AILES, et de 2 pétales inférieurs, quelquefois soudés par leur bord inférieur, renfermant souvent les organes sexuels et que sa forme a fait appeler CARÈNE OU NACELLE.

Lenticelles ou **Lenticules.** — Petites taches ovales, oblongues ou linéaires, blanchâtres ou rousses, saillantes, que l'on voit sur les jeunes écorces, notamment sur les jeunes rameaux du Poirier, et qui semblent formées de granules qui se font jour en déchirant l'épiderme : Sureau.

Lenticul. — **Lenticulaire** ou **Lenticulé.** — Qui a la forme d'une lentille.

Lèvres. — On donne ce nom aux lobes des corolles Labiées et Personées. (*Voy. ces mots.*)

Liber. — Nom que l'on donne à la partie la plus intérieure de l'*écorce* et qui touche immédiatement l'*aubier ;* le *liber* se compose de couches très-minces, superposées, et se distingue très-bien de la partie subéreuse.

Libre. — L'*ovaire* est libre quand il n'est pas adhérent au calice ; les *étamines* sont libres quand elles ne sont pas soudées avec les *pétales.*

Lign. — **Ligneux.** — Qui tient de la nature du bois ; les *arbres, arbrisseaux* et *arbustes ;* le *tissu* qui les compose est dur, compacte, solide, contrairement au tissu lâche, mou et tendre des végétaux herbacés.

Ligule. — Petite languette qui naît au sommet de la graine des feuilles de Graminées ; toutes les fleurs des Chicoracées sont des *ligules* ou *demi-fleurons ;* les rayons des fleurs radiées sont aussi des fleurs LIGULÉES.

Limbe. — Partie épanouie ou étalée des feuilles et des corolles monopétales tubuleuses à leur base : les Phlox, Jasmin.

Se dit également du calice monosépale.

Lin. — **Linéaire.** — Se dit d'une *feuille*, d'un *sépale*, d'un *pétale*, etc., long, étroit, dont les bords, parallèles entre eux dans leur longueur, se terminent par une pointe, comme les feuilles du Lin, de l'If commun.

Linguif. — **Linguiforme.** — Se dit des organes dont la forme a quelque analogie avec celle de la langue : les feuilles du *Mesembrianthemum linguiforme*.

Lisse. — Surface unie qui ne présente aucune espèce d'aspérité ; opposé de RUDE.

Lobes. — *Divisions* arrondies, partagées par des sinus souvent profonds et qui distinguent les organes plans de beaucoup de végétaux ; selon qu'une feuille, par exemple, est divisée en 2, 3 ou plusieurs lobes, on la dit *bilobée*, *trilobée*, *multilobée* ; ces lobes sont quelquefois crénelés ou dentés eux-mêmes.

Lobes séminaux. — (Voy. COTYLÉDONS.)

Locul. — **Loculaire.** — Ce terme, qui ne s'emploie que dans les mots composés, indique qu'une *anthère*, un *fruit*, etc., offre dans son intérieur des cavités plus ou moins grandes et profondes appelées LOGES, dont on détermine la quantité en plaçant devant les mots *uni*, *bi*, *tri*, *multi*, suivant qu'il y a 1, 2, 3 ou plusieurs loges.

Loculicide. — Voy. DÉHISCENCE.

Loges. — Cavités ou vides intérieurs des *ovaires*, des *fruits*, etc., dans lesquels sont renfermées les graines : le fruit est à une seule loge ou à plusieurs ; dans ce dernier cas, elles sont séparées entre elles par des CLOISONS.

Luisant. — Surface qui semble être enduite d'un vernis brillant.

Lyrées. — Feuilles découpées profondément dans leur largeur, et dont les découpures inférieures sont plus courtes et plus écartées que les supérieures et le lobe terminal très-grand : plusieurs Choux, le Pissenlit, etc.

M

Macis. — Nom donné à l'ARILLE de la Muscade (voy. ARILLE).

Maculé. — Se dit d'une surface dont la teinte locale est tachée, par places, d'une couleur différente : *Aucuba*.

Mains. — Employé quelquefois comme synonyme de VRILLES.

Mâles (fleurs). — Les *étamines* sont les organes mâles de la reproduction ; la *fleur mâle* est celle dont l'enveloppe ne renferme que des étamines sans pistil.

Mamelonné. — Se dit d'une *plante* ou d'un *organe* chargé de protubérances en forme de MAMELONS. Tel est le caractère le plus remarquable des Mamillaires (Cactées).

Marcesc. — **Marcescent.** — On désigne ainsi les *calice* et *corolle*, qui, après la fécondation, se dessèchent sans tomber : le calice des Ronces, etc., la corolle des Bruyères, des Campanules, etc.

Marcottage. — Mode de multiplication qui consiste à *coucher* en terre, afin de lui faire prendre racine, une branche tenant à la plante ; lorsque cette MARCOTTE peut se suffire à elle-même, on la détache du *pied-mère*.

Marge. — Synonyme de BORD.

Marginé, Bordé, Ailé. — Lorsqu'un organe plan est marqué sur son pourtour d'une bande plus ou moins apparente, d'une autre couleur que le limbe ; la *graine* munie d'un rebord saillant et étroit est dite aussi *marginée*.

Masque. — Figure que semblent former certaines fleurs par la disposition de leurs pétales : les Pensées, les Personées.

Médiane (partie). — Synonyme de MOYENNE : la *nervure principale* des feuilles.

Médullaire. — Se dit des fibres qui servent d'enveloppe à la moelle : cette enveloppe prend alors le nom d'*étui médullaire*. On appelle *rayons médullaires* les lames verticales qui partent de la moelle, et vont atteindre la circonférence de la tige.

Médulleuse. — Tige remplie de moelle, comme le Sureau.

Membran. — **Membraneux** ou **Membranacé.** — S'applique aux organes dilatés, très-minces, d'une nature ou d'un aspect semblable à une MEMBRANE.

Mér., mérid. — **Méridional.**

Mérithalle.— Voy. ARTICLE et ENTRE-NOEUDS.

Météorique. — Fleur dont le développement ou l'épanouissement est en raison du changement de l'atmosphère ; on donne également cette épithète aux fleurs qui, ainsi que les Eschscholtzies, suivent plus ou moins exactement les mouvements du soleil, s'ouvrent à son approche et se ferment lorsqu'il se retire.

Méthode botanique. — Marche régulière et systématique par laquelle on parvient à la connaissance de la science. Parmi le grand nombre de classifications que l'on compte aujourd'hui, deux Méthodes seulement ont prévalu : ce sont celles de Linné et de Laurent de Jussieu.

Moelle. — En botanique comme en anatomie, la moelle occupe toujours le centre des parties qui la contiennent; elle est très-distincte dans les tiges des végétaux dicotylédons ; elle est composée d'un *tissu cellulaire* très-lâche, entouré par les *faisceaux ligneux* qui constituent le bois.

Monadelphes.— *Étamines* qui, réunies par leur filet, ne forment qu'un seul faisceau : les Malvacées.

Monilif. — **Moniliforme.** — En forme de chapelet, comme le fruit de plusieurs Héliophiles, les poils du Lychnis de Chalcédoine, etc.

Mono. — Placé devant un mot, signifie que l'objet que désigne ce mot est unique (voy. les exemples suivants).

Monocline.— *Fleur* dont les organes mâles et femelles, étamines et pistils, sont renfermés dans une *seule* enveloppe ; synonyme d'HERMAPHRODITE.

Monocotyl. — **Monocotylédones.** — Plantes dont l'embryon ne porte qu'un *seul* cotylédon : Blé, Ognon.

Monographie.— Ouvrage qui a pour objet de ne traiter qu'une seule espèce, qu'un *seul genre* ou qu'une seule famille de plantes.

Monogyne.— Fleur qui ne renferme qu'un seul pistil : Crucifères.

Monoïque. — Plante qui porte à la fois, mais séparées, des fleurs mâles et des fleurs femelles.

Monopérianthées. — *Fleurs* pourvues d'une seule enveloppe florale ou PÉRIANTHE qui, selon la consistance, est pétaloïde ou sépaloïde : Daphné.

Monopétale.— *Corolle* formée d'une seule pièce et sans soudure apparente : Campanule (voy PÉTALE).

Monosépale ou **Monophylle.** — Calice formé d'une seule pièce : Jusquiame.

Monosp. — **Monosperme.** — Fruit qui ne renferme qu'une seule graine : Soleil.

Montant.—Synonyme d'ASCENDANT.

Moy. —**Moyenne** (partie). — Désigne en général le milieu d'une surface pris dans le sens longitudinal ; *nervure* principale, qui divise plus ou moins exactement le limbe d'une feuille à son milieu.

Mucilagineux. — Qui a la consistance d'une matière épaisse et visqueuse.

Mucroné. — Se dit d'un organe terminé par une pointe courte et aiguë : Joubarbe des toits.

Mucronulé.—Diminutif de MUCRONÉ.

Multi. — Placé devant un mot, exprime la pluralité de l'objet sur une même plante, comme dans les exemples suivants.

Multicaule. — Plante qui a plusieurs tiges.

Multif. — **Multifide.** — Organe dont les incisions sont profondes, mais n'atteignent pas la partie moyenne : les *feuilles* surtout; ces divisions prennent le nom de FISSURES.

Multifl. — **Multiflore.** — *Involucre* renfermant plusieurs fleurs ; *hampe* ou *pédoncule* qui en porte plus de deux, etc. : Primevère de la Chine.

Multilobé. — Divisé en plusieurs *lobes*.

Multilocul. — **Multiloculaire.** — *Fruits* ou *anthères* à plusieurs *loges* : Orange.

Multinervée. — *Feuille* dont plusieurs *nervures* partent de la base : Mélastome.

Multiovulé. — *Ovaire* renfermant beaucoup d'*ovules* : Tabac.

Multipart. — **Multipartite.** — Qui est divisé en beaucoup de lanières longues et étroites : les *feuilles* d'un grand nombre de Renonculacées.

Multiple. — Signifie qui a plus de parties qu'il ne doit y en avoir ; se dit surtout de la *fleur* dont les étamines et pistils sont, pour la plupart, convertis en pétales et qui peut ne pas être stérile : l'OEillet, le Pêcher, etc. Dans la *fleur* *pleine*, ces organes sont presque toujours tous transformés, et la fécondation ne peut avoir lieu : le Cerisier et le Pêcher à fleurs doubles. On dit aussi *ovaire multiple* lorsqu'il y en a plusieurs dans une fleur.

Muriqué. — Qui est muni de pointes courtes et à large base, comme les fleurs du *Panicum muricatum*, les fruits du *Balisier de l'Inde*.

Mutique.—Qui n'est terminé par aucune pointe ni arête ; opposé de MUCRONÉ.

N

Nacelle. — (Voy. CARÈNE.)

Nageantes. — (Voy. FLOTTANTES.)

Napiformes.— *Racines* dont la forme se rapproche de celle du navet.

Naturalisée. — Se dit d'une plante exotique acclimatée par la culture.

Navicul. — **Naviculaire.** — Creusé en forme de *nacelle* ou de *carène*.

Nectaires. — Appendices des fleurs qui, n'étant pas organes de la reproduction ni enveloppe florale, contiennent ordinairement une sorte de liqueur que l'on a comparée poétiquement au *nectar* : comme dans les Laurier, Nyctage, Aconit, etc. Les fleurs munies de ces appendices sont dites NECTARIFÈRES.

Nervation. — Ensemble des NERVURES que l'on remarque sur les feuilles.

Nervé. — Qui est marqué de nervures.

Nervures. — Faisceaux fibro-vasculaires ou côtes saillantes que l'on trouve sur diverses parties des végétaux, notamment sur les *feuilles;* ces nervures sont ordinairement plus apparentes sous les feuilles, selon que celles-ci sont plus ou moins charnues ; lorsque ces nervures se divisent en ramifications beaucoup plus petites, elles prennent le nom de VEINES.

Neutre. — Fleur dont les organes sexuels ne se sont pas développés : *Hortensia*, *Viburnum opulus*.

Nœuds. — Renflements que l'on voit sur les tiges ou rameaux aux points d'insertion des feuilles, très-visibles sur le chaume des Graminées; ces nœuds sont ordinairement solides et ne se désarticulent point. (Voy. ARTICULATION.)

Nombr. — **Nombreux.**

Normal. — Qui est dans son état naturel et n'a éprouvé aucune altération.

Noueux.—Muni de *nœuds* : le chaume des Graminées.

Noyau. — Loge à parois osseuses ou ligneuses contenant une graine nommée *amande*. Le noyau est ordinairement renfermé dans un DRUPE : Prune.

Nu. — S'applique à toutes les parties des végétaux, dépourvues des organes ou appendices dont sont chargées ces mêmes parties des autres plantes : *tige nue* ou sans feuille ; *graines nues* ou sans enveloppe, etc.

O

Ob. — Placé devant un adjectif signifie le renversement de la forme du mot que cette préposition précède, ainsi que l'indiquent les mots qui suivent :

Obconique. — En forme de cône renversé.

Obcord. — **Obcordé** ou **Obcordiforme.** — En forme de cœur dont la pointe est à la base : Folioles de l'*Oxalis acetosella*.

Oblitéré. — Organe qui a disparu insensiblement en laissant des traces peu apparentes.

Obl. — **Oblong.** — Beaucoup plus long que large et arrondi aux deux bouts : feuille du *Magnolia glauca*.

Obovale ou **Obové.** — En forme d'ovale retourné ayant la partie la plus large au sommet : *Vaccinium vitis-idea*.

Obtus. — Qui est terminé en pointe émoussée : *Berberis vulgaris*.

Œil. — Premier indice du *bouton* à bois ou à fruit et qui, au printemps, doit s'épanouir et donner naissance à de nouveaux rameaux. On nomme aussi *œil* la gorge des Auricules.

Œilletons. — *Rejetons* que poussent les racines de certaines plantes : l'Artichaut, l'Ananas, et que l'on peut enlever pour multiplier la plante.

Officinale.—*Plante* utile en médecine.

Ognon. — (Voy. BULBE.)

Oléagineux. — Dont on peut tirer de l'huile ; se dit le plus souvent des *graines*.

Oléracées. — Plantes herbacées *comestibles*.

Oligosperme. — *Fruit* qui contient peu de graines : Fève.

Ombelle. — Disposition des fleurs en parasol : les pédicelles, partant d'un même point, viennent épanouir leurs fleurs à la même hauteur ou à peu près ; telle est l'inflorescence des Ombellifères. Une Ombelle est quelquefois *formée* de petites ombelles ou OMBELLULES, on la dit alors *composée*.

Ombilic. — Dépression souvent entourée par les vestiges que laisse le calice sur certains fruits : Poire, Coing, Pomme, etc. ; cicatrice de l'adhésion du funicule sur les graines. (Voy. HILE.)

Ombiliq. — **Ombiliqué.** — *Ovaire* ou *graine* ayant un ombilic apparent.

Ondé, Onduleux, Ondulé. — *Feuilles*, *pétales* marqués de sinuosités, arrondis dans les endroits où le *parenchyme* et la *lame* ont pris plus d'extension : feuilles de la Rhubarbe ondulée.

Onglet. — Base d'un *pétale* plus ou moins rétréci et qui supporte la LAME dans les corolles polypétales : l'OEillet, la Rose. L'onglet est souvent d'une teinte différente.

Onguiculé. —*Pétale* muni d'un onglet.

Opercule. —Les capsules de plusieurs végétaux sont à *opercule* ou *couvercle*, comme dans la Jusquiame. Dans les *Népenthes* et dans les Sarracénies, ce couvercle est mobile.

Opp. — **Opposé.** — Se dit le plus ordinairement des *feuilles* qui naissent par paire en face l'une de l'autre et à la même hauteur : Lilas, Jasmin. Les *folioles* des feuilles composées qui sont opposées sur le pétiole commun sont dites OPPOSITI-PENNÉES.

Opposé en croix. — (Voy. DÉCUSSÉ.)

Orbicul. — **Orbiculaire.** — Organe plan dont les bords offrent à peu près la figure d'un cercle.

Organes. — Les végétaux, bien qu'ils ne puissent ni se mouvoir ni sentir, sont des êtres *organisés*, c'est-à-dire composés d'*organes* dont l'ensemble les constitue et dont les fonctions concourent à l'exécution de quelque acte de leur vie ; ces organes, très-nombreux, peuvent, si on les considère d'une manière générale, être partagés en deux groupes distincts : 1° ceux qui ont pour objet la *nutrition* et la *conservation* de la plante : telles sont les *racines*, les *tiges*, les *feuilles*, qui la nourrissent pendant quelquefois de longues années, et sont les organes de la végétation ; 2° les *organes de la reproduction*, dont l'assemblage forme la fleur : le *calice*, la *corolle*, les *étamines* et le *pistil* et qui ont pour but de perpétuer l'espèce. Ces organes se modifient de mille manières, ils peuvent tous disparaître, excepté la tige, qui est l'axe ou le corps de la plante et en est la portion la plus importante.

Organographie, Terminologie. — Description des *organes* : leur forme, leur position et leur structure.

Osseux. — Qui a la consistance et la dureté d'un os : telles sont les enveloppes qui recouvrent certaines graines comme le noyau de la pêche.

Ovaire. — Partie inférieure et renflée du *pistil*, dans laquelle sont renfermés les *ovules* ou rudiments des graines, et qui plus tard deviendra FRUIT.

Ovoïde. — Se dit d'un organe dont la forme affecte celle d'un œuf.

Ovules. —Petits corps renfermés dans l'ovaire, arrondis encore à l'état rudimentaire, et qui, une fois fécondés, formeront des *graines* parfaites.

P

Paillettes florales. — Voy. BALE.

Palais. — Saillie externe de la *gorge* que l'on remarque dans les corolles monopétales irrégulières, et particulièrement dans celles des Personées.

Palmatif. — **Palmatifide.** — Se dit des parties et surtout des *feuilles* dont les divisions, offrant une disposition palmée, ne se prolongent pas jusqu'à la partie moyenne ; ces divisions prennent le nom de FISSURES : Ricin.

Palmatilobé. — Divisé en plusieurs *lobes* offrant une disposition palmée, comme les feuilles de l'*Ipomœa quinqueloba* et de quelques Passiflores.

Palmatipart. — **Palmatipartite.** —

Se dit d'une surface, particulièrement des *feuilles* dont les divisions divergentes se prolongent jusque vers la base ; ces divisions ou rayons prennent le nom de PARTITIONS : *Geranium*.

Palmatiseq. — **Palmatisequé.** — Se dit des feuilles laciniées dont les SEGMENTS ou divisions principales sont palmées : Aconit.

Palmé. — Se dit des *feuilles composées* dont les parties ou folioles sont articulées au sommet du pétiole commun et imitent une main ouverte, comme celles du Marronnier ; les *racines* sont aussi quelquefois palmées : certaines Orchis.

Panaché. — Se dit des *fleurs* et *feuilles* nuancées, sans ordre, de plusieurs couleurs ; les *panachures* semblent être dues à un état maladif des végétaux qui en sont affectés : ils sont plus délicats que les autres et, à part quelques exceptions, on ne leur conserve ces couleurs insolites qu'en les tenant en terrain maigre, quelquefois en exposant au soleil ceux qui naturellement préféreraient une situation ombragée.

Panduriforme. — Se dit des *feuilles* qui par leur forme rétrécie au milieu et ronde aux deux extrémités, ont quelque ressemblance avec le fût d'un violon : *Convolvulus panduranus*.

Panic. — **Panicule.** — Épi de fleurs, lâche, ramifié et dont les pédicelles inférieurs sont plus longs que les supérieurs ; la *panicule composée* peut être comparée à un assemblage de petites grappes de fleurs disposées autour d'un axe commun terminé lui-même par une grappe : les Yucca, les Troëne. Dans une *panicule simple*, comme la Campanule, chaque pédicelle ne porte qu'une fleur, ainsi que le sommet de l'axe ; les fleurs ainsi disposées sont dites PANICULÉES.

Papilles. — Appendices mous, rassemblés, sécrétant une matière sucrée, que l'on remarque sur les organes de certains végétaux : les papilles sont très-visibles sur la face interne du périanthe des *Lilium lancifolium*.

Papilionacées. — Fleurs qui, par la disposition des pétales, ressemblent à un papillon (voy. LÉGUMINEUSES).

Parasites. — Nom donné, par allusion, aux plantes qui vivent de la substance des autres sur lesquelles elles sont implantées spontanément : le Guy, l'Orobanche, etc. (voy. EPIPHYTES).

Parchemin. — Nom vulgaire donné à l'enveloppe externe des graines comme l'*arille* du café.

Parenchyme. — Tissu tendre et spongieux du *limbe* formé de cellules qui se forment et remplissent les intervalles entre les nervures et les veines des *feuilles*, et entre les faisceaux fibreux vasculaires des *fruits* et des *tiges*.

Parfaite (fleur). — A laquelle il ne manque aucun des organes : calice, corolle, étamines et pistil.

Partitions. — Ce sont les divisions des feuilles partagées ou partites.

Paucifl. — **Pauciflore.** — Plante, rameau ou pédoncule portant un petit nombre de fleurs.

Pavillon. — Voy. ÉTENDARD.

Pectinées. — *Feuilles* dont les folioles ou découpures sont rapprochées et placées sur deux rangs parallèles, comme les dents d'un peigne : *Achillœa pectinata, Veronica orientalis*.

Pédalées ou **Pédiaires.** — *Feuilles* composées dont le pétiole commun se divise à son sommet en deux parties divergentes, lesquelles portent chacune un rang de folioles sur leur côté intérieur : quelques Arum, l'Hellébore noir.

Pédic. — **Pédicelle.** — Diminutif de PÉDONCULE ; chaque pédicelle est une subdivision du pédoncule ramifié et porte une fleur qui est dite alors PÉDICELLÉE.

Pédicule. — Sorte de filet qui dans certaines plantes réunit l'aigrette à la graine : Pissenlit.

Péd. Pédonc. — **Pédoncule.** — *Queue* de la fleur ou du fruit ; tige commune aux fleurs, quel que soit leur mode d'inflorescence ; lorsqu'elles manquent de ce support, elles sont *sessiles*. Le pédoncule, selon qu'il est simple ou ramifié, prend différents noms : *hampe, spadice, rafle*, etc. ; souvent il se subdivise en PÉDICELLES portant chacun une fleur, et, selon que ces subdivisions sont plus ou moins nombreuses, le pédoncule est *uniflore, bi, triflore, multiflore*.

Peltée. — *Feuille* taillée en bouclier ou rondache, et attachée par son milieu

au *pétiole*, lequel semble quelquefois la traverser : Capucine.

Penché. — Se dit d'un organe qui, s'élevant d'abord vers le ciel, s'incline ensuite vers le sol.

Pendant. — Organe se dirigeant vers la terre depuis son point d'insertion : les *rameaux* du Saule-pleureur; se dit aussi des *feuilles, pédoncules, fleurs*, etc. qui affectent cette disposition.

Pénicillé. — Se dit d'un organe muni de *poils* réunis en forme de *pinceau*.

Pennatif. — **Pennatifide.** — *Feuille* dont les découpures, ne descendant pas jusqu'à la nervure moyenne, sont disposées comme les pennes ou barbes d'une plume, telles sont les feuilles de fougères; s'applique aussi aux *stipules, bractées*, etc.; ces divisions prennent le nom de FISSURES.

Pennatilobé. — Se dit des *feuilles simples* divisées latéralement en plusieurs *lobes*.

Pennatipart. — **Pennatipartite.** — *Feuilles simples*, divisées latéralement en plusieurs PARTITIONS qui se prolongent à peu près jusqu'à la nervure médiane.

Pennatiséq. — **Pennatiséqué.** — Se dit des *feuilles simples*, dont les divisions ou SEGMENTS sont disposés de chaque côté de la nervure médiane.

Pennées. — *Feuilles composées*, dont les folioles sont rangées le long d'un pétiole commun comme les barbes d'une plume; ces folioles peuvent être opposées ou alternes et sont dites *oppositipennées* ou *alternipennées*; quand le pétiole commun se ramifie en pétioles secondaires portant les folioles, la feuille est BIPENNÉE ou DÉCOMPOSÉE; si ces ramifications se partagent elles-mêmes en pétioles tertiaires, munis de 3 folioles, la feuille est TRITERNÉE; de plusieurs, SUR-DÉCOMPOSÉE. La distinction entre les *feuilles pennées* et les feuilles *découpées* est facile à observer en ce que chacune des folioles et les ramifications pétiolaires qui composent les premières sont articulées et se détachent sans déchirement, ce qui ne peut avoir lieu pour les autres.

Penninervées. — Feuilles dont les *nervures* sont *pennées*.

Pépin. — Nom vulgaire des graines qui se trouvent logées dans la chair de certains fruits : Poires, Pommes, etc.

Perfolié. — Se dit des feuilles sessiles, dont le limbe est traversé par la tige : *Chlora perfoliata*.

Périanthe, Périgone. — Terme général employé pour exprimer l'ensemble des *enveloppes florales*; ainsi, on dit *périanthe double* lorsque le calice et la corolle existent tous deux, *périanthe simple* quand la corolle manque.

Péricarpe. — Partie formant l'enveloppe du fruit qui contient les graines. Selon la consistance molle, dure ou charnue du péricarpe, le fruit prend les noms de baie, capsule, noix, silique, pomme, etc.

Périgone. — Voy. PÉRIANTHE.

Périgyne. — Mode d'insertion des étamines et de la corolle sur la paroi interne du calice autour du pistil.

Périphérie. — Contour d'une surface quelconque, abstraction faite des angles rentrants.

Périsperme. — Partie de l'amande d'une graine offrant un corps charnu, farineux, mucilagineux, corné, quelquefois osseux, qui enveloppe plus ou moins l'*embryon* ou est entouré par lui. Ce corps, presque toujours en contact avec l'embryon, n'y adhère cependant pas, et s'en sépare aisément; il a pour mission de protéger le jeune embryon, auquel il sert de premier aliment lors de la végétation. Cette partie blanche, qui constitue la partie comestible de la Noisette, n'est autre que le périsperme, très-développé dans la noix de Coco; la peau plus ou moins épaisse et solide qui recouvre le périsperme se nomme TÉGUMENT.

Persist. — **Persistant.** — Les *feuilles* des Orangers, du Buis et arbres verts sont *persistantes*, parce qu'elles restent quand les feuilles des autres végétaux tombent chaque année; se dit aussi des autres organes dont la durée sur la plante se prolonge au delà de l'époque qui semble fixée pour leur chute; tel est le *calice* des Primulacées, des Labiées, dans lesquelles ce caractère est constant, la *corolle* des Bruyères, des Campanules, etc., quoiqu'elle soit flétrie.

Personée. — Une *corolle personée* se distingue d'une *corolle labiée* en ce que les deux lèvres de la corolle sont rapprochées et que l'entrée de son tube est fermée par une saillie de la lèvre supérieure appelée *palais*.

Pétales. — Nom que l'on donne aux feuilles dont la réunion compose une *corolle polypétale*. La base ou partie inférieure du pétale se nomme l'ONGLET ; il est quelquefois long et étroit, comme dans l'OEillet, et presque toujours d'une nuance différente de la LAME qui forme la partie supérieure ; l'absence de l'onglet rend le pétale *sessile* ; lorsqu'il existe, le pétale est *onguiculé*. Si la corolle est formée d'une seule pièce, elle est dite *monopétale*, et la partie supérieure épanouie au-dessus du tube s'appelle *limbe*.

Pétalif. — **Pétaloïde** ou **Pétaliforme.** — *Sépale* ou organe transformé, ayant l'apparence d'un pétale.

Pétiolaire. — Qui naît sur le pétiole ou lui appartient.

Pétiole. — *Queue de la feuille* ou support par lequel elle tient à la plante ; la feuille qui manque de ce support est *sessile*. Le pétiole est *simple* lorsqu'il ne se divise pas ; mais quand, dans les feuilles composées, il se ramifie en divisions secondaires et tertiaires, il prend le nom de *pétiole commun*, et l'on appelle PÉTIOLULES les petits supports propres à chaque foliole.

Pétiolée. — *Feuille* munie d'un pétiole, par opposition à SESSILE.

Phanérogames. — Plantes dont les organes sexuels sont apparents ; par opposition à CRYPTOGAMES, indiquant tous les végétaux dont les fleurs sont invisibles. La pharénogamie forme la plus grande division du règne végétal ; elle comprend à peu près les quatre cinquièmes des plantes connues.

Phycosthème. — Organe appendiculaire considéré comme étant le résultat de plusieurs étamines métamorphosées ou dégénérées ; c'est une sorte d'enveloppe entourant la base de l'ovaire ou des étamines, et qui forme une plaque latérale dans la Gratiole, un bourrelet dans l'Oranger, un sac renfermant les ovaires dans la Pivoine papavéracée.

Phyllode. — Terme employé pour exprimer un pétiole dilaté, dont le limbe ou les folioles se développent peu ou pas du tout ; caractères très-remarquables dans l'*Acacia heterophylla* et quelques autres Mimosa de la Nouvelle-Hollande, dans l'*Oxalis bupleurifolia*, etc.

Physiologie ou **Physique végétale.** — Partie de la science botanique ayant pour but de connaître les fonctions des divers organes qui constituent le végétal et les phénomènes qui s'accomplissent durant sa végétation.

Pileux. — Se dit d'un organe chargé de poils lâches.

Piliforme. — Qui a la forme de poils.

Pinnatif. — **Pinnatifide.** — Voy. PENNATIFIDE.

Pinné. — Voy. PENNÉ.

Pinnules. — On désigne ainsi quelquefois les folioles des feuilles composées.

Pisif. — **Pisiforme.** — Qui a la forme d'un pois, en parlant des graines.

Pistil. — *Organe femelle* de la fleur, composé de l'OVAIRE qui porte le STYLE, terminé par le STIGMATE qui reçoit le pollen. Ce dernier est *sessile* lorsque, posé immédiatement sur l'ovaire, il manque de style. Le pistil est le plus souvent unique, dans les fleurs comme dans les Crucifères, les Caryophyllées, etc. ; mais il est d'autres végétaux où il s'en trouve deux ou plusieurs : les Renoncules, les Roses, etc.

Pivotante. — *Racine* qui s'enfonce verticalement dans le sol, souvent unique ou garnie de fibrilles radicales : le Navet, la Carotte, le Radis, etc.

Placenta. — *Réceptacle des graines* ; partie spongieuse et charnue sur laquelle sont attachées les graines par un lien quelconque ; il porte aussi le nom de *Trophosperme*.

Plan, plane. — Se dit d'une surface unie ne présentant aucune espèce de plis ; les *Cotylédons* sont souvent *plans*.

Pl. — **Plante** ou **Végétal.** — Être composé d'ORGANES (voy. ce mot) ayant chacun une fonction particulière à remplir ; corps qui se nourrit et peut se reproduire, mais qui n'est pas doué de sentiment et est incapable de se mouvoir volontairement. Au mot de *plante* on attache généralement l'idée d'un arbre ou d'une herbe ; cependant, pris dans un sens particulier, il désigne vulgairement ceux des végétaux qui ne vivent qu'un an, ou dont les racines vivaces émettent chaque année de nouvelles tiges et qu'on appelle HERBES ou PLANTES HERBACÉES.

Le mot de PLANTES GRASSES ou SUCCULENTES s'applique à ces végétaux à tiges charnues, épaisses, aux formes souvent bizarres, connus sous les noms de Cactées, Aloès, Crassules, Joubarbes, Ficoïdes, etc.

Plateau. — Disque tuberculeux, véritable tige des plantes dites bulbeuses, sur lequel s'insèrent les tuniques ou base des feuilles. (Voy. BULBE.)

Pleine. — *Fleur* dont toutes les étamines et souvent les pistils sont transformés en pétales ; ces fleurs sont presque toujours stériles.

Plumeux. — Se dit d'un organe chargé de poils disposés comme les barbes d'une plume : le *style* de plusieurs Clématites, le *stigmate* de beaucoup de Graminées.

Plumule, Gemmule. — Partie ascendante de l'*embryon*, opposée à la *radicule* et contenant les rudiments de la tige. (Voy. EMBRYON.)

Plurisérié. — Réunion d'organes disposés sur plusieurs rangs : *Feuilles, étamines, graines*, etc.

Pollen. — **Poussière fécondante** contenue dans les loges des anthères et que celles-ci laissent échapper au moment fixé par la nature ; le stigmate reçoit ces corpuscules, et la fécondation des ovules a lieu.

Poly. — Ce mot grec, placé devant un terme, a la même signification que le mot latin *multi*, et exprime un nombre indéfini, comme dans les termes suivants :

Polyadelphes. — *Étamines* soudées par leurs filets en plusieurs faisceaux ; ex. : les Orangers, les Mélaleuques.

Polygame. — *Végétal* portant à la fois des fleurs hermaphrodites et des fleurs unisexuées ; ex. : Pariétaire.

Polygyne. — *Fleur* renferm. plusieurs pistils ; ex. : la Rose, la Renoncule, etc.

Polypétales, Dialypétale. — *Corolle* composée de plusieurs pétales distincts ; opposé de MONOPÉTALE.

Polysépale ou **Polyphylle.** — *Calice* formé de plusieurs sépales distincts ; opposé de MONOSÉPALE.

Polysp. — **Polysperme.** — Fruit contenant beaucoup de graines.

Poricide. — Voy. DÉHISCENCE.

Port. — Aspect général d'une plante, désigné aussi sous le nom de FACIES.

Poussière fécondante. (Voy. POLLEN.) — Nommée aussi *Poussière prolifique* ou *séminale.*

Primordiales. — *Premières feuilles* de la plante qui paraissent après les feuilles séminales.

Procombante, Couchée. — *Tige* étalée sur le sol sans émettre de racines.

Prolifère. — Toute *fleur*, ordinairement multiple, du milieu de laquelle naît une autre fleur, ce qui arrive quelquefois aux Roses et aux Œillets.

Pseudo. — Placé devant un mot signifie *faux, trompeur* : *Robinia pseudoacacia*, Robinier, faux Acacia.

Pubesc. — **Pubescent.** — Se dit d'une plante ou d'une de ses parties, couverte d'un léger duvet dû à la présence de poils courts, faibles et mous.

Pulpe. — Chair plus ou moins molle et succulente qui compose certains fruits, la Cerise, l'Abricot, etc.

Pulpeux. — Qui a la consistance de la pulpe.

Pulvérul. — **Pulvérulent.** — Se dit des parties d'une plante ou de la plante même couverte d'un duvet très-fin ressemblant à une *poussière.*

Pyrif. — **Pyriforme.** — Qui a la forme d'une poire.

Pyxide. — Capsule s'ouvrant transversalement comme une boîte à savonnette ; la Marmite de singe, la Jusquiame.

Q

Quadrangul. — **Quadrangulaire.** — Qui a 4 angles et 4 faces, comme la tige de presque toutes les Labiées.

Quadrif. — **Quadrifide.** — Qui est fendu dans sa longueur assez profondément en 4 parties à peu près égales entre elles.

Quadrilobé. — Partagé en 4 *lobes.*

Quaterné. — Se dit des *feuilles, fleurs*, etc., disposées 4 par 4, soit au

c.

sommet, soit autour d'un support commun.

q.q.fois. — QUELQUEFOIS.

Queue. — Nom vulgaire qui sert à désigner les *pétioles* d'une feuille, le *pédoncule* d'une fleur; on appelle aussi *queues* certains prolongements appendiculaires qui accompagnent quelque organe, comme celle que l'on trouve située au sommet du périanthe de quelques Aristoloches, des akènes des Clématites.

Quiné. — Se dit des *feuilles*, *fleurs* disposées 5 par 5, soit au sommet, soit autour d'un support commun.

R

Raboteux. — Qui est couvert de petites aspérités.

Rachis. — *Axe* de la feuille ou *pétiole commun* des feuilles composées, qui, divisé en pétiolules, porte les folioles; axe ou *pédoncule commun* qui forme la grappe et l'épi; la nervure moyenne des feuilles de Fougères se nomme également *rachis*.

Rac. — **Racine.** — Partie descendante de la plante comme la tige en est la partie ascendante; elle forme avec celle-ci un axe complexe dont le collet est le point de jonction, et, bien qu'ayant une direction spéciale, la structure est à peu près la même que celle de la tige; elle en diffère intérieurement par l'absence de la moelle et des trachées, extérieurement par l'absence des organes appendiculaires ou foliacés. La racine peut être *simple*, comme dans la Carotte, lorsqu'elle est sans divisions; ou *rameuse*, lorsque, comme dans les arbres, en général, elle se subdivise en plusieurs branches, et porte plus ou moins de *radicelles* ou de *fibrilles*. Enfin quelquefois plusieurs racines naissent de la base de la tige, comme les asphodèles et beaucoup d'autres monocotylédonées, elles sont dites alors *fasciculées*. On appelle *racines fibreuses* celles qui sont allongées et de la grosseur d'une ficelle, comme celles, par exemple, des Tubéreuses; *racines bulbeuses* et *tuberculeuses* lorsqu'elles sont épaisses et charnues, comme dans le Dalhia (voy. BULBE, TUBERCULE). Ces racines pompent par toutes leurs extrémités, qui ont reçu le nom de SPONGIOLES, les sucs de la terre. De même que la tige peut produire des racines, la racine peut produire une plante par la présence d'un bourgeon auquel elle donne naissance; un végétal complet peut donc être formé avec un tronçon de tige de même qu'avec un tronçon de racine (voy. BOUTURE). On appelle RACINES AÉRIENNES celles qui se développent sur la tige et les rameaux de certains végétaux : la Cuscute, le Lierre, les Orchidées, etc. La plante est dite alors RADICANTE.

Radic. — **Radical.** — Se dit des parties qui semblent naître de la racine comme les *feuilles* de la Primevère, les *fleurs* du Colchique, etc., où la tige, dans ces plantes, est très-courte et *souterraine*.

Radicelles. — On donne ce nom aux dernières ramifications de la racine.

Radicule. — Partie de l'embryon qui, au moment de la germination, perce la première les téguments de la graine pour s'enfoncer dans la terre où elle deviendra racine (voy. EMBRYON).

Radiées. — On désigne sous le nom de *fleurs* radiées, les capitules des plantes Synanthérées ayant des fleurons au centre et des demi-fleurons à la circonférence : Aster, Chrysanthèmes.

Rafle. — (Voy. RACHIS).

Raméal. — Qui naît sur les rameaux : les *feuilles*, *pédoncules*, etc.

Ram. — **Rameaux.** — Deuxième division de la tige; une tige se divise en branches, les branches en rameaux.

Rameux. — Arbre ou arbrisseau qui produit un grand nombre de ramifications.

Ramific. — **Ramification.** — Division d'une tige, d'une branche, d'un rameau, etc., en plusieurs parties.

Ramilles. — Dernières ramifications d'une plante, par conséquent les plus nouvelles et les plus petites.

Ramp. — **Rampante.** — Tige couchée sur la terre et qui s'y attache au moyen de racines adventives : petite Pervenche, Lierre terrestre.

Rayon. — Disposition des demi-fleurons rangés autour du disque : le Bleuet, les Chrysanthèmes.

Récept. — **Réceptacle.** — Base sur laquelle est posée la fleur ou les parties qui la composent ; on emploie aussi ce terme comme synonyme de PLACENTA.

Recourbé. — Terme appliqué à l'*embryon* pour indiquer qu'il est courbé sur lui-même.

Redressé. — Organe couché d'abord et se dressant ensuite vers le ciel ; synonyme d'ASCENDANT en parlant de la tige : Pensée, Véronique en épi.

Réfléch. — **Réfléchi.** — Courbé en dehors : les *feuilles* de quelques Bruyères, les divisions du *périanthe* du Lis martagon ; opposé d'INFLÉCHI.

Régime. — Nom collectif approprié à l'inflorescence ou à l'ensemble des fruits de certains végétaux, tels que les Palmiers, Bananiers, etc. On dit aussi SPADICE.

Régul. — **Régulière.** — Se dit d'une *fleur* dont les parties qui la composent sont symétriques et également distantes du centre.

Rejetons. — (Voy. OEILLETONS.) Se dit aussi des jeunes pousses produites par une racine loin de sa tige.

Remontant. — Se dit des plantes, et particulièrement des Rosiers, qui fleurissent deux ou plusieurs fois dans l'année.

Rénif. — **Réniforme.** — Se dit des différents organes ayant la forme d'un rein, comme le Haricot.

Réticul. — **Réticulé.** — Se dit des parties marquées de nervures nombreuses croisées comme les mailles d'un filet : les feuilles du *Camellia reticulata*.

Révoluté. — Dont les bords sont roulés en dessous ou en dehors ; opposé d'INVOLUTÉ.

Rhizômes ou **Tiges souterraines**. — Tiges rampantes sous terre, quelquefois très-près du sol, et que long-temps on a prises pour des racines ; mais les appendices foliacés et des débris de feuilles qui s'étaient développées à l'air n'ont plus laissé aucun doute, et on a reconnu que ce sont de véritables tiges ; telles sont les Iridées et beaucoup de Fougères.

Rhomboïdal. — Organe et surtout *feuille* qui a 4 côtés parallèles, 2 angles opposés obtus, 2 angles aigus, c'est-à-dire offrant la forme d'une losange : *Hibiscus rhombifolius*.

Roncinées. — *Feuilles* oblongues et pennatifides, dont les divisions sont dirigées vers la base : Pissenlit.

Rongé ou **Erodé.** — Se dit des *feuilles*, *petales*, etc., dont les dentelures sont tellement imparfaites et inégales qu'elles semblent rongées : *Sinapis alba*.

Rosacée. — *Fleur* à cinq pétales sessiles ayant l'apparence d'une Rose ; les fleurs de Poirier, Cerisier, Ronce, etc.

Rostre. — Prolongement appendiculaire en forme de bec crochu, qui termine certains organes ; les *fleurs* de quelques Aconits, les *siliques* de plusieurs Crucifères.

Rotacé. — On donne cette épithète aux *corolles* monopétales dont le tube est très-court et dont le limbe s'épanouit en forme de roue : la Bourrache, la Morelle tubéreuse.

Rude, Scabre. — Qui est couvert d'aspérités sensibles au toucher : les feuilles de Bourrache.

Rudiments. — Premiers éléments d'une plante ou d'un organe non encore développé.

Rustiq. — **Rustique.** — *Plante* facile à cultiver et qui résiste aux hivers.

S

Saccellif. — **Saccelliforme.** — Qui a la forme d'un petit sac.

Sagittée. — Se dit des *feuilles*, *stipules*, *stigmates* triangulaires échancrés à la base en forme de fer de flèche : Liseron, Sagittaire.

Saillant. — Opposé de INCLUS. (Voy. ce mot.)

Samare. — Nom donné à une sorte de fruit indéhiscent, membraneux, comprimé, de 1 à 5 loges, et muni sur ses bords d'un prolongement appendiculaire en forme d'ailes : Orme, Érable, etc.

Sarmenteux. — Végétal dont les tiges et rameaux sont allongés, flexibles et ligneux comme la Vigne, et deviennent rampants si on ne les fixe sur les corps environnants.

Saxatiles. — Plantes qui croissent sur les rochers.

Scabre. — Se dit des *tiges*, *feuilles*, etc., chargées d'aspérités rudes au toucher : les feuilles de Bourrache.

Scape. — Synonyme de HAMPE.

Scarieux. — Se dit des parties d'un végétal qui ont l'apparence de membranes raides et sèches comme du parchemin

Scutellif. — **Scutelliforme.** — En forme de petit bouclier.

Secondaires. — On applique cette épithète aux premières *ramifications* des *rameaux*, *pétioles*, *pédoncules*, et à toutes parties susceptibles de se ramifier.

Segm. — **Segments.** — On nomme ainsi les divisions qui atteignent la nervure moyenne; telles sont celles des *feuilles* dissectées ou découpées : la Clématite.

Semence. — Voy. GRAINE.

Semi. — Placé devant un mot, exprime comme *demi*, la moitié.

Semi-amplex.—**Semi-amplexicaule.** — *Feuille* sessile dont la base embrasse la moitié de la circonférence de la tige.

Semi-cylindr. — **Semi-cylindrique.** — A moitié cylindrique.

Semi-double. — *Fleur* qui a plus d'un rang de pétales et qui conserve la faculté de donner des graines.

Semi-flosculeuses. — Voy. DEMI-FLEURONS.

Séminales. — Premières *feuilles* d'un végétal, formées par le développement des cotylédons.

Séminifère. — On donne cette épithète aux *valves*, *cloisons*, etc., sur lesquelles sont attachées les graines.

Sép. — **Sépales.** — Feuilles distinctes d'un *calice* polysépale.

Sept. — **Septentrional.**

Septicide. — Voy. DÉHISCENCE.

Septifères. — On dit ainsi des *valves* après lesquelles les cloisons restent attachées sur leur milieu après la déhiscence du fruit : le Pavot. (Voy. DÉHISCENCE.)

Septifrage. — Voy. DÉHISCENCE.

Sérié. — Se dit des organes disposés par séries; selon la quantité de séries que forment ces organes, ils sont *uni*, *bisériés*, *plurisériés*.

Serré. — Exprime que les *rameaux*, *feuilles*, etc., sont rapprochés presque verticalement près les une des autres ou le long de l'axe.

Sess. — **Sessile.** — Tout organe privé de support est dit sessile : une *feuille* sans pétiole, un *pétale* sans onglet, une *étamine* sans filet, etc.

Sétacé. — Se dit de beaucoup d'organes raides et déliés comme des soies de porc; on dit aussi quelquefois SÉTEUX.

Sétif. — **Sétiforme.** — Qui a l'apparence d'une soie.

Sétigère. — Qui porte une ou plusieurs soies.

Sève. — Nom général sous lequel on comprend vulgairement tous les sucs aqueux qui circulent dans les végétaux et qui sont élaborés par les divers organes pour servir à la nutrition des plantes.

Sexe. — Les végétaux comme les animaux ont des sexes, sans le concours desquels les ovules resteraient stériles. Les *étamines* sont les organes mâles; les *pistils*, les organes femelles. Une fleur peut renfermer les deux sexes, on dit alors qu'elle est *hermaphrodite*; elle est *unisexuée* quand elle ne renferme que des étamines sans pistil, ou des pistils seulement. Les *étamines* fécondent le *pistil* au moyen de la transmission du POLLEN.

Silic. — **Silicule.** — La silique porte ce nom lorsqu'elle n'est pas sensiblement plus longue que large : l'Alysse, le Thlaspi, etc. Sa consistance et ses caractères sont les mêmes que ceux de la Silique.

Siliq. — **Silique.** — Fruit des Crucifères, beaucoup plus long que large, à péricarpe sec et formé de deux valves déhiscentes ou indéhiscentes, contenant des graines de formes diverses séparées par une cloison : le Chou, la Giroflée, etc.

Siliquiforme. — On dit ainsi d'une capsule allongée ayant la forme d'une silique : *Cléome*.

Simple. — Contraire de COMPOSÉ en parlant des *feuilles* sans divisions articulées, des *inflorescences* non ramifiées, etc. Ce terme s'applique aussi à la *tige* sans rameaux, à la *fleur* dont la corolle est composée d'un seul rang de pétales.

Sinuées. — *Feuilles* dont les bords ont de larges échancrures arrondies, peu profondes, plus ou moins inégales : le Chêne commun. Si ces échancrures sont elles-mêmes dentées, on dit les feuilles SINUÉES-DENTÉES.

Sinus. — Angle rentrant, souvent arrondi, formé par deux *lobes*.

Solit. — **Solitaire.** — Qui est isolé, comme une fleur unique portée sur un pédoncule.

Sommeil des plantes. — Voy. IRRITABILITÉ.

Sommet. — Opposé de la BASE, et conséquemment le point le plus élevé d'un organe.

S.-arbriss. — **Sous-arbrisseau.** — Voy. ARBRISSEAU.

S.-lign. — **Sous-ligneux** ou SOUS-FRUTESCENT. — Synonyme de SOUS-ARBRISSEAU.

Souterraines (Tiges). — Voy. RHIZÔMES.

Soyeux. — Se dit des parties chargées de poils couchés, luisants comme la soie.

Spadice. — Sorte d'inflorescence dans laquelle les fleurs unisexuées dépourvues d'enveloppe florale, sont disposées sur un axe ou pédoncule commun simple; les fl. femelles à la base, les mâles au sommet, le tout enveloppé le plus souvent d'une SPATHE : Arum. Il prend le nom de RÉGIME dans les Palmiers et Bananiers, dont les fleurs ont une enveloppe florale et où l'axe ou pédoncule est rameux ou ligneux.

Spathe. — Enveloppe membraneuse, foliacée ou ligneuse, particulière aux fleurs de beaucoup de monocotylédonées : Narcisse. Quelquefois elle est colorée et pétaloïde, comme celle des Aroïdées. Les Grecs désignaient sous ce même nom l'enveloppe des fruits du Dattier. La spathe n'est autre qu'une *bractée* développée pour protéger les organes de la reproduction.

Spatulé. — Se dit des organes allongés, rétrécis à la base, plus larges et arrondis au sommet comme une spatule : Paquerette vivace.

Spécif. — **Spécifique.** — Le *nom spécifique* est celui par lequel on désigne une espèce; les *caractères spécifiques* sont ceux qui sont particuliers à une espèce et qui servent à la distinguer des autres.

Spicif. — **Spiciforme.** — En form. d'*épi*.

Spinesc. — **Spinescent.** — Organe qui dégénère ou tend à se transformer en épine.

Spinifère. — Feuilles portant des épines : *Solanum pyracantha*.

Spongioles. — Extrémité des racines, radicelles et fibrilles, qui n'est autre que le tissu cellulaire continu de ces organes, plus lâche et plus spongieux, par lequel ils absorbent les liquides environnants.

Spontané. — Qui croît et vit naturellement. Les végétaux qui naissent *spontanément* dans un pays y sont INDIGÈNES.

Squame. — Du latin *squâma*, écaille. — Voy. ce mot.

Squamule. — Diminutif de *squame*, du latin *squamula*, petite écaille.

Squamiforme. — En forme de squames ou d'écailles.

Staminal. — Qui appartient aux *étamines*; les pétales sont quelquefois soudés au tube staminal, comme dans les Polygala.

Staminifère. — On donne cette épithète aux parties qui portent les étamines.

Stérile. — Qui ne peut rien produire, soit par l'absence des étamines ou des pistils, ou parce que le pistil ne reçoit pas la poussière fécondante; opposé de FERTILE.

Stigm. — **Stigmate.** — Extrémité du style, formée d'un tissu lâche, dépourvue d'épiderme et destinée à recevoir le pollen qui doit féconder les *ovules*. Le stigmate est dit *sessile* lorsque le style, très-court, semble ne pas exister.

Stipe. — On donne particulièrement ce nom à la tige droite et élancée des Palmiers et des Fougères en arbre, qui ne se ramifie pas.

Stipité. — Qui est maintenu sur un support rétréci à la base.

Stipulaire. — Qui appartient aux stipules.

Stipules. — Petites expansions foliacées, de formes très-variables, souvent écailleuses, situées à la base des feuilles, dont elles ont les caractères et auxquelles elles adhèrent quelquefois; les stipules sont aux feuilles ce que les bractées sont aux fleurs. Les stipules sont des organes importants pour l'organographie, étant un caractère constant dans les espèces de plantes qui en sont munies; d'autres en sont complétement dépourvues.

Stolons. — Rameaux filiformes, qui rampent sur le sol, portant de distance en distance de petits bouquets de feuilles qui s'y enracinent et par lesquels on propage certaines plantes.

Stolonifère. — Plante qui pousse des stolons.

Stomates. — Ou PORES visibles seulement au microscope, qui se trouvent sur la surface de toutes les parties vertes des plantes exposées à l'air, principalement sur les feuilles et surtout à leur surface inférieure; il en existe aussi sur les écorces herbacées et sur l'épiderme des fruits non charnus; les parties submergées des végétaux aquatiques et les fruits charnus n'en présentent jamais; les feuilles des plantes flottantes dans l'eau n'en ont qu'à la face supérieure, qui se trouve exposée à l'air. Ces stomates ou *bouches* établissent une communication entre l'air extérieur et les interstices qui existent entre les utricules des feuilles; c'est par eux que s'opèrent la respiration et la transpiration des végétaux.

Strié. — Voy. CANALICULÉ.

Strigiliforme. — Qui a l'apparence d'une brosse.

Strobile. — Synonyme de CONE (voy. ce mot).

Style. — Prolongement aminci de l'ovaire qui supporte le stigmate.

Sub. — On se sert de cette préposition latine pour indiquer qu'un organe se rapproche d'une certaine forme ou d'un certain état, en la plaçant devant le mot qui désigne la forme, l'état de cet organe; elle se traduit par : *comme, presque, un peu* etc. : SUBSESSILE, presque sessile; SUBGLOBULEUX, presque sphérique, etc.

Subdivisé. — Qui est divisé plus de deux fois.

Subér. — **Subéreux.** — Pour LIÉGEUX, qui est de la nature et de la consistance du liége.

Submergée. — Plante ou feuille recouverte par les eaux : *Ceratophyllum submersum.*

Subulé. — Se dit d'un organe linéaire à sa base et se terminant insensiblement en pointe comme une *alène.*

Sucs. — Substances plus ou moins liquides que renferment les végétaux, et qui sont le résultat des fluides que les racines et les parties aériennes absorbent pour les transmettre aux organes qui les élaborent.

Succulent. — Se dit des parties composées d'un tissu lâche et rempli de sucs, comme la chair des fruits de beaucoup de végétaux.

Suffrutesc. — **Suffrutescent.** — Synonyme de SOUS-ARBRISSEAUX.

Supère. — Se dit de l'ovaire placé au dedans du calice, lorsqu'il n'adhère à aucune autre partie de la fleur que par son point d'insertion. On dit aussi *ovaire libre.*

Support. — Toute partie qui en porte une autre; nom général des pétiole, pédoncule, pédicelle, style, etc.

Surdécomposées. — Feuilles 3 fois composées, ou dont le pétiole se divise en pétioles secondaires et tertiaires.

Suture. — *Ligne* longitudinale plus ou moins marquée, formée par la soudure de deux parties entre elles.

Syngenèse. — Une *fleur* est syngenèse lorsque les étamines sont soudées en un seul corps par les anthères.

Synonymie. — Concordance des noms. Les auteurs anciens et modernes ayant donné des noms différents à une même plante, la synonymie est devenue une étude difficile et importante.

Système. — En botanique, on désigne sous le nom de *système* la classification des plantes, fondée sur les caractères d'un seul organe; telle est, par exemple, la classification de Linné, fondée sur la présence, le nombre, la proportion, etc. des étamines (voy. MÉTHODE).

T

Tablier ou **Labelle.** — *Pétale inférieur* et ordinairement prolongé des Orchidées.

Techniques. — Termes affectés à un art ou à une science; la botanique comprend un grand nombre de mots techniques, dont l'ensemble forme la *Glossologie* ou le langage botanique.

Tégument. — On entend par ce mot l'enveloppe immédiate des graines.

Termin. — **Terminal.** — Se dit des *bourgeons* et *fleurs* qui terminent les tiges ou les rameaux.

Terné. — On dit qu'une *feuille composée* est ternée lorsque le pétiole porte 3 folioles insérées au même point : le Trèfle.

Tertiaire. — On donne ce nom aux secondes ramifications des *pétioles* et *pédoncules*.

Testa. — Pellicule extérieure du tégument des graines.

Tête (en). — Parties rassemblées au sommet d'un organe ; *fleurs* disposées en un groupe globuleux : l'Immortelle violette, l'Echinops, etc. ; on dit d'un arbre qu'il forme une *tête* lorsque, comme le Pommier, ses branches naissant du sommet du tronc se rassemblent en touffe arrondie.

Tétra. — Placé devant un mot dérivé du grec signifie quatre.

Tétradyname. — *Fleur* ayant 4 grandes étamines et 2 plus petites ; caractère des Crucifères.

Tétraèdre. — Qui est formé en *carré régulier*.

Tétragone. — Synonyme de QUADRANGULAIRE.

Tétraptère. — Se dit d'un *fruit* muni de 4 appendices en forme d'ailes.

Tétrasperme. — *Fruit* ou *loge* renfermant 4 graines.

Thyrse. — Mode d'inflorescence ; grappe ovale comme les *fleurs* du Marronnier d'Inde, du Lilas, de la Troène, etc.

Tig. — **Tige.** — Partie ascendante de l'axe d'un végétal, qui tantôt est simple, tantôt se ramifie à une hauteur indéterminée ; cet organe essentiel est très-court dans certaines plantes, quelquefois même il est tellement réduit qu'il n'est pas apparent au-dessus du sol ; c'est dans ce dernier cas que sa plante est dite *acaule*, et les *feuilles* sont dites *radicales*. La tige prend les noms de : TRONC, en parlant des arbres dicotylédons se ramifiant en sommet ; CHAUME lorsqu'elle est cylindrique, fistuleuse et articulée comme dans les Graminées ; HAMPE quand elle est terminée par un bouquet de fleurs et qu'elle porte peu ou point de feuilles, comme les plantes bulbeuses : Primevère ; STIPE pour les Palmiers et les Fougères arborescentes qui ne se ramifient point. Pour tous les végétaux le mot *tige* est le terme collectif employé pour exprimer la partie principale qui porte les branches, les rameaux, les feuilles, les fleurs.

Tige souterraine. — Voy. RHIZÔME.

Tigelle. — Diminutif de tige ; terme exclusivement employé pour désigner la tige naissante d'une graine en germination.

Tissu. — Les organes des végétaux sont formés de différents tissus dont l'organisation est quelquefois très-complexe et dont l'étude forme cette partie de la science appelée ANATOMIE VÉGÉTALE ; nous mentionnerons seulement ici les deux principaux tissus (ligneux et cellulaire) comme étant ceux que l'on rencontre dans toutes les plantes les mieux connues. — Le TISSU CELLULAIRE, lâche et mou, existe en plus ou moins grande quantité dans tous les végétaux dont il semble former le principe élémentaire : il constitue la substance des parties herbacées, des tiges charnues, des plantes grasses, des fruits tels que poires, pommes, etc. — Le TISSU LIGNEUX ou fibreux forme pour ainsi dire le squelette d'un arbre ; il est l'assemblage d'un certain nombre de cellules allongées, fermes, terminées en pointe aux deux bouts, au milieu duquel se trouvent des vaisseaux ou grands canaux ; la réunion intime de ces cellules et vaisseaux constitue le *bois* et s'étend jusqu'aux feuilles dont elle forme les nervures.

Tombant. — Synonyme de DÉCIDU.

Toment. — **Tomenteux.** — Se dit des *tiges, feuilles*, etc., chargées de poils longs, serrés, crépus, qui leur donnent un aspect cotonneux et blanchâtre.

Torul. — **Toruleux.** — Synonyme de BOSSELÉ.

Torus. — Employé dans le même sens que RÉCEPTACLE.

Traçant. — Synonyme de RAMPANT.

Trapèz. — **Trapéziforme, Trapézoïde.** — Qui a la forme d'un carré dont les côtés ne sont ni égaux ni parallèles : Peuplier noir.

Tri. — Devant un mot, signifie 3, ou trois fois.

Triangul. — **Triangulaire.** — Forme qui présente 3 angles. Tige du Papyrus. feuilles du Bouleau blanc.

Tribus. — Divisions que l'on établit dans les familles pour indiquer des groupes de genres auxquels certains caractères sont communs.

Trichotome. — *Tige*, *pétiole*, etc., qui se divisent en ramifications disposées 3 par 3 : tige de la Belle-de-nuit.

Tricusp. — **Tricuspidé.** — *Fruit* muni de 3 pointes.

Tridenté. — Qui est 3 fois denté : *Saxifraga tridactylites*.

Trifide. — Fendu en 3 assez profondément : feuilles de l'Aubépine.

Trifl. — **Triflore.** — *Pédoncule* qui porte 3 fleurs : *Convolvulus farinosa*.

Trifol. — **Trifoliolé.** — *Pétiole* qui porte 3 feuilles : Trèfle.

Trigone. — Synonyme de Triangulaire.

Trilob. — **Trilobé.** — Qui est partagé en 3 lobes : Anémone hépatique.

Trilocul. — **Triloculaire.** — *Fruit* à 3 loges : Iris.

Tripart. — **Triparti.** — Organe divisé en 3 parties jusqu'à plus de moitié . feuilles de la *Passiflora incarnata*.

Tripennée. — *Feuille composée* dont le pétiole se divise en 3 latéralement.

Triptère. — *Fruit, pétiole*, etc., muni de 3 appendices en forme d'ailes : Begonia.

Triquètre. — Qui a 3 faces ou 3 angles. Synonyme de Triangulaire.

Trisann. — **Trisannuel.** — Végétal qui vit 3 ans ; rare.

Triternée. — *Feuille composée* dont le pétiole se subdivise en 3 branches, chacune portant 3 folioles : *Epimedium alpinum*.

Trivalve. — *Capsule* à 3 valves : Tulipe.

Tronc. — *Tige* principale d'un arbre dicotylédoné.

Tronqué. — Se dit des organes dont le sommet se termine brusquement : lobe terminal du Tulipier de Virginie.

Trophosperme. — Voy. Placenta.

Tube. — Partie cylindrique et creuse formant la portion inférieure d'une *corolle monopétale* ou d'un *calice monosépale* : le Chèvrefeuille, le Jasmin.

Tuberc. — **Tubercule, Tuberculeux.** — Qui consiste en corps ou tubérosités charnues, arrondies, comme la Pomme-de-terre, le Topinambour, etc.

Tuberculé. — Relevé de petites bosses : graines du *Vicia lathyroïdes*.

Tubulé, Tubuleux, Tubiforme. — Se dit des *corolle* et *calice* dont la forme consiste en un tube dont le sommet s'épanouit en un limbe plus ou moins ouvert, quelquefois divisé.

Turbiné. — Qui affecte à peu près la forme d'une toupie, comme quelques poires et d'autres fruits ; le calice, le style ont quelquefois cette forme.

Type. — On nomme ainsi le *genre* qui sert de point de comparaison aux autres genres de la même famille ; l'*espèce* qui a servi à établir un genre et dont les caractères sont bien sentis.

U

Uligineuses. — Plantes dont la nature est de croître dans les lieux humides et marécageux.

Umbraculif. — **Umbraculiforme.** — Qui a la forme d'un parasol : les feuilles du Nelumbo, du *Corypha umbraculifera*, etc.

Unciforme. — Qui a la forme d'un ongle.

Unciné. — Se dit des organes terminés en pointe crochue comme une griffe d'oiseau : *Mesembrianthemum uncinatum*.

Uni. — Placé devant un mot dérivé du latin, exprime l'unité.

Unifl. — **Uniflore.** — *Pédoncule* qui ne porte qu'une fleur ; *spathe* ou *involucre* n'en renfermant qu'une seule : Belladone, Pulsatille.

Unilatér. — **Unilatéral.** — *Feuilles* ou *fleurs* qui sont insérées d'un seul côté de la tige, ou rameau qui les porte : les fleurs de l'Héliotrope, du Glaïeul.

Unilocul. — **Uniloculaire.** — Fruit qui n'a qu'une *loge* : Violette.

Unisex. — **Unisexuée.** — *Fleur* qui ne renferme que les organes mâles (étamines) ou les organes femelles (pistils) : *Lychnis dioica*.

Univalve. — *Fruit* à une seule valve ; caractère des *follicules* : Hellébore.

Urcéolé. — Qui a la forme d'un grelot. Se dit d'un organe tubulé, renflé vers son milieu, rétréci au-dessous du limbe, lequel est ordinairement très-petit : *corolle* des Andromèdes, *calice* de la Jusquiame.

Utricule, Cellule. — Petite vessie ou cellule; chaque grain de pollen est une utricule ; le tissu cellulaire des végétaux est composé d'utricules. On donne aussi ce nom à de petits grains renflés et dus à la sécrétion, qui couvrent quelquefois les organes de certaines plantes ; dans ce cas, il est synonyme de VÉSICULE.

V

Vaginant.—Synonyme d'ENGAINANT.

Vaisseaux.—Longs tubes ou canaux. La plus grande partie des organes des végétaux sont parcourus dans tous les sens par des vaisseaux réunis au moyen du tissu fibreux ; ils constituent des faisceaux qui s'unissent fréquemment entre eux, de manière à former un réseau très-solide. Chacun de ces vaisseaux porte une dénomination spéciale aux fonctions qu'on lui suppose ; leur ensemble constitue le *tissu vasculaire*, de même que la réunion des *utricules* compose le *tissu cellulaire*.

Valvaires. — On désigne par ce nom les *fausses cloisons* ou *placentaires*, qui sont formées par un prolongement interne des valves ; les graines fixées sur les valves reçoivent aussi cette épithète.

Valves ou **Valvules.** — Ces termes, qui signifient *battants de porte*, expriment, en botanique, les pièces distinctes d'un fruit que la maturité fait souvent ouvrir spontanément pour laisser échapper les graines ; les capsules, carpelles, follicules, siliques, etc., sont munies de valves. Ces fruits, selon le nombre de valves qui les composent, sont dits *uni, bi, trivalves, multivalves.*

Var. — **Variété.**— On appelle ainsi une plante dont les caractères ne sont pas assez constants ou sont trop peu importants pour en former une ESPÈCE. Ces différences, légères ou fugaces, peuvent être dues à la culture, à la nature du sol, à une fécondation croisée.

Vasculaire — *Tissu* qui contient des vaisseaux.

Végétal. — Voy. PLANTE.

Végétation.— Développement et accroissement successifs des parties constituantes d'un végétal.

Veines.— Petites ramifications qu'envoient les nervures sur les feuilles ; nervures peu saillantes, que l'on remarque sur certains fruits.

Velouté. — Couvert de poils doux, serrés et courts, semblables à du velours : Digitale pourprée.

Velu. — Se dit des parties chargées de poils assez longs, nombreux et couchés : *Lychnis dioica*.

Ventru. — Synonyme de RENFLÉ.

Verruq. — **Verruqueux.** — Qui est muni d'excroissances ou de *verrues* : *Aloë verrucosa.*

Vertical.—Qui s'élève en ligne droite.

Verticillé.—Disposition de plusieurs parties homogènes, disposées circulairement sur un même plan, autour d'un axe commun : les feuilles du Lis martagon sont VERTICILLÉES.

Vésicule. — Petite vessie ; sortes d'excroissances renflées que l'on trouve sur quelques végétaux : la Ficoïde cristalline est toute chargée de vésicules transparentes.

Vésicul. — **Vésiculeux.** — Qui ressemble, par la forme, à une petite vessie, ou qui porte des vésicules.

Visq. — **Visqueux.**— Se dit des parties qui exsudent une matière glutineuse, épaisse, comme l'écorce de quelques Robinia.

Viv. — **Vivace.** — Tous les végétaux qui ne sont ni ANNUELS ni BISANNUELS sont tous vivaces ; beaucoup d'arbres, de Cactées, d'Aloës, vivent un grand nombre d'années ; il est des plantes dont la racine seule est vivace, et qui, chaque printemps, pousse de nouvelles tiges : Aster, Dahlia.

Vivipare. — Nom que l'on donne aux plantes dont les graines germent et commencent à se développer sur la plante avant d'avoir touché la terre : Paturin vivipare. On l'applique aussi aux végétaux qui développent des bulbilles en place de fleurs ou de graines; quelques Achimènes sont dans ce cas.

Volub. — **Volubile.** — *Plante* flexible et dont la nature est de s'enrouler en spirale, soit à droite, soit à gauche, autour d'un corps placé près d'elle : le Volubilis, le Chèvrefeuille.

Vrilles ou **Cirrhes.** — Ce sont le plus souvent des organes avortés, tournés en spirale, au moyen desquels les plantes grimpantes se fixent aux corps environnants; les vrilles sont presque toujours accompagnées d'appendices foliacés, qui prouvent leur origine : Vigne, Lathyrus.

Y

Yeux. — On désigne ainsi les premiers indices des *boutons* qui se montrent sur les plantes, et qui, au printemps suivant, deviendront de véritables bourgeons.

Z

Zoné. — Se dit des organes présentant des bandes concentriques, plus ou moins nombreuses, que l'on voit sur les feuilles et la corolle de certaines plantes, et qui varient de nuance avec l'organe qui les porte : telles sont les feuilles de plusieurs *Pelargonium*. Le terme ZÉBRÉ s'emploie dans le même sens.

FIN DU DICTIONNAIRE.

www.ingramcontent.com/pod-product-compliance
Ingram Content Group UK Ltd.
Pitfield, Milton Keynes, MK11 3LW, UK
UKHW020303230726
13925UKWH00001B/201

9 782013 585118